Reisenotizen

Wolfgang Wickler

Reisenotizen

57 Episoden über Ansichten, Absichten und Hirngespinste

 Springer

Wolfgang Wickler
Max Planck Institute for Ornithology
Starnberg, Bayern, Deutschland

ISBN 978-3-662-61995-7   ISBN 978-3-662-61996-4   (eBook)
https://doi.org/10.1007/978-3-662-61996-4

Die Deutsche Nationalbibliothek verzeichnet diese Publikation in der Deutschen Nationalbibliografie;
detaillierte bibliografische Daten sind im Internet über http://dnb.d-nb.de abrufbar.

Einbandabbildung: © aanbetta/stock.adobe.com

Planung/Lektorat: Sarah Koch
Springer ist ein Imprint der eingetragenen Gesellschaft Springer-Verlag GmbH, DE und ist ein Teil von
Springer Nature.
Die Anschrift der Gesellschaft ist: Heidelberger Platz 3, 14197 Berlin, Germany

Vorwort

„Reisen bildet." Der Weisheitslehrer Jeschua Ben Sirach veranstaltete um 180 v. Chr. in Jerusalem ein Symposium zum Thema: Reisen als Quelle von Erfahrung und Karrieretraining. Welches Wissen man damals auf Reisen erwarb, teilt Ben Sirach freilich nicht mit. Klar war jedoch, auf welche Art man Wissen erwarb: durch neugieriges Fragen. Auch der französische Theologe, Philosoph und Logiker Pierre Abaelard dozierte 1130, der erste Schlüssel zur Weisheit sei häufiges und beständiges Fragen: selbst fragen, gefragt werden und antworten müssen sowie Erfragtes hinterfragen. Wenn neue Erkenntnisse der Tradition widersprechen, so meinte er, ließe sich der Konflikt durch Interpretation auflösen. Auch die Universitäten, so akzentuierte 2006 der Naturwissenschaftler Hubert Markl in seiner Ansprache zur 40-Jahr-Feier der Universität Konstanz, seien ihrer Bestimmung nach nicht nur Stätten der Wissensweitergabe, sondern auch „des Forschens, kritischen Bezweifelns und Begründens", und zwar „nicht durch Anrufung von Autoritäten, sondern durch logisches und empirisches, experimentelles Überprüfen der Wirklichkeit". Epistemologie, die Analyse dessen, was wir wissen, verlangt kritisches Zweifeln an hergebrachten Vorstellungen, um begründete Behauptungen von unbegründeten zu unterscheiden.

Reisen bildet, weil man in fremder Umgebung neugieriger guckt, hört und schnuppert als in der Umgebung, in der man sich eingerichtet hat. Gewohnheit stumpft die Neugier ab. Das Neue steckt hinter den Abweichungen von der gewohnten Regel. Was bekannten Regeln gehorcht, führt nie zu neuen Erkenntnissen; aber Unerwartetes, das einem auf Reisen am ehesten begegnet, spornt manchmal zu weiterem Nachdenken und

Nachforschen an. Seit meiner ersten Romreise 1950 habe ich als Schüler gelegentlich in Notizheften, später regelmäßig in Reisetagebüchern aufgeschrieben, was mir und meiner Frau an Haupt- und Nebensächlichkeiten aufgefallen ist. Beispiele dafür sind hier aufgeschrieben. Im Rückblick verwundert mich, wie im Laufe der Jahrzehnte meine Neugier und Aufmerksamkeit sich immer wieder und bohrender denselben Themenkreisen zuwandte, wobei aus vereinzelten und verstreuten Details schließlich sinnvolle Zusammenhänge erkennbar wurden und mich vom Staunen über Wissen zu kritischen Urteilen veranlasste.

Es kann nicht verborgen bleiben, dass mich dabei immer – auch beruflich – das Thema Evolution beschäftigt hat: Evolution in Biologie, in Kultur, in Religionen, in Weltbildern und in Lehrmeinungen. Wer ständig vergleicht, entdeckt überall Gemeinsamkeiten und Unterschiede und findet zwei Sorten von Ähnlichkeiten: homologe Abstammungsähnlichkeiten, die auf gemeinsamer Herkunft beruhen (Skelette aller Wirbeltiere), und konvergente Anpassungsähnlichkeiten, die unabhängig voneinander für gleiche Funktionen entstanden sind (Flügel von Wirbeltieren und Insekten). Mich interessiert, welche Wirbeltiere lebendgebärend sind, wie Spermien zu den Eizellen finden und wie Embryonen ihre Mütter ausbeuten. Aber zum Beispiel auch, wie Pierre Abaelard, Franz von Assisi und Dante Alighieri zu Minnedichtern wurden, warum auf den Marquesas-Inseln die Legende von Daphnis und Chloe praktiziert wurde, wie der Priester Mattatias 150 v. Chr. und der Feldmarschall von Daum 1757 in das Epikie-Problem gestolpert sind; oder wie es kommt, dass sich Kirchenlehrer der Tradition zuliebe in Kirchenleerer verwandeln; und weshalb Eva, Isis, Aschena und Maria jede zusammen mit einem Baum verehrt werden. Mich beeindruckt, wie ein plötzlicher Einfall, eine Vision oder persönliche Offenbarung, ein Geistesblitz oder eine unerwartete Liebe den Lauf der Kulturgeschichte verändern können. Und doch erscheint mir rückblickend manches Erlebte, obwohl in den Reisenotizen genau festgehalten, seltsam unwirklich.

Prof. Dr. Wolfgang Wickler

Inhaltsverzeichnis

1

Sind Spermien Lebewesen?
Einzellige Pflanzen und Tiere ▪ Bakterien und Organellen ▪ Spermien, Hektokotylus und Palolowurm sind freilebende Organe

10. April 1953, Albaum

Zusammen mit meiner Studienkollegin Elvira Nickel verbringe ich einen Teil der Semesterferien in der Landesanstalt für Fischerei Nordrhein/Westfalen in Albaum. Wir hören in Münster mit Begeisterung Vorlesungen von Bernhard Rensch über die Evolution der tierischen Organismen, von Einzellern bis zum Menschen – stammesgeschichtlich alles Nachkommen von Bakterien und Einzellern, wie es sie heute immer noch gibt. Die vielen Millionen von Tierarten, die derzeit leben, sind weniger als 1 % derer, die im Laufe der Evolution schon einmal gelebt haben. Man gruppiert die Arten in Klassen, Ordnungen, Familien und Gattungen. Bekannt sind geschätzt 2 Mio. Insekten, 200.000 Krebs- und Spinnentiere, 100.000 Weichtiere, je 10.000 Amphibien und Reptilien, 40.000 Fische, 10.000 Vögel, 5000 Säugetiere – wie gesagt: Arten, nicht Individuen.

Mit dem Dasein und So-Sein der Organismen beschäftigen sich außer den Biologen auch Philosophen und Theologen, reduzieren für ihre Zwecke die Vielfalt existierender Lebewesen auf drei Kategorien: Pflanzen – Tiere – Menschen. Wenn sie moralisches Verhalten des Menschen dem moral-analogen Verhalten von Tieren gegenüberstellen, sind die zum Vergleich herangezogenen Tiere regelmäßig Wirbeltiere. Die machen etwa 4 % aller Lebewesen aus. Für die Geisteswissenschaften scheinen demnach die weitaus überwiegende Menge und Vielfalt an Geschöpfen überflüssig zu sein. Für ein Verstehen der Natur des Menschen ist aber die Variationsbreite der Organismen in seinem Stammbaum nicht bedeutungslos. Zum Beispiel kommen alle Paarungs- und Familienformen – solitär, promisk, monogam, polygyn,

© Springer-Verlag GmbH Deutschland, ein Teil von Springer Nature 2020
W. Wickler, *Reisenotizen*, https://doi.org/10.1007/978-3-662-61996-4_1

polyandrisch – in allen Ordnungen, Familien und Gattungen vor, auch bei den Primaten; und nur im weitgespannten Vergleich lässt sich erkennen, unter welchen ökologischen und sozialen Gegebenheiten welche dieser Formen von der natürlichen Selektion begünstigt ist.

Und besonders aufschlussreich für das Verstehen dieser Vielfalt und einer darin enthaltenen Höherentwicklung sind nicht die in der Mitte einer Kategorie versammelten typischen Vertreter, sondern die am Rand, an der Grenze zur Nachbarkategorie angeordneten Lebewesen.

In Vorbereitung von Seminaren zu diesem Thema nutzen wir in Albaum unsere Leidenschaft fürs Mikroskopieren und die Anwendung verschiedener mikroskopischer Techniken und untersuchen einzellige Organismen, die – wie das „Brückentierchen" Euglena – auf der Grenze zwischen Pflanze und Tier oder – wie die männlichen Spermien – auf der Grenze zwischen Körpergewebe und eigenständigem Lebewesen stehen.

Die einzellige Grünalge *Euglena viridis* ist bequem aus dem Freiland zu holen. Die 0,05 mm große, meist spindelförmige Zelle kann ihre Form gelegentlich stark ändern. Sie kann auf einer Unterlage kriechen, schwimmt aber gewöhnlich frei im Wasser. Zu dieser Fortbewegung dient ein langer Geißelfaden, der am Vorderende der Zelle aus einer Zelltasche, dem Geißelsäckchen, entspringt. Er biegt dann nach hinten neben den Zellkörper, bewegt sich etwa 10-mal pro Sekunde wellenförmig und schiebt, wie eine außen liegende Schiffsschraube, die Zelle vorwärts, ziemlich rasch, zwei bis drei Körperlängen in der Sekunde. Im Geißelsäckchen liegt ein Photorezeptor, der einseitig von einem Pigmentfleck beschattet wird, sodass sich das „Augentierchen" nach dem Lichteinfall orientieren kann. Außerdem besitzt es einen Schweresinn und kann gerichtet nach oben oder unten schwimmen. *Euglena* vermehrt sich immer ungeschlechtlich durch Zellteilung. Zuerst teilt sich der Zellkern, dann geht die Teilung am Geißelpol beginnend längs durch den ganzen Körper. Unter günstigen Umständen führen häufige Teilungen und Massenvermehrung an Wasseroberflächen zu „Algenblüten". Aus einer solchen holen wir unsere Euglenen ans Mikroskop.

Im Zellkörper sieht man außer dem Zellkern grüne, mit Chlorophyll gefüllte Chloroplasten. Sie dienen pflanzentypisch der autotrophen Energiegewinnung durch Photosynthese aus Kohlenstoffdioxid, Wasser und Licht. *Euglena* kann aber – und muss zeitweise – sich wie für Tiere kennzeichnend heterotroph ernähren und nimmt mit der ganzen Zelloberfläche aus dem Wasser in einer Art Phagozytose organische Stoffe und Partikel auf und verdaut sie. Deswegen ist *Euglena* zugleich Tier und Pflanze, ein Brückenwesen, das beide verbindet.

Euglena entstand stammesgeschichtlich vor mehr als 600 Mio. Jahren in einer Phase der Evolution, als die genetischen Erbsubstanzen mancher einzelligen Lebewesen noch nicht so weit spezialisiert und differenziert waren, dass sie miteinander völlig unvereinbare Auswirkungen hatten. Während dieser frühen Evolutionsphase ist es wiederholt vorgekommen, dass einzellige Organismen andere solche Organismen als Nahrung aufnahmen, aber unverdaut im Körper behielten. Daraus entstand ein ständiges Zusammenleben dieser verschiedenen Organismen in sogenannter Endosymbiose. Den Anfang machten Archaeen, Urbakterien, von denen die meisten heute in extrem salzhaltigen, vulkanisch heißen und schwefligen Biotopen vorkommen; einige leben auch am Menschen (in Darm, Mund, Bauchnabel und Vagina), sind aber nie pathogen, d. h. krankheitserregend. Einverleibt haben sich Archaeen andere, ebenfalls prokaryotische (noch ohne Zellkern) Bakterien, die ihre Lebensenergie aus Licht (phototroph) oder aus chemischen Stoffen (chemotroph) beziehen. In den Archaeen taten sie das als Endosymbionten auch weiterhin und spezialisierten sich im weiteren Verlauf der Evolution auf das Leben in einer Wirtszelle. Wie die Organe im Körper existieren sie heute als Hilfsorgane (Organellen) in den Körperzellen aller eukaryotischen Lebewesen (Pflanzen, Tiere, mehrzellige Pilze) und üben verschiedene Funktionen aus.

Die Körperzellen haben einen abgegrenzten Zellkern mit den Genen der Wirtszelle. Gene enthalten in ihrem spezifischen genetischen Code die Information zur Biosynthese von Proteinen, welche die Lebensfunktionen steuern. Bei den ursprünglichsten Lebewesen liegen die Gene frei im Zellplasma. Im Lauf der Evolution zu immer komplexeren Lebewesen finden sich Gene zu Gruppen auf Chromosomen zusammen, die schließlich im Zellkern eingeschlossene Chromosomensätze bilden (etwa so, wie Töne sich zu Melodien zusammenfinden und schließlich in sich geschlossene Konzerte bilden).

Unter den Zellorganellen sind Plastiden und Mitochondrien die wichtigsten; sie haben noch immer typische Merkmale ihrer frei lebenden prokaryotischen Vorfahren und vermehren sich eigenständig, können also nicht von den Körperzellen des Wirtsorganismus erzeugt werden. Plastiden (ehemalige Cyanobakterien) betreiben in Landpflanzen und Algen die Photosynthese, Mitochondrien (ehemalige sauerstoffatmende Bakterien) betreiben in allen eukaryotischen Zellen den Energiestoffwechsel. In beiden Endosymbionten ist die Menge der für Proteine kodierenden Gene aus dem Genom ihrer frei lebenden Vorfahren stark reduziert: Plastiden auf 5–10 %, Mitochondrien auf 1–3 %. Dennoch enthalten beide Organellen fast ebenso viele Proteine wie ihre frei lebenden Verwandten. Grund dafür ist ein endosymbiotischer Gentransfer: Die Organellen haben im Laufe ihrer weiteren Evolution viele Gene an die Chromosomen ihrer Wirtsorganismen abgegeben und importieren nun deren Produkte von dort zurück.

Auch *Euglena* lebt vom Zusammenwirken ihres eigenen Erbgutes im Zellkern (ihr Genom ist etwa so groß wie das des Menschen) mit dem Erbgut zweier Endosymbionten ohne Zellkerne. Sie steht demnach nicht „noch" auf einer Grenze zwischen tierischem und pflanzlichem Organismus, sondern ist „schon" eine nachträgliche Mischung aus beiden. Sie ist der einzige Organismus, dem man, ohne ihm zu schaden, künstlich das pflanzliche Erbe wegnehmen kann.

Albaum ist eine Fischerei-Lehranstalt, in der Forellen künstlich vermehrt und die Larven vom Ei an zu Brütlingen und Besatzfischen aufgezogen werden. Wichtigster Fisch ist die Bachforelle *(Salmo trutta)*. Sie lebt räuberisch in klaren, rasch fließenden Gewässern der Umgebung, wird etwa 40 cm groß und kann 18 Jahre alt werden. Sie laicht einmal im Jahr in den Wintermonaten in sauerstoffreichem, kaltem Wasser. Mit kräftigen seitlichen Schlägen des Hinterkörpers und der Schwanzflosse heben vorwiegend die Weibchen flache Gruben zwischen Steinen oder im Kiesgrund aus, in den sie – von einem besamenden Männchen begleitet – mehr als 1000 rötliche, 4 bis 5 mm große Eier eingraben, die dort sich selbst überlassen bleiben. Nach etwa 40 Tagen schlüpfen die Larven, die zunächst von ihrem Dottersack leben, dann mit Schwimmen und Fressen beginnen, heranwachsen und mit 3 Jahren geschlechtsreif werden.

Zur künstlichen Vermehrung werden aus Weibchen (Rogener) und Männchen (Milchner) die Geschlechtsprodukte von Hand abgestreift und in wenig Wasser vermischt, sodass Spermien und Eier unmittelbar zusammenkommen. Beim Ablaichen unter natürlichen Umständen in strömendem Wasser ist dieses Zusammenfinden von Spermium und Ei schwieriger. Dort schieben Weibchen und Männchen in einem gemeinsamen Laichakt ihre Genitalöffnungen dicht zusammen und stoßen dann Eier und Spermien gleichzeitig aus, synchronisiert in einem beiderseitigen Orgasmus mit starkem Körperzittern und weit offenen Mäulern.

Das Zusammenspiel von Spermien und Eiern im Befruchtungsvorgang lässt sich nur bei künstlicher Vermehrung im Detail verfolgen. Die Eizelle aller Wirbeltiere bleibt dabei fast passiv; der aktive Partner ist das Spermium, dessen Grundbauplan bei allen Wirbeltieren gleich ist. Am Forellenspermium sind vier Abschnitte zu erkennen: ein kugelig-runder, 3 μm(0,003 mm) großer Kopf, ein ganz kurzer, schmalerer Zellhals, ein etwas dickeres Mittelstück und eine lange Schwimmgeißel, Der Spermienkopf enthält den Zellkern mit dem einfachen Satz von 40 Chromosomen und an der Spitze ein für Spermien typisches Bauteil, das Akrosom. Es löst an der Stelle, wo das Spermium in die Eizelle eindringt, mit speziellen Enzymen deren Hüllmembranen auf, sodass der Inhalt des Spermakopfes in die Eizelle wandern kann. Der Zellhals enthält den Motor, der den Geißelfaden antreibt. Im Mittelstück liegen Mitochondrien (Organellen), die dem langen, dünnen Geißelfaden die Energie zur Fortbewegung liefern. Die Geißel besteht aus einer Hülle von Längs- und Ringfasern um einen zentralen Skelettfaden (Axonema), kompliziert gebaut aus Molekülen, die, von chemischer mitochondrialer Energie angetrieben, wellenförmige Schlagbewegungen ausführen, welche vom Mittelstück zum Geißelende verlaufen und das Spermium mit dem Kopf voran bewegen.

Die Bewegung startet bei Berührung mit Wasser anfänglich mit hoher Schlagfrequenz des Geißelfadens (bis zu 100 pro Sekunde) und treibt das Spermium etwa 0,5 mm pro Sekunde voran, aber nur etwa ½ Minute lang (bei 10° Wassertemperatur). Dann bewegen sich die Geißel und die Zelle immer langsamer. Spermien der Forelle leben im Wasser maximal vier Minuten und schwimmen nur wenige Millimeter weit; deshalb werden sie gezielt nahe bei den Eiern ausstoßen.

Vom Ei gehen chemische Signale aus, die das Spermium mit Rezeptoren in der Hüllmembran am Zellhals wahrnimmt. Je stärker die Wahrnehmung, desto schneller schlägt die Geißel und bewegt so das Spermium in Richtung steigender Signalstärke zur Mikropyle, einer trichterförmigen Einbuchtung der äußeren Eihülle vieler Fische, einem vorgefertigten Spermieneingang. Interessiert hatte mich diese Struktur im Zusammenhang mit dem Fortpflanzungsverhalten verschiedener tropischer Buntbarscharten (Cichliden). Die meisten Arten dieser bei Aquarianern beliebten brutpflegenden Fische heften die Eier an Steine oder Pflanzenblätter. Das Weibchen legt eine Portion Eier auf die Unterlage, dann gleitet das Männchen besamend darüber; es folgt die nächste Portion Eier, wird besamt usw. An der Unterlage haften die leicht ovalen Eier mit speziellen Fäden der äußeren Eihülle, die von Art zu Art verschieden und ein verwandtschaftskennzeichnendes (taxonomisch verwertbares) Merkmal sind. Ein Ei mit ringsum gleichmäßig verteilten Haftfäden haftet längsseitig an der Unterlage. Besser von frischem Wasser umspült werden Eier, deren Haftfäden nur an einem Pol vorkommen oder dort am längsten sind. Liegt die Mikropyle am selben Pol wie die Fäden, behindern diese den Spermienzugang. Bei diesen Arten bringt zuerst das Fischmännchen einen Spermienteppich auf die Unterlage, und das Weibchen setzt dann die Eier darauf. Maulbrütende Cichliden-Arten haben verkümmerte oder gar keine Haftfäden; diese Weibchen nehmen beim Laichakt zuerst die abgelegten Eier ins Maul, anschließend die Spermien direkt vom Männchen und vermischen dann beides. Bei künstlicher Befruchtung der Forellen vermischt der Mensch ihre Eier und Spermien.

Die menschlichen Eizellen sind 0,14 mm groß und gerade noch mit dem bloßen Auge sichtbar. Im monatlichen Menstruationszyklus reifen jeweils 10 bis 20 Eizellen in ihren Follikelhüllen (Eibläschen) heran. Der am weitesten gereifte Follikel wandert an die Wand des Eierstocks, entlässt im Eisprung die Eizelle, die über den Eileiter in die Gebärmutter wandert und dort 24 h auf ein Spermium wartet. Wartet sie vergebens, stirbt sie und wird abgestoßen. Zur künstlichen extrakorporalen Befruchtung am Menschen wird bei der Frau die Reifung mehrerer Eizellen in ihren Follikeln hormonell induziert und regelmäßig durch Ultraschall kontrolliert. Nach etwa 10 Tagen kann hormonell der Eisprung eingeleitet werden. Dann aber wird die reife Eizelle unter vaginaler Ultraschallkontrolle mit einer feinen Nadel aus dem Follikel entnommen und in einer Nährlösung aufbewahrt.

Im Mann werden pro Tag etwa 100 Mio. Spermien erzeugt und pro Ejakulat über 40 Mio. Spermien abgegeben. Um Spermien vom Mann zu gewinnen, genügt – ähnlich wie bei der Forelle – manuelle Massage. So hatten wir keine Probleme, menschliche Spermien zum Vergleich mit Forellenspermien zu beschaffen. Naturgemäß sind menschliche Spermien allerdings nicht für ein Leben außerhalb des Körpers eingerichtet; in Wasser überleben sie nur wenige Sekunden. Länger beobachten kann man ihr Bewegungsverhalten in einer physiologischen Kochsalzlösung (Ringer-Lösung: 9 g Kochsalz in 1 L Wasser).

Das insgesamt etwa 0,06 mm lange menschliche Spermium ist wie das Forellenspermium aufgebaut und bewegt sich formal ebenso in der unbiologischen Umgebung, aber anders als im weniger flüssigen Medium der weiblichen Geschlechtswege. Sein spatelförmig flach-runder Kopfteil ist 0,005 mm lang und 0,003 mm breit, Mittelteil und Geißel sind etwa 0,05 mm lang. Der Mittelteil enthält die Mitochondrien, welche die Energie für die Fortbewegung liefern. Der Kopf enthält den einfachen Satz von 23 Chromosomen (wie die Eizelle) plus einem Gonosom, entweder einem X-Chromosom oder einem Y-Chromosom. Mit der Eizelle erzeugt Ersteres einen weiblichen, Letzteres einen männlichen Organismus. Vom Menschen ist bekannt, dass die X-Spermien größer und langsamer sind und länger leben, die Y-Spermien kleiner und schneller sind, aber kürzer leben. Erste Spermien können bereits nach 30 min die Eizelle im Eileiter erreichen. Auf der Kopfoberfläche schützen spezielle Proteine das Spermium vor der Immunabwehr des weiblichen Körpers. An der Kopfvorderseite ist eine Kappe mit Enzymen gefüllt, die beim Zusammentreffen mit der Eizelle deren Membran aufweicht und dem Spermium das Eindringen erleichtert;

die menschliche Eizelle hat keine Mikropyle. Sobald ein Spermium eingedrungen ist, verändert die Schutzhülle ihre Struktur und wird für andere Spermien undurchdringlich.

Um seinen komplizierten Weg zur Eizelle zu finden, muss sich das Spermium orientieren. Beim Menschen, wie bei allen Säugetieren, ist der Weg im Innern des weiblichen Körpers für das Spermium ungemein reich an Hindernissen. Von 300 Mio. Spermien im Ejakulat schaffen es nur etwa 300 bis zur Eizelle am Ende des Eileiters. Wahrnehmung von Licht- und Schweresinn, mit denen sich *Euglena* orientiert, würden dem Spermium dabei nichts nützen. Es reagiert stattdessen auf Temperaturunterschiede und den pH-Wert der Umgebung, auf Berührung und auf mehr als 20 chemische, duftähnliche Substanzen, die im Vaginalsekret und in der Eileiterflüssigkeit vorhanden sind. Je näher die Spermien schließlich an die Eizelle herankommen, auf eine desto höhere Progesteronkonzentration treffen sie, und desto stärker werden ihre Schwimmbewegungen. Wahrgenommen werden diese Reize von Rezeptoren in der Membran am Anfangsteil der Spermiengeißel.

Das Spermium heißt auch Spermatozoon (von griech. zóon = Lebewesen). Aber ist es ein Lebewesen wie *Euglena*? Es zeigt eigenständige Fortbewegung, orientiert sich in seiner Umwelt – je nach Tierart – mithilfe von Licht, Schwere, Temperatur, Berührung oder chemischen Reizen (Photo-, Gravi-, Thermo-, Thigmo-, Chemotaxis), es hat energieliefernde Mitochondrien und einen Energiestoffwechsel. Das Spermium kann sich aber nicht – wie *Euglena* – durch Teilung vermehren. Es hat zwar einen Zellkern mit einfachem (haploidem) Chromosomensatz, aber das im Spermienkopf liegende Genmaterial ist ohne Einfluss auf das Verhalten der Spermienzelle. Ihr Verhalten ist von den Genen des väterlichen Organismus programmiert; sie bleibt ein Teil seines Körpergewebes (so wie der geschriebene Text eines Briefes zum Absender gehört und nicht das Verhalten des Postboten beeinflusst).

Die Spermien der Säugetiere gelangen vom Hoden in den Nebenhoden, der sie mit regelmäßigen Kontraktionen in sechs Tagen durch seinen vielfach gewundenen, beim Menschen insgesamt 6 m langen Nebenhodenkanal schiebt. Dort reifen die Spermien allmählich heran und nehmen von der Wand des Kanals eine Substanz auf, die den Spermien ihre Motilität gibt. Vor der Nebenhodenpassage direkt vom Hoden des Mannes entnommene Spermien sind noch unbeweglich und müssen deshalb bei künstlicher Besamung mit einer Mikronadel direkt in die Eizelle eingespritzt werden.

Bei allen Tierarten, vom Seeigel bis zum Säugetier, geben die väterlichen Nebenhodenzellen außerdem, je nach dem Gesundheitszustand des Individuums, winzige Mengen von Substanzen ab, die als neue Komponenten außen in die Spermienwand eingebaut werden. Sie ändern nicht das väterliche Erbgut im Spermium, sind aber epigenetische Veränderungen, die das Spermium mit in die Eizelle transportiert, wo sie sich als Informationssignale für die Entwicklung der Embryonen auswirken. So kann zum Beispiel eine Anfälligkeit für Übergewicht an die nächste Generation weitergegeben werden.

Manche Tierarten (Wespen, *Tubifex*-Würmer, Vorderkiemerschnecken) erzeugen mehrere Spermientypen, die verschiedene Aufgaben haben. Alle Schmetterlinge *(Lepidoptera)* erzeugen nicht nur Genmaterial enthaltende, pyrene Spermien, sondern auch große Mengen (über 50 %, der Tabakschwärmer *Manduca sexta* sogar 96 %) nur halb so große kernlose, zur Befruchtung untaugliche apyrene Spermien. Sie sind eine Waffe im männlichen Rivalenkampf; sie erkennen und blockieren (als „Killerspermien") im weiblichen Genitaltrakt Spermien, die von einem konkurrierenden Paarungspartner stammen.

Wenn sich ein Spermium seiner biologischen Aufgabe gemäß mit einer Eizelle vereinigt, erzeugen beide ein neues Individuum; das Spermium hört auf zu existieren, ohne zu sterben. Das Leben eines menschlichen Spermiums dauert im Spermadepot im Nebenhoden des Mannes bis zu einem Monat, im Körper der Frau bis zu 7 Tage, tiefgefroren (kryokonserviert) über 20 Jahre. Die Lebensdauer einer *Euglena*-Zelle ist unbestimmt, wenn sie sich in zwei Tochterzellen teilt, und beliebig, wenn sie sich bei Kälte, Nahrungs- oder Sauerstoffmangel in eine Dauerzyste umwandelt.

Für den Beobachter sind Euglenen und Spermien zweifellos Lebewesen. Sie gehören zum lückenlosen Kontinuum der Evolution von einfachsten hin zu immer komplexeren Formen von Organismen. Aus diesem Kontinuum sind sowohl für den Gebrauch im Alltag wie für die wissenschaftliche Untersuchung jeweils bestimmte Bereiche wichtig. Um diese zu kennzeichnen, müssen im Kontinuum aufgrund von Konzepten Kategorien gebildet und künstlich zweckdienliche Grenzen gezogen werden. Das macht auch die Natur: Aus dem endlosen elektromagnetischen Wellenlängenspektrum von ultrakurzer Gammastrahlung bis zu Millionen Kilometer langen Radiowellen brauchen die Organismen zur optischen Orientierung nur einen Bereich, den wir Helligkeit oder Licht nennen. Für die Wellenlängenbereiche der verschiedenen Farben im Licht gibt es eigene Sinnesorgane; die sind jedoch nicht auf eine Wellenlänge genau begrenzbar. Ebenso wenig sind im Kontinuum von Bakterien zum Menschen einzelne für Lebewesen charakteristische Phänomene brauchbar, um die Kategorien Pflanze, Tier,

Mensch gegeneinander abzugrenzen. *Euglena* und die Spermien stehen als grenzüberschreitende Formen zwischen diesen Kategorien; *Euglena* steht zwischen Pflanze und Tier, das Spermium zwischen Körpergewebe und eigenständigem Organismus.

Bei *Euglena,* anderen einzelligen Flagellaten und bei manchen einfachen Lebewesen sehen die Geschlechtszellen (Gameten) wie normale Zellen aus. Bei allen vielzelligen Tieren und beim Menschen ist die weibliche Geschlechtszelle, die Eizelle, nicht zu aktiver Bewegung fähig und viel größer als ein Spermium, das sich lebhaft bewegen kann. Es ist ein einzelliges, selbstständiges Organ für den Gentransport. Den besorgen im Tierreich auch vielzellige Organe. Unter den Kraken (Kopffüßern, Cephalopoden) ist beim männlichen Papierboot *(Argonauta argo)* einer der acht Fangarme dafür spezialisiert. Zur Fortpflanzung übernimmt dieser *Hektokotylus* die in einer Spermatophore verpackten Spermien des (2 cm kleinen) Männchens, löst sich von ihm, sucht selbstständig ein (10 cm großes) Weibchen auf und kann in dessen Mantelhöhle weiterleben. (Es wurde dort zuerst für einen Parasiten gehalten).

Der als Palolowurm bekannte und zu den Polychaeten (Vielborstern) gehörende, bis 40 cm lange grüne Ringelwurm *Eunice viridis* lebt versteckt in Höhlen der Korallenriffe der südpazifischen Inseln. Diese Würmer sind (ähnlich wie unsere Regenwürmer) aus gleichartig aufgebauten Segmenten zusammengesetzt. Die Eier und Spermien werden ausschließlich in den Hinterkörpern produziert. Das Fortpflanzungsverhalten ist eng mit dem Phasenwechsel des Mondes gekoppelt. Dazu verändert der Wurm radikal die Segmente seines Hinterkörpers und baut weitgehend deren innere Muskeln und Organe ab. Aber Eierstöcke und Hoden wachsen stark an, der beiderseitige Borstenanhang an jedem Segment wird zum Schwimmpaddel, und vorn entstehen große Augen. Die *Eunice*-Würmer einer Population schnüren dann gleichzeitig die mit Geschlechtszellen gefüllten Hinterkörper (Epitoken) ab. Die schwimmen aktiv dem Licht entgegen zur Meeresoberfläche, versammeln sich dort in riesigen Mengen und entlassen zum Sonnenaufgang ihre Eier und Spermien in Wasser. Geschlechtspartner finden sich durch Pheromone. Auf Samoa und anderen pazifischen Inseln gelten die Hinterleiber als Delikatesse und Fruchtbarkeitsmittel. Die Vorderkörper (Atoken) der Würmer bleiben am Boden und regenerieren einen neuen Hinterkörper. Der verselbstständigte und mit Hilfsorganen versehene Hinterkörper, der allein die Geschlechtsprodukte enthält, könnte fast als eigenes vielzelliges Lebewesen gelten.

2

Verbotene Lektüren

Darwin und die Göttliche Offenbarung ▪ Wer unhinterfragt glaubt, ist leichtsinnig

4. Juli 1953, Münster

Die Familie Anton Bücker in Gievenbeck, Ramertsweg 78, ist ehrfürchtig erstaunt, dass der auf ihrem Bauernhof in einer Mägdekammer unterm Dach wohnende Student Post aus dem bischöflichen Palais bekommen hat.

Für mich stand schon in der Schule fest, dass ich Biologie studieren würde. Der Biologielehrer Dr. Franz Rombeck wies darauf hin, dass Biologie ein äußerst spannendes, jedoch seit Darwin religiös umstrittenes Gebiet ist. Bereits 1766, ein Jahrhundert vor Darwin, hatte einer der größten Naturkundler des 18. Jahrhunderts, der französische Naturforscher Georges-Louis Leclerc de Buffon, in seinem 44 Bände umfassenden Monumentalwerk über die Natur aus vergleichenden Studien erschlossen, dass biologisch der Esel zur Familie der Pferde gehört und ebenso der Affe zur Familie der Menschen. Er folgerte, „dass Mensch und Affe einen gemeinsamen Ursprung haben und dass tatsächlich alle Familien, der Pflanzen ebenso wie der Tiere, von einem einzigen Anfang herkommen". Und er fährt fort:

> Wir sollten nicht fehlgehen in der Annahme, dass die Natur bei genügender Zeit fähig war, von einem einzigen Lebewesen alle anderen organisierten Wesen abzuleiten. Aber das ist keinesfalls eine korrekte Darstellung. Uns wird durch die Autorität der Offenbarung versichert, dass alle Organismen gleichermaßen an der Gnade der unmittelbaren Schöpfung teilhatten und dass das erste Paar jeder Art vollausgebildet aus den Händen des Schöpfers hervorging.

© Springer-Verlag GmbH Deutschland, ein Teil von Springer Nature 2020
W. Wickler, *Reisenotizen*, https://doi.org/10.1007/978-3-662-61996-4_2

Besser kann man den Kontrast zwischen Wissensinhalten und Glaubensinhalten kaum ausdrücken. Charles Darwin selbst schrieb dann 1859:

> Es ist wahrlich eine großartige Ansicht, dass der Schöpfer den Keim alles Lebens nur wenigen oder nur einer einzigen Form eingehaucht hat und dass … aus so einfachem Anfang sich eine endlose Reihe der schönsten und wundervollsten Formen entwickelt hat und noch immer entwickelt.

Nach dem Abitur 1951 vermittelte mich die zentrale Vergabestelle für Studienplätze an die Westfälische Wilhelms-Universität Münster. Das entpuppte sich als Glücksfall. Denn dort lehrte Bernhard Rensch Evolutionsbiologie und Abstammungslehre. Er war einer der Mitbegründer der modernen „synthetischen Evolutionstheorie", die massiven Einfluss auf unsere Weltanschauung genommen hat, die aber auch in Kontrast zur Bibel geriet. Zwar mahnt schon in der Bibel Ben Sira (Sir 19,4): „Wer unhinterfragt glaubt, ist leichtsinnig". Doch für die fromme Familie Bücker war das verdächtig modern, wenn nicht gar ketzerisch; beruhigend immerhin wirkte mein – hoffentlich positiver – Kontakt zur kirchlichen Obrigkeit.

Dieser Obrigkeit allerdings bereitet die Evolutionslehre bis heute erhebliche Probleme. Denn seit Darwin widerspricht die Biologie von Grund auf der vom Lehramt der Katholischen Kirche offiziell vertretenen Herkunft aller Menschen von einem biblischen Stammelternpaar im Paradies. Zur Wahrung der als „Göttliche Offenbarung" gesicherten biblischen Lehre hatte das Heilige Offizium in Rom (in Nachfolge der Römischen Inquisition) schon 1559 begonnen, einen „Index Romanus" zu erstellen, eine Liste von glaubensgefährdenden Schriften, die zu lesen den Gläubigen unter Strafandrohungen bis zur Exkommunikation verboten war. Diese Liste erweiterten die Päpste zusammen mit der vatikanischen Glaubenskongregation seither bis 1962 um viele jener Druckwerke, die sachlich der biblischen Schöpfungsgeschichte und Abstammung des Menschen widersprachen. Fürs Biologiestudium allerdings wird die Kenntnis einiger solcher Schriften vorausgesetzt. Ich hatte das an den Bischof geschrieben und bekam soeben eine von „Michael Bischof von Münster" unterschriebene Antwort (unter dem Aktenzeichen G-Nr. 5–1933/53):

> Die uns vom Apostolischen Stuhl verliehene und zur Zeit geltende Vollmacht, die Erlaubnis zur Lektüre kirchlich verbotener Bücher zu geben, wird Herrn Wolfgang Wickler, um einen ordnungsmäßigen Studiengang durchführen zu können, zunächst für ein Jahr erteilt, mit der Auflage von der Erlaubnis

nur soweit es nötig ist Gebrauch zu machen, mit weiser Maßhaltung, unter Anwendung der erforderlichen Schutzmittel.

Sieben Jahre später begann ich am Max-Planck-Institut in Seewiesen soziosexuelles Verhalten bei Primaten und Menschen zu erforschen. Dazu gehörte nach Auffassung der Kirche auch „sündhaft obszönes Verhalten". Weltliche und wissenschaftliche Literatur darüber fiel wieder unter das römische Verdikt. Befreundete Theologen empfahlen mir – ernst gemeint oder der Kuriosität halber – erneut eine schriftliche Leseerlaubnis von der weiterhin aktiven kirchlichen Zensurbehörde zu erbitten. Sie wurde mir erteilt, dieses Mal durch das Bischöfliche Ordinariat Augsburg (am 25.10.1960; Num. 9336; Betreff Bücherverbot), unterschrieben von Generalvikar Vierbach. Die denkwürdige Fassung lautet:

Seine Exzellenz der Hochwürdigste Herr Bischof erteilt auf bittliche Vorstellung vom 12./15.10.1960 Herrn Dr. Wolfgang Wickler auf die Dauer von 3 Jahren die Erlaubnis, die durch das Kirchliche Gesetzbuch oder durch spezielle Indizierung verbotenen Bücher aufzubewahren und zu lesen (*obscoena* ausgenommen). Von der Erlaubnis ist ein vorsichtiger Gebrauch zu machen.

In Münster hörte ich im Rahmen eines Studium generale auch Vorlesungen des katholischen Moraltheologen Herbert Doms über die Ehe. Mit seinem Buch *Vom Sinn und Zweck der Ehe* (1935) erregte er in Rom Verärgerung. Eine (allerdings von ihm nicht autorisierte) italienische Ausgabe veranlasste 1939 das Hl. Offizium, den Verkauf sowie jegliche Edition und Übersetzung zu verbieten. In *Gatteneinheit und Nachkommenschaft* zerpflückte Doms 1965 die Begründungen der katholischen Sexualmoral, weil die Kirche beharrlich biologisch-sachlich falsche (anachronistische lateinische) Fachwörter aus dem Begriffshorizonts des Vormittelalters verwendet. Sein Verständnis der sexuellen „Zweieinigkeit" entging diesmal einem römischen Verbot, denn das Hl. Offizium schaffte den „Index" im gleichen Jahr ab (weil angesichts der Publikationsfluten in modernen Medien „nicht länger praktikabel"); doch gestützt auf das kirchliche Gesetzbuch (Kirchenrecht Canones 822–832) kontrolliert und zensiert die römische Kurie weiterhin alle Schriften, die „den Glauben oder die Sitten berühren".

(Eine kirchliche Zensur bekam 1794 auch Immanuel Kant zu spüren. König Friedrich Wilhelm II. beauftragte 1791 den Staats- und Justizminister Johann Christoph von Woellner, einen preußischen Pastor, mit der Leitung der „Königlichen Examinations-Commission in geistlichen Sachen". Und der erkannte in Kants 1793 veröffentlichter Schrift „Die Religion innerhalb der Grenzen der bloßen Vernunft" eine „Herabwürdigung mancher Haupt-und Grundlehren der heiligen Schrift und des Christentums" und wies ihn an, sich religiöser Schriften zu enthalten.)

Zu meiner Habilitation im Januar 1969 für das Fach Zoologie an der Münchener Universität musste ich wie üblich zehn provokante Thesen anbieten und öffentlich verteidigen. Die drei Letzten lauteten:

- Das Naturgesetz, auf das sich die Weisungen zur Geburtenkontrolle in *Humanae vitae* berufen, ist kein Naturgesetz im Sinne der Naturwissen-schaft, es steht zu einem solchen sogar im Widerspruch.
- Die Aufforderung des Lehramtes der Katholischen Kirche an die Natur-wissenschaftler, zu beweisen, dass kein Widerspruch bestehen kann zwischen den in *Humanae vitae* erläuterten göttlichen Gesetzen, welche die Weitergabe des Lebens regeln, und jenen, welche die echte Liebe fördern, enthält denselben Denkfehler, der zum Galilei-Prozess führte und diesen nach moderner Auffassung rechtfertigen soll.
- Die auf die Erbsündedogmen gründende Lehraussage der katholischen Kirche über den Monogenismus des Menschengeschlechts ist methodisch anfechtbar und untheologisch.

Begründet hatte ich das im gleichen Jahr mit dem Buch *Sind wir Sünder? Naturgesetze der Ehe* (1969), das in neun Sprachen erschien. Daraufhin schlug mir Doms eine Zusammenarbeit zur Durchsetzung eines vernünftig begründbaren Naturrechts vor. An den Grundthesen einer „Naturrechts-lehre" arbeitete ich 20 Jahre später zusammen mit Johannes Gründel in moraltheologischen Seminaren an der Münchener Universität, mit Duldung durch die kirchliche Obrigkeit, aber ohne deren Zustimmung zu den genannten Thesen. Die darin enthaltenen Anklagen gelten 2020 noch immer.

3

Wo ist die Sonne nachts?

Insekten mit angeborenem Irrtum ▪ Tiere mit Fantasie

28. September 1957, Freiburg

Die Vierte Internationale Ethologenversammlung tagt in Freiburg. Mit Kollegen diskutiere ich, wie Fische mit einer zweikammerigen Schwimmblase ihre Lage im Wasser regulieren können. Das Seepferdchen hat, wenn es – wie meist – mit dem Schwanz an ein Objekt geklammert aufrecht sitzt, die vordere, hingegen wenn es waagerecht schwimmt, die hintere Schwimmblasenkammer stärker gefüllt. Können auch andere Fische durch willkürliches oder unwillkürliches Verschieben der Gasmengen ihren Körperschwerpunkt verlagern oder gar ihren Schwebezustand im Wasser verändern? Beim Ziersalmler *Nannostomus beckfordi* ist mir aufgefallen, dass Seite an Seite kämpfende Männchen dabei langsam mit dem Schwanz voran (passiv?) zur Wasseroberfläche aufsteigen. Man weiß nur, dass Fische nach Änderung des Außendrucks ihren Schwebezustand im Wasser mithilfe der Schwimmblasenfüllung regulieren, aber nicht umgekehrt; da wären mehr Versuche und Beobachtungen erforderlich.

Am letzten Tag besuche ich Professor Georg Birukow in seinem Institut. Er erforscht die Bedeutung der inneren 24-h-Uhr für die Raumorientierung von Insekten und ist dabei auf eine Merkwürdigkeit gestoßen, die mich über Fantasie nachdenken lässt. Fantasie ist eine Leistung unseres Gehirns. Das sammelt unsere Sinneseindrücke und verarbeitet sie zur korrekten Orientierung in der Umwelt. Es kann aber mit erlebten Sinneseindrücken auch spielen, sie beliebig umordnen und zusammenfügen und uns so in eine imaginäre Fantasiewelt versetzen, zum Beispiel im Traum. Zwar lassen

© Springer-Verlag GmbH Deutschland, ein Teil von Springer Nature 2020
W. Wickler, *Reisenotizen*, https://doi.org/10.1007/978-3-662-61996-4_3

sich echte Erinnerungen gelegentlich schwer von bloßer Fantasie unterscheiden, bei der die Realitätsprüfung ja weitgehend ausgeschaltet wird. Dennoch meinte Albert Einstein, Fantasie sei wichtiger als Wissen, denn Wissen sei begrenzt, Fantasie aber erweitere unser Vorstellungsvermögen, sei eine schöpferische Aktivität, welche zum Beispiel in Märchen und Mythen die Wirklichkeit in neue Formen verarbeitet. Ihre eigentliche Domäne ist die Kunst, vorrangig die Tonkunst, in der rhythmische Bewegungen, Instrumental- und Vokalklänge verschmelzen.

Proben solcher Tonkunst aus dem Tierreich bieten die erlernten und individuell geprägten Gesänge der Bartenwale und Singvögel – dort zuweilen angereichert mit rhythmischen Bewegungen und Instrumentallauten. Die Jungen mancher Vogelarten imitieren, erfinden und komponieren Töne und Tonfolgen zu Melodien: Ist diese Leistung ihrer Gehirne ein Äquivalent zur menschlichen Fantasie? Dass Haustiere (Hunde, Katzen) im Schlaf träumen, ist bekannt. Aber vielleicht sind von der Realität abweichend konstruierte Vorstellungen im Gehirn tiefer verwurzelt, vielleicht schon beim knapp 2 cm langen gewöhnlichen Wasserläufer *Velia currens.* Der ist tagaktiv und bestimmt seine Laufrichtung zu jeder Tageszeit anhand des Sonnenstands. Herr Birukow hat nun den Tierchen nachts zu verschiedenen Zeiten eine künstliche Lichtquelle als Ersatzsonne angeboten; die Kompassrichtung, die sie dann einschlagen, zeigt an, wo für sie zu der betreffenden Zeit die echte Sonne am Himmel stünde. Überraschenderweise verhält sich der Wasserläufer so, als ließe sein Zentralnervensystem die Sonne nachts umkehren und, entgegen ihrer Tagesrichtung, von West über Nord nach Ost zurückwandern (oder als liefe seine innere 24-h-Uhr in der Dunkelperiode rückwärts). Dasselbe Phänomen zeigen der uferbewohnende Schwarzkäfer *Phaleria provincialis,* der Strandflohkrebs *Talitrus saltator,* die Wolfsspinne *Arctosa perita* und der Buntbarsch *Crenicichla saxatilis.* Für Honigbienen jedoch setzt in diesem Experiment die Sonne nachts ihre tatsächliche Bahn am Himmel fort (Braemer und Schwassmann 1963; Frisch 1965). Solch unterschiedliche „Fantasievorstellungen" sollten für uns nicht so sehr verwunderlich sein, angesichts der Tatsache, dass auch gebildete Menschen mit dem falschen ptolemäischen (geozentrischen) Weltbild 2000 Jahre lang gut gelebt und mit bestimmten Glaubensvorstellungen im Kopf das geozentrische Weltbild sogar erbittert gegen das nachgewiesenermaßen richtige heliozentrische verteidigt haben.

4

Eine Flugreiselektüre

Kaiser Trajan ▪ Santa Maria Maggiore ▪ Borgiapapst mit Frauen und Kindern ▪ Globus ohne Amerika ▪ Amerigo Vespucci bei den Tainos

3. Januar 1969, Rom

Weil die British Overseas Airways Corporation (BOAC) vergessen hat, in London unsere weitere Buchung bestätigen zu lassen, gibt es in Rom für mich und meine Doktorandin Dagmar Uhrig eine Pause, ehe die Swiss Air uns weiter nach Nairobi fliegen kann. Wir haben für zoologische Forschungsarbeiten in der Serengeti gute Trinovid-Ferngläser dabei und benutzen sie jetzt hier an Kulturobjekten. Erst einmal an der 113 n. Chr. errichteten, 38 m hohen marmornen Trajanssäule (mit Wendeltreppe innen eher ein Turm). Außen zeigt ein spiralförmig aufsteigendes, teils verwittertes Reliefband Szenen aus den Kriegen, die Kaiser Trajan von 101 bis 106 nördlich der Donau (im heutigen Rumänien) gegen die Daker führte. Wir bestaunen die zahlreichen penibel wiedergegebenen Details an Dakern und römischen Kriegern: Kleidung und Waffen, Kriegsbräuche und Lagerleben, Kampfweisen, Plünderungen, Donauüberquerungen und manches, das uns rätselhaft bleibt. Zu erkennen sind in Trajans Heer kämpfende Kavalleristen, Steinschleuderer, Bogenschützen und Germanen mit Hosen und entblößtem Oberkörper. Ohne einen freundlichen Hinweis hätten wir die ältesten Darstellungen einer Urkrawatte übersehen: Römische Legionäre knoteten zum Schutz gegen Kälte und scheuernde Rüstungen ein meterlanges Wolltuch, das Focale, um den Hals; junge Römer übernahmen es als modisches Accessoire.

Angeblich hat Kaiser Trajan mehrere Millionen römische Pfund Gold und Silber heimgebracht. Seine goldene Statue auf der Säule wurde im

© Springer-Verlag GmbH Deutschland, ein Teil von Springer Nature 2020
W. Wickler, *Reisenotizen*, https://doi.org/10.1007/978-3-662-61996-4_4

Mittelalter eingeschmolzen und 1587 durch den bronzenen Apostel Petrus ersetzt. Gold spielt auch eine Rolle in der Basilika Santa Maria Maggiore, eine der sieben Kirchen Roms, die mittelalterliche Pilgerreisende an einem Tag besuchen mussten, um Aussicht auf einen Sündenstrafen-Ablass von 300 Jahren Fegefeuer zu erhalten. In der von jedem Kirchengestühl freien Kirche beeindruckt zunächst die großflächig bogig geschwungene Ornamentik des Fußbodens, eine Einlegearbeit aus verschiedenfarbigem Marmor, die an orientalische geometrische Ziermuster erinnert. Die sogenannte Cosmaten-Arbeit stammt von Marmordekorateuren aus italienischen Künstler- und Handwerkerfamilien, die von 1150 bis ins 14. Jahrhundert tätig waren und in denen der Vorname Cosma besonders häufig vorkam. Die berühmten Mosaiken oben in den Apsiden und an den Wänden, die einzigen fast vollständig erhaltenen einer frühchristlichen Kirche des 4. und 5. Jahrhunderts, gelten wegen ihrer einmaligen handwerklichen und künstlerischen Komposition und Qualität als der größte Schatz der Kirche. Sein Aufbau aus Glassteinchen mit über 150 verschiedenen Farbabstufungen ist auch erst im Fernglas aufzulösen.

Erneut beeindruckt mich die flache Kassettenholzdecke. Ich hatte sie schon 1950 als Schüler gesehen und später mit immer weiteren, nicht nur positiven Assoziationen verknüpft. Zentrum der Decke ist das Wappen von Papst Alexander VI. (Roderic Llancol i de Borja, genannt Rodrigo Borgia), der sie in Auftrag gab. Bereits als Kardinal hatte er einige Mätressen und war Vater von drei illegitimen Kindern. Dann lernte er 1473 (damals 42 Jahre alt) die 31-jährige Vanozza de' Cattanei kennen, mit der er 13 Jahre zusammenlebte. In dieser Zeit zeugte er mit ihr vier Kinder, darunter Lucrezia Borgia. Er hat zwar später alle als legitim anerkannt; doch als 1486 sein Interesse an Vanozza schwand, verheiratete er sie, um sie zu versorgen, mit Carlo Canale.

Die Forderung „kein Sex für Priester" war erstmals auf der Synode von Elvira in Spanien im Jahr 306 zur Sprache gekommen; seit dem Zweiten Laterankonzil 1139 ist die Priesterweihe (in drei Stufen: zum Diakon, zum Priester, zum Bischof) ein Ehehindernis. Der Apostel Petrus, der als erster Papst gilt, war verheiratet, lebte – wie die synoptischen Evangelien berichten – mit seiner Frau, deren Mutter und seinem Bruder Andreas in einem eigenen Haus in Kafarnaum, wo Jesus ihn besuchte. Petrus nahm seine Ehefrau auf Reisen mit (1 Kor 9,5). Das war auch bei den anderen Aposteln üblich. Deswegen erlaubte sich Rodrigo Borgia, trotz Laterankonzil, 1489 im Alter von 57 Jahren die zuvor dem 13-jährigen Orso Orsini angetraute 15-jährige Giulia Farnese zu heiraten, „sein Alles, sein Herz und seine

Seele". Er zeigt sich öffentlich mit ihr. Am 11. August 1492 wird er zum Papst gewählt.

Am 12. Oktober desselben Jahres erreichte Christoph Kolumbus vor der Küste Mittelamerikas San Salvador, die erste Insel der Bahamas, und begegnete ihren Bewohnern, den Tainos, die er als überaus freundlich und freigiebig beschreibt. Er brachte bunte Mützen und Glasperlen als Geschenke, die Tainos gaben Wurfspiele, gezähmte Papageien und Gold. Kolumbus war, wie sein Bordbuch ausweist, auf der Suche nach dem Seeweg zur Hafenstadt Quinsay gewesen, der Stadt des Großen Khan im heutigen China, das damals zu Hinterindien oder Ostindien gezählt wurde. (Ostindien-Kompanien mit Handel ins Kaiserreich China bestanden bis 1858). An einen Seeweg von Spanien zu Ländern „hinter Indien" hatte schon Aristoteles geglaubt, und Kolumbus meinte bis zu seinem Tod 1506, ihn gefunden zu haben. Deshalb nannte er die Bahamas Westindische Inseln und ihre Bewohner Indianer.

Im Mai 1493 verteilte Alexander VI. mit der Bulle *Inter caetera diviae* das heutige Amerika an die Königreiche Spanien und Portugal, die mit Heerscharen von Glücksrittern um die einträglichsten überseeischen Besitzungen wetteiferten. Im September desselben Jahres startete Kolumbus zu seiner zweiten Reise. Er hoffte auf ein Goldland, auf „Tempel mit goldenen Dächern". 1496 kam er zurück und brachte Gold auch für Papst Alexander. 1498 wurde die Kassettendecke in Santa Maria Maggiore fertiggestellt und der Legende nach mit diesem Gold bedeckt, das der Papst stiftete.

Für unseren Weiterflug nehme ich mir etwas Lektüre über die erste Reise des Christoph Kolumbus mit. Er unternahm sie auf Basis der damaligen Weltsicht. Und die wurde gerade im Jahr 1492/1493 mit Behaims erstem „Erdapfel"-Globus räumlich veranschaulicht. Martin Behaim, Tuchhändler aus Nürnberg und portugiesischer Ritter, war mit portugiesischen Seefahrern die Küste Westafrikas entlang gesegelt und wollte seine Erfahrungen in ein Abbild der damals bekannten Welt einfügen. Vom Nürnberger Rat holte er sich 1492 den Auftrag, eine Erdkugel herzustellen, einen „Erdapfel", wie ihn der Reichsapfel symbolisiert. Dieser erste Globus, 51 cm groß, ist im Germanischen Nationalmuseum in Nürnberg zu sehen. Ich finde es lehrreich, sich an seinem Kartenwerk klar zu machen, wie Kolumbus sich orientierte, denn auf diesem Globus fehlen Amerika, Australien und der Pazifik, auch ist der Erdumfang zu kurz.

Durch weitere Entdeckerreisen verfestigte sich dann die Vermutung, Kolumbus sei, ohne es zu bemerken, auf einen bislang unbekannten Kontinent, eine „Neue Welt" gestoßen. *Mundus Novus* heißt der Bericht über eine Reise an die Ostküste Südamerikas von Mai 1501 bis September

1502. Verfasser ist der florentinische Kaufmann und Seefahrer Amerigo Vespucci, der die Reise im Auftrag des portugiesischen Königs Emanuel I. unternahm. In Sevilla leitete er eine Handelsniederlassung des Bankiers Lorenzo di Pierfrancesco de' Medici, dem er auch seinen Bericht sandte.

Vespucci begann die Reise am 14. Mai 1501 in Lissabon und segelte mit drei Schiffen nach Süden, vorbei an den Kanaren und entlang der nord- und schwarzafrikanischen Küste, überquerte in südwestlicher Richtung den Atlantik und erreichte nach zwei Monaten und drei Tagen am 7. August 1501 die Ostküste Brasiliens. Er war stolz darauf, dass er als Autodidakt „mehr von Navigation verstand als alle Navigatoren der Welt". Er segelte mehrere Monate ungefähr 3500 km an der brasilianischen Küste entlang nach Süden. Bei häufigen Landgängen besuchte er die indianischen Urein-wohner und lernte ihre exotischen Sitten kennen. Es waren Tupinamba, zur Tupi-Sprachfamilie zählende Amerindianer, die im 16. Jahrhundert die ganze brasilianische Küste und die Ufer der großen Flüsse bevölkerten. In seinem Reisebericht *Mundus Novus* aus dem Jahr 1502 schreibt er:

Sie schauten von Angesicht und Gebärden grässlich aus und hatten allesamt die Backen inwendig voll von einem grünen Kraute, das sie beständig, wie das Vieh, kauten, so dass sie kaum ein Wort herausbrachten. Wir wurden von den Einwohnern wie Brüder empfangen. Ich unternahm einiges, ihr Leben und ihre Bräuche kennenzulernen, weshalb ich 27 Tage unter ihnen aß und schlief. Die Eingeborenen haben große, untersetzte, wohl proportionierte Körper von fast roter Farbe. Ihre Bewegungen sind sportlich-grazil. Sie haben hübsche Gesichter. Der Bartwuchs ist dünn oder nicht vorhanden. Männer durchbohren Wangen, Lippen, Nasen und Ohren mit Steinen oder Knochen, Frauen nur die Ohren. Beide Geschlechter gehen von Geburt an bis zum Tod völlig nackt, wie sie geboren wurden, ohne darüber die geringste Scham zu empfinden, sie bedecken keinen Teil des Körpers. Aber volles, schwarzes Haar bedeckt die Stirn und den Hals. Die Frauen haben saubere, wohlgeformte Körper. Zu unserem Erstaunen sahen wir keine schlaffen Brüste. Sie leben der Natur gemäß, haben weder Gesetze noch Glauben noch einen Begriff von Unsterblichkeit der Seele, haben kein persönliches Eigentum, kennen keinen Geiz, weil alles gemeinsam ist; sie haben keinen König, keine Ämter und keine Bezeichnung für Reich und Provinz. Jeder ist sein eigener Herr. Sie ver-ehren keinen Gott, halten kein heiliges Gesetz ein. Sie leben 150 Jahre und sind selten krank. Wenn sie krank sind, heilen sie sich selbst mit gewissen Kräutern. Gegeneinander sind sie kriegerisch und töten im Kampf sehr grau-sam. Alle haben Pfeil und Bogen, Wurfspieße und Steine. Im Kampf schützen sie ihre Körper nicht, weil sie nackt gehen, und verfolgen im Krieg keine Taktik, außer dass sie den Ratschlägen ihrer Ältesten gehorchen. Aber ich habe nicht erfahren, warum sie Krieg führen. Männer haben so viele Frauen wie sie wollen. Ehen werden nach Belieben aufgelöst. Der Sohn vermischt sich mit der Mutter und der Vater mit der Schwester. Frauen haben sehr schöne und saubere Körper, keine Hängebrüste, die man an „Wilden" erwarten würde. Mütter unterscheiden sich in der Figur nicht von Jungfrauen, ihr Geschlechtsteil ist fleischig und kaum zu erkennen. Ihren Männern setzen sie giftige Insekten auf den Penis, um diesen luststeigernd zu vergrößern. Sie kopulieren oft und ohne Schamgefühl, besonders wollüstig aber mit Christen.

Vespucci schildert die Eingeborenen als Kannibalen, die ihre Gefangenen essen. So sei ein junger Matrose an Land von drei attraktiven Frauen schäkernd umringt worden, bis eine weitere Frau ihm von hinten mit einer Keule den Schädel einschlug. Dann hätten Männer den Toten zerteilt, der dann von allen gegessen wurde, während seine entsetzten Kameraden vom Schiff aus zusahen.

Ein eifriger Leser der Schriften Vespuccis war der deutsche Kartograf Martin Waldseemüller. Überzeugt, dass Amerigo Vespucci als erster die Neue Welt als ein bislang unbekanntes Festland erkannt hatte, gab er auf seiner Weltkarte von 1507 den „Landmassen im Westen" den bis heute für den Doppelkontinent gültigen Namen „America".

Vespuccis Text wurde in Europa populär, häufig nachgedruckt und färbte nachhaltig das europäische Bild vom kulturlosen Wilden. Kannibalen mit nackten, schönen, sexuell zügellosen Frauen wurden beliebte Themen exotischer Reiseberichte. Der spanische Humanist Juan Ginés de Sepúlveda urteilte deshalb 1550:

> Solche Völker müssen nach dem Naturrecht von den besseren Sitten und Einrichtungen zivilisierterer und überlegener Völker gelenkt werden – wenn nötig mit Waffen gezwungen, und dieser Krieg ist nach dem aristotelischen Naturrecht ein gerechter Krieg.

Demgegenüber betonte im gleichen Jahr der spanische Dominikanertheologe Bartolomé de Las Casas, kulturelle Überlegenheit sei keine Rechtfertigung für Unterwerfung und gewaltsame Anpassung; das wäre vielmehr ein strafwürdiges Unrecht gegen das Naturgesetz:

> Die Hispanier, die zahllose mehr als höllische Blutbäder unter den sanftmütigsten und für alle harmlosen indianischen Völkern angerichtet haben, sind schlimmer als Barbaren.

5

Rapa Nui

Missions- und Kolonialgeschichte der Osterinsel und ihrer Bewohner · Vogelmann-Kult · Moai-Statuen · Rongorongo-Schrift

30. Juli 1969, London

Mein ethologischer Lehrmeister und Freund Niko Tinbergen hat mich zum *XIX. International Congress of Psychology* eingeladen und moderiert meinen Vortrag über *Evolutionary origin and ritualisation of pair-bonding behaviour,* den er sich gewünscht hatte. Meine Zusammenfassung von Bewegungsweisen, die aus dem Mutter-Kind-Verhalten stammen, sekundär aber bei Tieren wie Menschen den Zusammenhalt erwachsener Paarpartner kräftigen, ist ein Musterbeispiel für Nikos Thema stammesgeschichtlicher „Ritualisierung", die Verhaltensweisen aus ihrem ursprünglichen Funktionskreis „emanzipiert" und mit neuer Motivation versehen in einen anderen sozialen Bereich integriert. Ein sowohl der Beobachtung wie der vergleichenden Analyse leicht zugängliches Beispiel ist das Mund-zu-Mund-Füttern bei sozialen Insekten, Hundeartigen und vielen Vögeln, das bei Menschenaffen und Menschen zum Kuss ritualisiert ist.

Nach dem Kongress besuche ich in Burlington Gardens, Londons teuerste Wohngegend im Westend, die Ethnographische Abteilung des Britischen Museums. Am Eingang zur Ozeanien-Abteilung steht die 2,42 m große, vier Tonnen schwere Statue *Hoa-haka-nana-ia.* (Seit 2000 steht sie wieder im Hauptgebäude des Museums, wo sie schon bis 1996 stand.) Die Figur aus grauem vulkanischem Lavatuff stammt von der völlig isoliert im Südostpazifik gelegenen Osterinsel Rapa Nui.

Die Statue hat ein kantiges Gesicht mit starken Augenbrauen, schmalen Lippen, vorspringendem Kinn und langen, rechteckigen Ohren. Sie hat deutliche männliche Brustwarzen, die Arme hängen leicht gebeugt, die

© Springer-Verlag GmbH Deutschland, ein Teil von Springer Nature 2020
W. Wickler, *Reisenotizen,* https://doi.org/10.1007/978-3-662-61996-4_5

Hände liegen auf dem Bauch. Was mich aber überrascht und mir zu denken gibt, ist eine Petroglyphenszene auf ihrem Rücken (Abb. 5.1), die einer der gestern diskutierten Szenen aus der Brutpflege und ritualisierten Partnerbegrüßung großer Seevögel entspricht (Abb. 5.2).

Die Szene beginnt über einem „Gürtel" um den Unterkörper und reicht bis auf den Hinterkopf. In der Schulterregion sieht man zwei einander zugewandte Vogelmenschen. Der linke hat ein großes Auge, reckt seinen langen Schnabel hoch, sein Hals geht über in einen rundlichen Vierfüßerrumpf, Arm und Bein haben an Hand und Fuß deutliche Finger und Zehen. Der ebenso gebaute Vogelmensch in eher sitzender Stellung ihm gegenüber berührt mit erhobener Hand die Kehle und mit seinem Schnabel den Unterschnabel des linken. Ein Kreis wie eine offene Schale steht zwischen den Zehenspitzen der beiden. Über den Schnäbeln der Vogelmenschen ist auf dem Hinterkopf der Statue ein kleiner Vogel mit nach oben zeigendem Schnabel und hängenden Flügeln zu sehen. Er ist beidseits flankiert von Paddelbildern und Vulvasymbolen. Die Szene ist nicht als Gravur eingeritzt, sondern erhaben (wie ein Stempel); das Gestein um die Figuren wurde feinkörnig weggemeißelt. Angeblich waren Gesicht und Rückseite der Statue ursprünglich weiß und die Rückenszene rot bemalt, aber die Farben gingen beim Transport verloren. Laut Beschreibung zeigt die Szene zwei *manupiri*-Vogelmenschen mit Fregattvogelköpfen sowie über ihnen eine *manutara*-Rauchseeschwalbe, Symbole für einen alten Vogelmann-Kult auf Rapa Nui, eng verbunden mit der Geschichte der Insel und ihrer Bewohner.

Ich bin gespannt und vertiefe mich in Geographie, Geologie und Besiedelung der Insel. Alte Reise- und neue Forschungsberichte liegen in Londoner Bibliotheken, andere sind veröffentlicht von der Pazifik-Informationsstelle Neuendettelsau und im Rapa Nui Journal (Universität Hawaii). Aus den in manchen Einzelheiten widersprüchlichen Berichten verschaffe ich mir ein plausibles Gesamtbild über Kultur und Bildkunst auf Rapa Nui, beides geprägt durch ein einmaliges mythisches Verhältnis zwischen Mensch und Seevogel. Das dokumentierte historische europäische Interesse an der Insel liefert mir zudem ein frühes und besonders übles Beispiel für einen „Zusammenprall von Kulturen", das in dem Buch *Clash of Civilizations* von Samuel Huntington (1996) nicht vorkommt.

Rapa Nui bildet zusammen mit Hawaii und Neuseeland das sogenannte Polynesische Dreieck und ist dessen östliche Spitze. In diesem Dreieck liegen alle Inseln und Inselgruppen des Pazifischen Ozeans, auch Mikronesien („kleine Inseln") und Melanesien („schwarze Inseln"). Rapa Nui ist 4000 km von Tahiti und 3500 km von Chile entfernt, 24 km lang,

Abb. 5.1 „Hoa-haka-nana-ia", Petroglyphen-Szene auf dem Rücken. British Museum London

Abb. 5.2 Begrüßungshaltungen; Meerscharbe *(Phalacrocorax pelagicus)*, Krähenscharbe *(Phalacrocorax aristotelis)*, Kormoran *(Phalacrocorax carbo)*

13 km breit (also etwa so groß wie die Ostseeinsel Fehmarn), hat die Form eines einigermaßen rechtwinkligen Dreiecks und besteht aus drei seit 100.000 Jahren erloschenen Vulkanen, deren Steilküsten bis 3000 m tief ins Meer reichen. Im Norden füllt der 507 m hohe Maunga Terevaka mit etwa einem Dutzend kleiner Nebenkrater den größten Teil der Insel, bedeckt mit jahrzehntelang überweideter Grassteppe. Im Osten bildet der 300 m hohe Maunga Puakatiki die Halbinsel Poike, und auf der wie eine „Beule" geformten Südwestspitze liegt direkt an der Küste der 320 m hohe und 1,8 km breite Krater Rano Kao. Sein Westrand trägt hoch über der Küste die alte Zeremonialstätte Orongo.

Etwa 1,5 km vom Krater Rano Kao entfernt liegen im Ozean drei winzige Inseln: Motu Nui, Motu Iti und Motu Kau Kau. Besonders schwer zu besteigen ist Motu Nui. Auf ihr nisten der Bindenfregattvogel *(Fregata minor)* und die Rauchseeschwalbe *(Onychoprion fuscatus)*.

Da, wo an der Südwestecke von Rapa Nui die „Beule" beginnt, liegt die alte Siedlung Mataveri. Den 5 km breiten Hals der „Beule" füllt heute der internationale Flughafen. Am östlichen Ende des Halses liegt an der Küste das alte Zeremonialzentrum Ahu Vinapu.

Die ökologische Geschichte der Insel Rapa Nui lässt sich aus Berichten früher europäischer Besucher und mithilfe moderner Analysen der Pollen in den Bodenschichten rekonstruieren. Demnach war die Insel einst mit Honigpalmen *(Jubaea chilensis)* bedeckt, die aber allmählich abnahmen und vor etwa 700 Jahren ganz verschwanden. Ursache waren wohl die ersten Siedler, die um 1200 kamen, und zwar, wie genetische Analysen zeigen, aus Ost-Polynesien, wahrscheinlich von der 2600 km entfernten Insel Mangareva. Nach Besucherberichten nannten sich die neuen Inselbewohner Rapanui. Alle Berichte zusammen umfassen etwa 35 Generationen seit der Erstbesiedlung. Die dokumentierte Geschichte von Rapa Nui begann rund 1400 Jahre nach der Besiedelung und besteht aus der Kollision ihrer Kultur mit der europäischen.

Gesichtet wurde Rapa Nui wahrscheinlich schon 1566 vom spanischen Seefahrer Mendana und 1686 von Edward Davis, dem englischen Kapitän des Piratenschiffs *Batchelor's Delight.* Erste Kontakte mit Europäern hatten die Rapanui im November 1770, als im Auftrag des Vizekönigs von Peru, Manuel d'Amat i de Junyent, eine spanische Expedition mit dem Kriegsschiff *San Lorenzo* unter dem Kommando von Don Felipe Gonzáles y Ahedo und der Fregatte *Santa Rosalia,* befehligt von Antonio Domonte, zur Insel kam. Sie ankerten vor der Nordküste und wurden sofort von zwei heranschwimmenden nackten Rapanui begrüßt, die sich ohne Scheu an Bord heben ließen. Es kam zu einer freundlichen Verständigung durch Gesten. Gegen Abend schwammen die beiden wieder an Land. Am nächsten Morgen trafen sich Boote der Schiffe und Kanus der Eingeborenen. Wie Steuermann John Hervé beschreibt, waren die Kanus aus schmalen, dünnen, mit Holzdübeln verbundenen Planken gefertigt, hatten Ausleger, trugen jeweils zwei tätowierte Rapanui, die mit Muschelhalsketten und Lendenschurzen bekleidet waren und Bananen und Hühner im Tausch gegen Bekleidungsstücke anboten.

Am dritten Tag erforschte Ahedo die Insel. Er fand keine Säugetiere außer der kleinen Pazifischen Ratte, die in Polynesien oft auch als Haustier und Fleischlieferant gehalten wird. Er notierte die Kulturpflanzen Yams, Maniok, Kürbisse, Süßkartoffeln, Bananen und Zuckerrohr. Er beobachtete, wie ein Insulaner eine Wurzel kaute und seinen Körper mit dem gelben Saft einrieb. Viele Eingeborene hatten mit Zuckerrohrblättern umwickelte dicke Stöckchen durch ihre Ohrläppchen gesteckt, die bis zu den Schultern herunterhingen. Die meisten wohnten in natürlichen oder künstlich angelegten Höhlen, höher gestellte Personen in Hütten, die aussahen wie umgekehrte Boote. Steuermann Francisco Aguera von der *Santa Rosalia* beschrieb und zeichnete monumentale, aus einem Stück gefertigte Moai-Steinfiguren, die auf speziell angelegten Ahu-Plätzen verehrt wurden.

Gonzales Ahedo beschreibt in seinem Buch *The Voyage of Captain* Don *Felipe Gonzalez to Easter Island* auch transportable, meist über 3 m große Paina-Figuren *(copeca)* in Form einer Puppe mit Armen und Beinen. Ein Grundgerüst aus elastischen Zweigen war mit Schilf und Rindenbaststoff umkleidet und schwarz-gelb-rot bemalt. Männliche Puppen hatten senkrechte Striche am Hals, weibliche Punkte auf der Stirn und schwarze Dreiecke auf den Wangen. Die Köpfe hatten Nasenlöcher, Augäpfel aus Knochenscheiben mit Pupillen aus schwarzen Muschelschalen und Augenbrauen aus Federn sowie einen Haarkranz, ebenfalls aus Federn. Die Puppen waren innen hohl; ein Träger konnte einsteigen und durch den offenen Mund nach außen sehen. Diese Figuren wurden an bestimmten Tagen zum Ahu-Versammlungsplatz getragen, wo sie – aus eindeutigen Gesten zu schließen – der Wollust dienten.

Am Ende seines Aufenthalts ließ Ahedo eine Karte von der Insel anfertigen und nahm sie offiziell für die spanische Krone in Besitz. Er stellte auf der Poike-Halbinsel drei Kreuze auf und ließ sich von drei Rapanui-Häuptlingen eine Besitzurkunde unterzeichnen. Sie benutzten dazu Symbole, die 100 Jahre später als Rongorongo-Zeichen erkannt wurden.

Im April 1722 erreichte der niederländische Admiral Jakob Roggeveen mit drei Schiffen der Niederländischen Westindien-Kompanie die Insel Rapa Nui. Es war Ostersonntag, und so gab er ihr den Namen Osterinsel. Er war unterwegs, um im „Südmeer" neue Länder zu entdecken. An Stelle des bereits 60 Jahre alten Admirals betrat sein Erster Offizier, der 21 Jahre junge mecklenburgische Korporal Carl Friedrich Behrens, die Insel. Sein Bericht erschien 1738 in Leipzig: „Diese Insel ist ein guter Ort, um sich zu erholen; überall sind Anbauflächen, und in der Ferne sahen wir ganze Wälder." Die Eingeborenen begrüßten ihn mit Palmzweigen als Friedenszeichen. Ihre mit Palmblättern gedeckten Häuser standen auf Holzpfählen. Wie schon Ahedo erwähnt auch Behrens die Hühner der Rapanui.

Im März 1774 kam der englische Seefahrer und Entdecker Captain James Cook auf seiner zweiten Weltumsegelung mit den umgebauten Frachtschiffen *Resolution* und *Adventure* zur Osterinsel. Ihn begleiteten auf der *Resolution* der 43 Jahre alte deutsche evangelische Pastor und Naturwissenschaftler Johann Reinhold Forster und sein 20-jähriger Sohn Johann Georg Adam Forster, ein Naturforscher und Ethnologe von besonderem Format. Auch er registrierte „kleine Hähne und Hennen, den unseren gleich". Sein Hauptaugenmerk aber richtete er, wohin er auch kam, auf Verhalten, Bräuche und Religionen der Menschen. Sein Buch *Johann Reinhold Forster's […] Reise um die Welt während den Jahren 1772 bis 1775* entstand aus täglich sorgfältig geführten Reisetagebüchern. Es erschien 1778/1780 in Berlin und ist bis heute eine der wichtigsten Quellen für die Erforschung der Gesellschaften in der Südsee aus der Zeit vor dem europäischen Einfluss. Die Rapanui gingen nach seinen Beschreibungen nackt, waren in beiden Geschlechtern tätowiert, Frauen vollständiger als Männer. Frauen trugen ihr Kopfhaar wie zu einer Krone zusammengedreht, bei Tänzen Kränze aus Federn, die älteren als Halsschmuck flache Diademe aus stark gekrümmten Hölzern. Als Statussymbole dienten paddelähnliche Gegenstände, bemalt mit einem Gesicht auf der einen Seite, auf der anderen zusätzlich mit einer Phallusdarstellung. „Das sonderbarste an Männern wie Frauen war die Größe ihrer Ohren, deren Zipfel oder Lappen so lang gezogen waren, dass er fast auf den Schultern lag. Daneben hatten sie große Löcher hinein-geschnitten, dass man ganz bequem vier bis fünf Finger durchstecken konnte."

1786 erreichte eine französische Expedition Rapa Nui. Ein Schiffsoffizier beschreibt die Einwohner als schön und anmutig und wohlgenährt, denn „der Boden liefert mit wenig Bearbeitung ausgezeichnete Ernten, reichlicher als die Bewohner verbrauchen können".

Von 1722 bis 1862 besuchten 53 Schiffe die Osterinsel auf der Suche nach männlichen Arbeitskräften und Frauen für „freie Liebe". Damit begann die Kolonialgeschichte der Osterinsel unter europäischem Ein-fluss, die angeführt von Missionaren im Namen Gottes und von neuen Kolonisatoren aus wirtschaftlichen Interessen, die komplette Zerstörung der Kultur der Rapanui bewirkte.

Im April 1786 lief eine französische Expedition unter dem Kommando von Jean François de Galaup, Comte de La Pérouse, im Auftrag des französischen Königs Ludwig XVI. die Osterinsel an. La Pérouse berichtete:

Wir hatten Pomeranzen- und Zitronenkerne, Baumwollsamen, Mais und außerdem noch eine Menge anderer Sämereien bei uns, die allesamt und sonders in dem dortigen Boden gedeihen konnten. Wir überbrachten auch Schafe, Ziegen und Schweine. Während der Zeit, dass die Weiber uns ihre Liebkosungen aufdrängten, wurden uns die Hüte von den Köpfen und die Schnupftücher aus den Taschen gestohlen; bei uns in Europa sind die abgefeimtesten Betrüger noch lange nicht so arge Heuchler wie die Bewohner der Osterinsel.

Die Diebereien der Insulaner sowie ihr sorgloses Umgehen mit den ihnen übergebenen Tieren und Sämlingen schienen ihn zu amüsieren. Von den Informationen, die er sammelte, gingen viele leider verloren, weil sein Schiff an einer Insel der Santa-Cruz-Gruppe zerschellte; seine gesamte Mannschaft gilt als verschollen. Glücklicherweise waren zuvor anderen Schiffen die realistischen Zeichnungen des Schiffszeichners Duché de Vancy übergeben worden, die so unter dem Titel *Insulaner und Denkmäler von der Osterinsel* der Nachwelt erhalten blieben.

1804 kommt Kapitän Yuri Lissjanskij mit einer russischen Korvette nach Rapa Nui, ein Leutnant geht mit einigen Tauschgütern im Ruderboot an Land und bringt alte Schnitzfiguren zurück.

1805 stehlen amerikanische Sklavenhändler vom Schoner *Nancy* nach blutigem Gefecht zwölf Männer und zehn Frauen der Rapanui.

Sie lösen deren Fesseln erst, als das Schiff drei Tage auf See ist. Die Männer springen sofort von Bord; man überlässt sie ihrem Schicksal. Die Frauen werden zurückgehalten und auf die im südlichen Pazifik liegende Alejandro-Selkirk-Insel gebracht. Benannt war sie nach dem schottischen Seemann Alexander Selkirk, der 1704 auf der etwa 160 km weiter östlich gelegenen heutigen Nachbarinsel Robinson Crusoe ausgesetzt wurde und 1719 als Vorlage für den Roman *Robinson Crusoe* von Daniel Defoe diente.

Von nun an begegnen die Rapanui fremden Anlandungsversuchen – etwa der Kapitäne Adams (1806) und Windship (1809) – mit Steinschleudern. Wie schon David gegen Goliath bewies (1 Sam 17), sind deren Schleudergeschosse, von geübten Kämpfern angewandt, außerordentlich gefährlich. Auf Guam hatten mir das die Chamorro gezeigt. Während David einfach runde Steine aus einem Bach nahm, spitzen die Chamorro die Steine an beiden Enden und schärfen ihre Kanten. Das Projektil wird in eine Schlinge aus *Pandanus*-Fasern gelegt, herumgewirbelt und, indem man im rechten Moment ein Ende der Schlinge loslässt, gezielt geschleudert.

1811 gelingt es Matrosen des amerikanischen Walfangschiffes *Pindos*, mehrere Insulanerinnen auf ihr Schiff zu schleppen. Sie werden vergewaltigt und anschließend über Bord geworfen. Zum Spaß wird eine Schwimmerin erschossen. Die übrigen bringen die Syphilis auf die Insel. Walfänger, die sporadisch Rapanui in ihre Mannschaften rekrutieren, berichten bald von gefährlichen Geschlechtskrankheiten auf der Insel.

Im März 1816 besucht der deutschstämmige russische Kapitän Otto von Kotzebue mit der Brigg *Rurik* die Osterinsel. Vom Schiff aus sieht er die Hänge der Berge in verschiedenen Grünfarben und anscheinend fruchtbare Felder. Zwei Boote, in denen von Kotzebue mit 17 Mann das Ufer ansteuert, werden von schwimmenden Insulanern bedrängt, die Taro-Wurzeln, Yams, Zuckerrohr und Bananen anbieten und versuchen, Eisenstücke von alten Fassbändern entweder einzutauschen oder mit Gewalt zu entwenden. „Dabei machen sie einen ganz unerträglichen Lärm und sprechen sehr lebhaft unter furchtbar lautem Gelächter." Nach dieser zunächst gemischt freundlich-aggressiven Begegnung versammeln sich viele Rapanui am Strand, schreien, tanzen, machen „die sonderbarsten Bewegungen und Verdrehungen des Körpers" und werfen plötzlich Steine. Kotzebue lässt einige Flintenschüsse in die Luft abgeben. Aber die Matrosen am Strand werden unter entsetzlichem Lärm noch heftiger bedrängt. Viele der aufdringlichen und unberechenbaren Rapanui haben rot, weiß und schwarz bemalte Gesichter. Frauen zeigen sich nur in weiter Entfernung. Als die Rapanui merken, dass die Fremden wieder zum Schiff zurückrudern wollen, hagelt es unter lautem Geschrei wieder Steine. Kotzebue segelt noch am selben Tag weiter.

Ebenso zwiespältig ergeht es dem damals 29-jährigen englischen Kapitän Frederick William Beechey, der die Insel im November 1825 mit seinem Forschungsschiff *HMS Blossom* kurz besucht. Er kennt Kotzebues Bericht, der die Osterinsulaner als ängstlich, aber auch als aggressiv beschreibt. Wie Kotzebue sieht er Rauchsäulen aufsteigen, offenbar ein Zeichen der Insulaner für ein ankommendes Schiff. Und wieder versammeln sich Scharen am Strand. Als er zwei Landungsboote aussetzt, springen immer mehr Insulaner ins Wasser, schwimmen zu den Booten und bieten Bananen, Zuckerrohr, Süßkartoffeln, Yams und Netze mit geschnitzten Figuren zum Tausch an oder werfen sie ins Boot. Sie versuchen mit allen Mitteln an Kleidungsstücke und Eisenteile zu kommen. Trauben von Insulanern – Männer, Frauen und Kinder – steigen in die Boote, bedrängen die Matrosen und plündern lose Gegenstände. Die Männer sind wie Clowns oder Dämonen bemalt oder tätowiert und brüllen aus Leibeskräften. Frauen bieten sich den Matrosen mit unmissverständlichen Gesten an, um ins Boot gezogen zu werden. Schließlich müssen die Matrosen weitere Insulaner mit Schlägen abwehren und setzen die aus den Booten wieder ins Wasser. Als mit einem Boot gelandete Matrosen sich zurückzuziehen versuchen, hagelt es plötzlich Steine. Schließlich wird scharf geschossen, ein Insulaner wird getroffen, alle geraten in Panik, die Matrosen machen ihr Boot flott und rudern wieder zurück. Beechey segelt weiter, ohne einen Fuß auf die Insel gesetzt zu haben.

1843 betritt Bischof Étienne Jérôme Rouchouze die Insel, zusammen mit 24 Mönchen und Nonnen, um die Ureinwohner zu missionieren. Er bleibt spurlos verschollen. J. Hamilton findet 1855 lediglich die Reste seines Bootes. Auch Hamiltons Crew wird von den Insulanern angegriffen; sie bringen zwei seiner Boote zum Kentern und töten den zweiten Offizier.

Kurz nach Weihnachten 1843 läuft das Walfangschiff *Margaret Rait* die Insel an. Kapitän Coffin bewundert das geschickte Schwimmen der Einwohner und beschreibt sie als „außergewöhnlich lebhaft und fröhlich, ständig lachend und ohne jedes grimmig-drohende Aussehen oder Benehmen". Seine Leute stehlen wertvolle Paina-Figuren aus Baumrindentuch.

Von 1859 bis 1863 holen mit Schusswaffen ausgerüstete peruanische Sklavenhändler gewaltsam 2700 Rapanui von der Osterinsel und verkaufen sie als Sklaven für den Guanoabbau auf den peruanischen Chincha-Inseln. Verschleppt werden auch Frauen, Kinder, Priester sowie der Inselkönig und sein Sohn. Auf den Guano-Abbauflächen arbeiten die Rapanui unter unmenschlichen Bedingungen; die meisten infizieren sich sofort mit Pocken oder Tuberkulose. Im November 1863 leben nur noch einhundert von ihnen. Ebenso litten alle nach Peru gebrachten Rapanui an Pocken, Durchfall und Tuberkulose. Aus einer Gruppe von 322 jungen Männern überlebten nur 119.

1862 kann Kapitän Aguirre zwei Osterinsulaner auf seinem chilenischen Schoner *Cora* mitnehmen und segelt weiter zum 3400 km entfernten Tubuai-Archipel. Auch von dort und von anderen südpazifischen Inseln wurden zu dieser Zeit insgesamt über 3500 Eingeborene als Arbeitskräfte nach Peru und Chile verschleppt. Aguirre ankert im Dezember 1862 in Tubuai vor der dortigen Insel Rapa Iti. Eine Gruppe von bewaffneten Kriegern der Insel aber kapert nachts die Cora. Sie setzen Kapitän und Offiziere fest und bringen Schiff und Besatzung nach Tahiti zu den französischen Behörden. Hier erfährt Bischof Florentin-Étienne Jaussen (genannt Tepano) von den Sklavereiverbrechen und macht sie öffentlich. Auf internationalen Druck verfügt die peruanische Regierung 1863, alle Polynesier zurückzuschaffen. Sie sollen mit dem amerikanischen Walfangschiff *Ellen Snow* auf die polynesische Insel Mangareva gebracht und von dort auf ihre Heimatinseln verteilt werden.

Auf Rapa Nui streiten die weniger als 800 verbliebenen Inselbewohner um Besitz und brachliegende Felder der Deportierten oder Verstorbenen. Im Januar 1864 kommt der Franzose Joseph-Eugène Eyraud, Novize vom Orden der Heiligen Herzen von Jesu und Maria („Amsteiner Patres"), mit einigen Schafen, Saatgut und seiner Bibel auf die Osterinsel. Daniel, ein Schiffsjunge von der Insel Mangareva, der zuerst an Land geschickt wird, kommt voller Schrecken zurück: Nackte, tätowierte und mit Federn geschmückte, aber pockenkranke Männer hätten ihn mit Geschrei und Speeren bedroht. Eyraud weicht aus und geht an der Nordküste in der Anakena-Bucht an Land. Er berichtet:

> Alle Rapanui besitzen die gleiche Bekleidung, nämlich ein Band aus Papyrus, das mit einem Seil aus Haar um die Hüfte gebunden wird. Einige haben ein zweites Bekleidungsstück, das über die Schulter geworfen und um den Hals gelegt wird. Süßkartoffeln werden jeden Tag gegessen, dazu gibt es ab und an ein Huhn und hin und wieder auch Fisch.

Er berichtet seinem Ordensbischof Jaussen in Tahiti über einen Vogelmann-Kult, den er in Mataveri erlebte. Auch habe er in jeder Hütte 30 cm hohe geschnitzte menschliche Statuetten *(moai kava kava)* sowie mit „Hieroglyphen" bedeckte Holztafeln gefunden.

Schon im Oktober ist Eyraud bis auf ein Paar alter Schuhe und ein weißes Tuch als einzige Kleidung ausgeraubt. Sein Ordensgeneral in Valparaiso entsendet Pater Pacome Olivier, um ihn nach Chile zurückzuholen. Eyraud studiert weiter und wird zum Priester geweiht. Als er von der Repatriierung der entführten Rapanui erfährt, beschließt er, mit ihnen und dem Segen der Kirche als Missionar wieder dorthin zu gehen.

Anfang 1866 reist Eyraud mit Pater Hippolyte Roussel über Tahiti nach Mangareva und nimmt von dort drei schon bekehrte Mangareven (Aretaki, Akilio, Papetati) sowie 15 aus der Sklaverei befreite Osterinsulaner mit. Sie bewirken, dass die Gruppe im März 1866 auf der Osterinsel ungestört von den einheimischen Rapanui an Land gehen kann; sie schleppen aber auch weitere Krankheiten ein, die bald zum Tod der meisten der zu Hause gebliebenen Rapanui führen. Eyraud und Roussel gründen in Hanga Roa eine Mission mit Schule und beginnen die Christianisierung. Einige Monate später kommen zur Unterstützung die Missionare Kaspar Zumbohm und Théodule Escolan und gründen eine weitere Missionsaußenstelle mit Schule in Vaihu. Am 22. Dezember 1866 schreibt Eyraud, die kulturelle Ordnung der Rapanui sei nach der Versklavung vieler Insulaner weitgehend zerstört, aber er sehe nun gute Voraussetzungen für eine erfolgreiche Missionierung.

Die Jahre 1866 bis 1868 versetzen der gesamten Kultur der Rapanui den entscheidenden Todesstoß: nicht durch die Mission, sondern durch wirtschaftliche Ausbeutung der Insel. 1866 war mit den beiden Missionaren Eyraud und Roussel auch ein französischer Geschäftsmann, Jean-Baptiste Onésime Dutroux-Bornier, zu einem kurzen Besuch auf die Insel gekommen. Er kam 1867 wieder, um Arbeiter für Kokosplantagen anzuwerben. Bei seinem dritten Besuch im April 1868 verbrannte er die Yacht, mit der er kam, und blieb, um auf der Insel eine Schaffarm aufzubauen. Er ließ sich in Mataveri nieder und heiratete Koreto, eine Rapanui, die er zur Königin ernannte. Er versuchte (vergeblich), Frankreich dazu zu bewegen, Rapa Nui als Kolonie zu übernehmen. Mit John Brander, einem schottischen Kaufmann und Großgrundbesitzer auf Tahiti, vereinbarte er, alle vorhandenen Rapanui nach Tahiti zu schaffen.

Im August 1868 verkündet Eyraud stolz, alle 800 noch auf der Insel lebenden Rapanui seien zum christlichen Glauben übergetreten und hätten sich taufen lassen. Neun Tage später stirbt er an Tuberkulose.

Drei Monate später, Anfang November 1868, bringt das Linienschiff *HMS Topaze* den archäologisch interessierten britischen Arzt John Linton Palmer auf die Osterinsel. Er und der „Offizier an Bord", Richard Sainthill, erkunden die Insel sechs Tage lang. Sainthill liefert eine erste Beschreibung des Zeremonialdorfes Orongo am Kraterrand des Rano Kao (veröffentlicht 1870 im Macmillan Magazine). Palmer beschreibt die geologischen Formationen und die Landschaft. Er findet Trinkwasser in den Kraterseen Rano Raraku und Rano Kau und in unterirdischen Speichern, die entlang der Südküste in kleinen Wasserläufen und Brunnen zutage treten. Er notiert Gräser, Schilfpflanzen, Eisenkraut, Zuckerrohr, Süßkartoffeln, wilde Kürbisse, Kokospalmen, viele Seevögel, zwei Schmetterlingsarten sowie überaus lästige Fliegen. Die Insulaner beschreibt er als robust, gut gewachsen, freundlich, fröhlich, übermäßig träge, aber sehr bemüht um Körperschmuck, sehr geschickt im Flechten und im Bearbeiten von Holz mit Obsidiansplittern, die sie auch als Rasiermesser und Speerspitzen benutzen (veröffentlicht 1870 im *Journal of the Royal Geographical Society of London*).

Von Eyrauds Helfern Hippolite Roussel, Kaspar Zumbohm und Théodule Escolan erhält Palmer wertvolle Informationen über die Örtlichkeiten der Insel sowie über die Lebensweise der alten Rapanui. In markierten Territorien lebten 36 Stammesgruppen *(hua ai)*. Jede hat auf einem geebneten Platz einen *ahu*-„Altar" aus einer ansteigenden, mit Kies gepflasterten Rampe erbaut, die zu einer rechteckigen, aus über 300 t Gestein erbauten Plattform führte. Darauf stand eine der Steinstatuen *(moai)*, wahrscheinlich als Denkmal für einen bedeutenden Verstorbenen, der im Vogelmann-Kult eine Rolle spielte. Menschliche Skelettreste in oder bei den *ahu*-Plattformen lassen auf Grabstellen schließen.

Wohnung für die religiöse und politische Elite war das Paenga-Haus *(hare paenga)* in Form eines umgedrehten Bootskörpers. Sein Fundament bestand aus Basaltsteinen (vergleichbar unseren Bordsteinen), die 30 bis 100 cm tief im Boden in Form einer langgestreckten Ellipse ausgelegt wurden. Sie waren sorgfältig bearbeitet und oben mit Bohrungen für dünne Toromiro-Äste versehen, die als Rahmenwerk kuppelförmig zusammengezogen und an eine lange Firststange gebunden wurden. Auf das korbartige Gebilde wurden geflochtene Schilfmatten geschnürt, darüber eine Lage aus Zuckerrohrblättern und oben drauf an den Querstreben befestigte Grasbündel. Der Eingang war ein niedriger Kriechtunnel mit einer kleinen Holzfigur (Aku Aku) an jeder Seite zum Schutz gegen bösartige Geister.

Die Rapanui verzehrten, was sie von den fruchtbaren Böden ernteten, dazu aus dem Meer Fische, Krebse, Schildkröten und in Mengen eine 4 cm große Gehäuseschnecke *(Neritina)*, außerdem die zwei typischen polynesischen Haustiere, die sie mitgebracht hatten, die kleine, braune Pazifische Ratte *(Rattus exulans)* und das Araucana-Haushuhn, das lange Beine, mit Federn bewachsene Ohrlappen hat und Eier mit grünlicher Schale legt.

Auf seinen Streifzügen entdeckt Palmer in Orongo am Kraterrand des Rano Kau mehr als 80 sehr alte, gut erhaltene, aber zurzeit ungenutzte Häuser, deren Eingänge alle zum Meer weisen.

Jedes Haus ist länglich oval und aufgebaut aus Schichten von unregelmäßigen Steinplatten, die sich nach oben hin verengen, so dass sich die Wände allmehlig wölben und durch größere Platten als Dach zugedeckt werden können.

In einem der Häuser entdeckt er die *Hoa-haka-nana-ia*-Statue, bis zur Taille im Erdreich eingegraben. Er lässt sie ausgraben, auf das Schiff *Topaze* verfrachten und nach England schaffen. Im August 1869 erreicht die *Topaze* Plymouth. Die Admiralität bietet die Statue Königin Victoria an; die aber empfiehlt sie dem Britischen Museum.

Unter den 800 Rapanui grassiert eine schwere Pockenepidemie. Von Tahiti zurückgekehrte Rapanui hatten auch die Lepra auf die Insel gebracht. Und Dutrou-Bornier ist damit beschäftigt, ihnen systematisch Land für seine Schaffarm abzunehmen. Für sich rekrutierte er etliche Rapanui, erlaubte ihnen, das Christentum abzuschütteln und zu ihrem alten Glauben zurückzukehren, bewaffnete sie mit Gewehren und Brandsätzen, um Häuser der Rapanui zu zerstören. Ihre Süßkartoffelfelder verwüstete er dreimal und kaufte alles Land mit Ausnahme des Missionsgebietes um Hanga Rosa auf. So herrschte er auf der Insel mehrere Jahre lang. Einige Hundert Rapanui verkaufte er nach Tahiti als Arbeitskräfte für seine dortigen Unterstützer. Bis 1870 hatte er durch Terror und Brandschatzung sämtliche Rapanu in ein Reservat um Hanga Roa vertrieben. 1870 ließ er auch die Missionen zerstören; die Missionare flohen, Escolan mit 112 Rapanui nach Mangareva, Roussel mit 168 Rapanui nach Tahiti. 230 Rapanui, meist ältere Männer blieben auf der Insel. Sie fielen in ihre alten Gewohnheiten und Riten zurück, holten sogar ihre Toten wieder aus den christlichen Gräbern und bestatteten sie auf ihre eigene Weise in Höhlen.

1870 berichtet Kapitän I. L. Gana von der chilenischen Korvette *O'Higgins,* er habe die Rapanui bei einer heidnischen Zeremonie beobachtet; sowohl Männer als auch Frauen hätten in der Öffentlichkeit nackt getanzt und dabei unanständige Bewegungen vollführt. 1876 wurde Dutrou-Bornier in einem Streit um angemessene Kleidung und wegen Entführung junger Mädchen ermordet.

Im Jahre 1883 bekam der Chef der deutschen Kaiserlichen Admiralität einen 53-seitigen Bericht von Kapitänleutnant Wilhelm Geiseler über seinen Besuch (zusammen mit Zahlmeisteraspirant J. Weißer) auf Rapa Nui. Auf

Befehl der Deutsche Königlichen Marine hatte er 1882 als Kommandant des Kanonenbootes *SMS Hyäne* auf der Fahrt zu den Samoa-Inseln für einige Tage „für die Ethnologische Abteilung der Königlichen Museen in Berlin die auf Rapa Nui noch vorhandenen Reste einer früheren Kultur zu erforschen". Geiseler beschrieb und Weißer zeichnete Steinhäuser vom Rand des Kraters Rano Kao, Ahu-Bauten, Reliefs und bemalte Steinplatten in Orongo. J. Weißer zeichnete detailgetreu typische Vogelmann-Figuren und den Hauptgott Máke-Máke.

Im Dezember 1886 kommt der Amerikaner William J. Thomson, Zahlmeister auf dem Kriegsschiff *US Mohican,* auf die Osterinsel, um sie im Auftrag des *Smithsonian Museum* in Washington zu erforschen und unbedingt einen Moai von der Osterinsel mitzubringen. Thomson liefert die ersten Fotografien von der Osterinsel und einen umfassenden Bericht über die Lebensweise der Rapanui zum Zeitpunkt der Krise nach den Sklavenjagden 22 Jahre zuvor. Thomson beschreibt einen dichten natürlichen Grasbewuchs, hervorragend geeignet als Weide für Schafe und Rinder. Es gibt 600 kleine chilenische Rinder, die kaum Milch geben, 18.000 nummerierte Schafe und einige zähe, kleine Pferde aus Tahiti. Von den Sämereien, die La Pérouse 1786 gebracht hatte, finden sich keine Spuren. *Edwardsia, Broussonetia* und *Hibiscus* sind den frei lebenden Rindern und Schafen zum Opfer gefallen.

Feuer entzünden die Insulaner immer noch mit einem Reibestock auf einem Stück Holz vom Maulbeerbaum. Sie sind geschickt im Anbau von Kartoffeln, Taro, Bananen und Zuckerrohr, dessen Saft sie nur zum Durstlöschen nutzen. Der Boden um die Gewächse wird zum Schutz vor Trockenheit mit Mulch und Gras abgedeckt, und Vertiefungen um die Stämme der Bananen sammeln Regenwasser. Steinmauern aus Vulkangestein schützen kultivierte Flächen und Pflanzen vor den frei laufenden Schafen. Thomson notiert viele Ratten, verwilderte Katzen und ein Rudel verwilderter Hunde. Er stöhnt über Flöhe, 2 cm große Kakerlaken und Myriaden von Fliegen; die gibt es, seit Schafzüchter Zisternen gebaut haben.

Kurz vor Eintreffen der *US Mohican* wurden auf der Osterinsel 155 Menschen gezählt: 68 erwachsene Männer, 43 Frauen, 17 Jungen und 27 Mädchen unter 15 Jahren. Alle waren gesund. Häuptling Mati und seine Frau waren älter als 90 Jahre, der Nachkomme des letzten Königs war über 80 Jahre alt, alle langlebig wegen eines Lebens ohne Angst und Sorgen mit sparsamer Diät. Frauen wirken gepflegter und bescheidener als Männer. Die jüngeren Menschen sind weder tätowiert, noch tragen sie Ohrenschmuck oder große Löcher in den Ohrläppchen. Öffentliche Tänze gibt es nicht mehr. Die bequemeren Kleidungsstücke stammen offensichtlich von

Schiffen: alte französische, spanische oder englische Uniformen mit Messing-knöpfen zur Verschönerung. Um 1886 hatten sich zwar alle Osterinsulaner zum Christentum bekannt, doch schon seit der Abreise der Missionare gab es Tendenzen zur Rückkehr zu alten abergläubischen Vorstellungen. In den Gräberwänden lässt man kleine Löcher, durch die sich die Seelen der Verstorbenen vor bösen Geistern retten können. Vor verschiedenen Dämonen, die nach Anbruch der Dämmerung auf der Insel herumstreifen, fühlen sich die Menschen nur durch ihre Hausgötter aus Holz sicher.

Die große Versklavung 1863/1864, der Tod des letzten Königs und der vornehmsten Häuptlinge und die Vertreibung der Missionare durch Dutrou-Bornier haben die öffentliche Ordnung zerstört; jeder Insulaner ist sein eigener Herr und denkt nur an seine eigenen Interessen. Kinder werden nach der Pubertät und vor der christlichen Trauung durch einen Priester von ihren Eltern bereits versprochen. Nach altem Brauch darf der Ehemann seine Frau verkaufen oder für eine bestimmte Zeit vermieten.

Thomson beschreibt 113 *ahu*-Anlagen, darunter einige, deren Steine zum Bau von Häusern der neuen Herren verwendet wurden, auch für Hanga Roa, das Dorf der katholischen Missionare; die Anlage Kaokaoe wurde von Schafzüchter Brander komplett abgerissen, um daraus Steinzäune zu errichten. Thomson findet in Gruften der Ahu-Anlagen entlang der Küste Skelette, menschliche Knochen und eingeschnürte Tote, ebenso in Höhlen, Nischen und zahlreichen Gräbern. Zwar hatten die Missionare zwei Friedhöfe bei Vaihu und Mataveri angelegt, doch die Einheimischen akzeptierten eine christliche Bestattung nicht.

Thomson erkundet den Krater des Rano Kau und an dessen Rand intensiv die Zeremonialstätte Orongo, versucht die dortigen Petroglyphen zu zählen und nimmt außer zwei bemalten Steinplatten auch zwei Moai-Statuen mit auf die *US Mohican,* eine mit dem zugehörigen Pukao-Kopfaufsatz.

Im Jahr 1888 entsendet Chiles Marine ein Kriegsschiff nach Rapa Nui und nimmt die Insel in Besitz. Unter erneutem missionarischem Einfluss wurde eine einheimische Monarchie nach dem Vorbild derjenigen in Tahiti und Mangareva errichtet. König Atamu Tekena und Marinekapitän Policarpo Toro unterzeichnen ein Abkommen, das aber nie formell ratifiziert wird und dessen Inhalt bis heute unklar ist.

1896 verpachtet die chilenische Regierung die Insel an einen chilenischen Geschäftsmann als Schaf- und Rinderfarm. Die Pachtlizenz wird von der „Gesellschaft zur Ausbeutung der Osterinsel" *(Compañía Explotadora de la Isla de Pascua)* übernommen, einer Tochtergesellschaft eines schottischen Handelshauses; die Insel wird ein „Firmenstaat". Die verbliebenen etwa

1000 Rapanui verbringt man nach Hanga Roa und umgibt es mit einem Stacheldrahtzaun. Zwei bewachte Gittertore werden um 18 Uhr geschlossen. Eine Rebellion im Jahre 1914 wird brutal unterdrückt.

Im Jahr 1953 wird der Pachtvertrag für die schottische Firma nicht erneuert; ab jetzt betreibt die chilenische Marine die Ranch. Die Rapanui dürfen das umzäunte Gebiet seit 100 Jahren immer noch nicht ohne ausdrückliche Erlaubnis verlassen; bei Verstößen werden sie öffentlich ausgepeitscht.

Eine neue Rebellion 1964 hat zur Folge, dass die Rapanui 1966 per Gesetz chilenische Staatsbürger werden, sich ohne Zaun frei auf der Insel bewegen und in Chile studieren oder arbeiten können. Seit 2007 ist die Insel ein Sonderterritorium Chiles, teils als Nationalpark, teils als Staatsfarm. Hauptstadt ist Hanga Roa. Die Bevölkerung (etwa 6600) ist als Gemeinde in die chilenische Region Valparaíso eingegliedert und hat einen gewählten Gemeinderat und Bürgermeister. Mit der Zivilverwaltung kamen chilenische Bürokraten und ihre Familien als Immigranten auf die Insel. Weitere Immigranten (aus Tahiti, Polynesien, Chile, Amerika und Europa) kommen von 1990 bis 2010 mit dem boomenden Tourismus. 2017 wird die Verwaltung des Nationalparks einer von den Einheimischen gewählten Organisation übertragen.

Die meisten Touristen (deren Zahl jährlich das Zehnfache der einheimischen Bevölkerung beträgt) kommen übers Jahr verteilt wegen der Kulturreste der Rapanui. Am sichtbarsten sind die mehr als 800 Moai-Statuen an den Küsten rings um die Insel. Ende des 19. Jahrhunderts waren die meisten (durch einen Tsunami?) umgefallen; einige wurden später wiederaufgerichtet. Die meisten blickten ins Land zu den Ländereien der Einwohner. Sieben Statuen auf Ahu Kivi blicken aufs Meer, angeblich dorthin, woher die Erstsiedler kamen. Vier dieser Statuen tragen auf ihren abgeflachten Köpfen, riesige, viele Tonnen schwere Kopfbedeckungen *(pukao)*. Diese Hüte (oder Körbe) bestehen aus rotem Lavagestein und wurden bei Puna Pau am Westzipfel der Insel gefertigt, genau gegenüber vom 15 km entfernten Lavasteinbruch auf dem Ostzipfel der Insel am Fuße des Kraters Rano Raraku, wo alle Statuen entstanden. Etwa 300 Statuen verschiedener Größe in allen Fertigungsstufen liegen noch dort. Die fertigen Statuen wurden zu ihren Standorten auf der Insel geschafft, in der Regel zu einer der über hundert *ahu*-Plattformen (von denen nur die sechs größten restauriert wurden). Einige der Statuen haben (schlecht erhaltene) Symbole und Ornamente auf dem Rücken, ähnlich der Vogelmensch-Szene auf der Londoner Statue.

Die britische Historikerin Katherine Maria Scoresby Routledge arbeitete archäologisch von 1914 bis 1915 auf Rapa Nui. Von den damals 250 Bewohnern der Insel erfuhr sie, dass der kultische Vogelmensch stets männlich war und dass mit dem Vogelmann-Kult zwei männliche göttliche Wesen verbunden waren, Hawa-tuu-take-take (Gott des Eies) und Make-make (Hauptgott, der Macht über alles hat), sowie zwei weibliche Gottheiten, Vie-Hoa (Hawa's Gemahlin) und Vie-Kenatea.

Das Bildmotiv des Vogelmannes *(tangata manu)* kombiniert den Rumpf eines Menschen und den Kopf eines Fregattvogels *(makohe)*. Eine Legende erzählt, Make Make habe einmal sein Spiegelbild im Wasser betrachtet, als über ihm ein großer Fregattvogel mit langem Schnabel und weit gespannten Flügeln erschien. Im Wasser verschmolz dessen Spiegelbild mit seinem. Der Fregattvogel wurde wegen seiner Größe, Luftakrobatik und Herrschaft über andere Vögel – er jagt ihnen in der Luft die Beute ab – würdiger Repräsentant des Gottes Make Make.

Andererseits standen alle Seevögel und ihre Eier immer auch auf dem Speisenplan der Inselbewohner des polynesischen Dreiecks. Allein auf Aldabra wurden bis ins 20. Jahrhundert jährlich einige tausend Fregattvögel gegessen. Von Rapa Nui wurden sie wohl durch Übernutzung ihrer Eier verdrängt bzw. durch göttliche Intervention tabuisiert: Denn einer Legende nach hatten Make Make und Hawa-tuu-take-take Fregattvögel am Ort Kauhanga auf Rapa Nui angesiedelt. Als die Gottheiten nach drei Jahren wiederkamen, sahen sie aber, dass die Vögel von Männern, Frauen und Kindern gegessen wurden. Make Make und Hawa trieben deshalb die Vögel zum Ort Vai Atare am Rand des Kraters Rano Kao. Wieder 3 Jahre später sahen sie, dass Menschen die Eier der Vögel aßen. Nun scheuchten sie die Vögel zur kleinen Insel Motu Nui, wo es keine Menschen gab.

In alter Zeit, so sagen die Rapanui, war ein Fregattvogel-Ei von der kleinen Insel Motu Iti der Siegespreis in einem Führungswettstreit unter den Stammesfürsten. Als nun dieses Ei tabu war, trat an seine Stelle ein Ei der Rauchseeschwalbe. Vielleicht bezieht sich die Petroglyphenszene auf dem Rücken der Londoner Statue auf den Neubeginn des Vogelmann-Kultes? Zeigt sie die Götter Make Make und Hawa-take-take als Fregattvogel-Menschen, ein Ei als Kreis zwischen deren Füßen und oben die Rauchseeschwalbe als neuen Vermittler göttlicher Würde im Wettstreit der Stammesfürsten?

Dieser Wettstreit fand jährlich zur Brutzeit der Seevögel am Beginn des Sommers statt und war eine komplizierte Veranstaltung der konkurrierenden Clans. Sie begann, wie der Missionar Hippolyte Roussel 1866 beschrieb, in Mataveri als ein großes Fest mit Wettkämpfen, Gesängen und lasziven Tänzen. Die ausgewählten Wettkämpfer und deren Begleiter kletterten dann über die südwestliche Seite des Kraters zum Gipfel des Rano Kao hinauf; „das war extrem beschwerlich". Viel Volk versammelte sich bei Orongo am südwestlichen Kraterrand und wartete darauf, dass die Vögel, die das Jahr über weit draußen auf dem Meer waren, drüben auf der kleinen Insel Motu Nui ankamen. Die kräftigsten, gewandtesten und mutigsten Männer aus den Stämmen bereiteten sich in den Steinhäusern darauf vor, nach einem Startkommando jeder auf seine Weise den 300 m hohen und lebensgefährlich steilen Abhang hinabzuklettern, durch die beidseits starke Brandung nach Motu Nui zu schwimmen, den Seevogelfelsen zu erklettern, ein Seeschwalben-Ei zu holen und es in einem kleinen, um die Stirn gebundenen Körbchen auf demselben Weg zurück nach Orongo zu bringen. Es war eine unfallträchtige Unternehmung. Zwar lagen die Schwimmer zum Schutz vor Haien auf einem Floß aus gebündelten Binsen vom Kratersee, mussten dieses aber auch hinunter zur Küste schaffen. Wer den in Orongo Wartenden das erste unbeschädigte Ei präsentierte, brachte seinem Clan Prestige vom Gott Make Make, machte seinen Stammesfürsten zum Vogelmann *(tangata manu)* des Jahres und trug das Ei den nordwestlichen Abhang des Rano Kau hinunter nach Mataveri. Er erhielt für ein Jahr besondere Rechte und Privilegien. Das Vogelmann-Motiv symbolisierte den Rapanui die religiös gefärbte Bedeutung eines bestimmten Vogels (vielleicht vergleichbar der christlichen Heilig-Geist-Taube).

Als Touristenattraktion entpuppt sich seit den 1970er-Jahren auch die Weiterführung der Vogelmann-Tradition im bunten Volksfest Tapati Rapa Nui. Es wird in den ersten zwei Februarwochen an mehreren Orten der Insel veranstaltet. Dabei geht es nicht mehr um ein Vogelei, sondern darum, für ein Jahr unter Männern den sportlichen Vogelmann *Tangata Manu* und unter jungen Frauen die symbolische *Tapati-Königin* zu ermitteln. Die Bewerber werden in den verschiedenen Stämmen von Familien und Freunden ausgewählt und treten in Wettkämpfen gegeneinander an. Ein fachkundiges Publikum, das als Jury Punkte vergibt, bewertet kulturelle, sportliche und handwerkliche Fähigkeiten in Kochen, Tanzen, Singen, Fädeln von Muschelketten, Bemalen des Körpers, Schnitzen von Statuen, Angeln, Tauchen, und anderes mehr. Traditionell sind dabei Männer nur mit Lendenschurz, Frauen nur mit Feder- oder Binsenrock bekleidet. In Badewannen mit Brühe aus Erdfarben und Wurzeln holen sie sich unter freiem Himmel eine Grundfarbe und lassen dann möglichst viel nackte Haut bunt bemalen.

Der Strand von Anakena im Norden dient als Kulisse für ein Schauspiel zur Erinnerung an die Ankunft der ersten Siedler. Abends präsentieren,

14 km von Abakena entfernt, Frauen auf der Strandbühne im Haupt-
ort Hanga Roa erotische Tänze im Federkostüm. Im Krater Rano Raraku,
der alten Moai-Werkstatt, 20 km der Küste entlang von Hanga Roa entfernt, findet ein Triathlon der Männer statt. Sie laufen mit zentnerschwerem
Bananenbündel auf den Schultern um den Kratersee, durchqueren ihn auf
selbstgefertigten Binsenbooten und kehren wettschwimmend zurück; 5 km
landeinwärts rasen mit Erdfarben bemalte Männer auf Bananenstamm-
schlitten (bis zu 80 km/h) den Abhang des Kraters Maunga Pui hinunter.

Die reiche neuzeitliche Literatur über Rapa Nui enthält auch Falsch-
meldungen und Irrtümer. Der amerikanische Biologe und Biograf Jared
Diamond erdichtete 2005 in seinem Buch *Kollaps* einen selbstverschuldeten
„Ökozid" der Rapanui. Er tat es aus Sorge über den weltweiten Raubbau
an der Natur und als Parabel für die ganze Erde. Er verschweigt die gewaltsame Konfrontation der Rapanui mit Sklavenhändlern in der ersten und die
systematische Zerstörung von Volk, Gesellschaft und Kultur der Rapanui
durch Europäer in der zweiten Hälfte des 19. Jahrhunderts – obwohl alles
dies öffentlich passiert, von Beobachtern aufgezeichnet und beklagt worden
war – und behauptet, die Rapanui hätten zum Transport ihrer Riesenstatuen
schließlich auch die letzten Palmenstämme verbraucht, den Boden ruiniert
und Hungersnot und Krieg provoziert. Doch sahen Besucher im 18. Jahrhundert genügend Nahrungsmittel auf der Insel und Toromiro-Bäume
(Sophora toromiro) mit Stammdurchmessern von 50 cm, die das Palmholz
ersetzen konnten.

Als in Deutschland nach dem Zweiten Weltkrieg die Besatzungsmächte
regierten, segelte der norwegische Wissenschaftler und Abenteurer Thor
Heyerdahl von April bis Juli 1947 auf dem Balsafloß Kon-Tiki in 101 Tagen
von Peru zum 7000 km entfernten Polynesien. Er bewies damit, dass die
Überquerung des Pazifiks schon mit uralten Hilfsmitteln möglich gewesen
ist. Auf der Osterinsel imponierten ihm die aus riesigen Basaltblöcken
sehr sorgfältig und fugenlos aufgebauten *Moai*-Plattformen. Er verglich sie
mit den ähnlichen Bauten der Inka in Peru, zum Beispiel der Ruine der
Inkafestung Sacsayhuaman am Stadtrand von Cuzco, und baute darauf seine
Theorie über kulturelle Einflüsse von Peru nach Polynesien auf.

Tatsächlich bestätigen die in vielen Berichten über die Rapanui erwähnten
Haushühner, dass südpazifische Seefahrer damals den Stillen Ozean über-
quert hatten – allerdings in entgegengesetzter Richtung. Das Haushuhn
(Gallus gallus domesticus) stammt vom südostasiatischen Burma-Bankivahuhn
(Gallus g. gallus) ab und wurde etwa ab 2000 v. Chr. in verschiedenen Rassen
als Haustier nach China und Asien verbreitet. Das Araucana-Huhn kam
nach Polynesien und, wie genetische Analysen an ausgegrabenen Knochen

ergaben, auch nach Rapa Nui. Im Jahr 2007 bargen Archäologen an der chilenischen Küste bei El Arenal molekularbiologisch identifizierte Araucana-Hühnerknochen aus einer von 700 bis 1390 bewohnten Siedlung. Da die Hühner weder schwimmen noch übers Meer fliegen können, müssen sie mithilfe des Menschen mindestens 100 Jahre vor Christoph Kolumbus nach Südamerika gekommen sein. Menschen waren zwar in der letzten Eiszeit auf dem Landweg – über die Landbrücke Beringia zwischen Ostsibirien und Alaska – nach Amerika eingewandert; die aber war nur vor 16.500 bis 11.000 Jahren passierbar, lange bevor das Huhn domestiziert wurde.

Mich wundert am meisten, wie wenig Aufmerksamkeit auf das bedeutendste Zeugnis der hochstehenden Rapanui-Kultur gelenkt wird. Man kennt von fast allen Kulturen Ozeaniens Tätowierungen, Petroglyphen, Schnitzereien, Felsmalereien oder Zeichen auf Tapa-Rindenbaststoffen. Die Rapanui jedoch entwickelten ein einzigartiges, Rongorongo genanntes Zeichensystem. Die Zeichen wurden mit Haizähnen und Obsidiansplittern in Holz geritzt, meist in die Vorder- und Rückseite flacher Tafeln.

Ersten Kontakt mit diesen Zeichen hatte 1770 Kapitän Don Felipe González Ahedo, als Rapanui-Häuptlinge sie ihm zur Beglaubigung auf die Urkunde der spanischen Inbesitznahme der Insel setzten. Die Tafeln hat erstmals der Missionar Eugéne Eyraud 1864 in einem Bericht an Bischof Jaussen in Tahiti erwähnt. Aufbewahrt wurden sie, in Binsenmatten eingerollt, in über 10 m langen und 2 m breiten *Paenga*-Häusern. Eyraud fand mit diesen Zeichen verziertes Holz auch in jedem Haushalt. Als Linton Palmer 1868 die Inselbewohner nach solchen Tafeln fragte, konnten sie ihm keine zeigen; Eyraud hatte ein Jahr zuvor viele als heidnische Objekte eingesammelt und verbrennen lassen. Auch Pater Zumbohm berichtet 1866 dem Bischof auf Tahiti, dass die Rapanui ihre „Herdfeuer jetzt mit *rongorongo*-Brettern heizen".

Erhalten und in Museen der ganzen Welt verteilt sind 26 große und kleine *rongorongo*-Objekte aus dem Holz des Portiabaums *(Thespesia populnea)*, dem *mako'i* der Rapanui. (Das Exemplar im Britischen Museum misst $22 \times 7 \times 1{,}5$ cm). Viele sind nur Bruchstücke. Eine Tafel zum Beispiel wurde auf der Rückseite poliert, in sechs rechteckige Einzelstücke zerteilt und zu einer $7{,}1 \times 4{,}2 \times 2{,}8$ cm großen Seemannstabakdose mit Klappdeckel und den *rongorongo*-Zeichen auf den Außenseiten zusammengesetzt.

Die *rongorongo*-Zeichen haben etwas mit dem Vogelmann zu tun. Eine 33 cm hohe, meisterhaft holzgeschnitzte Vogelmann-Figur (Moai Tangata Manu) trägt auf verschiedenen Körperzonen der rechten Körperhälfte sieben Gruppen von insgesamt 38 *rongorongo*-Zeichen. Die Figur brachte wahrscheinlich ein Walfangschiff in die Vereinigten Staaten und ins American

Museum of Natural History in New York. Kapitän Gana von der Korvette *O`Higgins* bekam 1870 von Dutroux-Bornier einen 1,12 m langen, 6 cm dicken Häuptlingsstab, beschriftet mit 2320 *rongorongo*-Zeichen. Die chilenische Marine übergab ihn 1876 dem *Museo Nacional de Historia Natural, Santiago de Chile.* Diesen „Santiago-Stab" hatten die Rapanui ehrfürchtig mit dem Himmel in Verbindung gebracht. Der bayrische Kapuzinermönch Pater Sebastian Englert, der von 1937 bis 1969 auf der Osterinsel wirkte, berichtet, Schüler lernten die Texte auf den Knien sitzend, die Hände vor der Brust. In dieser Zeit durften sie weder spielen noch sprechen. Dann mussten sie die Zeichen rezitieren und sie auf Bananenblätter kopieren. Waren ihre Kenntnisse und Ausführungen ausreichend, durften sie die Zeichen auch auf hölzerne Tafeln einritzen. Lesen und deuten konnten die zeichenkundigen Tangata Rongorongo aus den Familien der Häuptlinge. Ihnen dienten die grafischen Ideogramme, die einen ganzen Begriff bedeuten, als mnemotechnische Gedächtnisstützen, um Gesänge von ritueller und religiöser Bedeutung vorzutragen. Die meisten Zeichenkundigen waren zwischen 1659 und 1663 von Sklavenhändlern nach Peru für den Guanoabbau auf den Chincha-Inseln verschleppt worden, wo sie gestorben sind.

Bischof Jaussen erhielt 1868 ein Tafelfragment und vermutete in den Zeichen eine eigenständige Schrift der Rapanui. Er ließ sich von den Missionaren vier weitere Tafeln von der Osterinsel senden und legte sie einem alten Rapanui namens Ure Vaeiko vor. Der rezitierte von verschiedenen Tafeln eine Schöpfungsgeschichte *atua mata riri.* Darin kopuliert eine Gottheit mit einer anderen, und dabei entstehen verschiedene Pflanzen, Tiere und Gegenstände. William Thomson erwarb 1868 „unter großen Mühen" zwei Schrifttafeln, machte Fotos von ihnen und ließ sich diese ebenfalls von Ure Vaeiko „vorlesen"; der rezitierte von den Fotos die gleiche Geschichte. Im Jahre 1870 kamen weitere Emigranten aus Rapa Nui nach Tahiti, unter ihnen Metoro Tauara, der von drei Gelehrten (Ngahu, Reimiro und Paovaa) Schriftkenntnisse erworben hatte. Er begann, auf den Zuckerrohrplantagen des Hauses Brander zu arbeiten. Bischof Jaussen erfuhr davon und bat Brander, ihm Metoro für zwei Wochen auszuleihen. In seinem Amtssitz zu Papeete legte er ihm seine vier Tafeln vor und schrieb auf, welche Texte Metoro zu welcher Tafel vortrug. (Von diesen Notizen gibt es zwei Fassungen, eine im Museum von Papeete in Tahiti, die andere in den Albaner Bergen bei Rom in Santa Maria di Grottaferrata in der Villa Senni, dem Archiv des Mutterhauses der Brüder von den Heiligen Herzen).

Die *rongorongo*-Texte waren ursprünglich auf die Oberfläche von Stäben *(kohau)* in Zeilen von oben nach unten geschrieben. Doch anstatt eine neue Zeile wieder oben am Stab anzufangen, setzte der Schreiber den Text unten am Ende des Stabes in umgekehrter Richtung fort. Auf Tafeln ergab sich daraus eine Zeilenanordnung als Variante des Bustrophedons: Man las von links nach rechts, beginnend mit der untersten Zeile, dann drehte man die Tafel um und las die zuvor auf dem Kopf stehende Zeile darüber usw. Die Zeichen stehen in lückenlosen Reihen ohne Syntax oder Satzzeichen. Schwierig ist deshalb die Abgrenzung verschiedener Textstücke. Formelhafte Wiederholungen und Parallelstellen helfen, zusammengehörige Abschnitte zu erkennen. Die Texte sind keine fortlaufende Erzählung, sondern bilden wie Stichworte im Telegrammstil „Sätze" aus einem Handelnden, seiner Aktion und dem jeweiligen Objekt. Mädchen werden fast nie erwähnt, Frauen nur in spezifisch weiblicher Thematik. Die Tafeltexte haben unhistorische Inhalte. Sie beschreiben Bruchstücke aus der biologischen Welt des Menschen – Zeugung, Geburt, Reife, Initiation des erstgeborenen Sohnes – ferner aus der sozialen Welt mythische Zusammenhänge mit Fruchtbarkeit und Tod sowie rituelle Praktiken: geschnitzte Holzfiguren, große Steinstatuen sowie den Vogelkult von Orongo und den Vogelmann *(tangata manu)*.

Bekannt sind rund 600 verschiedene *rongorongo*-Zeichen. Der deutsche Ethnologe Thomas Barthel hat sie 1958 – nach Vorarbeiten des Schweiz-Amerikaners Alfred Métraux 1940 und von Pater Englert 1948 – katalogisiert und wissenschaftlich bewertet. Die *rongorongo*-Schrift besteht aus stilisierten Bildern von Tieren, Pflanzen, Körperteilen und Gegenständen, einigen geometrischen Zeichen für Götter, Himmel, Erde, Wasser und Naturerscheinungen. Farben werden durch Objekte bezeichnet, für welche die Farbe typisch ist; z. B. Gelb *(renga)* durch die Gelbwurz *Curcuma longa (pua renga)*, deren Farbe, Geschmack und Duft auf der Osterinsel große Bedeutung hatten. Sie gehörte zu den Gaben, die alljährlich dem König *(ariki)* dargebracht wurden. Ein gesenkter Vogelkopf bedeutet „schlafend, tot" *(moe)*. Ein Zweig mit Blättern symbolisiert Fruchtbarkeit *(tapu)*. Ein sitzender Mann steht für „Rezitieren einer Schrifttafel" *(he-kai i te rongorongo)*. Zeichengruppen (meist Bi- und Trigramme) bauen neue Begriffe auf, z. B. „Himmelsmann", „Himmelskind", „Himmelsseeschwalbe", „Himmelshuhn", und „Himmelsschildkröte". Der Begriff „Stütze des Himmels" *(toko-rangi)* stammt aus der Urzeitmythologie, als der Himmel durch Stützpfosten aufgerichtet und von der Erde getrennt wurde. Das häufige graphische Zeichen *niu* für Fruchtbarkeit ist eine stilisierte Kokospalme, die auf der Osterinsel nicht gedieh und keine Früchte trägt. Die ersten Siedler hatten wohl Kokosnüsse an Bord ihrer Doppelkanus, bewahrten aber das Bild aus ihrer wärmeren Heimat. Die Schildkröte (honu) steht häufig auf Schrifttafeln und in Petroglyphen als die Fruchtbar-keit fördernde Kraft (mana) des Königs (ariki), von der das Gedeihen von Natur und Menschen abhängig war. Sie gehört zu den wichtigen Opfer-gaben. Man tötete sie – ebenso wie das Huhn – durch Kopfumdrehen. Die kleinen Hühner waren wichtig als Lieferant von Eiern, Fleisch und Federn; man baute für sie aus Steinen Hühnerhäuser mit nur einem kleinen Ein-gangsloch.

Bei Kulthandlungen und Tänzen wurden große Paddel (ao) und kleine (rapa) zum Taktschlagen und als Balancegeräte verwendet; das ao kann auch „Herrschaft, Sieg" bedeuten und hängt mit dem Orongokult zusammen (siehe die Tanzpaddel im Rückenrelief der Statue im British Museum). Der berühmte Vogelkult fand alljährlich bis 1867 in Orongo statt. Dabei wurde der Sieger im Wettbewerb um das erste Ei der Seeschwalbe zum Vogel-mann (tangata manu) erklärt und als sitzende Person in Seitenansicht mit einem Fregattvogelkopf dargestellt. Die Petroglyphen von Orongo zeigen zahlreiche solche Vogelmänner. In drei Fällen trägt die Gestalt in ihrer geöffneten Hand ein Ei.

Entsprechend dem Wechsel des heiligen Vogels im Vogelmannkult ist in Tafeltexten über das Regenmachen und die Einsetzung des Königspaares der handelnde übernatürliche Fregattvogel oft durch die Seeschwalbe ersetzt. Bei Opferhandlungen und Menschenopfern wurden Schneckenhaus-hörner geblasen und mit Haifischhaut bespannte Trommeln geschlagen. Rhythmisches Trommeln konnte auch das Tafelrezitieren begleiten.

Besonders häufig schildern die rongorongo-Texte sexuelle Themen. Das entspricht der positiven Bewertung sexueller Handlungen überall auf den polynesischen Inseln. Das Zeichen für Mann und Mensch ist eine stehende Menschenfigur (tangata) mit En-face-Kopf und dreieckig oder schleifenförmig stilisierten Ohren. Das Zeichen für Frau hat nur ein Ohr und statt des anderen drei kurze Parallelstriche für die übers Ohr reichende Haartracht. „Kind" kombiniert „Mensch" und „Frucht".

Das Zeichen ure bedeutet „Penis" und „fruchtbringender Penis". In früher Zeit wurden hölzerne Phalli als Anhänger getragen. Das weib-liche Gegenstück ist komari, die Vulva, auch umschrieben als „Haus des Phallus". Vulva und Phallus zusammen bedeuten Zeugung: „Der Gottespriester-mit-dem-Penis und die Frau machen einen Menschen". – „Die Frau zählt die Monde". – „Dem Mann namens Moa-mit-dem-Penis gebiert die Frau ein Mädchen."

Zur Reifeprüfung (poki manu) stehen „die Mädchen breitbeinig auf einem papa-rona-Felsen, zwei Männer untersuchen ihre Vulva". Knaben werden beschnitten, denn einen Unbeschnittenen lehnen die Frauen ab:

„Der Unbeschnittene ist tabu für die Frau". – „Der kostbare Phallus ist tabu für die Blume" – „Der heilige Knabe (= Erstgeborene), der Phallus des Vogelkindes (= Initiant) beginnt Sperma zu geben."

Regenzeremonien waren Anlass für Menschenopfer. Das Töten des Opfers wird als „zu einem Fisch machen" („Fisch-Schlagen") bezeichnet. Das Zeichen *ika* kann Fisch und Menschenopfer bedeuten. Getötete wurden auch verspeist: „Mit dem großen Tanzpaddel erschlagen, einen Menschen-Fisch essen". – „Einen Menschen darbringen, einen Menschen darbringen. Einen Fisch machen, einen Fisch machen. Einen Fisch verspeisen für den Regen. In der elften Nacht des Mondes". Auch Kinder wurden getötet: „Der Tote ist ein aufgehängter Fisch, das Kind ist ein aufgehängter Fisch". Priester raubten Kinder, um sie dem obersten Gott Make-make darzubringen. Soweit einige entzifferte Textstücke; vollständig dechiffriert sind die *rongorongo*-Zeichen bis heute nicht.

6

Mal kurz im Gefängnis

Eine gestohlene Autobatterie ▪ Rückblick auf Deutsch-Ostafrika

21. Februar 1971, Arusha

Diese ist meine siebente Afrikareise. Seit 1965 bin ich Mitglied des *Scientific Council* am *Serengeti Research Institute* und komme jedes Jahr zu dessen Tagungen nach Arusha. Zum ersten Mal begleitet mich meine Mitarbeiterin Uta Seibt. Wir hatten in Nairobi (Kenia) einen Leih-Landrover von *Eboo's Tours and Safaris* abgeholt, hatten Namanga, die Grenzstation zu Tanganyika/Tanzania unbeanstandet passiert und waren gestern am Spätnachmittag in Arusha angekommen. Den Landrover parken wir außen am New Arusha Hotel unter einem alten Schild mit dem Hinweis, wir befänden uns genau auf halber Strecke zwischen Kairo und Kapstadt. (Tatsächlich liegt dieser Punkt wahrscheinlich in Zentralkongo).

Arusha hat seinen Zauber für mich nie verloren. Bekanntestes Wahrzeichen neben dem zentral gelegenen, 1894 erbauten *Clock Tower* ist bis heute das Deutsche Fort. Um 1830 hatte sich die Volksgruppe der Wa-Arusha von den nomadischen Masai abgespalten und war am südlichen Fuße des Mount Meru sesshaft geworden. Der Pastorensohn Carl Peters hatte 1884 in Berlin eine Gesellschaft für deutsche Kolonisation gegründet, die ihn beauftragte, nach Afrika zu reisen, um Land für die Gesellschaft zu erwerben. Er verschaffte sich 1885 über Reichskanzler Otto von Bismarck einen von Kaiser Wilhelm I. unterzeichneten Schutzbrief, der die Besetzung ostafrikanischer Gebiete als Deutsch-Ostafrika legitimierte. 1891 wurde Deutsch-Ostafrika als „Schutzgebiet" offiziell der Verwaltung durch das Deutsche Reich unterstellt. In dem klimatisch günstig gelegenen

© Springer-Verlag GmbH Deutschland, ein Teil von Springer Nature 2020
W. Wickler, *Reisenotizen*, https://doi.org/10.1007/978-3-662-61996-4_6

Land der Wa-Arusha (1400 m ü. M.; 3° südlich des Äquators) hatte sich bis 1860 ein kleines regionales Zentrum mit Märkten gebildet. Die deutsche Kolonialregierung baute dieses Arusha zum Verwaltungsaußenposten und militärischen Stützpunkt aus. Kommandeur der „Kaiserlichen Schutztruppe für Deutsch-Ostafrika" war hier von 1895 bis 1897 Oberstleutnant Lothar von Trotha, der machthungrig und erbarmungslos gegen die Wa-Arusha auftrat. (Zehn Jahre später, im Rassenkampf der Deutschen Schutztruppe in Deutsch-Südwestafrika, befehligte er 1904 den Genozid an den Herero).

Auf einem Hügel über der Arusha-Ebene wurde 1899 (mit entwürdigender Zwangsarbeit der Einheimischen) als Sitz einer Garnison ein massives Fort, Boma genannt, errichtet – ummauert, eingeschossig mit hohem Turm und mit einem Maschinengewehr bestückt, um deutsche Moral und Ordnung im Land durchzusetzen. Nach dem Ersten Weltkrieg wurde der größte Teil des deutschen Kolonialgebiets an Großbritannien übertragen. Als die Briten Arusha im März 1916 übernahmen, waren um das Fort herum Wohngebäude entstanden. An die 30 griechische, arabische und indische Läden (dukas) verkauften Kleiderstoffe, Seife, Emailgeschirr, Schüsseln, Kupferdraht, Perlen und allerlei Kinkerlitzchen. Eine Duka hatte sogar eine Nähmaschine. Bald gab es Autowerkstätten, eine Bank und zwei Hotels. Das gut befestigte Boma-Fort diente bis 1934 als Polizeistation und Gefängnis. Bis 1965 beherbergte es das *Arusha Municipal Council,* die *Arusha Regional Offices* und einige Gefängniszellen. (Seit 1987 ist es das *Arusha Museum of Natural History*).

Heute früh, als wir weiterfahren wollen, steht die Motorhaube offen – ein freundlicher Hinweis, dass wir uns nicht mit Versuchen plagen sollen, den Motor anzulassen. Die Batterie ist weg. Wir rufen mehrmals bei der Polizei an. Schließlich kommen drei Polizisten und eine kraushaarige Polizistin, die sich wohl mit so etwas auskennt. Jedenfalls nimmt sie zu Protokoll, dass vom Wagen „KKW 46" in der Nacht die Batterie gestohlen wurde; sie bestätigt schriftlich, *„Investigation in this cas is on progress"* – Nachforschungen sind im Gange. Die wollen wir lieber nicht abwarten, kaufen bei einer nahen Autowerkstatt ein Vorhängeschloss und eine neue Batterie, die ein Monteur bringt und anschließt. Die Motorhaube wird abgeschlossen. Unsere Utensilien sind eingeladen, und wir wollen abfahren.

Da kommt eine andere Polizeipatrouille. Wir müssen ihr zum alten deutschen Fort, dem imposanten Bau am Ende der *Boma Road,* folgen. Uta darf im Wagen bleiben, ich werde in ein düsteres Dienstzimmer geleitet. Ausweis, Führerschein, Wagenpapiere, Zündschlüssel und Bargeld werden konfisziert und in einem grauen Leinensäckchen untergebracht, und dann wird mir erklärt, der Wagen sei beschlagnahmt, und ich bliebe bis auf

Weiteres in Gewahrsam. Warum? Ich habe die Landesgrenze mit einem kenianischen Wagen passiert, der nicht ordnungsgemäß nach Absatz 16 der *Foreign Commercial Vehicles (Licensing) Regulation* 1970 mit einer vorgeschriebenen Plakette gekennzeichnet ist. Wir hätten den Wagen also in Tanzania vorteilhaft verkaufen können.

Ich lasse mir das ausführlich vom diensthabenden Polizeioffizier erklären. Er schimpft auf die Autoverleiher in Nairobi, die immer wieder die Anordnungen des *Finance Officer Halifa, Arusha-Region* missachten würden. Das gibt mir Gelegenheit, seinem Blickwinkel mehrfach zuzustimmen. Allerdings, so gebe ich aus meiner Sicht zu bedenken, um den Ärger aus der Welt zu schaffen, müsse man, statt in Arusha zu jammern, in Nairobi vorstellig werden, am besten direkt bei Eboo's, die offenbar die „Regulation 1970" noch immer nicht kapiert hätten. Nun stimmt er mir zu. Ich mache mich anheischig, bei Eboo's entsprechend vorstellig zu werden, wenn er mir ein diesbezügliches amtliches Schreiben mitgäbe. Nach einigem Hin und Her über unachtsame Touristen, schlampige Veranstalter und Pflichten der Polizei denkt er intensiv nach. Und während Uta draußen besorgt schwitzt, ergänzt er das offizielle Beschlagnahmedokument mit einer handschriftlichen Notiz: *„Vehicle was released as a very special favor which will NEVER BE REPEATED",* Unterschrift und Stempel. Ich bekomme mein vor etwa einer Stunde konfisziertes Eigentum zurück, und wir machen uns schleunigst davon.

Eboo's zeigten sich auf der Rückfahrt beeindruckt: Straffrei sei es noch bei keinem ausgegangen. Ach so, wussten die also Bescheid? War das Ganze abgekartet? Hatte es System?

7

Verhalten als Schrittmacher der Evolution

Anatomische Monogamie ▪ Weibchen-Männchen-Plazenta ▪ Botanische Glasmodelle von Leopold und Rudolph Blaschka

17. März 1972, Harvard

Eine internationale Konferenz in Harvard über die Evolution von Verhaltensweisen gibt mir Gelegenheit, mich mit Ernst Mayr im Museum zu treffen. Er will mir etwas Spezielles zeigen, und ich möchte ihm zwei ziemlich abstruse Evolutionen zu körperlicher Monogamie im Tierreich unterbreiten, die ich zu verstehen suche.

Ernst nimmt mich nicht, wie ich erwartet hatte, in die zoologische Sammlung mit, sondern ins benachbarte Botanische Museum der Harvard University zur *Ware Collection of Glass Flowers,* Harvards populärster Publikumsattraktion. Sie enthält ausnahmslos naturgetreu handgearbeitete gläserne Modelle von Blütenpflanzen aus 164 Pflanzenfamilien, teils zusammen mit den Pollen übertragenden Insekten. Hergestellt wurden diese weltweit einmaligen Objekte von Leopold Blaschka und seinem Sohn Rudolph. Beide stammten aus Aicha in Nordböhmen und hatten ihre Werkstatt bei Dresden. Glasarbeit war in ihrer Familie nicht neu und kam ursprünglich aus Venedig. Für verschiedene Museen hatten die Blaschkas Glasmodelle von Quallen und anderen Meerestieren hergestellt und waren 1868 durch meisterhafte Orchideenmodelle für ein Museum in Liège bekannt geworden. Pflanzen und Blüten, auch in vergrößertem Maßstab, hatte bisher noch niemand dreidimensional dargestellt. Das Harvard Museum plante als Weltneuheit eine umfangreiche botanische Sammeldarstellung von Pflanzen aus aller Welt und verpflichtete dafür die Blaschkas. Sohn Rudolph, geboren 1857 in Aicha, reiste, um tropische Gewächse zu studieren, nach Amerika, Jamaika und an die Pazifikküste. Bis zu ihrem Tod (Vater 1895; Sohn 1939) hatten sie insgesamt mehr als 10.000 Glasmodelle von wirbellosen Meerestieren sowie die 4400 von botanischen Objekten im Harvard-Museum hergestellt. Die Finanzierung der botanischen Objekte hatten Elizabeh C. Ware und ihre Tochter Mary Lee Ware mithilfe zahlreicher Stifter organisiert.

Es ist das einzige Mal geblieben, dass mir künstlerische Darstellungen von blühenden Pflanzen schöner erschienen sind als ihre natürlichen Vorbilder. Ein ganzer Apfelblütenzweig *(Malus pumila)*, ein blühender Kaktus *(Echinocerus engelmanii),* eine Blüte von *Passiflora laurifolia* mit unglaublich zart gestielten Staubgefäßen, die große Orchidee *Odontoglossum grande* mit Insektenmimikry-Blüten oder die federfeinen Pollenträger der vergrößerten Blüten des Grases *Setaria lutescens* – usw. usw. Ich hätte noch stundenlang begeistert Glasbotanik betrachten können, doch wir mussten zurück zur Evolutionszoologie.

Die bietet meiner Meinung nach in den monströsen Gestalten der Tiefsee-Anglerfische das abenteuerlichste Ergebnis gekoppelter Evolutionen von Verhalten und Körperbau – ein Spezialthema auch für Ernst Mayr. Generell braucht bei Fischen das Skelett weder das Körpergewicht zu tragen noch den Körperschwerpunkt über dem Boden zu balancieren und kann deshalb ohne Schaden für verschiedenste Aufgaben fast beliebig geformt werden. Ich hatte mich zu Beginn meiner fischbiologischen Arbeiten für die funktionalen Verschiebungen im Körperskelett der vierbeinigen Anglerfische interessiert, die Evolution ihrer „Beine" aus normalen Fischflossen und deren Funktion als Gehwerkzeuge vergleichend untersucht und in Filmen dokumentiert.

Bei diesen Anglerfischen, zu denen auch der als Speisefisch beliebte Seeteufel *(Lophius piscatorius)* gehört, sitzen die paarigen Bauchflossen (Hinterbeine der Landwirbeltiere) vorn unter der Kehle, die paarigen Brustflossen (Vorderbeine der Landwirbeltiere) aber hinter den Kiemen. Die gelenkigen Extremitätenknochen enden in „Füßen" und „Händen" aus Flossenstrahlen, mit denen diese Fische zwischen Korallen oder Tangpflanzen klettern und am Boden wie die Vierfüßer schreiten und galoppieren können. Die Rückenflosse aller Fische wird von Flossenstrahlen gestützt, die gelenkig auf kleinen Trägerknochen sitzen, die im Fleisch stecken (wie man vom Fischessen weiß). Bei Anglerfischen ist der vorderste Trägerknochen auf die Stirn gewandert, und sein Flossenstrahl ist zu einer nach allen Seiten beweglichen Angelrute (Illicium) ausgestaltet mit einem Anhängsel (Esca) an der Spitze, das einen wurmförmigen oder anders gestalteten Köder bildet. Den schwenkt der getarnt lauernde Angler vor seinem Maul, bis ein Fisch – oder ein anderes Beutetier – danach schnappt und dann mit gewaltigem Schluck im Anglermagen endet.

Das alles sind allerdings nur Kinkerlitzchen gemessen an dem, was Tiefsee-Anglerfische zu bieten haben. Diese beginnen ihr Leben in großen Eiern, die zu vielen in ballonförmiger Gallerthülle nahe der Meeresoberfläche treiben. Die Larven schlüpfen dort, fressen Plankton und wandern mit beginnender Geschlechtsreife in über 1000 m tiefes Wasser. Was dort bei einigen Arten an ihnen geschieht, ist einmalig exzentrisch im Tierreich. Mein evolutionsbiologischer Favorit, der Tiefsee-Anglerfisch *Ceratias holboelli* (Abb. 7.1), lebt in allen Ozeanen in einer Tiefe von 1000 bis 2000 m. Beide Geschlechter entwickeln sich in genau entgegengesetzter Richtung: Die Weibchen werden mehr als 1 m lang und über 10 kg schwer, die Männchen verlieren alle typischen Fischmerkmale und schrumpfen zu Zwergorganismen.

Den weiblichen Larven wachsen Brustflossen wie normalen Fischen, aber keine Bauchflossen. Rücken- und Afterflosse bleiben kümmerliche, unter der Haut versteckte Reste. Wegen ihrer schwachen Körpermuskulatur schweben die Weibchen meist bewegungslos in der lichtlosen dunklen Zone. Wenn sie etwa 10 cm lang sind, fangen sie Beute mit der Angelmethode: Ein hin und her schwenkbarer Leuchtköder hängt an der Spitze des ersten Strahls der Rückenflosse auf einem extrem langen Trägerknochen, der mit Muskeln weit vor das fast senkrecht stehende Maul geschoben werden kann. Wenn Rückziehmuskeln Köder und Beute dicht vors Maul holen, kommt das Ende des Trägerknochens (in einer elastischen Hauthülle) hinten entsprechend weit wie ein Stachel aus dem Rücken heraus. Es ist der einzige Knochen an Wirbeltieren, dessen beide Enden aus einem Tunnel im Körper herausbewegt werden.

Die frisch aus dem Ei geschlüpfte männliche *Ceratias*-Larve ist nur 5 bis 10 mm lang, hat weder Angel-Illicium noch Verdauungssystem, lebt kurze Zeit von ihrem Dottervorrat, entwickelt aber währenddessen große, nach vorn gerichtete Augen und Nasenlöcher. Damit sucht sie nach Weibchen und deren im kaum bewegten Tiefenwasser hinterlassenen artspezifischen Duftspuren. Beim Kontakt mit einem Weibchen beißt sich das Männchen an diesem fest, bildet Sinnesorgane, Kiefer und Zähne zurück, wächst aber bis zu einer Größe von 10 cm. Es kann also Nahrung aufnehmen; und das geschieht auf abenteuerliche Weise. Zuerst verliert die Larve ihre Zähne. Als Ersatz wachsen an den Kieferrändern die Stacheln der Körperschuppen zu Hakenzähnchen, verschmelzen an ihrer Basis und bilden zwei neue Knochen, das obere und untere Dentikulare. Zwar fehlt dem Männchen der Angel-Flossenstrahl, nicht aber dessen Trägerknochen. Der verwächst vorn

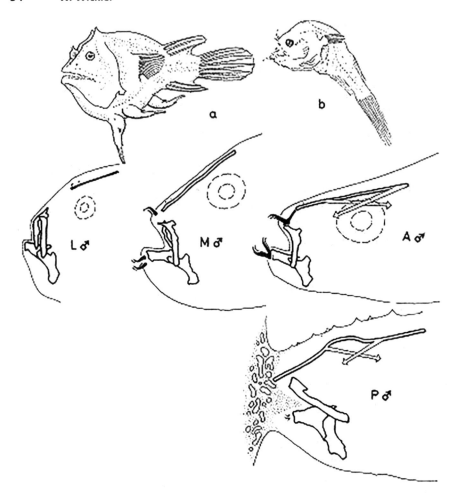

Abb. 7.1   a Tiefsee-Angler *(Edriolychnus),* Weibchen mit drei angewachsenen Männchen; **b** Zwergmännchen vergrößert. Darunter: Entwicklungsstufen des Angelapparates am männlichen *Ceratias holboelli:* L = Larve, der Flossenstrahlträger (schwarz) mit reduziertem Flossenstrahl; M = metamorphosierend; A = adult (Basalknochen bewegt Dentikulare); P = am Weibchen festgewachsen (Basalknochen pumpt gegen Pseudoplazenta). Die Pfeile geben an, wie Muskeln den Basalknochen vor- und zurückbewegen

mit dem oberen Dentikulare. Die Muskeln, die den Trägerknochen beim Weibchen zum Angeln vor und zurück bewegen, bewegen beim Männchen mit dem Trägerknochen das obere Dentikulare (den neuen Oberkiefer). Die normalen Unterkiefermuskeln bewegen das untere Dentikulare. So kann sich das junge Männchen mit einem neuen Beißapparat und den spitzen

Dentikularzähnchen an einem Weibchen festhalten. Durchblutetes Gewebe vom oberen und unteren Mundrand des Männchens verwächst mit der durchbluteten Haut des Weibchens, und Bindegewebe von beiden Seiten schafft eine schwammige Dauerverbindung beider Partner.

Als Nächstes verkümmern die Dentikulare der Männchen, nicht aber der Trägerknochen, der weiterhin mit seinen Muskeln den Trägerknochen bewegt. Wird der jetzt, wie ursprünglich zum Angeln, nach vorn geschoben, drückt er auf das verbindende Blutschwammgewebe und pumpt Blut des Weibchens neben die Blutgefäße des Männchens, wobei Nährstoffe aus dem weiblichen in den männlichen Kreislauf gelangen – ebenso wie von der Mutter zum Kind in der Säugetierplazenta. Zwar kann das Angler-Männchen – anders als der Säugerembryo – selbst atmen, ernährt wird es jedoch bis zum Ende seines Lebens vom Weibchen, ein Embryo nur am Anfang des Lebens von seiner Mutter. (Ein Erstbeschreiber hielt die *Ceratias*-Männchen deshalb für die Jungen des Weibchens).

Alles Leben wird beherrscht vom Selektionszwang hin zu ökonomischer und effektiver Fortpflanzung. Die aber wird bei Weibchen und Männchen auf unterschiedliche Weise erreicht. Jedes Weibchen kann maximal so viele Nachkommen haben, wie es Eier produziert. Jedes Männchen kann so viele Nachkommen haben, wie es Eier verschiedener Weibchen besamt. Wo es – wie meist – etwa gleich viele Männchen und Weibchen gibt, entsteht zwangsläufig der von Rivalitäten geprägte „Paarungsmarkt", auf dem Weibchen Eier, Männchen Spermien zur Kooperation anbieten und die Anbieter untereinander um Abnehmer konkurrieren. Im einfachsten Fall, wenn die Geschlechtszellen ins freie Wasser abgegeben werden, konkurrieren die Männchen mit schieren Spermienmengen um die Besamung der weiblichen Eier. (Kompliziertere Formen von Kooperation und Konkurrenz unter Geschlechtspartnern sind aus dem Tierreich hinlänglich bekannt).

Von diesem Schema weicht *Ceratias holboelli* in jeder Hinsicht ab. Hier entsteht ein selbstreproduzierender Doppelorganismus in körperlicher Dauermonogamie, funktional betrachtet ein „sexueller Parasitismus", bestehend aus einem voll ausgebildeten weiblichen Fisch mit inkorporierten männlichen Hoden. Die zentrale evolutionsbiologische Rolle spielt dabei das Plazentasystem. In jeder Plazenta wird ein Konflikt ausgetragen, ob zwischen Männchen und Weibchen beim *Ceratias* oder zwischen Embryo und Mutter beim Säugetier. In beiden Fällen versucht der abhängige Partner, möglichst viel Nahrung für sich vom weiblichen Partner zu erlangen; und beide Male muss dieser in seinem eigenen Interesse gegensteuern: beim Säugetier, weil die Mutter für weitere Nachkommen vorsorgen muss, beim *Ceratias,* weil das Weibchen zur Fortpflanzung nur die Spermien des Männchens benötigt.

Deshalb sucht das Weibchen in beiden Fällen den Nahrungsabfluss in der Plazenta zu kontrollieren. Das gelingt beim Menschen nur bedingt, mit der bekannten Folge der Schwangerschaftsdiabetes. Das *Ceratias*-Weibchen kann durch Nahrungsentzug das Männchen zwingen, auf jeden „Lebensluxus" zu verzichten, der nicht auch ihrer eigenen Fortpflanzung dient. Das Männchen muss darauf eingehen, weil es zu seiner Fortpflanzung die Eier des Weibchens benötigt. So entsteht ein Kompromiss: Das Männchen baut an seinem Körper alles ab, was normalerweise zur Orientierung in der Umgebung, zur Ernährung, Verdauung usw. gehört, dem Weibchen aber die „Unterhaltskosten" aufbürden würde. Das Weibchen sorgt für den Lebensunterhalt des Restmännchens, liefert aber nur so viel Nahrungsenergie, wie für dessen Spermienproduktion nötig ist. Das *Ceratias*-Männchen muss sich zu seiner Fortpflanzung mit der Anzahl der Eier des Weibchens begnügen, an dem es orientierungslos festgewachsen ist. Auch kann es nicht feststellen, ob es Rivalen hat. Mit denen könnte es ohnehin nur mithilfe besonders großer Spermienmengen, also entsprechend großen Hoden, rivalisieren. Diese an Männchen wachsen zu lassen, brächte aber dem Weibchen keinen Vorteil, nur Kosten in Form von eigenen Eiern, die es sonst bilden könnte. Es braucht (und „erlaubt") darum nur Spermien für die eigenen Eier. Dass Eier und Spermien dann zugleich ausgestoßen werden, kann das Weibchen über die Plazenta steuern.

In diesem System entfallen demnach Partnerwahl und Konkurrenz unter Männchen. Stabilisiert wird diese Situation offenbar durch Modifikationen des Paarungsverhaltens, für die es mehrere Anzeichen gibt. Einzeltiere von *Ceratias holboelli,* die man findet, sind nie geschlechtsreif. Die Geschlechtsreife scheint erst einzusetzen, wenn zwei Partner zusammenwachsen. Dann könnte das Weibchen seinen Lockduft für Männchen abschalten. Tatsächlich findet man bei dieser Art jeweils nur ein Männchen pro Weibchen, und zwar an dessen Bauchseite, wo es zum Besamen der Eier am günstigsten sitzt und wohin es durch Duft geleitet wurde. Derartige körperlich gewährleistete Dauermonogamie erspart dem Männchen das Rivalisieren und dem Weibchen die Kosten dafür.

Einen ähnlichen Fall verkörpert der Pärchenegel *(Schistosoma mansoni),* ein Vertreter der parasitischen Saugwürmer (Trematoden). Die relevante Phase im komplizierten Lebenszyklus dieser Tiere beginnt, wenn sie im Wasser als winzige Gabelschwanzzerkarien in die Haut ihres Endwirtes (Mensch, Säugetier, Vogel, Krokodil) eindringen, den Gabelschwanz abwerfen, durch Lymphsystem und venöse Blutbahnen das Herz, nach 4 bis 10 Tagen die Lunge und, immer dem Blutstrom entgegen, schließlich die beim Menschen etwa 6 cm lange Pfortader erreichen, die nährstoffreiches

Blut aus den Bauchorganen zur Leber leitet. Von diesem Blut des Wirtes lebt der Endoparasit fortan. Die Larven wachsen zu 2 cm langen männlichen und weiblichen Saugwürmern heran. Findet sich ein Paar, bildet das Männchen durch Zusammenrollen seines blattartigen Körpers eine Rinne, in die sich ein fadenförmig dünnes Weibchen legt. Mit dieser Verpaarung beginnt bei beiden die Geschlechtsreife und eine lebenslange (im Mittel 5, maximal 30 Jahre während) körperliche Dauermonogamie. Die verpaarten „Pärchenegel" selbst sind für den Wirtsorganismus unschädlich; eine schwere Erkrankung des Menschen (Bilharziose) verursachen erst ihre Eier, die ins Blut abgegeben werden, die Gefäßwände durch Entzündungsreaktionen durchlässig machen, in den Darm oder die Harnblase kommen und von dort nach außen ins Wasser gelangen.

Die Egelpärchen wandern aus der Pfortader in die zuführenden Venen und finden dort vom Wirtsorganismus Schutz und Nahrung in Fülle. Durch den kontinuierlichen Paarungskontakt reifen und wachsen im Weibchen zwei Reproduktionsorgane: Ovarium und Vitellarium. Ersteres liefert die Eizellen (Oozyten), Letzteres 30 bis 40 Dotterzellen, die jede Oozyte begleiten und den Energievorrat für die Entwicklung des besamten Eies liefern. Sie werden mit der Oozyte zusammen in einem Ootyp verpackt abgelegt. Ein Weibchen kann täglich bis zu 300 so zusammengesetzte Eier ablegen, muss also mehr als 10.000 Vitellinzellen pro Tag bilden. Entsprechend ist das Vitellarium das größte Organ im Weibchen und verbraucht die meiste Energie. Weibchen, die man von ihrem männlichen Partner trennt, fallen deshalb innerhalb von 35 Tagen „kostensparend" wieder in den Zustand sexueller Unreife zurück. Eine erneute Verpaarung stellt den reifen funktionalen Zustand des Vitellariums wieder her.

Die Morphologie der Männchen wird vom Paarungszustand wesentlich weniger beeinflusst. Trennt man Pärchenpartner, kann man paarungsunerfahrene und paarungserfahrene Männchen vergleichen. Unerfahrene sind gleich groß wie erfahrene, haben vollständig differenzierte, zur Spermienproduktion befähigte Hoden und können – unabhängig von ihrer eigenen paarungsabhängigen körperlichen Reife – die schnellen Reifungsprozesse in unreifen Weibchen induzieren. Zur Reifung des Weibchens ist kein Spermientransfer erforderlich; wirksam sind wahrscheinlich taktile Reize und chemische Signalstoffe des Männchens.

Da das Wurmweibchen im Minutentakt 12 Eier pro Stunde legt, muss ein besamendes Männchen ständig anwesend sein. Deswegen kann ein Männchen, solange es ein Weibchen umschlossen hält, nicht von anderen Weibchen profitieren, hat aber das Besamungsmonopol bei seinem Weibchen und keine Rivalen.

Schistosoma mansoni und *Ceratias holboelli* sind besonders klare Beispiele dafür, wie eine Nutzen-Kosten-Bilanz der Reproduktion das Paarungsverhalten beeinflusst und letztendlich zu körperlicher Dauermonogamie und zu einer von der Paarung abhängigen Geschlechtsreife führt.

Zahlreiche *Ceratias*-Arten in der Tiefsee haben weniger spezialisierte frei lebende Männchen, die sich wie die Weibchen selbst ernähren und sich nur kurz an einem Weibchen festbeißen, oft zu mehreren gleichzeitig. Durch Vergleichen kann man den Evolutionsweg zum *C.-holboelli*-Extrem rekonstruieren. Deutlich erkennbar wird dabei die führende Rolle der Bewegungen des ersten Rückenflossenstrahls in seinen wechselnden Funktionen: ursprünglich als Spannknochen für die Rückenflosse, dann als Angelrute und schließlich am Zwergmännchen als Nahrungspumpe. Aus diesen und ähnlichen Fällen ergibt sich die These: „Verhalten ist Schrittmacher der Evolution" – eine These, die Ernst und ich gemeinsam vertreten.

8

Extremformen japanischer Kultur

Shinto- und Buddha-Tempel ▪ Erniedrigung der Ainu ▪ Lotosfüße ▪ Trostfrauen ▪ Kannon-Maria ▪ Fruchtbarkeitskarneval

16. August 1972, Tokio

Kollegen des *American Museum of Natural History* haben mich und meine Frau vom 13. bis 19. August nach Tokio eingeladen, zum 20. Internationalen Kongress für Psychologie der British Psychological Society im Hotel Tokio Prince. Mein Beitrag soll die in letzter Zeit häufig gewordenen Vergleiche zwischen menschlichem und tierischem „Instinkt"-Verhalten bewerten. So präzisierte ich: Vergleichen heißt nicht gleichsetzen, sondern Gemeinsamkeiten und Unterschiede klarlegen.

Aktuell ist das gerade in der zum Teil hitzigen Diskussion um einen postulierten Aggressionstrieb des Menschen. Konrad Lorenz hatte 1963 ein psychomechanisches Triebmodell des amerikanischen Psychologen William McDougall aus dem Jahre 1923 übernommen, wonach spontan produzierte, handlungsspezifische Energien zu Fress-, Flucht-, Nestbau- oder Sexualverhalten drängen und ebenso einen für Tier und Mensch primär arterhaltenden, auf Artgenossen gerichteten Kampftrieb erzeugen, der automatisch immer wieder zu Abreaktion in aggressivem Verhalten drängt und sich durch partnerbindende Rituale nicht völlig unterdrücken lässt. Lorenz beschrieb, dass vor allem männliche Individuen ohne Rivalen zunehmend aggressiver werden und ohne auslösende Ursache schließlich spontan beliebige Artgenossen angreifen.

Ich mahnte, zu beachten, dass mit einem „Trieb zum Kämpfen" seine Funktion, aber kein spezifischer physiologischer Aufbau benannt ist. Auch mit „Bein" kennzeichnen wir die Stützfunktion, nicht die Bauweise: Pferde-

© Springer-Verlag GmbH Deutschland, ein Teil von Springer Nature 2020
W. Wickler, *Reisenotizen,* https://doi.org/10.1007/978-3-662-61996-4_8

bein, Spinnenbein und Stuhlbein sind unabhängig voneinander (konvergent) entstanden und aus ganz verschiedenen Materialien aufgebaut. Ebenso bezeichnet „Flügel" ein Hilfsmittel zum Fliegen, ist aber an Vogel, Schmetterling und Flugzeug sehr verschieden gebaut. Die innerartliche Aggression, die Lorenz an Buntbarschen untersucht hatte, ist nicht bei allen Tieren nach dem McDougall-Modell konstruiert. Man kann zunehmende Aggression zwar an isolierten Mäusen, Kampfhähnen, Korallenbarschen, Schwertträgerfischen und Einsiedlerkrebsen feststellen, nicht aber an Labyrinthfischen (Anabantiden) und Buntbarschen (Cichliden). Wie die Aggression beim Menschen konstruiert ist, muss man deshalb am Menschen, nicht aber an Fischen untersuchen.

Die uns bei Kongressveranstaltungen bedienenden Damen tragen graublaue Kimonos mit breitem, dunkelrotem Gürtel *(obi)* und zugehörigem Obikissen *(obimakura)* am Rücken. Der Kimono ist unten so eng, dass nur Trippelschritte möglich sind. Das erinnert an eine soziale Grundeinstellung zur Frau, die für Männer attraktiv sein musste. Der Trippelgang der Frauen – ähnlich wie der kleinschrittige Gang in Stöckelschuhen – gilt als erotisch, und ein kleiner Fuß war der erotischste Teil des weiblichen Körpers. Als Voraussetzung für den Beruf der Ehefrau in einem gehobenen Haushalt oder auch einer Unterhaltungskünstlerin in besseren Kreisen war es in China etwa 1000 Jahre lang bis zu Beginn des 20. Jahrhunderts üblich, den Mädchen im Alter von 5 bis 8 Jahren die Füße durch extremes Einbinden und Knochenbrechen zu Lotos- oder Lilienfüßen zu verkrüppeln. Lotosfüße waren ein Fetisch, ein sexuelles Symbol. Dafür wurden lebenslange Schmerzen und körperliche Behinderung akzeptiert. Diese Sitte wurde zwar 1911 verboten, auf dem Lande aber bis in die 1930er-Jahre fortgeführt; die letzte Spezialfabrik für prachtvoll bestickte Lotosschuhe schloss 1988. In Japan wurden die Füße lediglich „leicht", ohne Verkrüppelungen, abgebunden. Übrig geblieben ist in Japan wie in China das Schriftzeichen für Frieden *(an),* das wörtlich so viel heißt wie „Frau unter dem Dach" oder „Frau bleibt im Haus".

Die Kongressleitung offeriert speziell für europäische und amerikanische Besucher ein reichhaltiges Besichtigungsprogramm, und so können wir uns – transportiert in Bussen und Hochgeschwindigkeitszügen – von der ungewohnten und fremdartigen Umgebung und Kultur beeindrucken lassen. Wie bei uns ein Kirchturm zum Gotteshaus so gehört in Japan mindestens ein, meist rotes, Torii zu jedem Shintō-Tempel. Es besteht aus zwei Säulen und zwei Querbalken; der eine liegt oben auf den Säulen, der andere darunter schneidet und verbindet sie. Auf dem Weg zum Heiligtum markiert das Torii die Grenze zwischen Profanem und Sakralem. Weitere

Torii begrenzen verschiedene Areale, die zu den heiligen Bereichen des jeweiligen Schreins führen.

Die Shintō-Schreine sind beeindruckend. In der japanischen Urreligion Shintō verschmolzen die Kulte der Territorial- und Clangottheiten der verschiedenen ethnischen Gruppen, die Japan schon in prähistorischer Zeit bevölkerten. Entsprechend richtet sich Shintō an unzählbar viele Schutzgottheiten *(kami)*, welche denjenigen Naturkräften und Naturerscheinungen zugeordnet wurden, die im Menschen Ehrfurcht und intensive emotionale Reaktionen hervorrufen. Als Wohnorte der *kami* gelten Gegenstände *(shintai)*, die jeweils in einem besonderen Bauwerk, einem Schrein, aufbewahrt und verehrt werden. Höhepunkt des religiösen Lebens der Shintō-Schreine sind periodisch veranstaltete Volksfeste *(matsuri)*, bei denen das betreffende *shintai* in einem tragbaren Schrein *(mikoshi)* im Festumzug durch das Stadtviertel getragen wird.

In verschiedenen Tempeln und Schreinen erleben wir Reinigungszeremonien, Tänze mit Schwertern und Glockenspielen für Glück, Gesundheit und gute Reise, religiös getönte Zeremonien mit Priestern als Berufsbetern, die sich in Pausen lachend gefaltetes Papier auf den Kopfschlagen, während Tempelmädchen in rotem Unter- und weißem Obergewand den Besuchern Sake-Reiswein aus Messingkannen in winzige Schälchen oder einander vergnügt direkt in den Mund gießen. Wir sehen eine Aufführung im Kabuki-Theater, bestehend aus symbolischem, ernsthaftem Tanz mit Gesang *(nō)* und erheiternden Zwischenspielen mit Gestik und Dialogen *(kyōgen)*, ausgeführt von der Schauspielerfamilie Nomura, die seit 200 Jahren (jetzt in 6. Generation) amtiert. Zum Kyōgen ausgewählte Kinder werden ab 4 Jahren trainiert, in Körperbeherrschung für die extrem stilisierten Gesten und in der sehr angestrengten Sprechweise mit gezogenen Tönen und geprusteten Konsonanten.

In Nikko, 140 km nördlich von Tokio, bekommen wir im shintoistischen Toshogu-Schrein an der Fassade des heiligen Pferdestalls die berühmte Schnitzerei der drei Affen zu sehen: „Nichts (Böses) sehen, nichts (Böses) hören, nichts (Böses) reden." In Nara sitzt im buddhistischen Tempel *Todai-ji* in der Großen Buddha-Halle der 14,7 m hohe Bronzebuddha *Todaijirushanabutsuzo*. Seine erhobene rechte Hand ist Pose des Schutzverleihens. Ebenso auffällig wie er sind die draußen überall herumlaufenden, meist weiblichen, Sika-Hirsche *(Cervus nippon)*.

Nach dem Kongress fahren wir mit dem Hikari-Zug in die alte Kaiserstadt Kyoto. Touristisch geführt, besuchen wir den 1895 als verkleinertes Replikat des Kaiserpalastes von 794 erbauten Heian-jingu-Schrein, umgeben von vier wunderbaren Gärten. Vorherrschender Baum in einem der Gärten ist der Kirschbaum Sakura in mehr als 20 Varianten. Wir sehen weitere, vor Jahrhunderten gegründete Zen-buddhistische Steingärten mit geschlungenen Wegen, kleinen Teichen, gewölbten Brücken und Steinlaternen in Büschen. Ein Kontrast zu den kleinen Straßen in Kyoto mit dunklen Holzhäusern, die an der Vorderfront mit Matten verhängt sind, ist der Nijo-Palast. Anders als die elegant-zierlichen Tempel ist er als Burg mit breitem Graben und massiven Steinmauern angelegt. Er war 1626 fertig, brannte mehrmals weiträumig nieder und wurde bis 1893 mehrfach erneuert. Mehrere Teilgebäude bilden den Ninomaru-Hauptpalast. Darin befinden sich ehemalige Empfangs- und Amtszimmer und die herzoglichen Wohnräume, in denen nur weibliche Bedienstete geduldet waren. Der Audienzsaal prangt mit Wandschirmen, die mit Blumen, Bäumen, Vögeln und Tigern in satten Farben und viel Blattgold bemalt sind. Ebenso dekoriert sind die Wände der meisten Räume und die verbindenden Schiebetüren. Die Korridore um das Gebäude haben „Nachtigallenböden", die bei jedem Schritt quietschen und jeden Eindringling an die Palastwachen verraten.

Wir besuchen den beliebtesten Tempel in Kyoto, den aus dem 13. Jahrhundert stammenden buddhistischen Sanjusangendo-Tempel mit 1001 Statuen der Kannon Bodhisattva, der Göttin der Barmherzigkeit. Ihre hölzerne Statue im Zentrum wird beiderseits von je 500 weiteren, in mehreren Reihen hintereinander angeordneten lebensgroßen vergoldeten Kannon-Statuen flankiert, jede mit zwei natürlichen und zusätzlichen 40 Armen zum Zeichen ihrer helfenden Allmacht. Bodhisattvas sind in ganz Ostasien verehrte Mittlergestalten, die, ähnlich den christlichen Heiligen, den Menschen und allen anderen fühlenden Wesen helfen können, aus dem irdischen Leidenskreislauf auszubrechen. Ursprünglich wurde ein „Bodhisattva des universellen Mitgefühls" männlich oder androgyn abgebildet. Doch das Volk verstand Mitgefühl und die übernatürliche Fähigkeit, Trost und Glück zu spenden, eher als feminine Attribute. Daraus entstand die von 1400 bis 1650 blühende Verehrung der Kannon als weiblicher Bodhisattva, oft dargestellt als Frau mit einem Säugling an der Brust. Durch Missionare und die Verehrung der Gottesmutter wurden im 16. und 17. Jahrhundert Maria und Kannon einander angeglichen, und vor allem während der Christenverfolgungen in der Edo-Zeit (1603–1868) beteten japanische Christen vor Statuen, die äußerlich wie Kannon aussahen, jedoch Maria darstellen sollten.

Für Kontakte mit der einheimischen Bevölkerung bot das Kulturprogramm kaum Gelegenheit. In einem japanischen Wirtshaus bediente uns ein Ainu, und wir erfuhren, *dass in Tokio noch etwa 2500 Ainu leben,*

allerdings nicht mehr wie echte Ainu. Die bevölkerten ehemals als Ureinwohner mehrere Inseln Nordjapans, leben aber seit dem 13. Jahrhundert
nur noch auf der nördlichsten Hauptinsel Hokkaido. Die französischen
Ethnologen Arlette und André Leroi-Gourhan haben sie 1938 dort besucht
und beschrieben: Die Ainu haben nicht die mongolisch geprägten Augen
der Japaner und ihrer Nachbarn, sondern slawisch wirkende, ohne Lidfalte.

> Was seit Jahrhunderten alle Reisenden, die mit den Ainu in Kontakt treten,
> als erstes frappiert, ist ihr Haarwuchs. Zu Recht gelten sie als die behaartesten
> Männer der Welt. Neben üppigem, gewelltem Kopfhaar bilden die dunklen
> Körperhaare zuweilen ein wahres Vlies auf Gliedern und Schultern. Diese
> Fülle beeindruckt umso mehr, als sie von fast bartlosen Völkern umgeben sind.

In der Meiji-Zeit (1868–1912) *wurde Hokkaido* von Japan annektiert.
*Traditionsgemäß lebten die Ainu als Jäger und Sammler in kleinen Familien-
gruppen; jetzt* sollten sie den japanischen Standards angepasst und kulturelle
Unterschiede beseitigt werden. So mussten sie *1871 Pachtbauern werden,
ihre Glaubensüberzeugungen aufgeben,* japanische Namen annehmen
und die japanische Sprache lernen. *Traditionell wurden Ainu-Mädchen*
im Alter zwischen 13 und 14 Jahren an Händen, Armen und im Gesicht
tätowiert, bis sie mit der letzten blauschwarzen Tätowierung um den Mund
herum im Alter von 15 bis 16 Jahren heiratsfähig wurden. Die Tattoos
wurden verboten, ebenso Bart, langes Haar und Ohrschmuck der Männer.
Erwachsene Männer wurden zur Zwangsarbeit auf andere Inseln abtrans-
portiert, junge Frauen, auch verheiratete, wurden Mätressen japanischer
Männer. Im Jahre 1899 besagte ein Eingeborenenschutzgesetz, die Kultur
der Ainu sei ausgestorben.

Im Kulturprogramm nicht offiziell erwähnt wurden die „Trostfrauen"
(iugun ianfu), von denen viele noch lebten. Sie wurden im Zweiten Weltkrieg für japanische Kriegsbordelle an der Front in China, Indochina und
Indonesien zwangsrekrutiert. Da traditionell mit Prostitution in Japan recht
offen umgegangen wurde, schien es konsequent, organisierte Prostitution für
die Armee bereitzustellen. Die Führung versprach sich davon eine bessere
Moral der Soldaten und damit eine effizientere Armee. Opfer waren etwa
300.000 Frauen und Mädchen aus Japan, Korea, China sowie anderen
besetzten Gebieten wie Indonesien, Malaysia, den Philippinen und Taiwan.
Sie mussten täglich bis zu 60 Soldaten „zu Diensten sein". Viele wurden
nach 1945 vom japanischen Militär ermordet oder an der Heimkehr in ihre
Heimatländer gehindert. Seit 1992 hat die japanische Regierung mehrfach
ihr Bedauern für die Verwicklung der Armee und den Umgang mit den

Trostfrauen ausgedrückt und um Entschuldigung gebeten. Doch noch 2007 erklärte Premierminister Shinzō Abe, das System sei nötig gewesen, um die „Disziplin aufrechtzuerhalten" und den Soldaten, die ihr Leben riskierten, eine Pause zu ermöglichen.

Die Japaner scheinen sexuell eher zurückhaltend zu leben, obwohl freizügige Darstellungen im Fernsehen oder in Comics allgegenwärtig sind. In Souvenir- und Andenkengeschäften finden wir auffallend viele phallusförmige Gegenstände (Abb. 8.1) – Schlüsselanhänger, schutzversprechende Amulette, glückverheißende Talismane – angeboten. Auf Nachfrage erfahren wir, dass in Japan der Phallus (der aufrechte Penis) öffentliches Symbol der fruchtbaren und langwährenden Beziehung von Mann und Frau ist und dass diese Souvenirs mit dem Phallusfestival *Kanamara-Matsuri* zusammenhängen, das jährlich am ersten Sonntag im April in Kawasaki am Kanayama-Schrein gefeiert wird.

Kawasaki ist eine Stadt knapp 20 km südwestlich von Tokio an Japans meistbefahrenem Verkehrsweg Tōkaidō, der entlang der Pazifikküste von Tokio nach Kyoto führt. Wir bewältigen im Hochgeschwindigkeitszug die 513 km lange Strecke Tokio-Kyoto in 2½ h. Früher brauchte man dafür mehrere Tage. Vor 1868 hieß Tokio „Edo", und in der frühen Edo-Periode (ab 1603) war Kawasaki für die Reisenden eine der behördlich zugelassenen Raststationen, deren berühmte Teehäuser außer Essen und Trinken auch die Dienste von Prostituierten anboten. Prostitution war in Japan traditionell unkompliziert, und die Frauen, die sich den Gästen anboten, beteten im Kanayama-Schrein um ein florierendes Geschäft und um Schutz vor sexuell übertragbaren Krankheiten. Der Schrein war Sitz

Abb. 8.1 Japanischer Glücksbringer; Penis auf abschraubbarer Bodenplatte. 2 cm hoch

zweier Schmiede-Gottheiten, *die gemäß einer Shintō-Legende die Urgöttin Izanami heilten, nachdem sie* den Feuergott *Kagutsuchi no Kami* geboren und dabei ihren Unterleib verbrannt hatte. Der S*chrein sollte auch leichte Geburt und* harmonisches Zusammenleben in der Ehe, Wohlergehen der Familie sowie Beistand in geschäftlichen Tätigkeiten *gewähren.* In der aufgeklärten Meiji-Periode (1868–1913) ließ das Interesse am Kanayama-Schrein nach, wurde aber seit 1969 wiederbelebt, weil er einen Fruchtbarkeitskult mit dem Phallus als Hauptobjekt der Verehrung betreibt. Seither lockt das shintoistische Volksfest *Kanamara Matsuri* Touristen aus aller Welt an.

Es ist ein Fruchtbarkeitskarneval, bei dem riesige naturgetreue Phallus-nachbildungen auf Bahren *(mikoshi)* durch die Straßen der Stadt getragen werden, allen voran der über 1 m hohe schwarze Metallphallus aus dem Kanayama-Schrein. Er führt zurück zu einer Schmiedelegende am Anfang des 16. Jahrhunderts. Angeblich benutzte damals ein Schmied einen Penis aus Stahl, um einen bösen Dämon aus der Vagina eines Mädchens zu ver-treiben, der frisch angetrauten Ehemännern in der Hochzeitsnacht den Penis abbiss. Am Stahlpenis biss sich der Dämon die Zähne aus und floh. In der Prozession folgen dem Stahlphallus mehrere riesige aus Holz geschnitzte Phalli, auf denen lachende Mädchen sitzen und die glück-bringende Spitze streicheln. Ferner begleiten bunt gekleidete Transvestiten und Transgender übergroße, aufblasbare rosafarbene Plastikpenisse. Kinder hüpfen um die Statuen und lecken an Penislutschern, die Volksmenge kauft Kerzen und kaut geschnitztes Wurzelgemüse und andere Süßigkeiten in Phallusform, alles überteuert, um Spendengelder für AIDS-Forschung und AIDS-Prävention zu sammeln.

Japan begeht jedes Jahr am Sonntag vor dem 15. März verschiedene Fruchtbarkeitsfestlichkeiten *(Matsuri)* mit religiösem Hintergrund, auf denen in Umzügen die Geschlechtsorgane öffentlich gefeiert werden. Auf der Hauptinsel Honshū zum Beispiel tragen in Inuyama beim *Ososo Matsuri* (Vaginafest) 40 Männer am zweiten Sonntag im März eine massive Vaginanachbildung aus dem Ooagata Shintō-Schrein durch die Straßen; Kinder bringen Süßigkeiten als kleine Vaginaabbildungen. Es geht um den Frühling, eine gute Ernte und allgemeines Wohlergehen. Mit demselben Anliegen verknüpft ist in Komaki, wenige Kilometer nördlich von Nagoya, das 1500 Jahre alte *Hōnen Matsuri* („Gute-Ernte-Fest") am 15. März. Gruppen von je zwölf Männern tragen abwechseln einen 2½ m langen, 60 cm dicken und 280 kg schweren hölzernen Phallus, der jedes Jahr neu aus Zypressenholz geschnitzt wird und auf einer *mikoshi*-Sänfte liegt, ent-weder vom *Shinmei-Sha*-Schrein (in geradzahligen Jahren) oder vom *Kumano-Sha*-Schrein (in ungeradzahligen Jahren) zum *Tagata-Jinja*-Schrein, ganz ähnlich wie beim *Kanamara Matsuri* in großer Prozession, begleitet von viel Volk und mit allerlei kleinen Phallusgegenständen. Die wurden vor tausend Jahren ausgeliehen an Frauen, die einen Ehemann suchten oder an Paare, die sich Kinder wünschten. Daheim wurden die Phalli verehrt und zurückgegeben, wenn sich der Wunsch erfüllte. Mit solchen Dankesdevotionalien füllte sich der Schrein, ähnlich wie unsere Wallfahrtskirchen sich mit Votivbildern dankbarer Bittsteller schmücken. (Eine selektive Huldigung, denn erfolgloses Bitten wird selbstverständlich nicht dokumentiert).

9

Die Mutterbrust

Caritas Romana ▪ Induzierte und erotische Laktation ▪ Maria und Bernhard von Clairvaux ▪ Öffentliches Stillen

22. August 1972, Hongkong

Mit seiner Tiger-Balm-Salbe, die in China alles heilt, hat Mr. Aw Boon Haw ein Vermögen gemacht und dem Volk daraus 1935 einen bunten Figurenpark geschenkt, den *Tiger Balm Garden.* Dieser illustriert allerlei Mythologisches, Märchenhaftes, Grausiges, Komisches und Erotisches. Mir fällt – nach Drachentöter, fischschwänzigen Meermädchen und den Zehn Höfen der Hölle mit blutigen Strafen für kindlichen Ungehorsam – eine moralisierende Szene auf, in der eine Frau ihrem alten Schwiegervater (oder der Schwiegermutter) öffentlich die Brust reicht (Abb. 9.1). Es ist ein in Literatur und darstellender Kunst vielfach variiertes Thema.

Der im 6. Jahrhundert v. Chr. von Laozi gegründete Taoismus, Chinas eigene Philosophie und Religion, enthält eine Geheimlehre alchemistischer Sexualpraktiken, die durch „Energieaustausch" den Geschlechtern hohes Alter oder sogar Unsterblichkeit verleihen. Der Mann soll im Liebesspiel mit der Zunge aus den Brüsten der Frau und mit dem Penis aus ihrer Vagina Essenzen aufnehmen und der Frau im Gegenzug durch sein Sperma Energie zurückgeben. In China, Vietnam, Korea und Japan ist der Glaube an die besondere Wirkung der Frauenmilch auf Erwachsene bis heute nicht verschwunden.

Physiologisch ist es möglich, den Milchfluss gezielt durch mechanische Stimulation der Brustwarzen hervorzurufen („induzierte Laktation") und zu erhalten, solange die Brust regelmäßig stimuliert wird, auch an Frauen, die noch nie zuvor schwanger waren. Eine Stillbeziehung zwischen Mann und

© Springer-Verlag GmbH Deutschland, ein Teil von Springer Nature 2020
W. Wickler, *Reisenotizen,* https://doi.org/10.1007/978-3-662-61996-4_9

Abb. 9.1 „Caritas Romana", Tiger Balm Garden Hongkong, August 1972

Frau entwickeln aus einem emotionalen Bedürfnis heraus viele erwachsene Liebes- und Ehepaare in stabiler Langzeitbindung. Die Frau kann bei der erotisch gefärbten Laktation (wie auch beim Stillen eines Kindes) sexuell erregt werden und unter Umständen einen Orgasmus erleben.

Der römische Autor Valerius Maximus (30 n. Chr.) überliefert Erzählungen, in denen eine Mutter oder ein Vater im Gefängnis verhungern sollen. Nur der jungen Tochter wird der Zutritt erlaubt, nachdem sie gründlich nach Lebensmitteln durchsucht wurde. Nachdem die Eltern wochenlang überleben, wird bekannt, dass sie von der Tochter mit ihrer Brustmilch ernährt wurden, und sie werden begnadigt. Die Tochter-Vater-Variante in der Erzählung *Ceres und Cimon* wird als *Caritas Romana* (Römische Caritas), Symbol christlicher Nächstenliebe und Barmherzigkeit, in zahlreichen Gemälden und Statuen dargestellt. Im 79 n. Chr. verschütteten

Pompeji hat man drei bildliche Darstellungen dieser Geschichte gefunden. Andererseits streift das Motiv die Grenzen zum Inzest und bekommt eine erotische Bedeutung. Auf einem Stich von Hans Sebald Beham 1540 steht die Tochter dabei völlig nackt vor ihrem angeketteten Vater. Fromme Texte seit dem 12. Jahrhundert enthalten mehr oder weniger erotisch getönte Lactatio-Legenden, in denen die Jungfrau Maria einem Heiligen die Brust zum Trinken reicht oder ihm Milch aus ihrer Brust spritzt. Bekanntestes Beispiel ist die Lactatio des Hl. Bernhard von Clairvaux.

Im Mai 2017 ruft die „Katholische Stillvereinigung" in Hongkong dazu auf, in den Pfarrgemeinden geeignete Räumlichkeiten zum Stillen zu schaffen. Es ist nämlich ein Streit ausgebrochen um Mütter, die ihren Kindern im öffentlichen Raum die Brust geben. Öffentliches Stillen gilt heutzutage als schamlos. Manche Mütter geben nun den Kindern nur künstliche Milch, andere nutzen zum Stillen öffentliche Toiletten; einige Christinnen weichen in eine Kirche aus, werden aber dort von Seelsorgern kritisiert.

Ich erinnere mich an einen Sonntag in Kikambala an der Ostküste Kenias nördlich von Mombasa. Bei unserer Arbeit an *Epomophorus*-Flughunden (Wickler und Seibt 2017) hatten wir im Strandhotel Sun n' Sand mehrmals Besuch von einem lebhaften und wissbegierigen Lehrer, Albert Radi. Er lehrte an der Missionsschule katholische Religion (in katholisch-methodistisch-mohammedanisch gemischten Klassen), hatte früher jahrelang in Sun n' Sand nebenher Geld verdient und lud jetzt meine Kollegin Uta Seibt und mich ein, am Sonntag zum Gottesdienst zu kommen, um zu zeigen, dass auch weiße Wissenschaftler zur Kirche gehen. Er stellte uns der versammelten Giriama-Gemeinde vor, einigen Männern, aber mehr Frauen mit Kindern. Der Priester, ein älterer europäischer Missionsgeistlicher, schien es eilig zu haben, mit der Messe fertig zu werden. Obwohl er zum Volk hin zelebrierte, wagte er nicht einmal während der Predigt den Blick dorthin zu richten, denn mehrere Mütter gaben mit offener Bluse ihren quengelnden Säuglingen die Brust. Zum Glück verwirrte ihn in dem kleinen Kirchenraum kein Bild der nährenden Gottesmutter.

Es wirkt nun mal in der afrikanischen Gesellschaft nicht „nackt" oder „sexy", wenn eine Frau irgendwo zum Stillen ihre Brust frei macht, sei es auf dem Markt, im Bus oder eben in der Kirche. „Breastfeeding isn't about sex!", erklärt der kenianische Religionsphilosoph John Mbiti (1977). In Afrika ist die weibliche Brust kein mit Scham besetzter Körperteil, sondern im Gegenteil Symbol des Lebens, der Stolz jeder afrikanischen Frau, Zeichen von Mutterschaft: „Ich bin fruchtbar." Wir erfuhren das von den Zulu in Südafrika wie von Volksstämmen am Turkana-See. Auch bei den

Giriama begegnen wir Mädchen und Frauen, die ihren Rock um die Hüfte gewickelt haben, ohne die Brüste zu verdecken; so gekleidet arbeiten sie, transportieren auf dem Kopf Wasser in großen Tontöpfen über Land oder stillen im Laufen ihre Kinder, manchmal mit sehr großer, über die Schulter gereichter Brust.

Welche weiblichen Körperteile erotisch aufgeladen werden, ist kulturell verschieden. Bei den meisten Völkern Schwarzafrikas gelten Frauen mit breiten Hüften und Gesäßbacken (Steatopygie) als besonders schön, denn „das Gesäß des Weibes spielt eine ganz besonders große Rolle bei der sexuellen Anlockung des Mannes" (Stratz 1904); es bleibt zum Beispiel bis heute bei festlichen Veranstaltungen vor dem Zulu-König unbedeckt. Beduinen hingegen verwendeten bereits in vorislamischer Zeit, um sich gegen Sand und Sonne zu schützen, den Niqab, ein dünnes Tuch, das entweder den Teil des Gesichts unterhalb der Augenpartie oder das ganze Gesicht bedeckt. Die Burka schützt dann auch den ganzen Körper. Fundamentalistische Moslems machten daraus eine Verhüllung, damit das Gesicht der Frauen von außen kaum noch zu erkennen ist – streng genommen nur in der Gegenwart fremder Männer nötig, wenn die Frauen fürchten könnten, mit begehrlichen Blicken betrachtet oder gar belästigt zu werden. (Müsste dann unter Schwulen der Niqab nicht auch für Männer verpflichtend sein?).

10

Polynesische Sexualkultur

Die Frauen der Chamorro ▪ Daphnis und Chloe auf den Marquesas-Inseln

23. Mai 1973, Hagåtña

Guam im tropischen Westpazifik ist die südlichste Insel des Marianen-Archipels und die größte unter den rund 2000 Inseln und Atollen Mikronesiens, das im Süden an Melanesien grenzt. Hierher geführt hat mich und meine Kollegin Uta Seibt eine bunte Garnele, *Hymenocera picta*.

Guams Korallenriffe leiden unter dem gefräßigen Dornenkronen-Seestern *Acanthaster planci*. Wie wir herausgefunden hatten, ernährt sich *Hymenocera* von Seesternen und greift auch die Dornenkrone an. Außerdem lebt der kleine Krebs in Dauermonogamie, die das Männchen in „relativer Partnertreue" mit gelegentlichen Seitensprüngen verbindet (was auch vom Menschen bekannt ist). Die Paarpartner erkennen einander schon aus Entfernung individuell am Geruch. Das und wie sie Seesterne überwältigen haben wir hier auf einer internationalen Korallenriff-Konferenz näher erläutert und im Wissenschaftsjournal *Micronesica* publiziert, haben aber auch erklärt, dass der Krebs als biologische Waffe gegen die Dornenkrone untauglich ist, weil er nämlich lieber andere Seesterne attackiert.

Zum Abschluss der Konferenz bereiten die Inselbewohner vom Stamm der Chamorro – Ureinwohner der Marianen-Inseln – ein Festessen mit tropischen Früchten, Yamswurzel, Tapioka, Maniok, gebratenem Fisch-, Krebs- und Schildkrötenfleisch. Eine Frauengruppe in langen Baströcken und schwarzen Tops führt tanzend die Schöpfungsgeschichte der Göttin Fu'una vor. Genaueres über diese Göttin und die vorkoloniale Chamorro-Kultur ist in der Hauptstadt Hagåtña unter den Literatur-

© Springer-Verlag GmbH Deutschland, ein Teil von Springer Nature 2020
W. Wickler, *Reisenotizen*, https://doi.org/10.1007/978-3-662-61996-4_10

beständen im kleinen *Garden House Museum* an der Plaza de España zu finden. Ein Missionar der Jesuiten, Pater Peter Coomans, berichtete 1673: Schöpfergötter waren Puntan und seine Schwester Fu'uña. Versehen mit übernatürlichen Kräften, opferten sie sich selbst und schufen das Universum. Auf Puntans Geheiß formte Fu'uña aus seinen Körperteilen und Organen den Himmel, die Sonne und die Erde und ließ alles erblühen. Dann stürzte sie ihren Körper in die Erde und verwandelte sich in den Felsen *Laso Fu'a*, aus dem die ersten Menschen hervorgingen. An der Südwestküste Guams nahe dem Ort Umatac, in der Fouha Bay vor der Mündung des Fouha-Flusses, erhebt sich ein 24 m hoher Kalksteinfelsen wie ein riesiger Wächterphallus aus dem Meer, „Fouha Rock". Er wird bis heute als Ort der Schöpfung und letzte Ruhestätte der Göttin Fu'uña verehrt.

Dass die alten Chamorro weder Vatergott noch Muttergott, sondern Bruder-und-Schwestergötter kannten, verweist auf die Gleichwertigkeit der Geschlechter bei ihnen und darauf, dass Brüdern und Schwestern die Sorge für das Wohl der Familie und der Kinder obliegt. Basis der Gesellschaft war der Clan, eine erweiterte Familie mit Großeltern, Neffen, Nichten und weiteren Verwandten mütterlicherseits. Es gab zwei Klassen, die Höhergestellten *(manakhilo)* und die Niederen *(manakpapa),* aber ohne strikte Abgrenzung, denn jedes Dorf beherbergte Mitglieder beider Klassen desselben Clans. Geheiratet wurde außerhalb des eigenen Clans.

Antonio Pigafetta, der 1521 mit dem Portugiesen Ferdinand Magellan Guams Küste erreichte, beschreibt die eingeborenen Männer und Frauen als hellhäutig, völlig nackt, robust, etwas größer als mittelgroße Europäer, mit schwarzem, bis zur Taille reichendem Haar, kleinen Hüten aus Palmblättern und vor allem die Frauen mit schwarz gefärbten Schneidezähnen, ein Schönheitsmerkmal, das sie gegen Tiere abgrenzt. Peter Coomans bestätigt: Die Männer gehen splitternackt; Frauen sowie Mädchen ab 8 bis 10 Jahren tragen an einer Schnur um die Hüften vorn ein Stück Schildpatt, meist aber ein Schürzchen *(tifi)* aus weicher Palmenrinde oder losen Blättern, die hin und her schwingen und das Geschlecht sehen lassen.

Juan Pobre de Zamora und Pedro de Talevera, zwei Laienbrüder des Franziskanerordens, waren 1602 voller Bewunderung für die Chamorro, nicht nur wegen ihrer Tüchtigkeit als Seeleute und Fischer, sondern wegen ihrer Friedfertigkeit und Freundlichkeit untereinander. Grundregel der Gesellschaft war: „Tuet einander Gutes". Die verstorbenen Vorfahren wurden als überlebende Geister *(taotaomo'na* oder *aniti)* hoch in Ehren gehalten. Man verehrte sie bevorzugt in riesigen Banyan-Feigenbäumen *(Ficus benghalensis).*

Wie schon die Schöpferin Fu'uña anzeigt, spielten ursprünglich die Frauen in der matriarchalisch geprägten Chamorro-Gesellschaft eine führende Rolle. Eine Legende erklärt die schmale Mitte der Insel damit, dass ein riesiger Fisch sie dort an beiden Seiten abfraß. Da die Männer ihn nicht vertreiben konnten, knüpften die Frauen aus ihren Haaren ein Netz, machten es durch Singen immer größer, verzauberten den Fisch und lockten ihn ins Netz.

Die typischen Tätigkeiten einer Frau lernten Töchter aus dem täglichen Umgang mit ihren weiblichen Verwandten. Pubertierende Söhne wurden von ihren Müttern in das der Familie gehörende Junggesellenhaus *(guma' uritao)* geschickt, lebten dort und lernten von erwachsenen Verwandten mütterlicherseits zu fischen, Boote zu bauen, auf dem Meer zu navigieren, zu jagen sowie Geräte und Waffen anzufertigen, ferner den Gebrauch von Steinschleudern, das Zubereiten der Schleudersteine sowie das ordnungsgemäße soziale und kulturelle Verhalten eines Chamorro-Mannes. Sexuell intim unterwiesen wurden die jungen Männer von unverheirateten jungen Frauen *(ma'uritao)* aus einem anderen Clan, die eigens zu diesem Zweck mit ihnen im *guma' uritao* wohnten. Wurden sie schwanger, war das ihrer späteren Heirat zuträglich.

Diese Junggesellenhäuser und das *ma'uritao*-System erschienen den christlichen Missionaren unmoralisch und widernatürlich. Spanische Missionare predigten 1668 draußen vor den Junggesellenhäusern und brannten sie sogar nieder, um das sündige Treiben drinnen zu beenden. Als Jesuitenprediger begannen, die jungen Frauen an anderen Orten wegzusperren, brannten bewaffnete Chamorro im Dezember 1675 die Kirche der Jesuitenmission nieder und brachten deren Leiter Pedro Diaz um. (Er wurde alsbald zum Märtyrer erklärt). Unter spanisch-katholischer Missionierung wurden die Ahnengeister *(aniti)* zu bösen Geistern *(mananiti),* die den Lebenden Unglück bringen und sie von der Ahnenverehrung abhalten können. Der vom 16. bis ins 18. Jahrhundert vorherrschende Einfluss römisch-katholischer Missionierung änderte auch den Status von Mann und Frau zugunsten der Männerrolle.

In ihrem Fu'una-Tanz am Ende der Konferenz ließ die Gruppe locker bekleideter Frauen in kleinen Gesten noch Elemente aus der alten polynesischen Moralgeschichte erkennen. In traditioneller Gesellschaft liefen Frauen mit unbedeckten Brüsten, Kinder bis zu 5 Jahren waren nackt, ebenso Männer bei manchen Arbeiten. Begann Schamhaar zu wachsen, wurden die Genitalien bedeckt, nicht aus Prüderie, sondern als Schutz der Zeugungsorgane, die als gut und heilig galten. Nacktheit an Erwachsenen konnte auch Symbol von Tod, Strafe oder Trauer sein.

Die Urbewohner Polynesiens erlebten Sexualität ohne Schuld und Scham. Für sie war Sexualverhalten zwischen nahezu sämtlichen Gruppenmitgliedern wichtig für den Zusammenhalt und das Wohlergehen der Gemeinschaft (etwa so, wie wir es von den Bonobo-Menschenaffen kennen). Sexuell gefärbter Humor mit kunstvoll verwendeten doppelsinnigen Worten spielte eine große Rolle in Gesängen, Erzählungen und in der Alltagssprache. Sex war hochgeschätzt, gut und gesund für alle, jung oder alt, nicht nur zur Zeugung, sondern auch als Vergnügen und zur Entspannung. Berichte von unterschiedlichen Orten in Ozeanien schildern, dass sich Mann und Frau auf einem Pfad, im Wald oder an einem abgelegenen Strand begegnen konnten und sofort ohne nennenswertes Gespräch oder Vorspiel einen kurzen Geschlechtsverkehr hatten, der beide voll befriedigte. Schon dem jungen Mann wurde nämlich beigebracht, wie er die Frau zum Orgasmus bringt, und ihr wurde beigebracht, wie man den Mann berührt und streichelt und wie sie zu beider Befriedigung ihren Körper bewegen kann. Viele Augenzeugen berichten aus verschiedenen Kulturen Ozeaniens über öffentliche heterosexuelle Aktivitäten inklusive Geschlechtsverkehr zwischen Erwachsenen und Jugendlichen, auch mit Mädchen vor der Pubertät, wobei ältere Personen den Jugendlichen behilflich sein konnten. James Cook, der die Hawaii-Inseln 1778 besuchte, sah einen erwachsenen Mann in aller Öffentlichkeit und ohne Anzeichen von Unschicklichkeit mit einem 12 Jahre alten Mädchen kopulieren.

Auch auf den Marquesas-Inseln erlebten Mädchen den ersten Koitus früher als Jungen, manchmal ungeplant mit einem erwachsenen Mann. Pubertierende Jungen machten erste sexuelle Erfahrungen mit 30 bis 40 Jahre alten verheirateten Frauen, die darauf achteten, Freude zu erzeugen und selbst Freude daran und vergnügten Gesprächsstoff hatten. Eine europäische kulturelle Parallele dazu erzählt der griechische Schriftsteller Longos von Lesbos (2./3. Jahrhundert n. Chr.) im berühmten spätantiken Hirten- und Liebesroman über die Findelkinder Daphnis und Chloe. Sie wachsen elternlos bei Hirten auf, verlieben sich und hören, gegen die Liebe helfe nur Kuss, Umarmung und nacktes Zusammenliegen. Sie sind aber ratlos, wie das gemeint ist, bis sich Lycänion, die Frau eines Bauern, erbarmt, Daphnis zu sich holt und mit ihm schläft.

Auf Mangaia, der südlichsten Cook-Insel, schliefen bis zu 15 Familienmitglieder jeden Alters im einzigen Raum der Hütte. Die Kinder beobachteten Vorspiel und Koitus der Eltern und lernten beides durch Nachahmung. In diesem Raum konnten auch Töchter ihren nächtlichen Liebhaber empfangen und mit ihm verkehren, ohne damit bei den Erwachsenen viel Aufmerksamkeit zu erregen. Sexuelle Spielereien, gegenseitiges Untersuchen der Genitalien und Masturbieren mit Anders- und Gleichgeschlechtlichen begann mit 6 bis 7 Jahren und war allgemein üblich. Jungen taten es meist in Gruppen, Mädchen eher allein und im Geheimen. Kindliche sexuelle Neugier wurde ohne Scheu befriedigt. Es gab wenige ortsübliche Vorschriften und Tabus sexueller Betätigung, etwa in Bezug auf höherrangige Mädchen, die ins Taupou-System kamen. Über solche Regeln wurden Jugendliche bei Eintritt der körperlichen Reife formal instruiert, Mädchen auf Hawaii durch die Großmutter, Jungen durch den Großvater.

Unter den Bewohnern der Marquesas, in Hawaii, Tahiti, Mangaia und anderswo in Ozeanien, war – sofern die Beteiligten der richtigen sozialen Klasse angehörten – frühkindliche sexuelle Betätigung jeder Form, auch mit erfahrenen Erwachsenen, üblich und geduldet. Geschlechtsverkehr zwischen Pubertierenden wurde sogar erwartet. Resultierende Schwangerschaft war willkommen. Ein Kind einer unverheirateten Frau war noch vor 150 Jahren in Polynesien kein gesellschaftliches Problem. Die Fruchtbarkeit der Frau war bewiesen, und das Kind wurde von der erweiterten Familie *(ohana)* umsorgt.

In Ost-Polynesien konnte die verheiratete Frau, auch die des Stammeshäuptlings, beliebig viele Liebhaber und Sexualpartner haben. Der Missionar Reverend Thurston erwähnt 1828, dass die Zweitfrau des Häuptlings Kalaniopuu auf Hawaii 40 Sexualpartner, zum Teil gleichzeitig hatte, und dass Häuptling Kamehameha 21 Frauen besaß und als sehr alter Mann noch zwei junge Frauen nahm, die ihn wärmten. Jungfräulichkeit war nur wichtig für Frauen des Häuptlings, die deswegen schon sehr jung mit ihm verlobt wurden.

Diese Zustände hatten christliche Missionare pflichtgemäß auszurotten. Manche Historiker finden es tragisch, dass die Moralauffassungen, die an der Schwelle zum prüden viktorianischen Zeitalter in Europa aufkamen, alsbald von Missionaren auf die polynesische Inselwelt gebracht wurden. Cooks Reisebegleiter des Jahres 1768 wie auch ihre bald folgenden französischen Kollegen, obwohl selbst nicht prüde, bestaunten noch die sexuelle Ungebundenheit der Polynesier: In den meisten Kulturen herrschte Polygamie, und Heirat bedeutete keine sexuelle Exklusivität, sondern zusätzliche Sexualpartner waren erlaubt, sofern der vorhandene Partner dem zustimmte. Die christlichen Missionare verstörte derartige Freizügigkeit. Vertreter der *Protestant London Missionary Society* entpuppten sich 1796 als fanatische Gegner der moralischen und religiösen Überzeugungen der Polynesier; ab 1833 bekamen sie Unterstützung von französischen katholischen Missionaren aus dem Orden *Pères et religieuses des Sacrés-Cœurs de Jésus et de Marie* (Orden der heiligsten Herzen). Die Missionare gewannen zunehmend an Einfluss, und es kam zu Religionskriegen zwischen den Anhängern des traditionellen und des christlichen Glaubens. 1819 wurde ein von den Missionaren verfasster Strafkatalog eingeführt, der für alle Praktiken, die im Gegensatz zur christlichen Lehre standen, drastische Strafen androhte. Für „Unzucht (d. h. außereheliche geschlechtliche Beziehungen), begangen, verhehlt oder den Missionaren verborgen", war mehrjährige Zwangsarbeit vorgesehen. Vergeblich legte sich der Maler Paul Gauguin, der ab 1891 auf Tahiti lebte und mit zahlreichen Gemälden ein „Paradies Südsee" in Europa festigte, mit der Kolonialverwaltung und den Missionaren an. (Er starb 1903 auf der Insel Hiva Oa).

11

Haie und Zahnkarpfen

Lebendgebären ■ Konflikte zwischen elterlichen Brutpflegeprogrammen ■ Mutter-Kind-Konflikte

28. August 1973, Bimini

Mein Interesse für Haie hat die *Shark Lady* Eugenie Clark geweckt. Sie ist berühmt geworden als Unterwasserforscherin durch das Buch *Lady with a Spear* (1953). Kennen gelernt haben wir uns durch meine und ihre Arbeiten über Balz und Paarung lebendgebärender Zahnkarpfen (Poeciliidae) (Wickler 1957). Wir trafen uns mehrmals in Seewiesen und in den USA, als sie sich für lebendgebärende Meeresfische interessierte, einerseits für die kleinen Brandungsbarsche *(Cymatogaster aggregata),* deren Männchen geschlechtsreif geboren werden, aber auch für lebendgebärende Haie. Ich hoffte zu erfahren, wie die Evolution diese urtümliche, seit 400 Mio. Jahren im Meer lebende Gruppe der Knorpelfische zum Lebendgebären gebracht hat.

Eugenie arbeitete am *Lerner Marine Laboratory* auf Nord Bimini, und Kollegen vom *American Museum of Natural History* in New York empfahlen mir, sie dort zu besuchen. Also lasse ich mich von Chalk's International Airlines (Abb. 11.1), einer der ältesten Fluglinien der USA, nach Bimini transportieren. Das zweimotorige Amphibienflugzeug, eine Grumman G-73, startet im Hafenbecken von Miami, wassert wieder nach 80 km Flug und rumpelt auf seinen Rädern den Strand hinauf bis dicht an die kleinen, bunten Häuschen am Rand der Ortschaft Alice Town, nahe beim Lerner Laboratorium.

Die Wissenschaftler testen hier in drei riesigen Netzkäfigen das Seh-, Hör- und Riechvermögen von Zitronenhai *(Negaprion brevirostris),* Tiger-

© Springer-Verlag GmbH Deutschland, ein Teil von Springer Nature 2020
W. Wickler, *Reisenotizen*, https://doi.org/10.1007/978-3-662-61996-4_11

Abb. 11.1 Chalk's International Airlines, Nord Bimini, August 1973

hai *(Galeocerdo cuvier)*, Ammenhai *(Ginglymostoma cirratum)* und mehreren *Carcharhinus*-Haien. Diese seit 400 Mio. Jahren im Meer lebenden Knorpelfische sehen im Nahbereich besser als der Mensch, riechen einen Tropfen Blut in einer Million Liter Wasser und hören tiefe Töne kilometerweit.

Mein Freund Arthur Myrberg, der mit mir in Seewiesen an tropischen Buntbarschen gearbeitet hatte, begann in Bimini das soziale Verhalten der Haie, ihr Lernvermögen und ihre Fortpflanzung zu untersuchen (Gruber und Myrberg 1977). Er bietet an, mir einiges dazu an der Universität Miami im großen Meeresaquarium zu erklären und zu zeigen. So komme ich am 1. September zurück ans Festland zum University Campus in Coral Gables. Über dem Ort liegt ein Schimmer amerikanischer Großmannssucht. Arthurs Auto – selbstverständlich ein Porsche – rollt statt auf einem Highway auf dem Skyway, allerdings wegen der Verkehrsdichte fast im Schritttempo. Die Toiletten im Hotel sind für „Kings" und „Queens" ausgewiesen.

Im *Shark Tunnel* des *Miami Seaquarium* kann ich durch ein riesiges Bassin spazieren und habe – außer zahllosen bunten Knochenfischen – große und kleine Haie und Rochen direkt vor Augen. Ähnlich musste sich wohl Mose gefühlt haben, als er mit seinen Israeliten trockenen Fußes durch das Meer ging und „das Wasser auf beiden Seiten wie eine durchsichtige Mauer stand" (Ex 13,22). Ich stehe, ebenfalls mit trockenen Füßen, im Ozeanarium und sehe vor mir hinter der durchsichtigen Glaswand zwei flache, rechteckige, gelblich-braune, hornige Eitaschen, etwa 7 cm lang und 3 cm breit. Sie stammen vom 1 m großen Schwellhai *(Cephaloscyllium ventriosum)* und sind mit vier Rankenfäden, die von den Ecken ausgehen, an Algen und Steinen verankert. Die durchscheinende Wand lässt innen die Bewegungen des Embryos erkennen. Der wird nach 7 bis 12 Monaten, je

nach Temperatur, ungefähr 15 cm lang sein, mit einer doppelten Zähnchen-
reihe auf dem Rücken die Eikapsel öffnen und davonschwimmen.

Haie und Rochen betreiben keine Brutpflege, haben aber innere
Befruchtung. Vor der Paarung prüfen die Partner einander in einem langen
Vorspiel. Die Weibchen weisen viele Männchen ab und zeigen ihre Ein-
willigung schließlich durch Abspreizen und Einrollen der Bauchflossen.
Dann schlingt das Männchen seinen Körper um den des Weibchens oder
beißt, um sich festzuhalten, in dessen rechte oder linke Brustflosse und führt
zur Begattung seine rechte oder linke, zum Kopulationsorgan („Klasper")
umgebildete Bauchflosse in das Weibchen ein. Die lebendgebärenden dorso-
ventral abgeflachten Rochen liegen während der Paarung Bauch gegen
Bauch aufeinander.

Die besamten Eier vieler Arten gleiten an einer Schalendrüse vorbei, die
den Dotter mit einer hornartigen Kapsel umgibt, und werden abgelegt.
Bei den über 500 bekannten Haiarten kann sich der Embryo aber auch
ganz anders entwickeln, und das ist ein aufregendes Musterbeispiel für den
Evolutionsfortschritt vom normalen Eierlegen bis zum Lebendgebären. In
dieser Evolutionsreihe sind Arten nämlich verschieden weit fortgeschritten.
Hintereinander geordnet illustrieren sie die aufeinanderfolgenden Schritte
mit allen Übergängen in der Höherentwicklung der Embryonenversorgung.
Verfolgen lässt sich nicht nur, wie diese Evolution verlief, sondern auch
warum.

Am Beginn steht das Ablegen der besamten Eier wie beim Schwellhai.
Die Eikapsel enthält reichlich Dotter, der mit einem Stiel durch die Körperwand des Embryos bis in seinen Magen führt. Seine langsame Entwicklung
im Ei kann über ein Jahr dauern. Ist der Dotter aufgebraucht, schlüpft der
Junghai und wird, zwar fertig entwickelt, aber riskant klein, ins Meer entlassen.

Bei den lebendgebärenden (viviparen) Arten schlüpft der Junghai im
Mutterkörper aus dem Ei, sobald sein Dottervorrat aufgebraucht ist. Dann
liegt es nahe, dass ihm vorzeitig Zähnchen wachsen und er sich aus den
im Endabschnitt des Eileiters (Uterus) der Mutter liegenden, nur dünn
umhüllten unbesamten Eiern zusätzlichen Dotter einverleibt und weiterwächst. Das Eierfressen (Oophagie) findet man bei *Alopias*-Fuchshaien
(A. superciliosus, A. pelagicus) sowie beim Makohai *(Isurus oxyrinchus)* und
Heringshai *(Lamna nasus).* Oophagie führt beim Weißen Hai *(Carcharodon
carcharias)* unvermeidlich und ohne scharfe Grenze zu Geschwisterkannibalismus (Adelphophagie), weil der Embryo auch besamte Eier ver-
schlingt, beim Sandtigerhai *(Carcharias taurus)* sogar fertige Embryonen.
Diese von der Mutter stammende zusätzliche Nahrung bringt dem Embryo

Wachstums- und Überlebensvorteile, denn er verlässt die Mutter als großer, zuweilen über 1 m langer und voll ausgebildeter Junghai.

Das bedeutet aber nicht automatisch auch einen Fortpflanzungserfolg für die Eltern. Denn im Geschwisterkannibalismus verlieren sie bereits angelegten anderen Nachwuchs. Ein väterliches Genprogramm könnte zwar den Geschwisterkannibalismus stützen, wenn – wie etwa beim Sandtigerhai, Ammenhai (*Ginglymostoma*) und Zitronenhai (*Negaprion*) – das Weibchen sich mit mehreren Männchen gepaart hat, also Halbgeschwister als Embryonen im Körper trägt. Das räuberische Junge vertilgt dann Nachkommen anderer Väter, hilft also seinem eigenen Vater, Rivalen auszuschalten. Die Mutter jedoch, zumal wenn in den beiden Uterushälften nur jeweils der stärkste Embryo übrig bleibt, hat vergeblich in die weiteren Eier und Embryonen investiert, ihr Fortpflanzungserfolg erleidet Nachteile. Man weiß von den Paarungsgewohnheiten der Haie sehr wenig; angenommen, ein Weibchen würde sich pro Saison nur mit einem Männchen paaren, dann trüge sie jeweils Vollgeschwister in sich, und dann wäre der Vater vom uterinen Kannibalismus ebenso betroffen wie die Mutter.

Dem Kannibalismus unter Embryonen wirkt bei einigen Grund- und Hammerhaien im Weibchen die Unterteilung des Uterus in Kompartimente für je einen der Embryos entgegen. Die sind dann voneinander getrennt, und die Mutter kann, ohne mit Verlusten rechnen zu müssen, viele (bis über 20) Embryonen gleichzeitig heranwachsen lassen. Und sie kann zudem auf besondere Weise mehr für die Jungen tun. Statt unbesamter Eier liefert die Mutter – zum Beispiel beim Australischen Glatthai *(Mustelus antarcticus)* – aus speziellen Uterusausstülpungen ein Nährsekret (auch Uterusmilch genannt), das Entwicklung und Wachstum der Embryonen fördert.

Als am weitesten fortgeschrittene innere Brutpflege hat sich etwa 20-mal unabhängig voneinander unter den lebendgebärenden Haiarten eine (verwandtschaftsweise etwas unterschiedlich spezialisierte) Dottersackplazenta ausgebildet. Die hatte übrigens schon Aristoteles am Glatthai *Mustelus canis* entdeckt. Bei diesem, wie zum Beispiel auch bei Hammerhaien (*Sphyrna*-Arten) und beim Blauhai (*Prionace glauca)*, ernährt sich der Embryo in den ersten paar Wochen vom Dotter. Wenn dieser zur Neige geht, bildet der leere Dottersack auf einer Seite Blutgefäße, wird Teil einer Dottersackplazenta und verwächst in vielen Falten eng mit der Gebärmutter, dem mütterlichen Anteil der Plazenta. Über die Kontaktfläche wandern Nährstoffe aus der Mutter in den Embryo, während Abfallprodukte des Embryos in den Kreislauf der Mutter gelangen und von ihr ausgeschieden werden. Verbunden sind Embryo und Dottersackplazenta durch den Dottersackstiel, der zur Nabelschnur wird. Sie zerreißt bei der Geburt und hinterlässt auf der Unterseite des Junghais zwischen den Brustflossen eine Narbe („Bauchnabel"), die nach wenigen Monaten verschwindet.

Unter den um 200 Mio. Jahre jüngeren Knochenfischen sind in der Evolution mehrmals ähnliche Entwicklungsstufen des Lebendgebärens entstanden. In vielen Arten der südostamerikanischen viviparen Süßwasser-Zahnkärpflinge (Poeciliidae), Studienobjekte von Eugenie und mir, haben die Embryonen lediglich den im Ei enthaltenen Dotter zur Verfügung. Ist der aufgebraucht, werden die Jungen geboren. Bei anderen Arten aber erhalten die Embryonen zusätzliche Nähr- und Aufbaustoffe aus dem mütterlichen Körper. Der Nachwuchs des zu den lebendgebärenden Halbschnabelhechten (Hemiramphidae) gehörenden 10 cm langen *Nomorhamphus ebrardtii* aus der Brackwasserzone Sulawesis ernährt sich in der mütterlichen Ovarhöhle von Eiern (Oophagie) und schwächeren Geschwistern (Adelphophagie). Bei Linienkärpflingen *(Jenynsia)* wachsen lappige Ausstülpungen von der Wand der mütterlichen Ovarien in den Mundraum der Embryonen. In der Aalmutter *(Zoarces viviparus),* einem 50 cm langen aalförmigen Grundfisch ohne Schwimmblase, besamt das männliche Sperma die Eier in der faltigen Ovarhöhle des Weibchens, und aus deren Wandung wachsen während der 4 bis 5 Monate währenden Schwangerschaft Miniaturzitzen mit einem Knötchen (Glomerulus) am Ende, das ein Knäuel von Blutkapillaren enthält. Bis die Jungen schlüpfen, nehmen sie die Zitze in den Mund und saugen aus einer Öffnung an der Spitze mehrere Monate lang eiweiß- und sauerstoffhaltiges mütterliches Sekret (vergleichbar der Situation von Känguruembryonen im Brutbeutel der Mutter). Die Embryonen des Vieraugenfischs *Anableps dowei* (seine Augen sind horizontal unterteilt zur Sicht unter und über Wasser) beziehen das ganze zum Heranwachsen nötige Material über eine unter Knochenfischen höchst entwickelte Plazenta, die von der äußeren Zellschicht des Embryos (dem Trophoderm) und vom Follikelepithel der Mutter aufgebaut wird (Knight et al. 1985).

Alle lebendgebärenden Tierarten, deren Embryonen für ihre Entwicklung mehr Nährstoffe von der Mutter benötigen, als im Ei enthalten sind, entwickeln einen Kompromiss zwischen dem Fortpflanzungsinteresse der Mutter und dem ihrer Jungen. Die geschlüpften Embryonen der Hochlandkärpflinge (Goodeidae) verbleiben in Ovarhöhlen und entwickeln selbst lange, bandförmige Darmanhänge (Trophotaenien) zur Aufnahme mütterlicher Nährflüssigkeit. Diese sehr langen „Nährschnüre" sind ein Anzeichen dafür, dass der Embryo mehr Nährstoffe von der Mutter fordert, als diese ihm „freiwillig" geben würde. Jede Mutter muss, um ihren Lebensfortpflanzungserfolg zu maximieren, für das Aufwachsen aller ihrer Kinder sorgen, also ihre Aufwendungen an Material und Zeit auf den gesamten, auch künftigen, Nachwuchs verteilen. Jedes einzelne Junge aber ist von Natur aus darauf ausgerichtet, sein Leben zu erhalten und später seinen eigenen Fortpflanzungserfolg zu maximieren, also einen maximalen Mitgift- und Pflegeanteil von der Mutter zu erhalten, mehr als ihm aus Sicht der Mutter anteilig zusteht. Auch beim Menschen resultiert daraus ein Nährstoffkampf zwischen dem Embryo und seiner Mutter, der sehr genau untersucht ist (Haig 1993). Harmoniebeflissene Mediziner sprechen von „embryo-maternalem Dialog" und von einer „Feinabstimmung des embryonalen und des mütterlichen Systems" (Rager 1997), der Mediziner William Fothergill (1899) von einem Schlachtfeld mit Tod auf beiden Seiten.

Ursache sind Unterschiede im genetischen Brutpflegeprogramm der Eltern. Eine Mutter ist auf die optimale Versorgung aller ihrer Kinder programmiert und teilt entsprechend ein, wie viel Nähraufwand dem einzelnen Kind zum Überleben zusteht. Ein Vater ist von Natur her unsicher, ob nachfolgende Kinder derselben Mutter wieder seine Gene tragen: *„pater semper incertus"*. Das väterliche Programm fordert deshalb jedes Mal für sein momentanes Kind ein Maximum an Nähraufwand, ohne Rücksicht auf spätere Kinder derselben Mutter, die vielleicht nicht seine sind. Im Embryo werden sowohl die väterlichen als auch die mütterlichen Gene aktiv, aber die Ausprägung einiger Merkmale wird nur von den Genen eines Elternteils betrieben *(genomic imprinting)*. So schalten väterliche Gene das „Sparprogramm" der Mutter ab und entwickeln als väterliches Programm an der Embryoplazenta morphologische und hormonelle Hilfen, um die Mutter zugunsten des jeweils vorhandenen Embryos auszubeuten.

Wenn der frühe menschliche Embryo an der Uteruswand festwächst, bildet seine äußere Zellschicht, der Trophoblast, den direkten Kontakt mit mütterlichem Gewebe. Der Embryo, nicht die Mutter, sorgt vordringlich für das Wachstum der Plazenta. An der Grenze vom mütterlichem zum embryonalen Gewebe spielt sich der Versorgungskonflikt ab.

Die Mutter versorgt den Embryo durch spezielle Spiralarterien, deren Wandungen elastisches Gewebe und glatte Muskelfasern enthalten. In dieses mütterliche Gewebe wandern besondere Zellen des Embryos (Zytotrophoblasten) ein und zerstören dort sowohl die elastischen Gewebeanteile als auch die glatten Muskelfasern, mit denen die Mutter sonst den nährenden Blutzufluss zum Embryo regulieren könnte. Obwohl mütterliche Zellen die embryonalen Zytotrophoblasten zu demontieren suchen, bleiben nun die Arterien weit und ihre Wände unelastisch. Der Embryo bekommt umso mehr Nahrung, je mehr mütterliches Blut zur Plazenta fließt. Dazu erhöhen embryonale Plazentafaktoren den Blutdruck der Mutter, während muttereigene Faktoren dem blutdrucksenkend entgegenwirken. Im Ergebnis enthält das Blut der Mutter gefäßerweiternde und gefäßverengende Hormone gleichzeitig, und beides in Überdosis. Diese Aktionen des Embryos treiben die Aufwendungen von Mutter und Kind „unnötig" in die Höhe und verhindern eine möglichst hohe Gesamteffizienz. Lebten Mutter und Kind in harmonischer Übereinstimmung, wäre das eskalierende Gegeneinander zwischen ihnen überflüssig.

Die Mutter bringt in der frühen Schwangerschaft die zusätzliche Ernährung des Embryos aus ihrer täglichen Nahrung auf und legt daneben noch ein Fettdepot für die Endphase und die Stillzeit an. Nach jeder Mahlzeit teilt sich die Mutter die aufgenommene Menge Blutzucker mit dem Embryo und legt mithilfe von Insulin bei sich Reserven an. In der späteren Schwangerschaft werden die insulinproduzierenden Zellen ihrer Bauchspeicheldrüse manchmal extrem groß und geben immer mehr Insulin ins Blut ab, zugleich aber wird ihr Körper zunehmend unempfindlicher gegen Insulin, weil die embryonale Plazenta einen Stoff produziert, der die Insulinrezeptoren der Mutter blockiert. Diesem Einfluss des Embryos entgegenwirkend produziert der mütterliche Organismus zwar immer mehr Insulin, dieses wird jedoch vom Embryo mit einem Plazentaenzym rasch abgebaut. Das führt dazu, dass etwa 2,5 % aller schwangeren Frauen Schwierigkeiten bekommen, Blutzucker überhaupt abzubauen, sodass sie nach einer Mahlzeit vorübergehend „zuckerkrank" sind; man nennt das Schwangerschaftsdiabetes. Sie geht zulasten der mütterlichen Gesundheit, denn zu Schwangerschaftsdiabetes neigende Frauen haben ein erhöhtes Risiko, später wirklich zuckerkrank zu werden.

Das vom Vater stammende Verhaltensprogramm in den Nachkommen ist darauf angelegt, die Abhängigkeit von der Mutter möglichst zu verlängern; es lässt die Jungen gegen das Brutpflegeprogramm der Mutter auch später länger Säugling spielen. Dadurch kommt es bei vielen Säugetieren (den Menschen eingeschlossen) zum bekannten Entwöhnungskonflikt in der Abstillphase, wenn die Mutter ihre Milchabgabe beendet, der Säugling aber weiter Milch fordert. Bis zum Selbstständigwerden suchen Nachkommen naturgemäß mehr von ihren Eltern, meist von der Mutter, zu erlisten oder ertrotzen, als aus der ebenso naturgemäßen Sicht der Mutter angemessen ist.

12

Naturrecht und Epikie

Gewissen prüft Handlungsfolgen ▪ Der Makkabäer-Priester Mattatias ▪ Feldmarschall Leopold von Daun

14. Oktober 1973, Graz

Ein hiesiger Akademikerverband hat Johannes Gründel und mich eingeladen, unsere Ansichten zu Naturrecht, Autorität und Gewissen zu referieren. Wir behandeln diese Themen seit zwei Jahren unter dem Titel *Naturrechtslehre* in moraltheologischen Seminaren an der Münchener Universität. Nachdem es Jahrhunderte lang üblich gewesen war, Moral auf die Autorität der Natur gestützt zu predigen, hatten wir uns das Ziel gesetzt, ethisch-moralische Weisungen für den Menschen von dafür untauglichen naturwissenschaftlich-biologischen Begründungen zu befreien, um versuchsweise selbsttragende philosophisch-theologische Begründungen freizulegen. (Unsere Seminare endeten erst nach 30 Jahren im Jahre 2000).

Eine Idee des Naturrechts stammt aus der Antike. Thomas von Aquin übernahm sie von Heraklit unter der Perspektive, dass Natur (Physis) und menschengemachte Gesetze (Nomos) im Logos, dem göttlichen Weltgesetz, eine Einheit bilden. Daraus versuchten naturalistische oder metaphysische Ethiken zu schließen, „gut" sei mit „natürlich" gleichzusetzen. Dann wäre jedoch, wie George Edward Moore 1903 in seiner *Principia ethica* anführt, aus der Beobachtung, dass in der Natur der Stärkere überlebt, ein „Recht des Stärkeren" herzuleiten. Dagegen hatte schon David Hume 1740 betont, dass man von einer Beschreibung des Zustands der Welt nicht auf ein ethisches Gebot schließen kann: „Aus dem Sein lässt sich kein Sollen ableiten." Denn jedes nach Naturbeobachtungen oder metaphysisch begründeten Anweisungen formulierte Sollen – ob bei Kant oder

© Springer-Verlag GmbH Deutschland, ein Teil von Springer Nature 2020
W. Wickler, *Reisenotizen,* https://doi.org/10.1007/978-3-662-61996-4_12

in Geboten einer übernatürlichen Autorität – enthält immer die Möglichkeit des Irrtums. Gefühlsregungen hingegen (Angst, Freude, Begehren) können nicht wahr oder falsch sein. Deshalb vertritt Moore eine „intuitionistische Ethik", die intuitiv entscheidet, welche Dinge als gut oder schlecht klassifiziert werden. Diese Intuition ist im Innern jedes Menschen von vornherein festgelegt und ist dem Gewissen gleichzusetzen als einer letzten Instanz, die wie ein „Tribunal" in schwierigen Situationen beurteilt, welche Handlungen man ausführen oder unterlassen soll. Nun enthält allerdings der Katholische Katechismus (auch in der neuen Ausgabe von 1993) Aussagen, die klar erkennbar darauf ausgerichtet sind, das Gewissen als letzte innere Instanz einer äußeren Autorität zu unterwerfen. In Artikel 1782 heißt es: „Der Mensch hat das Recht, in Freiheit seinem Gewissen entsprechend zu handeln und sich dadurch sittlich zu entscheiden." Artikel 1790 betont, dass der Mensch auch seinem irrenden Gewissen folgen muss: „Dem sicheren Urteil seines Gewissens muss der Mensch stets Folge leisten", auch wenn „das Gewissen über Handlungen, die jemand plant oder bereits ausgeführt hat, aus Unwissenheit Fehlurteile fällt". Mit „jemand" wird allerdings unterstellt, das Gewissen entscheide (zumindest auch) über fremde statt über eigene Handlungen.

In sich widersprüchlich ist dann Artikel 1783: „Das Gewissen folgt bei seinen Urteilen der Vernunft" und „Das Gewissen muss geformt und das sittliche Urteil erhellt werden." Artikel 1785 schließlich besagt, wir werden „bei der Gewissensbildung … durch die Lehre der kirchlichen Autorität geleitet". Über dem allen steht zwar Artikel 1778: „Das Gewissen ist ein Urteil der Vernunft". Aber es gibt nirgends einen Hinweis auf die für Vernunfturteile entscheidende Tugend der „Epikie". Aristoteles und Thomas von Aquin (1270) bezeichneten als „Epikie" eine Tugend, in der Formulierung von Thomas eine „Tugend der Billigkeit, die den Wortlaut des Gesetzes außer Acht lässt, um zu folgern, was der Sinn der Gerechtigkeit und der allgemeine Nutzen erfordern". Sie hilft dem Menschen, das Situationsrichtige zu tun und sich auch dann ethisch gut zu verhalten, wenn übergeordnete Normen den Gegebenheiten seiner Situation nicht entsprechen. Aufgabe der Vernunft ist es, eine Übereinstimmung von Überzeugung und Wirklichkeit zu erreichen. Denn jede allgemeine Fassung eines Gesetzes braucht eine Korrektur für spezielle Situationen, in denen ein vom formulierten Gesetz abweichendes Verhalten „sachrichtig" ist. Als Lehrbeispiel steht in der Bibel, dass 150 v. Chr. tausend Makkabäer von den Syrern ermordet wurden, weil sie sich am Sabbat nicht wehrten; da sah der Priester Mattatias ein, dass er Gottes Gebot der Sabbatruhe zu streng ausgelegt hatte (1 Makk 2,29–41).

Ein moderneres Beispiel gab der österreichisch-kaiserliche Feldmarschall Leopold Joseph von Daun am 18. Juni 1757 in der Schlacht von Kolin, als er im Siebenjährigen Krieg dem preußischen König Friedrich II. (dem Großen) die erste Niederlage beibrachte, der daraufhin Böhmen räumen musste. (Während einer Stunde fielen hier 14.000 Preußen und 8000 Österreicher). Die taktische Schlachtordnung von Daun missachtete die Anordnungen des Kriegskabinetts, war aber erfolgreich. Als Anerkennung gründete wenige Tage nach der Schlacht Maria Theresia den Militär-Maria-Theresien-Orden „für aus eigener Initiative unternommene, erfolgreiche und einen Feldzug wesentlich beeinflussende Waffentaten, die ein Offizier von Ehre hätte ohne Tadel auch unterlassen können" – also einen „Epikie-Orden".

Ein Verhalten ist also nicht automatisch „sachrichtig", wenn es im Einklang mit der Lehre einer weltlichen oder kirchlichen Autorität steht. Weltliche Autorität vertritt eine naturalistische Ethik und beruft sich auf ein Naturrecht, kirchliche Autorität vertritt eine metaphysische Ethik und beruft sich auf eine übernatürliche Quelle. Beide versuchen, „richtig" mit „gut" unbesehen gleichzusetzen.

In der Ethik geht es nicht um Gesetze oder willkürliche Setzungen, sondern um Weisungen, die auf das Wohlergehen des Menschen ausgerichtet sind. Deshalb sind formulierte sittliche Normen zeitbedingt, müssen wandelbar und sogar auflösbar sein. Gründel macht das (in seinem Vortragsmanuskript) ganz klar:

> Die christliche Offenbarung im AT und NT entwirft keine neue Moral, sondern vorgeprägte innerweltliche ethische Systeme, und Verhaltensmodelle werden theonom verankert, kritisch übernommen und sollen Menschen vor einer totalen Vereinnahmung durch Institutionen und Ideologien bewahren. Irrtumslosigkeit in kirchlichem Lehramt und in Tradition kann für die Konkretisierung und Aktualisierung sittlicher Wahrheiten nicht in Anspruch genommen werden. Die Berufung der kirchlichen Autorität auf die stets gleichbleibende Lehre und Tradition der Kirche und auf den der Kirche verheißenen Beistand des Geistes Gottes ersetzt noch nicht die für sittliche Fragen erforderliche und mögliche Vernunftargumentation.

Für die Begründung ethischer Normen in einer Metaethik ist deshalb das Sein-Sollen-Problem ein ständiges Thema. Der französische Philosoph Pierre Abaelard vertrat um 1100 – also 600 Jahre vor der Aufklärung – den Vorrang von Vernunft und eigener Verantwortung auch in Glaubensfragen. Jeder Mensch habe die „dauernde Aufgabe", autoritäre Glaubensaussagen

„des die Wahrheit verwaltenden Klerus" zweifelnd zu hinterfragen und zu überprüfen, ob sie gut begründet und in sich widerspruchsfrei sind und evidenten Tatsachen nicht widersprechen. Der deutsche Universalgelehrte und spätere Kirchenlehrer Albertus Magnus betonte um 1250, Naturgesetze und göttliche Offenbarung könnten einander nicht widersprechen, da beide den gleichen Urheber haben. Papst Leo XIII. entschied 1893, wo Widersprüche zwischen Naturwissenschaft und Religion aufträten, müsse mindestens auf einer der beiden Seiten eine Fehlinterpretation vorliegen. In den Naturwissenschaften müssten durch Deduktion ermittelte Vorhersagen empirisch überprüfbar sein. Wenn Beobachtungen nicht mit den Vorhersagen übereinstimmten, müsse die Theorie angepasst oder verworfen werden.

Vergleicht man als Verhaltensforscher das im Dekalog formulierte „Soll-Verhalten" mit dem natürlichen Verhalten nicht-menschlicher Geschöpfe in ihrer natürlichen Umgebung, so erkennt man: Alles, was die Zehn Gebote dem Menschen verbieten, kommt im Leben der anderen Geschöpfe naturgemäß täglich vor. Darf der Mensch sich also die Natur zum Vorbild nehmen und den Dekalog anpassen oder gar verwerfen? Wer so mit dem Naturrecht argumentiert, übersieht einen wesentlichen biologischen Sachverhalt, nämlich die Besonderheit des Menschen, der als (bisher) einziges bekanntes Lebewesen in der Evolution die Fähigkeit erlangt hat, in großem Stil und in langen Zeitspannen Erfahrungen zu sammeln und in Vorhersagen umzumünzen.

Naturgemäß gewinnt einen Kampf der Stärkere; und wenn es um etwas Lebenswichtiges geht, sollte er den Konkurrenten möglichst nachhaltig ausschalten, also töten. Das kommt im Tierreich häufig vor. Die Folge ist, dass sich das Töten von Artgenossen – sei es als genetisches Programm, sei es als tradiertes Lernprogramm – durchsetzt und an Häufigkeit zunimmt – mit der weiteren Folge, dass zukünftig ein „Töter" immer wahrscheinlicher auf seinesgleichen trifft und so selbst in Lebensgefahr kommt. Dasselbe gilt für die anderen im Dekalog gekennzeichneten Bereiche: Wer mit Stehlen, Lügen, Betrügen anfängt, riskiert, selbst bestohlen, belogen, betrogen zu werden. Der große Anfangsvorteil, der dem „Erfinder" einer seine Artgenossen schädigenden Handlung winkt, schwindet zunehmend mit deren Ausbreitungserfolg, sowohl für den Erfinder selbst wie für seine Nachkommen und Nachahmer. Das Prinzip, dass der Erfolg einer Handlung davon abhängt, wie viele andere es ebenso machen, nennt man „frequenzabhängige Selektion"; es wird beim Argumentieren meist übersehen. Es gilt speziell für Sozialverhalten, nicht für Auseinandersetzungen mit der

Umwelt. (Wer bei Kälte einen Mantel anzieht, ist erfolgreich – egal, wie viele andere ebenfalls Mäntel tragen).

Wenn der Schöpfer seine Schöpfung laut biblischer Erzählung in ihrer naturgesetzlichen Form für sehr gut befunden und sie angeblich auf den Menschen ausgerichtet hat, warum sollte sie dann, so wie sie ist, gerade für uns Menschen nicht gut genug sein? Warum genügt das naturgeschaffene „Sein" nicht dem ethisch geforderten „Sollen"? Weil eben (wohl nur) im Menschen die Fähigkeit angelegt ist, zur Begründung seines Tuns nicht nur die kurzfristigen, sondern auch die langfristigen Folgen zu berücksichtigen. Diese Fähigkeit wird jedoch vom Menschen nur selten genutzt; zu regelmäßig übertrumpfen im abwägenden „Spiel der Motive" kurzfristige Vorteile die langfristigen Nachteile. „Was wäre, wenn …?" ist deshalb für Gründel die moralische Frage schlechthin.

Die naturwissenschaftliche Antwort auf „Was wäre, wenn" liefert die Spieltheorie (Noë et al. 2001), auch für die Zehn Gebote (Wickler 2014). Die metaphysische Frage, warum zur Lösung der naturgemäß unvermeidlichen sozialen Konflikte nur dem Menschen im Dekalog ein ergänzendes „Soll"-Programm – und die Möglichkeit, ständig Fehler zu machen – auferlegt ist, statt es zum Wohle aller Geschöpfe im „Sein"-Programm der Natur physisch zu verankern, müssen nun die berufsmäßig nach Sinn suchenden Philosophen und Theologen klären. Dieses Unterfangen wäre schon Anfang des 3. Jahrhunderts v. Chr. in der berühmten Bibliothek von Alexandria der Erfahrungswissenschaft nachgeordnet worden; jedenfalls standen dort diejenigen Bücher des Aristoteles, die sich nicht mit der Physik befassen, sondern philosophische Fragen erörtern, hinter denen der Physik und waren somit „meta-physisch" eingeordnet.

13

Fresken der Moldauklöster

**Genesis, Abstammung Jesu ▪ Akáthistos-Hymnus ▪
Die Leiter des Klimakos ▪ Jüngstes Gericht ▪
Himmel und Hölle ▪ Pädagogische Folgen ▪
Kritik von Fidel Castro**

22. August 1974, Bukovina

Aus einem Urlaub am Schwarzen Meer im August 1974 fliege ich mit
meiner Frau und den Kindern in altgedienten Flugzeugen in die Bukovina
zu einer Rundfahrt zu den Moldauklöstern, genauer gesagt zu den Kirchen
der rumänisch-orthodoxen Nonnenklöster Humor, Voroneț, Moldovița
und Sucevița. Sie liegen im südlichen, zu Rumänien gehörenden Teil
der Bukovina; die nördliche Hälfte gehört zur Ukraine. Der slawische
Name „Bukovina" bezeichnet ein mit Buchen (*buk* = Buche) bewaldetes
Gebiet. Die Kirchen entstanden im 15. und 16. Jahrhundert innerhalb von 80 Jahren, veranlasst von Stefan dem Großen und seinen Nach-
folgern (insbesondere Moldovița 1532 von Petru Rares, Stefans illegitimem
Sohn). Überlieferungen zufolge versprach Stefan für jeden Sieg auf dem
Schlachtfeld die Errichtung einer Kirche oder eines Klosters. Seine Erfolge
über Ungarn, Polen und Türken führten zur Stiftung von insgesamt über
40 Gotteshäusern. Die schönsten von ihnen sind wegen ihrer innen wie
außen gut erhaltenen und extrem reichhaltigen farbigen Freskenmalereien
als Weltkulturerbe der UNESCO berühmt. Die im byzantinischen Stil
vollständig ausgemalten Innenräume stellen meist in den Kuppeln die
Menschwerdung Christi und die Wiederkunft des Allherrschers dar, die
Wände Heilsereignisse des Alten und Neuen Testaments sowie einen
„Heiligenkalender" in 365 oft drastischen Legendenbildern aus dem täglichen Leben von Märtyrern und Heiligen – in Moldovița zum Beispiel der
Heiligen Antonius, Georg, Nikolaus, Joachim und Anna – sowie stilisierte

© Springer-Verlag GmbH Deutschland, ein Teil von Springer Nature 2020
W. Wickler, *Reisenotizen,* https://doi.org/10.1007/978-3-662-61996-4_13

Porträts antiker griechischer Dichter und Denker, etwa Aristoteles, Platon, Pythagoras, Sokrates, Solon, Sophokles und – in Suceviţa – die römische Seherin Sibylle. Einige Szenen malen die Predigten der Apostel, andere illustrieren Gleichnisse aus der Bibel (in Humor und Voroneţ zum Beispiel die Rückkehr des verlorenen Sohnes) und Begebenheiten aus der Geschichte der orthodoxen Kirche, ferner Geschehnisse aus dem täglichen Leben im 16. Jahrhundert. Die innere Pracht ist umso größer, je später ein Moldaukloster gebaut wurde.

Die äußere Freskenmalerei begann unter Petru Rares. Sie diente als biblisches Lehrbuch und vermittelte dem des Schreibens und Lesens unkundigen Volk Szenen und Gleichnisse aus der Bibel, war vielleicht auch liturgisches Gesangbuch für die Bauern der Umgebung, da bei Gottesdiensten nur wenige Besucher in den kleinen Kirchen Platz fanden. Die heutige Klosterkirche Humor, dem Fest Mariä Himmelfahrt geweiht, wurde 1530 gebaut und 1535 bemalt; der gesondert stehende schmucklose viereckige Turm wurde erst 1641 errichtet. Humor hat die ältesten Außenfresken aller Moldauklöster, Suceviţa ist das letzte und größte der von außen bemalten Moldauklöster, zugleich das reichste und am besten ausgestattete. Suceviţas Außenfresken wurden auf grünem Grund aufgetragen, während die Klosterkirche Voroneţ berühmt ist wegen ihrer außen vorherrschenden blauen Farbe aus gemahlenem Azurit. Geweiht ist sie dem Militärheiligen Georg, der über dem Eingang in seinem Kampf mit dem Drachen dargestellt ist.

Uns interessieren unter den Fresken der Außenwände am meisten die detailreichen Bilderwelten, welche die Herkunft, die damalige geschichtliche Gegenwart und die ferne Zukunft der Menschheit thematisieren. Die Kompositionen der großen Motive unterscheiden sich von Kirche zu Kirche, aber die Anordnung der Bilder folgt einem verbindlichen Kanon: Im Westen ist es das Jüngste Gericht, durch das die Gläubigen die Kirche betreten, an der Außenwand der Apsis im Osten ist es die dreifache Ankunft des Menschensohnes: Die Ankunft in der Menschwerdung auf dem Schoß seiner Mutter, die geschichtliche Gegenwart seiner Darbringung im Brot und als Lamm und seine Wiederkunft am Ende der Tage. Auf diesen Ostpunkt hin wandern die Zeugen des Alten und Neuen Testaments: Patriarchen, Propheten, Apostel und Heilige.

Genesis Da ist zunächst die Erschaffung der Welt und des Menschen. In Suceviţa werden Adam und Eva vom Sündenfall bis zu Kains Brudermord in verschiedenen Beschäftigungen dargestellt. Beim Mähen trägt Kain eine Tunika mit langen Ärmeln, dazu eine weiße Beinbekleidung, die an die Tracht der rumänischen Bauern erinnert. Bei der Feldarbeit mit dem Ochsenpflug trägt Adam ebenfalls eine Tunika, jedoch keine Beinbekleidung. Ein anderes Fresko zeigt Eva mit den Wickelkindern Kain und Abel: Sie spinnt und hält eines der Kinder auf dem Schoß. Sie trägt ein rotes Gewand mit langen Ärmeln und ein weißes Kopftuch. Die Art, in der ihr Kopftuch gebunden ist, entspricht der Tracht der verheirateten Bäuerinnen im mittelalterlichen Moldawien, nicht unähnlich der bunten Kleidung, die wir zuvor im schmucken Dorf Jaslovaṭ gesehen haben. Zur üblichen Volkstracht, die uns im Hotel Zimbrul in Cimpulung vorgeführt wird, gehören mit Perlen bestickte Blusen der Frauen und Westen aus Marderfell der Männer, die ihr Hemd über der Hose tragen.

Die Schöpfungsgeschichte auf der Nordfassade von Voroneṭ zeigt eine bemerkenswerte Szene: Adam mit dem Teufel. Adam sitzt auf weißen Steinen, trägt ein langes rotes Gewand und einen hellblauen Mantel und hält in der linken Hand eine Schriftrolle, auf der „Vertrag" steht. Links vor ihm steht der Teufel und macht mit der linken Hand eine diktierende Geste. Es ist ein in der Bibel nicht enthaltener Pakt Adams mit dem Teufel (*„zapisul lui Adam"*). Diesen Vertrag macht Adam nach der Vertreibung aus dem Paradies und gibt damit als Preis für Ackerland dem Teufel seine Seele und die Seelen seiner Nachkommen. Der Legende nach wurde der Vertrag durch Christus annulliert. Das ist Teil der vom 10. bis 15. Jahrhundert in den Balkanländern verbreiteten, in anderen christlich-orthodoxen Ländern jedoch verbotenen bogomilischen Lehre, die anschauliche Mythen des bulgarisch-slawischen Volksglaubens und Inhalte von apokryphen Texten enthält. Die Bogomilen (slawisch: „Gottesfreunde") waren eine streng asketisch lebende Gemeinschaft, die möglicherweise auf einen legendären bulgarischen Dorfpfarrer namens *Bogomil* oder *Bogumil* (von bulgarisch „Gottlieb"; *bog* „Gott", *mil* „lieb") zurückgeht.

Abstammung Jesu In der Bibel kommt ein Stammbaum Jesu an zwei Stellen vor: bei Lukas (3,23–38) und bei Matthäus (1,1–17). Lukas – etwa 60 n. Chr. – beginnt bei Josef und zählt dessen Vorfahren rückwärts bis zu Adam auf. Matthäus – etwa 80 n. Chr. – beginnt bei Abraham und endet bei Josef. Seit dem 11. Jahrhundert folgen bildliche Darstellungen der Abstammung nach Matthäus. Sie heißen „Jessebaum" oder „Wurzel Jesse", denn sie betonen die Abstammung Jesu aus dem Hause Davids und beginnen deshalb an der 13. Stelle in der Matthäus-Abfolge mit Davids Vater Isái, in griechischer Aussprache Jesse: „Isái zeugte den König David." In Humor, Moldoviṭa, Voroneṭ und Suceviṭa ist der Jessebaum in großen Außenfresken vorgestellt: Aus dem Unterleib des liegenden oder schlafenden

Isái wächst ein Baum, in dessen Verzweigungen und Ästen Isáis männliche Nachkommen zu sehen sind, beginnend mit seinem jüngsten Sohn David (über Salomon, Rehabeam, Abija, Asa, Josaphat, Joram, Usija, Jotham, Ahas, Hiskia, Manasse, Josia, Jechonia und weitere 14 Stammväter nach der babylonischen Gefangenschaft) bis hin zu Joseph und seinem Sohn Jesus. Von sich selbst sagt dann Jesus in der Offenbarung des Johannes aus übergeordneter Sicht (Offb 22,16): „Ich bin die Wurzel und der Stamm Davids", also nicht Spross am Stamm, sondern Wurzel des ganzen Stammes.

Die Evangelisten schildern allerdings keinen Stammbaum, sondern eine väterliche Stammlinie unter Vernachlässigung der Mütter. Ausnahmen sind vier mit David verbundene Frauen: Seine Ururgroßmutter Rahab, Mutter des Boas; seine Urgroßmutter Ruth; seine achte Frau Bathseba (mit der er Ehebruch beging, als sie noch die Frau des Urija war), und seine Tochter Tamar. Davids Mutter, die Israelitin Nizeveth, eine Konkubine Isáis, fehlt in der Bibel. Andererseits überstrahlt schließlich Maria, die Mutter Jesu, seinen Vater Josef. Ursprünglich heißt es bei Jesaja (11,1–2):

Und es wird ein Reis hervorgehen aus dem Stamm Isáis und ein Zweig aus seiner Wurzel Frucht bringen. Auf ihm wird ruhen der Geist des Herrn, der Geist der Weisheit und des Verstandes, der Geist des Rates und der Stärke, der Geist der Erkenntnis und der Furcht des Herrn.

So besagt die erste Strophe eines beliebten, 1599 zum ersten Mal in Köln gedruckten Kirchenliedes: „Es ist ein Ros' (Reis) entsprungen aus einer Wurzel zart. Wie uns die Alten sungen: aus Jesse kam die Art"; die zweite Strophe (1609 vom protestantischen Komponisten Michael Praetorius) jedoch besagt in katholischer Umdeutung: „Das Röslein, das ich meine, davon Jesaia sagt, Maria ist's, die reine, die uns das Blümlein bracht."

Belagerung Konstantinopels und Akáthistos-Hymnus Ein weiteres Großfresko (in Humor, Voroneţ, Moldoviţa) verbildlicht das älteste, um 500 n. Chr. in Konstantinopel entstandene und angeblich schönste Lob des Marienlebens, den ostkirchlichen Akáthistos-Hymnus. Im Gegensatz zu anderen Hymnen soll dieser Hymnus, wie der Name sagt, a-káthistos („nicht im Sitzen") gesungen werden. Das erste Mal geschah das 626 in Konstantinopel, als die miteinander verbündeten Truppen der Awaren und persischen Sassaniden die Stadt (vom 29. Juli bis zum 7. August) belagerten; ebenso wieder, eine ganze Nacht hindurch stehend, unter den erneuten Angriffen durch die Araber in den Jahren 678 und 718. Die Rettung der Stadt wurde dem Schutz der Gottesgebärerin zugeschrieben. Der Hymnus enthält 12 erzählende und 12 lyrische Strophen mit Wiederholungen der marianischen Akklamation („Sei gegrüßt, du jungfräuliche Mutter") und Alleluja-Rufen. Wichtigste Szenen sind die Verkündigung, die Heimsuchung (Marias Besuch bei Elisabeth), Jesu Geburt, die Flucht nach Ägypten und Jesu Darstellung im Tempel. Das Fresko auf der Südfassade von Moldoviţa kombiniert dementsprechend den Akáthistos-Hymnus mit Szenen von der Belagerung Konstantinopels.

Allerdings war Konstantinopel, als die Klosterkirchen bemalt wurden, längst (1453) an die Osmanen gefallen. Rumänien war die letzte christliche Bastion des Abendlandes und das Fürstentum Moldau tatsächlich der östlichste, ständig von Türkenangriffen bedrohte Vorposten der Christenheit. Die Moldauklöster waren als Bollwerk gegen den vorrückenden Islam gedacht, die mächtigste Bedrohung jener Zeit. Zwar illustrieren die (am besten auf der Südfassade von Moldoviţa erhaltenen) Bilder die Belagerung Konstantinopels aus dem Jahr 626, als die in der Stadt verschanzten Christen von Persern angegriffen wurden. Aber die Angreifer sind nun als Türken mit Turban und Schnauzer dargestellt, und eine Prozession trägt den Feinden eine wunderbringende Marienikone entgegen. Die Konstantinopel-Szenen hier wie in Humor drücken die Hoffnung aus, durch Fürsprache Marias möge Moldawien das Schicksal der Stadt Konstantinopel erspart bleiben.

Jüngstes Gericht Diese eindringliche Bildkatechese verweist mit fantastischen Darstellungen auf das Weltgericht. Sie führt den Betrachtenden hin zur kommenden, noch verborgenen Welt und verweist auf das Ziel der Geschichte. In Voroneţ füllt das Außenfresko mit fünf Bildzeilen die gesamte Westseite, besonders fantasievoll ausgemalt mit religiösen Vorstellungen, die das Verhalten der Gläubigen auf die Vision einer Zukunft nach dem Tod ausrichten. Ganz oben unterm Dach, über den Tierkreiszeichen, erscheint in der Mitte Gott selbst, gekrönt mit dem achteckigen Stern Rumäniens. Rechts und links von Gottvater rollen Engel rechts die äußersten Enden des Himmels wie ein Pergament zusammen: Zeichen für das Ende der Zeit und den Beginn eines neuen Himmels und einer neuen Erde. Darunter thront Christus in der Mitte, neben ihm sitzen auf moldawischen Bänken Maria, Johannes der Täufer und die Apostel als Beisitzer beim Weltgericht. In der Mitte der dritten Bildzeile steht ein Richterstuhl mit dem Heiligen Geist in Gestalt der Taube auf einem Buch. Daneben knien Adam und Eva. Links erscheint die Schar der Gerechten, rechts die der Ungläubigen und Schlechten, gekennzeichnet als Türken, Tartaren, Juden und Armenier. Vom Thron des Richters reicht ein roter, immer breiter werdender Feuerstrom von den Füßen Jesu bis in die

Hölle am untersten Bildrand. In die vierte Bildzeile ragt vom Richterthron eine Hand mit der Waage der Gerechtigkeit, an der ein nacktes Menschlein hängt; Engel füllen die linke Waagschale mit seinen guten, Teufel die rechte mit seinen schlechten Taten. Dämonen streiten um den Besitz der Beurteilten. Neigen sich die Schalen zum Bösen hin, wird der Mensch von Engeln und Teufeln in den Feuerstrom gestoßen, wo ihn dann ein vielköpfiger Drache aufnimmt. Rechts nimmt ein Engel die Seele eines guten Menschen rettend in die Hand. Dazwischen sitzt König David und spielt die Cobza, ein rumänisches Saiteninstrument („Dieses Leben ist vorbei, ändern kann man nichts mehr"). Aus dem langen Trichter voller Höllenfeuer versuchen auch abtrünnige Könige und Priester dem Satan zu entkommen. Unten bläst der Engel zur Auferstehung, und den Gräbern entsteigen die weiß verhüllten Körper der Toten. In der fünften Bildzeile öffnet Petrus die goldene Pforte des Paradieses für die Gerechten, deren Seelen im Schoß von Abraham, Isaak und Jakob ruhen. Weiter folgen Juden, Muslime und die von Paulus geführten Völker.

Rechts neben dem Feuerstrom ist gezeigt, wie die Toten aus der Erde und dem Meer zurückkehren. Auch bären- und hundeartige Raubtiere müssen verschluckte menschliche Körperteile wieder aus dem Maul hervorwürgen. Zwei Jahre zuvor hatte derselbe Freskenmaler (der Künstler Toma Zugravul aus Suceava) diese humorige Szene schon in Humor (in der Vorhalle der Westseite) im Gemäldeausschnitt „Auferstehung der Toten" des Jüngsten Gerichts eingefügt. Da bringen unter dem Schall der vom Engel geblasenen Trompete Raubtiere menschliche Körperteile und zwei große Fische Menschenköpfe zurück. Die Engel in Voroneț und Humor haben die lieblichen Gesichter moldauischer Frauen und blasen das Bucium, eine langgestreckte Holztrompete (Mt 24, 31: „Er wird senden seine Engel mit hellen Posaunen, und sie werden seine Auserwählten sammeln vom einen Ende des Himmels bis zum anderen"). Das Bucium, auch rumänisches Alphorn genannt, ähnelt mehr dem hölzernen (ca. 1,30 m langen), leicht gebogenen Middewinterhorn. Es vertrieb früher böse Geister und begrüßte die Wintersonnenwende. Jetzt wird es im Grenzgebiet zwischen Deutschland und den Niederlanden – etwa in Ochtrup – im Advent bis zum Tag der Heiligen Drei Könige geblasen. Daher kenne ich es aus meiner Osnabrücker Schulzeit.

Die Leiter des Klimakos Das Alte Testament schildert (Gen 28,10–29) Jakobs Traum von der Himmelsleiter. An allen Kirchen dargestellt ist eine „Treppe zum Paradies" *(Klimax tu paradeísu)*, am eindrücklichsten an der Nordfassade in Sucevița. Sie ist das Hauptwerk des um 649 gestorbenen heiligen Mönchs Johannes Klimakos, genannt Johannes von der Leiter. Es entstand auf dringliche Bitte des Abtes vom Kloster Raithu und zeigt den Weg des Mönchs zur Vollkommenheit in 30 Graden (Leitersprossen), vom „Bruch mit der Welt" über das Erlernen der Grundtugenden bis zur „Einigung mit Gott". So viele Tugenden muss jeder Mensch üben, um in den Himmel zu kommen. Die Tugendleiter in Sucevița, links unterhalb des hellen Bilderstreifens unter dem Dach mit den Darstellungen von Adam und Eva im Paradies, ist eines der berühmtesten Fresken dieser Klöster. Fast über die gesamte Nordfassade trennt es diagonal die himmlische Ordnung rechts oben und das höllische Chaos links unten und illustriert den unvermeidlichen Kampf zwischen Gut und Böse. Engel helfen zwar den Menschen, die mühsam auf der Leiter dem Himmelstor entgegen-klettern. Aber immer zerren Teufel und Dämonen auch Menschen, die sich zwar an der Leiter festklammern, aber noch kurz vor dem Ziel einer Ver-suchung erliegen, hinunter in die Höllenschlucht. Oben unterstützt sogar ein Engel die Teufel, indem er einen Versager mit seinem Speer Richtung Hölle befördert.

Als kulturelles Erbe erhalten sind in diesen berühmten Fresken sowohl einmalige künstlerische als auch religiöse Detailvorstellungen der Menschen damals. Während geschriebene Texte es dem Leser anheimstellen, welche nicht geschilderten Szenendetails er sich im Kopf dazu denkt, kann oder muss ein biblisches Bilderbuch solche Details zeigen. (Der Bibeltext sagt, Adam und Eva waren nackt; aber malt man die ersten Menschen nun ohne oder mit Bauchnabel?).

Wenig wichtig ist, dass in Moldovița Cherubim und Seraphim als Menschenkopf, umrahmt von vier farbigen Vogelflügeln, sozusagen als „himmlisches Geflügel" erscheinen oder dass in Voroneț der König der Erde in einem mandorlaförmigen roten Gebilde und die Königin der Meere auf einem Delphin reitend vorgestellt sind. Aber immer ist der Himmel oben, die Hölle unten. Kinder haben vor ihren Augen also eher die Höllen- als die Himmelsszenen. Entsprechend wird bei der katholischen Tauffeier zuerst gefragt: Widersagt ihr dem Satan, dem Urheber des Bösen? Erst an zweiter Stelle kommt die Frage: Glaubt ihr an Gott? Deshalb scheinen mir die Bildgruppen des Weltgerichts und der Tugendleiter des Klimakos religionspädagogisch bedeutsam. Wir hatten schon in Constanța auf der Außenfassade der am Meer gelegenen orthodoxen Basilika St. Peter und Paul in einem Fresko von 1895 vorgeführt bekommen, wie schwarze Teufelchen verführerisch am Werk sind: bei Besitzenden, Neidischen, Feiernden und einem Paar im Bett. Gekennzeichnet sind die Gefahrenstellen als die sieben Todsünden: Zorn, Neid, Trägheit, Völlerei, Wollust, Habgier, Hochmut.

Der Katalog wurde zwar im 4. Jahrhundert vom Wüstenmönch Evagrius Ponticus zusammengestellt, um andere Eremiten vor denjenigen Lastern zu warnen, die ihn selbst am meisten vom kontemplativen Gebet abhielten. Aber als das Laterankonzil 1215 allen Gläubigen die jährliche Beichtpflicht auferlegte, wurde die mönchische Anleitung zur Selbstbeherrschung als allgemeiner Beichtspiegel übernommen und mit feineren Sündenmöglichkeiten ausgeschmückt. Damit bekräftigen seither christliche wie muslimische Glaubenshüter ihren Machtanspruch und kontrollieren und manipulieren das Verhalten der Gläubigen, indem sie den Erwachsenen, und diese ihren Kindern, Angst vor höllischen Strafen vermitteln. Die anerzogene Strafangst bezieht sich nicht nur auf seltene schwere Verfehlungen (ob in Taten, Worten oder Gedanken!), sondern – viel wirksamer – auch auf Alltägliches, etwa entgegen dem kirchlichen Nüchternheitsgebot vor der heiligen Kommunion aus Versehen Wasser zu schlucken. Passieren konnte das früher uns katholischen Kindern beim Zähneputzen und kann es bis heute muslimischen Kindern beim Schwimmunterricht während des Ramadan. Das zeigt eine Unsymmetrie zwischen Böse und Gut: Man kann zwar aus Versehen in die Hölle, aber nicht aus Versehen in den Himmel kommen, was auch das Suceviţa-Fresko suggeriert. In der Starnberger Pfarrkirche *Maria Hilfe der Christen* beten Frauen jeden Samstagabend nach dem Rosenkranz nicht um Hilfe auf dem Weg zum Himmel, sondern: „Bewahre uns vor dem Feuer der Hölle."

Im Mai 1985 sprach der brasilianische Dominikaner und Befreiungstheologe Frei Betto drei Nächte lang mit Fidel Castro („Nachtgespräche mit Fidel", Edition Exodus). Castro berichtete aus dem Jesuitenkolleg Belén in Havanna:

Ich erinnere mich noch an die langen Meditationspredigten über die Hölle, die Hitze in der Hölle, die Leiden der Hölle, die Langeweile in der Hölle, die Verzweiflung in der Hölle. Eigentlich weiß ich gar nicht, wie es überhaupt möglich war, eine so grausame Hölle zu erfinden wie die, die sie uns da ausmalten, denn so viel Grausamkeit für eine einzige Person ist gar nicht zu begreifen, egal wie groß ihre Sünden auch gewesen sein mögen.

14

Prinzip Arterhaltung?

Mantelpaviane ▪ Brutpflege ▪ Der Irrtum bei Thomas von Aquin, Immanuel Kant, Sigmund Freud, Konrad Lorenz und Hans Jonas

28. Februar 1978, Zürich

Ich treffe mich im Zoo Zürichberg mit Hans Kummer. Hans hat hier 1957 bei Heini Hediger über das Sozialverhalten des Mantelpavians *Papio hamadryas* promoviert, ist dann lebenslang von diesem Altweltaffen fasziniert geblieben und einer der bekanntesten Primaten-Ethologen geworden. Ich habe 1973 im Münchener Zoo Hellabrunn einen Film über die soziosexuellen Gesten des Mantelpavians aufgenommen. Wir haben beide die Verhaltensunterschiede frei und im Zoo lebender Paviane kennen gelernt. Während zum Beispiel ein Trupp in der Steppe ruhig und bedächtig dahinwanderte und weitgehend ohne Streit Nahrung sammelt, wird im Zoo morgens zunächst Futter portionsweise auf dem Affenberg verteilt, dann geht das Tor von der Nachtunterkunft auf, und zum Ergötzen der Besucher stürzt sich die Horde unter Kreischen und Balgerei auf die Nahrung – ähnlich wie, als Kontrast zum gemütlichen Einkaufsbummel, sich eine wartende Menge auf die Wühltische stürzt, wenn ein Kaufhaus am ersten Tag des Sommerschlussverkaufs seine Tore öffnet.

Hediger begründete eine wissenschaftliche Tiergartenbiologie, die sich an der Verhaltensforschung beteiligt. Als Tierpsychologe versuchte er, Tiere besser zu verstehen. Aber, wie ich aus mehreren Besuchen wusste, blieb ihm ein mörderisches Verhalten der Züricher Mantelpaviane ein Rätsel. Wurde das dominante alte Männchen senil, zeigte ein jüngerer Nachfolger aus der Herde „die verhängnisvolle Eigenart, alle Neugeborenen totzubeißen oder so schwer zu verletzen, dass sie den Wunden trotz bestmöglicher Behandlung

© Springer-Verlag GmbH Deutschland, ein Teil von Springer Nature 2020
W. Wickler, *Reisenotizen*, https://doi.org/10.1007/978-3-662-61996-4_14

erlagen … Nach Entfernung dieses gefährlichen Nachfolgers verhielten sich dessen Nachfolger und auch wiederum dessen Nachfolger in gleicher Weise. Alle im Jahre 1962 geborenen Jungen wurden vom Leitmännchen getötet, sodass wir uns entschlossen ein völlig fremdes Männchen aus einem anderen Zoo zu importieren … Dieses setzte merkwürdigerweise die üble Tradition seiner ihm unbekannten Vorgänger fort." Da er das Totbeißen der Jungen im Verhaltenskatalog des Mantelpavians nicht fand, meinte Hediger (1963), dass es bei diesem Verhalten um „Individuelles, vielleicht Pathologisches gehe". Das vermuteten auch andere Forscher, die solches Verhalten sogar im Freiland von Haremsmännchen anderer Affenarten und Löwen beobachteten.

Die Erklärung liegt aber ganz woanders. Wir haben in der klassischen Phase der Verhaltensforschung, ohne viel darüber nachzudenken, von den Gründervätern Lorenz und Tinbergen zwei Paradoxien übernommen: 1) das Brutpflegeverhalten als biologische Notwendigkeit und 2) die Erhaltung der Art als biologisches Prinzip. Für Philosophen seit Kant ist die Erhaltung der menschlichen Art eine selbstverständliche Notwendigkeit. Für den Imperativ, „dass eine Menschheit sei", beanspruchte Hans Jonas im *Prinzip Verantwortung* (1979, S. 90) sogar höchste Verbindlichkeit. Und Matthias Kleiner betonte 2011 auf der DFG-Jahresversammlung in seiner Festrede: „Da gibt es nichts, was das Da-Sein des Menschen auch nur in Frage stellen kann. Das Vorhanden-Sein der Menschheit ist bedingungslos. Das ist unser unhintergehbares Prinzip." Thomas von Aquin und Sigmund Freud sahen auch im Tierreich die Selbsterhaltung des Individuums und die Arterhaltung als Leitmotive des Lebens. Für Konrad Lorenz war Arterhaltung oberster biologischer Grundsatz; er meinte, die einzelnen Individuen dienten der Erhaltung der Art wie die Organe der Erhaltung des Körpers.

Andererseits hatten Biologen und Verhaltensforscher seit jeher Brutpflegeverhalten fast überall aus dem Tierreich ausführlich beschrieben, sei es von Würmern, Krebsen, Insekten, Fischen, Reptilien, Amphibien, Vögeln oder Säugetieren. Viele dieser Beschreibungen sind voller Bewunderung über den Aufwand, den Elterntiere selbst einfacher Arten dabei treiben. Brutpflege erschien ebenso selbstverständlich wie zum Beispiel das ebenso weit verbreitete Kampfverhalten. Aber um die Evolution einer Verhaltensweise, ihr schieres Vorhandensein zu erklären, müssen Evolutionsforscher die „Cui-bono"-Frage beantworten: Wer profitiert davon? Beim Kämpfen gehen beides, Kosten und Nutzen, auf das Konto des handelnden Individuums. Brutpflege und Brutverteidigung hingegen nutzt den Gepflegten, aber die entstehenden Kosten in Form von Gesundheitsrisiken, Zeit- und Energieaufwendungen, tragen die Pflegenden. Pointiert ausgedrückt: Brutpflege ist scheibchenweiser Selbstmord; und das ist alles andere als selbstverständlich.

Wie also lässt sich die Existenz von Brutpflege vernünftig erklären? Steht Arterhaltung über der Selbsterhaltung des Individuums? Wäre dem so, müsste aber die Brutpflege anders aussehen: Wo es vorrangig um die Erhaltung der Art geht, müssten pflegebereite Erwachsene sich auch um pflegebedürftige fremde Junge ihrer Art kümmern. Fremde Junge werden aber von den Erwachsenen zumeist abgewiesen. Wodurch also unterscheidet sich der eigene Nachwuchs vom fremden? Klar dadurch, dass er das genetische Erbe seiner Eltern trägt. Es kommt also auf dieses genetische Erbe an. Brutpflege wird erst auf der Genebene verständlich! Betreiber wie Nutznießer der Brutpflege ist das in den Eltern wie in ihren Nachkommen steckende Brutpflegeprogramm. Gene, die das Verhalten von Elterntieren im Ernstfall so steuern, dass sie sich selbst opfern, um ihre Jungen zu retten, vererben denen ihre Opferbereitschaft und bringen das genetische Programm in die nächste Generation; es veranlasst die Eltern, für die eigenen Nachkommen zu sorgen und Opfer zu bringen, und fördert so das Weiterbestehen seiner Programmkopien in der nächsten Generation. Ein genetisches Programm, das im Ernstfall die Jungen im Stich lässt und die Eltern rettet, wird schließlich mit diesen Eltern aussterben. Erhalten bleibt nicht die Art, sondern das genetische Programm, mit dem Erwachsene bevorzugt ihr eigenes genetisches Erbe in der nächsten Generation fördern. Das ist auch beim Menschen so; andernfalls wäre es harmlos, wenn Säuglinge in der Geburtsklinik vertauscht würden.

Die Sicht auf das entscheidende genetische Programm lernten Verhaltensforscher 1964 von William Hamilton aus der „Theorie der genetischen Evolution von sozialem Verhalten" *(The Genetical Evolution of Social Behaviour)*. Wenn ein Elternindividuum die genetische Grundlage für Brutpflege in sich hat, steckt sie mit der Wahrscheinlichkeit 0,5 in jedem seiner Jungen und mit abnehmender Wahrscheinlichkeit (gemäß abnehmendem Verwandtschaftsgrad) in weiteren Verwandten. Die Theorie besagt, dass deshalb neben der Hilfestellung für den eigenen Nachwuchs – sozusagen als erweiterte Brutpflege – auch jede Hilfe für solche Verwandten der Ausbreitung des Brutpflegeprogramms dienlich sein kann. Jedes Verhalten, das „altruistisch" dem Ausübenden Nachteile, dem Begünstigten aber Selektionsvorteile verschafft, kann, sofern es auf genetisch Verwandte gerichtet ist, in ihnen seine eigene genetische Grundlage begünstigen. Diese „Verwandtenselektion" *(kin selection)* führte Richard Dawkins 1976 mit seinem Buch *The Selfish Gene* (dt. „Das egoistische Gen") endgültig in die Evolutionswissenschaft ein. Der Perspektivenwechsel weg vom Individuum und hin zum genetischen Programm beseitigt das scheinbare Brutpflegepara-dox und torpediert das falsche Prinzip der Arterhaltung.

„Selbstlose" Verwandtenhilfe ist erfolgreich und breitet sich aus, wenn der Genausbreitungsnutzen für denjenigen, der das altruistische Verhalten zeigt, größer ist als die Genausbreitungskosten, die er dafür in Kauf nehmen muss. Umgekehrt erleidet das Individuum Genausbreitungskosten, falls es fremden Genen statt den eigenen hilft. In diese Situation kommen regelmäßig männ-liche Haremsbesitzer im Tierreich. Wird der bisherige Haremsbesitzer von einem Rivalen verdrängt, dann beansprucht der Neue die Haremsweibchen als Fortpflanzungsressource für sich. Mit Jungenpflege beschäftigte Mütter aber werden vorerst nicht wieder trächtig. Deshalb tötet der Neue möglichst alle vom Vorgänger stammenden Säuglinge, woraufhin deren Mütter rasch wieder empfängnisbereit werden. Solchen Infantizid hat man an Spinnen, manchen Fischen, an Haussperlingen, Mäusen, Ratten, Dachsen, Nilpferden sowie an Languren, Brüllaffen, Schlankaffen, Meerkatzen, Berggorillas und eben an Pavianen beobachtet. Bei diesen Arten gehen 25 bis 28 % aller Todesfälle auf Infantizid durch Männchen zurück.

Der Nutzen für die Genausbreitung des Männchens ist durchaus mess-bar. Im Löwenrudel ist in den ersten Monaten nach einem Wechsel des Haremsbesitzers die Sterblichkeit unter den Kleinkindern besonders hoch. Bei Löwen dauert die Pflege der Jungtiere etwa 2 Jahre. Länger als 2 bis 3 Jahre bleibt aber ein Männchen normalerweise nicht Besitzer des Harems. Tötet das Männchen, wenn es einen Harem übernimmt, die Jungen seines Vorgängers, so werden die Mütter in wenigen Wochen wieder empfängnis-bereit. Bei Bärenpavianen beträgt die Zeitspanne der Weibchen zwischen Geburt und erneuter Schwangerschaft in der Regel 18 Monate. Stirbt das Junge jedoch, so wird die Mutter innerhalb der nächsten 5 Monate wieder schwanger. Bei den Mantelpavianen in Zürich wurde auf diese Zeitintervalle nicht geachtet. Klar ist aber, dass das Totbeißen von Neugeborenen nichts „Individuelles, vielleicht Pathologisches" war, sondern zum Normalverhalten eines neuen Haremsbesitzers gehört.

Dass der Selektionsdruck, die eigenen Gene weiterzugeben, über die Erhaltung der Art dominiert, wird im Extremfall sichtbar. Denn falls bei hoher Bevölkerungsdichte und starker Konkurrenz die Haremsbesitzer rascher wechseln, als Säuglinge selbstständig werden, kann die Population an dem für Männchen nützlichen Verhalten zugrunde gehen. Arterhaltung ist kein eigenständiges Prinzip, kein Programm in der Natur. Was als „Art" erhalten bleibt, ist derjenige Teil einer Population, dessen Gene die nächste Generation gestalten. (Dass dennoch in Naturfilmkommentaren regelmäßig die Tiere „für das Überleben ihrer Art sorgen", ist ein Dokument für ein hartnäckig tradiertes, aber antiquiertes Biologieverständnis).

Evolution spielt sich an den fortbestehenden erblichen Programmen ab, nicht an sterblichen Individuen. Unter diesem Gesichtspunkt ist es evolutionsbiologisch sinnvoll, die genetischen Verhaltensprogramme als diejenigen Einheiten zu betrachten, die sich unter Selektionsdruck bewähren und weiterentwickeln; Individuen verkörpern in der Auseinandersetzung mit der Umwelt die ausführenden Organe, den Phänotyp dieser Programme.

15

Forschung, Aberglaube und Heiratspolitik
Faultiere im Wohnzimmer ▪ Vespucci und Kolumbus ▪ Hans Staden bei den Tupinamba ▪ Geteilte Vaterschaft ▪ Gezielte Rassenmischung ▪ Arrangierte Ehen durch Kaiser Maximilian I. und Papst Alexander VI.

31. März 1979, Rio Cuieiras

Vorgestern hat mich ein kleines Fischerei- und Arbeitsboot vom INPA-Institut *(Instituto Nacional de Pesquisas da Amazônia)* in Manaus zum Rio Cuieiras, einem Nebenfluss des Rio Negro, gebracht, zusammen mit Wolfgang Junk vom Institut für Limnologie in Plön, und Harald Sioli, dem Begründer sowohl der Amazonas-Ökologie als auch der Kooperation des INPA mit der Max-Planck-Gesellschaft. Das Forschungsinstitut ist 1952 mitten im Dschungel gegründet worden, am Rande von Manaus, der heute siebtgrößten Stadt Brasiliens, die 1669 als kleines portugiesisches Fort am linken östlichen Ufer des Rio Negro begonnen hatte.

Hier, am Ufer des Rio Cuieiras, etwa 100 km Luftlinie von Manaus entfernt, wohnt die geborene Münchnerin Heidi Mosbacher als Einsiedlerin in einem schlicht und wohnlich eingerichteten Holzhaus mit Außengehegen und erforscht seit 6 Jahren das Verhalten einer Gruppe von Dreizehenfaultieren *(Bradypus tridactylus)* (Abb. 15.1). Sie war 3 Jahre lang Technische Assistentin in Manaus bei der EMBRAPA *(Empresa Brasileira de Pesquisa Agropecuária; The Brazilian Agricultural Research Corporation),* finanziert von der Deutschen Gesellschaft für Technische Zusammenarbeit (GTZ). Mit einem gefällten Baum landete immer wieder unversehens ein Ai auf dem Erdboden. Einige setzte Heidi anderswo wieder aus, andere nahm sie in ihre Obhut und begann ihr Verhalten zu beobachten – mit wachsender Neugier und beachtlichem Erfolg.

Sie hat in ihren Gehegen am und im Haus 70 Individuen beobachtet, einige mittlerweile 6 Jahre lang. In dieser Zeit wurden sieben Junge geboren,

© Springer-Verlag GmbH Deutschland, ein Teil von Springer Nature 2020
W. Wickler, *Reisenotizen*, https://doi.org/10.1007/978-3-662-61996-4_15

Abb. 15.1 Dreifingerfaultier *(Bradypus tridactylus)*, Mutter und Kind kauen *Cecropia*-Blätter. Rio Cuieiras, März 1979. (Foto H. Mosbacher)

jeweils nach einer Tragzeit von im Mittel 330 Tagen. Ihr Wachstum und das Mutter-Kind-Verhalten sind genau dokumentiert. Das Junge beginnt schon nach wenigen Tagen Fresssaft vom Mundumfeld der Mutter zu lecken und lernt dabei die übliche Nahrung kennen. Normalerweise sind das Blätter von bestimmten Bäumen, vor allem von *Cecropia,* auf den diese Tiere so stark spezialisiert sind, dass sie ohne ihn nicht überleben. Deshalb sieht man sie kaum jemals in einem Zoo. Heidi hat aber eine (an Babynahrung erinnernde) Ersatzkost erfunden, mit der sie Junge aufzieht und Erwachsene jahrelang gesund erhält, sofern sie ihnen pro Tag mindestens drei etwa 20 cm lange *Cecropia*-Blattteile bietet.

Eins der Faultiere liegt bäuchlings mit ausgestreckten Armen und Beinen auf ihrem Bett. Abgeteilt hinter Zaungittern klettern weitere auf Zweigen oder hocken in einer Astgabelung, die Mütter Betula und Merita mit ihren Töchtern Buriti bzw. Miope. Susi und Urso sind miteinander beschäftigt: Sie leckt seine Schnauze, vielleicht als Aufforderung zur Paarung. Seda und Pinho haben sich heute morgen gepaart und halten sich noch umarmt.

Faultiere trinken nicht und koten nur etwa alle 3 Tage, manche nur einmal pro Woche. Statt die Exkremente einfach fallen zu lassen, klettern die Tiere dazu hinab auf den Boden, halten sich mit den Armen an einem Stamm fest und schaufeln mit dem Stummelschwanz eine Grube in die Erde, in die hinein sie zuerst urinieren und dann die kleinen, harten Kotkügelchen absetzen. Bei der Gelegenheit können weibliche Zünslermotten *(Bradipodicola hahneli)* aus dem Faultierfell auf den Kot umsteigen und dort ihre Eier legen. Die Larven ernähren sich vom Kot, verpuppen sich, und die schlüpfenden Motten suchen sich wieder ein Faultier. Dort leben sie von Blaugrünalgen, die in den Haarzotteln des Faultieres gedeihen.

Ich hatte gehofft, von Heidi etwas über die Bedeutung der rätselhaften Rückenmarkierung erwachsener Männchen zu erfahren. Etwa in Schulterblatthöhe haben sie, wenn voll ausgewachsen, zwei nierenähnliche, weiß umrandete Flecke in einem kräftig orangefarbenen Feld. In Größe und Form ist dieses „Wappenschild" individuell verschieden, wie auch die Gesichtszeichnung, aber noch nie hat jemand beobachtet, auch Heidi nicht, dass die allgemein schlecht sehenden Tiere irgendwie darauf Bezug nehmen. Sie sah, dass der Rückenfleck sich mit beginnender Geschlechtsreife im 2. bis 3. Lebensjahr im Kurzhaar herausbildet; das überall am Körper darüberliegende Deckhaar fehlt an dieser Stelle. Die Orangefärbung, ein deutlich riechendes Drüsensekret, lässt sich zunächst noch abwaschen, später nicht mehr. Aber weder Männchen noch Weibchen scheinen darauf zu achten oder daran zu schnuppern. Paarungswillige Weibchen, die 2 bis 3 Tage lang mit lauten Rufen Männchen anlocken, kümmern sich um deren Wappenschild ebenso wenig wie rivalisierende Männchen untereinander.

Etwas abseits im „Wohnraum" hängt auch ein Unau, ein Zweizehenfaultier *(Choloepus didactylus)*, und ich sehe zum ersten Mal die beiden Arten, Ai und Unau, nebeneinander. Sie sind durchaus nicht so nahe verwandt, wie man meinen möchte. Außer in der Anatomie, etwa der namengebenden Fingerzahl und der Anzahl der Halswirbel, unterscheiden sie sich im Verhalten. Heidi zählt auf: Das Ai benutzt zum Fellkämmen nur die Vordergliedmaßen, das mehr als doppelt so große Unau kratzt sich auch mit der Hinterpfote. Das Ai klettert vor- und rückwärts an Ästen und am Stamm auf- und abwärts, das Unau bewegt sich nur mit dem Kopf voran, auch stammabwärts. Das Unau hat keinen weichen Unterpelz, liebt es, im Regen herumzuklettern und stellt, wenn es wütend ist, die Haare auf; das Ai nicht. Bei Störung wird das Unau schnell aggressiv und kann mit seinen vier Eckzähnen (das Ai hat keine) böse Wunden hinterlassen. Bei großer Hitze ist die Schnauze des Ai trocken, die des Unau feucht mit Schweißperlen.

Ich möchte, dass Heidi ihre detaillierten Beobachtungen vervollständigt und veröffentlicht und bespreche mit ihr, dass wir sie über Wolfgang Junk am INPA-Institut mit einer Fotokamera versorgen, ein Stipendium beschaffen und sie zum Zusammenschreiben für eine Zeit nach Seewiesen holen. Das geschah auch: Im Winter 1980 hat sie bei uns einen ersten Teil ihrer Befunde ordentlich aufgeschrieben. Anschließend kehrte sie nach Brasilien zurück und ist in den folgenden Jahren unbekannt verschollen.

Nach diesem Besuch fahren wir mit dem Schiffchen weiter durch die unzählbar verzweigten, kleinen Seitenarme des Rio Negro, die Igarapés.

Sie schlängeln sich durch die Igapós, die bis zu 20 m hohen Flusswälder an den Ufern. Sioli weist uns wieder darauf hin, dass seiner Meinung nach der Amazonaswald nicht Sauerstoff an die Atmosphäre abgibt, sondern im Gleichgewicht des Wachstums genauso viel Sauerstoff verbraucht, wie er produziert, also keine „grüne Lunge des Planeten" ist, wie aus umweltpolitischen Gründen immer wieder gesagt und geschrieben wird. Von den Einheimischen hat Sioli die Einteilung der Gewässer in „Weißwasser", „Schwarzwasser" und „Klarwasser" übernommen und zu einer wissenschaftlichen Klassifikation ausgearbeitet.

Brasilien ist eines der artenreichsten Länder der Erde. Trotz der Hilfe von Wolfgang Junk bemühe ich mich vergeblich um die richtige Einordnung der Pflanzen und Tiere, die uns umgeben. Die ersten Beschreibungen dieser Flora und Fauna hat der Italiener Amerigo Vespucci geliefert. Er war Entdeckungsreisender wie Christoph Kolumbus und meinte zunächst, wie dieser, Asien erreicht zu haben. Er gab den neuen Orten Namen. Aber als er 1501 Orte wie zum Beispiel Venezuela („Klein Venedig") und auf seinem weiteren Weg nach Überquerung des Äquators den Amazonas und 1502 Rio de Janeiro („Fluss des Januar") entdeckte und benannte, merkte er, dass es sich um eine „Neue Welt", einen eigenen Kontinent handeln musste, der später zur Erinnerung an ihn Amerika genannt wurde. Auf dem Rückweg sichtete er die Mündung des Orinoco, segelte nach Hispaniola und geriet dort in heftigen Streit mit Christoph Kolumbus, der sich energisch jede Entdeckungskonkurrenz verbat.

Kolumbus war 1493 auf Hispaniola, den Bahamas und anderen Mittelamerika vorgelagerten Inseln den Taino-Indios begegnet: „Alle, auch die Frauen, laufen so nackt herum, wie sie zur Welt kamen." Dass die Leute Löcher in Wangen, Lippen, Nasen und Ohren hatten, passt bis heute zur Sitte der Yanomami, Ohrschmuck zu tragen, Unterlippe und Nasenscheidewand zu durchbohren und darin lange Schmuckstifte einzusetzen: Frauen drei, Männer einen.

Hans Staden aus dem hessischen Homberg an der Efze, damals deutscher Landsknecht in Diensten portugiesischer Siedler, verfasste im 16. Jahrhundert das erste ausführliche deutsche Buch über Brasilien. (Den Druck der Reisebeschreibung veranlasste der Marburger Mediziner Johann Dryander, der in mancher Fachliteratur sogar als eigentlicher Autor von Stadens Berichts angesehen wird). Staden beschreibt die Tupinamba, von denen er Anfang 1553 auf einem Jagdausflug gefangen genommen wurde: „Die Männer trugen Pflöcke in der Unterlippe und in den Wangen, die nackten Leiber waren bemalt, ein Arm rot und einer schwarz, und mit Federn beklebt". Sie rissen ihm die Kleider vom Leib und führten ihn nackt in ihr Dorf. Er verbrachte 9 Monate unter ihnen und lernte ihre Sprache. 1554 kaufte ihn ein französisches Schiff frei. Seine *Warhaftige Historia und beschreibung eyner Landtschafft der Wilden Nacketen, Grimmigen Menschfresser-Leuthen in der Neuenwelt America gelegen,* erschien 1557 in Marburg; ich fand es in der reichhaltigen Bibliothek des INPA-Instituts. Staden beschreibt darin die Ackerbaumethoden der Indios sowie viele Tier- und Pflanzenarten Brasiliens.

Fraglich ist, ob die Tupinamba ihm eins ihrer Mädchen zur Frau gegeben haben, wie es gegenüber Fremden üblich war. Unbekannt blieb den Verfassern der ersten Berichte (und vielen der späteren Kommentatoren), dass diese Freizügigkeit Ausdruck einer alten Tradition war und dazu diente, Fremde der eigenen Gemeinschaft einzuverleiben. Die ersten portugiesischen Siedler, die kaum eigene Frauen mitbrachten, nahmen solche Angebote gern an. Wer darauf einging, wurde quasi mit allen Mitgliedern des Stammes verwandt. Das führte einerseits zu einer friedlichen Rassenmischung, die schließlich als *„cunhadismo"* (portugiesisch *cunhado* = „Schwager") den Kolonisten sogar offiziell angeraten wurde. Andererseits konnte ein Mann viele Indiofrauen *(temericós)* haben und dadurch viele Indio-„Verwandte", die er dann für sich arbeiten ließ.

Den europäischen Entdeckern war nicht nur aufgefallen, dass sich die Frauen „sehr wollüstig" sogar den europäischen Ankömmlingen anboten, sondern dass die Eingeborenen auch mit Familienmitgliedern und Verwandten sexuell verkehrten. Diese Tradition wiederum wurzelt im Glauben an die „geteilte Vaterschaft" (engl. *partible paternity*), nämlich dass ein Kind mehrere biologische Väter haben kann, weil zur Entwicklung des Embryos die Anhäufung verschiedener Spermiengaben förderlich oder erforderlich sei. Diesem Glauben hängen viele südamerikanische Indiostämme bis heute an (Starkweather und Hames 2012). Die Männer (idealerweise zwei oder drei), die unmittelbar vor oder während der Schwangerschaft einer Frau mit ihr Verkehr hatten, gelten als biologische Väter und tragen auch rechtlich und moralisch Verantwortung für das Kind. Dadurch haben die Kinder größere Überlebenschancen, und die Mütter stärken Freundschaften unter den Männern.

So ist es auch bei den heute mit ihrer weitgehend ursprünglichen Kultur geschützten Yanomami im Regenwald zwischen Orinoco und Amazonas. Statt Kleidung haben sie den Körper bemalt und mit Blüten und Federn geschmückt. Die Frauen tragen bei besonderen Gelegenheiten einen Fransenschurz, die Männer binden lediglich mit einer dünnen Schnur um den Leib den Penis an der Vorhaut hoch. Rings um einen zentralen, etwa 90 m weiten, nicht überdachten Spiel- und Festplatz wohnen unter dem mit Ranken und Blättern überdachten Rand jeweils 40 bis 200 Personen. Zwischen den das Dach stützenden Pfosten hat jede Familie eine eigene Feuerstelle und spannt zwischen die Stützpfosten ihre Hängematten in Sichtweite der Nachbarn. In einem solchen Gemeinschaftsdorf *(shabono)* kann man keine Geheimnisse voreinander haben. Die Frauen machen denn auch kein Hehl aus ihren verschiedenen Männern. Auch den Kindern sind sie bekannt. Durch Zuschauen, auch bei Nachbarn, und spielerisches Nachahmen lernen die Kinder die sexuellen Praktiken, nicht nur zur Fortpflanzung, sondern auch zur Entspannung und zum Vergnügen.

Eine funktionelle Parallele zu der aus dem 16. Jahrhundert beschriebenen Taktik der Tupinamba, ihre Mädchen und Frauen fremden Männern und Eroberern anzubieten, um Frieden und Bündnisse zu schließen, war zur gleichen Zeit in Europa die Heiratspolitik zwischen hochadligen Familien und regierenden Monarchen im Dienste möglichst wirkungsvoller Verbindungen mit anderen Herrscherhäusern. Ein bekanntes Beispiel sind die arrangierten Verheiratungen der Nachkommen aus dem Hause Habsburg unter Maximilian I., der ab 1508 Kaiser des Heiligen Römischen Reiches war. Um gezielt Bündnisse zu schließen oder abzusichern, arrangierte man sogar frühe Kinderverlobungen und Allianzen mit gegenseitigem Frauentausch. Ein weiteres Beispiel lieferte Papst Alexander VI. (†1503), der in der Renaissance zu den politisch einflussreichsten Persönlichkeiten Italiens zählte. Er band die Kinder, die er schon als Kardinal Rodrigo Borgia mit seiner langjährigen Geliebten Vannozza de' Cattanei hatte, erfolgreich in seine politischen und dynastischen Pläne ein, die das Ziel hatten, seiner Familie ein erbliches Fürstentum zu verschaffen. Seine Tochter Lucrezia verlobte und entlobte er schon als 10- und 12-Jährige zweimal, um sie dann erst mit dem Cousin des Herrschers von Mailand und anschließend mit einem Sohn des neapolitanischen Königshauses zu verheiraten.

Die ehemaligen Tupinamba sind in Brasilien längst der zunächst aus den Verbindungen zwischen europäischen Männern und indianischen Frauen entstandenen genetisch und kulturell interethnischen Bevölkerung aus Europäern und Ureinwohnern einverleibt. Hier an den Ufern der engen Seitenarme am Unterlauf des Rio Negro, durch die wir mit dem INPA-Schiffchen fahren, stehen am Waldrand verstreut Hütten auf Pfählen, wo wir Kinder spielen, aber kaum Erwachsene sehen. Dann, als es dunkel wird, blinken unzählige Glühwürmchen in den Büschen und funkeln kleine Herdfeuer in den Hütten. Kaum bekleidete Frauen waschen am Wasserrand Kochgeschirr und sich selbst und verschwinden wieder. Unser Kapitän, der mit der rechten Hand das Schiffchen steuert und mit der linken einen Scheinwerfer bedient, um Tierleben im Uferwald zu entdecken, dreht das

Licht weg, wenn es Menschen erfasst. Es ist nicht gut, ungebeten in fremde Privatsphäre hineinzuleuchten. Die gleiche Zurückhaltung war uns im Jahr zuvor in Malaysia im Taman Negara Nationalpark geboten, als an einem kleinen Schwarzwasserflusslauf gegen Abend Frauen der Orang Asli aus dem Wald kamen, um ihren Körper und einige Gegenstände zu waschen, und anschließend irgendwohin in den Wald verschwanden.

16

Besuch auf der Karibik-Insel Hispaniola

Völkermord der Kolumbus-Brüder an den Taino-Indios ▪ Klage des Mönches Bartolomé de las Casas

12. April 1979, Santo Domingo

Die Karibikinsel Hispaniola ist eine Zwei-Staaten-Insel. Haiti besitzt das westliche Drittel, der größere Ostteil gehört zur Dominikanischen Republik. Diese ist der dritte und letzte Staat – nach Brasilien und Peru – den Bundeskanzler Helmut Schmidt derzeit auf seiner Südamerikareise besucht. Ich bin Teilnehmer seiner aus Vertretern von Medien, Regierung, Wirtschaft und Wissenschaft bestehenden Delegation (Wickler 2014). Wir haben nach der Landung auf dem Flughafen der Hauptstadt Santo Domingo Zeit, noch einmal die Mappen mit den Informationen über die für uns vorgesehenen Gesprächspartner zu kontrollieren, denn Staatspräsident Antonio Guzmán hat eine Viertelstunde Verspätung. Dann darf der Kanzler das Flugzeug mit seiner Begleitung verlassen.

Zu Besuch im Hafen von Santo Domingo liegt das Schulschiff „Deutschland". Seine Zielorte unterstehen dem Auswärtigen Amt, denn während der 3 bis 4 Tage Liegezeit je Ort sind die zahlreichen Besucher wichtig für die Reputation der Bundesrepublik. Das Schiff schult also nicht nur 80 Matrosen, sondern erfüllt auch eine politische Aufgabe. Hier haben die Marinesoldaten zur Kranzniederlegung am Altar des Vaterlandes Spalier gestanden, und nun geht es in drückender Schwüle zur Arbeit und Besichtigung in die älteste Kolonialstadt der Neuen Welt.

Die Geschichte dieser Stadt und der ganzen Insel Hispaniola ist verknüpft mit und düster überschattet durch die Familie des Spaniers Christoph Kolumbus. Er hat die Insel im Dezember 1492 für Europa entdeckt und

© Springer-Verlag GmbH Deutschland, ein Teil von Springer Nature 2020
W. Wickler, *Reisenotizen,* https://doi.org/10.1007/978-3-662-61996-4_16

ihr den Namen *La Isla Española* gegeben. Er besuchte sie auch auf seinen folgenden Reisen (1493–1496, 1498–1500, 1502–1504), glaubte aber stets, sie läge vor dem chinesischen Festland. Auf seiner zweiten Reise gründete er 1494 an der Nordküste eine erste Siedlung, die er nach seiner Gönnerin, der spanischen Monarchin Isabella I, „La Isabela" nannte. Die Siedlung wurde nach schlechtem Management und Kämpfen mit den Taíno-Indianern bald wieder aufgegeben. Christoph ernannte eigenmächtig seinen jüngeren Bruder Bartolomeo, der ihn begleitete, zum Provinz-gouverneur und wünschte von ihm eine neue Siedlung. An der Südküste neben der Mündung des Ozama-Flusses gründete Bartolomeo 1498 „La Nueva Isabela", das heutige Santo Domingo.

In der historischen Altstadt betreten wir am Vormittag das noch im Original erhaltene Kopfsteinpflaster der *Calle de las Damas,* auf dem vor 480 Jahren edle Damen flanierten. Die Straße führt zum Alcázar de Colón, das Diego Kolumbus, der erste Sohn von Christoph Kolumbus, 1510 erbauen ließ. Im Alter von 17 Jahren war Diego 1497 Page von Isabella I. geworden, wurde 1508 von König Ferdinands zum Admiral und Vizekönig der Neuen Welt ernannt, segelte sofort nach Hispaniola und kam 1509 in Santo Domingo an. Den Alcázar-Palast bewohnte er mit seiner Ehefrau Filipa de Perestrelo e Moniz, seinem Bruder Fernando und einigen Ver-wandten. Das nicht sehr große kastenförmige Gebäude mit flachem Dach ist äußerlich unscheinbar. Neben den Arkaden in der Mitte wirken rechts und links die schmuck- und fensterlosen Wände in der heißen Sonne seltsam tot, ebenso wie die Straßenfronten der Gebäude aus Korallengestein, von denen der ehemalige bunte Putz abgeschlagen wurde. In mir kommt erst recht keine Begeisterung auf, wenn ich an das Schicksal der Taíno-Ureinwohner denke. Als in *Nueva Isabela* Streitigkeiten unter den Siedlern und mit den Indios ausbrachen, kam nämlich Christoph seinem Bruder zu Hilfe und begann mit einer großen Unterwerfungsaktion gegen die einheimische Bevölkerung; es wurde der erste Völkermord der Neuzeit.

Dabei begann alles vergleichsweise harmlos. Christoph Kolumbus hatte 1493 eine Inselgruppe der Kleinen Antillen entdeckt, nannte sie zunächst „Sankt Ursula und die elftausend Jungfrauen" und nahm sie samt Bewohnern für die spanische Krone in Besitz. Michele de Cueno, ein frei-willig Mitreisender berichtet, wie die Seefahrer mit den Frauen der nackt gehenden Taíno-Indios umgingen: „Ich fing eine der sehr schönen nackten Frauen, nahm sie mit in meine Kajüte, um mit ihr Lust zu haben. Als sie sich wehrte und kratzte, schlug ich sie mit einem Strick, obwohl sie ohren-betäubend schrie. Schließlich gab sie nach und war mir zu Willen, als hätte sie es in einem Bordell gelernt." Er hatte kein Unrechtsbewusstsein. Denn schon Mose als Sprecher Gottes hatte den Israeliten anschließend an die Zehn Gebote im Deuteronomischen Kriegsrecht ja verkündet, dass die Frauen unterworfener Völker den Siegern gehören sollen (Dt 20, 13–14).

Schlimmer erging es unter den Kolumbus-Brüdern den männlichen Taínos. Christoph hatte zwar von den spanischen Monarchen, Königin Isabella I. und König Ferdinand, den Auftrag erhalten, alle Ureinwohner freundlich zu behandeln, da sie zukünftige Christen seien. Er seinerseits aber versprach den Majestäten „so viel Gold, wie sie brauchen" und „so viele Sklaven, wie sie nachfragen". 1495 führte er ein Abgabensystem ein. Jeder Indianer über 14 Jahren wurde verpflichtet, alle 3 Monate eine bestimmte Menge an Gold abzuliefern, und erhielt dafür eine Wertmarke, die sichtbar am Hals zu tragen war. Wer es nicht schaffte, wurde entweder als Sklave in die von Bartolomeo entdeckten mageren Goldminen geschickt, oder man schnitt ihm die Hände ab und ließ ihn schließlich verbluten. Der Dominikanermönch Bartolomé de las Casas verfasste als Augenzeuge 1542 eine anklagende *Kurze Darstellung der Vernichtung der Indianer*. Darin heißt es:

Überall im Land ziehen Spanier umher und versuchen sich mit Gewalt das Gold zu verschaffen, das man ihnen in Aussicht gestellt hat, das aber nur spärlich vorhanden ist. Fern ihrer Heimat lassen sie auch die dort geltenden Wertvorstellungen fahren. Sie handeln mit den einheimischen Mädchen und verbreiten Angst und Schrecken. Sie ermorden jeden, der nur den leisesten Widerstand versucht. Sie schließen untereinander Wetten ab, wer es schafft, einen Taíno mit einem Schwertstreich zu köpfen oder in zwei Hälften zu teilen.

Als noch nicht die Neue Welt, sondern Jerusalem für die Christenheit zu erobern war, hatte es auf der anderen Seite der Erdkugel auf dem Weg durch Kleinasien im erbitterten Kampf des Kreuzfahrerheeres unter Kaiser Barbarossa mit den türkischen Seldschuken 1190 die gleichen perfiden Grausamkeiten im Namen des dreieinigen Gottes gegeben. Im Rückblick darauf hat Ludwig Uhland 1814 in seiner Heldenballade „Schwäbischen Kunde" eine solche Kampfszene poetisiert: Ein Schwabe zu Fuß trifft mit seinem Schwert

Da wallt dem Deutschen auch sein Blut,
er trifft des Türken Pferd so gut,
er haut ihm ab mit einem Streich
die beiden Vorderfüß' zugleich.

Als er das Tier zu Fall gebracht,
da faßt er erst sein Schwert mit Macht,
er schwingt es auf des Reiters Kopf,
haut durch bis auf den Sattelknopf,
haut auch den Sattel noch zu Stücken
zur Rechten sieht man wie zur Linken
einen halben Türken heruntersinken.
und tief noch in des Pferdes Rücken;

.

In seinem Augenzeugenbericht über die Vernichtung der Indianer fährt der Mönch 1542 fort:

Die Spanier reißen das Baby von der Brust der Mutter, packen es an den Füßen und zerschmettern ihm den Kopf am Felsen; oder sie werfen es in den Fluss und spotten und höhnen, es möge doch zurückkommen. Den Müttern schlitzen sie den Leib auf. Als besondere Tortur bauen sie Galgen für je 13 Eingeborene – als gotteslästerliches Gedenken an Jesus und seine zwölf Apostel – gerade so hoch, dass die Füße der Gehenkten den Boden nicht erreichen, verstopfen ihnen den Mund, dass sie nicht schreien können, machen Feuer unter ihnen und brennen sie zu Asche.

Als die Spanier ankamen, repräsentierten auf Hispaniola etwa 1 Million Taínos die dominante einheimische Kultur. 1592 waren es kaum noch zweihundert. Die spanische Regierung sah sich endlich genötigt, die Kolumbus-Brüder nach Spanien zurückzuholen. Christoph wird begnadigt. Überzeugt, von der Vorsehung zu seinen Taten bestimmt zu sein, interpretiert er seinen Namen fortan als *Christum ferens,* Christusträger. Die Taíno-Kultur war zu dieser Zeit durch Ausbeutung, Krieg und eingeschleppte Krankheiten ausgestorben.

17

Vagina mit Zähnen

Ein Akamba-Holzschnitzer · Legenden der Ainu in Japan, der Idahan in Malaysia, der Jicarilla-Apachen · Maori-Göttin Hine-nui-te-pō · Göttin Uma und eine junge Baiga-Frau in Indien · Sara im Buch Tobit · Kastrationsangst bei Freud · Vergewaltigungsschutz in Südafrika

19. September 1980, Sheitani-Krater

Vier Kilometer vor der Chyulu-Einfahrt zum Nationalpark Tsavo-West in Kenia liegt der 240 Jahre alte Sheitani-Krater. Nahe bei seinem kilometerweit schwarz in die Steppenlandschaft reichenden Lavafluss, im Schatten unter einem großen Baum, schnitzen einige Männer vom Volk der Akamba Holzfiguren aus dem schweren, harten, rotbraunen Holz vom *leadwood*-Ahnenbaum (*Combretum imberbe*; Abb. 17.1). Ich hocke mich zu ihnen und betrachte die Schnitzereien, die am Boden liegen. Mich interessiert ein fertiges, halbrundes, etwa 1 cm dickes und 22,5 cm hohes Flachrelief. Es ist auf der Innen-/Rückseite grob behauen, auf der Außen-/Vorderseite aber filigran ausgearbeitet und poliert. Es zeigt eine Szenerie aus menschlichen Gesichtern und Gliedmaßen. Ich weiß, dass solche Schnitzwerke oft eine ganz bestimmte Geschichte erzählen. Auf meine Nachfrage erklärt mir einer der Männer, der etwas Englisch spricht: „Ein junges Paar fragt den Besitzer einer Herberge, ob er sie für die Nacht aufnimmt." Hinter dieser vordergründigen Beschreibung der komplizierten Figur liegt aber für ihren Schöpfer sicherlich noch eine tiefere Bedeutung verborgen, über die ein europäischer Käufer nicht informiert zu werden braucht.

Nach längerem Hin- und Herwenden bin ich überzeugt: Das „Paar auf der Suche nach einer Unterkunft für die Nacht" ist eine detailreiche Illustration der Volkserzählung von der bezahnten Vagina, *Vagina dentata*,

© Springer-Verlag GmbH Deutschland, ein Teil von Springer Nature 2020
W. Wickler, *Reisenotizen*, https://doi.org/10.1007/978-3-662-61996-4_17

die seit Jahrtausenden in verschiedenen Varianten in nahezu allen Kulturen verbreitet ist, als Sinnbild für allerlei Gefahren, die man mit dem Sexualakt verbunden glaubt.

Zum Beispiel kennen die Maori auf Neuseeland eine Göttin der Nacht und des Todes, Hine-nui-te-pō, die mit scharfen Obsidianzähnen in ihrem Schoß den Helden Māui zerdrückte, als der in sie hineinkroch, um den Ursprung des Lebens zu finden. Bis heute sitzt sie als in Holz geschnitzte Figur mit gespreizten Schenkeln an der Wand des Versammlungshauses *Wharepuni,* wo die Toten betrauert werden. Ebenso abgebildet wird sie als Herrscherin der Unterwelt an deren Eingang, den alle nach dem Tod passieren müssen.

In Indien wird die Göttin Uma, eine der vielen Formen von Parvati, der Gattin des hinduistischen Gottes Shiva, im religiösen „Skanda Purana" ebenfalls als Dämonin mit harten, spitzen Zähnen in der Vagina beschrieben, eine dunkle „Mutter Tod" und Schutzherrin der asketischen Yogi-Lehre. Diese lehnt körperliche Liebe ab und setzt den Geschlechtsverkehr mit dem Tod gleich, da der Mensch im Orgasmus – im Französischen *la petite mort* („kleiner Tod") – dieselben Bewusstseinsphasen durchläuft wie während des Sterbens.

Abb. 17.1   Akamba Holzfigur, 22,5 cm hoch. Sheitani, September 1980

Eine Erzählung im indischen Staat Madhya Pradesh handelt von einer jungen Baiga-Frau, die, ohne es zu wissen, drei scharfe Zähne in ihrer Vagina hatte und damit allen Liebhabern die Penisse zerbiss. Von ihrer Schönheit betört, beschloss schließlich ein Brahmane, sie dennoch zu heiraten, unter der Bedingung, dass vorher vier Männer niederer Kasten mit ihr schlafen dürften. Sie erlaubte es. Der erste verlor seinen Penis. Der zweite sagte, er könne nicht mit ihr schlafen, wenn andere dabei zuschauen, legte ihr aber ein Tuch aufs Gesicht und hielt sie fest, während der dritte einen der Zähne mit einem Feuerstein aus der Vagina schlug und der vierte die beiden anderen mit einer Zange herauszog. Das Mädchen litt dabei große Schmerzen, war aber froh, dass der Brahmane sie nun heiratete.

Einigen Schöpfungsmythen zufolge waren ursprünglich auch alle Menschenfrauen mit harten Zähnen in der Vagina bewaffnet. Damit es Männern überhaupt möglich wurde, mit Frauen sexuell zu verkehren, ohne kastriert oder getötet zu werden, musste zuerst ein Gott oder Held diese Zähne in der Scheide unschädlich machen. In einer Legende der Jicarilla-Apachen Nordamerikas hatte ein menschenfressendes Ungeheuer vier Töchter, die mit rasiermesserscharfen Zähnen in der Vagina ihre Freier töteten und nach dem Beischlaf verzehrten. Die Töchter versuchten, auch den Sohn des Sonnengottes zu verführen, der ihnen aber mit einem Mus aus wilden Beeren einen so starken Orgasmus verschaffte, dass sie ihre Vaginalzähne verloren. Seither ist die Vagina für Männer ungefährlich. Bei den Ponca, einem nordamerikanischen Indianerstamm, trifft der hundeköpfige Held Mi'kasi in seinen sexuellen Abenteuern eine Hexe und ihre zwei schönen Töchter, die ihre mit Zähnen bewaffneten Vaginen zum Menschenfressen benutzen. Er soll in der Nacht zwischen den beiden Töchtern schlafen, aber die jüngere verrät ihm die Gefahr. Er tötet die Mutterhexe und die ältere Tochter und schlägt der jüngeren die Vaginalzähne aus, bis auf einen stumpfen (offenbar die Klitoris), der beim Sexualakt ein prickelndes Erlebnis bewirkt.

Eine Legende der Ainu, der Ureinwohner der japanischen Insel Hokkaido, erzählt von der Tochter eines Gasthofes, die verheiratet werden sollte. Aber ein Dämon mit sehr scharfen Zähnen, der in sie verliebt war, hörte davon, versteckte sich in der Vagina des jungen Mädchens und biss aus Eifersucht nacheinander zwei dem Mädchen frisch angetrauten Ehemännern in der Hochzeitsnacht den Penis ab. Daraufhin bat das Mädchen einen Schmied um Hilfe. Der fertigte als Köder für den Dämon einen Penis aus Stahl. Als das Mädchen sich den in die Vagina einführte, biss der Dämon erneut zu, brach sich die Zähne aus und floh aus der jungen Frau. Der Schmied durfte sie heiraten und konnte mit ihr die Ehe vollziehen.

Einen alten arabisch geschriebenen Bericht über den Mythos der *Vagina dentata* zeigte mir im April 1978 David McCredie, der Kurator des Sabah-Museums in Kota Kinabalu, der Hauptstadt des zu Malaysia gehörenden Staates Sabah. Das Dokument ist in der Sprache der Idahan abgefasst, deren Stammbaum bis etwa ins Jahr 1000 zurückreicht. Er beginnt mit einem Urvater Besai und einer Urmutter Mnor. In der 6. Generation taucht eine Tochter Dulit auf. Man nennt sie „Dulit Nipon Wong" wegen ihrer Fähigkeit, mit der Vagina zu beißen. Sechs Ehemänner waren schon beim Koitus gestorben. Der siebte, Teripo, erhielt im Traum die Weisung, eine Beluno-Frucht aus dem Dschungel zu holen. Er steckte sie in der Hochzeitsnacht in Dulits Vagina, die sich darin festbiss. Teripo zog die Frucht mit aller Kraft heraus, mitsamt den Vaginazähnen (seither schmeckt die Beluno-Frucht bitter) und heiratete Dulit; beide wurden Stammeltern vieler Generationen.

Eine ähnliche Geschichte aus den Jahren 750 bis 600 v. Chr. erzählt die Bibel im Alten Testament im Buch Tobit. In Ekbatana, der Hauptstadt des Mederreiches, lebte eine junge, schöne und kluge Frau, Sara. Sie konnte aber nicht normal als Ehefrau und Mutter leben, weil Aschmodai, ein böser Dämon, in sie verliebt war und jeden Bräutigam tötete, der sich Sara näherte. Sie hatte schon sieben Männer geheiratet, aber jeder starb in der Hochzeitsnacht. Auf Geschäftsreise kam der junge Tobias in die Stadt und erfuhr von seinem Schutzengel, dass er Sara heiraten müsse, denn ihr Vater Raguel hatte kein anderes Kind. Tobias kannte Saras Geschichte und hatte Angst. Doch der Engel half ihm: „Nimm etwas Glut aus dem Räucherbecken, leg ein Stück vom Herz und von der Leber des Fisches darauf. Sobald der Dämon den Brandgeruch spürt, wird er fliehen. Dann geh zu ihr." Tobias überlebte die Hochzeitsnacht, und Sara wurde glückliche Ehefrau.

Sigmund Freud nahm um 1900 die *Vagina dentata* in den mythischen Erzählungen aus Russland, Japan, Indien, Samoa, Neuseeland, Süd-, Mittel- und Nordamerika als Bestätigung für sein psychoanalytisches Konzept von der Kastrationsangst, der Angst des Mannes vor weiblicher Macht und eigener Beschämung oder gar physischer und geistiger Beschädigung beim Geschlechtsakt – eine Angst, die schließlich im Bild eines gigantischen Mundes als Eingang zur Hölle gipfelt.

Erzählungen über die bezahnte Vagina gibt es auch in Afrika. Die Angst vor Zähnen in der Scheide der Frau wird unter modernem Blickwinkel in Südafrika sogar geschürt. Weil ein verbreiteter, gefährlicher Aberglaube behauptet, Sex mit einer Jungfrau könne den Mann von HIV befreien, hat 2005 die Südafrikanerin Sonette Ehlers – als Reaktion auf die alarmierend häufigen Vergewaltigungen in ihrer Heimat – das *anti-rape condom* „rape-aXe" erfunden und patentieren lassen. Es wird wie ein Tampon in die Scheide eingeführt. Bei einer Penetration richten sich zweireihig eingebettete Widerhaken wie Haifischzähne nach innen auf, bohren sich in den Penis und verursachen starke Schmerzen. Rape-aXe soll vor Schwangerschaft, Geschlechtskrankheiten und HIV-Infektion schützen und nach einer Vergewaltigung die Identifizierung des Täters erleichtern.

Es sind die verschiedenen *Vagina-dentata*-Geschichten, die mir die Akamba-Schnitzerei vom Sheitani entschlüsseln helfen. Sie zeigt rechts zwei Kopf-Schulter-Büsten im Profil; die obere männlich, die untere mit weiblicher Brust, also „Mann" und „Frau", zusammen „das Paar". Beide haben die Augen offen und Kraushaarfrisuren über und hinter dem Ohr. Ihnen gegenüber sind links zwei glatzköpfige En-face-Gesichter dargestellt. Das obere (der „Besitzer") mit offenen Augen, weit offenem Mund und einer Zahnreihe im Oberkiefer, wirkt drohend. Ein „Rundgesicht" darunter mit kleinem Mund und geschlossenen Lippen (die „Herberge") wirkt friedlich (unklar bleibt, ob die Augen geschlossen gemeint sind).

An den En-face-Gesichtern entspringen Gliedmaßen. Außen am „Rundgesicht" klebt ein rechtes Bein, dessen Fuß auf dem Boden, dem Sockel des Ganzen, steht. Es geht über in einen Arm, dessen Hand mit Fingern den Unterkiefer des „Drohgesichts" festhält. Aus der anderen Seite des „Rundgesichts" ragt ein kurzer, im Ellenbogen geknickter „Wangen-Arm" mit Handfingern nach oben ans Kinn des „Mannes", der dort fast den Unterkiefer des „Drohgesichts" küsst. Auf dem Kopf des „Drohgesichts" beginnt ein geschwulstartiges Gebilde, das sich in einen abwärts reichenden „Hakenschnabel" fortsetzt. Ein Arm, der an der linken Stirnseite des „Drohgesichts" entspringt und sich mit dem Ellenbogen auf die Frisur des „Mannes" stützt, greift mit Fingern nach oben, greift den „Hakenschnabel" und lenkt ihn nach unten auf den Hinterkopf des „Mannes". Die einzige anatomisch richtig angeordnete Extremität in der ganzen Skulptur ist der linke Arm des „Mannes". Er beginnt an der Schulter, führt unter den Brustkorb und endet ohne Hand an der Stelle, wo sich der „Wangen-Arm" des „Rundgesichts" auf den Kopf der „Frau" stützt.

Die Beziehungen zwischen den vier Gestalten lassen sich mithilfe dieser Gliedmaßen und greifenden Hände begreifen. Die beiden mit Frisur versehenen Profilgesichter rechts veranschaulichen reale Menschen, die beiden haarlosen En-face-Gesichter links symbolisieren deren Gedanken. Das „Drohgesicht" mit Zähnen (oben links) versinnbildlicht die Koitusgefahren. Der „Mann" (oben rechts) ist von solchem Volksglauben beeinflusst, angezeigt mit der Hakenschnabelverbindung zwischen „Drohgesicht" und Kopf des „Mannes"; er hat im Hinterkopf die Vorstellung der Koitus-gefahren, denen er schon mit den Lippen nahe ist. Das „runde Gesicht" (links unten) drückt die Sorge der „Frau" (rechts unten) aus, ihrem männ-lichen Partner (rechts oben) könnte bange sein vor der Nacht mit ihr. Die Hand, die ihn am Kinn krault, symbolisiert ihren Versuch, ihn zu beruhigen. Zugleich symbolisiert ihr beherzter Griff ins Zahnmaul des „Drohgesichts" und die durchgehende Extremität bis zum Fuß auf der Erde das zuversichtliche Bemühen der „Frau", die falschen Fabeln zu erden und auf den Boden der Realität zu holen, um jede Angst zu bannen. Offen bleibt, ob die Szenerie ängstliche Sorge wegen möglicher Gefahren vor dem beabsichtigten oder freudige Erleichterung nach dem gefahrlos über-standenen Beischlaf schildert.

18

Heuschreckliches

Akustische Verständigung von Kurz- und Langfühlerschrecken ▪ Parasitische Zuhörer

15. Januar 1981, Schloss Neuhaus

Wieder einmal genieße ich ein paar Tage Rundum-Zoologie und Pläne-schmieden mit Otto und Dagmar von Helversen, die ich seit vielen Jahren kenne. Beide sind vor 2 Jahren von der Albert-Ludwigs-Universität in Frei-burg zur Universität Erlangen-Nürnberg gekommen, als Otto hier einen Lehrstuhl für Zoologie übernahm. Jetzt wohnen sie mit ihren Kindern hier, 14 km von Erlangen entfernt, im „Schloss der Herren von Crailsheim zu Neuhaus", 3 km südlich von Adelsdorf, in der Aischgründer Seenlandschaft. Die lädt zu ökoethologischen Streifzügen ein, allerdings mit den Helversens nie zu schlichten Spaziergängen, sondern ausstaffiert mit Fernglas, Notiz-buch samt Stift und Sammelbüchsen. Besonderes Augenmerk gilt jedes Mal den Vögeln, Fledermäusen, Spinnen und Heuschrecken. Otto und mich interessieren von verschiedensten Tieren ihre Stammesgeschichte, Morpho-logie, Physiologie und Ökologie. Wir bezeichnen uns als „Ganztier-Biologen. Otto (sehr korrekt, aber nie verwendet „Otto Freiherr von Helversen-Helversheim") hatte schon im Alter von 10 Jahren neben der Schule für einen Stundenlohn von 50 Pfennig in einer Wiesbadener Gärtnerei gearbeitet und sich ein Fernglas zusammengespart, mit dem er Tiere besser beobachten konnte. Reihen seiner Exkursionstagebücher mit minutiösen Aufzeichnungen stehen in Regalen im Schloss. Ich habe schon als Schul-kind wissen wollen, wie frei lebende Tiere den Tag verbringen und mir als Werkstudent in den Semesterferien in einer Metallgießerei am Hochofen in Siegen/Weidenau Geld für ein Mikroskop verdient, um Kleinstlebewesen zu

© Springer-Verlag GmbH Deutschland, ein Teil von Springer Nature 2020
W. Wickler, *Reisenotizen,* https://doi.org/10.1007/978-3-662-61996-4_18

beobachten; gebraucht habe ich es noch zur Promotion. Seither wächst auch bei mir die Anzahl der Reisetagebücher.

Zurzeit plant Otto den Ankauf einiger Hektar ungenutzten Weidelandes in Costa Rica zur Wiederaufforstung sowie eine private Stiftung für Arten- und Biotopschutz im Biosphärenreservat Schorfheide-Chorin nordöstlich von Berlin in der Uckermark. Eine Feldstation soll dort jungen Naturwissenschaftlern Forschungen in der Freilandökologie ermöglichen. Mit der Stiftung will er ein kleines Naturparadies an den Hintenteichen bei Biesenbrow (nahe Angermünde) sichern, in dem zehn Fledermausarten leben, darunter die Großen Abendsegler *(Nyctalus noctula)*. Diese Abendsegler bewohnen verlassene Spechthöhlen im Wald, hier aber im umgebauten Wohnzimmerfenster einen Nistkasten mit Ausgang ins Freie und einem Türchen nach innen. Wenn man es ihnen öffnet, kommen sie und holen sich Mehlwürmer oder Käfer von der Hand.

Die damalige Studentin Dagmar Uhrig hatte mich im Januar 1969 zu Feldforschung in die Serengeti begleitet. Der Termin war vom Bayerischen Rundfunk und der BBC vorgegeben worden, die in einem Film *(„Science on Safari")* die Freilandarbeiten der verschiedenen Wissenschaftler am neu in Seronera gegründeten *Serengeti Research Institute* vorstellen wollten. Wir sollten unsere Beiträge vor Ort kommentieren. Außerdem plante Heinz Sielmann zur selben Zeit einen Film über die Begegnung von Pavianen mit einem Leoparden. Da ich einen Paviantrupp im Nairobi-Nationalpark kannte, war es leicht, eine Szenerie mit passendem Zusammentreffen zu vermitteln, freilich nur mit einem von Sielmann beschafften ausgestopften liegenden Leoparden, dem ein eingebauter Scheibenwischermotor den Kopf bewegte. In erster Linie aber beschäftigten uns damals Verhaltensbeobachtungen an drei Vogelarten in der Serengeti: dem Ohrfleck-Bartvogel *(Trachyphonus usambiro)*, dem Schieferwürger *(Laniarius funebris)* und dem Trauer-Drongo *(Dicrurus adsimilis)*. Sie alle vollführen mehrmals täglich eine auffällige Paarbindungszeremonie. Die Hauptrolle darin spielen komplexe Vokalduette, in denen jeder Partner seine Lautäußerungen auf die des anderen abstimmt, und zwar nicht nur zeitlich auf Millisekunden genau, sondern auch motivlich. Letzteres ist beim Drongo und beim Schieferwürger besonders ausgeprägt, da jeder Partner ein eigenes Lautrepertoire hat und jedes Paar daraus ein eigenes Duettprogramm aufbaut. Drongo-Partner äußern die einzelnen Laute sehr rasch, streng abwechselnd und kompliziert verschränkt, einerseits nach einer jedem Individuum eigenen Abfolgesyntax, andererseits in Antwort auf das zuletzt geäußerte Gesangselement des Partners (Wickler und Helversen 1978).

Zusätzlich zu den Vogelbeobachtungen haben wir auch noch den Verhaltenskatalog der Gelbflügelfledermaus *(Lavia frons)* ergänzt, die keine weiten Jagdflüge unternimmt, sondern an einem Zweig hängend lauert und echolotet, vorbeikommende Insekten in kurzem Flug fängt und zurück am Lauerplatz verzehrt (Wickler und Uhrig 1969a). Und wir haben weitere Beobachtungen an der 4 mm kleinen Uferschrecke *Tridactylus madecassus* gesammelt. Diese merkwürdige Heuschrecke hatte mich schon vor 3 Jahren interessiert (Wickler 1966). Sie gehört zu den Grabschrecken (Tridactylidae) in der Verwandtschaft unserer Feldheuschrecken, lebt am sandigen Ufer von Bächen, springt bei Störungen aufs Wasser, ohne einzutauchen, und springt dann zurück ans Ufer. Sie benutzt zum Laufen lediglich die zwei vorderen Beinpaare; die Hinterbeine dienen zum Springen. Auf dem Wasser trägt den Winzling das Oberflächenhäutchen. Von dort wieder abzuspringen erlauben an den Unterschenkeln der Hinterbeine mehrere ausklappbare Paddelfortsätze und zwei Paare von langen flachen Borsten. Eine andere kleine Heuschrecke, die vor uns ins Wasser sprang, eintauchte und mit sprungähnlichen Schwimmstößen der Hinterbeine am Boden verschwand, ist unbestimmt geblieben.

Dagmar hat seit ihrer Promotion sehr genau die instrumentale Lauterzeugung, die Lautwahrnehmung und die akustische Kommunikation von Heuschrecken analysiert, sowohl von Kurzfühlerschrecken (Caelifera) als auch von Langfühlerschrecken (Ensifera). Zu den Kurzfühlerschrecken gehören Feldheuschrecken und Dornschrecken. Ihre „Gesänge" sind stridulierende Geräusche, die sie erzeugen, indem sie eine mit Zähnchen (Schrillzäpfchen) besetzte Schrillleiste auf den Innenseiten der Hinterbeinschenkel schnell über eine verdickte Ader auf der Oberseite der Deckflügel ziehen. Bei manchen Arten – zum Beispiel beim Nachtigall-Grashüpfer *(Chorthippus biguttulus)* – reagieren die Weibchen mit eigenem Zirpgesang auf den der Männchen, und es entstehen Gesangsduette ähnlich wie bei Vögeln.

Langfühlerschrecken erzeugen ebenfalls stridulierende Geräusche, aber mit anderen Organen. Grillen, Maulwurfsgrillen und Laubheuschrecken (Buschgrillen) haben asymmetrisch gebaute Vorderflügel; beim Singen liegen sie übereinander, und kleine Stridulationszäpfchen der Schrillleiste (Feile) auf der Unterseite des oberen Flügels werden über eine ungezähnte Schrillkante am Innenrand des darunter liegenden Flügels gerieben. Dünengrillen (Schizodactylidae) und Fauchgrillen (Anostostomatidae) reiben eine Reihe feiner Chitinstifte an der Innenseite der Hinterbeinschenkel gegen die gerippten Seiten des Hinterleibs. Manche Heuschrecken und Grillen trommeln mit dem Körper gegen den Untergrund oder tremulieren mit dem ganzen Körper und erzeugen Vibrationen, die entweder (mit dem mittleren Beinpaar) auf den Untergrund übertragen, in diesem weitergeleitet und an anderer Stelle wahrgenommen oder direkt durch Körperkontakt gefühlt werden.

Tympanalorgane dienen allen Heuschrecken als Ohr zur Lautwahrnehmung. Bei den Kurzfühlerschrecken sieht man an jeder Seite des ersten Hinterleibsegments eine mehr oder weniger ovale Öffnung des Tympanalorgans, eine erweiterte Trachee, über die außen eine dünne Cuticula-Membran gespannt ist und als Trommelfell (Tympanum) mit dem Schalldruck schwingt. Bei den Langfühlerschrecken (Laubheuschrecken, Grillen und Maulwurfsgrillen) hingegen sieht man in einer Verdickung jeder Vorderbeintibia unterhalb des Kniegelenks die schlitzförmige Gehöröffnung einer komplex aufgebauten Tympanalhöhle mit zwei innenliegenden Trommelfellen. Höhlenschrecken (Rhaphidophoridae) kommunizieren nur mit Vibrationen des Körpers, die im Boden weitergeleitet und mit Mechanorezeptoren in den Tympanalhöhlen der Vorderbeine wahrgenommen werden. Paarpartner finden so aus größerer Distanz zusammen und verständigen sich auf kurze Distanz in Vibrationsduetten.

Vor 3 Jahren, als beide Helversens noch in Freiburg waren, hatte ich dort in einem Vortrag den Begriff „Semantisierung" erklärt, den ich für die biologische Sender-Empfänger-Kommunikation einführte, um den Prozess zu beschreiben, mit dem Signale zu ihrer Bedeutung kommen. Dabei spielt der Empfänger die Hauptrolle, weil Signale, auf die kein Empfänger reagiert, für den Sender nutzlos wären. Akustische Verständigung gibt es außer bei Wirbeltieren vor allem bei Insekten, und zwar da entweder innerartlich, wenn dieselben Individuen fein aufeinander abgestimmte Lauterzeugungs- und Hörorgane entwickeln, oder zwischenartlich im Räuber-Beute-Kontext, wenn artverschiedene Individuen entweder Laute nur erzeugen (zur Abwehr von Feinden) oder nur wahrnehmen (zum Aufspüren der Beute). Ich erinnere mich lebhaft an den Schreck, den mir in Natal einmal eine 7 cm große Königsgrille *(Libanasidus vittatus)* verursachte, als ich sie vom Fußboden unserer Hütte vertreiben wollte. Sie richtete sich auf, hob erst die Hinter-, dann die Vorderbeine und schrie mich an wie ein quiekendes Schwein. Sie zählt innerhalb der Langfühlerheuschrecken zur Familie der Anostotomatidae und erzeugt das Geräusch durch Reiben der Hinterbeine gegen die Seite des Hinterleibs. Solche Abwehrgeräusche sind laut, aber nicht speziell abgestimmt. Hingegen entwickeln Fressfeinde entweder ein empfindliches Gehör für unspezifische, von einer Beute unabsichtlich erzeugte Geräusche oder aber sogar ein spezifisches Gehör für spezielle Lautäußerungen bestimmter Beutetiere. Musterbeispiel für Letzteres sind die „Schmarotzerfliegen" aus der Familie Tachinidae. Sie haben an der Basis der Vorderbeine ein Hörorgan – zwei kleine tympanische Gruben mit Trommelfell. Damit können sie den Instrumentalgesang männlicher Grillen wahrnehmen und sehr genau orten. Die Tachiniden-Weibchen heften festklebende Eier an den Sänger oder setzen, wenn lebendgebärend, Larven auf oder neben ihm ab. Die schlüpfenden oder schon entwickelten Larven dringen in den Sänger ein, ernähren sich eine Woche lang von seinem Muskel- und Fettgewebe, bohren sich dann durch seine Körperwand nach außen und verpuppen sich zur Fliege. Das Grillenmännchen stirbt.

Die Schmarotzerfliege *Ormia ochracea,* die in Nord- und Südamerika und der Karibik verschiedene Grillenarten befällt, hat auf der Hawaii-Insel Kauai die zirpenden Männchen der Grille *Teleogryllus oceanicus* in weniger als 20 Generationen nahezu ausgerottet. Jetzt gehören mehr als 90 % der Männchen zu einer stummen Mutante, deren Flügel nicht zum Zirpen taugen, weil ihnen der Schrillapparat fehlt. Das erspart ihnen Besuche von der Fliege, aber auch von Weibchen. Denn normale Grillenmännchen erzeugen zwei verschiedene Zirpgesänge: einen weit schallenden Rufgesang, um Weibchen anzulocken, und einen Paarungsgesang, wenn ein Weibchen nahe herangekommen ist. Das Weibchen steigt dann auf das Männchen, das eine Spermatophore ausstößt, und nimmt diese auf. Die stummen Männchen können sich, angelockt vom Rufgesang eines zirpenden Männchens, als sogenannte Satellitenmännchen zu diesem gesellen und versuchen, ihm die Paarung mit einem angelockten Weibchen zu stehlen („Diebspaarung" oder Kleptogamie). Das ist nicht schwierig, solange der Paarungsgesang eines nahen Männchens zu hören ist; dann steigt das Weibchen auch auf ein stummes Männchen. Je weniger zirpende Männchen es aber gibt, desto mehr müssen die Weibchen nun auf chemische Signale am männlichen Körper achten, vielleicht auch auf Vibrationssignale, denn auch stumme Männchen bewegen die Flügel wie beim Singen.

Nachdem Otto pünktlich um 15.00 Uhr den Tee im üblichen minutengenauen Zeremoniell zubereitet hat, widmen wir uns einem Spezialproblem. Derzeit untersuche ich in KwaZulu-Natal zusammen mit Uta Seibt das Verhalten mehrerer Kegelkopfschrecken (Pyrgomorphidae), die zu den Kurzfühlerschrecken gehören. Diese Heuschrecken sind groß, langsam, auffallend gefärbt und werden von den meisten Insektenfressern gemieden, sind also offenbar ungenießbar. Die „Harlekinschrecke" *Zonocerus elegans* enthält ein Gift, ein Pyrrolizidinalkaloid, das in vielen Blütenpflanzen vorkommt. Wie wir entdeckt haben, nimmt *Zonocerus* das Gift aber nicht nur nebenbei beim Fressen an solchen Pflanzen auf, sondern sucht gezielt nach ihm und frisst sogar im natürlichen Umfeld unverdauliches, aber mit Pyrrolizidinalkaloid versehenes Glasfaserpapier. Damit wurde erstmals echte „Pharmakophagie" nachgewiesen (Boppré et al. 1984). Die Heuschrecke speichert das Gift in speziellen Drüsen, verwendet es gegen Fressfeinde und trägt die bunte Körperzeichnung als vorsorgliche Warnfarbe. Dasselbe fanden wir an den ebenfalls zu den Kegelkopfschrecken zählenden, bis zu 10 cm großen Wolfsmilchheuschrecken *Phymateus leprosus* und *P. viridipes,* die als junge Hopperlarven sehr auffällig gefärbt sind, als Erwachsene weniger, aber dann bei Gefahr farbige Hinterflügel entfalten. Sie enthalten giftige, herzwirksame Glykoside in ihrer Hämolymphe und können diese bei Störung in einem sogenannten autohämorrhagischen Reflex als Tropfen oder Schaum nach außen absondern. Da giftig und warnfarbig, könnten diese Heuschrecken darauf verzichten, Feinde kommen zu hören. Sie besitzen jedoch Tympanalhörorgane. Andererseits fehlen ihnen die sonst für Feldheuschrecken kennzeichnenden eigenen Zirpgesänge. Wozu also brauchen sie Hörorgane? Dagmar hat den Verdacht, diese Heuschrecken hätten das Tympanalorgan, um das Herannahen von Fressfeinden zu hören, die gegen Gift immun sind. *Zonocerus*-Heuschrecken werden trotz ihres Giftes von den großen *Nephila*-Spinnen ausgesaugt, wenn sie sich in deren stabilen Radnetzen verfangen; aber Spinnen bewegen sich geräuschlos. Giftige Tiere werden von Mungos und Mangusten gefressen; aber welche Laute geben sie von sich, und welche Geräusche erzeugen sie auf welchem Untergrund bei der Nahrungssuche? Oder hatten die Pyrgomorphidae ein Gehörorgan zur Feindvermeidung vor dem Giftigwerden entwickelt und dann beibehalten? Andererseits: Wenn das Tympanalorgan ursprünglich zum Feinderkennen entstanden ist, dann wird es diese Aufgabe bis heute nicht verloren haben, auch bei den Arten, denen es nachträglich zur innerartlichen Kommunikation dient; d. h., der Gesamthörbereich könnte dann auch „Feindfrequenzen" einschließen, die nicht als „Kommunikationsfrequenzen" gebraucht werden.

Außerdem: Wenn ich eine weibliche *P. leprosus* in der Hand hielt, habe ich mitunter ein vibrierendes „Summen" oder Zittern ihres ganzen Körpers gefühlt. Solches Summen (mit einer Frequenz von etwa 100 Hz) ist von *Zonocerus* ebenfalls beschrieben worden, erzeugt mit Muskeln im mittleren Segment des Thorax, der die sechs Beine und die beiden Flügelpaare trägt. Gleich dahinter, im ersten Segment des Hinterleibs, liegt das Hörorgan. Hört die Heuschrecke ihr eigenes Vibrieren oder das eines Artgenossen? Unbekannt ist, ob beide Geschlechter summen. Aber in meiner Hand dient es weder der Kommunikation, noch taugt es zur Feindabwehr. Systematisch geplante weitere Untersuchungen dazu sind nötig.

Unsere Überlegungen köchelten 10 Jahre lang vor sich hin, immer mal wieder angeheizt durch neue Befunde. Dann ergab sich 1994 die Gelegenheit, Dagmar als regelmäßig wiederkehrenden Arbeitsgast nach Seewiesen an meine Abteilung zu holen und ab 1998 als Leiterin des Projekts „Nicht-invasive Neurobiologie" mit einem Honorarvertrag und eigenem Labor auszustatten. Jährlich veranstaltete sie nun eine „*Summerschool*" für Fleder-mausforscher aus allen deutschen Universitäten samt ausländischen Gästen. Zur Frage der akustischen Kommunikation von Heuschrecken und ob und wie Fledermäuse dabei eine Rolle spielen, gewann sie zeitweise die Inderin Rohini Balakrishnan vom *Centre for Ecological Sciences* in Bangalore als Mit-arbeiterin, eine Expertin auf dem Gebiet bioakustischer Kommunikation der Tiere. Mit Andreas Stumpner von der Georg-August-Universität in Göttingen hat Dagmar 2001 zusammengetragen, wie das Singen und Hören der Insekten funktioniert und wann und wozu bei Heuschrecken Lautäußerungen und Hörvermögen entstanden.

Verschiedene Insekten haben unabhängig voneinander stridulierende Lauterzeugung und Tympanalhörorgane entwickelt, aber nicht immer beides zusammen. Mantiden, Käfer, Nachtschmetterlinge und Florfliegen, auch solche ohne eigene Lauterzeugung, benutzen Tympanalorgane zur Feind-erkennung. Grillen, Kurzfühlerschrecken, Langfühlerschrecken, Zikaden und Wasserwanzen benutzen sie hauptsächlich zum Wahrnehmen eigener Zirpgesänge. Darin sind mitunter Teile enthalten, die im Ultraschall-bereich (oberhalb von 20 kHz) liegen und die wir Menschen nur mithilfe eines Ultraschalldetektors erfassen können. Solche Töne werden auch von nahrungssuchenden Fledermäusen bei der Echoortung erzeugt, sind also für manche dieser Insekten hörbar. Dabei entdeckt ein Beuteinsekt die Fleder-maus, bevor es selbst von ihr entdeckt wird, denn der Suchlaut der Fleder-maus kommt früher und mit voller Stärke bei ihm an als das schwächere Echo wieder bei der Fledermaus.

Die bis zu 300 Mio. Jahre alte Verwandtschaftsgruppe der Schaben, Termiten und Fangschrecken begann eine Kommunikation mit gefühlten Vibrationen. Termitensoldaten schlagen mit ihrem dicken Kopf rhythmisch auf den Boden und erzeugen so Vibrationen, die Artgenossen mit einem speziellen Organ an jedem ihrer sechs Beine wahrnehmen. Fangschrecken (Gottesanbeterinnen, Mantiden) stridulieren mit den Hinterflügeln gegen das Abdomen und haben bauchseits am Metathorax ein Hörorgan für diese Geräusche und für Ultraschalltöne der Fledermäuse. Schaben erzeugen Geräusche auf sehr verschiedene Weisen im Kampf, zur Paarungs-einleitung oder zur Feindabwehr. Einige Arten klopfen rhythmisch mit dem Thorax oder dem Hinterleib auf den Boden, andere schaukeln durch Strecken und Beugen der Beine den Thorax seitlich hin und her (bis zu 10-mal pro Sekunde), wieder andere reiben mit solchen Bewegungen den vorderen Thoraxabschnitt gegen dicke Vorderflügeladern oder stridulieren mit den Flügeln gegen den Hinterleib. Eine Besonderheit mehrerer Schabenarten ist das auch für Menschen hörbare Zischen oder Pfeifen zur Abwehr, Paarungseinleitung oder im Kampf. Sie erzeugen die Geräusche mit dem spezialisierten Tracheenpaar im vierten Segment des Hinterleibs, indem kräftige Muskeln die Atemluft durch bewegliche Ventilklappen in der äußeren Tracheenöffnung pressen (so wie wir beim Singen Atemluft durch die Stimmritzen im Kehlkopf drücken). Auf dieselbe Weise erzeugt die Raupe des Walnuss-Schwärmers *(Amorpha juglandis)* mit ihrem achten Tracheenpaar ein lautes Pfeifen, das Vögel abschreckt.

Langfühlerschrecken (Laubheuschrecken und Grillen) übernahmen zur Kommunikation bei der Paarbildung „signalling by tremulation" aus der Schabenverwandtschaft und entwickelten mehrmals voneinander unabhängig Tympanalhörorgane. Das Erkennen arteigener Gesänge erfordert höher entwickelte Signalverarbeitung als die Feindwahrnehmung. Bei Kurzfühlerheuschrecken entstanden Hörorgane wahrscheinlich vor über 200 Mio. Jahren, um herannahende Eidechsen und andere insektenfressende Landreptilien rechtzeitig zu hören, die je nach Untergrund Geräusche in einem weiten Frequenzbereich verursachen, Ultraschall eingeschlossen. Wahrscheinlich wurde dieser Hörbereich ausgeweitet, als vor 60 Mio. Jahren Fledermäuse mit Ultraschallechoortung aus der Luft zu jagen begannen. Erst später entwickelten diese Heuschrecken eigene Zirpgesänge und nutzten ihr Hörvermögen zu deren Wahrnehmung. Bei einigen Kurzfühlerschrecken ging das Hören wieder verloren. Andere, wie die Kegelkopfschrecken *Zonocerus* und *Phymateus,* behielten es, verloren aber die Striduliergesänge zur Paarbildung. Eine Erklärung dafür fand Dagmar bis zu ihrem Tod im Juli 2003 nicht.

Die Helversensche Stiftung aber hat sich bewährt. Otto hatte 1988 auf einer Reise nach Kuba die diplomierte Biologin Corinna U. Koch kennen gelernt. Mit ihr zusammen untersuchte er in den nächsten 5 Jahren die im Kubanischen Regenwald heimische und von einer Fledermaus *(Phyllops falcatus)* bestäubte Kletterpflanze *Marcgravia evenia*. Parallel dazu untersuchte er mit Dagmar in Costa Rica die ebenfalls von Fledermäusen bestäubten Blüten der Schlingpflanze *Mucuna holtonii*. Damit eröffnete er ein neues Forschungsfeld der Echoorientierung an Blumenfledermäusen, welche die Echoparameter räumlicher Strukturen an „ihren" Pflanzen gerade so benutzen wie Bienen die Spektralfarben der Blüten. Nach Dagmars Tod heiratete Otto Corinna, die weiter an der Co-Evolution zwischen Pflanzen und Fledermäusen interessiert ist. Corinna Koch-von Helversen achtet nun auch darauf, dass der Naturschutz in Ottos Sinne (nach seinem Tod 2009) weiterbetrieben wird.

19

Bisexualität

Geschlecht genetisch bestimmt, kulturell geformt, medizinisch korrigiert ▪ Geschlechtswechsel ▪ Intersexe ▪ Watson-Skandal ▪ Die Pille

28. April 1981, Düsseldorf

Ein Bildungsforum der Arbeitsgemeinschaft Sozialpädagogik und Gesellschaftsbildung in Düsseldorf beschäftigt sich mit dem für jeden Menschen persönlich wichtigen Thema „Bisexualität und personelle Identität". Die biologische Zweigeschlechtlichkeit ist ein Ergebnis der Evolution in der Stammesgeschichte; und zum Glück lässt sich rekonstruieren, wie sie verlief, denn der Biologe findet für viele Stadien und Vorstadien lebende Vertreter: je frühere, desto einfachere. Die persönliche Geschlechtsidentität ist ein Ergebnis der Ontogenese, der Entwicklung des menschlichen Individuums vom Embryo zum Erwachsenen. Ich bin dazu eingeladen, dem heute in der Aula der Werner-von-Siemens-Schule anwesenden Publikum zu erklären, wie Evolution und Ontogenese in der Person zusammenwirken.

Das Leben auf der Erde entstand vor etwa 4 Mrd. Jahren durch „chemische Evolution" (Abiogenese) aus anorganischen und organischen Stoffen. Vorläufer der Lebewesen waren wahrscheinlich die Nukleinsäure-Biomoleküle Ribonukleinsäure (RNA) und Desoxyribonukleinsäure (DNA), die in einem autokatalytischen Prozess zur Selbstreplikation fähig sind. Sie bilden das genetische Erbmaterial der Lebewesen, an dem sich die Evolution abspielt.

Die ursprünglichsten und einfachsten Lebewesen mit eigener Energiegewinnung und eigenem Stoffwechsel, aber ohne Zellorganellen (Mitochondrien, Chloroplasten) und ohne Zellkern heißen Prokaryoten: Es sind die Urbakterien (Archaebakterien oder Archaeen) und die Bakterien. Viele

© Springer-Verlag GmbH Deutschland, ein Teil von Springer Nature 2020
W. Wickler, *Reisenotizen,* https://doi.org/10.1007/978-3-662-61996-4_19

Archaea besiedeln extremste Lebensräume (Faulschlamm, heiße Quellen, das Tote Meer, schwefelhaltige vulkanische Tiefseequellen), einige leben in ganz normalen Biotopen, andere an Spezialstandorten im menschlichen Körper (Darm, Mund, Bauchnabel, Vagina). Bakterien leben fast überall auf der Erde. Die Gene der Prokaryoten schwimmen frei im Zellplasma. Wie Parasiten können daneben auch Plasmide schwimmen, Nachfahren der einfachsten autokatalytischen DNA-Molekülgruppen. Das Bakterium hat kleine Zellfortsätze, sogenannte Pili, mit denen es sich an Feststoffe heftet, um an einem günstigen Ort zu verweilen, oder an Nährstoffe, um Nahrung aus der Umgebung aufzunehmen. „Fruchtbarkeits"-Plasmide manipulieren diese Pili so, dass sie sich an andere Bakterien heften. Während des Kontakts werden die Pili abgebaut, bis sich die beiden Zellen berühren. An der Berührungsstelle bildet sich eine Plasmabrücke, auf der Kopien des Plasmids aus der einen in die andere Zelle wandern und sich so ausbreiten. Über diese ihnen aufgezwungene Brücke können Bakterien auch Teile ihres eigenen Genmaterials (in einer Richtung) transferieren und der Empfängerzelle mit der neuen Genmischung neue Eigenschaften verleihen. Die Gesamtheit der Gene eines Individuums bildet sein Genom. Grundfunktion der Sexualität ist die Rekombination der Gene, die immer neue Genomvarianten erzeugt. Von denen setzen sich automatisch diejenigen in der Evolution durch, die sich am erfolgreichsten reproduzieren. Stammesgeschichtlich als besonders erfolgreich in der nachhaltigen Bewältigung verschiedenster Lebensräume erweist sich im Genom der Zusammenschluss von Genen zu Genkomplexen.

Bei der Konjugation der Prokaryoten spricht man von Parasexualität, weil nur Teile des Genmaterials in einer Richtung übertragen werden. Eukaryoten haben in einem Zellkern das Genmaterial in Form von Genen auf Chromosomen verpackt und tragen in echter Sexualität das ganze im Kern enthaltene Genmaterial aus beiden Richtungen zusammen.

Die einfachsten Eukaryoten sind einzellige Protisten, zu denen 7500 Arten von Wimpertierchen (Ciliaten, Ciliophora) gehören. Wie schon die Prokaryoten, bauen zwei konjugierend nebeneinanderliegende Ciliaten-Individuen eine Plasmabrücke auf, in der beiderseits „Wanderkerne" das Genmaterial zum Partner tragen. Allerdings gibt es in jeder Art zwischen 7 und bis über 40 „Paarungstypen". Diese unterscheiden sich weder morphologisch noch physiologisch, sondern nur durch Glykoproteine auf der Zellmembran. Nichtkomplementäre oder gar gleiche Proteine auf den Zellmembranen der Individuen verhindern den Bau einer Plasmabrücke und machen eine Paarung dieser Individuen unmöglich. Nur bestimmte Kombinationen dieser Proteine auf Individuen, die zu kompatiblen

Paarungstypen gehören, erlauben also eine Konjugation mit Austausch von Zellkernen und Rekombination der Gene. Zwei solchermaßen kompatible Ciliaten kommen in Kontakt mit ihren Cilien, reduzieren diese an der Körperstelle, wo die Zellmembranen zur Plasmabrücke verschmelzen, und übertragen die Wanderkerne im Laufe von Stunden. Dann trennen sich die Partner wieder. Diese sexuelle Paarung dient nicht der Vermehrung, sondern nur der Rekombination von Genen in den Konjugationspartnern.

(Dass es mindestens zwei verschiedene Paarungstypen geben muss, hat einen einfachen Grund: Damit sich zwei Zellen zwischen anderen finden, also erkennen, braucht es ein – vermutlich chemisches – Kennzeichen (K) und dessen Erkennen (E). Zellen des Typs K + E blockieren ihr Erkennen mit dem eigenen K und sind beim Partnerfinden solchen vom Typ E unterlegen; sie sollten also entweder das unnütze E einsparen oder das K weglassen. Übrig bleiben dann Typ K und Typ E).

Mehrzellige Eukaryoten (Algen, Pflanzen, Pilze, Tiere und der Mensch) entwickeln spezielle Keimzellen, die Gameten, die das Erbgut zweier Eltern in der Zygote zusammenführen. Auch die Gameten bilden zwei Paarungstypen, und nur zwei Gameten verschiedenen Paarungstyps können zu einer Zygote verschmelzen, aus der ein neues Lebewesen wächst. Hier dient Paarung der Gameten zur Vermehrung und zur Rekombination von Genen im Genom des neuen Lebewesens. Das Verschmelzen der Gameten zur Zygote ist der eigentliche sexuelle Vorgang; sexuelles Verhalten der Gametenspender-Individuen ist das, was zum Zusammenführen ihrer Gameten führt.

Das Erbgut ist jedoch in Chromosomen verpackt, deren Anzahl für jeden Organismus charakteristisch ist. Beim Menschen sind es 46. Vor jeder Zellteilung wird der Chromosomensatz in einer Kernteilung (Meiose) verdoppelt und dann auf zwei gleiche Tochterkerne verteilt. Enthielten auch die Gameten diesen vollen Chromosomensatz, würde er sich bei jeder Gametenpaarung weiter verdoppeln. Deshalb wird zur Bildung der Gameten in einer komplizierteren Reifeteilung (Meiose plus Mitose) die Anzahl der Chromosomen halbiert. Die Gameten enthalten dann jeweils das halbe (haploide) Genom des Lebewesens, und die Zygote trägt im Genom wieder das vollständige (diploide) für den Organismus kennzeichnende Erbgut.

Bei Säugetieren, Vögeln und einigen Insekten bestimmt ein Geschlechtschromosom (Gonosom) das Geschlecht des Individuums; es sieht bei den Geschlechtern verschieden aus, bei Säugetieren spricht man von X- und Y-Chromosom. Das Geschlecht eines Nachkommen entsteht aus der Kombination der elterlichen Chromosomensätze in den Keimzellen, die entweder ein X- oder ein Y-Chromosom enthalten. Die weiblichen Nachkommen enthalten XX, die männlichen XY. Die Reife- oder Reduktionsteilung (Mitose) zu Keimzellen verläuft in zwei Schritten. Der erste trennt die Chromosomen: Aus einer diploiden XX-Zelle entstehen zwei haploide X-Keimzellen, von denen eine sehr klein bleibt und schließlich verkümmert. Aus einer XY-Zelle entstehen eine haploide X- und eine haploide Y-Keimzelle. Diese haploiden Zellen teilen sich noch einmal. So entstehen von einer XX-Ausgangszelle nur eine reife große X-Eizelle, von einer XY-Ausgangszelle aber vier sehr kleine Spermienzellen, zwei X-Spermien und zwei Y-Spermien. (Neben diesem XX/XY-System existiert bei Vögeln, den meisten Schlangen und einigen Eidechsen ein ähnlich gestaltetes ZW/ZZ-System, bei dem aber die Weibchen ein W- und ein Z-Chromosom haben; folglich entscheiden sie mit ihren unterschiedlichen Gameten über das Geschlecht der Nachkommen).

Als winzigen Schritt der Evolution gestaltet jedes Elternindividuum das Bild der Art in der nächsten Generation mit seinen überlebenden und fortpflanzungsfähigen Nachkommen. Das erfordert für die Entwicklung der Zygoten vom Start an eine gute Grundausstattung an energiehaltigem Dottermaterial; auch das steckt – neben den Genen – in den Gameten. Bis zu einem Optimum an Dottermenge steigen die Überlebensaussichten der Zygote steil an. Und das verursacht ein basales Dilemma. Wenn zwei Elternindividuen in ihren Gameten eine hinreichend große Dottermenge zu liefern haben, brauchte jedes nur die halbe Menge beizusteuern. Die erforderliche Grundmenge kommt aber auch zustande, wenn etwas kleiner geratene Gameten auf etwas größer geratene treffen. Dadurch entsteht ein Trend zu zwei konträren Typen. Denn in der Herstellung von Gameten geht, wie bei Kuchenstücken, Größe auf Kosten der Anzahl. Gäbe es in einem gedachten Ausgangszustand sehr große, mäßig große, mittlere, kleine und ganz kleine Gameten und hinge ihr Zusammentreffen vom Zufall ab, dann ist ein Treffen zwischen ganz großen unwahrscheinlich, einmal weil sie zu selten, aber vor allem weil sie vorher schon auf die häufigeren kleineren gestoßen sind. Die mittelgroßen und kleinen haben gemäß ihren Häufigkeiten untereinander die höchste Trefferwahrscheinlichkeit, was aber so lange zu nichts führt, wie die Größe der entstehenden Zygote unter der Minimalgröße für ihr Überleben liegt. Wenn in den Eltern bevorzugt diejenigen Keimzellgrößen gebildet werden, die am häufigsten zur Fortpflanzung führen, werden die mittelgroßen allmählich verschwinden und sich nur die ganz großen und ganz kleinen bewähren und übrig bleiben. Das ist es, was wir in der Natur finden: Mikrogameten (Spermien) in großer Anzahl und Makrogameten (nährstoffreiche Eizellen) in kleiner Anzahl.

Zwitter produzieren beide Gametentypen im selben Individuum und unterliegen selbstverständlich dem Selektionszwang, als Lebensfortpflanzungserfolg möglichst viele Nachkommen zu hinterlassen. Bei Selbstbefruchtung brächten jedem Individuum nur die eigenen Eier Nachkommen, und in diesen entfiele die Mischung mit fremden Genen. Bei Fremdbefruchtung ist die Gesamtzahl der Nachkommen eines Individuums höher und setzt sich zusammen aus der Zahl fremdbefruchteter eigener Eier und der Zahl fremder Eier, die es mit seinen Spermien befruchtet. Deshalb kommen zwei Zwitter zur Paarung zusammen, und jeder gibt jeweils nur eine Sorte von Keimzellen ab. Bliebe diese Rollenaufteilung dem Zufall überlassen, träfen oft höchst unökonomisch Spermien auf Spermien und Eizellen auf Eizellen – so jedenfalls beim Sägebarsch *(Hypoplectrus nigricans)*, der Spermien und Eier ins freie Wasser entlässt. Wegen ihrer Dottermenge ist eine Eizelle aufwendiger („teurer") herzustellen als ein Spermium. Eizellen sind deshalb die begrenzte Ressource und Eizellen anbietende Individuen begehrte Paarungspartner. Beim Sägebarsch ist der Eiervorrat äußerlich am gewölbten Bauch erkennbar. Wer keine Eier anzubieten hat, tritt vom Paarungsmarkt ab. Um mit seinen Spermien Nachkommen zu zeugen, muss jeder den anderen dazu bringen, Eier herzugeben; dazu braucht er einen Vorrat an eigenen Eiern, die der Partner besamen kann, um diesen zu veranlassen, ihm seine Eizellen zur Besamung zu geben. Die Partner bleiben deshalb zusammen und geben Eier in kleinen Portionen ab. Nach jeder Portion des einen ist eine Portion des anderen fällig; liefert der nicht, wird er verlassen. Weil Individuen mehr Eier enthalten, je größer sie sind, bilden sich Paare aus gleich großen Partnern; sonst gingen dem kleineren zu früh die Eier aus, und er hätte wenig Aussicht, mit seinen Spermien noch zum Erfolg zu kommen.

Bei Weinbergschnecken *(Helix pomatia)* werden die Eier im Körper befruchtet, die Partner tauschen nur Spermien aus, doch keiner hat eine Kontrolle darüber, ob seine Spermien zu den Eiern des Partners gelangen, denn jedes Individuum kann sich mit verschiedenen Partnern paaren und Spermienkonkurrenz erzeugen, deren Gewinnchancen schon mit der schieren Menge steigen. Also liefert jedes Individuum dem Partner möglichst viele Spermien, und der erhält viel mehr Spermien, als er für seine Eier braucht. Überzählige Spermien der Sägebarsche verschwinden im Meer, die der Schnecke aber bleiben im Körper. Spermien bestehen aus Eiweißstoffen, die jedem Individuum bei wiederholter Paarung aufgedrängt werden. Deshalb haben Schnecken ein Verdauungsverfahren für Spermien entwickelt, das ihnen zu kostendeckender Ei- und Spermienproduktion verhilft. Diese „Zweckentfremdung" von Spermien kann ein Interesse an weiteren Paarungen wecken. Auch bei Wirbeltieren wird in den weiblichen Geschlechtswegen ein Großteil der Spermien zurückgehalten und vom Körper aufgenommen, besonders rasch bei Paarungen außerhalb der Empfängnisbereitschaft. Deswegen müssen bei Säugetieren in einer Begattung erstaunlich viele Spermien übertragen werden (10 Mio. bei Rind und Kaninchen, 20 bis 150 Mio. beim Menschen), damit einige ihr Ziel erreichen.

Bezüglich der Kontrolle über die Spermien besteht bei Zwitterindividuen ein Konflikt zwischen Spermienspender und Spermienempfänger. Als Spender zielen sie allein auf Befruchtung und darauf, eigene Verluste zu minimieren, können aber durch Überproduktion versuchen, Konkurrenten auszuschalten. Als Empfänger können sie nichts Vorteilhafteres tun, als den Überschuss anderweitig zu verwenden und vielleicht weitere Spenden zu veranlassen. Um Zweckentfremdung seiner Spermien zu verhindern, könnte der Spermiengeber erstens versuchen zu testen, wie nötig der Empfänger Spermien zur Befruchtung der Eizellen braucht, und zweitens versuchen, mit einem Kopulationsorgan die eigenen Spermien möglichst dicht an die Eizellen des Empfängerindividuums zu bringen. Dasselbe Individuum wird als Spermienempfänger versuchen, die Spermien zunächst in eine Samentasche zu lenken, sie dort erst einmal zu speichern und später über ihre Verwendung zu entscheiden, vielleicht sie auch nach Paarungspartnern zu sortieren. Letztendlich entscheidet das spermienempfangende Individuum über das Schicksal der Spermien. Das gilt bei Zwittern beiderseits, also müsste jedes Zwitterindividuum versuchen, entgegengesetzte Bedürfnisse physiologisch oder anatomisch zu unterstützen, was gleichzeitig bei Simultanzwittern kaum geht.

Es ist aber möglich, wenn „Sukzessivzwitter" das Spermienspenden und Spermienempfangen zeitlich deutlich trennen und zu verschiedenen Zeiten ihres Lebens entsprechend als Spender oder Empfänger agieren. Das kommt bei vielen Fischen vor, deren Fortpflanzungserfolg als Spender oder Empfänger stark von der Körpergröße abhängt. Kann ein Fisch schon als kleines Individuum viele Spermien und mit zunehmender Größe immer mehr Eier produzieren, dann ist es vorteilhaft, so lange Männchen zu bleiben, bis es als Weibchen erfolgreicher wird. So sind *Amphiprion*-Anemonenfische, solange sie klein sind, Männchen, die größten aber Weibchen.

In einer anderen Situation kann ein großes Individuum als Männchen alle Rivalen aus dem Feld schlagen und mehr Eier vieler Weibchen befruchten, als es selbst legen könnte, wenn es Weibchen bliebe. Das ist entscheidend für viele *Thalassoma*-Lippfische. Sie entwickeln sich zunächst vom Ei an zu Männchen und zu Weibchen. Beim Ablaichen geben sie in Gruppen Eier und Spermien ins Wasser ab. Dabei entsteht notwendigerweise Spermienkonkurrenz. Weibchen können aber größer werden als Männchen, sich dann in Sekundärmännchen umwandeln und die als Männchen geborenen. kleiner bleibenden „Primärmännchen" verdrängen, ein Weibchen aus dem Schwarm herauslocken und mit ihm allein und konkurrenzfrei ablaichen: „Nicht-mehr-Weibchen" laichen mit „Noch-nicht-Männchen".

Der Geschlechtswechsel ist so lange einfach zu bewerkstelligen, wie die zum Geschlecht gehörigen körperlichen Organe weitgehend gleich sind und kein kompliziertes Umbauen erfordern. Die *Thalassoma*-Sekundärmännchen verkleinern lediglich die – wegen der Spermienkonkurrenz – großen Hoden der Primärmännchen und entwickeln – zum Anlocken der Weibchen – auffällige Muster aus Farbzellen in der Haut. Die Geschlechtsprodukte werden nach außen abgegeben, ihre Ausführgänge sind gleich.

Werden die Eizellen im Körper besamt, führt die Konkurrenz unter Männchen zu spezialisierten Kopulationsorganen, zu besonderen körperlichen Waffen für den Kampf zwischen Männchen und zu in Form und Farbe immer imposanteren Schmuckorganen für das Anlocken der Weibchen, beides kombiniert mit zugehörigen Verhaltensweisen. Auf der weiblichen Seite entstehen komplementäre Paarungsorgane, angepasst an die männlichen. Beide Spezialisierungen an einem Individuum aufzubauen oder sie beim Geschlechtswechsel umzubauen, wäre sehr kostenträchtig. Stattdessen findet man bei verschiedenen zwittrigen Arten schon Individuen, die als Vollmännchen ausschließlich Spermien produzieren, mit denen sie einen besonders großen Fortpflanzungserfolg erzielen können. Darin sind die Zwittermännchen ihnen dann unterlegen; ihren Fortpflanzungserfolg können sie nur noch steigern, indem sie ausschließlich Eizellen produzieren, also Vollweibchen werden. Damit sind die Geschlechter getrennt, die Individuen produzieren entweder als Weibchen relativ wenige große Eizellen oder als Männchen sehr viele kleine Spermien.

Nun erzwingen Evolution und Selektion aber in jeder Art etwa gleich viele Männchen wie Weibchen, also von den Elternpaaren gleich viele Söhne wie Töchter. Da ein Männchen die Eizellen vieler Weibchen befruchten kann, läge es zwar nahe, das Geschlechterverhältnis zugunsten weiblicher Nachkommen zu verschieben. Aber einmal angenommen, einige Eltern hätten nur Töchter, dann hätten sie so viele Enkel wie diese Töchter Kinder. Dafür würde ein Vater ausreichen, also ein Sohn eines anderen Elternpaares, das allein schon mit ihm ebenso viele Enkel bekäme. Hätte dieses Elternpaar noch mehr Söhne, dann haben am Ende die Söhne-Eltern mehr Enkel als die Töchter-Eltern. Ausbreiten würde sich jetzt also eine genetische Disposition, Söhne zu produzieren. Wenn aber ein Überschuss an Söhnen entsteht, also ein Mangel an Töchtern, liegt der Enkelvorteil bei den Töchter-Eltern. Ausgewogen sind die Vor- und Nachteile nur bei einem ausgewogenen Geschlechterverhältnis. Also müssen ebenso viele männliche wie weibliche Individuen entstehen. Vom Wohl der Art her argumentiert, sind das zu viele Männchen. Die müssen nun untereinander um Weibchen rivalisieren und versuchen, je für sich möglichst viele Weibchen in einem Harem zu versammeln und zu bewachen. Dazu dienen Kämpfe mit anderen Männchen sowie Methoden zum Locken, Beeindrucken oder Verführen der Weibchen. Die Weibchen können dann unter den Männchen eines auswählen, dessen Erbgut ihren Söhnen dieselben Wettbewerbsvorteile verspricht, sei es das stärkste, größte oder erfahrenste Männchen, das Rivalen fernhält und ungestörte Paarungen ermöglicht, oder das geschickteste und verführerischste Männchen.

Zu solchen in der Fortpflanzung erfolgreichen Erwachsenen führt eine komplizierte, mit der Zygote beginnende fehlerfreie Embryonalentwicklung. Reproduktionsmediziner wissen, dass sich beim Menschen 50 % aller befruchteten Eizellen aufgrund von Chromosomendefekten und Störungen im Zellaufbau nicht zu einem normal gesunden Menschen entwickeln und bald absterben. Auch in weniger stark betroffenen Embryonen können während der Entwicklung durch mutierte Gene, fehlkombinierte Chromosomen und spätere hormonelle Ungleichgewichte funktionsgeschädigte Organe entstehen. Da die Sexualhormone zu unterschiedlichen Zeitabschnitten sowohl Morphologie und Funktion des Gehirns als auch die Morphologie der Genitalien beeinflussen, entstehen oft intersexuelle Varianten des Männlich-Weiblich-Schemas. Wenn zum Beispiel das männlich determinierte XY-Gewebe wegen einer Mutation nicht auf Testosteron reagiert, ist der genetisch männliche Körper schließlich äußerlich eindeutig weiblich, ebenso die Psyche; das Individuum hat aber eine blind endende Vagina, keine Ovarien, nur minimal entwickelte Hoden und ist steril. „Intersexuelle" Menschen werden mit einem nicht eindeutigen Genitale geboren. Die Häufigkeit liegt wahrscheinlich zwischen 1:1000 und 1:2500 (das wären in Deutschland 80.000 bis 32.000 Menschen). Diese Personen sind normal intelligent, haben aber Merkmale vom weiblichen und vom männlichen Geschlecht am Körper. Und wo es einen gesellschaftlichen Zwang zur Zweigeschlechtlichkeit gibt, stören angeborene Anomalien der Genitalorgane die Sozialisierung dieser Personen, ihre Einordnung in die Gesellschaft. Wird ihnen ein Geschlecht zugewiesen, fühlen sie sich falsch oder unzureichend beschrieben. Hingegen haben „transsexuelle" Menschen zwar bei der Geburt ein körperlich eindeutiges Geschlecht, fühlen sich aber dem anderen Geschlecht zugehörig. Ihr sexuelles Begehren kann sich auf männliche oder weibliche Personen richten (oder beide). Einige werden sexuell aktiv, andere inaktiv oder zurückhaltend.

Wenn in einer Kultur jedem Kind ein Geschlecht zugewiesen werden muss, das dann für seine weitere psychosoziale Entwicklung ebenso bedeutsam wird wie für die Einstellung anderer Personen zu ihm, dann könnten abnorme Genitalformen hormonell oder operativ korrigiert werden. Wenn andererseits „Geschlecht" auch durch kulturelle Übereinkunft in der Sozietät festgelegt sein kann, wird es zu einer lebenslang sozial beeinflussbaren Variablen.

Um das Fühlen und Verhalten von intersexuellen Menschen zu beschreiben, die eine eindeutige gefühlte und gelebte Geschlechtsidentität besitzen, deren biologisches Geschlecht aber nicht zum gefühlten Geschlecht passt oder körperlich nicht eindeutig ausgeprägt ist, deren Körpermerkmale also von der Geschlechtsidentität abweichen, prägte der US-amerikanische Psychologe und Sexualwissenschaftler John William Money 1955 den Begriff „Gender", eine soziokulturelle Konstruktion, die – im Unterschied zum biologischen Geschlecht – ein soziales oder psychologisches, von kulturellen Umständen abhängiges Geschlecht kennzeichnet. Allerdings vertrat John Money die These, es gäbe keinerlei wesensmäßige Unterschiede zwischen Jungen und Mädchen, Männlichkeit und Weiblichkeit seien nur erlernte Geschlechtsrollen. Er meinte, bis zum 18. Lebensmonat sei die Geschlechtsrolle unbestimmt, und erst wenn ein Kind die Sprache beherrsche, wisse es genau, ob es ein Junge oder ein Mädchen ist. Eine solch extreme Überbetonung der Bedeutung des sozialen Umfelds für die kindliche Entwicklung gab es in Amerika schon früher einmal. Der US-amerikanische Psychologe John Broadus Watson begründete 1924 die psychologische Schule des Behaviorismus und versprach (Watson 1924, S. 82):

> Gebt mir ein Dutzend wohlgeformter, gesunder Kinder und meine eigene, von mir entworfene Welt, in der ich sie großziehen kann, und ich garantiere euch, dass ich jedes von ihnen zufällig herausgreifen und so trainieren kann, dass aus ihm jede beliebige Art von Spezialist wird – ein Arzt, ein Rechtsanwalt, ein Kaufmann und, ja, sogar ein Bettler und Dieb, ganz unabhängig von seinen Talenten, Neigungen, Tendenzen, Fähigkeiten, Begabungen und der Rasse seiner Vorfahren – vorausgesetzt, dass ich festlegen darf, wie genau die Kinder großgezogen werden und in welcher Welt sie zu leben haben.

Er stachelte damit eine Kontroverse mit der „angeborenes" Verhalten betonenden vergleichenden Verhaltensforschung von Konrad Lorenz und Niko Tinbergen an.

Falls, wie John Money behauptet, Unterschiede zwischen Mann und Frau nicht biologisch-körperlich bedingt sind, sondern kulturell-psychologisch erworben werden, dann können sie auch eingeebnet werden. Diese Theorie stützte Money mit der an der Johns Hopkins University in Baltimore üblichen Praxis, körperliche Zwitter gleich nach der Geburt zu kastrieren, äußerlich einem Mädchen anzugleichen, im Schulalter chirurgisch mit einer Vagina zu versehen und in der Pubertät mit Östrogenen zu feminisieren, damit sie als glückliches Mädchen leben könnten. In diese Richtung verfälschte Money dann die Daten eines von ihm betreuten, nach frühem Verlust des Penis chirurgisch korrigierten Patienten, der aber in Wirklichkeit sehr unglücklich weiterlebte und schließlich Selbstmord beging.

Das deckten 1995 die US-amerikanischen Ärzte Milton Diamond und H. Keith Sigmundson auf, konnten ihren Artikel aber erst 2 Jahre später veröffentlichen, da Zeitschriftenherausgeber die Publikation ablehnten: Der Inhalt war zu brisant. Denn erstens widersprach er einer von Sigmund Freud 1908 begründeten Lehrmeinung, dass eine gesunde psychologische Entwicklung des Kindes als Junge oder Mädchen zum großen Teil vom Vorhandensein oder Nichtvorhandensein des Penis abhängt. Und zweitens kamen Diamond und Sigmundson nach sorgfältigen Recherchen zu der Überzeugung, dass die Geschlechtsidentität nicht bei der Geburt neutral ist und erst später durch soziale Interaktionen entsteht, sondern dass sie schon vor der Geburt biologisch vorgegeben ist und ein Kind nicht durch Sozialisierung auf die Rolle des anderen Geschlechts festgelegt werden kann. Irreversible Eingriffe in den Kernbereich der persönlichen Identität und der körperlichen Unversehrtheit lehnen sie ab und bestehen auf uneingeschränktem Selbstbestimmungsrecht intersexueller Menschen, bezogen sowohl auf kosmetische genitale Korrekturen als auch auf die Geschlechterrolle und das geschlechtliche Selbstverständnis.

Milton Diamond glaubt belegen zu können, dass die geschlechtsspezifischen Gefühle und die angeborene Geschlechtsidentität durch Hirnstrukturen im Hypothalamus bestimmt werden, die sich während der frühen Embryonalentwicklung hormongesteuert vernetzen. Werden diese Hirnstrukturen durch Hormone im Embryo maskulinisiert, entwickelt das Kind eine männliche Wahrnehmung und eine männliche Geschlechtsidentität, unabhängig davon, ob die Gene oder die Genitalien männlich sind. Werden diese Strukturen nicht vermännlicht, entwickelt das Kind unabhängig von den Genen und den Genitalien eine weibliche Wahrnehmung und eine weibliche Geschlechtsidentität. Wie in den nicht eindeutigen Genitalien von Intersexuellen gibt es auch in den Hirnstrukturen partielle bis vollständige Abweichungen der Geschlechtsidentität. Die Geschlechtsidentität scheint ein komplexes Ergebnis aus früher Hirndifferenzierung und späterem Einfluss embryonaler Hormone zu sein. Nach Diamond entscheiden über die Geschlechtsidentität des einzelnen Individuums nicht seine Genitalien, sondern sein Gehirn.

Dem steht der gesellschaftliche Zwang zur Zweigeschlechtlichkeit entgegen. Er findet eine besondere Ausprägung in der Katholischen Kirche. Sie beruft sich in christlich-religiöser Argumentation auf die Schöpfungsgeschichte, in der Gott den Menschen eindeutig als Mann und Frau geschaffen hat, also nur zwei Geschlechter wollte. Deshalb pocht sie auf die klare anatomische Evidenz des Geschlechts. In einem Dekret von 2003 verbietet sie eine kirchliche Trauung von biologisch evident intersexuellen Menschen und untersagt solchen Menschen auch, nach operativen Maßnahmen in einen religiösen Orden einzutreten oder Priester zu werden. Wohl aber kann eine transsexuelle Person heiraten oder in ein Kloster eintreten, wenn sie ohne operative Maßnahmen ihr seelisches Empfinden unterdrückt.

Andere Kulturen (in Indien, Brasilien, Kosovo, Nordamerika und Indonesien) orientieren sich an den natürlichen (ergo in der Schöpfung realisierten!) biologischen und psychologischen Gegebenheiten und gestalten die Geschlechterrollen unterschiedlich. Für natürlich vorkommende Abweichungen vom biologisch geschlechtstypischen Körperbau, für besondere sexuelle Neigungen des Individuums oder für kulturspezifisch geschlechtsgebundene Verhaltensnormen und soziale Rollen werden eigene Kategorien eingerichtet. Diese Kategorisierung eines Individuums kann zum Beispiel altersabhängig oder handlungsabhängig sein. Bei den Hua im Hochland von Neuguinea dürfen alte Frauen, die mindestens drei Kinder geboren haben, formal als Männer gelten und fortan im Männerhaus wohnen. Bei den Nandi in Kenia kann eine reiche Frau die Brautgabe für eine andere bezahlen und wird dadurch ihr weiblicher Ehemann; die andere („seine" Ehefrau) darf sich männliche Liebhaber nehmen, aber ihre Kinder gehören dem weiblichen Ehemann.

Neigungsbezogene Kategorien gibt es in mehreren Kulturen für Individuen, die körperlich (morphologisch und physiologisch) einem Geschlecht angehören, im Verhalten aber nicht die kulturell zugehörige soziale Rolle übernehmen, sich also als biologische Männer mit der weiblichen, als biologische Frauen mit der männlichen Welt identifizieren. Genetisch weibliche Personen in kulturell institutionalisierter quasimännlicher Rolle sind im

Südirak die *mustergil;* in Kleidung und Tätigkeit sind sie männlich, können sich aber durch Heirat endgültig als Frau definieren und Kinder bekommen. Die *xanith* in Oman sind Männer, die sich geschlechtsindifferent kleiden, weibliche Hausarbeiten verrichten, mit Frauen essen und singen und in der Frauenrolle mit Männern sexuell verkehren. Die *muxe* in Südmexiko sind biologisch männlich, fühlen sich aber als Frau, gehen, sprechen, gestikulieren, kleiden und schmücken sich weiblich und verrichten Tätigkeiten, die zwischen den typisch männlichen und typisch weiblichen liegen; sie können eine feste Paarbeziehung mit einem Mann eingehen oder eine Frau heiraten und Kinder haben, unterziehen sich nie einer operativen oder hormonellen Geschlechtsumwandlung, haben sozial und erotisch einen anerkannten Platz in der Gesellschaft und werden wie weibliche Personen angeredet. Die *hijra* in Indien sind Männer, die sich wie Frauen kleiden und verhalten; sie werden mitunter entmannt, spielen eine wichtige Rolle im religiösen Kult zu Ehren der Muttergöttin und treten in dieser Rolle bei Heiraten und Geburten auf.

Auf Sulawesi bilden Männer, die weiblichen Schmuck und Kleidungsstil bevorzugen, die Kategorie der *kawe-kawe.* Frauen, die den weiblichen Rollenbereich ablehnen, bilden die Kategorie der *calabai.* In beiden Kategorien ist es dem Einzelnen überlassen, wie viel vom gegengeschlechtlichen Rollenspektrum er/sie übernimmt und wie lange. Im Süden Sulawesis, bei den Buginesen, sind *calabai* männliche, *calalai* weibliche Transvestiten, die in ihren Tätigkeiten weitgehend die Rolle des Gegengeschlechts übernehmen. Ihr Mitwirken bei Hochzeitszeremonien ist wichtig für die Fruchtbarkeit des Paares.

In anderen Kulturen gibt es auf einen vorläufigen Körperbau bezogene Kategorien. In der Dominikanischen Republik heißen männliche Individuen, deren Genitalien bis zur Pubertät noch nicht eindeutig männlich ausgebildet sind, *guevedoce;* setzt mit der Pubertät die Maskulinisierung ein, so haben sie die Wahl, männliche oder weibliche Rollen zu übernehmen oder aber den *guevedoce*-Status zu behalten, der einen gewissen Spielraum zwischen Mann- und Frausein erlaubt. Kinder mit uneindeutig ausgebildeten Genitalien, die sich später männlich entwickeln, heißen in Neuguinea *kwolu-aatmwol;* sie haben eine von der männlichen und der weiblichen abweichende soziale Identität, und ihnen werden besondere übernatürliche Fähigkeiten zugeschrieben, weil einer Mythe zufolge die Welt durch zwei Hermaphroditen entstand. Ebensolche Kinder heißen bei den nordamerikanischen Navajo *nadle.* Sie sind später hoch angesehen als Schamanen, Heiler und Ritualspezialisten; sie können Frauen oder Männer, aber keine *nadle* als Sexualpartner haben.

Andere indianische Kulturen Nordamerikas kennen ein sexuell-soziales Vier-Geschlechter-System. Bei der überwiegenden Zahl der Männer und Frauen stimmt das soziale Geschlecht mit dem biologischen überein. Daneben gibt es – oft schon in der Kindheit an ihren Neigungen kenntliche – physisch und genetisch männliche Personen in einer Frauenrolle („Fraumann"), und umgekehrt physisch und genetisch weibliche Personen in einer männlichen Rolle („Mannfrau"). Sexuelle Beziehungen sind nur zwischen, aber nicht innerhalb dieser Kategorien erlaubt, also wohl zwischen Mannfrau und Fraumann, aber nicht zwischen Fraumann und Fraumann. Also ist auch diese Rollenkategorisierung bipolar gedacht, analog zur biologisch-sexuellen.

In der anhaltenden Genderdebatte wird behauptet, „Gender" sei eine Geschlechtsidentität, die nicht auf natürlichen Gegebenheiten beruhe, nicht mit dem biologischen Geschlecht ursächlich in Verbindung stehe, sondern sich durch soziale und historische Gegebenheiten entwickle. Als Gipfel der Verwirrung sollen Personen, die sich nicht in das binäre Geschlechtssystem „männlich-weiblich" einordnen lassen (wollen), sogar ein drittes Geschlecht konstituieren. Solche Kategorien passen die soziale Rolle eines Individuums seinen natürlichen Gegebenheiten an; Kultur folgt der Natur. In der christlich geprägten westlichen Welt herrscht die Tendenz vor, umgekehrt die Natur der Kultur anzupassen und vordringlich die körperlichen, wenn möglich auch die psychischen Gegebenheiten des Individuums zu manipulieren, sofern sie nicht der vorgeschriebenen Zwei-Geschlechter-Kultur entsprechen. Umstritten sind die Grenzen der Erlaubtheit dieser Praktiken. Ermöglicht werden sie durch unser reichhaltiges medizinisches und chemisches Wissen und eine hochentwickelte Technik.

Diese kulturellen Errungenschaften kulminieren mit der Erfindung chemischer Ovulationshemmer in der „Pille", die im Körper der Frau eine natürliche biologische Funktion unterbinden, den Eisprung (Ovulation), der eine reife Eizelle für die Besamung im Eileiter bereitstellt. Verhindert wird so das Verschmelzen von Eizelle und Spermium. Das beeinflusst nicht nur die Rolle der Frau als Mutter, sondern auch ihre sexuelle Rolle als Paarungspartnerin, beeinflusst aber auch die Bedeutung des Mannes als Spermienspender und seine sexuelle Rolle als Paarungspartner. Sexualität und Sexualverhalten sind seit der Bereitstellung der Pille für alle in den Jahren 1957 bis 1961 nicht mehr zwangsläufig mit Schwangerschaft, Elternschaft und Familiengründung verknüpft. Die Anwendung der Pille hat gravierende Auswirkungen auf das Individuum und die Gesellschaft, denn sie verändert die geschlechtsbezogenen Handlungsfreiräume des Individuums, erlaubt unschädliche Geburtenkontrolle, ermuntert zu neuen in einer Gesellschaft gebilligten geschlechtsspezifischen sozialen Rollen und

Lebensgemeinschaftsformen und ermöglicht eine einfache Einschränkung des Bevölkerungswachstums.

Man kann diesen tiefgreifenden Umbruch in der Kulturgeschichte einen revolutionären oder evolutionären Prozess nennen. Er entlastet in erster Linie die Frauen, die Tausende von Jahren versucht haben, das Entstehen von neuem Leben in ihrem Körper durch kontrazeptive Maßnahmen aktiv zu beeinflussen. Als Spermienbarriere empfehlen 4000 Jahre alte medizinische Papyri Ägyptens Scheidenzäpfchen aus Pflanzenfasern, Wurzelwerk und in Wachs gerollte zerriebene Kerne des Granatapfels. Tampons mit Akazienharz und Honig funktionierten wie manche modernen Schaumzäpfchen oder Gels: Der Honig bildet einen dünnen Film über dem Muttermund, und das in Akazienknospen enthaltene *Gummi arabicum* verwandelt sich in der Scheide zu Milchsäure und hemmt damit die Beweglichkeit der Spermien. Germanen verwendeten Thymian und Majoran in hoher Dosierung, was heftige blutungseinleitende Kontraktionen auslöste. Damit verglichen bringt die sichere chemische Geburtenkontrolle eine Befreiung von Angst und körperlicher und psychischer Belastung. Sie widersprach aber kultureller Tradition und ganz klar der strengen kirchlichen Sittenlehre. In der Gesellschaft wie in der Kirche war praktizierte Sexualität ohne die Gedanken an Ehe und Familie bis 1960 nicht vorstellbar. Mediziner verfassten 1964 eine *Denkschrift an das Bundesministerium für Gesundheitswesen zur Frage der derzeitigen öffentlichen Propaganda für Geburtenbeschränkung.* Sie waren gegen die Propagierung der „Anti-Baby-Pille" und mahnten den Staat, nicht tatenlos zuzusehen, wie die Ehe- und Familienordnung aufgeweicht wird und die „Degeneration der Sexualität" die menschliche Persönlichkeit entwürdigt und die Gemeinschaft zerstört. In der berüchtigten „Pillen-Enzyklika" *Humanae vitae* verbot Papst Paul VI. 1968 nicht nur jede Form von künstlicher Empfängnisverhütung, sondern auch jede körperliche Zärtlichkeit zwischen Eheleuten, die auf einen Geschlechtsverkehr unter Ausschluss einer Empfängnis abzielt. Nachfolgende Päpste bekräftigten diese Lehre.

Dennoch wandelten sich unter dem Einfluss der verfügbaren sicheren Empfängnisverhütung in weiten Teilen namentlich der jugendlichen Gesellschaft die bislang vorherrschenden Ansichten im Bereich der „Bisexualität und personalen Identität", also unseres Tagungsthemas. Betroffen sind vor allem Einstellungen zur Homosexualität und zur praktizierten Sexualität. Bot zuvor offiziell allein die Ehe den Raum für gelebte sinnenfrohe Liebe, wurde nun eine Ehe ohne solche wechselseitig gezeigte Zuneigung scheel angesehen.

Bislang war die Zeugung von Nachwuchs vorrangige Funktion der Sexualität, nun tolerierte man praktizierte Liebesbeziehungen auch unabhängig von der Ehe, Sexualität diente elementar der Ausprägung von Gefühlen in leidenschaftlichem Begehren, Intimität, Freude am Partner und am intimen Zusammenleben mit ihm. Das wurde überschwänglich gefeiert, und es wurde sogar behauptet, ein so fröhliches, angstfreies und beide Partner befriedigendes Liebesleben habe es seit Beginn der Menschheit nicht gegeben. Aber das stimmt nicht. Die Geschichte verlief weitaus tragischer.

Einen unbefangenen, befriedigenden Umgang mit der Sexualität hatte es Jahrhunderte früher in verschiedenen Völkern gegeben, am besten dokumentiert von den ursprünglichen Bewohnern Polynesiens. Für sie waren sexuelle Betätigungen gut und gesund für alle, jung oder alt, nicht nur zur Zeugung, sondern auch als Vergnügen und Entspannung, nicht mit Schuld und Scham besetzt und zwischen Pubertierenden sogar erwartet. Bezeichnenderweise duldeten diese Inselvölker außereheliche Schwangerschaften. Ein Kind einer unverheirateten Frau war noch um 1830 in Polynesien kein gesellschaftliches Problem: Die Fruchtbarkeit der Frau war bewiesen, und das Kind wurde von der erweiterten Familie wohlwollend umsorgt. Aber derartige Freizügigkeit verstörte die christlichen Missionare. Vertreter der *Protestant London Missionary Society* entpuppten sich 1796 als fanatische Gegner der moralischen und religiösen Überzeugungen der Polynesier; katholische Missionare aus dem „Orden der heiligsten Herzen von Jesus und Maria" führten 1819 drastische Strafen für alle „unzüchtigen Praktiken" ein, die im Gegensatz zur christlichen Morallehre standen.

Heute muss die Kirche, gezwungen vom gesellschaftlichen Umdenken auch ihrer Gläubigen, einen Paradigmenwechsel von Sexualethik zu Beziehungsethik vollziehen und zum Wohl der Menschen das, was sie ihre Missionare zerstören ließ, nämlich ein natürliches, ungezwungenes Sexualverhalten, wenn nicht zu segnen, so wenigstens zu legitimieren versuchen. Sie muss dabei, im Einklang mit der öffentlichen Meinung, darauf bestehen, ungebundene sinnliche Liebe (in einer auf Liebe gegründeten Ehe freier und gleicher Partner) stets zusammen mit partnerschaftlicher Treue und gegenseitiger Anerkennung zu realisieren. Das ist wichtig, denn die neue Situation mit gewährleistetem Empfängnisschutz verändert das Verhalten der Sexualpartner zueinander. Frauen ohne Schwangerschaftsangst können sexuell aktiver und selbstbewusster werden, sich ganz ihren sexuellen Empfindungen hingeben, aber sich auch öfter, als sie wollen, zum Verkehr gedrängt und zum Sexualobjekt degradiert fühlen. Männer können sich weniger unter Kontrolle halten und weniger Rücksicht nehmen auf ihr Gegenüber. Auf diese Weise wird dann die Stabilität der Partnerschaft belastet. Deshalb haben die Individuen, vom Zwang zur Elternrolle befreit, mit der Möglichkeit auch die Verantwortung einer autonomen Entscheidung über ihre persönlichen rein sexuellen Rollen.

Die Vatikanzeitung *Osservatore Romano* äußerte 2009 Bedenken gegen eine chemische Empfängnisverhütung: Sie bedeute eine Gefahr für die Umwelt, denn über die Ausscheidungen von Frauen, welche die Pille nehmen, gelangten seit Jahren Tonnen von Hormonen ins Freie, mit negativen Folgen. Doch das ist kein Spezifikum der Empfängnisverhütung. Die Nutzung fossiler Brennstoffe bringt Unmengen von Kohlendioxid in die Luft und gefährdet das Klima. Und die reichliche Anwendung von Antibiotika in der Medizin erzeugt resistente Bakterien und gefährdet zukünftige Gesundheit. Berechtigt ist demnach ein Aufruf zu übergeordneter ökologischer Verantwortung, vorrangig für die Einwohner von Industriestaaten, aber nicht die Sorge um spezifische Umweltverschmutzung durch die Pille.

20

Legendäre Peitschen

Nietzsche und Lou Salomé ▪ Aristoteles und Phyllis

14. Mai 1981, Luzern

Jedes Mal, wenn ich Luzern besuche, imponiert mir das Wahrzeichen der Stadt, die berühmte, um 1365 entstandene Kapellbrücke als die älteste Holzbrücke Europas. In die Giebel der Brücke eingefügt sind 146 dreieckige, an der Basis fast 2 m breite Ölbilder, die der Renaissancemaler Hans Heinrich Wägmann ab 1611 malte. Sie zeigen Szenen aus der alten Schweiz, der Stadtgeschichte und aus dem Leben der Stadtpatrone Leodegar und Mauritius. Beim Passieren der Brücke auf dem Weg in die Stadt sollten sie jeden daran erinnern, dass ein frommer Lebenswandel und Glück im Leben zusammengehören. So sah es wohl auch Friedrich Nietzsche, als er sich ein Jahrhundert vor mir in Luzern aufhielt.

Von November 1882 bis Februar 1885 schrieb er an seiner philosophischen Dichtung *Also sprach Zarathustra*. Im Kapitel „Von alten und jungen Weiblein" schildert er Zarathustras Begegnung mit einem alten Weib. Dieses fordert den Weisen auf, auch einmal etwas über die Frauen zu sagen. Er beginnt: „Alles am Weibe ist ein Rätsel", und fährt fort: „Der Mann fürchte sich vor dem Weibe", und „Gehorchen muss das Weib". Das alte Weiblein dankt Zarathustra für seine Darlegungen und bestätigt die beiden konträren Aussagen mit einer „kleinen Wahrheit", die im Original lautet: „Du gehst zu Frauen? Vergiss die Peitsche nicht!"

Der Philosoph Nietzsche war ebenso wie der Arzt-Philosoph Paul Rée eng mit der 1861 in St. Petersburg geborenen Louise von Salomé befreundet. Sie war die erste Schülerin von Sigmund Freud, der sie „Dichterin der Psycho-

© Springer-Verlag GmbH Deutschland, ein Teil von Springer Nature 2020
W. Wickler, *Reisenotizen,* https://doi.org/10.1007/978-3-662-61996-4_20

analyse" nennt. Nietzsche bezeichnet sie als sein „Geschwistergehirn", verliebt sich in sie und macht ihr mehrere Heiratsanträge. Aber sie lehnt ab und träumt von einer „Dreieinigkeit" mit Nietzsche und dem gemeinsamen Freund Paul Rée, der ebenfalls ihr Mann sein will. Nach mehrmonatiger Dreiecksbeziehung kommt es zum Zerwürfnis mit Nietzsche. Lou und Rée leben noch bis 1885 zusammen in Berlin, angeblich ohne ein Liebespaar zu sein. Dann heiratet Lou 1887 den 15 Jahre älteren Orientalisten Carl Andreas – eine Scheinehe, die nie sexuell vollzogen wird – und gibt sich schließlich dem jungen Lyriker Rainer Maria Rilke hin. Zwar stellt sie die bürgerlichen Verhältnisse auf den Kopf, wird aber eine Pionierin der Psychoanalyse und prägt mit ihren philosophischen und psychologischen Arbeiten wichtige Bereiche der Geistesgeschichte.

Im Mai 1882, ein halbes Jahr ehe er mit dem Zarathustra beginnt, arrangiert Nietzsche im Studio von Jules Bonnet in Luzern einen Fototermin. Als hintergründigen Ulk inszeniert er bis ins Detail sich selbst, Paul Rée und Lou von Salomé als Trio um einen Leiterwagen. An der Deichsel, wie in ein Geschirr gespannt, vorne Paul Rée, hinter ihm Nietzsche; hinter beiden Lou, die eine kleine, mit einem Fliedersträußchen geschmückte Geißel schwingt – eine Karikatur des doppeldeutigen „Gehst du zum Weibe, vergiss die Peitsche nicht!" Männer interpretieren es gewöhnlich so, als stünde ihnen die Peitsche zu; doch der Text lässt offen, wer denn die Peitsche trägt, die Frau selber oder der Mann, der „zu Frauen" geht. Jeder kann die ihm genehme Ansicht wählen.

Was wohl auch Nietzsche wusste: Sein Ulk steht in Verbindung mit Aristoteles, und zwar in Form einer Legende, die zwischen 1260 und 1287 zu Papier gebracht wurde. In der Benediktbeurer Fassung beginnt sie mit König Philipp II. von Makedonien, der um 340 v. Chr. seinen Sohn, den späteren Alexander den Großen, zu Aristoteles in die Lehre gab. Beiden richtete er ein Haus mit einem hübschen Garten ein. Den Unterricht störte jedoch bald Phyllis, ein schönes Fräulein aus der Gefolgschaft von Alexanders Mutter Olympias von Epirus. Phyllis und Alexander verlieben sich, und Alexander verbringt, statt zu lernen, heimlich viel Zeit mit Phyllis im Garten. Aristoteles meldet das schließlich dem König, der das Liebespaar trennt. Aus Rache zeigt Phyllis sich leicht bekleidet vor Aristoteles Fenster. Der bittet sie herein und möchte für Geld die Nacht mit ihr verbringen. Statt Geld verlangt sie, er solle sich von ihr satteln und reiten lassen. Verblendet von Verlangen willigt er ein: Der alte Weise „krouch ûf allen vieren" mit ihr durch den Garten, während sie eine Peitsche oder einen Rosenzweig schwingt. Einige Hofdamen und die Königin, die das beobachten, geben Aristoteles der Lächerlichkeit preis. Er flieht mit seinen Büchern und aller

Habe auf eine ferne Insel und meditiert darüber, warum schöne, leiden-
schaftliche Frauen einen negativen Einfluss auf Männer ausüben.

Als Warnung vor Sinnenlust wurde diese Legende Thema von
Bußpredigten, noch häufiger aber ein beliebtes Motiv der ergötzlichen
bildenden Kunst, auch der sakralen, zum Beispiel als Misericordie (Steh-
stütze unter dem zurückgeklappten Sitz) im Chorgestühl des 1520 fertig
gestellten Doms zu Magdeburg, der ebenso wie ein Teil des Bilderzyklus der
Luzerner Kapellenbrücke dem Hl. Mauritius gewidmet ist.

21

Soziologie der Familie

René König ▪ Familienformen ▪ Vater-Tochter-Inzest ▪ Infantizid ▪ Avunkulat ▪ Ringparabel bei Boccaccio und Lessing ▪ Radikale Mission ▪ Bonifatius und Papst Benedikt XVI. ▪ Cortez und die Sonnenscheibe

2. Dezember 1981, Venedig

Auf der Insel San Giorgio Maggiore veranstaltet das Goethe-Institut Triest ein internationales Kolloquium über „Die bürgerliche Familie im fortgeschrittenen Industriezeitalter". Tagungsstätte ist ein der Wissenschaft gewidmetes ehemaliges Benediktinerkloster, das zur 1951 gegründeten Stiftung *Fondazione Giorgio Cini* gehört. Professor René König von der Universität Köln, Soziologe und bekanntester deutscher Vertreter seines Faches, plant, das Thema „Treue, Monogamie und Familie" aus soziologischer und ethologischer Sicht vergleichend zu behandeln und lädt mich dazu ein. In Gedanken spielt er mit einem umfassenden Beitrag über Biosoziologie für seine *Kölner Zeitschrift für Soziologie und Sozialpsychologie*. Obwohl wir unsere Diskussion 3 Jahre später in seinem Haus in Genzano di Roma in den Albaner Bergen fortsetzen, kommen wir zu keinem druckbaren Ergebnis. Der Soziologe schildert ein Phänomen beim Menschen und fragt, ob es so etwas auch bei Tieren gibt. Das führt zum Gegenüberstellen von Befunden. Zum Beispiel berichtet König, in Balkanländern sei Vater-Tochter-Inzest normal, bevor die Tochter heiratsfähig wird; ab 16 Jahren muss der Vater sie wieder in Ruhe lassen, sonst mahnt ihn der Bürgermeister. Eine Parallele aus dem Tierreich bietet das Große Wiesel oder Hermelin *(Mustela erminea)*. Da werden die weiblichen Jungtiere schon, wenn sie wenige Wochen alt sind und gerade die Augen öffnen, von erwachsenen Männchen geschwängert, manchmal vom eigenen Vater. Beim

© Springer-Verlag GmbH Deutschland, ein Teil von Springer Nature 2020
W. Wickler, *Reisenotizen,* https://doi.org/10.1007/978-3-662-61996-4_21

Hermelin hat Vater-Tochter-Inzest genetische Folgen, beim Menschen meist nur psychische.

Der Soziologe meint mit „Tieren" in der Regel Säugetiere, seltener Wirbeltiere. Aber die vom Menschen bekannten Familienformen findet man im Tierreich auf allen stammesgeschichtlichen Stufen bei Würmern, Gliederfüßern und Wirbeltieren bis Menschenaffen in nah verwandten Arten nebeneinander vor, zuweilen sogar innerhalb ein und derselben Art, abhängig von ökologischen Lebensumständen. Beim Menschen werden zwar zusätzlich wirtschaftliche und traditionelle Begründungen genannt, aber nicht gegenüber biologisch-ökologischen Faktoren gewichtet.

Das klarste Beispiel ist das menschliche Avunkulat, für das der Biologe, nicht aber der Soziologe eine Erklärung hat. Avunkulat (lat. *avunculus* für „Onkel") bedeutet, dass der Mutterbruder die Vaterrolle für ein Kind übernimmt. Den Grund dafür liefert die Genetik.

Von vielen Tierarten – Spinnen, Fischen, Vögeln, Säugern, Affen, Menschenaffen – ist bekannt, dass das dominante Haremsmännchen denjenigen Nachwuchs seiner Haremsweibchen tötet, den es nicht selbst (sondern meist der vorherige Haremsbesitzer) gezeugt hat. Ein Viertel der Jugendsterblichkeit bei ihnen beruht auf Infantizid durch Männchen.

Auch von verschiedenen Völkern ist bekannt, dass Männer die Kinder ihrer Frauen töten, wenn sie herausfinden, dass sie nicht der biologische Vater dieser Kinder sind. Zur Besonderheit der Menschen, bei denen solche Ereignisse (bedingt durch berufsbedingt lange Abwesenheiten des männlichen Ehepartners oder langen Trennungen der Gatten) die Regel sind, gehört nun, dass sie sich vorausschauend darauf einstellen. Biologisch gründen Brutpflege und Verwandtenhilfe auf dem Verwandtschaftsgrad, auf der Wahrscheinlichkeit, dass das Erbgut des Helfenden im Empfänger von der Hilfe profitiert. Die Wahrscheinlichkeit, dass ein Elternteil eines seiner Gene in einem bestimmten Kind vorfindet, beträgt 0,5. Auch Vollgeschwister, die jeweils je eine Hälfte ihres Erbgutes von denselben beiden Eltern bekommen, haben den Verwandtschaftsgrad 0,5; für Halbgeschwister, die nur einen Elternteil gemeinsam haben, beträgt er 0,25.

Die Wahrscheinlichkeit, dass ein Mann eines seiner Gene in einem bestimmten Kind vorfindet, beträgt 0,5. Der Verwandtschaftsgrad eines Mannes mit einem Kind seiner Frau, das ein anderer gezeugt hat, ist null. Aber der Verwandtschaftsgrad eines Mannes zu seiner Schwester, selbst wenn auch sie beide nur die Mutter gemeinsam haben, beträgt 0,25; und er beträgt 0,125 zu den Kindern seiner Schwester (ganz gleich, von wie vielen Vätern sie stammen). Unsichere Vaterschaft kann deshalb bei genetisch programmierter (!) Brutpflege dazu führen, dass die Brutpflegeaufwendungen eines Mannes wahrscheinlicher seinem eigenen Erbgut zugutekommen, wenn er sie auf Kinder seiner Schwester richtet statt auf Kinder seiner Frau; er beteiligt sich dann als Bruder der Mutter pflegend an denjenigen Kindern, die ihm genetisch mit hoher Wahrscheinlichkeit am nächsten stehen. Eine Onkelschaft väterlicherseits kann nicht sicherer feststehen als die unsichere Vaterschaft; das Avunkulat muss also auf den Mutterbruder beschränkt sein. Das ist es tatsächlich. Eine anthroposoziologische Erklärung gibt es dafür bisher nicht. Unbekannt ist, mit welchen Vernunftgründen Menschen das genetisch begründete Avunkulat eingeführt haben.

Das Kolloquium auf San Giorgio Maggiore betrachtet den weltweiten Einfluss der Kultur in Form von Technik und Religion auf das Sozialleben. Ergiebiger für das Vorhaben von René König wäre der Versuch gewesen, menschliche und tierische Familienformen daraufhin zu analysieren, wie viel ökologischen Zwängen sie unterliegen und ob menschliche Traditionen sich im Einklang oder in Opposition damit bewähren. Aber schon die Frage im Hintergrund, welches Kriterium der Bewährung den sozialen Wettstreit von Kulturen und Religionen entscheidet, blieb offen.

Und das ganz im Sinne einer Drei-Ringe-Geschichte, die 1470 Giovanni Boccaccio im Decamerone einen Juden dem weisen Saladin erzählen lässt: „Jedes der Völker glaubt seine Erbschaft, sein wahres Gesetz und seine Gebote zu haben, damit es sie befolge. Wer es aber wirklich hat, darüber ist, wie über die Ringe, die Frage noch unentschieden." Das Decamerone kam (wegen der darin enthaltenen erotischen Klerikererzählungen) auf den kirchlichen Index; der Dominikaner und Bußprediger Savonarola verbrannte 1490 alle Exemplare, deren er habhaft wurde.

Vierhundert Jahre danach lässt Lessing (im Versuch, die drei monotheistischen Weltreligionen zu versöhnen) den weisen Nathan dieselbe Ringparabel dem Sultan Saladin erzählen. Er betont dabei die Beständigkeit der Tradition („Wie kann ich meinen Vätern weniger als du den deinen glauben? Kann ich von dir verlangen, dass du deine Vorfahren Lügen strafst, um meinen nicht zu widersprechen?") und nennt als Bewährung der rechten Religion im Sinne Darwins ihre Ausbreitung unter den Menschen, weil ihre Eigenschaften „Sanftmut, herzliche Verträglichkeit, Wohltun und innigste Ergebenheit in Gott" sie beliebter machen als die anderen Religionen.

So ähnlich stellte Papst Benedikt XVI. in einer Ansprache am brasilianischen Marienheiligtum von Aparecida im Mai 2007 den Erfolg der Mission in Südamerika dar. Obwohl sein Vorgänger Johannes Paul II. im Jahr 2000 im Petersdom um Vergebung dafür gebeten hatte, dass Christen „die Rechte von Stämmen und Völkern verletzt und deren Kulturen und religiöse Traditionen verachtet" haben, versuchte Benedikt XVI., Kultur vom Glauben zu trennen: Glaube sei „keine politische Ideologie, keine soziale Bewegung wie auch kein Wirtschaftssystem". Vielmehr habe die Mission den Ländern Lateinamerikas und der Karibik die ersehnte Erlösung vom Leid des Lebens gebracht: Christus, den unbekannten Gott, den ihre Vorfahren, ohne es zu wissen, in ihren reichen religiösen Traditionen suchten. Dies sei, so behauptete Benedikt, ohne Entfremdung der prä-kolumbischen Kulturen geschehen und kein Aufdrücken einer fremden Kultur gewesen. Venezuelas Präsident Hugo Chavez antwortete: „Mit allem gebührenden Respekt, Sie sollten sich entschuldigen, denn es gab hier wirk-lich einen Völkermord." Tatsächlich war die radikale Veränderung ihrer gesamten Lebenswelt für die Indianer ein „Kulturschock" mit „Begleit-erscheinungen" wie Sklaverei, Zwangsarbeit, Rassendiskriminierung und Ethnozid samt allen modernen Formen von Ausbeutung und Landraub.

Entgegen der Wunschvorstellung in der Ringparabel stand an der Spitze der Zwangsmission die Zerstörung der Bildnisse jedes „falschen" Glaubens – wie schon immer in der Geschichte des Christentums. Im Zuge einer ersten Welle der Christianisierung von Teilen Mitteleuropas vom 6. bis 8. Jahrhundert durch Wandermönche der iroschottischen Kirche erhielt ihr wichtigster Vertreter Winfried-Bonifatius 719 den Auftrag, die heidnischen Germanenvölker zu missionieren. Er begann damit im Jahre 723, indem er in der Nähe der heutigen Stadt Geismar unter dem Schutz fränkischer Soldaten die dem Gott Donar (Thor) geweihte Eiche fällen ließ, eines der wichtigsten germanischen Heiligtümer. Bonifatius ließ aus ihrem Holz das erste Bethaus errichten. Ebenso ließ Karl der Große 772 die Irmin-sul zerstören, eine hohe Baumstammsäule, die den Sachsen heilig war. Die spanischen Eroberer zerstörten zwischen 1519 und 1521 die bedeutendsten Götzenbilder und Heiligtümer der Azteken, die im 14. bis 16. Jahrhundert dort lebten, wo heute Mexiko liegt.

Das in doppelter Hinsicht einprägsamste Beispiel ist die 2 m große goldene „Sonnenscheibe", die einen besonderen religiösen Symbolwert hatte. Hernando Cortés raubte sie von Montezuma, dem Herrscher der Azteken, und schickte sie dem spanischen König Karl V. nach Brüssel. Im Juli 1520 sah Albrecht Dürer sie und erkannte zumindest ihren hohen künstlerischen Wert:

In allen Tagen meines Lebens sah ich nichts, das mein Herz so beglückt hat wie diese Dinge. Denn ich sah darunter merkwürdige und hervorragend gearbeitete Gegenstände, bewundernswert feinste Schöpferkraft der Menschen in fernen Ländern. Mir fehlen Worte um die Dinge zu beschreiben, die ich sah.

Karl interessierte sich nur für den Materialwert und ließ die Sonnenscheibe in den königlichen Münzstätten zu Barren einschmelzen.

Statt die anderen Religionen durch Beliebtheit zu übertrumpfen, ließ die christliche Religion es zu, dass sie gewaltsam liquidiert wurden, und zwar durch die im Schlepptau des Christentums kommende überlegene technische Kultur, die andere Kulturen mitsamt großer Teile der zugehörigen Bevölkerung und ihrer Herrscher zerstörte.

22

Kulturelle Evolution

Karl Popper ▪ Schimpansin Julia ▪ Papagei Alex ▪ *The road to wisdom* ▪ Evolutionäre Erkenntnistheorie ▪ Brauchbares falsches Wissen

21. August 1982, Alpbach

Das Tiroler Bergdorf Alpbach mit seinen blumengeschmückten Bauernhäusern ist angeblich das schönste Dorf Österreichs. Hier veranstaltet die interdisziplinäre Plattform für Wissenschaft, Politik, Wirtschaft und Kultur, das „Europäische Forum", alljährlich im August Vorträge und Arbeitskreise zu gegenwärtig relevanten gesellschaftspolitischen Fragen. Das Thema in diesem Jahr heißt: „Erkenntnis und Gestaltung der Wirklichkeit". Ich leite die Arbeitsgruppe „Biologische Grundlagen der Moral", die sich selbstverständlich mit Tier-Mensch-Vergleichen befasst. Ebenso selbstverständlich tut dies in Vortrag und Diskussionen der „Wochenheilige" Sir Karl Popper. Er zieht zwischen Menschensprache und Tierverständigung eine scharfe Grenze, markiert durch das Verwenden von Begriffen. Darüber kommen wir in ein freundliches Streitgespräch.

Die Philosophie definiert „Begriff" als eine geistige, abstrakte Denkeinheit im Kopf, die einen bestimmten Ausschnitt der Wirklichkeit repräsentiert. Viele Begriffe kennzeichnen wir durch Symbole, in Sprache und Schrift durch Wörter, die je nach Sprache anders lauten, aber das Gleiche bedeuten. Tiere können im Kopf „unbenannte Begriffe" bilden, für die sie weder Zeichen noch Laute äußern. Das erfuhr ich in meiner Studienzeit in Münster von meinem Lehrer Bernhard Rensch anhand der Schimpansin „Julia", die innerhalb von 17 Monaten das Prinzip eines Labyrinths begriff. Sie sollte mit einem Magneten einen kleinen Eisenring durch ein vertieftes, mit Plexiglas abgedecktes Gangsystem zum einzigen

Ausgang am Rand ziehen, ohne in dem zunehmend komplexeren System in eine der abgehenden, geraden, gewinkelten oder verzweigten Sackgassen einzubiegen. Schließlich gab es sogar am Rand mehrere Ausgänge, aber ohne Anschluss an das Hauptsystem. Es war für Julia nicht möglich, ein Gangsystem auswendig zu lernen, denn es wurde von Versuch zu Versuch neu gestaltet; sie musste jedes Mal neu planen. Dazu benötigte sie bei schwierigen Bahnverläufen bis zu 75 s. Mit Blick und Kopfbewegungen verfolgte sie die Wege teils von den Ausgängen am Brettrand, teils vom Startpunkt her, kombinierte also anscheinend Wahrnehmung und Vorstellung. An Stellen, wo mehrfach gewinkelte oder gegabelte Sackgassen von der eingeschlagenen Bahn abgingen, zögerte sie manchmal einen Augenblick. Erst wenn sie die Lösung „im Kopf hatte", zog sie den Ring zügig vom Startplatz durchs Labyrinth zum Ausgang; dazu brauchte sie bis zu 61 s. Um in denselben Labyrinthen den richtigen Bahnverlauf herauszufinden, brauchten Studenten im Durchschnitt etwa halb so viel Zeit wie Julia, einzelne brauchten jedoch bis 58 s mehr als die Schimpansin (Döhl 1969).

Als Ersatz für Wörter verwenden taubstumme Menschen Zeichen. Seit 1966 verständigten sich Robert und Beatrix Gardener an der Central Washington University mit der Schimpansin Washoe mit einer Gebärdensprache (*American Sign Language,* ASL). Washoe beherrschte mehrere hundert ASL-Zeichen sowie diverse Kombinationen aus zwei oder drei Gesten. Sie kombinierte auch spontan Zeichen zur Kommunikation mit ihrem Trainer Robert Fouts in einer sinnvollen Weise, ohne dass ihr diese Kombinationen eigens beigebracht worden waren. Und sie brachte einige ASL-Zeichen auch ihrem Adoptivsohn bei und verständigte sich mit ihm mithilfe dieser Zeichen (Gardener 1989).

Auch weiß man von Schimpansen, dass sie mithilfe verschiedener Merkmale Objekte unterscheiden und dieselben Objekte zum Beispiel sowohl nach Größe, Form, Farbe oder nach allgemeiner Ähnlichkeit klassifizieren können. Eine Schimpansin konnte zudem addieren. Sie hatte im Versuch drei Gefäße an verschiedenen Orten zu kontrollieren und fand darin unterschiedlich viele (maximal vier) Futterstücke, etwa: 0, 1, 2; oder 2, 0, 2; oder 1, 0, 3 usw. Am Ende wählte sie unter angebotenen Nummernkarten jene, die in arabischen Zahlen die richtige Summe der Futterstücke anzeigte. Sie bildete schließlich auch dann die richtige Summe, wenn in den drei Gefäßen statt der Futterstücke ebenfalls arabische Zahlen zu sehen waren (Boysen und Berntson 1989).

Seit 1977 arbeitete an der Purdue University in den USA Irene Pepperberg mit afrikanischen Graupapageien *(Psittacus erithacus),* die Menschenworte nicht nur für uns verständlich nachahmen, sondern sie auch sinngemäß anwenden können, etwa so wie ein 2-jähriges Kind. Zur Vorbereitung auf den Primatologen-Kongress in Göttingen 1986 hat Pepperberg ihre Ergebnisse mit dem Papagei „Alex" (Akronym für *Avian Learning Experiment*) zusammengefasst: Nach einem Jahr konnte Alex sieben Gegenstände und zwei Farben benennen. Er lernte die Kategorien Farbe, Form und Material zu unterscheiden und die Konzepte „gleich" und „verschieden" zu begreifen. Zeigte man ihm ein grünes, viereckiges Holzstück und ein blaues und fragte: „Was ist gleich?", antwortete er: „Form". Auf die Frage, was verschieden sei, sagte er: „Farbe". Dazu musste er die Attribute dieser beiden Gegenstände korrekt erfassen, musste verstehen, was er vergleichen sollte, den Vergleich durchführen und dann die Antwort geben. Als Alex zum Geburtstag eine Torte bekam, nannte er sie „leckeres Brot". Zum Schluss konnte auch er arabische Zahlen addieren.

Sir Popper gibt zu, dass diese Befunde die begrifflich gezogene Grenze zum Menschen aufweichen. Aus dem Vorhandensein dieser kognitiven Fähigkeiten bei Schimpansen können wir schließen, dass auch bei unseren Urvorfahren derartige Fähigkeiten angelegt waren, ehe die Sprache dazukam. Popper hatte 1935 in seinem erkenntnistheoretischen Hauptwerk „Logik der Forschung" eine radikale Abkehr von der üblichen Wissenschaftstheorie gefordert, die bislang immer versuchte, Hypothesen oder Theorien zu verifizieren und so zu begründen. Dem stellte er sein Prinzip der Falsifizierbarkeit entgegen und betonte, Fortschritt gebe es nur, wenn nichts ewige Gültigkeit habe; die Wissenschaft entwickele sich nur weiter, indem sie zu jeder Theorie Gegenargumente oder Gegenbeispiele suche. Eine wissenschaftliche Theorie sei demnach dadurch gekennzeichnet, dass sie sich von Vermutung zu Widerlegung und weiter zu neuer Vermutung hangele. Wie der Dänische Mathematiker Piet Hein es in seinen *Grooks* ausdrückt:

> The road to wisdom? – Well, it's plain
> and simple to express:
> Err and err and err again,
> but less and less and less.

Selbst Theorien, die viele Falsifizierungsversuche überstehen, haben sich nur vorerst bewährt, denn vielleicht findet sich doch noch ein Gegenargument.

Auch hier in Alpbach fordert Karl Popper induktive Forschung, die von der Beobachtung der Natur ausgeht statt von vorgefassten Begriffen. Karl Popper ist kein Biologe. Er glaubt den Beobachtungen der Verhaltensforschung, die sein Freund Konrad Lorenz begründet hat, mit dem er in seiner Jugend in Wien Indianer spielte. Dass Papageien und Schimpansen, für ihn unerwartet, mit menschlichen Begriffen umgehen können, stürzt für ihn kein wissenschaftliches Weltbild um, sondern bestätigt die normale Weiterentwicklung der Wissenschaft, speziell der „Evolutionären Erkenntnistheorie", die ebenfalls von Konrad Lorenz stammt. Der bezeichnete sie als sein wichtigstes Werk (obwohl er dann 2009 in einem Interview mit Franz Kreuzer erklärte, er habe sie aus Briefen von Otto Koehlers erster Frau Annemarie abgeschrieben). Die Evolutionäre Erkenntnistheorie (engl. *evolutionary epistemology*) nimmt an, unser Vermögen, die Welt zu erkennen, verdankten wir im Rahmen der darwinschen Evolutionslehre einem Vorgang, der unseren „Erkenntnisapparat" durch Mutation und Selektion den Erfordernissen der Wirklichkeit angepasst hat. Wer falsche Schlüsse aus dem zieht, was seine fünf Sinne ihm über die Umwelt melden, der hat geringe Chancen zu überleben. Der Evolutionstheoretiker George Gaylord Simpson drückte es 1963 so aus: „Der Affe, der keine realistische Wahrnehmung von dem Ast hatte, nach dem er sprang, war bald ein toter Affe und gehört daher nicht zu unseren Urahnen." Und der Philosoph *Willard van Orman Quine* meinte 1969: „Lebewesen, die mit ihren induktiven Schlüssen immer wieder falschliegen, neigen dazu – bedauerns-, aber auch dankenswerterweise – zu sterben, bevor sie ihre Art fortpflanzen können." Das ist das klassische Argument mit Blick auf die genetische Evolution. Doch die führt nur zu nicht falsifizierten, nicht notwendig auch zu sachlich richtigen kognitiven Leistungen. Zum Beispiel lässt das Zentralnervensystem verschiedener Tiere, die zu ihrer raum-zeitlichen Orientierung den Sonnenstand benutzen, die Sonne keinen Kreis beschreiben, sondern lässt sie am Himmel hin und her wandern, also nachts umkehren und auf ihrer Tagesbahn zum Aufgangspunkt zurückkehren (Braemer und Schwassmann 1963; Frisch 1965). Das wird nur im Experiment offenbar, da die Tiere sonst nachts ruhen. Deshalb können weder natürliche Selektion noch individuelle Erfahrung den „Irrtum" korrigieren.

Wie die Beispiele von Papageien und Schimpansen zeigen, entstanden offensichtlich im Laufe genetischer Evolution auch bei diesen nichtmenschlichen Lebewesen kognitive Fähigkeiten. Erkenntnisfähigkeit beruht auf genetischer Evolution, ist „angeboren". Aber die geschilderten kognitiven Leistungen kamen erst unter menschlicher – also zwischenartlicher, Artgrenzen überschreitender – Anleitung zustande, nicht durch genetische, sondern durch kulturelle soziale Informationsübermittlung. Übermittelt und sozial erlernt, also in kultureller Evolution „erworben", wurden mentale Vorstellungen.

Das den angeborenen und erworbenen Erkenntnissen und mentalen Vorstellungen nächstliegende zugehörige Selektionskriterium ist ihre Brauchbarkeit im täglichen Leben. Aber die Brauchbarkeit einer Vorstellung kann unabhängig sein von ihrer Passung zu den Gegebenheiten der Umwelt, unabhängig also von ihrer adäquaten Rekonstruktion objektiver Strukturen der realen Welt. Brauchbar zur Orientierung der Wüstenwanderer und Seefahrer sind beispielsweise die Sternbilder. Dabei ordnet unsere Wahrnehmung bestimmte Sterne einander zu, die jedoch real keine besondere Beziehung untereinander haben müssen und die vielleicht nicht einmal gleichzeitig existieren. (Auch Sterne entstehen und vergehen, und ihr Licht kann Millionen Jahre bis zu uns unterwegs sein). Sehr nützlich im Alltag sind auch Spiegel, ungestört von der bis heute kolportierten falschen Vorstellung, ein Spiegel vertausche rechts und links (tatsächlich vertauscht er vorn und hinten). Auch weiß nach einer Umfrage des Instituts für Demoskopie Allensbach noch heute jeder sechste Deutsche nicht, dass sich die Erde um die Sonne dreht: 11 % der Deutschen glauben, dass sich die Sonne um die Erde dreht; 6 % wissen es nicht genau.

Weder organische noch kulturelle Evolution garantieren von sich aus eine automatisch korrekte Passung zwischen Weltbild und Wirklichkeit. Poppers Falsifizierprinzip, das Suchen nach Gegenbeispielen mit einer methodisch durchgeführten kritischen Reflexion, bildet das erforderliche kulturelle Selektionsverfahren, das die kulturelle Evolution vorantreibt und Ergebnisse der genetischen Evolution korrigieren kann. Dabei werden alte und neu gewonnene Erkenntnisse miteinander verglichen; dabei kumuliert der Gesamtinhalt der Erkenntnis, und es wachsen sowohl der Grad ihrer Differenziertheit als auch ihre Passung zu den natürlichen Gegebenheiten.

Die Evolutionäre Erkenntnistheorie muss also zwei Evolutionen berücksichtigen, die genetische und die kulturelle. Und sie muss auch die kulturelle Evolution der Evolutionären Erkenntnistheorie selbst einbeziehen, verdeutlicht im Fall der kognitiven Leistungen, die manchen Tieren erst unter menschlicher Anleitung gelingen. Die kulturelle Evolution der Evolutionären Erkenntnistheorie begann vor 100 Jahren. 1896 unterschieden der britische Verhaltensforscher Conwy Lloyd Morgan (*Habit and Instinct*) und der US-amerikanische Philosoph und Psychologe James Mark Baldwin (*Social Heredity*) zwei Erbprozesse: den genetischen Erbgang, der über die physische Kontinuität der Keimzellen läuft, und den traditiven Erbgang, der über das Vermitteln von Ideen läuft. Grundlagen und Bedeutung der kulturellen Evolution hat Albert Galloway Keller 1915 beschrieben; er nannte sie *„societal evolution"*. Thomas Hunt Morgan sprach 1932 von Vererbung durch Übertragen von Erfahrungen (*„inheritance through the transmission of experiences"*), Sir Peter Medawar 1984 von kultureller Vererbung *(„cultural heredity")* und außergenetischer Evolution *(„exogenetic evolution")*. Bei Jaques Monod 1971 ist es „die Evolution der Ideen", bei Ruut Veenhoven 2010 „Gesellschaftliche Entwicklung". Ebenso wie die genetische (organische) Evolution gehört die kulturelle Evolution zur Biologie (Wickler 2014); sie fehlt aber merkwürdigerweise bei Ernst Mayr 1998 in seinem Buch *Das ist Biologie.*

23

Kunst in der Toskana

Dekameron ▪ Kranichwache ▪ Uffizien in Florenz ▪ Achondroplasie ▪ Minne von Dante Alighieri zu Bice Portinarie

5. September 1982, Fiesole

Mit Frau und Tochter mache ich Urlaub in der Toskana. Die kleine Stadt Fiesole oberhalb von Florenz entstand aus der im 3. Jahrhundert v. Chr. gegründeten Etruskersiedlung Faesulae. Wertvolle Überreste aus der Antike habe ich soeben zusammen mit meiner Frau im archäologischen Museum besichtigt, das römische Theater und die Reste römischer Bäder in der Ausgrabungsstätte an der Piazza Mino sowie (selbstverständlich nur von außen) die noch vollständig erhaltene Villa der Familie Medici und ihre in Terrassen gestalteten Gärten mit Zitronen- und Magnolienbäumen, Blumenrabatten, Buchsbaumhecken und einem großen zentralen Brunnen.

Wie immer, wenn wir in der Toskana sind, besuchen wir auch Stätten, die an Franziskus von Assisi erinnern. Hier ist es das 1399 gegründete und gut erhaltene Kloster San Francesco. Neben den kleinen Gärten mit Blumen und Kräutern lassen die winzigen, spartanisch eingerichteten Mönchszellen erahnen, wie krass die damalige Lebensweise der Franziskanermönche sich von der üblichen Pracht der römisch-katholischen Kirche unterschied. Man hat von hier einen wunderschönen Blick nach unten auf die Großstadt Florenz. Klima und Straßenlärm hier in Fiesole sind erträglicher als dort unten und gut geeignet, bei einem Glas Wein die üblichen Tagesnotizen zu Papier zu bringen und Details festzuhalten, die nicht im Reiseführer stehen.

Auf halber Strecke hinunter nach Florenz zeigt uns der Taxifahrer in San Domenico an der Via Boccaccio die jahrhundertealte Villa Badia Fiesolana, in der jetzt eine Abteilung des Europäischen Hochschulinstituts residiert. In

© Springer-Verlag GmbH Deutschland, ein Teil von Springer Nature 2020
W. Wickler, *Reisenotizen,* https://doi.org/10.1007/978-3-662-61996-4_23

dieses Landhaus verlegte 1350 Giovanni Boccaccio ein Geschehen, das er in den 100 Novellen seines *Decamerone* schildert: Zehn Jugendliche, sieben Frauen und drei Männer aus Florenz sind vor der Pest 1348/1349 hierher geflüchtet und erzählen reihum zur Unterhaltung 10×10 Geschichten, beklemmend realistische über die Pest, lustige über Streiche, die sich Eheleute oder andere Personen gegenseitig spielen, sowie anklagend ausführliche über Priester und Mönche, die sich, entgegen ihrer eigenen Sittenlehre, erotische Sinnengenüsse und sexuelle Freizügigkeiten genehmigen. Diese Schilderung der Kleriker brachte das Dekameron bald auf die Liste der von der Kirche verbotenen Schriften; die Texte sind aber heute, 1800 Jahre später, wieder höchst aktuell und ein trauriges Beispiel für die ungebrochene Tendenz der katholischen Kirche, an alter Tradition festzuhalten.

Unter den lustigen Geschichten gefällt mir insbesondere die von einem Koch, der seiner Geliebten eine Keule vom gebratenen Kranich abschneidet und dann seinem Herrn erzählt, dass Kraniche nur eine Keule und ein Bein besitzen. Zum Beweis zeigt er ihm bei einem Spazierritt die lebenden Vögel, die tatsächlich ruhig auf einem Fuß stehen. Der Herr aber ruft „Hoho", woraufhin die erschreckten Kraniche auch das andere Bein herunterlassen und entfliehen. „Nun, Spitzbube?", fragt der Herr. „Ja", sagt der Koch, „hättet Ihr den von gestern Abend so angeschrien, hätte auch der die andere Keule noch herausgestreckt!". Den Hintergrund dieser Schelmerei liefert der vermutlich um 200 in Alexandria erstellte *Physiologus,* der theologische Aussagen durch Naturparallelen zu erhärten suchte. Darin heißt es über die Kraniche, nachts stehe immer einer von ihnen Wache mit einem Stein im erhobenen Fuß, der herunterfällt, falls der Wächter einschläft. Die schönste Illustration dazu haben wir auf der Insel Malta am großen Hafen von Valetta gesehen. Auf der südwestlichen Landzunge Senglea ließ 1554 Claudio de La Sengle, Großmeister des Malteserordens, die Bastion St. Michael errichten. Erhalten ist von ihr auf der Befestigungsmauer ein kleines sechsseitiges Ausguckstürmchen, Gardjola oder Vedette genannt. Auf seinen Seiten symbolisieren Reliefs von Auge und Ohr und zur Landseite hin ein stehender Kranich mit großem Stein im erhobenen linken Fuß ständige Wachsamkeit (Abb. 23.1). Der lateinische Text auf einer Schriftschleife unter ihm verkündet, dass er den Hafenbewohnern Ruhe und Frieden sichern soll, und mit der Jahreszahl MDCXCII, dass er 1692 nachträglich angebracht wurde.

In Florenz besuchen wir zwei Tage lang die Uffizien. Sie waren ursprünglich Büros für Ämter und Ministerien (wie „*offices*" in England); heute sind sie eines der bekanntesten Kunstmuseen der Welt. Verbunden mit dem Palazzo Vecchio und dem Palazzo Pitti lädt der Komplex zu einer Welt-

Abb. 23.1 Kranichwache am Ausgucks-Türmchen Gardjola. Malta, Hafen von Valetta, Bastion St. Michael, 2001

reise durch die bildende Kunst ein. Allein der kolossale Palazzo Pitti – seine Fassade ist 200 m lang und 36 m hoch – enthält sieben Museen und Sammlungen voller beeindruckender Gemälde, viel zu viel für ein Notizbuch.

In den Uffizien haben es Agnes vor allem zwei Bilder angetan: erstens „Die Verkündigung", 1475 von Leonardo da Vinci. Über 2 m breit auf Holz gemalt, zeigt das Bild eine erschrockene Maria, erschreckt durch den unerwarteten Besuch des Erzengels Gabriel und seiner Botschaft. Das Bild befand sich ursprünglich in der Kirche San Bartolomeo in der Abtei von Monte Oliveto Maggiore, die wir im nächsten Urlaub besuchen werden. Das zweite (noch ½ m breitere) Bild stammt von Sandro Botticelli aus dem Jahre 1484 und heißt „Die Geburt der Venus", zeigt jedoch die Landung der Schaumgeborenen am Strand von Zypern. Oben links der dunkelhaarige, mit vollen Backen pustende Westwind Zephyr hat sie hierher getrieben; im Hauch der ihn umarmenden rotblonden Aura, Göttin der sanften Morgenbrise, wird die Bewunderung der Schönheit der unbekleideten Frau in der Pilgermuschelschale sichtbar. Das ist eine Allegorie auf Natur und Wesen des Menschen, wie vom römischen Dichter und Philosoph Lukrez (Titus Lucretius Carus) im 1. Jahrhundert v. Chr. in seinem Lehrgedicht *De rerum natura* beschrieben: Gemäß „der Natur der Dinge" ist nackte Umarmung Voraussetzung für frühlingshaftes Fortpflanzungsgeschehen.

Ein amüsantes Detail fanden wir in der *Galleria dell'Accademia* an der Piazza San Marco. Da hängt ein flämischer Wandteppich aus dem 16. Jahrhundert mit der Szene, als Adam den wie zum Einzug in die Arche aufgereihten Tieren Namen gibt, und sogar einem Truthahn – ein Blick aus dem alten Paradies in die Neue Welt? Kunsthistorisch wichtiger in der Galleria Accademia sind freilich Michelangelos Statuen der Hl. Matthäus, die Vier Sklaven und sein 1502 aus einem Marmorblock gehauener monumentaler David, der die klassische Schönheit des unbekleideten Mannes ebenso verkörpert wie die 1575 von Bartolomeo Ammanati geschaffene Marmorstatue des Gottes Neptun auf dem Neptunsbrunnen an der Piazza della Signoria.

Den Kontrast dazu bildet im Boboli-Garten hinter dem Palazzo Pitti die 1561 von Valerio Cioli geschaffene Marmorfigur des Literaten Pietro Barbino. Breitbeinig nackt als Bacchus auf einer Schildkröte sitzend ist diese Brunnenfigur das perfekte Portrait eines kleinwüchsigen Achondroplastikers. Achondroplasie (auch Chondrodysplasie) wird durch eine Punktmutation im Gen FGFR3 auf dem Chromosom 4 verursacht, die sich auf den wachsenden Knorpel so auswirkt, dass sich die Wachstumsfugen am Ende der Skelettknochen frühzeitig schließen und sich vor allem die langen Knochen der Extremitäten nicht weiter ausbilden. Typisch für Achondroplasie sind ein langer, relativ schmaler Oberkörper sowie kurze Oberschenkel und Oberarme. Die Hände sind kurz und breit. Knie- und Handgelenke sind überbeweglich, häufig reduziert ist hingegen die Möglichkeit, das Ellbogengelenk zu strecken und zu drehen. Am großen Kopf mit vorstehender Stirn bleibt die mittlere Gesichtshälfte kleiner als normal. Der Nasenrücken ist oft deutlich eingedrückt. Nicht beeinträchtigt jedoch sind Lebenserwartung und Intelligenz der Betroffenen. Sie sind und waren seit jeher nicht nur als Zirkusclowns und Spaßmacher bekannt, sondern genossen in der Gesellschaft wie auch an Fürsten- und Königshöfen besondere Stellungen.

Belegen dafür bin ich viermal begegnet: hier in Florenz dem Marmordenkmal des Pietro Barbino, das Cosimo de' Medici seinem Hofzwerg widmete. Im Museo del Prado in Madrid hängt das vielleicht bedeutendste Gemälde von Diego Rodríguez de Velázquez „Las Menimas" (Die Hoffräulein). Auf dem verewigte er 1656 die deutsche Zwergin Mari-Bárbela; ihr typischer Zwergenkopf ist ganz rechts im Bild zu sehen. Die bekannteste

Hinterlassenschaft der Olmeken, Gründer der La-Venta-Kultur, die bis 400 v. Chr. an der Küste des Golfs von Mexiko lebten, sind meterhohe, aus vulkanischem Gestein gefertigte Kolossalköpfe mit bulligen Gesichtszügen, aufgeworfenen Lippen und breiten, flachen Nasen. Im März 1975 habe ich sie im Park Chapultepec („Heuschreckenhügel") in Mexiko-Stadt ausgestellt gesehen und dazu im Archäologischen Nationalmuseum Tonfiguren mit sogenannten „Babyface"-Köpfen. Es sind gute Darstellungen von achondroplastischen Zwergen. Manche Archäologen halten sie für realistische Bilder von Herrschern oder Kriegern. Im Alten Ägypten war die Zwergengottheit Ptah zunächst Stadtgott von Memphis, wurde aber von dortigen Priestern zum obersten Schöpfungsgott und zum Herrn aller Götter erklärt. Entsprechend häufig zeigen Statuen und Amulette ihn in den Museen. Ihm gleiche achondroplastische Zwerge waren beim Pharao beschäftigt und allgemein hoch angesehen. Aus einem Elitegrab in der Nekropole von Gizeh stammt die Figurengruppe des Hofbeamten Seneb mit seiner Familie, der um 2500 v. Chr. Beamter, Verwalter und Schreiber am Hof war. Wie die Gruppe beweist, zeugte er mit einer normalgroßen Frau normale Kinder. Achondroplasie ist nämlich in den meisten Fällen eine Spontanmutation, die nicht vererbt wird.

Am letzten Tag haben wir in Florenz Dantes Haus (Casa di Dante) besichtigt, ungefähr an der Stelle des tatsächlichen Geburtshauses von Dante Alighieri, errichtet zum Gedenken an einen der bekanntesten Dichter des europäischen Mittelalters und seinen gefeierten, aber doch zu genauerem Nachdenken anregenden Lebenslauf.

Als 9-Jähriger begegnet er 1274 in seiner Heimatstadt Florenz bei einem Frühlingsfest der 8-jährigen Bice Portinari, Tochter des Florentiner Bankiers Folco Portinari. Neun Jahre später, 1283, treffen sich beide bei einem Jugendfest; sie überreicht ihm einen Blütenkranz und spricht ihn zum ersten Mal an. Das verwirrt ihn. Ergriffen von ihrer engelgleichen Gestalt, flüchtet er in sein Zimmer und schläft ein. Im Traum sicht cr Gott mit der nackten Bice im Arm. Kaum verhüllt durch ein blutrotes Tuch, hält sie sein Herz in der Hand. Der Traum endet, als Gott mit Bice in den Himmel entschwindet. Dante wird unglücklich, die Fernliebe zu Bice, die er nun Beatrice nennt, untergräbt seine Gesundheit. Eine junge Frau empfindet Mitleid mit ihm, und er empfindet Liebe zu ihr. Beatrice erfährt von seiner Verehrung für die andere Frau und grüßt ihn nicht, als er sie 1286 auf ihrer Hochzeit mit Simone de' Bari erneut trifft. Da ist er 25 Jahre alt. Beatrice stirbt 1290 im Alter von 24 Jahren. Beide sind nie zusammengekommen. Geheiratet hat Dante um 1285 Donna Gemma di Manetto aus dem Geschlecht der Donati; mit ihr hatte er vier Kinder.

Aber die Schönheit Beatrices und seine Liebe zu ihr haben ihn seit der ersten Begegnung und über ihren Tod hinaus so tief beeinflusst, dass er ein anderes Leben begann. In seinem Erstlingswerk *Vita nova* schreibt er:

> Von Stund' an, sage ich, war Frau Minne Herrin meiner Seele und gewann durch die Macht, die meine Einbildungskraft ihr verlieh, Herrschaft über mich, dass ich ganz und gar alles tun musste, was ihr genehm war.

In der Göttlichen Komödie, der großen Vision seines persönlich Erlebten, lässt er Beatrice sagen: „Vor allem, was Natur und Kunst dir zeigte, entzückten dich am meisten meine Glieder." In diesem schönen Körper und der schönen Seele erkennt Dante die Schönheit Gottes und gelangt zur Bejahung einer sexuell-erotischen Liebe, in der es möglich sein muss, die Triebe gesund zu erhalten.

> Wer um die Vergänglichkeit aller Erdenfreuden weiß und sie durchseelt und durchgeistigt, sie dankbar im sakramentalen Sinne genießt, steht dem Ewigen näher als ein Asket, der keine wahre Erlösung erfährt, wenn er den Trieb unterdrückt.

„Obschon der Sieg über Leidenschaften und Handlungen in so früher Jugend ein Märlein scheint", schreibt er in *Vita nova,* wurde die Jugendgeliebte aus Florenz für ihn allegorisch ein übernatürlicher Schutzgeist. Am Ende sah er sich im himmlischen Paradies zusammen mit ihr unter den Engeln.

24

Pisa: Piazza dei Miracoli

Nackte Theologie in Stein ▪ Nackter Christus ▪ Menschenwürde ▪ Seele in Bild, Philosophie und Theologie ▪ Seele woher und wohin ▪ Erbsünde: Last und Ärgernis

13. September 1982, Pisa

Am Rande der Altstadt von Pisa besuchen wir ausgiebig die mittelalterliche Piazza dei Miracoli mit dem großartigen Ensemble weißer Gebäude auf grünem Rasen. Das Ensemble bilden 1) der Dom, die Kathedrale Santa Maria Assunta von 1063; 2) der zugehörige runde Glockenturm Campanile, 1372 fertiggestellt und berühmt als Schiefer Turm; 3) die im 14. Jahrhundert vollendete Taufkirche Battistero di *Pisa* und 4) der Friedhof Camposanto Monumentale aus dem 13. Jahrhundert mit dem berühmten Monumentalfresko „Triumph des Todes" an seiner Südwand.

Ich habe mir, neben aller Pracht, einige Kleinigkeiten notiert. Im Dom werden wir auf den Figurenschmuck der 1312 vollendeten Kanzel aufmerksam gemacht. An einer der Stützsäulen hat der Steinmetz Giovanni Pisano, antike Vorbilder aufgreifend, den Helden Herkules völlig nackt dargestellt. Das wird gepriesen als Rehabilitierung der Nacktheit in der religiösen Kunst. Zwar waren nackte Gestalten (Helden, Göttinnen, Götter) im profanen und mythologischen Bereich seit Menschengedenken üblich; die älteste Frauenfigur, die „Venus vom Hohlefels", entstand vor 35.000 Jahren, als in Europa noch die Neandertaler lebten. Im Mittelalter wurde im christlich-religiösen Bereich Nacktheit als „Theologie in Stein" sorgfältig abgestuft, zum Beispiel an der Domfassade in Orvieto, die wir ein paar Tage zuvor zu sehen bekommen hatten. Die dort um 1320 von Lorenzo Maitani geschaffenen Reliefs zeigen Kain und Abel in der Brudermordszene völlig nackt, ebenso die Verdammten im Jüngsten Gericht; die auferstehenden

Seligen verdecken die Genitalien mit ihren Beinen, Selige weiter oben sind in durchscheinende Tücher gehüllt, ganz oben in Kleider. Nacktheit wird abgestuft toleriert. Um 1450 hatte es in der Florentiner Bildhauerei sogar Darstellungen des unbekleideten erwachsenen Christus gegeben. Michelangelo Buonarroti zeigte den Auferstandenen als nackten Mann; eine erste unvollendete Fassung von 1515 gibt es in der Kirche San Vincenzo in der Gemeinde Bassano Romano (Provinz Viterbo), eine zweite von 1520 in der Kirche Santa Maria sopra Minerva in Rom. In der Basilica San Lorenzo de El Escorial steht ein lebensgroßer, ebenfalls nackter *Kruzifixus* aus weißem Marmor von Benvenuto Cellini aus dem Jahre 1562. Michelangelo schuf 1492/1493 eine Holzskulptur des Gekreuzigten ohne Lendentuch, das „Kruzifix von Santo Spirito" in der Sakristei der Heilig-Geist-Kirche in Florenz. Als das Konzil von Trient 1545 die Darstellung „schamloser Schönheit" verboten hatte, verstümmelte (zwischen 1546 und 1638) ein Mönch das männliche Glied, und die bis dahin nackte Figur bekam ein Lendentuch aus Stoff.

In einer Skulptur der Brügger Liebfrauenkirche hat Michelangelo 1506 Jesus als nackten Knaben auf den Knien seiner bekleideten Mutter dargestellt. Auch war Jesus nackt als Kind auf dem Schoß seiner Mutter oder als Knabe an ihrer Hand, stets ohne Spuren einer Beschneidung, ein beliebtes Motiv vieler berühmter Maler. Raffaelo Santi schuf fast jedes Jahr ein solches Bild (1502 Maria mit dem Kind, 1504 Madonna Conestabile, 1505 Madonna im Grünen, 1506 Madonna del Cardellino, 1507 Madonna Bridgewater, 1508 Maria mit dem Christuskind, 1510 die „Schöne Gärtnerin", 1511 die Heilige Familie mit dem kleinen Johannes und 1514 die „Madonna mit dem Fensterrahmen"). Im Bild „Die heilige Familie mit St. Barbara und dem kleinen Johannes" von Paolo Veronese (um 1570) in den Uffizien in Florenz schlummert der Jesusknabe auf dem Schoß der Mutter und spielt mit seinem Glied.

Hingegen findet in dieser Zeit Kardinal Carlo Carafa, es sei wider alle Schicklichkeit, dass menschliche Gestalten an einem heiligen Ort aufs Unanständigste ihre Blößen zeigten. Die nackten Figuren in Michelangelos Jüngstem Gericht, dem 1541 fertiggestellten Hinteraltarfresko der Sixtinischen Kapelle, nannte er amoralisch und obszön. Im Auftrag von Papst Paul IV. musste Daniel Ricciarelli 1565 alle Genitalien „bekleiden", was ihm den Spottnamen „Braghettone" (Hosenmacher) eintrug. Da er die entsprechenden Stellen abschlug und auf frischen Putz neu freskierte, konnte die Nacktheit der Heiligen in der ausgiebigen Restaurierung 1980 bis 1994 nicht wiederhergestellt werden. (Auch die Hl. Katharina, die heute ein grünes Gewandt trägt, war vor dem Eingriff nackt). Ebenfalls mit

Bekleidung übermalt wurden 1812 alle nackt Auferstandenen im „Jüngsten Gericht" des niederländischen Malers Rogier van der Weyden, das er 1445 bis 1450 als Triptychon für die Krankensaalkapelle des Hôtel-Dieu in Beaune schuf.

Hier in Pisa an der Südwand des Friedhofs Camposanto Monumentale macht mich das $15 \times 5,6$ m große Fresko „Triumph des Todes" aus dem Jahr 1350 von Francesco Traini nachdenklich. Traini illustriert drastisch-realistisch die Auswirkungen der Pestepidemie von 1348 in der Toskana, die auch Giovanni Boccaccio im Dekameron (ebenfalls 1350) dokumentiert. Stilistisches Vorbild für Traini waren die naturalistischen Reliefs an der Domkanzel. Der Mystiker Heinrich Seuse hatte um 1300 eine Vision, in der ihm seine Seele oberhalb des Herzens als nacktes Kind von einem Engel gezeigt wurde. Im Spätmittelalter verbreitete sich das Motiv der Seele als nacktes Menschlein, das zum Jüngsten Gericht aus dem Mund des Toten ausfährt. Das illustriert auch Traini. Aber mir fällt ein misogynes, vielleicht spaßig gemeintes Detail auf: Weibliche Seelen werden von Dämonen nach unten zum Teufel transportiert, männliche von Engeln nach oben zum Himmel. Dazu passt, was man sich in Marokko erzählt: Bei der Geburt sind Jungen von 100 Teufeln umgeben, Mädchen von 100 Engeln. Mit jedem Lebensjahr wird ein Teufel gegen einen Engel ausgetauscht. Im Alter von 100 Jahren ist der Mann nur noch von Engeln umgeben, die Frau nur von Teufeln.

Ob Spaß oder Ernst – Trainis Fresko verbildlicht den Glauben an ein Weiterleben der Seele in Himmel oder Hölle, womit Orte oder Zustände der Seele gemeint sind, abhängig allerdings nicht vom Geschlecht des Toten, sondern von seinen guten oder bösen Taten im Leben. Die Kirche kennt zusätzlich als eine Art Vorhölle das Fegefeuer, einen Reinigungsort, aus dem diejenigen Seelen, die noch eine eigene Sündenschuld abzubüßen haben, erst nach längerem Verweilen in den Himmel aufgenommen werden. Kardinal Joseph Ratzinger meint (1985, S. 153):

> Man müsste das Fegefeuer erfinden, wenn es nicht existierte, weil nur so wenige Dinge so unmittelbar, so menschlich und so allgemein verbreitet sind – zu jeder Zeit und in jeder Kultur – wie das Gebet für die eigenen lieben Verstorbenen.

Aus solchem kirchlichem Denk- und Lehrgebäude ist ein Rankenwerk um die Seele von teils sonderbaren, teils ärgerlichen Ungereimtheiten ins allgemeine Bewusstsein eingegangen. Das Konzept der immateriellen, unsterblichen menschlichen Seele, die den Tod des Körpers überleben kann, entwickelten die griechischen Denker Sokrates, Platon und Aristoteles. Sie sahen in der Seele das metaphysische, formgebende Lebensprinzip, ohne das ein Lebewesen nicht funktionieren könne. Der Kirchenvater Augustinus übernahm 387 die philosophische Lehre von der unsterblichen Seele ins Christentum und in die christliche Weltanschauung. Martin Rhonheimer, Philosoph an der Päpstlichen Universität Santa Croce in Rom, spezifiziert (2007, S. 52, 55): Diese Seele „ist allein metaphysischer Erkenntnis zugänglich und hat keinen naturwissenschaftlichen Erklärungswert". Auch Tiere und Pflanzen müssen eine Seele als formgebendes Lebensprinzip besitzen, obwohl „die Tierseele nicht mehr ist als die materielle Struktur des Tierkörpers, so dass sie mit dem Tier selbst entsteht und mit seinem Tod aufhört zu existieren"; deshalb „werden sowohl die Seele von Pflanzen wie auch von Tieren in aristotelischer Sicht durch Fortpflanzung weitergegeben – genau gleich wie das mit den Genen und dem genetischen Programm geschieht". Im Hinblick auf die unsterbliche Geistseele des Menschen jedoch betonte schon der Kirchenvater Laktanz um 300 n. Chr. (in *De opificio Dei*, XIX. Hauptstück § 3): „Von Sterblichen kann nur Sterbliches gezeugt werden"; also können – anders als bei Tieren – sterbliche Eltern die Seele nicht im Zeugungsvorgang an das Kind vermitteln; sie muss von Gott erschaffen sein.

Der Besitz dieser Seele verleiht dem Menschen aus theologischer Sicht seine Gottebenbildlichkeit (Gen 1,26) und mit dieser seine besondere Menschenwürde. „Der Mensch ist von höchster Würde, weil er eine Seele hat, die ausgezeichnet ist durch das Licht des Verstandes, durch die Fähigkeit, die Dinge zu beurteilen und sich frei zu entscheiden, und die sich in vielen Künsten auskennt", schreibt 1672 der Naturrechtsphilosoph Samuel von Pufendorf (*De jure naturae et gentium*, 2. Buch, 1. Kapitel, § 5).

In Artikel 1 der Allgemeinen Erklärung der Menschenrechte von 1948 ist Menschenwürde formuliert als „der unverlierbare geistig-sittliche Wert eines jeden Menschen", und zwar (Meckel 1990) ausdrücklich unter Berufung auf das vorchristliche philosophische Konzept des Konfuzius-Nachfolgers Mengzi (372–281 v. Chr.). Darin ist die Menschenwürde jedem einzelnen Menschen eigen und angeboren; eine Würde, die ihm von keinem Machtinhaber, keiner Institution genommen oder gewährt werden kann, durch keine Institution erst zuerkannt werden muss. Sie besteht in seiner vom Himmel verliehenen moralischen Natur, die ihn aus sich selbst heraus zum Guten befähigt und ihn zu einem besonders schützenswerten Wesen macht. Sie verschafft ihm Vernunft und Rechtlichkeit, Moralität und Kultur, die Fähigkeit zur Unterscheidung von Gut und Schlecht, zu Mitmenschlichkeit und die Möglichkeit zum ethischen Leben.

Sprachlich verborgen bleibt, dass es sich dabei um drei verschiedene Realisierungsschritte handelt. Mengzi begründet die Menschenwürde mit „vom Himmel verliehenen" Fähigkeiten in der menschlichen Natur, die real erstens im Laufe der biologisch-phylogenetischen Evolution entstanden sind und zweitens aus einem genetischen Programm in der biologisch-ontogenetischen Entwicklung des Individuums ausgeformt werden müssen. Wenn sie dann drittens in den Menschenrechten „als unverlierbarer geistig-sittlicher Wert einem jeden Menschen" zugeschrieben werden, bleibt der ontogenetische Entwicklungsschritt unterdrückt. Das führt zu Ungereimtheiten, die am klarsten zutage treten, weil die gott-ähnliche Seele nicht nur mit der Menschenwürde verknüpft, sondern um die Unantastbarkeit dieser Würde von Anfang an zu sichern, schon dem Embryo von der Zygote an zugeschrieben wird. Nicht, weil man das an der Zygote irgendwie feststellen könnte, sondern lediglich als Mittel zu dem Zweck, ein Schutzrecht gegen jeden manipulativen Zugriff des Menschen auf den Menschen einzuführen. Auch für Hindus und Buddhisten betritt die Seele den Embryo, sobald Spermium und Eizelle verschmelzen.

Wie Papst Benedikt XVI. in seinem Kompendium des Glaubens 2005 bestätigt, schafft Gott an diesem Zeitpunkt jede Geistseele unmittelbar und ohne Mitwirkung der Eltern. Das bedeutet allerdings eine beachtliche Einschränkung der Autonomie des Schöpfergottes. Denn jeder gewollte oder ungewollte, natürliche oder technisch-künstliche Zeugungsakt des Menschen nötigt Gott, eine neue Seele zu erschaffen. Derzeit kommen pro Jahr etwa 135 Mio. Kinder auf die *Welt,* das sind 370.000 pro Tag. Gezeugt werden aber viele mehr. Denn wie aus der Medizin bekannt, können sich 50 % aller befruchteten Eizellen aufgrund von Chromosomendefekten und Störungen im Zellaufbau nicht zu einem normal gesunden Menschen entwickeln und sterben bald ab; von den intakten Embryonen werden 55 % spontan abgestoßen, ehe die Schwangerschaft erkannt ist, und weitere 15 % noch zwischen der sechsten und 28. Woche. Folglich wird die überwiegende Mehrzahl (über 75 %) der befruchteten Eizellen und mit unsterblicher Seele ausgestatteten Embryonen nicht geboren. Dennoch muss Gott menschlichem Handeln und theologischem Verständnis folgend täglich etwa 1.480.000 Seelen erschaffen (von denen 1.110.000 weder für den Himmel noch für die Hölle taugen). Freiwillig erschafft er Seelen nur bei ungeschlechtlicher Vermehrung des Menschen, wenn sich ohne Zutun der Eltern oder anderer Personen der Embryo in eineiige (monozygotische) Zwillinge teilt. Das geschieht bis zum 16. Tag der Embryonalentwicklung überall auf der Welt 3,5-mal pro 1000 Geburten. Die Seele für die jeweils zweiten eineiigen Zwillinge erschafft Gott also (insgesamt 1295 Mal pro

Tag) ungenötigt vom Menschen. Vielleicht hat er sich vorbehalten, mit eineiigen Zwillingen weiterhin eigenmächtig Menschen zu erschaffen?

Zu einem zentralen Ärgernis in diesem Komplex entwickelte sich die
unheilige und unheilvolle Rolle der von Paulus von Tarsus erfundenen,
von Augustinus von Hippo weit ausgebauten Idee der „Erbsünde", die
schließlich zum Kriterium für die Entscheidung zwischen Himmel und
Hölle als endgültigem Aufenthalt der unsterblichen Seelen wurde. Paulus
folgte um 50 n. Chr. einer jahrtausendealten Vorstellung, wonach die Götter
von den Menschen blutige Opfer wünschten, und so auch im Alten Testament wiederholt der Gott Israels: Als Evas Söhne ihr Erntedankbrand-
opfer darbrachten, nahm Gott das von Abel geopferte Vieh an, nicht aber
die Feldfrüchte von Kain (Gen 4,3–7); der König von Moab machte seinen
ältesten Sohn zum Brandopfer auf der Stadtmauer (2 Kön 3,4–27); der
Richter Jiftach opferte Gott seine Tochter (Ri 11,29–40), und Abraham
sollte seinen Sohn Isaak schlachten (Gen 22,1–19). Deshalb verstand Paulus
den Kreuzestod Christi ebenfalls als Sühnetod und erfand, um Sühne
zu begründen, einen Ungehorsam der ersten Menschen. Der beleidigte
Schöpfer musste nun durch das Blutopfer seines Sohnes wieder besänftigt
werden. Das widersprach zwar den Predigten der Propheten Amos und
Hosea, Gott habe keinen Gefallen an solchen Opfern: „Liebe will ich, nicht
Schlachtopfer, Gotteserkenntnis statt Brandopfer" (Hos 6,6). Dennoch gilt
die katholische Heilige Messe bis heute als eine unblutige Opferfeier zum
Andenken an den Opfertod Jesu.

Paulus bezeichnet das, was er verkündet, als „mein Evangelium" (im
Brief an die Galater 1,12: „Ich erhielt es weder von einem Menschen, noch
wurde ich es gelehrt; vielmehr wurde es mir durch eine Enthüllung Jesu
Christi zuteil)", aber in den vier neutestamentlichen Evangelien ist nirgends
die Rede von einem Sündenfall Adams. Allein Paulus meinte (Röm 5,12–
19), durch den Ungehorsam Adams sei die gesamte Menschheit schuldig
geworden und musste in Christus erlöst werden, weil alle Menschen leibliche Nachkommen Adams seien und Adams Schuld dabei durch Vererbung auf alle Menschen übergehe. Dem folgend lehrt der Katechismus der
Katholischen Kirche 1993:

> Unsere Stammeltern sind Adam und Eva. Adam ist der Quell der Sünde,
> welche ein Urereignis ist, das zu Beginn der Geschichte des Menschen statt-
> gefunden hat. Diese Sünde ist eine Erbsünde, die zusammen mit der mensch-
> lichen Natur durch Fortpflanzung an die ganze Menschheit weitergegeben
> wird und nicht etwa bloß durch Nachahmung.

Deshalb ist jeder Mensch mit der Erbsünde belastet und muss von ihr erlöst werden. Papst Benedikt XVI. verfasste 2005 ein Handbuch (Kompendium), „eine getreue und sichere Zusammenfassung des Katechismus der Katholischen Kirche". Er betont darin,

> … vom Teufel versucht, ließ der Mensch in seinem Herzen das Vertrauen zu seinem Schöpfer sterben. Damit verloren Adam und Eva sogleich für sich und für alle ihre Nachkommen die ursprüngliche Gnade der Heiligkeit und Gerechtigkeit. Erbsünde ist ein Zustand von Geburt an, nicht eine persönliche Tat. Wegen der Einheit des Ursprungs aller Menschen überträgt sie sich auf die Nachkommen Adams mit der menschlichen Natur, nicht durch Nachahmung, sondern durch Fortpflanzung.

Die paulinische Parallele, alle Menschen seien in Adam schuldig und in Jesus erlöst, vermengt jedoch Fortpflanzung und Nachahmung, Angeborenes und Erlerntes. Die Sündenschuld soll an ein genetisches Erbe der Fortpflanzung geknüpft sein, die Erlösung, da Jesus keine leiblichen Nachkommen hatte, an eine gläubige „Nachfolge Christi" als Übernahme eines kulturellen Erbes, also Nachahmung. Der Katechismus befestigt dieses Glaubenskonstrukt:

> Die Erbsünde ist eine wesentliche Glaubenswahrheit, das christliche Volk zu einer unwiderruflichen Glaubenszustimmung verpflichtend, an deren Offenbarung man nicht rühren kann, ohne das Mysterium Christi anzutasten.

Ein genetisches Erbe, das in allen Menschen vom selben Urvater Adam stammen soll, haben Evolutionsbiologie und Vergleichende Genetik jedoch ad absurdum geführt. Es gab, egal in welchem Abschnitt der Stammesgeschichte, nie für alle Vertreter der Art *Homo sapiens* ein einmaliges Stammelternpaar, von dem alle Menschen irgendein gemeinsames Merkmal durch Fortpflanzung geerbt haben könnten.

Ein weiteres ungelöstes Rätsel ist die Frage, wie sich der einzelne Mensch mit der Erbsünde infiziert. Es wäre absurd anzunehmen, dass Gott sündenbeladene Seelen erschafft. Ausdrücklich ausgeschlossen ist die Möglichkeit, dass der Mensch die Erbsünde selbst begeht (also sein eigener Adam wäre), denn dann könnte es Ausnahmen geben. Kirchliche Lehre verbürgt, jeder erbt die Erbsünde „mit der menschlichen Natur" von den angeblichen Stammeltern. Also wird ihm das Sündenerbe über den Leib vermittelt. Aber die natürlichen Ahnenreihen der Menschen reichen nachweislich nicht zu einem gemeinsamen Stammelternpaar zurück. Kulturelles Erben durch

Nachahmung ist definitorisch ausgeschlossen. Andere Denkmöglichkeiten gibt es nicht. Die Verfasser des Weltkatechismus von 1997 haben schließlich in Artikel 419 resigniert festgestellt: „Die Weitergabe der Erbsünde ist ein Geheimnis, das wir nicht völlig verstehen können."

Ebenso wesentlich wie die Belastung der Erbsünde ist für gläubige Menschen die Befreiung von dieser Last. Symbol dafür ist die Taufe, ein „Sakrament", in dem eine sichtbare rituelle Handlung ein unsichtbares Heilsereignis kundtut. Im Evangelium des Johannes hat Jesus gesagt, „wenn jemand nicht aus dem Wasser und dem Geist geboren wird, kann er nicht in das Reich Gottes kommen" (Joh 3,5). Das bedeutet für die Glaubenslehre: „Die Taufe bewirkt die Vergebung der Erbsünde."

Allerdings wird dadurch die überwiegende Anzahl der Menschen zum Problem, da 75 bis 80 % aller Embryonen schon vor ihrer Geburt sterben. Kardinal Ludwig Müller als oberster Glaubenshüter der Kirche bestätigt 2016 in seiner Dogmatik (auf S. 141), was schon Augustinus meinte, dass die Seelen ungetaufter Kinder im Zustand der Erbsünde unmöglich ins Paradies oder einen anderen Ort der Glückseligkeit eingehen könnten. Sie haben sich aber auch keine persönliche Schuld aufladen können, und deshalb kann Gott sie nicht unverdient in die Hölle verstoßen. Vom Mittelalter bis zur Mitte des 20. Jahrhunderts meinte eine umstrittene theologische Spekulation, es gäbe einen besonderen Aufenthaltsort (!) für diese Seelen, den „Limbus". Unter Papst Benedikt XVI. beriet eine internationale Theologenkommission jahrelang über das mögliche Schicksal der ungetauft Gestorbenen. Der Papst genehmigte 2007 das Ergebnis: „Was die ohne Taufe Verstorbenen betrifft, kann die Kirche sie nur der Barmherzigkeit Gottes anvertrauen." Sicher ist demnach theologisch nur, dass wir, die Geburtstage feiern, selbstständig atmen, Erfahrungen sammeln, Entscheidungen treffen und zu einer personalen Lebensgeschichte kommen konnten, mit unseren Seelen eine kleine Minderheit in der seligen Ewigkeit bilden werden.

„Seele" ist seit den griechischen Philosophen das geistige Lebensprinzip des Menschen. So im katholischen Katechismus (Nr. 363, 365): „Die Geistseele bewirkt, dass der aus Materie gebildete Leib ein lebendiger menschlicher Leib ist. Die Einheit von Geist und Materie bildet eine einzige Natur." Im natürlichen Tier-Mensch-Übergangsfeld der Evolution muss dann mit dem Leib auch die Seele von einem Ursprungszustand weitere Ausweitung erfahren haben. Und die Evolution, die ja nicht am heutigen Tag stehen bleibt, wird Leib und Seele zu endgültiger Entfaltung bringen; in der Formulierung von Konrad Lorenz: „Das Bindeglied zwischen Affe und Mensch sind wir."

Der alte schiefe Campanile in Pisa – einsturzgefährdet, aber durch technische Maßnahmen der Ingenieure stabilisiert – ist mir ein Symbol für die alten und gefährlich schief aufgetürmten philosophischen und kirchlichen Argumente um Erbsünde, Seele, Himmel und Hölle. Auch hier gibt es Ansätze, das Denkgebäude durch vernunftgemäße argumentative Maßnahmen zu stabilisieren, die oben genannten Ärgernisse aus dem Weg zu schaffen. Allerdings: Wer eine von der kirchlichen Autorität verbindlich vorgelegte Lehre leugnet, gilt als Häretiker; deshalb sind hier als Ingenieure Häretiker erforderlich.

Von Grund auf erneuert werden muss unbedingt die ganze Erbsündenlehre. Das hat schon um 1300 der franziskanische Theologe und Philosoph Johannes Duns Scotus (1993 in der katholischen Kirche seliggesprochen) in seiner *Reportata Parisiensia* vorgeschlagen. Er meinte, nach Gottes Plan wäre Christus Mensch geworden, um Gott mit der ganzen Schöpfung zu vereinigen, ohne dass ein Mensch oder Engel in Sünde fiel; denn wäre Christus wegen der Sünde Adams gestorben, hätte Gott sich abhängig gemacht von den Handlungen eines Menschen. Dem folgend schreibt Joseph Ratzinger – bevor er 2005 Papst Benedikt XVI. wird – (1985, S. 79–81):

> Die Unfähigkeit, die „Erbsünde" zu verstehen und verständlich zu machen, ist wirklich eines der schwerwiegendsten Probleme der gegenwärtigen Theologie und Pastoral." –
> In einer evolutionistischen Welthypothese gibt es offensichtlich keinerlei Platz für eine Erbsünde. Es hat wohl auch nie eine ‚Erlösung' gegeben, weil es keinerlei Sünde gegeben hat, von der man hätte geheilt werden müssen."

Und er entwirft als Denkanstoß:

> Erbsünde ist bestenfalls ein bloß symbolisches, mythisches Ausdrucksmittel, um die natürlichen Mängel einer Kreatur wie des Menschen zu kennzeichnen, der von äußerst unvollkommenen Ursprüngen auf die Vollendung, auf seine endgültige Verwirklichung zugeht.

Das impliziert für die von Gott geschaffenen ersten Menschen „äußerst unvollkommene Ursprünge" und „natürliche Mängel", und es widerspricht der allgemein akzeptierten theologischen These, der Mensch sei am Anfang vollkommen geschaffen gewesen und erst durch eigene Sündenschuld in Unvollkommenheit zurückversetzt worden.

Evolution beschreibt für Theologen den realen Verlauf der Schöpfung *(modus creandi)*, gekennzeichnet durch langsames Fortschreiten. Dass dabei der Mensch aus heutiger Sicht „von unvollkommenen Ursprüngen" auf seine derzeitige Verwirklichung zuging, entspricht dem wirklichen Gang seiner Stammesgeschichte. Es gilt aber auch für seine Entstehungsgeschichte (Ontogenese), die Entwicklung der Zygote zum erwachsenen Menschen. Der Jesuit Karl Rahner (Rahner 1961, S. 84) konnte die Lehre, „dass der menschliche Leib aus dem Tierreich stamme, aber die Seele von Gott geschaffen sei, nicht mehr so dualistisch interpretieren, wie sie doch zunächst klingt". Statt zu glauben, Gott erschaffe die Seele punktuell in einem bestimmten Stadium der Entwicklung, sei „besser mit dem realen Geschehen der Keimentwicklung verträglich ein Phasenmodell der Beseelung, angepasst an die biologisch-morphologische Ausdifferenzierung des Embryos". Diese These vertrat zwar Thomas von Aquin, sie wurde aber 1869 unter Pius IX. verworfen. Sie hätte abgestufte Gottes-Ebenbildlichkeit, Menschenwürde und Schutzwürdigkeit des Embryos zur Folge. Deshalb schreibt die katholische Kirche weiterhin die Seele bereits der Zygote zu. Sie beruft sich dabei auf das „Potentialitätsargument": Was Wirklichkeit wird, muss vorher möglich gewesen sein. Aber dieser Versuch, in der Historie rückwärts zu argumentieren, ist untauglich für jede Erkenntnis. Denn real wird Mögliches nur unter bestimmten Bedingungen; fehlen diese, bleibt es in der Möglichkeit. Dort kann man also beliebig Unsinniges ansiedeln, dem bislang nur die Realisierungsmöglichkeit fehlt.

Die Zygote enthält zwar ein genetisches Programm, nach dem sich ein Mensch entwickeln kann, sofern die dafür notwendigen Umgebungsbedingungen vorhanden sind. Das Programm selbst ist aber noch nicht der Mensch, „das Rezept ist noch nicht der Kuchen". Im Stadium der Kernverschmelzung ist noch ungewiss, ob sich die befruchtete Eizelle einnistet, wie viele künftige Personen sich entwickeln und ob sie lebensfähig sind. (In über 75 % der Fälle sind sie es nicht). Auch sind die ersten Teilungs- und Entwicklungsschritte bis etwa zum Stadium der Einnistung des Embryos in den mütterlichen Uterus nicht autonom von seinem eigenen Genom, sondern noch von einem Programm der Mutter gesteuert, gingen also auch dann vor sich, wenn man der Zygote den Zellkern entnähme (Seidel 2009).

Versteht man die Erbsünde nicht als Sündenschuld, sondern als anfängliche Unvollkommenheit, harmoniert das mit der tatsächlichen Evolution. Folgt die Beseelung des Menschen dem Phasenmodell, dann bietet sich auch eine revidierte Sicht auf die Taufe an, die nach kirchlicher Lehre die Seele von der Erbsünde befreit und das Problem der ungetauft Verstorbenen aufwirft. „Die Kirche kennt kein anderes Mittel als die Taufe, um den Eintritt in die ewige Seligkeit sicherzustellen", versichert der Katechismus (Nr. 1257, 1263). Hingegen betonte Thomas von Aquin schon im 13. Jahrhundert:

„Gott hat seine Macht nicht so an die Sakramente gebunden, dass er die sakramentale Wirkung nicht auch ohne die Sakramente verleihen könnte" (Summa Theologiae III, 64, 7). Nach derzeitigem kirchlichem Verständnis muss die Taufe die Seele von einer Erbschuld befreien, die ihr das Erreichen der ewigen Seligkeit unmöglich machen würde. Im Phasenmodell reift die Seele des Menschen mit seiner Natur und könnte dabei durch Gnadengaben wie die Taufe Unterstützung erfahren. So verstanden, kräftigte die Taufe die Seele auf ihrem Weg zur „himmlischen Vollendung".

Bezogen auf den rechtlichen und den moralischen Status des menschlichen Embryos ist das Potentialitätsargument heute höchst aktuell. Denn je weiter ihre Entwicklung fortschreitet, desto deutlicher und wahrscheinlicher werden Embryonen künftige Menschen, und desto mehr Menschenwürde und Schutzwürdigkeit wäre ihnen zuzusprechen; wie viel auf welcher Entwicklungsstufe, könnte vielleicht Thema einer Dauerdiskussion werden und ohne endgültiges Ergebnis bleiben. Es ist jedoch ein Grundproblem unseres Lebens, in einem natürlichen Kontinuum gut begründete künstliche Grenzen zu ziehen, zum Beispiel Altersgrenzen für Schuleintritt, Führerschein, Wahlrecht, Rente. Und diese Grenzen lassen sich per Konsens auch verschieben. Die „tutioristische" Argumentation, der Sicherheit wegen vorsichtshalber schon die Zygote wie eine Person zu behandeln, ist nicht zwingend.

Zwar wird von philosophischer Seite als Parallele die Sicherheitsvorschrift für Jäger angeführt, die in der tutioristischen Version fordert, keinesfalls zu schießen, solange ein Rascheln im Busch von einem Menschen verursacht sein kann. Der abgestuften Schutzwürdigkeit des Embryos entspräche es, abgestufte Vorsicht walten zu lassen, im Extrem immer schießen zu dürfen, solange nicht gewiss ist, dass das Rascheln im Busch doch von einem Menschen verursacht wird (zusammengefasst in Stosch 2009). Im Falle eines Unglücks jedoch werden Richter und Verteidigung Argumente sammeln, um eine abgestufte Unvorsicht und Schuld herauszuarbeiten.

25

Freskenmoral und Minnesang in der Toskana

Abtei Monte Oliveto Maggiore ▪ Altes Rathaus von Siena ▪ Männliche und weibliche Engel und Schutzengel ▪ Abaelard und Heloise ▪ Gottes- und Menschenliebe der Minnesänger ▪ Rabindranath Tagore

26. Mai 1983, Trequanda

Mit Frau und Tochter Rita mache ich Urlaub in der Toskana, im Haus Il Giuncheto der Frau Schalij. Betreut von Maria, dem Mädchen für alles, fühlen wir uns wohl in einer vom Menschentrubel weitgehend ungestörten Natur. Der Ginster blüht satt gelb, Stieglitze und Wiedehopfe kommen ans Haus; Kuckucke, Nachtigallen, Zaunkönige und Fasane rufen. Uns begegnen Schlangen, Perl-, Smaragd- und Mauereidechsen. Frühnachmittags fliegen grüngolden schimmernde Goldlaufkäfer *(Carabus auratus)* zu den nahen Eichen und mampfen dort die haarigen Raupen vom Eichenprozessionsspinner *(Thaumetopoea processionea)*. Wir finden Stacheln von Stachelschweinen, die nachts die Felder besuchen und Kartoffeln fressen. Der Lössboden – heute 340 m überm Meer – enthält zahlreiche 53 bis 3 Mio. Jahre alte marine Fossilien, zum Beispiel faustgroße, weiße, sehr dicke, gebogene Schalen der zu den Austern zählenden *Gryphaea*-Steinmuscheln, die sich im Flachmeer im Grund eingruben und eine zweite, flache Schale als Deckel hatten. Die Deutsche Forschungsgemeinschaft (DFG) hat hier vor Jahren im geologischen Projekt „Unteres Arnotal" diese Muscheln gesammelt. Weiter zu sammeln hatten Geologen der Niedersächsischen Landesanstalt für Bodenforschung 1973 erneut angeregt, sie haben die Funde aber nicht abgeholt; einige liegen noch bei Frau Schalij.

In den Etruskermuseen von Volterra und Chiusi, die wir von hier aus besuchen, begeistern uns Lebensbilder auf den Steinsarkophagen und Graburnen aus der Zeit von 500 bis 200 v. Chr. Schwarze Henkelvasen sind ver-

© Springer-Verlag GmbH Deutschland, ein Teil von Springer Nature 2020
W. Wickler, *Reisenotizen,* https://doi.org/10.1007/978-3-662-61996-4_25

ziert mit Tanzszenen in Weiß und Rotbraun und mit Figuren, die – auch in Wandmalerei – zwei Arme und zwei Flügel haben. Wir deuteten sie als Engel, Museumsangestellte hingegen als geflügelte Seelen der Toten. Es sind aber Bilder der Vanth, einer Dämonin oder Begleiterin des Toten, die oft eine Schriftrolle mit dessen Taten trägt.

Gestern haben wir uns 2 km südlich von Siena nahe beim Städtchen Chiusure die Abtei Monte Oliveto Maggiore angesehen. Sie ist Sitz eines Zweiges vom Benediktinerorden, dem ich als Mitglied der Bayerischen Benediktinerakademie sachlich nahestehe. Wir haben im Kreuzgang einen der schönsten Freskenzyklen der Renaissance bewundert, die 36 wandhohen Gemälde von Luca Signorelli (1498) und Giovanni Antonio Bazzi (genannt Il Sodoma, 1505). Sie illustrieren Szenen aus dem Leben des Hl. Benedikt von Nursia. Die spielten jedoch nicht hier, sondern um 530 zwischen Rom und Neapel in der Abtei Montecassino, dem von Benedikt gegründeten Mutterkloster des Benediktinerordens. Ein Feind Benedikts, der Priester Florentius, wollte ihn (um 800) vertreiben und holte – wie eine Szene von Il Sodoma zeigt – sieben Freudenmädchen ins Kloster, die vor den Mönchen tanzen und sie bedienen sollten. In einer anderen Szene erscheint Benedikt eine schöne, nackte Frau, und um der sinnlichen Versuchung zu entkommen, wirft er sich selbst (wie 700 Jahre später Franz von Assisi) nackt in ein Dornengestrüpp.

Frau Schalij erzählt dem *professore famoso*, dass das Sexualleben nach wie vor als unheilig gilt. Sie berichtet von einer sehr konservativen Sekte in Holland, die am Wochenende sogar den Hahn im Hühnerstall von den Hennen wegsperrt, um eine sexuelle Entweihung des Sonntags zu verhindern. (Im Juni 2015 verbot der sogenannte Islamische Staat das im Nahen Osten beliebte Taubenzüchten, weil der Anblick von Taubengenitalien die Sittlichkeit der Muslime verletze). In der Volksweisheit „führt" der Mann, die Frau „verführt". So klischeehaft kann das jedoch nicht stimmen. Denn im alten Rathaus von Siena, im Fresko der schlechten und guten Verwaltung, geschaffen 1338 von Ambrogio Lorenzetti, haben wir Frauen in anderen Rollen gesehen. In der schlechten Verwaltung kennzeichnet zwar eine Frau den Hochmut. Neben dem Herrscher der guten Verwaltung stehen aber sechs Frauen als Allegorien der sechs menschlichen Tugenden: Friede, Stärke, Vorsicht, Großmut, Ausgeglichenheit und Gerechtigkeit. Vier in ihren durchscheinenden Gewändern klar als weiblich erkennbare Schutzgottheiten – Isis, Nephthys, Neith, Selket – bewachen seit 1323 v. Chr. die Grabkammer des Tutanchamun.

Weibliche Schutzengel sind auch auf unseren Friedhöfen an Grabsteinen (nicht nur von Kindergräbern) zu sehen. Im Salzburger Land, am Westufer vom Obertrumer See, hat im Langhaus der dem Hl. Johannes geweihten Pfarrkirche der Maler Theodor Kern 1931 in einem allegorischen Fresko „Das Leben des Menschen, eine Überfahrt über Wasser" dem Kahnfahrer einen großen, sehr fraulichen Schutzengel zugesellt; als Vorbild diente ihm die 18-jährige Tochter eines Feriengastes (Prof. Kohlrausch aus Graz), von der er fasziniert war.

Dass es Engel gibt, ist im christlichen Glauben festgelegt. Im Alten Testament spielen sie in den letzten drei Kapiteln des Buches Daniel eine wichtige Rolle, und Cherubim wurden als Wache vor das Paradies gestellt (Gen 3,24). Gott beschreibt die Cherubim dem Mose zum Bau der Bundeslade (Ex 25,20) als Figuren mit Gesicht und nach oben ausgebreiteten Flügeln. Der Prophet Ezechiel (1,5–11) sah in einer Vision Gott mit vier lebenden Wesen in Menschengestalt mit Menschenhänden: Jedes hatte vier Gesichter, ein Menschengesicht, ein Löwengesicht, ein Stiergesicht und ein Adlergesicht, und jedes hatte vier Flügel; mit zwei Flügeln berührten sie einander und zwei bedeckten ihren Leib. Auch Jesaja sah bei seiner Berufung zum Propheten (6,1–2) Gott im Tempel auf hohem Thron und über ihm die Seraphim als menschenähnliche Wesen mit Händen und Füßen und sechs Flügeln. Sehr schöne romanische Freskenbilder von diesem Himmelsgeflügel kenne ich aus der Krypta der Klosterkirche der Benediktinerabtei Marienberg im Vinschgau.

Im Neuen Testament kommt der Engel Gabriel zu Zacharias (Lk 1,11; 19: „Ich bin Gabriel, der vor Gott steht, und bin gesandt, mit dir zu reden") und dann zu Maria (Lk 1,26). Die Offenbarung des Johannes (12, 7) schildert den Kampf des Erzengels Michael und seiner Engel gegen den abgefallenen Engel Luzifer (Satan). Jesus erzählt von Schutzengeln der Kinder: „Ihre Engel im Himmel sehen stets das Angesicht meines himmlischen Vaters" (Mt 18,10). Und er sagt auch: (Mk 12,25): „Wenn die Menschen von den Toten auferstehen, heiraten sie nicht, noch lassen sie sich heiraten, sondern sind wie Engel im Himmel." Das überinterpretieren manche Exegeten und folgern, Engel seien geschlechtsneutrale oder geschlechtslose Wesen. Aber viele kindliche Engelputten (*putto* ital. „Knäblein") haben ausgebildete männliche Genitalien, so etwa am Portal der Sankt-Laurentius-Kathedrale in Trogir aus dem 13. Jahrhundert. Und in der bildenden Kunst finden sich – besonders in der zweiten Hälfte des 19. Jahrhunderts – neben der jünglingshaften auch weibliche Engeldarstellungen.

Hier im Haus Il Giuncheto vertiefen wir uns eines Abends bei tollem Gewitter und Hagel, der am Wegrand bis in den Morgen liegen bleibt, anhand der Hausbibliothek in die Geschichte von Heloïsa, einer um 1100 geborenen großartigen Frau, „eine von denen, wenn sie mit einem

Mann beisammen sind, nach neun Monaten ein Buch zur Welt bringt". Es ist ein weiteres Beispiel für historische Liebespaare mit Eheproblemen. Heloise war eine um 1095 geborene außereheliche Tochter der adeligen Frau Hersendis von Champagne und des Wanderpredigers Robert von Arbrissel. Erzogen wurde sie als Waise im Benediktinerkloster Argenteuil unter Obhut und Vormundschaft ihres Onkels Fulbert, der Subdiakon an der Kathedrale Notre-Dame in Paris war und Wert auf Wohlerzogenheit und Bildung legte. Er sorgte dafür, dass sie privat unterrichtet wurde. Ihr Privatlehrer wurde der aus einer bretonischen Ritterfamilie stammende 1079 geborene Peter Abaelard. Fulbert bat ihn dringend, er „möchte doch ja alle freie Zeit, sei's bei Tag oder bei Nacht, auf ihren Unterricht verwenden, ja, wenn sie sich träge und unaufmerksam zeige, sich nicht scheuen, sie zu züchtigen".

Abaelard war sehr von sich selbst überzeugt: „Ich hatte einen großartigen Ruf; ich war mit solcher Jugend und Schönheit begnadet, dass ich keine Zurückweisung fürchten zu müssen glaubte, wenn ich eine Frau meiner Liebe würdigte, mochte sie sein, wer sie wollte." Andererseits hatte er Theologie studiert, lehrte als Kanoniker Theologie und Logik an der Kathedralschule von Notre-Dame in Paris, der Vorläuferin der später berühmten Universität. Er war ein scharfsinniger Disputierer und vertrat – lange vor der Aufklärung – ein damals ungewöhnliches Programm, das vor allem junge Studenten ansprach, nämlich den Vorrang der Vernunft sowohl in der Philosophie wie in Glaubensfragen. Er war bestrebt, dogmatische Starrheit in kirchlichen Lehren aufzulösen und Glauben und Wissen in einem System zusammenzuführen und „schul"-mäßig lehrbar zu machen.

> Wer schnell glaubt, ist leichtsinnig; nichts ist zu glauben, was man nicht zuvor eingesehen und verstanden hat. Es ist lächerlich, andern zu predigen, was man weder selbst, noch der, dem man predigt, vernünftig begreifen kann.

In seiner Schrift *Sic et non* („Ja und Nein") wandte er sich gegen die starre Bindung an Texte der kirchlichen Autoritäten und bewies anhand von Widersprüchen bei Augustinus und in der Bibel, dass sich Konflikte aus der Tradition nur durch Interpretation auflösen lassen, weil man nur so den eigentlichen Sinn des Ausgesagten erfassen kann; „indem wir nämlich zweifeln, gelangen wir zur Untersuchung und durch diese erfassen wir die Wahrheit." Textkritische Analyse und Auslegung der Texte bezeichnete er als eine Daueraufgabe.

Die erst 17 Jahre alte Heloise ist von ihrem 20 Jahre älteren Hauslehrer nicht nur begeistert, bei ihr ist es Liebe auf den ersten Blick. Auch er verliebt sich in seine schöne, lernbegierige Schülerin:

Unter dem Deckmantel der Wissenschaft gaben wir uns ganz der Liebe hin. In den Unterricht mischten sich mehr Worte der Liebe als Worte der Philosophie, mehr Küsse als weise Sprüche; nur allzu oft verirrte sich die Hand von den Büchern weg zu ihrem Busen. – Die ganze Stufenleiter der Liebe machte unsere Leidenschaft durch, und wo die Liebe eine neue Entzückung erfand, da haben wir sie genossen.

Abaelard besingt seine Geliebte, komponiert und dichtet Liebeslieder in Form des damals aufblühenden Minnesangs. Onkel Fulbert entdeckt die Beziehung erst, als Heloise bereits schwanger ist. Abaelard bringt Heloise nach Le Pallet bei Nantes, wo er geboren wurde, ins Haus seiner Schwester Dionysia. Dort bringt sie 1118 einen Sohn zur Welt, dem sie den ungewöhnlichen Namen Astralabius („der zu den Sternen greift") gibt. Er wird von seiner Tante aufgezogen. Abaelard heiratet Heloise, aber heimlich, um sich weitere Aufstiegsmöglichkeiten innerhalb des Klerus freizuhalten. Heloise willigt notgedrungen ein; sie weiß, dass ein Haushalt mit Kind der Arbeit Abaelards abträglich ist, wäre jedoch statt seiner Ehefrau lieber seine Geliebte, Konkubine oder Dirne geblieben. Onkel Fulbert jedoch macht die Ehe bekannt. Daraufhin schickt Abaelard Heloise ins Kloster Argenteuil, wo sie aufgewachsen war. Um seiner Karriere nicht im Wege zu stehen, geht sie und wird 1125 Priorin des Klosters.

Nun glaubt Fulbert, Abaelard hätte sie zur Nonne gemacht, um sie loszuwerden, und lässt ihn aus Rache nachts überfallen und kastrieren. Abaelard überlebt die grausame Verstümmelung und zieht sich als Mönch ins Kloster Saint-Denis zurück, in unmittelbarer Nähe von Argenteuil. Nun wirft man ihm eine Wiederaufnahme der Liebesbeziehung zu seiner Frau vor. 1127 wird er Abt des Klosters Saint-Gildas-en-Rhuys in der Bretagne.

Zehn Jahre leben Abaelard und Heloise ohne Kontakt getrennt voneinander. Ruhelos ist Abaelard an verschiedenen Stellen tätig. Als Abt Suger von Saint-Denis Heloise mit ihren Nonnen 1130 aus Argenteuil vertreibt, macht sich Abaelard aus der Bretagne auf nach Le Paraclet, einen Ort am Ardusson-Flüsschen, der ihm einmal von einem wohlwollenden Gönner geschenkt worden war, und lädt Heloise und ihre Mitschwestern ein, sich in der dort entstandenen Klosteranlage – St. Paraclet bei Nogent-sur-Seine – niederzulassen. Er selbst übernimmt zunächst die ökonomische und geistliche Betreuung des neu gegründeten Konvents. Etwa 1133 gibt er das Klosterleben auf und kehrt als Lehrer der Kirche Saint-Hilaire nach Paris zurück. Es wird ein grandioses Comeback. Er liest aus seiner *Ethica* und seiner *Theologia Scholarium*. Schüler aus aller Welt suchen ihn auf. Darauf wird der Zisterzienserabt Bernhard von Clairvaux aufmerksam. Der verwarf einige Lehren des Abaelard als häretisch und klagt ihn 1141 vor dem Konzil von Sens an. Das Verfahren endet in einer päpstlichen Verurteilung Abaelards zu Klosterhaft und ewigem Schweigen. Seine Schrift *Theologia Summi boni* muss er eigenhändig verbrennen. Heloise bemüht sich in Paraclet nicht um religiöse Sublimierung ihrer Gefühle, sondern beginnt einen regen Briefwechsel mit Abaelard. Sie macht „Wissenschaft und Ehe" zu ihrem Lebensthema. Im Liebesbriefverkehr mit Abaelard entsteht eine Philosophie über die Vollendung der Liebe im Verzicht. Obwohl Äbtissin eines Klosters, bekennt sie sich weiterhin zu Sinnlichkeit und sexuellem Begehren:

> Ich kann keinen Weg finden zur Reue. Das Herz hat nach wie vor den Willen zur Sünde und sehnt sich nach den Freuden von einst mit ungeschwächter Glut. Die Liebesfreuden, die wir zusammen genossen, brachten so viel beseligende Süße, ich kann sie nicht verwerfen; ich kann sie kaum aus meinen Gedanken verdrängen.

Abaelard fühlt genauso:

> Die körperliche Trennung führte unsere Herzen nur noch enger zusammen, und je weniger wir unsere Liebesleidenschaft befriedigen konnten, umso heftiger entflammte sie uns. – Nicht allein was wir getan steht lebendig vor meiner Seele; auch die Orte, die Stunden, in denen wir gesündigt, haben sich so fest meinem Herzen eingeprägt, dass ich immer wieder aufs Neue alles mit dir durchlebe und auch im Schlaf keine Ruhe finden kann. Dann und wann verrät eine unwillkürliche Bewegung des Körpers meines Herzens Gedanken oder ein Wort, das sich mir wider Willen auf die Lippen drängt. – Ich glaube, dass kein natürlicher fleischlicher Genuss als Sünde anzusehen sei, und dass nicht als Schuld zu rechnen ist, wenn man Genuss in einem Zustand findet, worin solcher notwendigerweise verspürt werden muss.

Beide Eltern bekennen in einem Lehrgedicht an ihren Sohn Astralabius *(Carmen ad Astrolabium filium):*

> Winkte Errettung nur dann, wenn frühere Sünden mich reuten, dann versänke für mich Hoffen auf Rettung ins Nichts. Was ich begangen, es lebt so stark in freudiger Süße, dass mich die Tiefe der Lust noch im Erinnern umfängt.

Abaelard sucht zuletzt wegen einer Erkrankung Hilfe im Kloster Cluny beim Großabt Petrus Venerabilis, der eine formelle Aussöhnung mit Bernhard von Clairvaux erreicht. Abaelard stirbt 1142 im Cluniazenserpriorat

Saint-Marcel bei Chalon-sur-Saône. Auf Heloises Bitten hin wird sein Leichnam ins Paraklet-Kloster überführt. Heloise stirbt 1164 und wird neben ihm bestattet. Seit 1817 ruhen die sterblichen Überreste beider auf dem Friedhof Père La Chaise in Paris.

In Rückblicken auf unsere Reisen haben wir in Mailand, Assisi, Florenz und jetzt hier in Trequanda verschiedenen Facetten der gelebten Liebe zwischen Mann und Frau nachgespürt. Einst hatten Paulus um 50 n. Chr. und Augustinus um 400 n. Chr. gläubigen Christen die wenig erbaulichen Möglichkeiten eröffnet, im Namen Gottes das Leben zu erleiden, statt es zu genießen, und die Liebe zwischen Mann und Frau an der Liebe zu Gott scheitern zu lassen. Sublimierte Liebe zur Frau wandelte sich zur Minne, die zwar verklärt wurde, sich für Betroffene aber oft als Verhängnis erwies. Abaelard um 1100 wurde zwangsverurteilt, der Frauenliebe zu entsagen und asketisch Theologie zu betreiben; Franz von Assisi († 1226) entsagte – von Familie und Religion genötigt – der Frauenliebe und stilisierte sie zur Minne. Dante, geboren 1265, heiratete zwar mit 20 Jahren und hatte vier Kinder mit seiner Frau, was er in seinen Werken vollkommen verschwieg, blieb aber bis zu seinem Tod 1321 gefangen in seiner erotischen Verbindung mit der unerreichbaren Geliebten Bice-Beatrice („Kein Schmerz ist größer, als sich der Zeit des Glücks zu erinnern, wenn man im Elend ist").

Wie ein Gegenentwurf zu ihnen allen wurde im Mai 1861 in Kalkutta der bengalische Philosoph und Dichter Rabindranath Tagore geboren. Mit 22 Jahren wurde er mit der 10-jährigen Mrinalini verheiratet, die nach 19-jähriger Ehe starb. Mit ihr hatte er fünf Kinder. Tagore lebte eine Symbiose von Gottes- und Weltliebe. Sein Leben lang versuchte er, auf unterschiedliche Weise das Paradox zu beschreiben, zu deuten und zu feiern, wie man Gott und die Freude an den Eindrücken der Sinne gleichzeitig genießen kann:

> Befreiung liegt für mich nicht im Verzicht. Ich fühl die Umarmung der Freiheit in tausend Banden der Lust. – Ein Asket, das mag ich nie und nimmer sein/es sei, ich fände ein *Asketenfräulein*.

Tagore starb 1941. Er gilt als bedeutendster indischer Dichter der Moderne und erhielt 1913 den Nobelpreis für Literatur. Zwei seiner Lieder sind heute die Nationalhymnen von Bangladesch und Indien.

26

In Australiens Northern Territory

Kadaitcha-Mann ▪ Uluru ▪ Wallara Ranch ▪
Ormiston und Redbank Gorge ▪ Alice Springs und
Bond Springs ▪ Aranda-Volk ▪ *witchetty*-Raupen

25. August 1983, Glen Helen

Der internationale Ethologen-Kongress findet diesmal in Brisbane statt und lockt Verhaltensforscher aus aller Welt nach Australien. Zu Beginn der Tagung ist eine einwöchige Exkursion entlang der Ostküste in mehrere Nationalparks in Queensland vorgesehen. Mit meiner Kollegin Uta Seibt möchte ich aber auch in die trockene Mitte des Kontinents schnuppern, in das „Northern Territory", das am spätesten von Europäern besiedelt wurde und wo einige Traditionen der australischen Ureinwohner am ehesten erhalten geblieben sind. Diese Aborigines hatten sich, wie genetische Analysen ergaben, bei der Einwanderung über Neuguinea nach Australien vor etwa 37.000 Jahren von anderen eurasischen Formen des *Homo sapiens* abgetrennt und sich seither mit keiner anderen Menschenpopulation vermischt. Wir nehmen uns für diese Erkundung 2 Wochen Zeit vor dem Kongress.

In insgesamt 9 h sind wir mit Lufthansa von München nach Frankfurt, von dort mit Singapur Airlines über Singapur nach Sydney geflogen worden und erreichen nach einer Übernachtung dort mit Kleinflugzeugen erst Adelaide und im Anschluss daran Alice Springs. Jetzt sind wir nahe dem geographischen Zentrum Australiens und mindestens 1500 km von allen anderen großen Städten entfernt wie geplant im Oasis Motel einquartiert. Am Abend fällt ein Schwarm Rosakakadus *(Eolophus roseicapilla)* – rote Unterseite, weiße Kopfhaube, graue Flügel – in die großen Palmen vor unserem Fenster ein, und ab drei Uhr morgens erschallen Melodieanfänge aus Beethovens fünfter Symphonie, die Rufe und Duettgesänge des Flötenvogels *(Gymnorhina tibicen),* der „australischen Elster".

Wir mieten einen Toyota-Geländewagen für weite Fahrten in die Umgebung und starten am 21.8. mit vielen nützlichen Ratschlägen für unbegleitet Reisende und den unbedingt notwendigen Straßenkarten versehen auf dem Stuart Highway nach Süden. Benannt ist der Highway nach John McDouall Stuart, einem schottischen Entdecker, dem es im Jahre 1862 als erstem Europäer gelungen war, den Kontinent von Süden nach Norden zu durchqueren. Die Landschaft ist flach bis zum Horizont, am Boden wächst hartes, nadelscharfes *Spinifex*-Gras in Polstern, die oft in der Mitte schwarz und tot sind, während der Rand ringförmig weiterwächst. Neben der breiten Teerstraße auf dem ebenso breiten Sandstreifen liegt hie und da ein totes Rind, umgehauen von den stabilen metallenen „Kuhfängern" vorn an den bulligen Riesenlastern, die auf der schnurgeraden Straße mit erheblichem Tempo unterwegs sind. Wir biegen nach 180 km bei Erldunda nach rechts ab auf den sandigen Highway in die weiterhin flache Steppe. Links im Hintergrund liegt ein langgestreckter flacher Tafelberg, der Mt. Conner. Abseits der Straße liegen Autoleichen – umgekippt, ausgeschlachtet. Nach weiteren 250 km erreichen wir unser „ranch chalet" im alten Red Sands Motel am Ayers Rock (es wurde 1984 geschlossen).

Den auf der Karte verzeichneten Namen hat dem Berg 1873 sein erster europäischer „Entdecker" zu Ehren von Premierminister Sir Henry Ayers gegeben, obwohl der Berg bei den einheimischen Pitjantjatjara schon immer Uluru („schattenspendender Berg") hieß. Er ist drei km lang, bis zu 2 km breit und besteht sandsteinartigem Material, im Innern des Berges anthrazitfarbig, in den äußeren Schichten rotbraun verwittert. Es sind Ablagerungen, die sich vor 600 Mio. Jahren im Meer angesammelt hatten; als das Meer vor 300 Mio. Jahren zurückging, wurden sie emporgehoben, verhärteten, aus dem umgebenden Gestein herauspräpariert und seitlich zusammengedrückt, sodass die Schichten heute 85° steil, also fast senkrecht stehen. Der Uluru ist 350 m hoch (863 m ü. M.) und reicht bis zu 6000 m Tiefe in den Untergrund.

Im Westen, 36 km entfernt, erheben sich mehr als 30 Bergkuppen, genannt Kata Tjuta („viele Köpfe"). Ihr europäischer Entdecker, der aus England stammende Australier Ernest Giles, gab ihnen 1872 den Namen *The Olgas,* weil er sich seinen Förderern, dem württembergischen König Karl und dessen Gemahlin Königin Olga von Württemberg, verpflichtet fühlte. Der höchste Fels, *Mount Olga,* ragt 564 m über die Umgebung. Die Kata Tjuta entstanden vor ca. 550 Mio. Jahren zur gleichen Zeit mit der Uluru, aber als Sedimentgestein aus vorwiegend gerundeten

Komponenten (Konglomerat). Ihre Schichten sind nur um 15 bis 20° gegen die Horizontale geneigt, dennoch poltern immer wieder Geröllsteinkloben herunter.

Beide Felsformationen, Uluru und Kata Tjuta, sind Inselberge in der wüstenartigen zentralaustralischen Steppe. Beide erscheinen je nach Tageszeit und Wetter in den verschiedensten Farbtönen, besonders eindrucksvoll in den frühen Abendstunden. Da es bei Kata Tjuta keine Unterkunft gibt, versammeln sich Schaulustige pünktlich zum Sonnenuntergang am „Sunset"-Parkplatz beim Uluru und machen von ihm Serienfotos von schönstem Rot über orange, braun, braungrau, dunkellila bis schwarz, wenn die Sonne völlig hinter dem Horizont verschwunden ist.

Die Aborigines hatten im 19. Jahrhundert ihr Land und den Zugang zu Wasser an die weißen Siedler verloren. Ihre Kinder wurden von ungefähr 1900 bis 1969 systematisch und offiziell aus den Familien entfernt – ohne Gerichtsbeschluss, ohne den Nachweis, dass es sich um vernachlässigte Kinder handelte. Die Kinder wurden willkürlich und gewaltsam sprichwörtlich „aus den Armen ihrer Mütter" gerissen und in staatliche Heime, Missionen und zur Adoption in weiße Familien gegeben. 10 bis 30 % aller Aborigines-Kinder waren davon betroffen. Sie sollten wie Weiße erzogen und mit 18 Jahren in die weiße Gesellschaft entlassen werden; die Mädchen sollten dann zur Rassenangleichung weiße Männer heiraten. Es war ein Genozid an den „gestohlenen Generationen". 1977 trat der *Aboriginal Land Rights Act* in Kraft, in dem die australische Bundesregierung den Aborigines per Gesetz Landrechte zusprach, unter anderen dem Stamm der Pitjantjatjara das Gebiet um Uluru und Kata Tjuta. Ihre Nachbarn sind die Pintubi, deren Vergangenheit und Gegenwart das gleichnamige Buch von Bruno Scrobogna (1980) schildert. Die Pitjantjatjara nennen sich selbst „Aranda". Der Uluru ist ihr heiliger Berg und Zeremonienplatz. 1936 kamen die ersten Touristen in das Gebiet des Uluru, und es wurden immer mehr. Sie benahmen sich wenig ehrfurchtsvoll und begannen, den als heilig betrachteten Berg regelmäßig zu erklettern. Obwohl dabei viele durch Überanstrengung oder durch Absturz starben, wurde das Erklettern des Berges erst 2019 endgültig verboten.

Für uns ist eine Führung von einem freundlichen, kundigen Anangu zu den Höhlen am Fuße des Uluru wichtig. Der Berg symbolisiert den Mythos einer Schöpfungsgeschichte. Darin ist der Felsen in zwei mythische Hälften geteilt: in die Sonnenaufgangsseite (Djindalagul), wo die *Mala,* die Hasenkänguru-Menschen wohnten, und die Sonnenuntergangsseite (Wumbuluru), wo die *Kunia,* die Teppichschlangen-Menschen wohnten, zunächst in Harmonie und Frieden miteinander. Doch die außerhalb

lebenden *Wanambi*-Menschen verursachten Streit, und auf der Schatten-
seite des Uluru fanden viele Kämpfe statt, die sich im Gestein des Uluru
abgebildet haben. Eine Höhle bildet den Schoß der Bulari Minma, die hier
während der Kämpfe niederkam; das Kind liegt in Form eines Felsens vor
der Höhle. Die Wände mehrerer Höhlen und durch Überhänge geschützter
Hohlkehlen dienen, wie Wandtafeln unserer Schulen, rot, weiß, gelb,
grau und schwarz gemalten Felszeichnungen, die verschiedene Legenden
erzählen. Bei Mutidjula (Maggie Springs) zeigt eine abstrakte Umriss-
zeichnung in gelber Farbe angeblich Bulari Minma mit dem Kind zwischen
ihren Knien. Ineinander geschachtelte konzentrische Kreise bedeuten
Wasserstellen, Verbindungslinien zwischen ihnen zeigen Wege an. Wie
Vogelfedern gestaltete Zeichnungen zeigen rechts und links schräg vom
„Federschaft" abgehende parallele Linien, „wir" auf der einen Seite, „die
anderen" gegenüber. Zwei Umrisse, wie eng aneinander liegende Bananen,
erzählen, dass hier einst zwei Menschen nachts einander wärmten. Drei-
zehige Fußtritte des Emu (Abb. 26.1b) erinnern daran, dass einmal die
Flötenvogel-Brüder sich an einen Emu heranpirschten, der zum Uluru floh,
dort aber von zwei Blauzungen-Echsenmännern, *Mita* und *Lungkata,* getötet
und zerlegt wurde, die dann über die Reste mit den Flötenvogel-Brüdern
in Streit gerieten und schließlich verbrannten. In solchen Erzählungen enthalten ist, dass jede Familie sich einem Totemtier zuordnete, die Echsen-
männer dem Blauzungenskink *(Tiliqua),* die Flötenvogel-Brüder der
australischen Elster *(Gymnorhina).*

Die Graphiken sind kein allgemein verständliches Zeichensystem, bilden
keine Objekte ab, sondern symbolisieren sie. Dasselbe Zeichen können verschiedene Redner als Stütze für verschiedene Geschichten nutzen. Häufig
sind vorhandene Zeichen auch unzusammenhängend durch neue übermalt
worden. Dann scheint es mitunter, als ließen sich beliebige Erläuterungen zu
den Felszeichnungen geben.

Einen besonderen Eindruck hinterlässt in uns die dunkel-
graue, rot umrandete, einer Vogelscheuche ähnelnde Darstellung des
Kadaitcha-Mannes (Abb. 26.1a). Er symbolisiert das Korroborree-
Strafsystem der von jedem Eingeborenen internalisierten Gerechtigkeit; es
handelt sich um eine Exkommunikation (Ausschluss aus der Gemeinschaft)
im Wortsinn. In den kleinen Gruppen der Aborigines weiß jeder alles von
allen, keiner kann entkommen oder sich verstecken, geschweige denn als
Einzelner in der natürlichen Umwelt überleben. Jede Untat, ob gewollt oder
ungewollt geschehen, wird gesühnt und dann vergeben. (Es gibt also keine
Debatte über Vorsatz und Absicht und keine Gutachter). Leichte Strafe ist
ein Speerstich in den Oberschenkel, stärkere Strafe sind drei Speerstiche; der

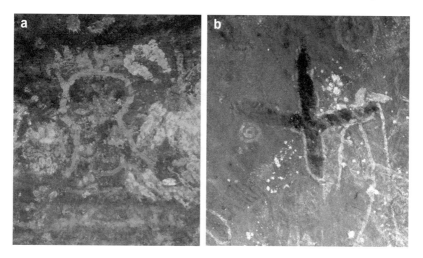

Abb. 26.1 Felsmalerei der Pitjantjatjara: a) Kadaitcha-Mann; b) Emu-Trittsiegel. Uluru, August 1983

Schmerz wird akzeptiert, und alles ist vergeben. Tod aber muss durch Tod gesühnt werden. Wer einen anderen erschlägt, ob vorsätzlich oder aus Versehen, muss selbst sterben. Das ist jedem bekannt, und ein Täter kann durch Korroborree-Tod in wenigen Minuten tot umfallen. Wenn nicht, stellt die Gruppe einen Kadaitcha. Der geht mit aus Emufedern geflochtenen Schuhen (um seine Fußabdrücke unkenntlich zu machen) nachts um den am Boden Schlafenden herum. Der sieht das am Morgen und muss nun innerhalb von zwei Tagen von selbst sterben; andernfalls erschlägt ihn der Kadaitcha nachts im Schlaf. Auch dann ist die Untat gesühnt, der Tote gilt als normal gestorben und bleibt als guter Mensch in Erinnerung.

Am 23.8. fahren wir 100 km zurück, dann 80 km nach Norden und erreichen nach 3 h die Wallara Ranch, eine sehr schlichte Unterkunft, ein Bett, kein Stuhl, kein Schrank, kein Kleiderhaken; der Pool zum Nacktbaden hat angenehmes Wasser. Eine leere Tonne gongt zum Abendessen am großen Tisch für acht Gäste; ein Harmonium und ein etwas maroder Billardtisch stehen für Interessenten bereit.

Früh vor Sonnenaufgang locken uns die Flötenrufe der duettierenden Schwarzkehl-Krähenstare *(Cracticus nigrogularis)* ins Freie; im hellen Vollmond haben wir scharfe Schatten, der Horizont wird rot-orange, fern rufen Rinder. Nach kurzem Frühstück starten wir zum King's Canyon, brauchen auf zerfahrener Sandpiste 2 h für die 100 km und können dann nur stundenlang staunen. Ein steiler Aufstieg führt an einer etwa 100 m hohen Felswand hinauf zum Plateau und einer gigantischen Formation aus quergeschichteten Felsdomen. Das rötliche Gestein zerbröckelt leicht, ist innen weiß, trägt aber an einer Stelle einen mit seinem glattweißen Stamm und einer dunkelgrünen Krone malerisch über den steilen Absturz hinausragenden Ghost-Gum-Baum *(Corymbia aparrerinja)*. Die über 100 m tiefen Spalten sind an einer Stelle mit einem krummen halben Baumstamm überbrückt und mit Steinplatten belegt, die mit Zaundraht an ihm festgebunden sind – zu wenig vertrauenerweckend. Wir klettern zwischen den Domreihen, wie zwischen Dachkuppeln türkischer Bäder, dem leichten Ostwind entgegen, der starke Blütendüfte von nicht sichtbaren Ursprüngen bringt, und sehen dann tief unten den „Garden Eden", ein permanentes Wasser mit Cycas-Palmfarnen am Rand. Wir genießen es, in strahlendem Sonnenschein diese fabelhafte Bergwelt ganz allein für uns zu haben. Sie entstand vor 350 Mio. Jahren, als im Mereenie-Sandstein ein Spalt aufbrach und durch Wind, Regen und Überschwemmungen immer tiefer und breiter wurde. Dieser Spalt erreichte schließlich die darunter liegende weichere Schicht aus Carmichael-Sandstein, die nun schneller erodierte, was über Millionen von Jahren zum schubweisen Einbrechen der oberen Gesteinsschichten führte und so den Kings Canyon formte. Die grob in Nord-Süd- sowie Ost-West-Richtung verlaufenden Spalten des Plateaus bildeten würfelförmige Blöcke, deren Seiten und Ecken während der letzten 20 Mio. Jahre durch Wind und Regen abgetragen wurden; so wurden aus Würfeln die das Plateau prägenden Dome.

Sehenswert, aber kaum zu entdecken sind unten am Rand des Gebirges zwischen Steinen und spärlichem Grün die zahllosen auffallend unauffälligen Heuschrecken, mustergültig getarnt, in Farbe und Form kleinen Steinchen oder welken Halmen zum Verwechseln ähnlich. Man verliert sie sofort aus den Augen, sobald sie wegspringen und dann woanders wieder bewegungslos stillsitzen. Nur eine *Monistria*-Art ist relativ groß, kräftig schwarz-gelb gefärbt und hat brandrote Stummelflügel. Ihre Warnfarben kennzeichnen sie als ungenießbar. Es ist eine Kegelkopfschrecke (Familie der Pyrgomorphidae), die im Körper giftige Substanzen aus ihren Futterpflanzen speichert. Wir haben jahrelang an verwandten Arten in Südafrika gearbeitet.

Am nächsten Morgen sieht die Welt verändert aus. Es hat nachts kräftig geregnet. Auf der Rückfahrt nach Alice Springs sind von Wallara aus die ersten 80 km auf der breiten Staubpiste stellenweise schmierig und rutschig, obwohl die Flussläufe trocken sind. Wolkenverhangen sind auch anschließend die 130 km auf dem Stuart Highway. Wieder liegen einzelne tote Rinder an den Straßenrändern; wir haben am Ende ein Dutzend registriert, in allen Phasen der Verwesung, frischtote mit stark aufgedunsenen Leibern bis hin zu kahlen Skeletten. Über der flachen Steppe jagen drei Adler, einer hat ein Kaninchen in den Fängen. Neben dem Highway halten vier Metallstützen eine große liegende Tonne: „Doctor's Stones PMB 74". Kurz vor Alice überrascht uns ein Wolkenbruch. Weiträumig eingezäunt ruhen Kamele für „Virginia Camel Safaris". Grüne Kamelmelonen *(Citrullus lanatus)* liegen jenseits des Zauns am Boden. In der Stadt sind viele Menschen auf den Beinen. Wir tanken, besuchen Bank, Cafeteria, Tourist Office, warten einen Hagelschauer ab und fahren – jetzt wieder bei strahlender Sonne – 140 km nach Westen in Richtung Glen Helen.

Auf der Teerstraße kommen uns zwei große schrottreife amerikanische Limousinen entgegen, voll besetzt mit massig, ungekämmt und mürrisch wirkenden Aborigines. 20 km vor Glen Helen wird an einer senkrechten Sandsteinschicht Ocker abgebaut. Es regnet leicht, in einer Straßensenke hat sich eine große Pfütze gebildet, an der drei Pferde trinken. Dann hört die Straße einfach auf. Vier hellgrün getünchte Baracken hinter einer Bodenwelle sind die Lodge. Unser Zimmer, 3,5 × 3,5 m, nicht abschließbar, enthält drei Feldbetten und ein Kleinmöbel mit vier Schubladen. Toilette und Dusche sind draußen um die Ecke. Eine Jugendgruppe lärmt um die Wette mit einem Spielautomaten. Außen an der Tür zum großen Barraum ist die Kleiderordnung verzeichnet:

No shirt
No shoes
No service
Thank you

Innen steht noch einmal: „Singlets not acceptible".

Um 24.00 Uhr verstummt der tuckernde Generator, und das Licht erlischt. In der Nacht flöten wieder zwei *Gymnorhina*-Paare, schön und ausdauernd einander antwortend, aber ganz anders als in Wallara. Wir machen Tonaufnahmen, obschon es dicht neblig und kalt ist. Die Paare sitzen 50 m voneinander entfernt im Gezweig, später am Boden, und sie begleiten ihr Rufen manchmal mit Kopfheben und Flügelöffnen. Von einer nahen Felswand kommen Rufechos zurück. Am Morgen wird der Generator wieder angelassen und macht weitere Tonaufnahmen unmöglich. In einem halb zerfallenen Boiler mit uraltem Ofen, aus dem die Flammen herausschlagen, wird Duschwasser erhitzt. Nach einem Blick in die Küche verzichten wir auf Salat zum Frühstück. Der Wirt mit Schnapsfahne und Raucherhusten serviert uns je ein kleines Glas Sherry.

Unterhalb der Lodge hinter einem flachen Wasser sehen wir die Echofelswand und mehrere große sogenannte Palmfarne *(Macrozamia macdonnellii)*, die aber weder Palmen noch Farne sind, sondern Cycadeen, verwandt mit Koniferen und Ginkgogewächsen, überlebende Fossilien von vor 300 Mio. Jahren. Um 10.00 Uhr – es ist stürmisch und sonnig – kommen gewöhnliche Kormorane *(Phalacrocorax carbo)*, die es auch bei uns am Starnberger See gibt, und beginnen, im Wasser zu tauchen. Wasserstandszeichen lassen erkennen, dass das Wasser bis an die Lodge reichen kann; es geht durch die Felsspalte der „Glen Helen Gorge" als Finke River weiter. Dieser Finke River gilt als einer der ältesten Flüsse der Welt und besteht stellenweise seit 350 Mio. Jahren.

Die zahlreichen „Gorges", tief eingeschnittene, teilweise nur wenige Meter breite Felsschluchten, sind charakteristisch für die MacDonnell-Ranges, über 600 km von West nach Ost verlaufende parallele Bergkämme aus rotem Sandstein. Die Gebirgskette wurde 1860 von John McDouall Stuart entdeckt und nach Sir Richard MacDonnell, dem damaligen Gouverneur von Australien, benannt. „Es war einmal" (typischer Märchenanfang!) das Lebensgebiet der örtlichen Aborigines und der Ursprung vieler ihrer Traumzeitlegenden. Heute leben sie in einem Reservat, das wenige Kilometer hinter Glen Helen beginnt.

Gut befahrbaren Sandpisten folgend, besuchen wir zwei Tage lang verschiedene Gorges in dieser traumhaften Landschaft. Die Ormiston Gorge, nur etwa 10 km von Glen Helen entfernt, ist ein Juwel aus farbigen Felsformationen. Die im Schein der Sonne leuchtende Farbenpracht beruht auf dem unterschiedlichen Mineraliengehalt des Gesteins und ist orchestriert von zahllosen Vogelrufen. Zwischen den in verschiedensten Rottönen gehaltenen hohen Felswänden liegen im weitgehend trockenen, sandigen Flussbett noch einige vom Finke River gefüllte kleine Gewässer. An ihren Rändern stehen vereinzelt etwa 20 m hohe, stark verzweigte Bäume des Roten Eukalyptus *(Eucalyptus camaldulensis)*, hier „River Red Gum" genannt. Einige der unteren Äste sind einmal in langer Trockenperiode abgestorben und abgebrochen; ihre schwarzen Enden werden jetzt von Bienen bewohnt, die eifrig vom feuchten Ufersand Wasser holen. Der griechische Name „eukalyptos" bedeutet „wohl-behütet" und beschreibt die Blüte dieser Bäume. Sie beginnt als winzige, spitze Knospe, schwillt an, sprengt die *kalyptos*-Kappe ab und schiebt einen dichten Kranz cremefarbener Staubgefäße heraus. Nach der Bestäubung durch Insekten oder Vögel entwickelt sich in einer Kapsel die Frucht, die herausfällt und, ähnlich wie unsere Eicheln, einen leeren Fruchtbecher hinterlässt. Wir fotografieren Geologie und Botanik und machen Vogelgesangsaufnahmen. Wir beobachten ein paar Australische Schlangenhalsvögel *(Anhinga novaehollandiae)*, die vielleicht weiter drinnen in der Schlucht erfolgreich gefischt haben. Mehrere Gruppen von Spitzschopftauben *(Ocyphaps lophotes)* laufen wie zahme Vögel herum; Rosa-kakadus *(Eolophus roseicapilla)*, hier Galah genannt, sitzen auf den Bäumen und putzen sich. Ein Schwarm Zebrafinken *(Taeniopygia guttata)* pickt eifrig am Boden nach Grassamen. Viele Brillenpelikane *(Pelecanus conspicillatus)* fliegen hoch über die Schlucht. Und am Ende auf einer Sandfläche am Berghang treffen wir sogar noch einen 1½ m langen „Goanna", den Riesenwaran *(Varanus giganteus)* – abseits von den zahlreichen Besuchern, die ein Touristikunternehmen von Alice Springs hierhergeschafft hat. Viele baden im großen Wasserloch am Eingang der Schlucht. Aber wir haben kein Schwimmzeug dabei und kehren am Nachmittag zurück nach Glen Helen.

Wir fahren an der Lodge vorbei ein Stück weiter durch das trockene Flussbett des Finke River in Richtung Hermannsburg. Am Weg liegen sechs tote Esel; erschossen, *just for fun*. Zehn lebende stehen in der Nähe. Eine Stute beginnt zu rufen, andere fallen ein. Ein starker Eselchor erschallt – für die Toten? Wir haben so etwas noch nie gehört. Wir gehen eine Weile zu Fuß ins offene, leicht hügelige, baumlose Gelände. Wenig scheu grasen vor uns mehrere Rote Riesenkängurus *(Macropus rufus)*, die größten heutigen Beuteltiere. Ein noch graues Kind hoppelt neben seiner Mutter. Das hiesige Gänseblümchen *Rhodanthe floribunda* bildet vor uns weiße Blütenflächen. Eine dunkle Falltürspinne rennt zu ihrem Loch im Boden und macht über sich den mit Sand getarnten Gespinstdeckel zu. An einem gelb blühenden Busch *Cassia pleurocarpa*, einem Johannisbrotgewächs, stehen sechs prächtige braune Pferde, ein Hengst mit vier Stuten und einem Fohlen. Im tieferen Land hinter Hügeln mit grünem Grasteppich ist der große Bergzug des Kings Canyon zu erkennen.

Über uns hinweg zieht eine Wolke aus wilden Wellensittichen *(Melopsittacus undulatus)*. Der riesige Schwarm besteht aus dauermono-gamen Paaren. Ihr typisches Verhalten hat Fritz Trillmich, heute Professor in Bielefeld, als Dissertation bei mir 1976 untersucht. Die Partner eines Paares sind die meiste Zeit über nahe beieinander, füttern einander und putzen sich gegenseitig mit dem Schnabel das Kopfgefieder, dessen kleinfleckiges Farb-muster dem individuellen Erkennen des Partners dient. Um das und die Bedeutung der Futterübergaben zu beweisen, hat Fritz ein geniales „Liebe geht durch den Magen"-Experiment erdacht: Er projizierte einem unver-paarten Männchen an zwei Stellen im Wohnkäfig Bildserien von Weibchen-köpfen, aus verschiedenen Perspektiven aufgenommen. Vor den Bildern eines bestimmten Weibchens enthielt ein Schälchen Futterkörner, vor den anderen Bildern nicht. Nach einiger Zeit setzte Fritz das Männchen in eine Voliere zu anderen Wellensittichen, unter denen sich auch die Futter-anbieterin befand. Das Männchen kannte sie zwar nur von den Bildern her, suchte aber sofort ihre Nähe, und beide wurden ein Paar. Paarweise leben hier, wie in Europa, alle Papageien, Tauben, Raben-, Reiher- und Gänsevögel.

Auf der Fahrt zurück haben wir die Sonne im Rücken; sie taucht die Landschaft in herrliches Licht. Vor der sandigen Furt durch den Finke River steht jetzt ein Landrover mit offenen Türen, ein alter weißer Mann liegt darin, einen Fuß hoch an die Windschutzscheibe gereckt. Der Wirt in der Lodge kennt ihn: „Der schläft da immer seinen Rausch aus."

Am Morgen weckt uns eine Gruppe bunter Allfarbloris *(Trichoglossus haematodus)*, und wir machen uns auf den Weg zur Redbank Gorge, der letzten Schlucht vor der Grenze zum Aborigines-Reservat. Sie ist viel enger als Ormiston und wirkt ganz besonders malerisch und einladend. Das Auto stellen wir vor einer Gesteinsbarriere ab und gehen im sandigen Flussbett weiter, über immer gröberes Geröll zum Eingang der Schlucht. Reste von Gras hängen oben in verschiedenen Büschen, also kann das Wasser hier gut 2 m hoch stehen. Jetzt beginnt es ganz flach am Sandstrand vor den roten Steinwänden und wird zwischen ihnen knietief. Es ist ganz klar und am Grund – im Sonnenlicht gut zu erkennen – grün bewachsen. Auf der Oberfläche kreisen Scharen von Taumelkäfern. Wir scheinen allein auf der Welt zu sein, ziehen uns aus, waten im Flachen zu einem Ufervorsprung und legen alle Kleidung neben einen großen „Ghost Gum"-Baum. Wir streicheln ihm mahnend seinen glatten Stamm („Pass gut auf alles auf"); dabei bleibt an unseren Händen ein weiches, weißes Puder hängen, mit dem wir, wie es die Aborigines tun, unsere Körper bemalen könnten. Stattdessen schwimmen wir unbemalt in die Schlucht. Neben uns auf Vorsprüngen der roten Felswände turnen zwei Felskängurus *(Petrogale lateralis)*. In Gesteinsspalten nisten mehrere Paare des Graubartfalken *(Falco cenchroides)*, daneben haben sich Feigensträucher *(Ficus platypoda)* festgeklammert. Von den Seiten schallt ab und zu ein Vogelruf. An der engsten Stelle, wo sich 30 m über uns die Felswände beider Seiten fast berühren, steht oben an jeder Kante wie ein dunkelgrünes Tannenbäumchen eine Schmuckzypresse *(Callitris columellaris)*. Diese Bäumchen gibt es nur in Australien. Sie ähneln Nadelbäumen, denn anstelle von Laubblättern haben sie die feinst verzweigten Ästchen an ihren Zweigen rundum mit winzigen, schuppenförmigen Blättchen „beklebt". Bald wird uns im Wasser kalt, und wir schwimmen zurück. Als wir vor der Schlucht ein Paar mit zwei Kindern sehen, nehmen wir dezent Kurs auf unsere Kleider. Aber Mann und Kinder bleiben an Land, die junge Frau zieht sich aus und kommt ins Wasser. Also ist keine Eile vonnöten. Bald trocknet und wärmt uns alle die Sonne.

Wieder bei unserem abgestellten Auto, geht es in einem Gebüsch lebhaft zu. Eine Großfamilie von Gelbstirnschwatzvögeln *(Manorina flavigula)*, deren Junge aus der ersten Brut den Eltern bei der Aufzucht der nächsten Geschwisterbrut geholfen haben, fühlt sich gestört durch den minutenlangen Duettgesang von einem Paar Graurücken-Krähenwürgern *(Cracticus torquatus)*. Diese ernähren sich zwar auch von kleinen Vögeln und klemmen sie entweder in eine Astgabel ein oder spießen sie auf, wie es der europäische Raubwürger tut, um sie leichter zerteilen zu können, aber die zwei Sänger scheinen völlig uninteressiert am lebhaften Hin- und Hergehüpfe der Familie, die dann geschlossen abfliegt.

Früh am nächsten Tag beginnt ein samstäglicher Großputz in Glen Helen. Wir fahren zurück nach Alice. Unerwartet treffen wir nach wenigen Kilometern neben der Piste auf eine kleine Aranda-Gruppe: dunkelbraune Haut, schwarzbraunes, wirr gelocktes Haar, der Mann mit Bart, ohne jede Kleidung, um die Augen sowie von den Schultern zum Bauchnabel schmale Streifen aus aufgeklebten weißen Daunenfedern, und zwei Frauen, die ihre schweren Brüste mit Streifen und Klecksen aus roter und gelber Erdfarbe bemalt haben. Sie befinden sich, ebenso wie wir, außerhalb der in unserer Karte eingetragenen Grenze ihres Reservats. Wir können uns mit ihnen nicht verständigen, aber sie haben sich bestimmt nicht verirrt, denn die Aborigines kennen sich auch außerhalb des ihnen zugewiesenen Geländes recht gut aus.

20 km vor Alice biegen wir zur Simpsons Gap ab und laufen ein Stück weit in die Schlucht hinein. Auch hier endet der Weg an einem Wasser. Sehr hoch in einer Felswand füttern Falken ihre Jungen. Im Geröll davor hüpfen und klettern geschickt Felsenkängurus. Verstreut wachsen Mulga-Akazien *(Acacia aneura)* als Büsche oder als über 5 m hohe Bäume. Aus ihrem harten Holz fertigen die Aborigines Bumerangs, Speere und andere Werkzeuge. Wir übernachten im vornehmen Gap-Motel und fahren dann weiter nach Alice Springs.

In Alice Springs beziehen wir das bescheidene, aber hübsche Oasis Motel in der Todd Street. Alice Springs (*Mparntwe* in der Sprache der einheimischen Aranda) entstand 1872 als eine Telegraphenstation der Transaustralischen Telegrafenleitung. Verantwortlich für das Projekt war der Direktor der Postdienste, Charles Todd, der den Landvermesser William Whitfield Mills beauftragte, ein geeignetes Gelände für die Station zu suchen. Mills fand es an einem großen Teich, den er irrtümlich für eine Quelle hielt, weshalb er den Ort zu Ehren von Alice Todd, der Ehefrau seines Chefs, „Alice Springs" nannte. Die Wasserstelle ist jedoch Teil eines Flussbetts und führt nur nach schweren Regenfällen Wasser, das sich an dieser Stelle länger hält. Den Fluss nannte Mills dann, ebenfalls zu Ehren von Lady Alice Todd, „Todd River". Er entspringt 24 km nördlich von Alice Springs bei Bond Springs, führt durch das Stadtzentrum und mündet, falls sein Wasser jemals so weit reicht, in den Finke River, in dessen Quellwässern in den MacDonnell-Schluchten wir gebadet hatten.

Einer Empfehlung des Tourismusbüros folgend, fahren wir am Sonntag nach Bond Springs. Eine Gruppe der Aranda (oder Arrernte), die wir schon vom Uluru kennen, ist seit 14 Jahren hier angesiedelt. Angehörige dieses Stammes der Aborigines, leben – unterteilt in westliche, östliche, nördliche, südliche und zentrale Aranda – am Uluru, an der MacDonnell-Gebirgskette und in Alice Springs. Wie in kaum einem anderen Stamm Australiens wächst in den Aranda seit den 1960er-Jahren wieder der Stolz auf die eigene Sprache und Tradition (wie seit 1950 in Afrika in der Zulu-Bevölkerung von KwaZulu/Natal). Um das Lebensnotwendige zu beschaffen, waren für die Aranda pro Tag 5 bis 6 h erforderlich. Zwar leben sie jetzt weitgehend vom Tourismus, kehren aber immer noch für einige Monate zum nomadischen Jäger- und Sammlerdasein zurück, beschaffen wieder ein Viertel ihrer Nahrung mit Jagen und Sammeln und halten sich, wenngleich durch christliches Gedankengut beeinflusst, an die vor der Kolonialisierung und Missionierung überlieferten Riten und Mythen und leben eine Kultur mit ausgeprägtem Gemeinschaftssinn, sozialer Gleichheit, freundlicher Kindererziehung, toleranter Sexualmoral und geringer Aggressionsneigung. Sie sind nach wie vor exzellente Fährtenleser, erkennen individuelle Fußspuren von Tieren und Menschen (auch Schuhträgern) und können Fährten kilometerweit verfolgen. Uns demonstrieren einige ältere Aranda in dunkler europäischer Kleidung mit großem Ernst Alltagstätigkeiten. Zwei Frauen sitzen am Boden vor geflochtenen Windschirmen und machen Fadenspiele mit den Fingern. Zwei Männer führen Speer und Jagdbumerang vor (der nicht im Bogen zurückkehrt). Am Boden liegen Holzwerkzeuge und flache Holzschalen, daneben brennt ein kleines Feuer. In der Asche werden einige dicke, über 5 cm lange, weiße Raupen geröstet (Abb. 26.2). Die fördert Margery mit ihrem Grabstock unter einem „witchetty bush" *(Acacia kempeana)* zutage. Es sind die Larven eines nachtaktiven Schmetterlings *(Endoxyla leucomochla)*, der zur Familie der Holzbohrer (Cossidae) zählt, die es auch in Europa gibt. Die „witchetty grub"-Raupen, Engerlingen ähnlich, bohren mehrere Jahre im Holz, hier in der Akazienwurzel, und da sie für ihre Zeit als erwachsener Schmetterling vorsorgen müssen, weil sie dann keine Mundwerkzeuge mehr haben, sind sie sehr eiweißhaltig und sowohl roh als auch gegrillt essbar. Die europäischen Arten galten in der Antike bei Griechen und Römern als Delikatesse und wurden sogar mit

Abb. 26.2 Aranda-Frau „Margery" ergräbt *witchetty*-Raupen. Alice Springs, August 1983

Mehl gemästet. Die hiesigen sind in Supermärkten abgepackt als *bush food* erhältlich. Ich finde, sie schmecken wie gekochtes Ei mit Erdnuss. (Im südlichen Afrika gehören die ebenso großen Raupen des Nachtschmetterlings *Gonimbrasia belina* zu den wirtschaftlich wichtigsten Insekten; sie aus den Mopane-Wäldern zu sammeln und zu verkaufen bildet einen Wirtschaftszweig mit mehreren Millionen Euro Jahresumsatz).

Am Montag 29.8. bringt uns die „Trans Australia" in 6 h von Alice Springs ins 2500 km entfernte Brisbane, allerdings in vier Teilstrecken mit Zwischenlandungen in Mount Isa, Cairns, und Townsville. Das gibt mir Zeit, für den Kongress noch einmal zu reflektieren, warum ich so sicher war, dass die kleine Eingeborenengruppe, der wir auf der Rückfahrt von Glen Helen begegnet waren, sich nicht verlaufen hatte. Ich gehörte jahrelang zum wissenschaftlichen Beirat des Max-Planck-Instituts für Psycholinguistik in Nijmwegen und kannte die dortigen Forschungen. Ganz besonders interessierten mich die Arbeiten von Stephen Levinson, dem jüngsten der Direktoren. Er analysierte das völlig extravagante Raumverständnis eines Stammes australischer Ureinwohner, der Guugu Yimithirr. Sie hatten im April 1770 als erste Australier Kontakt mit der Mannschaft von Captain Cook, mussten unter ersten weißen Siedlern Massaker, sexuellen Missbrauch ihrer Frauen, später das jahrzehntelange Entführen ihrer Kinder über sich ergehen lassen, hatten schon einmal als ausgestorben gegolten, waren mehrmals umgesiedelt worden und leben jetzt auf der Kap-York-Halbinsel an der Nordspitze von Australien.

Zur Orientierung im Gelände unterteilen sie den 360°-Horizont in vier Abschnitte, fast identisch mit unseren vier Himmelsrichtungen Nord-Ost-Süd-West. Um die relative Lage von Orten und Gegenständen zu beschreiben, benutzen sie aber nicht die Begriffe rechts, links, vor, hinter und neben, sondern beziehen sich in Sprache und Denken auf die absoluten Himmelskoordinaten. Sie umgehen damit unser Problem der Blickrichtung: Wenn wir sagen „der Ball liegt vor dem Auto", kann er entweder – vom Sprecher aus gesehen – zwischen ihm und dem Auto liegen, oder – vom Auto aus gesehen – vor dessen Kühlerhaube. In unserem relativen Lagesystem steht zum Beispiel – von der Zimmertür her gesehen – eine Lampe hinter dem Sofa und ein Tisch links von beiden; vom Fenster aus gesehen steht jedoch das Sofa hinter der Lampe und der Tisch rechts von beiden. Im absoluten Lagesystem der Guugu Yimithirr steht die Lampe, egal von wo gesehen, nördlich vom Sofa und der Tisch im Westen. Entsprechend werden sie, um den Herd einzuschalten, den Schaltknopf nach Osten drehen. Und eine Brille haben sie „an der Südseite vom östlichen Tisch in der Wohnung" liegen lassen. Eine Farmszenerie aus Spielzeugfiguren können die Guugu Yimithirr nach kurzem Betrachten maßstabsgetreu nachbauen, indem sie Gebäuden, Bäumen, Tieren und Menschen deren Himmelskoordinaten zuweisen. Beim Erzählen und Beschreiben gestikulieren sie unwillkürlich getreu den Himmelsrichtungen. Wenn bei einem Unfall ein Auto umkippt, kippen sie illustrierend Arm und Oberkörper zur Seite, und zwar, je nachdem, an welcher Tischseite sie gerade sitzen, immer in die Himmelsrichtung, in die das Auto draußen tatsächlich gekippt ist. (Ihr ganzer Körper erlebt offenbar alles „winkelgetreu"). Stephen ließ sich erklären, wo in einem 45 km entfernten Supermarkt Fisch zu finden sei, und der Einheimische zeigte mit dem Arm in eine Richtung: „Da hinten in der Ecke in der Tiefkühltruhe." Der Arm des Sprechers wies nach Nordosten – gemeint war die nordöstliche Ecke des Supermarkts. Ein Guugu Yimithirr weiß Tag und Nacht genau, wo er sich in Bezug auf die Himmelsrichtungen befindet, ob in bekannter oder unbekannter Umgebung, ob im Freien oder in einem Gebäude. Das beruht auf einer bislang nicht verstandenen Fähigkeit, aufgrund von Bewegungsrichtung und Geschwindigkeit den eigenen Standort und die Winkel zu anderen Orten ständig näherungsweise zu errechnen (Koppelnavigation, engl. *dead reckoning*). Stephen hat (35 bis über 70 Jahre alte) Ureinwohner im Auto umhergefahren, an beliebigen Stellen angehalten (auch umgeben von Bäumen, sodass sie keine Landmarken sehen konnten) und hat sich von ihnen zeigen lassen, in welcher Richtung 50 bis 100 km entfernte Orte liegen. Sie zeigten im Mittel 13,9° genau in die richtige Richtung (Fehler <4 %). Bezeichnenderweise war der Fehler größer, wenn sie schnell gefahren waren; offenbar ist ihre Koppelnavigation an ein normal-schnelles Laufen angepasst. Wie sie Zeitabstände messen, ist aber unbekannt. Ausgestattet mit dieser ständig korrigierten Orientierung auf einer etwa $300 \times 150\,\mathrm{km}$ umfassenden „Landkarte im Kopf" musste die kleine Gruppe bei Glen Helen genau gewusst haben, wo sie war.

Stephen Levinson schilderte den Fall, dass eine Gruppe Guugu Yimithirr am Ende eines Tages zurückblickend rekonstruierte, von wo sie am Morgen gestartet waren: „Wir gingen zuerst ein kleines Stück nach Westen, dann eine lange Strecke geradeaus der Düne folgend nach Norden, dann wieder am Flussufer entlang nach Westen, überquerten den Fluss und konnten dann weiter nach Osten gehen; also sind wir ungefähr von da gestartet", und zeigten auf einen Punkt der Landkarte. Genauso machen es die Wüstenameisen in der Sahara und in Australien, wie der Züricher Zoologieprofessor Rüdiger Wehner herausfand. Die australische Wüstenameise *Melophorus bagoti* läuft beutesuchend sehr schnell in unregelmäßigem Zickzack über den Boden, misst dabei die Länge jeder Teilstrecke (zählt ihre Schritte) und zwischen den Teilstrecken die Winkel der Laufrichtungen jeweils am Polarisationsmuster des Himmelslichtes. Aus beiden Messungen errechnet sie ständig Richtung und Entfernung zu ihrem Heimatloch im Boden. Hat sie eine Beute, läuft sie auf gerader Linie dorthin zurück (Muser et al. 2005; Kohler und Wehner 2005).

27

Ökoethologen diskutieren in Australien und Deutschland

Verhalten und natürliche Umwelt ▪ Artgemäße Tierhaltung? ▪ Objekt des Tierschutzgesetzes ist der Mensch

5. September 1983, Brisbane

Auf dem Ethologen-Kongress habe ich Gelegenheit, Rolf Beilharz zu treffen, einen Kollegen, der jetzt Professor für Tierzucht und Genetik in Melbourne ist. Nachdem er vor Jahren eine Weile in Seewiesen gearbeitet hatte, war er vor 3 Jahren wieder zu uns gekommen, um auf einem Minisymposium als eingeladener Gutachter neben dem Tiersachverständigen Klaus Zeeb konkurrierende Ideen zur „artgemäßen Haltung von Hühnern unter Intensivbedingungen" zu beurteilen. Ich hatte die Sitzung am 9. April 1980 zu leiten. Zur Diskussion stand eine in der Gesellschaft konsensfähige und der gerichtlichen Nachprüfung standhaltende Rechtsverordnung über die Zulässigkeit der Käfighaltung im Rahmen des Bundestierschutzgesetzes. Tierschutzverbände halten die Käfighaltung grundsätzlich für tierquälerisch. Auch für das Frankfurter Oberlandesgericht war es Tierquälerei, auf einer Geflügelfarm 60.000 Legehennen zu viert oder gar zu fünft in Drahtkäfigen zu halten.

Ein erster Versuch, zu einem von Züchtern und Ethologen einvernehmlich abgegebenen wissenschaftlichen Gutachten über die Zulässigkeit der Käfighaltung zu kommen, war 1974 am Votum von Professor Paul Leyhausen und seiner Mitstreiter („in hohem Ausmaß tierquälerisch") gescheitert. Dann hatte die Bundesregierung 1975 ein großes, von Horst Stern angeregtes Forschungsvorhaben gestartet. Im Celler Institut für Kleintierzucht der Bundesforschungsanstalt für Landwirtschaft begannen 1976 vergleichende Untersuchungen an „Legehennen in unterschied-

© Springer-Verlag GmbH Deutschland, ein Teil von Springer Nature 2020
W. Wickler, *Reisenotizen,* https://doi.org/10.1007/978-3-662-61996-4_27

lichen Haltungssystemen (Auslauf-, Boden- und Käfighaltung)". Jeweils 288 Hennen pro Haltungssystem sollten in acht Beobachtungsperioden zu je einem Vierteljahr unter Videokamera in ihrem Verhalten auf der grünen Wiese, unterm Hallendach auf dem Einstreuboden und im engen Käfig verglichen werden, und zwar auf Häufigkeit und Dauer von Verhaltensweisen zu Nahrungsaufnahme, Ruhe, Sozialbeziehungen und Körperpflege (z. B. Sandbaden). Einige Fachleute sahen das als humanen Ansatz zur Lösung eines aus wirtschaftlichen und politischen Zwängen entstandenen Problems, andere aber als eine neuerliche scheußliche Manipulation der Tiere. Wissenschaftliche Meinungsverschiedenheiten und persönliche Animositäten führten schließlich zum vorzeitigen Abbruch des Projekts.

Verhaltensforscher hatten intuitiv aus ihren Beobachtungen gefordert, bei artgerechter Haltung müssten Hühner in angeborener Weise nach Futter scharren, sandbaden und eine Rangordnung erstellen können. Und das Celler Forschungsprojekt erbrachte immerhin aus 28 erfassten Verhaltensmerkmalen tatsächlich drei, deren Häufigkeiten sich in Käfig, Bodenhaltung und Freiland statistisch unterschieden: Bodenscharren, Gedrängeltwerden und Einander-Hacken. Körperliche und hormonelle Unterschiede fand man nicht, also keine Hinweise darauf, ob die Tiere sich hier wie da gestresst fühlten.

Im Juli dieses Jahres diskutierten Ethologen bei einem internationalen Fachgespräch im englischen Oxford, „ob ein Tier wohl dadurch gestresst sein könne, dass es etwas nicht bekommt, was es gar nicht kennt". In Seewiesen hatte Eberhard Curio gezeigt, dass nestjunge Singvögel (z. B. Gimpel), denen man tagelang keine Gelegenheit zum Wasserbaden gibt, schließlich nie mehr ein Wasserbad nehmen, so als sei ihr Badetrieb verkümmert. Angesichts dessen konnte das 1978 von Konrad Lorenz in der amerikanischen Ausgabe seines Lehrbuchs (Lorenz 1981) abgeänderte „psychohydraulische" Triebstau-Paradigma einsichtig machen, dass der dem Huhn angeborene Trieb zum Sandbaden in einem Batteriehuhn, das keinen Sand zum Baden zu sehen bekäme, möglicherweise nicht frustriert sei. Vielleicht leiden solche insgesamt gesunden Hennen gar nicht. Ich gab in „Sieben Thesen zum Tierschutz" zu bedenken, frühe Erfahrungen und Prägungsvorgänge könnten das Wohlbefinden von Tieren beeinflussen und – ähnlich wie die „Massenkäfighaltung" von Menschen in Großstädten – das Lebewesen seiner Umwelt statt die Umwelt dem Lebewesen anpassen.

„Die ökologische Anpassung als ethologisches Problem" (1959) und „Soziales Verhalten als ökologische Anpassung" (1970) hatte ich schon mehrmals behandelt; „Verhalten und Umwelt" (1972) beeinflussen sich wechselseitig. Aus meinen jährlichen Besuchen als Mitglied des *Scientific*

Council am Serengeti Research Institute kannte ich die verhaltens-ökologischen Studien von Richard Estes über das Weißschwanzgnu *(Connochaetes taurinus)*. In der Serengeti ziehen mehr als zwei Millionen dieser Antilopen zwischen Regen- und Trockenzeit vom Süden des National-parks nach Norden ins Massai-Mara-Gebiet in Kenia und zurück, insgesamt über 600 km. Im Ngorongoro-Krater mit ständigem Nahrungsangebot ist Wandern überflüssig, die Population ist ganzjährig stationär, und die adulten Männchen halten ständig ein wenige Quadratmeter großes Revier besetzt – wie einen Käfig ohne Zaun. Es muss also auch für die Beurteilung einer artgemäßen Haltung von Nutztieren unter Intensivbedingungen nicht unbedingt relevant sein, „dass alle Verhaltensweisen gezeigt werden, die unter anderen Haltungsbedingungen oder bei der Spezies im Freileben zu sehen sind", wie es im Protokoll unserer Seewiesen-Sitzung heißt. „Nicht freilandgemäß" ist nicht gleichbedeutend mit „nicht artgemäß".

Das Interesse von Rolf Beilharz richtet sich auf genetisch bedingte Ver-haltensunterschiede an Zuchtrassen von Haus- und Versuchstieren, die an verschiedene Umweltbedingungen angepasst sind und sich möglicherweise an bestimmte Haltungsbedingungen anpassen lassen. Wenn man Rassen und Stämme durch Züchten herstellt – kann dann eine andere Umwelt für sie angemessener sein als die, in der sie entstanden? Ist „artgemäß" dann noch eine vernünftige Kategorie?

Hier in Brisbane sind wir uns nun immer noch darin einig, dass auch auf diesem begrifflichen Wege das Tierschutzproblem um „artspezifisches Verhalten und artgerechte Haltung von Tieren" nicht zu lösen ist. Wir bestätigen vielmehr, was schon 3 Jahre zuvor im Protokoll des Seewiesener Minisymposiums festgehalten worden war:

- Objekt des Tierschutzgesetzes ist nicht das Tier, sondern der Mensch.
- Tierschutz ist ein ethisches, kein naturwissenschaftliches Problem.
- Messgrößen für Kompromisse zwischen wirtschaftlichen und ethischen Ansprüchen des Menschen an die Tierhaltung zu bewerten ist nicht Sache naturwissenschaftlicher Forschung, sondern der Politik.
- Tierschützern, die den Schutz des Tieres um seiner selbst willen ver-langen, geht es nicht um die Interessen des Tieres, die der Mensch meist gar nicht kennt, sondern um menschliche Interessen am Tier (z. B. seine Erhaltung für künftige Generationen).

Oder, wie bereits die Pythagoreer, die jüdische Kabbala und Thomas von Aquin argumentieren, die Sorge für das Wohlergehen der Tiere dient letzt-lich der „Erziehung des Menschen zur Humanität, damit man sich nicht daran gewöhne und grausam gegen Menschen werde". Etwas Besseres als nach humanen Richtlinien behandelt zu werden kann einem Tier kaum widerfahren. Der Mensch kann viele Tiere aus ihrer normalen Umwelt nehmen und in Gefangenschaft so halten, dass sie gesünder und länger leben und mehr Nachkommen hinterlassen als ihre freilebenden Artgenossen.

Was Tiere einander in der Natur artgemäß antun, ist nicht Vorbild dafür, was Menschen ihnen unter dem Siegel „artgemäß" antun dürfen oder sollen. Unter natürlichen Bedingungen, in menschenfreier Natur, legen Schreiadler *(Aquila pomarina)*, Kaffernadler *(A. verreauxii)*, Kronenadler *(Stephanoaetus coronatus)* und Bartgeier *(Gypaetus barbatus)* zwei Eier im Abstand von wenigen Tagen, beginnen das Brüten mit dem ersten Ei, und in entsprechendem zeitlichem Abstand schlüpfen die Jungen. Sobald das zweite Junge schlüpft, beginnen Attacken des älteren auf das jüngere Geschwister, das nur wenige Tage überlebt. Die Altvögel behindern diesen „Kainismus" nicht; und selbst wenn sie den jüngeren Nestling füttern, setzt der ältere Jungvogel seine (an Kain und Abel erinnernden) Attacken fort. In einem neuen Schreiadler-Auswilderungsmanagement wird nun das zweite Jungadler-Ei dem Horst entnommen, außerhalb des Horstes fertig bebrütet und der zweite Jungadler extern aufgezogen. Das geschieht nicht Adler-artgemäß, sondern Menschen-artgemäß. Diese unnatürliche Tierpflege bleibt selbstverständlich ohne Strafe. Ebenso unbestraft bleibt allerdings auch die häufige falsche Pflege von Haus- und Spieltieren in der Familie, worunter vor allem exotische Tiere leiden.

Der Tierschutz strebt danach, „den Erfordernissen des Wohlergehens der Tiere als fühlende Wesen in vollem Umfang Rechnung zu tragen" und ihnen Leiden zu ersparen. Der Schutz beschränkt sich aber weitgehend auf Wirbeltiere. Es wird schon selten diskutiert, wie sehr Millionen von Fischen leiden, die aus Fischernetzen geholt werden und an Bord sterben. Wie leidensfähig wirbellose Tiere sind, ist unbekannt. Man kann es auf die einfache Formel bringen, dass diejenigen Tiere am meisten leiden können, die wir am meisten leiden können.

28

In Neuguinea

**Varirata-Nationalpark ▪ Paradiesvögel ▪ Berückend
schöne Landschaften im Hochland um Mount
Hagen ▪ Kleine und große Märkte ▪ Volk der
Mdelpa ▪ Kleidung und Körperschmuck ▪ Ein
Brautkauf-*singsing* bei Minj ▪ Penisfutterale der
Naturvölker, Braguette der Landsknechte,
Schamkapseln der Ritter**

17. September 1983, Port Moresby

Im Flughafen von Port Moresby schreiben meine Kollegin Uta Seibt und ich
die letzten Aufzeichnungen unserer Handkassettenrekorder in Notizbücher.
Wir hatten im 25 km entfernten Varirata-Nationalpark die ersten zoologischen Neuguinea-Attraktionen erlebt: Einen Talegalla-Hahn *(Aepypodius
arfakianus),* der sich an seinem Nisthügel aus Sand und zusammen-
gescharrtem Blattwerk zu schaffen machte, in dem die Eier, wahrscheinlich
von mehreren Weibchen, durch Kompostierwärme ausgebrütet werden. Am
Nachmittag schallten durch den dichten Wald überall unterschiedliche, recht
laute Vogelrufe und lockten uns schließlich zu einer Gruppe hoher Bäume.
Hoch oben saßen Männchen vom Kleinen Paradiesvogel *(Paradisaea minor)*
auf waagerechten Ästen, deren Blätter sie abgerupft hatten. Vermutlich war
ein Weibchen in der Nähe, denn nach einer Weile fingen zwei, dann auch der
dritte an zu balzen, klappten mit den braunen Flügeln, hüpften zitternd hin
und her und spreizten ihre prächtigen, langen, weiß und gelb schimmernden
Schwanz- und Flankenfedern. Ein schmaler, gut markierter, aber offenbar selten benutzter Pfad am Rande einer tiefen Schlucht führte uns dann
weiter durch ein Hochplateau, dicht bewachsen von trockenem Farnkraut
mit vielen Kannenpflanzen dazwischen, die jungen hellgrün und noch
geschlossen, die alten oben rötlich mit aufgeklapptem Deckel und innen
voller toter Ameisen in der Verdauungsflüssigkeit. Versteckt in einem kleinen

© Springer-Verlag GmbH Deutschland, ein Teil von Springer Nature 2020
W. Wickler, *Reisenotizen,* https://doi.org/10.1007/978-3-662-61996-4_28

Gehölz fanden wir den Balzplatz eines Braunbauchlaubenvogel-Männchens *(Chlamydera cerviniventris)*. Der fast 30 cm große Vogel – mit schlicht bräunlich olivfarbener Oberseite und hellen Federspitzen, grauweißer Kehle und Brust, blass-zimtbrauner Unterseite – ist bekannt für seine Stimmkünste: Er kann die Rufe anderer Vogelarten ebenso nachahmen wie gluckerndes Wasser oder das Wiehern von Pferden. Wir hörten aber nur rasselnde Laute von ihm, während er seine „Laube" umhüpfte. Er blieb in der Nähe, als wir vorsichtig ihre Maße nahmen: Auf einer 1 m breiten, über 1 m langen und 30 cm dicken Plattform aus Ästchen, die kreuz und quer übereinanderlagen, hatte der Vogel im Abstand von 10 cm parallel zueinander zwei 20 cm hohe Palisadenwände aus dünnen, genau gleich hohen und dicht nebeneinander senkrecht in die Unterlage gesteckten Pflanzenstengeln errichtet. Vor diese Gasse hatte er auf die Plattform Bündelchen grüner Beeren gelegt. Alles das lockt Weibchen an, mit denen er sich dann im Laubengang paart.

Der Pfad führte uns weiter zu einem locker bewaldeten Hügel. Ein Baum trug etwa 20 m hoch ein leeres Baumhaus des hiesigen Koiari-Volkes. Dort hinauf führte in zwei Etappen eine Leiter mit weit auseinander liegenden Holzsprossen, erst zu einem schmalen Absatz und von da zum Haus. So konnte ein Teil hochgezogen werden. Der 3 m × 2 m große Hausboden wie auch die 2 m hohen Wände bestanden aus gespaltenem Bambus. Das Innere reichte ohne Zwischenboden in das mit schilfartigem Gras gedeckte Giebeldach, und in einem kleinen, nur halb abgegrenzten Raum markierten einige Steine am Boden die Feuerstelle. Das Ganze schwankte nur wenig, denn es war mit zwei langen, schräg zu einem Nachbarbaum reichenden Stämmen abgestützt.

Jetzt soll uns Air Niugini von der Küste ins Westliche Hochland nach Mount Hagen bringen. In der schwülen Abflughalle, unter zahllosen rotierenden Ventilatoren (als wolle das ganze Gebäude wegfliegen), warten mit uns viele Eingeborene, bärtige Männer, zwei Mütter, die am Fußboden ihre Säuglinge stillen, sowie ein glattrasierter Missionar mit seiner blonden, Brille und Kopftuch tragenden Frau und drei kleinen Kindern. Er gibt sieben Koffer nach Mount Hagen auf. Weiteres bunt gemischtes Gepäck und 65 Passagiere sorgen dafür, dass die Fokker F28, ein Tiefdecker mit zwei Hecktriebwerken, voll ausgelastet ist. Nach einer Stunde Flugzeit steigen wir in Mount Hagen 2000 m ü. M. aus, holen unseren Avis-Leihwagen ab und fahren zum Highlander Hotel. Es ist mit Stacheldraht umzäunt. Im Häuschen neben dem geschlossenen Tor wartet ein Wächter und mahnt, das Auto nicht draußen stehen zu lassen; es wäre am Morgen ausgeschlachtet.

Mount Hagen ist die Hauptstadt der Provinz *Western Highlands*. Wir beginnen unsere Orientierung in dem vor 2 Monaten eröffneten Museum.

Aufbauend auf deutschen Handelsinteressen hieß der nördliche Teil Neu-guineas zur Kolonialzeit 1884 „Kaiser-Wilhelms-Land", wurde 1921 australisches Mandatsgebiet und 1975 als Papua-Neuguinea unabhängig. Australische Goldsucher hatten erst 1933 entdeckt, dass das hiesige Hoch-land von einheimischen Papua bewohnt ist. Denen wurde in den folgenden 50 Jahren eine rasante Weiterentwicklung, eine der heftigsten Umstellungen der Welt abverlangt. Drei Generationen ist das her. Die Stadt begann 1934 mit dem Bau einer Landebahn „Mogei drome" durch die Brüder Leahy. Drumherum wuchs dann die spätere Stadt Mount Hagen, heute mit Golfplatz, Hospital, Highschool und mehreren Kirchen. Das Highlander Hotel liegt oberhalb der Stadt. 700 bis 860 verschiedene Sprachen liefern Papua-Neuguinea die größte Sprachenvielfalt der Welt. Verkehrssprachen sind Englisch als Amtssprache und das Neuguinea-Pidgin *Tok Pisin;* ein Bei-spiel: „*Yu noken makim nois plis"* („you no can make noise please") = „bitte nicht stören".

Einer der vier kleinen Räume des Museums ist als traditionelles recht-eckiges „*Woman House"* eingerichtet: Am Boden in der Mitte eine Feuer-stelle, abseits davon die Kochstelle, quer durch den Raum bildet ein kniehohes Holzgitter den Nachtkäfig für Schweine; dahinter liegen die Schlafstellen der Frau und ihrer unverheirateten Töchter. Am Tür-balken hängen Schweinekiefer, an den Wänden verschieden große Bilum-Netze, angefertigt aus der inneren Rindenschicht des Papier-maulbeerbaums *(Broussonetia papyrifera)* oder aus den Luftwurzeln der *Ficus cunninghamii*-Feige. Aus den Pflanzenfasern wird von Hand, meist von Frauen, ein Faden gezwirnt, und aus diesem durch knotenloses Verschlingen mit sich selbst die Tasche in Nadelbindetechnik gearbeitet. Das Bilum ist die charakteristische Netztasche für Frauen, Männer und Kinder; benutzt wird sie zum Einkaufen und zum Transportieren von Feuerholz, Obst und Gemüse aus dem Garten, aber auch von Ferkeln, Hühnern, jungen Hunden und Babys. In kleineren, oft mit Federn, Muscheln, Samen, Hundezähnen oder Schweineschwänzen verzierten Taschen transportieren Männer ihre Werkzeuge. Frauen tragen das Bilum auf dem Rücken hängend, mit dem Träger über der Stirn. Männer tragen ihr Bilum über die Schulter oder am Gürtel. Es gibt Bilums in vielen Mustern, Farben und Größen. Design und Farben lassen oft die Herkunft aus den verschiedenen Regionen Papua-Neu-guineas erkennen.

Wir sind neugierig auf diese Menschen. Das Volk der Medlpa hier im Hochland um Mount Hagen hat angeblich eine weitgehend ursprüng-liche Lebensart beibehalten. Wir fahren in Richtung Ogelbeng – Mabuga – Baiyer River, vorbei an einer Mission mit Kirche und Radiostation. Auf der groben Schotterstraße sind viele Menschen barfuß unterwegs. Frauen schleppen im Bilum enorme Lasten; ein alter Mann mit Kopfschmuck aus Vogelfedern trägt auf der Schulter eine Steinaxt. Am Straßenrand warten Leute, dass Autos sie mitnehmen. Der Autoverkehr ist ziemlich rasant. Männer bewohnen mit ihren bis 8-jährigen Söhnen runde Häuser mit Kegeldach. Die grasgedeckten Häuser bestehen aus Holzpfosten, Baumrinde und geflochtenen Zweigen. Durch einige Dächer quillt Rauch. Zwischen den Häusern sitzt eine kartenspielende Männergruppe. Man hat Zeit; es fehlt das Terminkorsett, auch wird die Nacht nicht ausgebeutet, denn abends gibt es kein Licht.

Viele Kehren der Passstraße geben schöne Ausblicke frei auf tiefe Schluchten zwischen hohen Bergen des vulkanischen Hochlands. Die Berghänge sind dicht bewaldet, hinauf und hinab führen schmale rote Fußwege. Die Luft riecht schwer würzig, ähnlich wie Macchia. Immer wieder brennt es neben kleinen Bananenplantagen mit oder ohne Hütte. Nach einigen einspurigen schmalen Holzbrücken führt die Passstraße in die Baiyer-River-Schlucht. Das meiste Grasland hier scheint ungenutzt. Viele Rinder und einige Pferde sowie eine Allee rotviolett blühender Bäume gehören zu einem *„lifestock project"*. Auf Müllhalden wühlen schwärzlich-dunkle Schweine. Hütten stehen unter 30 m hohen Bambusstauden. Wieder sind zwischen Bananenplantagen viele Leute unterwegs.

Am Fluss gibt es direkt im Primärwald einen Vogelpark mit *Dendrolagus*-Baumkängurus und überraschend vielen einheimischen Vögeln in geräumigen Käfigen und Volieren: Kasuare, Papageien *(Pseudeos, Alistrerus, Trichoglossus)*, Greifvögel, Eulen, Tauben, das Papua-Froschmaul *(Podargus papuensis)* als einzeln still und getarnt sitzende Nachtschwalbe und selbstverständlich Paradiesvögel *(Manucodia, Astrapia, Paradisaea, Diphyllodes, Lophorina)*. Einige Volieren sind brüchig, und die Insassen halten sich nahebei im Wald auf, so die großen Edelpapageien *Eclectus roratus* (Männchen grün, Weibchen rot). Mich beeindruckt ein Männchen vom Strahlenparadiesvogel *Parotia carolae*. Es hat am Hinterkopf sechs lange Federstrahlen mit einer kleinen schwarzen rundlichen Endflagge. Die in mehreren Farben schillernden Körperfedern kann es im Balztanz wie einen Ballettrock abspreizen. Hier aber vollführt es ein Farbenspiel mit seinen kurzen Scheitelfedern, die oben dunkel sind, wenn aufgestellt innen aber goldorange glänzen. Und das läuft als goldene Welle von vorn nach hinten über den Kopf. Kleine und größere Felder bleiben kurz stehen. Statt zu singen, bietet das Männchen mit gesenkter Stirn dem Weibchen ein lautloses Goldfarbenspiel dar.

Immer wieder treffen wir auf kleine Märkte mit Früchten, Gemüsen, wenigen Kunden und vielen Anbietern, die herumsitzen und sich unterhalten. Offensichtlich sind es Nachrichtenplätze, wie wir sie schon aus den Anden kennen. Das Schlimmste, was da passieren kann, wäre ein Tourist, der einem Anbieter auf einen Schlag das ganze Sortiment abkauft: Womit soll der dann noch ein Gespräch beginnen und Neuigkeiten erfahren?

Besonders beeindruckt uns, wie überall in den Tropen, der bunte große Markt in Mount Hagen. Angeboten wird viel Obst, allerlei uns fremdes Grüngemüse, viele Wurzeln, Zuckerrohr, gebündeltes Farnkraut, paketweise hartes Holz, auf Papier oder Plastik aufgehäufte Erdnüsse, graues Salz, Ingwer, Kartoffeln; etwas abseits warten Hühner in Gitterkäfigen und an einem Vorderlauf festgebundene Schweine. Auf Gras ausgelegt sind bunte Stoffe, grellfarbige Wolle und Nylonfasern, bündelweise Tierwolle, Kinderkleidchen und T-Shirts mit Aufdruck „Jesus – my friend“. Die Verkäufer daneben rauchen selbstgedrehte Zigaretten und suchen einander das dunkle Kraushaar nach Läusen ab. Jede Frau hat ihr Bilum bei sich, viele sind im Gesicht bemalt. Mütter stillen ihre Kinder. Manche Frauen in bunten Blusen und Wickelröcken tragen in der Hand einen schwarzen Regenschirm.

Frauen auf dem Land tragen den Oberkörper meist unbedeckt und einen kurzen Schurz, vorn schmal, hinten breiter, aus getrocknetem Kunia-Gras (Imperata cylindrica), das bis zu 3 m hoch wächst. Auch sie haben fast immer ein Bilum bei sich. Männer tragen Bart, einen Fantasiekopfschmuck und gehen in hüftlangem Oberhemd, selten mit Jacke. Statt einer Hose hängt an einem breiten Rindengürtel vorn ein knielanges Gewebestück als Schurz und hinten, die Pospalte verdeckend, das typische „asgras“, ein Bündel aus schmalen Blättern der Keulenlilie Cordyline terminalis. Sie zählt zu den Spargelgewächsen und gilt im ganzen Pazifikraum als sakrale Pflanze. Kinder laufen und spielen ganz nackt, Jungen auch weit weg vom Dorf, Mädchen bleiben wohl in der Nähe der Mutter.

Einige Male sehen wir hellhäutige, blondhaarige Albinos. Nur selten und fernab der Stadt begegnen wir Männern, die noch nach alter Tradition nackt gehen und außer einem Bündel asgras lediglich den Penis in einer länglichen, mit einer Hüftschnur aufrecht gehaltenen Fruchthülse verbergen. Dieses Penisfutteral (koteka) stammt vom Flaschenkürbis Lagenaria siceraria, einer einjährigen Kletterpflanze, die zu den ältesten Kulturpflanzen der Welt zählt. Die Hülse kann zylindrisch, birnförmig oder krumm sein, verholzt im Alter, wird hellbraun und ist sehr haltbar und wasserdicht.

Auf der Rückfahrt am Abend versagen am Stadtrand von Mt. Hagen Kupplung und Gangschaltung; unser Datsun Bluebird bleibt auf der

Schotterstraße stehen, vor einem Allerweltsladen (rechts Hotdogs, links Kleider, dazwischen Nährmittel). Das Telefon im Laden gibt keinen Kontakt zum Hotel oder zu Avis oder zu Datsun (nur von 8.00 bis 16.30 Uhr). Leute sammeln sich um uns. Ein einheimischer Malaria-Kontrolleur warnt, das Auto stehen zu lassen, es wäre morgen ausgeschlachtet; besser es vor die Polizeistation schieben. Viele wollen dabei helfen. Ein kleiner, weiß gekleideter Filipino bittet uns, mal die Motorhaube zu öffnen: Motor läuft? – ist ganz einfach *„nix fluid in hydraulic gears. Germans and Filipinos good friends"*. Er, Cleto Dalangin, ist der Mann von der Frau im Laden mit dem Telefon; sie hat ihn geschickt. Sie macht den Laden, er ist *teacher for automechanic.* Er lässt seinen Boy bei Uta und Auto, nimmt mich mit zum Laden und mit seinem Wagen zur Tankstelle (bis 22 Uhr offen), *fluid* für 2,90 Kina reicht; er macht große Schau, nimmt noch zwei Eingeborene mit *(„my friends will do it"),* die füllen richtig etwas *fluid* ein, und alles geht wieder. Händeschütteln, danke, *no baksheesh,* wir fahren zum Hotel.

Am Samstag (24.9.) sind wir in südwestlicher Richtung nach Tógoba unterwegs. An der Brücke über den Kaugel, der Grenze zu den Southern Highlands, ist im Hintergrund einer herrlichen Landschaft mit weiten Talblicken der 3765 m hohe Mt.-Hagen-Vulkan zu sehen. Wolken quellen über steile Berge. Auch hier sind viele Leute zu Fuß unterwegs. Ein kleines, rotweißes, auf Ständern montiertes Holzhäuschen abseits der Schotterstraße erinnert mit zwei Totenschädeln an verstorbene Ahnen. Die Papuas glauben – wie die christlichen Missionare – an gute Geister oben und böse unten; und sie verstehen deshalb nicht, weshalb man Tote nach unten eingraben sollte. Sie legen ihre Toten auf hohe Gestelle und bringen die restlichen Knochen später in solchen Hüttchen oder in Felsnischen unter. Tote im Verkehr und bei Stammesfehden sind nichts Ungewöhnliches.

Vorbei an Teefeldern und Kaffeeplantagen mit Grenzen aus Nadelbäumen kommen wir ab Kaupena auf eine bessere Straße, die hinauf bis in die Wolken führt. Eine Polizeikontrolle prüft meinen Führerschein. Kurz hinter Kisenepoi liegt am Straßenrand in Mengen zu Hauswandmatten aufgerolltes Schilf. Eine nur mit schmalem Hüfttuch bekleidete Frau wäscht in einem Bergbach Wäsche; ihr Kind hascht nach der entgleitenden Seife. Zwei junge Männer gehen mit Katapult-Steinschleudern auf Vogeljagd, ein bärtiger Mann schiebt an einer 3 m langen Stange ein Schiebespielzeug mit zwei Rollen vor sich her. Als wir in den Wolkennebel geraten, kehren wir um. Am Nachmittag nehmen wir eine üble Schotterstraße nach Osten, Richtung Goroka. Viele der Fußgänger kauen im Laufen Zuckerrohr; sie reißen mit den Zähnen Fetzen von dicken Halmstücken. Einige Frauen tragen geviertelte Schweine auf dem Kopf, andere führen am Vorderbein angeleinte Schweine mit sich. Hinter einer Kurve 2 km vor Minj haben wir plötzlich eine bunte Versammlung von Eingeborenen vor uns. Sie haben uns natürlich längst kommen gehört und sich empfangsbereit aufgestellt. Dominante Figur ist ein großer, stämmiger, nackter Mann. Arme, Beine und der ganze Körper sind mit Schweinefett und Grasasche schwarz gefärbt, am Gürtel hängt vorn, braun und grau gestreift, ein langer Schurz aus Bettwäsche, hinten ein dickes Büschel Asgras. Im schwarzen Gesicht sind nur die roten Lippen und ein roter Fleck über der Nase zu erkennen. Aus dem fantasievollen Kopfschmuck ragen zwei große, weiße Vogelflügel. Mit der rechten Hand schwingt er eine Axt. Im ersten Moment fällt mir ein, was uns Daniel Gajdusek in Seewiesen von den Fore aus dem Hochland am Lamari-River erzählt hat. Ihre Frauen und Kinder verzehrten in einem rituellen Kannibalismus die Gehirne verstorbener Stammesgenossen und infizierten sich dabei, wie Gajdusek entdeckte, mit der unheilbaren Nervenkrankheit Kuru. Gajdusek bekam dafür den Nobelpreis, und der Gehirn-Kannibalismus wurde von der Regierung verboten. Die Gruppe vor uns sieht aber nicht nach Kannibalen aus, auch nicht nach Wegelagerern. Etwa 40 Personen bilden zwei offenbar freundlich gestimmte Gruppen, eine in Alltagskleidung, die andere herausgeputzt: Die bärtigen Männer mit Bettwäsche-Schurz und Asgras, den Kopf geschmückt mit Fell und Federn, die Gesichter weiß und rot bemalt. (Die rote Farbe stammt aus der fleischigen Hülle um die Samen des Annatto-Strauchs *Bixa orellana*). Die Frauen tragen kurze oder lange Schurze aus verschiedenen Pflanzenfasern, haben rote und weiße Farbflecken auf Stirn, Nase und Wangen, tragen Kräuter- und Federschmuck im Haar, ein Bündel Grünzeug um die Oberarme gebunden, am Hals eine große, weiße, halbmondförmige Schale der Kina-Muschel *(Pinctada maxima),* und zwischen den kräftigen, betont frei getragenen Brüsten hängt ein langer Fellstreifen vom Kuskus, einer Kletterbeutlerart *(Phalanger)* (Abb. 28.1). Die geschmückten Männer haben etwa 10 m hohe Bambusstangen aufgestellt, insgesamt neun Stück. Alle sind an den Knotenstellen mit mehreren Kina-Geldscheinen bestückt. Die Festversammlung (ein „singsing") dient offenbar der Vorbereitung einer Hochzeit. Dazu gehört das Austauschen von Gaben beider Familien; die höheren Aufwendungen hat die Familie des Bräutigams. Hier bietet seine festlich geschmückte Familie Geld an. Wie zu sehen ist, kostet eine Frau wortbildlich „'ne Stange Geld", in unserer Währung etwa 8000 €. In „Pot Mosby" kostet eine vollbusige Motu-Frau bis 30.000 €. Entsprechend verschuldet sich der Bräutigam bei seinen Blutsverwandten. Wir steigen aus. Uta heftet unter großem Hallo mehrere Kina-Scheine an eine der Stangen, wird umringt, umtanzt und kriegt vom Schwarzen Mann einigen Ruß ab.

Das „Singsing" vor der Hochzeit ist eine der vielen traditionellen „Moka"-Zeremonien, auf denen Wertgegenstände (Schweine, Muscheln, neuerdings Geldscheine) ausgetauscht werden: Ein Mann beschenkt einen anderen und bekommt von ihm ein etwas größeres Geschenk zurück. Die eskalierende Geschenkpartnerschaft hält lebenslang und kann beiden hohes gesellschaftliches Ansehen als *„big men"* bringen. Sie können viele weitere *moka*-Partnerschaften arrangieren und so, ohne persönlich reich zu werden, die Gemeinschaft vernetzen, zumal man sich für teure Geschenke bei Verwandten verschuldet. Für Moka-Feste werden die Körper jeder Gruppe auf eigene Weise einheitlich festlich geschmückt und in Gruppentänzen zur Geltung gebracht. Das soll einen Ersatz bieten für die bisher häufigen bewaffneten Gruppenkriege.

Das gilt insbesondere für das jährliche Folklorefest der Kulturen, auf dem über hundert Clans aus allen Teilen des Landes zum besseren gegenseitigen Verständnis ihre kulturellen Besonderheiten in Musik, Tänzen und Ritualen vorführen. Es findet jeweils an einem Wochenende um den 16. September (dem Unabhängigkeitstag) statt. Die Idee stammt von Missionaren und australischen Verwaltern, um die gefährliche Aggressionslust der Papuas zu kanalisieren. Im Hotel bekommen wir eine reichhaltige Bilderausstellung von

Abb. 28.1 Brautkauf-*singsing* der Medlpa. Bei Minj, September 1983

der letzten *Highlander Cultural Show* zu sehen. Da wetteifern die Gruppen vor allem um die fantasievollsten Masken und Gesichtsbemalungen, um den exotischsten Kopf- und Körperschmuck aus Paradiesvogelfedern, Muscheln, Sämereien und Pflanzenteilen; Männer haben Eberhauer durchs Nasenseptum gesteckt. Andere, traditionell weitgehend nackte Männer, demonstrieren drohend geschwungene Steinäxte und stolz ihre kurzen bis meterlangen, mit einer Schnur um Hüfte oder Hals aufrechtgehaltenen *horim*-Penisköcher. Sie symbolisieren eine übertriebene Erektion, im Widerspruch zur verschämt-anthropologischen Bezeichnung „Phallokrypt". Immer wird nur der Penis geschmückt oder umhüllt; das Skrotum bleibt stets normal sichtbar.

Penisfutterale kennen wir auch von einigen afrikanischen Eingeborenenvölkern. In Südafrika sahen wir Männer – der Xhosa in der Transkei, der Zulu in Swasiland und Natal – mit einer auf die Spitze des Penis aufgesetzten Kappe. Sie kann aus Leder sein, aus Gras oder Bananenblattstreifen geflochten oder einfach eine farblich kontrastierende Kalebasse passender Größe. Die um 1770 für alle Nguni-sprechenden Bantuvölker typischen Peniskappen sind mancherorts auf dem Lande noch heute üblich und werden zuweilen unter europäischer kurzer Hose oder unter einem Schurz getragen. Dabei geht es nicht darum, den Penis, sondern nur die Eichel zu verbergen. Bei den Turkana lernten wir, dass ein nackt arbeitender Mann als bekleidet gilt, solange die Vorhaut die Eichel verdeckt. Bis etwa 1950 gingen auch Zulumänner gelegentlich nackt und waren mit der Peniskappe (*umNcedo;* plural: *abaNcedo*) ordentlich gekleidet. Zusätzlich mit Perlen oder Kupferdraht verziert, gilt das *umNcedo* als Statuskennzeichen. Ein aus Holz, Nashorn oder Elfenbein geschnitztes, mit geometrischen Zeichen geschmücktes *umNcedo* wurde wie ein kostbares Juwel öffentlich zur Schau getragen. Der Swasi-König ging in einer offiziellen Zeremonie nur mit einer glänzend weißen Peniskappe bekleidet zu den Frauen und Männer seines Volkes (Shaw und van Warmelo 1988).

Penisschmuck gab es auch in Europa. Im 14. Jahrhundert trug man zum Wams eine enganliegende Hose, die aus praktischen Gründen eine Klappe hatte, den Hosenlatz. Der wurde im 15. Jahrhundert größer und dekorativer zur „Braguette" gestaltet und farblich von der Hose abgehoben, um das Geschlechtsteil zu betonen und den Blick darauf zu lenken. Insbesondere Geistliche nahmen (in Nürnberg um 1480) mit Entsetzen zur Kenntnis, dass „unter etlichen Mannspersonen eine unzüchtige und schändliche Gewohnheit entstanden ist, nämlich dass sie ihre Lätze an den Hosen ohne Not vergrößern lassen und dieselben bei Tänzen und andernorts vor ehrbaren Frauen und Jungfrauen ohne Scham bloß und unbedeckt tragen".

Typisch war das im 15. und 16. Jahrhundert für die bunte, in vieler Hinsicht übermütige Mode der Landsknechte, die den deutlich betonten Hosenlatz an kurzen, weiten Hosen zusätzlich ausstopften.

Weil Landsknechte, die als Söldner zu Fuß mit der Pike kämpften („Pikeniere"), in die ungeschützten Genitalien zu stechen suchten, entstand um 1520 am Harnisch der Ritter als schützender Rüstungsbauteil ein „Gliedschirm" aus geschlagenem Eisenblech. Die adelige Mode um 1550 übernahm die „Schamkapsel", statt aus Eisenblech aus verstärkten Textilien in Verbindung mit dem darunter getragenen Kleide gebildet, zur gewöhnlichen Alltagskleidung. Andreas Musculus wetterte 1556 gegen diesen „Hosen-Teuffel", der ein besonders großes Geschlechtsteil und ständige sexuelle Bereitschaft suggerierte. Eine möglichst große Schamkapsel, durch farbige Bänder geziert, wurde jedoch bald auch am Harnisch zum Symbol männlicher Potenz. Dass sie bis heute so wirkt, sieht man zum Beispiel in der Hofkirche in Innsbruck; in ihrem Hauptschiff stehen seit 1584 achtundzwanzig „schwarze Mander", überlebensgroße Bronzegussfiguren von Verwandten und Vorbildern Kaiser Maximilians I. Die Schamkapsel am 1291 gestorbenen Rudolph von Habsburg ist von Tiroler Frauenhänden goldblank gestreichelt. (Entsprechend von Männerhänden blank gestreichelt ist die rechte nackte Brust der Julia am Alten Rathaus in München). Hingegen hat man in der Michaeler-Kirche in Wien auf der Grabplatte des Herzog Georg von Liechtenstein (†1548) den auffälligen Hosenlatz abgeschliffen.

29

Nasenaffen in Zoo und Freiheit
Ein moderner Inselstaat mit vorbildlichem Zoo
▪ Soziosexualität des Nasenaffen

27. September 1983, Singapur

Zu unserer Rückreise von Mount Hagen vorgestern läutet das Glöck-chen vom Lutherischen Kirchlein eine Stunde verspätet. Erst um halb vier früh war eine ausgedehnte Hochzeitsfeier zu Ende gegangen. Der Manager schläft noch; unsere Papiere sind bei ihm im Safe. Ab 9.00 Uhr hat Mt. Hagen keinen Strom, das Hotel also auch kein Telefon. Um 10.30 Uhr kommt der Submanager ans Licht, mit Schlüsseln; wir können auschecken. Den nicht markierten Weg zum Flughafen haben wir schon vor der Hochzeit erkundet. Die Dame am Ticketschalter mit Kind auf dem Arm ist total geschafft von gestern und bewegt sich wie in Sirup; unser Ein-checken gelingt ihr in einer halben Stunde. Draußen am Flugfeld stehen angebunden Cessna-Kleinflugzeuge MAF *(Missionary Aviation Fellowship)*, seit 30 Jahren hier im Einsatz.

Unser Flugzeug (ein viermotoriger Hochdecker de Havilland Canada DHC-7) kommt über eine Stunde verspätet. Alles Gepäck muss unter und zwischen die Füße. Reihe 1 und 2 sind eng als Viererblock montiert. Zwei Papuas sitzen uns auf Tuchfühlung gegenüber; es riecht nach Haut. Wir fliegen tief, langsam und schaukelnd mit guter Bodensicht über Flüsse, Schluchten, Bergwälder, darin einige winzige Lichtungen und Landestreifen. In Port Moresby erreichen wir als letzte den Qantas-Jumbo. Gutes Bord-essen, Wein im Glas, Chor von St. Johns in Cambridge auf Kanal 8. In Brisbane werden wir und alles Gepäck sprühdesinfiziert. Nach einer halben Stunde geht es in 1½ h weiter nach Sydney. Am nächsten Mittag starten wir

© Springer-Verlag GmbH Deutschland, ein Teil von Springer Nature 2020
W. Wickler, *Reisenotizen,* https://doi.org/10.1007/978-3-662-61996-4_29

im bequemen Jumbo (400 Fluggäste) zum 6300 km entfernten Singapur. Wir fliegen quer über Australien (Simpson-Wüste und Alice Springs, kennen wir von unten), sind kurz vor Sonnenuntergang über dem Ostzipfel von Java (aus 10 km Höhe gut zu erkennen der intensiv türkisfarbige Kratersee Kawah Ijen im Ijen-Vulkankomplex), und landen 2 h später in Singapur.

Der Inselstaat Singapur, in der Straße von Malakka zwischen der Malaiischen Halbinsel im Norden und der indonesischen Insel Sumatra im Süden, ist seit 1965 eigenständig. Er besteht aus 58 kleineren, drei größeren Inseln und der Hauptinsel Pulau Ujong, die ein künstlicher Damm mit Malaysia auf dem Festland verbindet.

Singapur erscheint als ein in vieler Hinsicht vorbildlich moderner Staat. In der Stadt ist alles sehr sauber. Während die Fußgängerzonen europäischer Städte mit plattgetretenen Kaugummis gefleckt sind, stehen hier hohe Strafen auf das Ausspucken von Kaugummi; die Verwaltung erwägt gar ein Importverbot. Graffiti und jede Form von Vandalismus haben Haft- oder Prügelstrafen zur Folge. Wohltuend fällt uns die friedliche Nachbar- schaft konfessionsverschiedener Gotteshäuser auf: Hinduistische Tempel, islamische Moscheen und christliche Kirchen stehen direkt nebeneinander oder einander gegenüber. Die meisten Singapurer sind Chinesen, Malaien oder Inder; und ob Buddhisten, Christen, Moslems, Taoisten oder Hindus, sie respektieren sich als gleichberechtigt. Jeder lebt unbehelligt nach seiner Religion – freilich aufgrund staatlich gebotener ethischer Leitlinien, strenger Gesetze und starker Überwachung.

Vorbildlich gestaltet ist auch der vor 10 Jahren eröffnete Zoo. Die Tiere leben ohne Gitter in Freigehegen in möglichst natürlicher Umgebung, vom Publikum abgegrenzt durch Glasscheiben, Felsen oder tiefe, meist hinter Pflanzenwuchs versteckte Trocken- oder Wassergräben. Ich gehe nur in einen Zoo, um Tiere zu sehen, die ich nicht aus dem Freiland kenne. Hier im Zoo Singapur ist das eine Gruppe von Nasenaffen *(Nasalis larvatus)* (Abb. 29.1). Die Art, die nur auf Borneo an Flüssen nahe der Küste vor- kommt, ernährt sich von Blättern und Früchten. Nasenaffen haben eine spezielle Verdauungskammer, aus der sie schwer verdauliches Fasermaterial hochwürgen und erneut zerkauen können. Sie bilden Haremsgruppen aus einem dominanten Männchen mit bis zu sieben Weibchen und ihren Jungtieren. Die große Nase verstärkt als Resonanzkammer die männlichen Drohrufe. Kenntlich macht sich das dominante Männchen durch seine farblich gegen das graue Bauchfell abgesetzten Genitalien, indem es den aufgerichteten brandroten Phallus mit schwarzem Hodensack zwischen gespreizten Knien demonstriert. Wechselt das Haremsmännchen, kann der Nachfolger den vorhandenen Babys gefährlich werden. Deshalb (um die

Abb. 29.1 Nasenaffe *(Nasalis larvatus)*, Haremsmännchen demonstriert Dominanz.
(© yusnizam/Getty Images/iStock)

Vaterschaft zu verschleiern) fordern auch Schwangere zu Kopulationen auf, indem sie ihr Hinterteil dem Männchen zukehren und mit geschürzten Lippen den Kopf hin und her wenden. Weibchen werden mit 5 Jahren geschlechtsreif und zeigen dann rötliche Genitalschwellungen. Häufig sieht man nichtreproduktives Aufreiten auch unter gleichgeschlechtlichen Individuen.

Jean-Yves Domalain (1972, S. 29–31) schildert Beobachtungen aus dem Freiland:

> Sie schwimmen mit ungelenken, aber offensichtlich wirkungsvollen Kraul-
> bewegungen durch die Mangrovenwurzeln. Manche entfernen sich auch
> weiter vom Ufer. Sie tauchen wie ein Stein zum Grund und erscheinen mit
> einer Krabbe wieder. Die Beute verzehren sie vorsichtig im Wasser. Sie halten
> das Tier mit den Fingerspitzen, nehmen sich einen Fuß der Krabbe nach
> dem anderen vor und spucken die harten Schalen und die Scherenspitzen
> wieder aus. Ihr Familienleben scheint genau geregelt zu sein. Und ich bin
> überrascht, wie gut sich die Tiere miteinander vertragen. Ein kleiner Ruf
> der Ermahnung genügt, und es herrscht wieder Friede. Sie bleiben ziemlich
> lange an einer Stelle, als wollten sie die Gegend von Grund auf erforschen.
> Sie bevorzugen einen bestimmten Baum, die Sonneratia, die etwa achtzig Pro-

zent ihrer Nahrung ausmacht. Im übrigen sind sie, wie ich selbst gesehen habe, Krabbenfresser, verachten aber auch kleine Krebse nicht – ich wüsste gern, wie sie sie fangen. Auch Fische, die sie in kleinen Rinnen entlang des Ufers in die Enge treiben, werden von ihnen verzehrt. Mit großem Geschick suchen sie alle Hohlräume entlang des Ufers nach ihrer Nahrung ab. Üblicherweise bleiben sie mit dem Kopf über Wasser, während ihre Hände die Schlupfwinkel abtasten. Unter Wasser dürften sie genauso vorgehen, denn sehen werden sie im Schlamm nicht sehr viel.

Es ist mir oft passiert, dass sie mich entdeckt haben. Sie sprangen dann sofort ins Wasser, um dreißig Meter weiter wieder an Land zu gehen. Manche flüchten auch in den Wald. Kaum glaubten sie aber, sich aus der Gefahrenzone entfernt zu haben, versuchten sie auf großen Umwegen, den Haupttrupp im Wasser wieder zu erreichen. Es ist erstaunlich, dass diese Tiere den Schutz des Wassers suchen, wo sie doch geradezu prädestiniert sind, sich in den Bäumen zu verstecken. Diese Vorliebe bezahlen sie des öfteren mit dem Leben, denn die Eingeborenen, die über ihre Gewohnheiten genau Bescheid wissen, treiben sie ins Wasser und töten sie dort nach Belieben. Wenn man einen Nasenaffen fängt, versucht das arme Tier nicht einmal zu fliehen oder zu beißen.

30

Religion, Gebote und Mission

Predigt zur Osternachtfeier ▪ Ägyptens Totenbücher ▪ Experimentelle Ethik in den Zehn Geboten ▪ Wettstreit abrahamitischer Religionen ▪ Mord an einem Missionar zur Verteidigung der Religionsfreiheit

21. April 1984, Ullapool

Mit meiner Frau, einer Tochter und einer zukünftigen Schwiegertochter mache ich Urlaub im schottischen Hochland. Die hügelige, heidebraune und grasige Landschaft ist geprägt von patschnasser Grasnarbe, Beständen von *Rhododendron ponticum* und vielen Moortümpeln mit Froschlaich und schon geschlüpften Kaulquappen. Alle Steinflächen sind voller Flechten in vielen Farben. Zudem wachsen überall Moose und Farne – die Gegend wäre hervorragend geeignet für ein Kryptogamen-Praktikum. Wir sind mit unserem Auto aus Deutschland unterwegs. Auf dem Weg zum Meer haben wir zum spitzbübischen Vergnügen meiner Frau ausgerechnet am Karfreitag eine Whiskybrennerei besucht und ihre Sorten probiert, haben uns dann von den Measach-Wasserfällen in der Corrieshallach-Schlucht mit dem Droma-Flüsschen unten beeindrucken lassen und sind schließlich 20 km weiter in Ullapool angekommen, einem Hafenstädtchen, das 1788 von der *British Fishery Society* gebaut wurde, um große Heringsfänge anzulanden. Auffällig an den Straßen sind hohe Eukalyptusbäume; zwar sind ihre Blätter an den Spitzen braun erfroren, aber subtropisch wirken sie dennoch. Quartier finden wir in Minizimmerchen unterm Dach *(Mind your head!)*.

Am Samstag, den 21. April, werden wir zu einem historischen Ereignis eingeladen, zur ersten Osternachtfeier seit Gründung der Stadt vor 200 Jahren. Um halb 10 am Abend versammeln sich etwa 30 Leute in einer großen, wohnlich möblierten Stube. Als Altar dient der Esstisch, eine geräumige Küchenschüssel wird zum Becken für das zu weihende

© Springer-Verlag GmbH Deutschland, ein Teil von Springer Nature 2020
W. Wickler, *Reisenotizen*, https://doi.org/10.1007/978-3-662-61996-4_30

Wasser. Gut improvisiert sind Sitzmöbel, Hauskerzen sowie zu große, helle Oberhemden für zwei kleine Messdiener. Ich kann aus jahrelanger Praxis die lateinischen Wechselgebete mit dem Priester auswendig (*„Introibo ad altare dei: ad deum, qui laetificat juventutem meam…"*), und kann den Mini-Ministranten kleine Tipps geben, was wann zu tun ist. Es ist für mich einer der eindrucksvollsten und echtesten Gottesdienste, die ich je erlebt habe. Anschließend gibt es Kaffee und Gebäck und fröhliches Gespräch.

Der Priester hat kurz und einfühlsam gepredigt: Auferstehung und ewiges Leben kann man nicht wissen, sondern nur glauben; es sind Offenbarungswahrheiten wie die Zehn Gebote. Aus denen legt er allen – nicht nur den Kindern – ans Herz, täglich zu Gott zu beten statt dem modernen Götzen Reichtum nachzulaufen. Das erste der Zehn Gebote heißt ja: „Du sollst keine anderen Götter neben mir haben", keine anderen Götter anbeten. Damit ist nicht gesagt, dass es keine anderen Götter gibt; nur verehren soll man sie nicht. In den Zehn Geboten sind drei Glaubensgebote aus göttlicher Offenbarung mit sieben Wissensgeboten aus menschlicher Erfahrung zusammengefasst. Entsprechend verteilt die bildende Kunst sie auf die beiden steinernen Mose-Tafeln. Die Gebote der zweiten Tafel findet man im Markus-Evangelium (Mk 10, 17–19) von Jesus aufgezählt: „Nicht töten, nicht ehebrechen, nicht stehlen, nicht falsches Zeugnis reden, nicht rauben, ehre Vater und Mutter."

Diese Gebote markieren die Gelegenheiten, bei denen ein Individuum sich Vorteile auf Kosten anderer verschaffen kann. Es sind die Hauptkonfliktstellen in jeglichem sozialem Miteinander und zwar, wie die biologische Freilandforschung ergibt, bei allen in Gruppen lebenden Organismen, von Bakterien bis zu Menschenaffen. Individuen aller Arten haben von Natur her die Möglichkeit, sich im Konfliktfall „altruistisch" oder „egoistisch" zu verhalten, und sie tun beides; und zwar jedes gerade so häufig, dass die erzielten Effekte unter natürlicher Selektion in einem ausgewogenen Gleichgewicht bleiben. So können zwar weder „Eigennutz" („Selbsterhaltung") noch „Gemeinnutz" („Arterhaltung") überhandnehmen, aber jedes Sozialleben bleibt gespickt mit Situationen, in denen die Individuen Vorteile für sich erlangen können, indem sie Gruppengenossen benachteiligen oder schädigen. Durch seine Abstammung aus dem Tierreich besitzt auch der Mensch diese natürliche Grundausstattung an Verhaltensweisen.

Er besitzt aber zusätzlich die Fähigkeit, regelmäßig eintretende Folgen seines Handelns vorauszusehen – zumal, wenn Beispiele Schule machen – und ein Handeln zu unterdrücken, wenn auf lange Sicht negative Folgen nicht nur für ihn selbst, sondern auch für andere zu erwarten sind. In

Kleingruppen merkt man rasch, wie sich Stehlen, Lügen oder Betrügen auf die Gemeinschaft und auf jeden in der Gemeinschaft auswirken. Wer lügt, untergräbt die Kommunikation; ein in der Gruppe bekannter Lügner oder anderweitiger Untäter wird „exkommuniziert". So entsteht eine „experimentelle Ethik": Die Wahrung der Interessen anderer erfordert freiwillige Beschränkung der eigenen individuellen Handlungswünsche. Dazu ist der Mensch in der Lage, weil er in großem Stil Erfahrungen sammeln und als Tradition bewahren und künftige Folgen momentaner Handlungen voraussehen kann. Deshalb muss er diese Folgen, will er moralisch „gut" handeln, in die Begründung für eine jede Handlung einbeziehen.

Das ist erfahrungsgemäß besonders wichtig in den sozialen Konfliktbereichen, die auf der zweiten Mose-Tafel markiert sind. Sie stammen aus der „nomadischen Zeit" des Volkes Israel um 1500 bis 1000 v. Chr. Vorlage waren die Verfehlungen in den Totenbüchern im Neuen Reich Ägyptens (um 1500 v. Chr.). Mose muss sie gekannt haben, da er in Ägypten aufgewachsen ist und ausgebildet worden war. Es gibt jedoch einen wichtigen Unterschied. Die Formulierungen im Totenbuch sind auf das bekennende Individuum bezogen: „Ich habe nicht…". In der biblischen Fassung, die Mose sich angeblich von Gott aufschreiben ließ und die im Markus-Evangelium (Mk 10, 17–19) auch Jesus zitiert, heißt es: „Du sollst nicht …". Was im Totenbuch einer Gewissenserforschung entspricht, wird in der Bibel mitsamt dem Auftrag Jesu „Geht zu allen Völkern und lehret sie" (Mt 28, 19–20) zu einem Werkzeug christlicher Mission. Und die beginnt dann ihre Arbeit regelmäßig mit dem biblisch ersten (im Talmud zweiten) Gebot, das – im Gegensatz zu den Geboten der zweiten Tafel – aus dem 8. Jahrhundert v. Chr. stammt, als das Volk Israel sich mit den im Baals-Kult zusammengefassten lokalen Gottheiten auseinandersetzen musste. Es steht deshalb auf der ersten, der „Kulttafel", und wurde mit den Sozialgeboten der zweiten Tafel zum Dekalog zusammengestellt.

Das kultische und spezifisch jüdisch-christliche Gebot gegen den Götzendienst hat – im Gegensatz zu den mit Erfahrung gestützten Sozialgeboten – keine außerbiblischen Parallelen; auch von Jesus wird es (bei Markus) nicht zitiert. Christliche Missionare freilich berufen sich hauptsächlich darauf und verbieten den „Heiden" als Erstes die Verehrung ihrer Götter und versuchen, jede vorhandene „Götzen"-Kultur zu beseitigen.

Vorbild dafür war auch Mose, der das von seinem älteren Bruder Aaron und dem Volk geschaffene Goldene Kalb zerstörte (Ex 32, 1–4). Aber nach Salomos Tod wählten im Norden seines Reiches die dortigen Stämme Israels Jerobeam I. zum König; und der macht 920 v. Chr., in Konkurrenz zum Jerusalemer Tempel im Südreich, die Städte Bet-El und Dan zu alternativen Kultstätten und lässt nun goldene Kälber als Bild des Jahwe-Gottes aufstellen und verehren (1 Kön 12,29). Wie schon bei Mose ging es um die Verehrung, nicht die Existenz anderer Götter, und so auch 640 v. Chr. zu Beginn der Sammlung und Redaktion der biblischen Schriften zu einem Gesamtwerk der Geschichte Israels unter König Joschija im Reich Juda (2 Kön 18,31). Das Bestreben, einen bildlosen JHWH als einzig erlaubten Gegenstand der Verehrung zu etablieren und die Verehrung anderer Götter oder Mächte in sichtbarer Form zu verhindern, blieb ohne langfristigen Erfolg. Figuren überwiegend der Göttin Astarte waren weiterhin privat in Gebrauch, und die auf Joschija folgenden Könige taten, „was JHWH missfiel", und kehrten zur alten Götterverehrung zurück.

Die monotheistischen Religionen der Juden, Moslems und Christen beziehen sich auf den Gott ihres gemeinsamen Stammvaters, Abraham der Israeliten in der Bibel oder Ibrahim im Koran; sie werden deshalb als „abrahamitische Religionen" bezeichnet. In der Form ihrer Ausbreitung unterscheiden sie sich jedoch stark. Jude ist, wer von einer jüdischen Frau geboren wurde; Jude-Sein ist angeboren, erblich festgelegt; der Bund mit Gott wird an männlichen Nachkommen durch die Beschneidung („Brit Mila") bestätigt. Moslem oder Christ wird man durch kulturelle Tradition und Mission. Islamische Mission zielt auf die göttliche Ordnung („Scharia") der Gesellschaft. Über das Schicksal des Individuums entscheidet Allah erst am Tag des Gerichts. Christliche Mission hingegen zielt auf das ewige Heil des Individuums, mit der Taufe als notwendiger Voraussetzung. Theoretisch wäre in einer islamischen Gesellschaft jeder individuelle religiöse Glaube möglich, sofern sich die Glaubenspraxis mit der Scharia verträgt. Islamische Mission kennt die Anwendung von Gewalt, christliche Mission soll durch belehrende Überzeugung wirken (Mt 28,19), obwohl auch da körperliche und geistige Zwänge üblich oder als unvermeidbare Kollateralschäden möglich sind.

Viele Religionen sehen sich im Kampf um ihr Dasein immer noch in einem Verdrängungswettbewerb untereinander und konkurrieren um Mitglieder. Aber jede Religion, die nur sich selbst akzeptiert und andere Religionen als Betrug wertet, wird selbst zum Betrug, wenn andere Religionen es genauso machen. Also empfiehlt sich Toleranz zwischen Religionen und ihren Anhängern. Zu einer diesbezüglich eindringlichen Mahnung wurde im November 2018 ein Geschehen im Indischen Ozean im Golf von Bengalen an der Andamanen-Insel North Sentinel. Deren Bewohner, die Sentinelesen, sind klein, dunkelhäutig, kraushaarig und gehören zu einer Menschengruppe, deren Vorfahren vor etwa 60.000 Jahren Afrika verließen, entlang der indischen Küste die Andamanen-Inseln erreichten und sich schließlich vor 26.000 Jahren dort niederließen; 2 bis 3 % ihrer Gene stammen von einer noch nicht identifizierten archaischen Menschenform. Auf den anderen Inseln des Archipels ist diese Urbevölkerung kurz nach Kontakten mit der modernen Zivilisation vollständig ausgestorben.

Auf South Andaman Island hatten 1958 mit Gewehren bewaffnete britische Beamte eine Strafkolonie gegründet (die heutige Stadt Port Blair). Sie hielten einige der ihnen feindlich begegnenden Einheimischen in sogenannten Andamanen-Häusern fest, um sie mit Alkohol und anderen Verlockungen zu konfrontieren und auf „friedlichen Verkehr mit einer höheren Rasse" einzustimmen. Wachen in den Häusern vergewaltigten die andamanischen Frauen und brachten Syphilis und andere Krankheiten in die Bevölkerung. Bald breiteten sich Epidemien aus. Von ursprünglich 5000 bis 8000 Menschen in zehn Stämmen der Süd-, Nord- und Mittleren Andamanen-Inseln waren in den 1960er Jahren nur noch 19 übrig. Der indische Staat, zu dem der Archipel gehört, siedelte die Überlebenden auf einem Inselchen namens Strait Island an. Das Volk der Jarawa in den dichten Wäldern auf Middle Andaman Island und South Andaman Island versuchte bis 1998, sich gegen Siedler zu wehren. Als es endlich die Waffen niederlegte, um mit Siedlern in friedlichen Kontakt zu treten, wurde es sofort von Lungenentzündung, Mumps, Masern und anderen Krankheiten überrollt; selbst eine normale Erkältung scheint tödlich gewesen zu sein.

Auf der knapp 60 km² großen Insel North Sentinel mit ebenfalls dichter tropischer Vegetation führen noch heute wahrscheinlich weniger als 100 Einwohner ihr ursprüngliches Leben als Jäger und Sammler. Unmissverständlich zeigen sie Fremden, dass sie von den Segnungen der Außenwelt nichts halten und in Ruhe gelassen werden wollen. 1880 war der britische Kolonialbeamte Maurice Vidal Portman als erster Europäer auf der Insel gelandet und hatte eine Jarawa-Familie verschleppt; die Eltern erkrankten und starben, die Kinder wurden auf die Insel zurückgebracht. 1974 versuchte Heinrich Harrer in Begleitung des belgischen Ex-Königs Leopold III. mit den Sentinelesen Kontakt aufzunehmen, wurde aber mit Pfeil und Bogen bedroht und zog sich zurück. 1996 erklärte Indien die Insel zum Sperrgebiet. Das Verbot, die Insel zu betreten, wird von Marine und Polizei überwacht.

1991 gelang dem Forscher Trilok Nath Pandit und seinen Kollegen ein kurzer Kontakt mit den Inselbewohnern. Einige von ihnen, nackt, mit gelber Farbe im Gesicht, manche mit Kopfschmuck, wateten ins flache Wasser und nahmen Kokosnüsse in Empfang, hielten aber zwei Armlängen Abstand. Ein Junge machte mit einem Messer klar, man solle sich dem Strand nicht weiter nähern. Zwei Fischer, deren Boot im Januar 2006 zu weit in Richtung der Insel abdriftete, wurden von den Ureinwohnern getötet, ihre Leichen an der Küste auf Bambusstäbe gespießt.

Im November 2018 lässt sich dann trotz aller Verbote der junge John Allen Chau aus den USA als Missionar der evangelikalen Missionsagentur „All Nations" mit Geschenken und einer wasserdichten Bibel heimlich von Fischern zur Insel bringen, um das Inselvolk aus „Satans letzter Festung" zu befreien und zu Jesus zu bekehren. Beim ersten Anlandeversuch wird er von bewaffneten Sentinelesen angeschrien und vertrieben; beim zweiten Versuch bedrohen sie ihn mit Pfeil und Bogen, und ein 10-jähriges Kind schießt einen Pfeil auf ihn ab, dessen Spitze im Körper stecken bleibt und ihn schließlich tötet. Bemühungen, die Leiche zu bergen, brächten ein unglaublich hohes Risiko sowohl für die Inselbewohner wie für die Besucher von außen, erklärt die britische Organisation „Survival International", die sich für den Schutz indigener Völker einsetzt. So tragisch sein Tod für seine junge Familie sein mag, tragischer wäre es gewesen, hätte er sein Ziel erreicht. Auch hier wären die Menschen an für sie unheilbaren Krankheiten gestorben und hätten, bekehrt, wohl ihr Elend dem Satan zugeschrieben. Chau hätte nicht Gott, sondern den Teufel ins Paradies gebracht. Die deutsch-mexikanische Journalistin Amrai Coen, Redakteurin der Wochenzeitung „Die ZEIT", hat die Geschichte sorgfältig mit Chaus Tagebuch recherchiert und aufgeschrieben – eine Warnung vor dem unbedarften „Gehet hin in alle Welt und lehret alle Völker" (Mt 28,19).

31

Biblische Frauen mit heiligen Bäumen

Dialekte im Tierreich ▪ Gen-Kultur-Berührungszone ▪ Eva, Isis, Aschera und Maria ▪ Krippe des Hl. Franz von Assisi ▪ Paradiesspiele und Weihnachtsbaum

19. Oktober 1984, Rothenburg

Die Betriebsleitung der Firma Henkel veranstaltet für ihren Chef eine Feier, zu der ich heute wunschgemäß einen Vortrag über Dialekte im Tierreich beisteuern kann. Ein Dialekt, eine „Mundart", ist eine Variante einer Sprache, so wie eine Rasse (oder Unterart) eine Variante einer biologischen Art ist. Einen wesentlichen Unterschied gibt es aber: Unterarten entstehen in genetischer, organischer Evolution, Mundarten in tradierter, kultureller Evolution. Organische Evolution beruht auf der Weitergabe genetischer Information bei sexueller Fortpflanzung, kulturelle Evolution beruht auf der Weitergabe kultureller, im Gehirn gespeicherter Information auf dem Wege der Tradition bei sozialem Lernen. Mit dem Wort „Tradition" kann einerseits der Vorgang der Weitergabe, das Tradieren, gemeint sein, andererseits auch das Tradierte, die als Ergebnis des Tradierens gewachsene Tradition.

Merkmale von Unterarten sind angeboren, Merkmale von Dialekten sind erlernt. Da beide Sorten von Merkmalen an denselben Individuen vorkommen, muss es eine Verbindung zwischen genetischer und kultureller Evolution geben. Diese Gen-Kultur-Berührungszone *(gene-culture interface)* ist von hohem Interesse für die Biologie, sowohl des Menschen wie der Tiere. Im Zusammenwirken können Gene das kulturelle Lernvermögen stärken; aber kulturelle Lerninhalte können den Genen schaden, wie es an Selbstmordattentätern unübersehbar ist. Wichtig ist deshalb, dass man zwischen genetisch vererbten und traditionell erlernten Merkmalen, also zwischen organischem und kulturellem Erbe, unterscheidet.

© Springer-Verlag GmbH Deutschland, ein Teil von Springer Nature 2020
W. Wickler, *Reisenotizen*, https://doi.org/10.1007/978-3-662-61996-4_31

Eine in der Verhaltensbiologie wichtige Gen-Kultur-Berührungszone ist die „Prägung", eine irreversible Form des Lernens. Dabei wird während eines meist relativ kurzen, genetisch festgelegten Zeitabschnitts (sensible Phase) eine bestimmte Verhaltensreaktion auf einen bestimmten Reiz der Umwelt in Form sensorischer und neuronaler Hirnstrukturen dauerhaft ins Verhaltens-repertoire aufgenommen, sodass diese Reaktionen nach erfolgter Prägung wie angeboren erscheinen. Prägung ist auf eine bestimmte, je nach Tierart ver-schieden lange sensible Lebensphase begrenzt, und das dabei besonders schnell und effektiv Gelernte wird auf Lebenszeit behalten. Konrad Lorenz bekam 1973 den „Nobelpreis für Physiologie oder Medizin" für seine Verdienste um die Erforschung der Prägung, genau genommen der „Objektprägung". Dabei wird eine bestimmte Verhaltensweise festgelegt zur Reaktion auf ein bestimmtes Objekt der Umgebung. Bekanntestes Beispiel ist die „Nachlaufprägung" der jungen Gänse und Enten. Kurz nach dem Schlüpfen aus dem Ei prägen sie sich das erste große Objekt, das sich bewegt, als Mutterbild ein, dem sie von da an bis zum Selbstständigwerden nachlaufen. Für männliche Stockenten wird dieses jugendliche Mutterbild zum Musterbild der Paarungspartnerin; als Küken auf irgendein Mutterobjekt geprägt, wählen sie dieses als Erwachsene hartnäckig als Sexualpartner. Prägungsobjekte werden meist optisch wahrgenommen; über chemische Reize werden aber in früher Kindheit (bestens untersucht an Säuge-tieren und Menschen) auch Nahrungsbevorzugungen festgelegt.

Ein ähnlicher, auf kurze sensible Lebensphase begrenzter und unver-änderlicher Lernprozess ist die „motorische Prägung", die einen bestimmten Bewegungsablauf für den Rest des Lebens festlegt. Klassisches Beispiel ist der Gesang vieler Vögel. Sie erwerben in einer sensiblen Jugendphase, in der sie selbst nicht singen, aber anderen Sängern zuhören, ein akustisches Soll-muster, dem sie entweder ihren eigenen Gesang später angleichen und dann nicht mehr ändern, oder den – vor allem die Weibchen – als Kennzeichen des artrichtigen Paarungspartners benutzen.

Typischerweise haben Vögel artverschiedene Gesänge. Entweder ist ihnen das Singprogramm angeboren, genetisch vererbt, oder es wird durch Prägung oder einfaches Nachahmen von Vorbildern erworben:

- Ein isoliert aufwachsender Jungvogel wird im ersten Fall den Gesang seiner biologischen Eltern produzieren, im zweiten Fall gar keinen Gesang entwickeln.
- Ein bei seinen biologischen Eltern aufwachsender Jungvogel wird in jedem Fall deren Gesang entwickeln; von artfremden Eltern aufgezogen entwickelt er entweder den angeborenen arteigenen Gesang oder über-nimmt den von seinen Stiefeltern erlernten Gesang.

Das betrifft nicht nur den von Männchen produzierten, sondern auch den von Weibchen gewünschten Gesang. Der Maskenkuhstärling *(Molothrus ater)* hat in Nordamerika zwei Unterarten, „*ater*" und „*obscurus*", deren Männchen verschieden singen. Die Weibchen singen nie, haben aber angeboren eine deutliche Vorliebe für den Gesang der Unterart, zu der sie selbst gehören. Kuhstärlinge sind Brutparasiten, hören also als Nestlinge nicht die eigenen Eltern, sondern artfremde Vögel. Maskenstärlings-Männchen entwickeln sehr verschiedene Gesänge, je nachdem, welche Vögel sie in ihrer Umgebung hörten. Nähern sie sich einem Weibchen, so werden sie gewöhnlich zunächst attackiert, es sei denn, sie äußern aus ihrem Repertoire Laute, die dem Weibchen genehm sind. Daraus lernt ein Männchen, diejenigen Elemente wegzulassen, die das Weibchen nicht mag, und äußert immer häufiger Elemente, die „sein" Weibchen belohnt. Das Männchen lernt nach Versuch und Irrtum unter Anleitung einer „Gesangslehrerin". Je spezieller die Anforderungen des Weibchens sind, desto weniger wahrscheinlich wird ein darauf eingespieltes Männchen zu einem anderen Weibchen wechseln, bei dem es sich erneut „einlernen" müsste; paarspezifisch erlernte Gesänge können so Partnertreue und Dauermonogamie zur Folge haben.

Im Normalfall, so heißt es, lernen Singvogelkinder den Gesang von den eigenen Eltern; „wie die Alten sungen, so zwitschern die Jungen". Aber das ist eine grobe Vereinfachung, die wesentliche noch ungelöste Fragen zur Gesangsentwicklung wegbügelt. Zum einen wird der Gesang auch bei Papageien und Kolibris gelernt, also nicht nur bei Singvögeln, zum anderen aber weder bei allen Singvögeln noch immer auf die gleiche Weise. Dorngrasmücken *(Sylvia communis)* und Amseln *(Turdus merula)* sind Singvögel, entwickeln den arteigenen Gesang aber auch, wenn sie im Experiment isoliert oder bei fremden Eltern aufwachsen. Buchfinken *(Fringilla coelebs)* können im ersten Lebensjahr artfremde Gesangselemente übernehmen, aber nur, wenn sie keinen arteigenen Gesang hören; sonst kopieren sie den sogar aus einem Gesangsgemisch, „erkennen" ihn also, können ihn aber nicht produzieren, ohne ihn gesungen gehört zu haben. Den Gesang (passiv) kennen lernen und ihn (aktiv) produzieren lernen, sind also zweierlei Prozesse. Das demonstrierte Masakazu Konishi (1965) noch genauer an den Männchen der amerikanischen Dachsammer *(Zonotrichia leucophrys)*. Sie speichern zwar im Alter von 2 Wochen bis 50 Tage nach dem Schlüpfen den im Experiment vom Tonband gehörten Gesang ihrer Eltern als Muster im Gehirn, müssen dann aber sich selbst dabei zuhören, wie sie das Mustervorbild in Gesang umsetzen. Sie bringen keinen Dachsammergesang zustande, wenn man sie vor dieser Übungsphase ertaubt und die begleitende Gehörkontrolle verhindert; ertaubt

man sie später, hat das auf ihr Singen keinen Einfluss mehr. Das stimmt für
lernende Jungvögel, denen man im Experiment Dachsammergesänge vor-
spielt. Gibt man sie aber, wie es Luis Baptista tat, zu Pflegeeltern einer anderen
Art, mit denen sie wie im normalen Leben interagieren können, dann lernen
sie sogar deren Gesang, und das auch noch später als im Alter von 50 Tagen
(Baptista und Petrinovich 1984). Beim Gesanglernen spielen also nicht
nur akustische Reize eine Rolle. Das ist eigentlich nicht verwunderlich, weil
viele Vögel beim Singen verschiedene Feder-, Kopf-, Flügel- oder Schwanz-
bewegungen machen, die nicht zum Hervorbringen der Töne notwendig,
aber für den Signalempfänger wahrnehmbar sind und das Singen zu einem
zusammengesetzten Kommunikationssignal machen (*composite signal*; Wickler
1978). Welche Elemente darin zusammenwirken, welche genetisch fixiert oder
gelernt und von welchen Hirnzentren gesteuert sind, ist noch nicht untersucht. Ebenso wenig untersucht ist, wie und wozu verschiedene „spottende"
Singvögel (z. B. Stare, Spottdrosseln) freiwillig Gesänge anderer Vogelarten
oder auch Umgebungsgeräusche kopieren und in ihren eigenen Gesang ein-
bauen.

Auch dabei – aber auch schon beim normalen Gesangslernen – können
sich zwischen den Populationen in einem großen Verbreitungsgebiet
einer Art kleine Unterschiede im Gesang einschleichen, die im Laufe von
Generationen zu Dialekten anwachsen. Der sozial tradierte Gesang der
meisten Singvogelarten hat eine Doppelfunktion: Mit einigen Elementen
dient er zur Abschreckung von Rivalen, mit anderen zum Anlocken von
Weibchen. Wenn diese *„sexy elements"* deutlich dialektverschieden werden,
begrenzen sie die möglichen Verpaarungen und damit die möglichen
Genmischungen auf die eigene Dialektzone, und somit geraten die Gene ins
Schlepptau der Tradition. Das kann im Extremfall zur Aufspaltung einer Art
in mehrere „kulturelle Arten" führen, die sich zuerst nur durch ihr Paarungsverhalten unterscheiden. Da dieses an Museumsexemplaren nicht mehr zu
sehen ist, sind diese „Etho-Spezies" bei Taxonomen unbeliebt, zumal solch
kryptische Artenspaltung bei allen Wirbeltierarten vorkommen kann, deren
Junge ihren Gesang von Artgenossen lernen, außer bei Singvögeln, auch
bei Papageien und einigen Kolibris, und unter Säugetieren zum Beispiel bei
Zahnwalen, zu denen Delphine, Orca und Pottwal gehören.

Vogelgesänge bilden im Tierreich die engste Parallele zu menschlichen
Sprachen und deren Dialekten. Auch die entstanden auf natürliche Weise,
beschrieben und analysiert in der vergleichenden Linguistik. Der dtv-Atlas
zur deutschen Sprache beispielsweise zeigt die unterschiedlich verlaufenden
Dialektgrenzen für Wortpaare mit gleicher Bedeutung, wie Hahn/Gockel,
Mädchen/Diandl, Brötchen/Semmel. „Junge" sagt man in Köln, Hamburg

und Berlin, „Bua" in Frankfurt, München und Wien (West-Ost-Grenze). „Tischler" sagt man in Hamburg, Berlin und Wien, „Schreiner" in Köln, Frankfurt und München (Nordwest-Südost-Grenze).

Weder die Vielfalt der Dialekte im Tierreich noch die Vielfalt der Sprachen und Dialekte beim Menschen sind nützlich als Anpassungen an irgendetwas. Sie entstehen als Zufallsprodukte, als unvermeidliche „Kopierfehler". Die sind zwar in der weiteren Entwicklung sozialer Kommunikation brauchbar, schränken aber die Kommunikationsbereiche ein. Angeblich wurde die Sprachenvielfalt dem Menschen von Gott als Strafe für den Übermut beim Turmbau zu Babel verhängt. Aber solche Ausrede versagt vor deutschen Schreibschriftvarianten (Sütterlin, Kurrent, Fraktur), die es gegenwärtigen Schülern fast unmöglich machen, in vor 50 Jahren gedruckten Büchern zu lesen.

Sprachdialekte können die Wahl der Ehepartner auch beim Menschen beeinflussen und dementsprechend genetische Folgen haben. Die Yanomama Südamerikas beispielsweise sind durch Vokabular und grammatische Regeln in sieben Dialektgruppen aufgespalten. Sie entsprechen den genetischen Unterschieden zwischen diesen Gruppen, aber die Gene sind nicht die Ursache für die Dialektaufspaltung; Blutgruppen hindern ja nicht das Erlernen irgendeines Dialekts. Eher beeinflusst der Dialekt die Partnerwahl und auf diesem Weg die Genetik. Es könnte allerdings auch sein, dass getrennte Siedlungsgebiete sowohl sprachliche wie genetische Unterschiede zur Folge hatten. Denn Menschen, die fern voneinander siedeln, entwickeln außer sprachlichen auch andere kulturelle Unterschiede und tradieren sie. Kurze Lederhosen und Wadenwollstrümpfe sind in Bayern, aber nicht in Hamburg üblich. Andererseits tragen auf dem Oktoberfest auch Japaner, Amerikaner und Italiener Lederhosen und exportieren sie zumindest als Andenken in ihre Heimat. Auch landesübliche Speisen, Techniken und Bräuche können aus ihrer Heimat in andere Weltregionen verschleppt und dort beibehalten werden. Das ist schon seit historisch langen Zeiten immer wieder geschehen. Und so kann es umgekehrt zu einem spannenden Unternehmen werden, aus heutiger Sicht zurückzuverfolgen, woher, wie und wann eine bestimmte kulturelle Eigentümlichkeit durch Tradieren an ihren gegenwärtigen Ort gelangt und dort zur festen Tradition geworden ist. Damit können wir hier gleich vor der Haustür beginnen.

Von unserem Quartier im Hotel Eisenhut sind es nur wenige Schritte zum Weihnachtsmuseum, einer ganzjährig geöffneten Dauerausstellung von kitschigem bis kunstvollem Weihnachtszubehör aller Art aus verschiedenen Jahrhunderten. Die zugehörigen Verkaufsstände machen das Museum zu einem das ganze Jahr offenen Christkindlmarkt, der zahlreiche Besucher anlockt – mich und meine Frau aber nicht zum Einkaufen, sondern weil viele Weihnachtsdekorationen und Weihnachtsbräuche auch erklärt werden. Ein Sonderbereich ist dem Tannenbaum und seinem Kugelschmuck gewidmet.

Unser weihnachtlicher Christbaum ist der jüngste von vielen heiligen Bäumen, die es in der Geschichte der Menschen gab. Einzelstehende Bäume waren für die Menschen seit alters her Heiligtümer. Nachempfunden hat das der Literaturnobelpreisträger Hermann Hesse. In seinen Betrachtungen über Bäume lässt er einen Baum sprechen:

> In mir ist ein Gedanke verborgen, ich predige die Wahrheit, ich bin Leben vom ewigen Leben. Meine Kraft ist das Vertrauen. Ich vertraue, dass Gott in mir ist.

In der Tontafelbibliothek des Assurbanipal (von 669 bis 631/627 v. Chr. König des Assyrischen Reiches) erzählt ein Anhang zum Gilgamesch-Epos, dass am Ufer des Euphrat ein kleiner Hulupubaum gewachsen war, den ein Unwetter entwurzelte und davon trieb. Die sumerische Göttin Inanna fand ihn und pflanzte ihn in ihren Garten. Wenn der Baum einmal groß genug wäre, wollte sie sich daraus ein Bett und einen Stuhl schnitzen. Als es so weit war und Inanna zu ihrem Baum kam, hatten sich im Wipfel der Anzu-Vogel (ein mythischer Drache) und in den Wurzeln die unverzauberbare Schlange Nester gebaut, und im Stamm wohnte eine junge, dunkelhäutige Geisterfrau. Sie hieß auf sumerisch „kisikil lila". In der hebräischen Überlieferung ist daraus die Gestalt der Lilith geworden. Inanna bat den Krieger Gilgamesch, den Baum zu fällen. Der erschlug die Schlange in den Wurzeln des Hulupubaumes. Als der Anzu-Vogel das sah, floh er mit seiner Brut in die Berge, das Geistermädchen floh ins Ödland. Gilgamesch fällte den Baum, und man fertigte aus dem Holz einen Thronstuhl und ein Bett für Inanna, die ihm in diesem Bett mit einer heiligen Hochzeit das Königtum bestätigte.

Die israelitischen Bibelschreiber um 700 v. Chr. verarbeiteten in der Priesterschrift, der ersten Schöpfungserzählung (Gen 2,4 f.), Elemente aus dem altbabylonischen Gilgamesch-Epos. In der Bibel ist es Gott Jahwe, der in seinen Paradiesgarten einen „Baum der Erkenntnis" pflanzt. Von diesem Baum pflückt Eva die verbotene Frucht; nach jüdischem Volksglauben ermuntert durch Lilith, der ersten Frau Adams, verführt ihn Eva, und daraufhin entdecken beide ihre Nacktheit.

Eine Göttin Isis, Nut oder Hathor im Baum ist Thema vieler ägyptischer Grabdekorationen der 18. Dynastie (1570–1293 v. Chr.). In der Grabkammer von Thutmosis III., des sechsten Königs der 18. Dynastie, zeigt die Wandmalerei (um 1425 v. Chr.) den heiligen Laubbaum „Isched", aus dessen bunten, grün belaubten Zweigen ein menschlicher Arm die schwarz hervorgehobene Brust der Isis stützt, die ihr Sohn Thutmosis mit dem Mund berührt. Das ist eine in der Natur oft zu beobachtende Urepisode. Da bei allen Säugetieren die Mutter Nahrung und Schutz spendet, flüchten viele Tier- wie Menschenkinder, wenn sie erschreckt werden oder sich fürchten, zur Mutter, drängen sich an ihre Brust und nehmen, wenn zugänglich, zur Beruhigung (nicht zur Nahrungsaufnahme) die Zitze in den Mund. Zudem vermitteln bei Primaten und manchen Raubtieren die Mütter in langer Stillzeit ihrem Nachwuchs auch lebenswichtiges Wissen (meist zum Nahrungserwerb). Allegorisch saugt man Weisheit mit der Muttermilch. Wandmalereien und Reliefs in koptischen Mönchszellen und Klosterkirchen aus dem 7./8. Jahrhundert n. Chr. greifen das ägyptische Motiv der Göttinnen Isis, Nut und Hathor als „Dea lactans" (griech. Galaktotrophousa) auf und interpretieren es christlich als „Maria lactans", die – obwohl dogmatisch nicht abgesegnet – ihrem Sohn mit ihrer Milch auch göttliche Kräfte überträgt. An die Vorstellung, dass aus einem Baum heraus Trost und Kraft übermittelt werden, erinnert ein bekanntes Weihnachtslied:

O Tannenbaum, o Tannenbaum,
dein Kleid will mich was lehren!
Die Hoffnung und Beständigkeit
gibt Trost und Kraft zu jeder Zeit.

Der älteste schriftliche Nachweis für einen Weihnachtsbaum, aufgestellt von städtischen Zünften, stammt aus dem Jahr 1521. Eine Bremer Zunftchronik von 1570 berichtet von einem kleinen Tannenbaum, der im Zunfthaus stand und mit Früchten, Nüssen und Papierblumen geschmückt war. Gläserner Christbaumschmuck in Form von Äpfeln, Früchten und Nüssen entstand um 1840 in einer Glashütte im thüringischen Lauscha. Nachdem dort 1835 das künstliche Menschenauge aus Glas in seiner modernen Form erfunden wurde, begannen die Glasbläser 1848, aus schwerem Glas auch Weihnachtskugeln herzustellen, 1860 in Rot, Blau, Silber und Gold und ab 1867 die heutigen dünnwandigen und leichteren Kugeln. Sie waren der Ersatz für rote Äpfel, mit denen jeder Weihnachtsbaum behängt wurde. So vertrat er symbolisch den Baum der Erkenntnis im Paradies. Der 24. Dezember ist nämlich in der evangelischen und römisch-katholischen Kirche auch Gedenktag an Adam und Eva. Weil im Mittelalter viele Menschen weder lesen noch schreiben konnten, ließen die Kirchen ihnen zwischen Weihnachten und dem Dreikönigsfest von wandernden Schauspielern die Geschichte von der Erschaffung der Menschen, ihrem Sündenfall und ihrer Vertreibung aus dem Paradies in Paradiesspielen vorführen. Zentrales Element dieser Aufführungen war der Baum der Erkenntnis, dargestellt durch den im Monat Dezember noch grünen Tannenbaum und, ebenfalls bedingt durch die Winterzeit, behängt mit einer heimatlichen Lagerfrucht, mit roten Kulturäpfeln. Die waren zwar weder im Paradiesgarten vorhanden, noch wachsen sie auf Tannen. Aber der botanische Name „*Malus*" für den Apfelbaum bedeutet im Lateinischen „schlecht, böse", und das passt zum Sündenfall. (Oder vielleicht doch besser andersherum: So förderlich wie Äpfel für den Körper sind, so förderlich erwies sich die im Paradies gewonnene Erkenntnis von Gut und Böse für den Geist des Menschen). Welche Frucht tatsächlich zum Paradiesbaum gehört, ist unklar. Doch seit Jahrtausenden wird in Palästina, Israel und Anatolien der Granatapfel *(Punica granatum)* kultiviert. Seine roten Früchte waren für die Männer, die Mose zur Erkundung des verheißenen Landes aussandte, Kennzeichen der Fruchtbarkeit Kanaans (Num 13,23). Im Hohen Lied schwärmt der Geliebte von der Schönheit der Frau: „Ein Lustgarten sprosst aus dir, Granatbäume mit köstlichen Früchten; dem Riss eines Granatapfels gleicht deine Schläfe"; beide gehen hinaus, um zu sehen, „ob die Granatbäume blühen"; und das Mädchen will den Geliebten „tränken mit dem Saft der Granaten". Der Granatapfel, der in der Bibel Fruchtbarkeit und Leben symbolisiert, erscheint mir als der wahrscheinlichste Kandidat für den Paradiesbaum.

Eine Stütze dafür finde ich im Rothenburger Weihnachtsmuseum auf einer Postkarte. Sie zeigt eine Miniatur aus dem *Hortus Deliciarum* („Garten der Köstlichkeiten"), der ersten Enzyklopädie, die nachweislich von einer Frau abgefasst wurde, und zwar von Herrad von Landsberg, zwischen 1167 und 1195 Äbtissin des Klosters Hohenburg auf dem Odilienberg im Elsass. Eine Kleinigkeit am linken Bildrand verweist auf die mittelalterlichen Paradiesspiele, von denen das Erste im deutschsprachigen Raum am 7. Februar 1194 in Regensburg stattgefunden hat. Wie in den *Annales Ratisponenses* vermerkt, handelte ein christliches Weltendrama ursprünglich von der Erschaffung der Engel, dem Sturz Luzifers, der Schöpfung, dem Sündenfall des Menschen und den alten Propheten. Nach 1500 wurde das komplexe Schauspiel thematisch in Anlehnung an die *Tragedia von schöpfung, fal und außtreibung Ade auß dem paradeiß* von Hans Sachs (1558) entsprechend auf die Paradiesszene vereinfacht. In einer Spielanweisung aus Luzern 1583 vollzog sich die Erschaffung Evas in einer für den Zuschauer nicht sichtbaren Grube durch Gottvater, der an entsprechender Textstelle eine Rippe aus dem Ärmel zog. Gemäß dieser Regieanweisung sieht man in der Miniatur, während Adam unter dem Lebensbaum (*„lignum vite"*) schläft, dass Gott eine Rippe aus dem Ärmel zieht und daraus Eva erschafft. Und dann nimmt er Adam beim Handgelenk und zeigt dem Paar mit dem Finger den verbotenen Baum (*„lignum scientie boni et mali");* sowohl der Lebensbaum als auch der verbotene Baum der Erkenntnis von Gut und Böse tragen unverkennbar Granatäpfel.

Die Isis im Isched-Baum in Ägypten hat als Parallele eine weibliche Baumgottheit, die in Israel von etwa 1500 v. Chr. bis zum Beginn des babylonischen Exils 597 v. Chr. kultisch verehrt wurde. Den Anfang Israels bildeten Gruppen von Halbnomaden aus Mesopotamien, Syrien und der Sinai-Halbinsel, die mit ihren Schaf- und Ziegenherden von Wasserstelle zu Wasserstelle zogen und bei ihrem saisonalen Weidewechsel um 1500 das fruchtbare Kulturland Kanaan fanden, das damals unter ägyptischer Herrschaft stand. Auch Abraham, der aus Ur am Euphrat kam, hatte um 2100 v. Chr. mit seiner Frau Sarah und allen Dienern seine Herden von einem Weideplatz zum nächsten geführt. Jede dieser Stammesgruppen hatte ihren eigenen beschützenden Gott, an den der Familienvater Bitten und Klagen richten konnte. „Vätergötter" nennt man sie deshalb. Jeder Gott hieß „El" (Kurzform von Elohim), jeweils kombiniert mit dem Namen desjenigen Sippenhauptes, dem er zuerst erschienen war. Diese Götter waren ständig bei ihrer Stammesgruppe und wanderten mit ihr, brauchten deshalb weder Tempel noch eine Vermittlung durch Priester.

Einer der Enkel Abrahams, Jakob, hatte zwölf Söhne: Ruben, Simeon, Levi, Juda, Sebulon, Issachar, Dan, Gad, Asser, Naftali, Josef und Benjamin. Sie wurden Stammväter der gleichnamigen zwölf Stämme, die sich, begünstigt durch gemeinsame Sprache und benachbarte Siedlungsgebiete, etwa um 1200 bis 1000 v. Chr. zu einem gemeinsamen Isra-El zusammenschlossen, das bis heute den Gott „El" im Namen führt. Eine Inschrift der ägyptischen Merenptah-Stele aus dem Jahr 1208 v. Chr. ist das älteste Dokument mit dem Namen „Israel". Die in den Geschichten der Stämme wirkenden Götter der Stammesväter blieben erhalten oder wurden einander angeglichen. Denn genauso wie alle anderen zeitgenössischen Völker hatten die Volksstämme von Israel zunächst kaum Schwierigkeiten damit, mehreren Göttern zu huldigen. Jeweils der oberste der örtlichen Götter trug den Titel „Baal", der zur Zeit des Propheten Elias (um 860 v. Chr.) auch für Jahwe in Gebrauch war, also für den Gott der Abraham-Sippe, der ihr den Weg gewiesen und das Land versprochen hatte. Er wurde für die eingewanderten Israelstämme zum obersten ihrer Stammesgötter.

Im fruchtbaren Land Kanaan musste man nicht länger nomadisierend Weideland suchen, sondern konnte im Zuge der „Landnahme" feste Siedlungen einrichten und Feldwirtschaft betreiben. Um 620 v. Chr. berichtet der Prophet Jeremia, es wurden „überall unter den dicht belaubten Bäumen, auf den Hügeln und auf den Bergen Opferaltäre aufgestellt", aber nicht nur für Baal Jahwe, sondern „auch Pfähle, die der Göttin Aschera geweiht sind". Wie archäologische Funde bezeugen, führten auf einer solchen heiligen Höhe einige Stufen zum gepflasterten Freiluftaltar von etwa 10 m Durchmesser. Aufgestellt waren dort ein einfacher senkrechter Stein „Mazzebe", Sinnbild für den Phallus und die Präsenz der Zeugungs-kraft einer männlichen Gottheit, und daneben ein Holzpfahl „Aschera", der den heiligen Baum der gleichnamigen weiblichen Gottheit Aschera repräsentierte. Jeremia beklagt diese Opferaltäre, beweist damit aber, dass in Israel bis ins 7. Jahrhundert v. Chr. eine göttliche Urmutter als Baumgöttin Aschera verehrt wurde, und zwar nicht nur in einem zum hölzernen Kult-pfahl stilisierten Baum, sondern auch als Pfeilerfigurine einer nährenden Göttin *(dea nutrix)* mit großen Brüsten. Auf der Sinai-Halbinsel fand man an der Karawanenstation Kuntillet ʿAdschrud, die zwischen 850 und 750 v. Chr. genutzt war, einen Vorratskrug mit der Aufschrift: „Ich habe Euch gesegnet durch JHWH und seine Aschera." Jahwe wurde als Gatte Ascheras angesehen und verehrt.

Zwar hatte Jahwe schon bei der Verkündung der Zehn Gebote Mose gewarnt (Dtn 16,21):

> Du sollst dir keine Aschera aus Holz einpflanzen neben dem Altar Jahwes, deines Gottes, den du dir errichten wirst. Und hüte dich vor den Bewohnern des Landes, in das du kommst. Ihre Altäre sollt ihr niederreißen, ihre Steinmale zerschlagen, ihre Kultpfähle umhauen.

Doch die zwei biblischen Bücher der Könige erzählen von einer zwischen Verehrung und Verdammung wechselnden Geschichte der Aschera. Bis zur Zeit Salomos opferte das Volk auch ihr an Freiluftaltären „auf den Höhen" (1 Kön 3,2). Der weise König Salomo (965–926 v. Chr.) heiratete die Tochter des Pharaos, liebte aber auch moabitische, ammonitische, edomitische, sidonische und hetitische Frauen, „die er über seinen Leib herrschen ließ", und kannte deren Götter. Als er mithilfe phönizischer Baumeister 957 v. Chr. den ersten festen Tempel in Jerusalem baute, ließ er dort unter anderen Aschera, die „Königin des Himmels" verehren. Hingegen ließ Abija, von 913 bis 911 v. Chr. König von Juda, den Holzpfahl, den seine Großmutter Maacha für Aschera aufgestellt hatte, in Stücke hauen und verbrennen. Der Prophet Hosea, der um 755 bis 710 v. Chr. (also zur Zeit der Gründung der Stadt Rom 753 v. Chr.) wirkte, versuchte mit einem Trick, dem Volk die Verehrung der Aschera auszureden. Er verkündete, Jahwe habe sich mit der offiziellen Ehescheidungsformel von Aschera scheiden lassen: „Sie ist nicht meine Frau, und ich bin nicht ihr Mann" (was die Existenz des Paares wiederum bestätigt). Dennoch stellte König Manasse (697–643 v. Chr.) sogar wieder im Tempel zu Jerusalem ein Kultbild der Aschera auf. Erst König Joschija (641–609 v. Chr.) entfernte alle Gegenstände, die für Aschera angefertigt worden waren, aus dem Tempel und wollte mit einer großen religiösen Reform alle Kulte beseitigen, die nicht Jahwe huldigten.

Das ist ihm nicht ganz gelungen. Neben Jahweh bzw. dem christlichen Vatergott rettete das gläubige Volk die ägyptische Muttergottheit Isis als weibliche Ansprechpartnerin oder Fürsprecherin in den christlichen Himmel. Ihr Weg führte über die Verschmelzung der griechischen und der ägyptischen Kultur nach Alexander dem Großen (330 v. Chr.), über die Angliederung Ägyptens an das Römische Reich (nach dem Tod Kleopatras 30 v. Chr.) und indem Kaiser Konstantin (330 n. Chr.) das Christentum erlaubte, Kaiser Theodosius I. es zur Staatsreligion des Römischen Reiches machte und 381 das Konzil von Konstantinopel einberief. Die älteste, schon 100 n. Chr. starke christliche Kirche ist die der Kopten, die als Kirchengründer den Apostel und Evangelisten Markus verehren. Der Name „Kopten" ist eine abgewandelte Form des griechischen Wortes *aigyptios* und meint zunächst nichts anderes als „Ägypter". Kopten stehen nicht nur dem Namen nach, sondern auch von ihrer Abstammung her und kulturell in der Nachfolge des alten Ägypten; im koptischen Christentum leben Elemente der pharaonischen Kultur fort. Die Kopten übernahmen die ägyptische Isis als christliche Maria und verwandelten Statuen der göttlichen Mutter Isis mit ihrem Sohn Horus in die Gottesmutter Maria mit dem Jesuskind. Aus dem uralten Isis-Kult wurde im Christentum ein rasch ausufernder Marienkult.

Der Hl. Franziskus (Franz von Assisi) erstrebte ein Leben nach dem Vorbild Jesu Christi („Imitatio Christi"). Um die Geburt des Erlösers zu verlebendigen, baute er 1223 in einer Höhle am Berghang beim Dorf Greccio den „Stall von Bethlehem" nach und feierte so die Geburt des Herrn mit lebenden Darstellern aus der bäuerlichen Umgebung, einschließlich Kleinkind in der Krippe neben Ochs und Esel. Diese von Franziskus ersonnene

Szenerie wurde zum Vorbild für die zahllosen, aus geschnitzten Figuren zusammengestellten Weihnachtskrippen, die heutzutage länderweit verbreitet unter dem Weihnachtsbaum stehen. Als Kernbestand enthalten sie die heilige Familie: Josef, das Jesuskind und die Gottesmutter Maria. Und damit ist die jahrtausendealte, traditionell wesentliche Verbindung einer göttlichen Frau mit einem bestimmten Baum wiederhergestellt.

32

Paarung und Lebendgebären bei Wirbeltieren

Institut für den Wissenschaftlichen Film ▪ Paar-Synchronisation ▪ Balz, Begattung, Kopulation ▪ Penisse der Wirbeltiere

26. Juni 1986, Göttingen

„Gutingi" war ein „Dorf am Wasserlauf", wurde Marktsiedlung, 1210 Stadt und bietet heute in den Fassaden vieler historischer Gebäude als besondere Sehenswürdigkeiten Skulpturen, Fresken und Schnitzereien: Ornamente, florale Motive, Tierfiguren, Gesichter und Fratzen. Mein Favorit war der Fassadenschmuck mit biblischen und weltlichen Szenen am Schröderschen Fachwerkhaus an der Weender Straße in der Fußgängerzone, das 1546 ein wohlhabender Tuchmacher errichtet hatte. Mich führten viele Reisen nach Göttingen, aber nicht wegen der Altstadt. Meine Ziele waren die General-verwaltung der Max-Planck-Gesellschaft, die dort von 1943 bis 1969 ihren Sitz hatte (bevor sie nach München zog), dann das Max-Planck-Institut für biophysikalische Chemie am Nikolausberg, wo Manfred Eigen mit seiner Lebensgefährtin Ruthild Winkler-Oswatitsch über die molekulare Evolution des Lebens und den Ursprung des genetischen Codes forschte, gelegentlich das Institut für Wildbiologie und Jagdkunde der Georg-August-Universität, wo ich meinem guten Bekannten Antal Festetics Fachvorträge hielt, meistens aber das Institut für den Wissenschaft-lichen Film (IWF Göttingen). Gotthard Wolf hatte es 1952 in der Absicht gegründet, mit der *Encyclopaedia Cinematographica* (EC) eine systematische und wissenschaftliche Dokumentation volks- und völkerkundlicher Riten und Techniken, physiologisch-botanischer Vorgänge sowie typischer Ver-haltensweisen der Tierarten aufzubauen. Statutengemäß sollten die Filme für die Forschung natürliche Vorgänge ohne erläuternde Kommentare

© Springer-Verlag GmbH Deutschland, ein Teil von Springer Nature 2020
W. Wickler, *Reisenotizen*, https://doi.org/10.1007/978-3-662-61996-4_32

und didaktische Bearbeitung belegen. Hier hatte ich 1954 eine Anleitung zu selbstständiger Durchführung von wissenschaftlichen Filmaufnahmen absolviert und war dann (bis 1994) Mitglied im Film-Redaktionsausschuss. Meine eigenen EC-Filme dokumentieren verschiedene Schwimmweisen von Fischen (Körperschlängeln, Flossenpropellern, Atemwasserrückstoß), dazu das Erklettern von Wasserfällen und vierfüßiges Schreiten auf den paarigen Brust- und Bauchflossen, den Vorläufern der Vorder- und Hinterbeine an Vierfüßern.

Jetzt ging es um die Planung eines Projekts „Paarbildung und Lebendgebären bei Fischen". Zeigen sollte es das Ablaichen mit äußerer Besamung der Eier, vordringlich aber Beispiele für Begattung mit männlichen Kopulationsorganen zum Übertragen der Spermien in den Körper des Weibchens, das dann entweder besamte Eier legt oder lebende Junge zur Welt bringt. Das Projekt kam nicht zustande, denn das Institut wurde mehrfach reorganisiert und schließlich 2010 aufgelöst. Einzelne Filme und die Vorarbeiten zu weiteren Filmen erlauben jedoch, aus punktuellen Szenen wesentliche Schritte der Evolution zu rekonstruieren. Und schon das ergibt ein aufschlussreiches und buntes Bild vom Fortpflanzungsverhalten.

Nicht authentisch filmbar war das nur aus Fossilien zu erschließende Verhalten der frühesten kiefertragenden Wirbeltiere (Gnathostomata), der fischähnlichen Panzerfische (Placodermen). Sie lebten vor 430 Mio. Jahren, sind seit 360 Mio. Jahren ausgestorben, waren 30 cm klein bis 9 m groß, hatten ein knorpeliges Skelett und statt Zähnen in beiden Kiefern beständig nachwachsende und sich selbst schärfende Beißknochen. An Kopf und Rumpf waren sie mit Knochenplatten gepanzert. Weibliche Panzerfischfossilien mit ungeborenen Jungen im Leib belegen, dass sie lebendgebärend waren, also männliche Spermien ins Weibchen übertragen konnten. Zur Begattung dienten beiden Geschlechtern paarige Genitalplatten an den Urogenitalöffnungen. Die Partner hielten sich Seite an Seite mit ihren armartigen Brustflossen untergehakt aneinander fest, und das Männchen schob eine seiner Genitalplatten an oder zwischen die des Weibchens in eine zur Spermaübertragung geeignete Position. Es war die erste Form des Geschlechtsverkehrs bei Wirbeltieren. Er starb mit den Panzerfischen aus, wurde aber in der Evolution später in anderen Varianten bei Fischen und anderen Wirbeltieren über verschiedene Vorstufen wieder „erfunden".

Die bis zur Gegenwart überlebenden Vertreter der Quastenflosser (Coelacanthiformes) sind stammesgeschichtlich Vorfahren der heutigen Neunaugen und aller Landwirbeltiere, näher verwandt mit Lungenfischen, Reptilien und Säugetieren als mit den echten Fischen. Quastenflosser sind ebenfalls lebendgebärend. Mehrere Weibchen des rezenten

Komoren-Quastenflossers *(Latimeria chalumnae)* waren trächtig mit zahlreichen voll entwickelten Jungtieren, die alle denselben Vater hatten. Doch wie die Spermien ins Weibchen kommen, ist unbekannt.

Die im Süßwasser in Afrika heimischen Flösselhechte (Polypteridae) sind heute lebende Nachfahren der Vorfahren der Landwirbeltiere; sie lebten schon vor 400 Mio. Jahren. Sie atmen außer mit Kiemen auch mit einer Lunge (die als Schwimmblase dient) und müssen sich regelmäßig an der Wasseroberfläche atmosphärische Luft holen. Ihre paddelförmigen Brust- und Bauchflossen sitzen auf kurzen, muskulösen, von Knochen gestützten Armen. Wenn man die Tiere ohne die Möglichkeit, ins Wasser zu gehen, aufwachsen lässt, entwickeln sich Muskeln und Knochen der Brustflossen stärker, und die Tiere können auf dem Trockenen besser „laufen" – ein Hinweis darauf, wie möglicherweise Modifikationen zum Landleben durch Umwelteinflüsse gefördert worden sind.

Schmuckflösselhechte *(Polypterus ornatipinnis)* konnte ich nach dem Abitur im großen Aquarium meiner Schule in Siegen beobachten. Vor der Paarung folgt das etwa 50 cm lange Männchen längere Zeit einem Weibchen und reibt seinen Kopf abwechselnd an dessen rechter und linker Seite. Entscheidet sich das Weibchen für eine Laichstelle zwischen Wurzeln oder Wasserpflanzen, legt das Männchen seine Afterflosse löffelartig unter die weibliche Genitalöffnung, fängt die Eier auf, besamt sie und verteilt sie mit Schwanzschlag in der Umgebung.

Der nur 7 cm große, in seinen Ursprüngen 90 Mio. Jahre zurückreichende Salamanderfisch *(Lepidogalaxias salamandroides)* in moorigen, lange Zeit austrocknenden Süßgewässern Südwestaustraliens befruchtet die Eier im Weibchen, ist aber nicht lebendgebärend. Die Begattung erfolgt ohne Balz oder Vorspiel. Die Afterflosse des Männchens hat eine basale Schuppenhülle, die zusammen mit einem klebrigen Sekret hilft, die Geschlechtsöffnungen beider Partner dicht aufeinanderzupressen. Das Weibchen legt einige Tage später etwa 120 winzige Eier.

Viele Knochenfische laichen in Gruppen, in denen Männchen und Weibchen einigermaßen synchronisiert Wolken von Eiern und Spermien abgeben, die einander dann mit hinlänglicher Wahrscheinlichkeit treffen. Keiner hat die Chance einer Partnerwahl. In Gruppen gleich aussehender Männchen und Weibchen laicht so beispielsweise der in westatlantischen Korallenriffen beheimatete 10 bis 13 cm große Blaukopflippfisch *Thalassoma bifasciatum.* Jedoch können beide Geschlechter zu großen, bunt gefärbten Sekundärmännchen werden (die primär weiblichen Individuen werden es durch eine Geschlechtsumwandlung). Dann wählt zum Ablaichen ein Primärweibchen ein bestimmtes Sekundärmännchen, beide schwimmen rasch aufwärts und müssen nun ihre Geschlechtsprodukte genau gleichzeitig ausstoßen.

Eine derartige Synchronisation von Paarpartnern beginnt bereits bei den fischähnlichen Neunaugen, die stammesgeschichtlich an der Wurzel der Wirbeltiere stehen und älter als die Panzerfische sind. Diese kieferlosen „Rundmäuler" haben sich seit 500 Mio. Jahren kaum verändert. (Der Name „Neunauge" zählt die Nasengruben, die echten Augen und auf jeder Seite sieben Kiemenöffnungen). Bachneunaugen *(Lampetra planeri)* habe ich in Bächen im Siegerland beobachtet. Nach 5 Jahren Larvenzeit im Bachboden sammeln sich die nun 20 cm langen geschlechtsreifen Tiere in kleinen Gruppen an Stellen mit hellem Licht zwischen Steinen und Sand in strömendem Wasser, alle mit dem Kopf gegen die Strömung. Die Männchen sind ständig in Bewegung, saugen sich an Steinen fest, tragen sie schlängelschwimmend ein Stück weit fort, lassen sie fallen und kehren zurück. Größere Steine reißen sie mit heftigen Körperkrümmungen weg. Heftiges Körperschlängeln erzeugt, meist in einer ruhigeren Wassertasche unterhalb von einem Strömungshindernis, eine Laichgrube im Sand. Daran können sich auch Weibchen beteiligen, die sonst aber meist ruhig abseits an einem Stein angesaugt warten, bis ein Männchen sich in ihrer Kopfregion festsaugt und sie zur Laichstelle schwimmt. Ein versehentlich ergriffenes Männchen wird sofort wieder losgelassen. An der Laichstelle schlingt sich das Männchen ums Weibchen, und unter heftigem, fast orgastischem Schlängeln werden Eier und Spermien ausgestoßen. Die Eier kleben an Sand fest. Das Laichen lockt weitere Männchen hinzu, aber ich sah immer nur eins von ihnen mit seiner leicht gebogenen penisartigen Genitalpapille dicht an der weiblichen Geschlechtsöffnung. Da scheint nur ein Evolutionsschritt zu fehlen zur Begattung, zur Besamung der Eier vor dem Ablegen im Weibchen und so zum Ausschluss mitbesamender Konkurrenten. Das Weibchen laicht wiederholt, insgesamt angeblich etwa 1500 Eier. Bachneunaugen nehmen als Erwachsene keine Nahrung mehr auf. Ihr Leben endet mit dem Ablaichen; die weibliche Kopfregion ist von den Zähnen der Männchen zerschunden und verpilzt.

Ähnlich wie das Bachneunauge laicht die Bachforelle *(Salmo trutta),* ebenfalls in schnell fließendem Wasser mit Kies- oder Sandgrund. Das Weibchen schafft mit Schwanzschlägen eine Grube ins Kiesbett. Männchen versuchen, mal rechts, mal links neben das Weibchen zu kommen, werden aber immer wieder durch einen Rivalen ersetzt. Duldet das Weibchen einen Partner, drängen sich beide aneinander und stoßen Eier und Spermien gleichzeitig aus, in einem deutlichen Orgasmus unter heftigem Körperzittern und mit weit aufgerissenem Maul. Das Körperzittern wirbelt Kies und Sand auf, der die Eier bedeckt. Brutpflege fehlt.

Immer genauere Synchronisation der Paarpartner wird im komplizierteren Ablaichverhalten mancher Knochenfische erforderlich. Der Keilfleckbärbling *(Trigonostigma heteromorpha)*, ein 2,5 cm großes Fischchen aus der malaiischen Halbinsel, bildet zur Fortpflanzung kurzzeitig Paare. Ein Männchen begleitet mit gespreizten Flossen ein laichbereites Weibchen, bis dieses sich unter einem Wasserpflanzenblatt auf den Rücken dreht. Das Männchen legt sich ebenso daneben, klappt seinen Schwanzstiel über das Weibchen, sodass ihre beiden Genitalöffnungen sich fast berühren. So werden die austretenden Eier sofort besamt und ans Blatt geklebt. Sie fallen bald hinunter und entwickeln sich am Boden.

Umständlicher gestaltet sich das Ablaichen vom Spritzsalmler *(Copella arnoldi)* aus dem Amazonas. Die Männchen werden 8 cm, die Weibchen 5 cm lang. Ein Paar stellt sich zum Laichen Seite an Seite und Kopf an Kopf senkrecht unter die Wasseroberfläche und springt dann gemeinsam an die Unterseite eines bis zu 8 cm über der Wasseroberfläche hängenden Blattes. Die Partner machen viele Sprünge, die nicht zum Erfolg führen, bis beide in perfekter Synchronisation gleichzeitig abspringen, sich vor der Landung in der Luft drehen und sich am Blatt aneinanderschmiegen. Beide geben in wenigen Sekunden etwa 10 Eier und Sperma ab, dann fällt zuerst das Weibchen wieder ins Wasser zurück. Der ganze Vorgang wird mehrfach wiederholt, bis das Gelege 50 bis 200 Eier umfasst. Damit das Gelege außerhalb des Wassers nicht austrocknet, wird es vom Männchen etwa alle 20 bis 30 min mit der Schwanzflosse mit Wasser bespritzt (daher der Name „Spritzsalmler"). Die Jungen schlüpfen nach 2 bis 3 Tagen und fallen ins Wasser.

Beim Kampffisch *Betta anabatoides* imponieren Männchen und Weibchen erst frontal voreinander, dann Seite an Seite, bis sich das Männchen quer vor das Weibchen stellt, das zunächst seitlich ausweicht, sodass beide sich im Kreis bewegen. Dann legt sich das Männchen leicht gekrümmt horizontal unter das Weibchen und berührt dessen Bauch. Während dieses „Vorspiels" testen die Partner sich gegenseitig, synchronisieren ihre Stimmungen und können sich jederzeit wieder trennen. Geht das Vorspiel weiter, dann faltet sich das Männchen seitlich unter das Weibchen, beide bleiben einige Sekunden bewegungslos, ihre Genitalöffnungen liegen dicht nebeneinander, und das Weibchen legt einige Eier in die löffelartig gehaltene Afterflosse des Männchens, wo sie sofort besamt werden. Das Weibchen dreht sich, nimmt die Eier aus der Flosse des Männchens ins Maul, das Männchen richtet sich auf, stellt sich vor das Weibchen, und das spuckt ihm nun portionsweise die Eier entgegen, die er in sein Maul nimmt und dort 11 Tage lang bebrütet.

Aber nicht alle Paarlaicher müssen Eier und Spermien gleichzeitig ausstoßen, vor allem nicht diejenigen Substratlaicher unter Riffbarschen (Pomacentriden) und Buntbarschen (Cichliden), die Brutpflege betreiben. Das Weibchen kann zuerst Eier auf eine Unterlage heften, und das Männchen besamt sie anschließend. In vergleichenden Filmen konnte ich zeigen, dass die Männchen maulbrütender Buntbarsche (*Haplochromis, Tilapia*) Weibchen in ihre Laichgrube locken und dann warten, bis ein Weibchen die eben abgelegten Eier in ihr Maul aufgenommen hat; dann präsentiert das Männchen Eiattrappen (farblich auf der Afterflosse bei *Haplochromis*, als Bündel von Knötchen am Genitalanhang bei *Oreochromis*), die das Weibchen ebenfalls aufzunehmen sucht und dabei die Spermien ins Maul zu den Eiern holt. Weibchen der Soda-Tilapia (*Oreochromis alcalica*) nehmen das Sperma direkt mit den Lippen von der Genitalpapille des Männchens ab.

Als hochentwickelt gilt die Fortpflanzung der „viviparen" Fische, die lebende Junge zur Welt bringen (obwohl das schon die Urvorfahren der Fische taten). Merkwürdig geht das bei Seepferdchen (*Hippocampus*) vor sich. Sie weichen in Form und Verhalten stark von gewöhnlichen Fischen ab, haben ein röhrenförmiges Maul ohne Zähne und lediglich Brustflossen und Rückenflosse. Paare bewohnen Reviere zwischen Seegras oder Korallen, an denen sie sich mit ihrem Greifschwanz festhalten. Der lässt sich nicht zur Seite, sondern nur nach unten krümmen, weil ringförmige Knochenplatten den ganzen Körper bedecken. Im sogenannten morgendlichen Begrüßungsritual, dem Paarungsvorspiel, schwimmen die Partner mit verschränkten Schwänzen längere Zeit nebeneinander in Spiralen auf und ab. Ist das Weibchen bereit, streckt es den Schwanz nach unten und die Schnauze senkrecht hoch. Daraufhin pumpt das Männchen eine Bauchtasche voll Wasser und nimmt ebenfalls Streckstellung ein. In einem Begattungsakt „mit vertauschten Rollen" drängt sich das Weibchen Bauch an Buch gegen das Männchen und überträgt mit einer Genitalpapille die Eier in dessen Bruttasche. Dort werden sie besamt, von einem Gewebe umwachsen, das sie wie eine Gebärmutterwand mit Kalzium versorgt, Kohlenstoffdioxid von ihnen aufnimmt und Sauerstoff an sie abgibt. Nach 2 bis 5 Wochen Schwangerschaft (je nach Größe der Art) schlüpfen die Jungen und werden vom Männchen „geboren".

Bei den Seenadeln (Syngnathidae), der Nachbargruppe der Seepferdchen, legt das Weibchen die Eier ebenfalls dem Männchen in eine Hauttasche am Bauch, in der die Embryonen 2 Wochen lang mit Sauerstoff und Nährstoffen versorgt werden, deutlich auf Kosten des Vaters, der, solange er schwanger ist, langsamer wächst. Die Männchen der westatlantischen Seenadel *Syngnathus scovelli* investieren mehr in die Eier großer Weibchen, die bessere Überlebenschancen haben als die zahlenmäßig geringeren Eier kleiner Weibchen. Aber große Weibchen sind selten. Deshalb akzeptieren Männchen – „um sicherzugehen" – auch wenige Eier kleiner Weibchen, abortieren diese aber, falls sie auf ein laichbereites großes Weibchen treffen. Erkennbar sind die attraktiveren fruchtbareren Weibchen an der höheren Anzahl und größeren Fläche blausilbern irisierender Streifen am Körper. Sexuelle Selektion wirkt hier also vor und nach der Paarung zugunsten der Eltern möglichst vieler überlebender Jungtiere.

Normalerweise werden aber auch bei Fischen lebende Junge von Weibchen geboren, nachdem ein Männchen seine Spermien in ihren Körper übertragen hat. Fische weisen die größte Vielfalt an Kopulationsorganen auf. Männliche Haie und Rochen durchlaufen vor der Paarung einen langen Prozess der Partnererkennung und Partnerwahl, bis das Männchen sich am Weibchen festbeißen kann, entweder an einer Brustflosse oder am Körper. Die Innenränder der männlichen Bauchflossen sind röhrenförmig eingerollt und durch Knorpel verstärkt. Diese „Klasper" zeigen, normalerweise am Bauch angelegt, nach hinten. Zur Paarung wird, je nach Lage des Männchens am Weibchen, einer vom Körper abgespreizt, nach vorne gedreht, in den weiblichen Genitaltrakt eingeführt, durch eine Art Haken fixiert, um das in Paketen (Spermatophoren) verpackte Sperma dann in den Eileiter des Weibchens zu transportieren. Das Männchen von Schwellhai und anderen Katzenhaien schlingt sich dazu am Boden um das Weibchen, bei anderen Haien drückt es die Partnerin auf den Boden und legt sich neben sie, oder beide schwimmen Bauch an Bauch durchs Wasser. Rochen liegen bei der Paarung Bauch an Bauch aufeinander. Das Weibchen legt entweder besamte Eier oder gebiert lebende Junge.

Bei Knochenfischen kann der Spermatransfer ganz einfach oder abenteuerlich kompliziert vor sich gehen. Das Männchen der Aalmutter *(Zoarces viviparus)* in nordatlantischen Küstenzonen umschlingt zur Paarung das größere Weibchen, presst seine Genitalpapille auf „ihre" und überführt so sein Sperma. Auch die höchstens 20 cm großen viviparen Hochlandkärpflinge der Unterfamilie Goodeinae aus mexikanischen Süßgewässern pressen bei der Paarung lediglich die männlichen und weiblichen Geschlechtsöffnungen dicht aneinander. Ein formloses Läppchen an den ersten Strahlen der männlichen Afterflosse begünstigt das sichere Übertragen der frei beweglichen Spermien.

Die Männchen der lebendgebärenden Halbschnabelhechte (Hemiramphidae) Südostasiens haben an der Afterflosse mehrere der vorderen Flossenstrahlen zu einem schwenkbaren „Andropodium" spezialisiert. Im Ruhezustand liegt es verborgen in einer Hautfalte am Übergang zum hinteren Flossenabschnitt. Das

Männchen des Hechtköpfigen Halbschnäblers *(Dermogenys pusilla)* stimuliert in einem längeren Vorspiel das Weibchen, bis es zur Kopulation bereit ist. In dieser „Balz" stellt sich das Männchen quer vor seine Partnerin, betupft sie immer wieder „nibbelnd" unter raschem Öffnen und Schließen des Mauls und berührt mit seinem verlängerten Unterkiefer ihre Geschlechtsöffnung. Aus diesem Vorspiel entwickelt sich die blitzschnelle Kopulation, bei der sich die Genital-regionen beider für den Bruchteil einer Sekunde berühren. Das Männchen vom Zehnleisten-Halbschnäbler *(Hemiramphodon pogonognathus)* schmiegt sich zur Paarung seitlich ans Weibchen, legt den Vorderabschnitt des Andropodiums so zusammen, dass eine Rinne entsteht, spreizt sie um etwa 30° ab und umfasst damit unter heftigem Körperzittern die Analpartie des Weibchens, ohne das Andropodium ins Weibchen einzuführen. Beide schlagen ihre Analpartien in kurzen Abständen gegeneinander, wobei fadenförmige Spermienpakete aus der Genitalpapille des Männchens über die Flossenrinne zur Geschlechtsöffnung des Weibchens gleiten und, unterstützt durch das rhythmische Aneinanderschlagen, mit einem fingerförmigen hinteren Abschnitt des Andropodiums in die weib-liche Genitalöffnung geschoben werden. Die ganze Begattung dauert 20 bis 40 s und wird mehrmals wiederholt.

Das extravaganteste Kopulationsorgan besitzen die knapp 3 cm großen, fast transparenten südostasiatischen Süß- und Brackwasserfische der Phallostethidae-Familie. Diese „Kehlphallusfische" sind seit mehr als 100 Jahren bekannt. Da Zwischenstufen fehlen, ist bislang jedoch völlig unklar, wie ihre Genitalorgane an die Unterseite des Kopfes dorthin gelangten, wo sie jetzt sind, und zwar der Anus vor (statt hinter) der Uro-genitalöffnung. Das Männchen hat an der Kehle ein komplex gebautes, aus dem Skelett der Bauchflossen entwickeltes „Priapium". Es enthält vorn die Anal- und hinten die Genitalöffnung, inwendig Muskeln, Auswüchse der Nieren und der Gonaden, Teile des Darms, einen am Unterkiefer ent-lang nach vorn zeigenden Knochenstab (Toxactinium) sowie hinten unten, wie einen kleinen bezahnten Unterkiefer, einen sägeförmigen Haken (Ctenactinium) und eine muskulöse Papille. Das ganze nach hinten zeigende Priapium ist unsymmetrisch, entweder links- oder rechtsseitig gebaut.

Bei der Paarung schwimmen Männchen und Weibchen („wie eine winzige Schere") nebeneinander, die Hinterkörper dicht zusammen, die Köpfe 45° voneinander abgewendet; das Männchen hält den Kopf des Weib-chens zwischen Toxactinium und Ctenaktinium fest und schiebt mit der muskulösen Papille die Spermienbündel von der männlichen zur weiblichen Genitalöffnung. Wie in der ganzen Ährenfischverwandtschaft üblich, heftet das Weibchen mit langen Haftfäden versehene besamte Eier an eine Unter-lage.

Die Männchen der Poeciliiden (Mollies, Gambusen, Platies, Schwert-
träger) besitzen eine zum echten Kopulationsorgan (Gonopodium)
umgewandelte Afterflosse. Deren vordere Flossenstrahlen werden nach
vorn geschwungen, zu einer Rinne zusammengefaltet und in die weibliche
Genitalöffnung eingeführt, in der sie sich mit kleinen Häkchen an der
Spitze festhalten und die Spermien übertragen. Männchen der Gattungen
Girardinus, Phallichthys, Priapichthys und einiger *Gambusia*-Arten haben ein
so langes Gonopodium, dass die Spitze bis ans Auge reicht und sie unter
Sichtkontrolle kopulieren könnten. Der mit den Poeciliiden nahe verwandte
Vieraugenfisch *Anableps* (seine Augen sind horizontal unterteilt zur Sicht
unter und über Wasser) hat ein etwas nach links oder rechts verschobenes
Gonopodium, das am besten mit einer dementsprechend beim Weibchen
nach rechts oder links weisenden Genitalöffnung funktioniert. Mit *Anableps*
nah verwandt sind die in südamerikanischen Flüssen heimischen Linien-
kärpflinge *Jenynsia*. Am Männchen entsteht aus einem Hautwulst um die
Afterflosse ein Gonopodium, das sich nur nach rechts oder links bewegen
lässt. Die teilweise von einer großen Schuppe überdeckte Genitalöffnung
der Weibchen öffnet sich ebenfalls entweder nach links oder rechts. Entsprechend können sich Männchen mit nach links drehendem Gonopodium
leichter mit Weibchen fortpflanzen, deren Genitalöffnung nach rechts weist,
und umgekehrt.

Auch die paarigen, fleischigen Verdickungen am Vorderrand der Afterflosse der männlichen Brandungsbarsche (Embiotocinae) im Nordpazifik
werden ins Weibchen eingeführt. Im Weibchen von *Cymatogaster aggregata*
gelangt das Sperma in eine Tasche, in der die Eizellen reifen, besamt
werden und sich etwa 6 Monate lang entwickeln. In dieser Zeit nehmen die
Embryonen durch Gefäßnetze in ihren Flossen Sauerstoff und Nährmaterial
aus dem mütterlichen Gewebe wie aus einem Uterus auf.

Auch in allen Klassen der Landwirbeltiere (Tetrapoden) gibt es –
regelmäßig oder vereinzelt – Kopulationsorgane. Die ursprünglichsten
Tetrapoden sind die Amphibien: Schleichenlurche (Gymnophiona),
Schwanzlurche (Urodela) und Froschlurche (Anura). Die beinlosen, im
tropischen Mittel- und Südamerika unterirdisch lebenden Schleichenlurche
(oder Blindwühlen) haben im männlichen Geschlecht ein Begattungsorgan
(Phallodeum), das während einer stundenlangen Kopula die Spermien ins
Weibchen bringt. Die meisten Arten sind lebendgebärend: Die Jungen
schlüpfen im Mutterleib und werden im Eileiter (bis zu 10 Monate lang)
ernährt. Unter den Schwanzlurchen hat der ausschließlich auf Korsika
lebende Korsische Gebirgsmolch *(Euproctus montanus)* einen ausstülp-
baren „Pseudopenis". Während der stundenlangen Kopula zeigen die Köpfe

der Partner in entgegengesetzte Richtung: Das Männchen beißt sich am Schwanz des Weibchens fest, umschlingt mit seinem Schwanz die Hüfte des Weibchens oberhalb der Hinterbeine und presst seine pilzartig gewölbte Kloake auf die des Weibchens.

Die meisten Froschlurche bringen bei der Paarung die männliche und weibliche Kloake dicht zusammen; die Eier werden beim Austritt aus dem Weibchen besamt. Die Männchen der nordamerikanischen *Ascaphus*-Schwanzfrösche aber schieben während der langdauernden Paarung – manchmal in Bauch-zu-Bauch-Stellung – eine röhrenförmige Verlängerung ihrer Kloake in die weibliche Kloake. Die im Körper besamten *Euproctus*- und *Ascaphus*-Eier werden vom Weibchen an Steine geheftet. Das Männchen der in den westafrikanischen Nimba-Bergen heimischen Nimbakröte *(Nimbaphrynoides occidentalis)* hingegen stülpt seine bauchseitig liegende und zur Paarungszeit angeschwollene Kloake über die des Weibchens und überträgt so während einer stundenlangen Kopulation die Spermien, die in den weiblichen Uterus zu den winzigen Eiern wandern. Die Embryonen ernähren sich von einer „Uterusmilch" und werden nach etwa 7 Monaten als fertig entwickelte Jungkröten geboren.

Die meisten Vögel kopulieren ohne ein Begattungsglied: Das Männchen presst seine etwas ausgestülpte Genitalöffnung auf die des Weibchens, und das Sperma wandert unmittelbar in die Eileiteröffnung. Der Büffelweber *(Bubalornis niger)* in Kenia und Südafrika hat ein bindegewebiges Höckerchen (Pseudophallus) an der Wand seiner Geschlechtsöffnung, reibt es über 20 min gegen die weibliche Genitalöffnung und ejakuliert erst dann in einem Orgasmus unter heftigem Schütteln und Zucken des Körpers. Einen deutlichen Penis, der wie ein Handschuhfinger ausgestülpt wird, besitzen Kiwi *(Apterix)*, Kasuar *(Casuarius)*, Emu *(Dromaeus)*, Strauß *(Struthio)*, Nandu *(Rhea)* und das Steißhühnchen *(Tinamu)*.

Unter den Reptilien („Kriechtieren") gilt die neuseeländische Brückenechse Tuatara *(Sphenodon punctatus)* als ein lebendes Fossil, dessen Verwandte seit ungefähr 60 Mio. Jahren ausgestorben sind. Bei der Kopulation, die etwa eine Stunde dauert, werden die Kloakalöffnungen der Partner aneinandergepresst. Das Weibchen legt die besamten Eier etwa 8 Monate später in ein flaches Erdloch. Alle anderen männlichen Reptilien aber besitzen einen Penis. Bei Krokodilen ist er mit Bindegewebe gefüllt und stets steif erigiert, bei Schildkröten liegt er in Ruhe gefaltet in der Kloakentasche, füllt zur Erektion den bindegewebigen Schwellkörper mit Lymphflüssigkeit und dehnt sich zu beachtlicher Größe aus (bis zur halben Körperlänge). Die meisten Reptilien legen besamte Eier (ovipar); die Jungen mancher Chamäleons, Schlangen und der Blindschleiche *(Anguis fragilis)* schlüpfen kurz nach der Eiablage (ovovivipar) aus den dünnen Eihüllen, und einige Skinke, Boas und Ringelschleichen bringen (vivipar) fertig entwickelte Junge zur Welt. Die Schuppenkriechtiere (Squamata) – Echsen, Schlangen und die beinlosen, unterirdisch lebenden Ringelschleichen – besitzen als Besonderheit Klitoris und Penis in doppelter Ausfertigung, zwei Hemiklitoris und zwei Hemipenisse. Zur Begattung wird der Hemipenis der zum Weibchen weisenden Seite eingeführt und mit Blut und Lymphe weiter ausgestülpt.

Diese Doppelstruktur verweist auf die frühe Embryonalentwicklung der Genitalorgane aller Wirbeltiere. Zuerst falten sich die Seiten der flachen Embryonalscheibe zu einer Röhre zusammen, deren hintere Öffnung zum gemeinsamen Körperausgang für Verdauungsreste und Geschlechtsprodukte wird. Diese „Kloake" ist ursprünglich bei allen Wirbeltieren vorhanden, jedoch bei Knochenfischen und höheren Säugetieren durch getrennte Ausführöffnungen ersetzt. Rechts und links der Röhrenlängsnaht sind Ursprungsgewebe für paarige Organe angelegt, zum einen für Bauchflossen der Fische und Hinterbeine der übrigen Wirbeltiere, zum anderen für die Kopulationsorgane Klitoris und Penisse. Die sind bei den Squamata doppelt vorhanden, bei anderen Wirbeltieren wachsen die Hälften zu einer Klitoris bzw. einem Penis zusammen. Die Verwachsungsnaht *(Raphe perinei)* verläuft am Menschen an der Unterseite des Penis; sie beginnt als Vorhautnaht *(Raphe praeputii)* am Vorhautbändchen *(Frenulum)* und reicht als Hodensacknaht *(Raphe scroti)* bis zum After.

33

Farbige Perlen als Briefe der Zulu

Autorität der Ahnen ▪ Eheregeln in Common Law, Customary Law und Codex Iuris Canonici

18. November 1986, Ubizane

Seit 6 Jahren arbeiten meine Kollegin Uta Seibt und ich hier von der Zululand Safari Lodge aus in umliegenden Game Parks über das Sozialverhalten von giftigen Heuschrecken, sozialen Spinnen und im Duett singenden Vögeln (Wickler 2017). Vom Ranchbesitzer Mr. Herbert (Geschäftsmann mit Verbindungen nach Deutschland, Chile und in die Schweiz) haben wir Erlaubnis, auf eigene Verantwortung auch im weiten Gelände der Ubizane-Ranch um die Lodge herum mit dem Auto und zu Fuß unseren zoologischen Forschungen nachzugehen.

Neuerdings beschäftigt uns zudem ein spezieller Bereich aus der Kultur der Zulu, nämlich der Perlenschmuck, der ihnen zum Übermitteln von farbcodierten Botschaften dient. Den ungeplanten Einstieg in diesen Bereich verdanken wir Bemerkungen über Schmuckperlen an Personen aus dem hiesigen Kraal *kwaUmsasaneni* („Platz des Dornbaums") oder dem nahen Dorf, die an der Lodge arbeiten und im Laufe der Jahre mit uns vertraut geworden sind. Zu ihnen gehören der alte, schlurfige Gina, genannt „Professor", der Koffer schleppt, Fußboden putzt und das Licht in der Telefonzelle gegenüber dem Desk bedient; die stämmige, mütterliche Nesta, die überall auf Ordnung achtet; die gut Englisch verstehende, aber schleppend latschig und lustlos arbeitende Hazel; die stolze Lefinia Nkosi, die kein Englisch kann, aber sehr sorgfältig unser Zimmer pflegt; Robina, die Dicke mit der roten Baskenmütze, zuständig für Raum-, Betten- und Wäschekontrolle, die mit krummem Rücken schief geht, aber Matratzen schleppt;

© Springer-Verlag GmbH Deutschland, ein Teil von Springer Nature 2020
W. Wickler, *Reisenotizen*, https://doi.org/10.1007/978-3-662-61996-4_33

ferner der stille, vornehme, gut Englisch sprechende, enorm schüchterne Enoch, der wieder auf ein Auto spart, wie voriges Jahr auf einen alten VW, den jetzt sein Bruder hat; und auch der groß gewachsene Muzi Mtshali, Wächter in der Hütte am Eingang zu Ranch und Lodge-Gelände. Besonders hilfreich für unser Interesse sind Dorothy Zikhali und Joyce Buthelezi am Front-Office, Cecilia Nomvula Dlamini, Lehrerin für Zulu und Englisch, die junge Trommlerin Thengisile Ncobo sowie die Zulu-Isangomas Hlekisile Ndebele und Makhosi Shangase.

Einiges Grundwissen über die Zulu-Kultur verdanken wir den frühen Lodge-Managern Neal Dorsett und Robert Maginley von der Zululand Safari Lodge, die – als wir 1979 dort zu arbeiten begannen – mit Interesse und Sachverstand ein eigenes Informationszentrum für Besucher aufgebaut hatten (das ihre Nachfolger leider verfallen ließen), ferner den „Ilala Weavers" Mike und Carol Sutton in Hluhluwe, der deutschen Anthropologin Regina Kleinknecht im *Ondini kwaZulu Cultural Museum* in Ulundi, Kathleen Mack und Tim Maggs im *Natal Museum Pietermaritzburg* und Yvonne Winters von der *Killie Campbell Collection* in Durban. In dieser hilfreichen Umgebung nutzen wir die einmalige Gelegenheit, ein Beispiel für kulturelle Evolution zu dokumentieren, nämlich den Schritt eines schriftlosen Volkes von komplizierter Perlenfarbensyntax zu geschriebenen Texten.

Schon um 1800 hatte der Tiroler Missionar Franz Mayr Perlenschnüre der Zulu beschrieben, die in stammestypischen Farbkonventionen codierte Mitteilungen enthielten. Die 1894 geborene Prinzessin Constance Magogo, Tochter des Königs Dinuzulu kaCesthwayo, hat 1963 bei Yvonne Winters aus einer langen Perlenschnur die komplexe Botschaft vorgelesen; ihre Finger wanderten dabei von Perle zu Perle, wie beim Rosenkranzbeten. Ein solcher „Brief" *(incwadi)* kann als Halskette auch aus mehreren Strängen bestehen oder – jeweils mit Perlen bestickt – als Leibgürtel, Hals-, Arm- oder Knöchelband gefertigt sein. Diese Perlenbriefe trugen bis in unsere Zeit Mitteilungen zwischen Verliebten hin und her und werden öffentlich am Körper zur Schau gestellt. Denn bei einer Eheanbahnung geht es (wie in den meisten eingeborenen Völkern südlich der Sahara) nicht nur um den Willen von zwei Individuen, sondern um einen Bund oder Vertrag zwischen zwei Familien oder Clans, und das unter Einbeziehung der verstorbenen Ahnen. Die wohnen unter der Erde und werden im häufig ausgeführten Stampftanz durch kräftiges Schlagen der Füße auf den Boden kontaktiert.

Um das Ahnenthema dreht sich heute an meinem Geburtstag ein lebhaftes Gespräch mit dem Lodge-Manager Neal Dorsett, der Wein und eine Geburtstagstorte spendiert, und dem Journalisten Heinrich Graf von Pfeil, der aus Pommern stammt und seit 30 Jahren in Südafrika arbeitet;

er sendet mit der „Stimme Südafrikas" Forschungs- und Wissenschafts-
berichte auf Kurzwelle nach Deutschland. Simon Pillinger, der Chef vom
Hluhluwe-Gamepark hat ihn zu uns geschickt, damit er in seinen Inter-
views auch über unsere Arbeiten berichtet. Draußen braut sich ein Gewitter
zusammen, tobt sich aus und endet in einem kurzen, heftigen Regen. Es
wird ein langer Abend.

Zum weitreichenden Einfluss der Ahnen auf das tägliche Leben bringt
von Pfeil ein Beispiel aus der Landwirtschaft: Um das Abschwemmen des
Bodens zu verhindern, wird am Eastern Cape Technikon in der Transkei „Konturpflügen" gelehrt. Ein Lehrer geht nach 20 Jahren erfolgreicher
Lehre heim und pflügt nun selbst wieder senkrecht die Hügel abwärts. Denn
wenn er bald zu seinen Ahnen kommt, würden die ihn nicht annehmen,
falls er neumodisch pflügte. Wichtig für das Weiterleben in der Gemeinschaft der Ahnen ist für einen Zulu zudem, dass er ordentlich bestattet
wird. Stirbt er fern von seinem Kraal, müssen die Eltern oder ein ver-
wandtes Paar ihn heimholen. Sie begeben sich mit Zweigen vom Kreuz-
dornstrauch („buffalo thorn", *Ziziphus mucronata*) zum Sterbeort, suchen
den Geist des Verstorbenen, bitten ihn in die Zweige und fragen ihn nach
den Todesumständen. Von da an darf der Mann kein Wort zu jemanden
anderen sprechen (tut er es doch, muss alles von vorn anfangen); dem Geist
erzählt er unterwegs ständig, wo sie jetzt gerade sind. Die Frau erledigt die
Kommunikation nach außen. Wenn nötig, kauft sie drei Fahrkarten, und sie
fahren heim. Im Kraal wird der Geist bestattet, und alle Trauer ist vorüber.

Eine zentrale Rolle für die Verbindung zu den Ahnen spielen die
Sangoma in den südafrikanischen Nguni-Kulturen (Zulu, Xhosa, Ndebele,
Swazi). In der ländlichen Bevölkerung konsultiert fast jeder mehrmals im
Jahr eine (oder einen) Sangoma. Sie werden nach einer mehrmonatigen
anstrengenden Ausbildung zeremoniell „gerufen" und lebenslang von den
Ahnen in Besitz genommen. Die Hauptaufgabe der Sangoma ist es, in
traditioneller Weise Recht zu sprechen; aber nicht, um Entscheidungen zu
fällen, wie es ein Richter täte, sondern in der Rolle eines Wahrsagers den
Zusammenhalt der Gruppe zu stärken, Parteien zu befrieden und in Streit-
fällen Eintracht wiederherzustellen. Dazu dient ein für alle öffentliches
Palaver. Aus Respekt vor den Ahnen erfährt dessen Ergebnis allgemein
Gehorsam.

Afrika – mit Ausnahme von Liberia – wurde durch die Berliner Kongo-
konferenz 1884/1885 völkerrechtlich in Kolonien aufgeteilt. In denen
existiert, spätestens seit der Phase der Unabhängigkeit in den 1950er-Jahren,
jeweils ein modernes, geschriebenes, westlich orientiertes – örtlich englisch,
französisch, portugiesisch, spanisch, italienisch, niederländisch, islamisch

oder deutsch geprägtes – staatliches Recht, das jedoch oft nur Reserve-
funktion hat. Denn daneben existieren weiter das vorkoloniale Gewohnheitsrecht und die traditionelle Gerichtsbarkeit der ethnischen Gruppen
oder Stämme. Und deren Herrschaft ist stärker als aus westlicher Sicht
gemeinhin angenommen; die meisten Rechtsprobleme werden nach
traditionellen Mustern praktisch gelöst. Ein Beispiel: Soeben ist in Kenia
am Viktoriasee Silvano Melea Otieno vom Stamm der Luo ohne Testament gestorben. Er war mit Virginia Edith Wambuti Otieno verheiratet,
die nach dem geltenden „Common Law" der kenianischen Verfassung seine
ihm gleichberechtigte Ehefrau ist. Sie will ihn nun in Nairobi beerdigen
und seinen Nachlass verwalten. Beides aber beansprucht der Bruder des
Verstorbenen, Joash Ochieng Ougo. Denn nach dem Gewohnheitsrecht
(„Customary Law") der Luo gilt die Frau als untergeordnete Person; das
bestimmende Oberhaupt der Familie soll männlich sein. Ein Berufungs-
gericht verhandelt jetzt den Fall und ist dabei, gegen das verfassungsgemäß
geltende Recht zugunsten des Bruders zu entscheiden.

Im hiesigen *Umsasaneni*-Kraal lebt, wie traditionsgemäß üblich, eine
große Zulu-Familie. Der Mann, das Familienoberhaupt, hat mehrere
Frauen, was seinen sozialen Status ausdrückt. Jede seiner Frauen ist, um
Streit zu vermeiden, in genau gleichfarbige Stoffe gekleidet und bewohnt,
wie auch er selbst, eine geräumige, aus Zweigen geflochtene und mit Schilf-
gras gedeckte Rundhütte. Vor jeder Heirat wurde eine Sangoma zu Rate
gezogen, um herauszufinden, ob die Frau im Sinne der Ahnen die richtige
Wahl ist; andernfalls würden die Ahnen Unheil über die ganze Familie ver-
hängen.

Ungefähr seit 1950 wächst in der Zulu-Bevölkerung wieder der Stolz auf
die eigene Tradition. Und da ist namentlich bei Hochzeiten traditionelle
Kleidung gefragt. Wenn die nicht mehr vorhanden ist, kann Frau Kleinknecht mit der im Ondini-Museum eigens für solche Gelegenheiten vorhandenen Leihsammlung aushelfen. Die Zivileheschließung findet nach
europäisch-kolonialem Muster im Standesamt statt. Da ist das Individuum
nicht dem Clan untergeordnet, und die Clanverwandtschaft spielt keine
Rolle. Der Ehekonsens muss nur zwischen zwei rechtlich dazu befähigten
Personen in vorgeschriebener Weise kundgetan werden. In vielen Ländern,
wo Polygynie erlaubt ist, soll der Mann bei der ersten Ehe angeben, ob er
nur eine oder mehrere Frauen zu heiraten beabsichtigt; ohne Erklärung
wird amtlich automatisch Polygamie eingetragen. Auf dem Lande im Kongo
oder in Kamerun nimmt ein Mann, auch wenn er selbst verheiratet ist, die
kinderlose Witwe seines Bruders in Leviratsehe zur Frau.

Offiziell im Widerspruch zu diesen und anderen traditionellen Ehe-formen steht für katholische Missionare die kirchliche Rechtsordnung im *Codex Iuris Canonici* (CIC von 1983), deren Bestimmungen auf römisches und germanisches Recht zurückgehen. Danach bedeutet der Ehevertrag zwischen Mann und Frau ein gegenseitiges Sich-Schenken und Annehmen, hingeordnet auf Nachkommenschaft und Erziehung. Zwar ist auch im südlichen Afrika die Ehe auf *„fecunditum"* ausgerichtet; doch der afrikanische katholische Kirchenrechtler Yves Kingata vom kanonistischen Institut der Ludwig-Maximilians-Universität in München verweist soeben (2017) darauf, dass laut CIC die vertraglich geschlossene Ehe nur zwischen Getauften unauflöslich und nur gültig ist, wenn *in copula carnalis* vollzogen. Der Vollzug hat nach dem Konsensaustausch zu erfolgen. Wenn nicht voll-zogen, kann eine rechtlich gültige Ehe vom Papst aufgelöst werden.

Nach der vatikanischen Sondersynode 1995 über die Kirche in Afrika verkündete Kurienkardinal Johannes Willebrands vom Sekretariat für die Einheit der Christen, die Probleme mit den nebeneinander gültigen Rechts-systemen seien noch nicht so weit aufgearbeitet, dass die Kirche auf ihre geltende Disziplin verzichten oder Abweichungen davon erlauben könnte. Der Primas von Polen, Kardinal Jozef Glemp, mahnte die Kirche sogar, der Welt damit zu dienen, dass sie sich als „Zeichen des Widerspruchs" versteht. Damit Gehör zu finden, wird freilich mit der aufkommenden Devise, dass auch gleichgeschlechtliche Paare heiraten dürfen („Ehe für alle") zunehmend schwieriger. Das Eherecht in Kenia sieht zwar Einehe vor, die Menschen leben aber nach Gewohnheitsrecht auch polygam. Eheähnliche Partner-schaft zwischen zwei Männern ist untersagt, aber in Tansania retten sich in der Mara-Region Mädchen der Wakyura vor Genitalverstümmelung (FGM = „female genital mutilation") und Kinderehe, indem sie eine ältere Frau heiraten (*Nyumba ntobu* = Frauenhaushalt). Sie können dann mit einem Mann ihrer Wahl Kinder haben, die als Nachkommen der Älteren gelten. Bei den Massai in Ostafrika darf eine unfruchtbare Frau eine frucht-bare heiraten; ein Kind gehört dann beiden. Die Massai sind außerdem das größte Volk, für das die Ahnen ohne Bedeutung sind.

34

Blicke auf Biologie, Industrie und Kultur in Namibia
Spinnenforschung ▪ Arandis-Uranabbau ▪ Prostituiertenmütter und -kinder

14. Juli 1988, Swakopmund

Südafrikanische Spinnen-Hobbyisten haben sich in einer *Research Group for the Study of African Arachnids* zusammengeschlossen. Mit der Familie verbringen sie ihre Urlaube auf der Suche nach ungewöhnlich lebenden Spinnentieren. In diesem Jahr stellen sie ihre neuen, biologisch interessanten Entdeckungen auf einer Tagung im Hotel „Grüner Kranz" in Swakopmund vor. Das Ehepaar Otto und Margarete Kraus, Uta Seibt und ich sind eingeladen, unsere Arbeiten an den in Namibia häufigen sozial lebenden *Stegodyphus dumicola*-Spinnen zu referieren (Seibt und Wickler 1988) und anschließend an einer Freilandexkursion teilzunehmen.

Diese *Stegodyphus*-Spinne heißt hierzulande *„family spider"*, denn in den an niedrigen Dornbüschen hängenden, bis kopfgroßen Seidennestern wohnen, vor Fressfeinden geschützt, 10 bis über 200 Spinnen, fast nur Weibchen. Außerhalb vom Wohngespinst verheddern sich Beuteinsekten in weit gespannten Fangnetzen aus feinstgekräuselter Seide, die nicht – wie die Klebseide vieler Radnetzspinnen – austrocknet. Merkwürdigerweise wachsen die Fangflächen aber nicht mit der Zahl der Koloniemitglieder. Deshalb leben Individuen in größeren Kolonien knapper und bleiben kleiner. Kleinere Weibchen legen weniger Eier, und dementsprechend sinkt mit der Größe der Kolonie die Zahl der Nachkommen pro Weibchen. Zudem konkurrieren diese untereinander. Eine Spinne, die gemeinsam mit anderen an einer Beute frisst, entnimmt von ihr pro Zeit weniger als eine, die allein frisst. Der Grund dafür ist die „extraintestinale" (äußerliche) Ver-

© Springer-Verlag GmbH Deutschland, ein Teil von Springer Nature 2020
W. Wickler, *Reisenotizen*, https://doi.org/10.1007/978-3-662-61996-4_34

dauung dieser Tiere: Sie spucken spezielle Verdauungsenzyme ins Beutetier und saugen dann bereits vorverdaute Nahrung ein. Dadurch entsteht
das bekannte Allmendeproblem: Jede Spinne kann eigenen Enzymaufwand
sparen und sich an der gemeinsam vorverdauten Mahlzeit beteiligen. Weil
das alle so machen, verlängert eigennütziges Enzymsparen die Fresszeit. Aus
dem gleichen Grund sind auch die Fanggewebe großer Kolonien zu klein:
Jede Spinne kann sich Beute aus dem allgemeinen Fangnetz holen und selbst
teures Seideprotein sparen. Es herrscht also Konkurrenz statt Kooperation.
Dennoch wandert selten ein Weibchen aus und startet eine neue Kolonie.
Auch das hat gute Gründe.

Bei nicht sozialen *Stegodyphus*-Arten bekommen die Jungen in der
ersten Zeit Hilfe von den Müttern bei der Nahrungsbeschaffung, bleiben
beieinander und wachsen bis zur achten Häutung; dann werden sie zu
aggressiven Einzelgängern. Die *dumicola*-Jungen aber beenden ihre Entwicklung mit der fünften Häutung, bleiben „jugendlich" friedlich, werden
aber („vorzeitig") geschlechtsreif. Da jede Generation nur ein Jahr lebt,
können die Jungspinnen das komplette Wohn- und Fanggespinst der
Muttergeneration übernehmen. Es wird von Generation zu Generation
weiter ausgebaut. Auswandernde Spinnen haben eine sehr geringe Chance
zu überleben und Nachwuchs zu erzeugen. Zwar sinkt die Zahl der Nachkommen mit wachsender Koloniegröße, das ergibt aber nur einen geringen
Anreiz auszuwandern. Die Jungen bleiben zu Hause. Infolgedessen
konkurrieren nun regelmäßig Söhne untereinander um Paarungen mit ihren
Schwestern; die Verlierer würden ihren Müttern keine Enkel einbringen.
Deshalb erzeugen Mütter nur wenige Söhne und stattdessen weitere
Töchter. Wie sie das genetisch bewerkstelligen, ist noch nicht restlos geklärt
(Johannesen et al. 2009).

Den genetischen Stammbaum und die Populationsdynamik dieser
an extreme Trockenheiten angepassten *Stegodyphus*-Spinnen haben wir
zusammen mit unserem Kollegen Jes Johannesen analysieren können.
Ihr Sozialleben begann einmalig vor 2,5 Mio. Jahren und entwickelte
sich – unter wechselnden ökologischen Bedingungen – bis heute weiter.
Alle Kolonien starten von Schwestern oder Einzelweibchen und bilden
mütterliche Verwandtschaftslinien ohne nennenswerten männlichen
Genfluss. Eine Rückkehr zu solitärem Leben erscheint ausgeschlossen.
Ebenso ausgeschlossen ist, wegen der begrenzten Lebenszeit von einem
Jahr, ein generationenübergreifendes Sozialleben. Adulte Weibchen helfen
einander noch beim Verfertigen der Eikokons und transportieren sie in
günstige Temperaturzonen im Wohngespinst oder draußen. Den Körper-

inhalt der sterbenden Mütter verzehren dann die Jungtiere in sogenannter „Gerontophagie".

Ein von Skorpionen begeisterter Farmbesitzer kann uns auf einer Exkursion nach Arandis an einer bestimmten Stelle den großen, stark behaarten Skorpion *Parabuthus villosus* zeigen, der am Tag auch bei großer Hitze außerhalb seiner selbstgegrabenen Höhle aktiv ist. Ein fast 20 cm langes schwarzes Weibchen mit orangefarbenen Beinen ist selbst zur heißesten Mittagszeit unterwegs. Auf der Mutter drängen sich einige Dutzend Miniskorpione. Die hat sie vor etwa einer Woche nach 10 Monaten Tragzeit geboren und auf den Rücken genommen, wo sie noch eine weitere Woche bleiben, und dann beginnen, selbstständig in der Umgebung auf Futtersuche zu gehen. Zur Paarung war ein Männchen der Duftspur des Weibchens gefolgt, hatte es an den Scheren gepackt, sich mit ihm wie in einem Schiebetanz hin und her bewegt, schließlich ein Spermapaket auf den Boden gesetzt und seine Partnerin so darüber gezogen, dass sie die „Spermatophore" in ihre Geschlechtstasche aufnehmen konnte.

In der Nähe finden wir zwischen den Zweigen eines Busches hängend das tennisballgroße, aus Blättchen mit Seide zusammengesponnene Wohnnest einer Großen Jagdspinne *Palystes superciliosus*. Ihr Körper ist 3,5 cm lang, ihre langen Beine überspannen mehr als 10 cm. Sie heißt hierzulande auch „Regenspinne", weil sie vor Regengüssen in die Häuser kommt, oder „Eidechsenfresser", weil sie im Haus kleine Geckos jagt und frisst. Nach der Kopula frisst das Weibchen auch das Männchen, das ohnedies sterben würde.

Im sandigen Dünenbereich wachsen über 100 Jahre alte Nara-Büsche *(Acanthosicyos horridus)*. Ihre grünen, blattlosen Stengel und bedornten Zweige schieben sich immer wieder durch den Sand, den der Wind um sie herum anhäuft. Die Wurzeln reichen tief bis ins Grundwasser. An manchen Stellen hat der Wind Sand wieder weggeweht und mehrere hundert Jahre alte fossile Wurzeln freigelegt. Unter einem Strauch entdecken wir eine schlicht braun gefärbte, kurzbeinige Namib-Schildechse *(Gerrhosaurus skoogi)*. Sie sieht einem Skink ähnlich, ist aber im Gegensatz zu Skinken auf Pflanzennahrung spezialisiert und ernährt sich vorwiegend von den frischen Spitzen des Nara-Strauches.

Arandis, das Ziel unserer Exkursion, ist ein Bergbaustädtchen 65 km außerhalb von Swakopmund. Erbaut wurde es 1972 vom britischen Bergbauunternehmen „Rössing Uranium" für mehrere tausend Menschen, die in der 15 km entfernt in den Klanbergen gelegenen Rössing-Mine arbeiten. Diese Mine ist der Welt größter Uranoxidtagebau. Jede Woche wird mehr als eine Million Tonnen radioaktives Gestein aus dem Boden gesprengt. Der 50 Mio. Jahre alte Granit wird nass zu einem Brei aus 14 mm kleinen Körnern zermahlen. Daraus wird die Uranverbindung herausgelaugt, an Kunstharzperlen adsorbiert, in Ionenaustauschersäulen mit Säuren abgetrennt, mit Ammoniumsulfat zu einem gelben Ammoniumdiuranat-Brei und dann auf Filtern zum Gelbkuchen verarbeitet. Beim Entkalzinieren entsteht braunes Uranoxid. Durch die Sprengungen entsteht ein riesiger Staubpilz, der schwach radioaktiven Staub in der Umgebung ablädt. Zur Staubbekämpfung und zur Verarbeitung des Gesteins wird im Monat so viel Wasser benötigt wie von der Hauptstadt Windhoek. Angezapft werden dazu die Grundwasservorräte der Flüsse Khan, Swakop und Kuiseb.

Auf der Rückfahrt werden wir zu einem als Denkmal einsam in der Wüste stehenden Dampflokomobil geführt. Es war 1896 als Ochsenersatz für Wüstentrecks angeschafft worden, blieb aber schließlich im Sand stecken und trauert nun unter dem Ausspruch Martin Luthers vom Reichstag in Worms 1521: „Hier stehe ich, ich kann nicht anders."

Beim Abschiedsempfang im Grünen Kranz berichtet Bürgermeister Jörg Henrichsen von den sozialen Unterschieden zwischen dem von Schwarzen und dem von Weißen bewohnten Stadtteil. Weiß lebt im europäischen Standard; aber im schwarzen Teil ist keine Hygiene durchzusetzen; gekocht wird dort in ungewaschenen Töpfen, Fisch wird auf dem Dach getrocknet, Fleisch unkontrolliert gekauft und die Notdurft oft an einer Mauer verrichtet. Von den Kindern sind 80 % unehelich geboren. Denn Töchter, die ihre Fruchtbarkeit nicht nachweisen, kriegen keinen Mann. Sie müssen sich sogar als söhnegebärend erweisen. Bei ihrer Heirat bringt eine Tochter dem Vater etwa 4000 Rand, und das ist für Ovambos viel Geld. Aber man will „die Katze nicht im Sack kaufen". So kriegen Frauen ab 13 Jahre Kinder. Dennoch werden viele nicht geheiratet. Eine Ovambo-Frau muss normalerweise ihre Kinder ernähren, kleiden und erziehen. Mit 18 Jahren hat sie drei Kinder. Neuerdings nimmt manche dann die Pille und erklärt dem Mann, dass zu viele Kinder nicht aufziehbar sind. Prostituierte hingegen haben viel Geld, können ihre Kinder sogar in die Schule schicken und sind die besten Mütter.

35

Gottessöhne von Menschenmüttern

Geistzeugung ▪ Jungfrauengeburt ▪ Muttergottheiten ▪ Maria als Gottesgebärerin, Gottesgemahlin, Minnefigur und Missionshilfe

4. März 1990, Luxor

Auf einer Reise zu den wichtigsten archäologischen Stätten Ägyptens sind wir in Luxor angelangt. Meine Frau, die vor 2 Jahren schon einmal hier war, sogar im selben Hotel, freut sich darauf, mir den Luxor-Tempel zu zeigen. Erbauen ließ ihn in der 18. Dynastie, im sogenannten Neuen Reich, Amenophis III., der als neunter altägyptischer Pharao etwa von 1388 bis 1351 v. Chr. regierte.

Geweiht war der Luxor-Tempel dem Wind- und Fruchtbarkeitsgott Amun, den die Griechen mit Zeus, die Römer später mit Jupiter identifizierten. Die gewaltige Anlage war für Prozessionen durch eine 2,5 km lange, beiderseits von widderköpfigen Sphingen flankierte Allee mit der ebenso gewaltigen Haupttempelanlage in Karnak verbunden. Es braucht geraume Zeit und gute Pläne, will man sich in der Luxor-Anlage orientieren. Recht gut erhalten sind Toranlage, Säulenkolonnade, Säulenhalle, Obelisken sowie 2500 m² große Höfe, an deren Wänden zahlreiche Reliefszenen den Pharao bei Opferriten, in Kriegen mit gefangenen Feinden und zerstörte Landschaften nachzeichnen. In dieser Vielfalt der Teile, zusammen mit späteren Zusätzen in der Römerzeit und durch Alexander den Großen, verliert man leicht den ursprünglichen Zweck des Tempels aus den Augen. Er diente der Darstellung und jährlich wiederholten Vergöttlichung des Pharaos.

Das diesbezüglich wichtigste – und zudem auch neutestamentlich bedeutsame – Detail ist in einem Steinrelief an der Westwand der „Mammisi" genannten Geburtskammer skizziert. Es führt die Empfängnis des Ameno-

© Springer-Verlag GmbH Deutschland, ein Teil von Springer Nature 2020
W. Wickler, *Reisenotizen*, https://doi.org/10.1007/978-3-662-61996-4_35

phis in seiner Mutter Mutemwia vor Augen, aber nicht durch seinen Vater
Thutmosis IV., sondern durch eine zeugende Gottheit, den Geistgott Amun
(Abb. 35.1): Der sitzt der amtierenden, in diesem Zusammenhang noch
jungfräulich verstandenen Königin Mutemwia gegenüber. Als Symbol einer
Empfängnis berührt er zart ihre Hand und schiebt seine Füße und Knie
zwischen ihre. So wird er geistiger Vater von Amenophis III. Er gibt dabei
seinem göttlichen Sohn das „Ka" und verleiht ihm damit schützende Wirk-
samkeit, Stärke und Ausstrahlungskraft, die den Sohn auf seinem Lebensweg
begleiten und zur Ausübung des Herrscheramtes befähigen.

Die geistige Vermählung eines Gottes mit einer Jungfrau galt für die
Berufung aller Pharaonen. Alle Pharaonenmütter waren automatisch
Gottesgebärerinnen und in dieser Hinsicht Jungfrauen. Die betreffenden
Söhne wurden deshalb mit den Ehrentiteln „Sohn Gottes" und „von einer

Abb. 35.1 Empfängnis des Amenophis in seiner Mutter Mutemwia durch den Geistgott
Amun mit der Anch-Lebensschleife in rechter Hand. Luxor, Amun-Tempel; Brunner H 1964,
Ägypt Abh Nr 10

Jungfrau geboren" ausgestattet. Das bezog sich aber nur auf das Herrschertum des Sohnes; es sagte nichts aus über die Mutter und deren körperliche Beschaffenheit. In gleichem Sinne wurde die Geburt aus einer Jungfrau auch vielen anderen berühmten Personen zugesprochen, als frühestem dem mesopotamischen Regenten König Sargon von Akkad, der von 2334 bis 2279 v. Chr. in einem Großreich regierte, das vom Persischen Golf bis nahe ans Mittelmeer reichte. Nach akkadischer Legende wurde Sargon als Baby in einem mit Pech verschmierten Körbchen am Euphrat ausgesetzt, von einem Gärtner gefunden und von ihm aufgezogen. (Die biblische Geschichte von Geburt, Aussetzung und Rettung des Mose ist der Sargon-Legende nachgestaltet). Tatsächlich war der Gärtner sein Vater und seine Mutter eine im Isistempel tätige, zur Kinderlosigkeit verpflichtete Kultdirne; er kannte seinen Vater angeblich nicht, war aber stolz darauf, in einem Tempel geboren zu sein. Der nur aus der Legende bekannte Geburtsort „Azupiranu" („Safranstadt") ist vielleicht eine Anspielung auf die abortive Wirkung des Safrans. Um 2347 v. Chr. drang Sargon mit Heeresmacht in Sumer ein, besiegte Lugal-Zagesi, den damaligen „König von Uruk und Sumer", ließ ihn hinrichten und nahm dessen Gemahlin zur Frau. Ihr Legendenname „Tašlultum" bedeutet „Ich nahm dich als Beute".

Weitere bedeutende Personen, denen die Geburt aus einer Jungfrau zugesprochen wurde, waren Zarathustra um 1700 v. Chr., Gautama Buddha 563 v. Chr., Sokrates 469 v. Chr., Alexander der Große 356 v. Chr. sowie Dschingis Khan (um 1200 n. Chr.). Von ihnen allen, ebenso wie von den Pharaonen, sind die leiblichen Mütter, Väter und Geschwister bekannt. Und alle Jungfraugeborenen waren Männer, besaßen folglich das geschlechtsbestimmende Y-Chromosom, das biologisch nur in der männlichen Linie vererbt wird und also nur von einem leiblichen Vater stammen kann. Weil in der damaligen Gesellschaft nur einem Mann eine besondere Stellung zukam, bekamen Jungfrauen nur Söhne. (Nach der biologischen Chromosomensituation hätten es alles Töchter sein müssen).

Dem Denkmuster einer Geistzeugung begegnen wir wieder in Koran und Bibel bezogen auf Jesus als Prophet oder Messias. Speziell die christliche Theologie spricht von der Empfängnis Jesu durch den Heiligen Geist und seiner Geburt als Gottessohn aus der Jungfrau Maria *(ex Maria virgine)*. Historisch ist über die Eltern Jesu nichts überliefert. In den ältesten neutestamentlichen Texten, den paulinischen Briefen, scheint seine Mutter völlig uninteressant und wird nicht namentlich erwähnt; um 55 n. Chr. schreibt Paulus, Jesus wurde „geboren von einer Frau" (Gal 4,4). Etwa 20 Jahre später sind im Markusevangelium Maria als Mutter und vier seiner Brüder namentlich erwähnt (Mk 6,3). Matthäus schreibt, Maria sei schwanger vom Heiligen Geist (Mt 1,18/23); auf Jesus bezieht er zwei Aussagen des Propheten Jesaja von 700 v. Chr.: „Die Jungfrau wird schwanger werden und einen Sohn gebären" und „Das ist mein Knecht, den ich erwählt habe,… ich will meinen Geist auf ihn legen" (Jes 7,14; 42,1). Bei Lukas spricht ein Engel zu Maria: „Der Heilige Geist wird über dich kommen, und die Kraft des Höchsten wird dich überschatten; darum wird auch das Heilige, das aus dir geboren wird, Gottes Sohn genannt werden" (Lk 1,35). Der Heilige Geist kam dann wieder zur Taufe Jesu in Gestalt einer Taube herab, wobei „eine Stimme aus dem Himmel sprach: Dieser ist mein geliebter Sohn" (Mt 3,17). Mit den gleichen Worten aus dem Himmel wird diese Proklamation der Sohnschaft in der Verklärungsszene auf dem Berg wiederholt (Mt 17,5). Die bei Paulus und Lukas (Hebr 5,5; Apg 13,33) auf Jesus bezogene Formulierung Gottes: „Du bist mein lieber Sohn, heute habe ich dich gezeugt" erinnert noch deutlicher als im Luxor-Tempel an eine Geistzeugung. Matthäus und Lukas, die einzigen, die in der Bibel von Maria als Jungfrau reden, haben damit bestimmt kein biologisch-gynäkologisches Faktum gemeint; denn sie zeichnen außerdem einen Stammbaum Jesu, der von David zu Josef führt.

Die Geburt aus einer Jungfrau symbolisierte bildlich bis ins erste nachchristliche Jahrtausend die Herrscherwürde von Pharaonen und anderen berühmten Personen. Nach dem 9. Jahrhundert aber verstand man das Bild nicht mehr, war nicht mehr „im Bilde" und verwechselt bis heute mythologische Geistzeugung mit echter Empfängnis und Geburt. Joseph Ratzinger als Professor für dogmatische Theologie in Tübingen erklärte hingegen: „Die Gottessohnschaft Jesu beruht nach dem kirchlichen Glauben nicht darauf, dass Jesus keinen menschlichen Vater hatte; die Lehre vom Gottsein Jesu würde nicht angetastet, wenn Jesus aus einer normalen menschlichen Ehe hervorgegangen wäre" (Ratzinger 1971, S. 199), also einen leiblichen Vater gehabt hätte. Allerdings kollidiert diese Ansicht mit zwei katholischen Dogmen. Das erste ist die Lehre von der Ursünde, die vom ersten Elternpaar im Paradies und von allen nachkommenden Eltern durch Fortpflanzung zusammen mit der menschlichen Natur als Erbsünde an die ganze Menschheit weitergegeben wird. Der kanonischen Auffassung zufolge, dass nur der vollkommen sündenlose Jesus alle Menschen von der Erbsünde befreien konnte, war erforderlich, dass kein irdischer (weil erbsündebelasteter) Mann der Vater von Jesus sein konnte. Dass auch die Mutter wunderbar von der Erbsünde verschont geblieben ist, sicherte die Lateransynode 649 mit dem Dogma von ihrer „unbefleckten Empfängnis" *(immaculata conceptio)* – denn sonst hätten auch ihre Eltern und deren Eltern ohne diese Sünde sein müssen, paradoxerweise zurück bis zum erdachten ersten Elternpaar.

Wenn Jesus keinen irdischen Vater haben sollte, musste Maria als Jungfrau das Kind Jesus geboren haben. So wurde denn auch der Glaube an die immerwährende Jungfräulichkeit Marias – „vor, während und nach der Geburt" – für heilsnotwendig erklärt und schließlich auf der Lateransynode im Jahr 649 unter Papst Martin I. dogmatisch festgeschrieben. Biblisch lässt sich eine solche Jungfrauschaft nicht nachweisen. Sie entspricht aber der Überzeugung des Kirchenvolkes, Jesu Geburt müsse im strengen Wortsinn wunderbar sein, und das auch im Hinblick auf seine Mutter. Zugleich verfestigte das katholische Lehramt damit dogmatisch den Volksglauben, als Mutter für seinen Sohn hätte Gott sich bestimmt die schönste Frau gewählt. Maria musste selbstverständlich bildschön sein, und dazu gehört körperliche Unversehrtheit. Ein katholisches Kirchenlied beschreibt sie als „die Schönste von allen, der Jungfrauen Bild, von Tugenden strahlend, mit Gnaden erfüllt, an ihrer Gestalt all Schönheit beisammen, Gott selbst wohlgefallt, gezieret mit goldener Kron' das Zepter sie führet am himmlischen Thron". So wird aus der jungfräulichen Mutter Jesu liturgisch eine Königin des Himmels und der Erde.

Das Bild entsteht aus dem Bestreben, „Maria auch als einzelnem Menschen alle jene Vorzüge zuzuschreiben, die überhaupt in einem Menschen denkbar, aber eben nur in der ganzen Menschheit zusammen realisierbar sind", schreibt Karl Rahner in *Dogmatische Bemerkungen zur Jungfrauengeburt* (Stuttgart 1970, S. 138) und fügt hinzu: „Es spricht nichts dagegen, dass das Glaubensbekenntnis der Kirche diese Jungfrauengeburt absolut lehrt, gleichsam auf eigene Rechnung und Gefahr" – allerdings trotz der Stellen in der Heiligen Schrift, die Josef als Vater (Lk 2,48; Joh 1,46), Maria und Josef als Eltern (Lk 2,41) nennen.

Problematisch wird ein Vergleich von Maria mit Eva: Hinter Eva wurde die Tür zum Paradies geschlossen; Maria, die „Pforte des Paradieses", eröffnet wieder eine Möglichkeit, ins Paradies zu kommen und wird deshalb auch als neue Eva bezeichnet, so wie Christus als neuer Adam. In diesem Paradiesvergleich allerdings erscheint Maria eher als Gefährtin denn als Mutter Jesu. Es gibt sogar ein Bild aus dem 14. Jahrhundert, auf dem Christus in typischer Hochzeitsgeste die rechte Hand von Maria in seiner Rechten hält *(dextrarum iunctio)* – eine Theogamie zwischen Sohn und Mutter; „Dein Schöpfer wird dein Gemahl" (Is 54,5). Auf manchen Bildern krönt Christus im Himmel nicht seine Mutter, sondern seine Braut, denn durch das Einwirken des Heiligen Geistes wurde Maria die Braut Gottes. Diese paradoxe Verwandtschaftsperspektive zwischen Gott, Christus und Maria greifen die sogenannten Mariensprüche des 13. Jahrhundert auf. Der Minnesänger Meister Rumelant von Sachsen wagt um 1270 die Vorstellung, es sei Mariens Liebe gewesen, welche die Menschwerdung Gottes erwirkt habe: „Der Jungfrau Liebe überwand den großen Gott." Johann Klaj (1616–1656), deutscher Barockdichter und Vertreter der protestantischen Mariendichtung, singt: „Der Sonn und Monden leitet, der auf den Sternen reitet, hat dich zur Braut erwählet und sich mit dir vermählet." Der Hl. Laurentius von Brindisi (1559–1619), von Papst Johannes XXIII zum Kirchenlehrer erhoben, betont in den „Mariale" genannten Marienpredigten Marias Mitwirkung am erlösenden Werk Christi:

> Groß sind Macht und Gewalt einer schönen Frau über den Mann, der zu ihr von Liebe erfüllt und in sie sterblich verliebt ist: sie bringt ihn zum Rasen und macht den Verliebten blind durch das bloße Blitzen ihrer Augen. Das brachte die Jungfrau auch bei Gott zuwege. … Maria konnte aus Gott machen, was er selbst nicht aus sich machen konnte. … Gott brachte es nicht zuwege, einen sich gleichen und gleichwesentlichen Sohn in seiner Natur zu zeugen … doch die Jungfrau konnte den wahren Gottessohn, den wahren Gott, uns gleich, erzeugen. … Gott ist von der Liebe zu dir so gefangen, so schön bist du in seinen Augen, so anmutig, so sehr liebt und begehrt er dich, daß er dich zu seiner Gemahlin begehrt.

So war Maria Gott ehelich geeint *(copulata)*. Auch der französische katholische Priester Jean-Jacques Olier (1608–1657) sprach von einer Ehe zwischen Gott und Maria; Gott handelt wie ein braver Ehemann immer nach ihren Wünschen, mochte er noch so sehr zürnen, Maria konnte ihn durch ihren Liebreiz besänftigen.

Es kommt noch handfester: Da Maria einen Sohn von Gott, also von der Dreieinigkeit empfangen hat, behauptete Abt Gottfried von Admont (1100–1165), alle drei göttlichen Personen seien Mariens Liebhaber gewesen. Auch der fahrende Spruchdichter Meister Boppe aus dem alemannischen Sprachgebiet erklärte um 1275: „Sie hat drei liebende Geliebte, so mit einem ganz begnügt sich jede andre Jungfrau." Der mittelhochdeutsche Lyriker Heinrich von Meißen (1260–1318), der sich selbst den Künstlernamen „Frauenlob" gab, schildert sogar Marias „heilige Seelenlust" in der Beziehung zu den göttlichen Liebhabern:

> „Versichert sei's:
> ich schlief mit dreien.
> Davon ward ich schwanger alles Trefflichen,
> Süße drang mir da in Süße.

Mein alter Geliebter küßte mich, das sei betont.
Er erklärte, meine kleinen Brüste seien süßer als der Wein:
darin verbarg er sich geschickt.
Wie gut er mich erkannte,
der so tief sich in mich einschloß!"

In seinem Ursprung hat der Marienkult jedoch nichts mit Jesus zu tun. Maria steht in der Reihe der magisch-mächtigen Muttergestalten, die seit Urzeiten weltweit verehrt wurden, nachweisbar bereits in den „Venus"-Figürchen aus der Zeit der Neandertaler und zahlreichen Frauenstatuetten aus der Zeit 6500 bis 6000 v. Chr. Der Magna-Mater-Kult um die ursprünglich phrygische „Große Gottesmutter" Kybele aus dem fünften vorchristlichen Jahrhundert war im griechischen Kulturraum, später im Römischen Reich verbreitet. Verehrt wurde die assyrisch-babylonische Göttin Ištar ebenso wie die altgriechischen mythischen Göttinnen Artemis, Demeter und Athene. Im zweiten vorchristlichen Jahrtausend wurden in Ägypten die Eigenschaften, Wesenszüge und Kulte verschiedener vergötterter Frauen in der Person der Isis zusammengefasst und kultisch vereint. Isis bekam unzählige Beinamen und Titel zugesprochen. Zwischen 430 und 302 v. Chr. berichtete der griechische Historiker Siculus Diodorus in seiner *Bibliotheca historica,* Isis würde verehrt als thronende Göttin, die Hilfe verspricht, Trost spendet, von Mädchen und Frauen in Nöten angerufen wird, die Blinde und Gelähmte geheilt und von Ärzten bereits Aufgegebene gerettet hat und der man in Dankbarkeit Inschriften, Votivtafeln, Amulette und Weihegeschenke widmet. In der Isis-Religion gab es eine Offenbarung, heilige Schriften, geweihte Priester, Prozessionen und Litaneien, Fastenrituale, Exerzitien und Andachten mit Weihrauch. Um das Jahr 90 heißt es in der Apostelgeschichte (19, 27–28) „Groß ist die Artemis von Ephesus!", die „in der ganzen Provinz Asien und von der ganzen Welt verehrt wird".

Isis wird in der darstellenden Kunst der Antike als göttliche Mutter vor Augen geführt. Statuetten der Isis um 2000 bis 1780 v. Chr. zeigen sie als Mutter, die das Gotteskind Horus auf dem Schoß hält oder ihm die Brust reicht. Ebenso hält in einer Alabasterstatue von 2200 v. Chr. die Königs- und Gottesmutter Anch-nes-merire ihr göttliches Kind, den späteren Pepi II., auf dem Schoß. Diese Darstellungsweise wurde Vorlage für die Mutter Jesu. Koptische Christen haben noch im 3. Jahrhundert altägyptische Statuetten der Isis mit dem Horusknaben in Madonnen umgedeutet, die christliche Muttergottes als „Isis mit dem Jesuskind". Auf dem Konzil zu Ephesus im Jahr 431 übernahm Maria von Isis den blauen Mantel, die Attribute Halbmond und Stern(e) und die Titel „Mutter Gottes" und „Gottesgebärerin". Eine Etymologie des 15. Jahrhunderts führt den Stadtnamen Paris zurück auf Par-Isis, „neben dem Isis-Heiligtum". Das lag bei St. Germain des Près, und das alte Isisbild dort ließ Abt Guillaume Briçonnet im Jahre 1514 zerschlagen, weil Frauen vor dieser „Maria" Kerzen anzündeten.

Der christlichen Maria und ägyptischen Isis mit dem Kind auf dem Schoß entspricht die noch ältere Figur der Mutter- und Fruchtbarkeitsgöttin Akua'ba in der Akan-Kultur im westafrikanischen Ghana (Segy 1963).

Maria wird zur christlichen und historisch jüngsten Bezeichnung für eine Weltenmutter und Muttergottheit mit vielen Namen. Kultisch ausgeformt wird die Marienverehrung im 3. und 4. Jahrhundert. Statuen der Romantik (950–1250) zeigen die Madonna oft noch unnahbar königlich mit Krone, Zepter und dem Kind auf dem Schoß. Ein vielfältiges Marienbild entwickelt sich im 12. bis 15. Jahrhundert in der Gotik. Die uralte Tradition der Verehrung einer göttlichen Erdmutter in natürlichen Höhlen fand eine Fortsetzung in Südfrankreich infolge von 18 Marienerscheinungen der 14-jährigen Bernadette Soubirous von Februar bis Juli 1858 in der Grotte von Massabielle bei Lourdes. Die vor allem in Bayern beheimateten Mariensäulen des späten 19. bis frühen 20. Jahrhundert porträtieren Maria als Himmelskönigin mit dem Jesuskind. Vor der Salesianer-Kirche Don Bosco in Augsburg steht Maria, geschmückt mit Zepter, großer Krone, deutlich fraulichen Brüsten und dem Jesuskind auf dem rechten Arm. Das Kind hat auch schon eine kleine Krone. Die Figur wirkt leicht häretisch, wie auch die Anrufung: „Maria mit dem Kinde lieb uns allen deinen Segen gib."

Besonders beliebt in der Volksfrömmigkeit ist die Schutzmantelmadonna, die auch der christlichen Missionsarbeit hilft. Überall, wo das Bild einer Großen Mutter gegenwärtig ist, haben es Missionare leicht mit der Marienmission. In diesem Bereich verschmelzen weltweit die volksreligiösen Vorstellungen von Muttergottheiten mit der christlichen Maria. In Peru/ Bolivien am Titicaca-See galten schon 200 Jahre v. Chr. regelmäßige Opfer der Erdmuttergottheit Pachamama; heute wird sie als „Santa Maria Mama Pacha" verehrt. Den Indianern in Mexiko wurde ihre Göttin allen Lebens „To-nan-tzin" zum Prototyp der Hl. Maria von Guadeloupe. Im japanischen Mahâyâna-Buddhismus ist eine verehrungswürdige weibliche Bodhisattva, die Kannon, zur Maria-Kannon geworden, dargestellt als Mutter mit einem Säugling an der Brust. In Kuba trat für die ehemaligen westafrikanischen Yoruba-Sklaven aus Nigeria die christliche Maria als Mutter der Barmherzigkeit an die Stelle der Gottheit Orishala, welche die Menschen erschuf.

Bei den Chewa Zentralafrikas wird die fruchtbare Malija, die ohne Mann schwanger wurde und den Stammeskönigssohn zur Welt brachte, mühelos eine christliche Malija-Maria.

Bemühungen, alten Volksglauben in seiner jeweiligen Ausformung aufzugreifen und in eine kirchenkonforme Marienverehrung zu verwandeln, riskieren somit, die alten Vorstellungen unter der christlichen Oberfläche weiter existieren zu lassen.

36

Latimeria chalumnae
Lebende Quastenflosser ▪ Kleintauchboote Geo und Jago ▪ Kaiser Akihito

18. September 1993, München

In die Räume der Bayerischen Akademie der Wissenschaften bin ich mit 20 weiteren Wissenschaftlern der Max-Planck-Gesellschaft zu einem Empfang für den 125. japanischen Kaiser Akihito mit anschließenden intensiven Gesprächen über Themen aus den Bereichen Physik, Biochemie, Materialforschung und Rechtswissenschaft eingeladen. Im japanischen Kalender rechnet man Epochen in kaiserlichen Regentschaftsjahren; mit Kaiser Akihitos Krönung auf dem Chrysanthemthron begann 1990 die Epoche „Heisei", was so viel heißt wie „Frieden schaffen". Er trat sein Amt nicht mehr als Gott an, denn sein 1989 nach 62 Amtsjahren verstorbener Vater Hirohito hatte nach der Niederlage im Zweiten Weltkrieg in seiner sogenannten Menschlichkeitserklärung am 1. Januar 1946 der Göttlichkeit des Kaisers entsagt.

Kaiser Akihitos Interesse gilt seit Studentenzeiten der Meeresbiologie, die in Japan so etwas wie ein kaiserliches Familienfachgebiet ist. Schon sein Vater Hirohito war begeisterter Meeresbiologe, hatte eigene Labore auf dem Palastgelände, veröffentlichte wissenschaftliche Arbeiten und galt als einer der angesehensten Quallenexperten der Welt. Kaiser Akihitos Spezialgebiet ist die Fischkunde (Ichthyologie), insbesondere die große Gruppe der Meeresgrundeln (Gobiiformes). Heute sprechen wir aber über einen ganz anderen Fisch, den Quastenflosser *Latimeria*. Und das hat eine bemerkenswerte Vorgeschichte.

© Springer-Verlag GmbH Deutschland, ein Teil von Springer Nature 2020
W. Wickler, *Reisenotizen*, https://doi.org/10.1007/978-3-662-61996-4_36

Quastenflosser (Coelacanthiden) sind die nächsten Verwandten der Lungenfische (Dipnoi) und Landwirbeltiere (Tetrapoda); sie entstanden vor über 380 Mio. Jahren im Devon-Zeitalter, 170 Mio. Jahre vor den Dinosauriern. Als am Ende der Kreidezeit vor 65 Mio. Jahren ein 10 bis 15 km großer Asteroid in die Halbinsel Yukatan einschlug und ein Massenaussterben verursachte, schienen mit den Dinosauriern auch die Quastenflosser von der Erde verschwunden zu sein. Entsprechend groß war die Aufregung, als am 22. Dezember 1938 die junge Leiterin des Städtischen Meeresmuseums im südafrikanischen East London, Marjorie Courtenay-Latimer, in einem großen Fischfang einen Quastenflosser entdeckte. Der stahlblaue, 1,50 m lange und 52 kg schwere Fisch war einem Fischdampfer unter dem Kommando von Hendrik Goosen in den Gewässern des Indischen Ozeans vor der südafrikanischen Küste nahe der Mündung des Chalumna-Flusses ins Netz gegangen. Frau Latimer war mit Kapitän Goosen befreundet und hatte die Erlaubnis, für ihr Museum interessante Einzelstücke aus jedem Fang auszuwählen. Sie schickte eine Skizze des Fisches an James L. B. Smith, einen bekannten Amateur-Fischkundler an der Rhodes University in Grahamstown. Smith antwortete: „Ich wäre kaum erstaunter gewesen, wenn ich auf der Straße einem Dinosaurier begegnet wäre." Er benannte den Komoren-Quastenflosser nach seiner Entdeckerin und dem Fluss Chalumna als *Latimeria chalumnae*. Vierzehn Jahre später, im Jahr 1952, wurde in der Gegend zwischen den Komoren-Inseln und Madagaskar, 3000 km von der ersten Fundstelle entfernt, ein zweiter Quastenflosser gefangen. Den dortigen Einheimischen war der Fisch schon längst als „Kombessa" bekannt; getrocknet und gesalzen kam er als billiger und wenig begehrter Speisefisch auf den Markt. Seine großen, rauen Schuppen verwendete man als Ersatz für Sandpapier zum Schmirgeln von Fahrradschläuchen vor dem Flicken. Quastenflosser hatten also nicht nur alle vier Massenaussterben (vor 373, 252, 208 und 65 Mio. Jahren), sondern auch alle Kontinentalverschiebungen, Meeresspiegelschwankungen und Verformungen der Landmassen und Ozeane überlebt.

Seit der Entdeckung von *Latimeria* war der umtriebige, immer neugierige Meeresbiologe, Korallenfischforscher, Dokumentar- und Fernsehfilmer Hans Fricke nahezu besessen von der Idee, diesen Urfisch lebend in natürlicher Umgebung zu beobachten, hatte aber auf den Komoren und an mehreren Stellen der madagassischen Küste vergebens mit Tauchgeräten bis in 80 m Tiefe nach ihm gesucht; offenbar lebt der Fisch in tieferem Wasser. Hans war – wenn nicht unterwegs – ständiger und anregender Teilnehmer in unseren Kolloquien und berichtete von seinen Erlebnissen im Bereich Ökologie und Sozialverhalten mariner Organismen. Das passte hervorragend zu meinen eigenen Forschungsgebieten, und ich habe ihn, obwohl er finanziell unabhängig war, 1986 als Gastwissenschaftler administrativ meiner Abteilung am Max-Planck-Institut für Verhaltensphysiologie in See-wiesen angegliedert, wo er die weitgespannten Expertisen unserer Instituts-werkstätten für eine neuartige Unterwasserforschung ausnutzen konnte. Hans begründete damit die deutsche Tauchbootforschung. Inspiriert von Jacques Piccard und von Sponsoren unterstützt, ließ er nach eigenen Vor-stellungen von zwei tschechischen Ingenieuren in der Schweiz das Klein-tauchboot *Geo* bauen. Es war für zwei Personen angelegt, 2,60 m lang, 2,20 m hoch, wog 2 t und konnte bis zu 5 h und in 200 m Tiefe tauchen. Benannt ist es nach der gleichnamigen Zeitschrift, deren Chefredakteur Rolf Winter großzügiger Sponsor war. Die *Geo* kam 1987 in einen Hangar in Seewiesen, und von da aus unternahm Hans nun regelmäßige Expeditionen mit seinem Team: Jürgen Schauer war technischer Konstrukteur und Pilot des Tauchboots, die Biologin Karen Hissmann war wissenschaftliche Koordinatorin der weltweiten Einsätze. Gelegentlich reisten die Biologie-studenten Olaf Reinicke und Lutz Kasang mit.

Am 17. Januar 1987 erblickten und filmten Jürgen Schauer und Olaf Reinicke vor der *Geo,* 198 m unter dem Meeresspiegel, den ersten Quasten-flosser in einer Lavahöhle an der Steilküste der Komoren-Inseln. Mit viel Eigenarbeit und Eigenkapital konstruierte Hans zusammen mit Jürgen Schauer bald ein neues Tauchboot für eine Tauchtiefe bis 400 m; die *Jago,* benannt nach einem Tiefwasserhai, war ebenfalls in Seewiesen stationiert. Mit diesem Tauchboot unternahm das „Jagonauten"-Team, unterstützt von der Zoologischen Gesellschaft Frankfurt, von 1989 an ein langjähriges Projekt zur Erforschung der Biologie des Quastenflossers.

Der Name Quastenflosser bezieht sich auf die ungewöhnliche Form von sechs der insgesamt acht Flossen dieser Fische. Nur die erste Rückenflosse und die dreiteilige Schwanzflosse haben normale lange Flossenstrahlen und lassen sich zusammenfalten. Die paarigen Brust- und Bauchflossen sowie die Afterflosse und die zweite Rückenflosse haben einen muskulösen und mit teilweise verknöchertem Skelett versehenen Stiel und am Ende eine „Quaste" aus zweiseitigen, kurzen Flossenstrahlen. Wie die ersten Filme zeigen, bewegt *Latimeria* ihre armartigen Brust- und Bauchflossen zwar – wie Landtiere ihre Vorder- und Hinterbeine – im „Kreuzgang", aber nie auf dem Boden, sondern nur im Wasser paddelnd. Langsam voran schwimmt sie mit synchronem Schwingen der After- und der zweiten Rückenflosse. Zu schnellem Schwimmen dienen Schwanzflossenschläge.

Kaiser Hirohito ist interessiert an diesen und weiteren bisher erzielten Ergebnissen, die ich nur kurz skizzieren kann, und an Fotos, die ich ihm überreichen kann. Obwohl er unter „seinen" Grundeln, einschließlich der an Land gehenden Schlammspringer *(Periophthalmus, Boleophthamus)*, durchaus abenteuerliche Formen und Lebensweisen kennt, fasziniert ihn die *Latimeria,* die schon sein Vater gern in einem japanischen Aquarium gesehen hätte. Dem stehen aber wohl unüberwindliche technische Hindernisse entgegen.

Latimeria lebt sozial und ist über viele Jahre standorttreu; man findet sie immer wieder in denselben Höhlen, oft auch dieselben Individuen. Denn jede *Latimeria* trägt auf dem ganzen Körper ein eigenes unregelmäßiges Muster aus kleinen und größeren weißen Flecken, an dem man die Individuen gut unterscheiden und wiedererkennen kann. Tagsüber wurden bis zu 16 Individuen in einer Höhle beobachtet, stets frei im Wasser schwebend. Nachts verteilen sie sich und jagen einzeln bis 700 m tief dicht über dem Boden nach Fischen und Tintenfischen. Sie driften dabei in der Strömung, nur mit zeitlupenartig langsamen Korrekturbewegungen der Flossen. Vermutlich orten sie Beutetiere (ähnlich wie Haie) mit einem vorn am Kopf liegenden Sinnesorgan für schwach elektrische Felder, während sie mit abgewinkelter Schwanzflosse senkrecht kopfabwärts stehen – bereit, mit einem kräftigen Schwanzschlag auf die Beute zuzustoßen.

Erfreut zeigte sich Seine Majestät Akihito über unerwartete Befunde zur Fortpflanzungsbiologie und zum Lebendgebären des Quastenflossers. Hans konnte 1991 zusammen mit anderen Wissenschaftlern ein von Fischern tot im Netz geborgenes *Latimeria*-Weibchen untersuchen. Es war 179 cm lang, wog 98 kg und war schwanger mit 26 voll ausgebildeten, 31 bis 36 cm langen und 410 bis 502 g schweren, offenbar kurz vor der Geburt stehenden Jungen. Einige hatten Reste vom Dottersack außen am oder innen im Bauch, andere nur noch eine Bauchnabelnarbe. Ergänzende Untersuchungen an Museumsexemplaren ergaben folgendes Bild: Ein *Latimeria*-Ei ist 9 cm groß und wiegt etwa 330 g. Die Dottermenge reicht für die volle Entwicklung des Embryos, die 36 Monate dauert (die des Afrikanischen Elefanten nur 22 Monate). Entsprechend selten bringen die weiblichen Tiere Junge zur Welt. Die Embryonen liegen einzeln in voneinander getrennten Taschen des Eileiters (so auch bei einigen lebendgebärenden Grund- und Hammerhaien), sind also vor Geschwisterkannibalismus (Adelphophagie) geschützt. In den Mägen geburtsreifer *Latimeria*-Jungtiere fand man denn auch nur Reste vom Dotter, aber keine von anderen Körpergeweben. Nach ihrer Geburt wächst eine *Latimeria* weiterhin nur langsam und braucht bis zur Geschlechtsreife 13 Jahre, bis zu einer Körperlänge von 170 cm 20 Jahre.

Ein Rätsel der Fortpflanzung von *Latimeria* ist, wie die innere Befruchtung zustande kommt. Es gibt weder an Männchen noch an Weibchen äußerlich sichtbare Kopulationsorgane (ganz im Gegensatz zu Haien, Rochen und den Panzerfischen, die gerade ausstarben, als die Quastenflosser aufkamen). Molekulargenetische Untersuchungen ergaben, dass jeweils alle Embryonen in einem Weibchen denselben Vater hatten. Also paart sich ein Weibchen pro Brut nur mit einem Partner. Aber wie? Vielleicht ähnlich wie die zu den Zahnkärpflingen gehörenden Hochlandkärpflinge (Goodeidae) Mexikos durch Zusammenpressen der Geschlechtsöffnungen? Es besteht leider wenig Aussicht, den Akt zu beobachten.

(Einen guten Überblick über die Entdeckungsgeschichte und die Biologie von Quastenflossern veröffentlichte Mike Bruton 2017).

37

Am Serengeti Research Institute

Soziosexualität der Tüpfelhyäne · Duett-Paarbindung des Schieferwürgers · Das Singhirn · Leichtfertige oder spröde Weibchen; flatterhafte oder treue Männchen

7. Dezember 1994, Banagi

Vor 30 Jahren, im April 1964, habe ich hier zum ersten Mal auf der Ufer-böschung des kleinen Mgungu-Flüsschens mitten in der Serengeti gesessen, überwältigt von der Landschaft, ihrer Pflanzen- und Tierwelt. Es war mein erster Aufenthalt in Afrika. Noch einmal 10 Jahre zuvor hatte ich aus Münster meinen Eltern auf einer Postkarte mitgeteilt: „Ich hätte direkt Lust, demnächst nach Afrika zu ziehen." Meine Begeisterung entfachte damals Heinz Heck, Direktor des Tierparks Hellabrunn in München, der uns Studenten der Zoologie einen prachtvollen Lichtbildervortrag „Ohne Schusswaffe zwischen Löwen und Elefanten" über die letzten Oasen der Wildtierwelt hielt. 1964 kam ich 2 Monate mit einem Sonderstipendium nach Banagi, um womöglich am Sozialverhalten der Tüpfel- oder Flecken-hyäne *(Crocuta crocuta)* abzulesen, warum seit Aristoteles überliefert wird, sie könne nach Belieben ihr Geschlecht wechseln. Tatsächlich sehen die äußeren Geschlechtsorgane der weiblichen Fleckenhyäne genauso aus wie die männlichen, mit Hodensack und großem, erigierbarem Penis. Welche Rolle spielten die Genitalien im Verhalten der Fleckenhyänen? Unvergessbare nächtliche Beobachtungen des Familienlebens an den Erd-löchern ihrer Gemeinschaftsbaue in der offenen Kurzgrassavanne zeigten mir, dass der erigierte Penis beiden Geschlechtern und schon ganz kleinen Jungtieren als Geste freundlicher Begrüßung dient, die gelegentlich mit Nachdruck eingefordert wird (East et al. 1993). Die genaue Anatomie, Physiologie und Soziologie dieses Verhaltens und seine Nebenbedeutung in

© Springer-Verlag GmbH Deutschland, ein Teil von Springer Nature 2020
W. Wickler, *Reisenotizen,* https://doi.org/10.1007/978-3-662-61996-4_37

der Biologie der Hyäne erforschen bis heute meine Kollegen Heribert Hofer und Marion East.

Parallel zu den Hyänen interessierten mich damals im flachen Grasland die typischen, vereinzelt stehenden Kopjes, uralte Granitfelsen, die aus dem Boden „herauswachsen", weil die einst alles bedeckenden jüngeren Bodenschichten aus vulkanischem Gestein und Asche während 500 Mio. Jahren lokal abgetragen und verwittert sind. Im umgebenden Gras-„Meer" bilden Kopjes flache bis 100 m hohe Inselberge mit eigener Ökologie, Flora und Fauna. Akustisch fielen mir an den Kopjes die Schieferwürger *(Laniarius funebris)* auf, die im Baum- und Buschbewuchs in festen Paaren mit je einem verteidigten Revier leben. Ihre Rufe waren vom frühen Morgen bis etwa 13 Uhr alle 3 bis 5 min zu hören, dann seltener, und nachmittags wieder regelmäßig von 15 bis 19 Uhr. Es sind Singvögel, aber sie singen nicht laut und weithin hörbar wie bei uns Amsel, Drossel, Fink und Star, sondern äußern halblaute Einzelrufe. Meist rufen die Paarpartner einander zu: Einer ruft, und der andere antwortet prompt, ist also ständig „auf Empfang". Jedes Wechselrufen dauert 2 bis 4 s. Mit diesem Wechselrufen oder Duettieren verbringen die Vögel täglich mehr als 1½ h, auch außerhalb der Fortpflanzungszeit. Wozu dieser Aufwand?

Einer Antwort auf diese Frage kam ich in den folgenden 30 Jahren immer näher, begünstigt durch die Weiterentwicklung des Serengeti-Nationalparks, dessen riesige Tierherden Bernhard Grzimek und sein Sohn Michael 1954 bis 1958 aus der Luft gezählt, zu einem Buch und Dokumentarfilm *Serengeti darf nicht sterben* verarbeitet und weltweit bekannt gemacht hatten. Als Michael 1959 mit ihrem Kleinflugzeug abstürzte, wurde aus Stiftungen zu seinem Andenken 1961 in Banagi ein veterinärmedizinisch ausgestattetes Feldlabor etabliert, das *Michael Grzimek Memorial Laboratory*. An ihm begannen sofort international finanzierte Wissenschaftler über Verhalten und Ökologie frei lebender Wildtiere zu forschen, was als „Serengeti Research Project" zusammengeschlossen wurde. Ebenfalls 1961 erhielt Tanganjika die Unabhängigkeit und gründete 1964 mit der Insel Sansibar die Vereinigte Republik Tansania. Mit dem ersten Staatspräsidenten Julius Kambarage Nyerere war Bernhard Grzimek befreundet und überzeugte ihn von der Notwendigkeit eines internationalen Forschungsinstituts in der Serengeti. Vor Ort setzte sich dafür der Direktor der Tanzania National Parks, John Owen, kräftig und geschickt ein. Im Vorstand der Fritz-Thyssen-Stiftung, die1959 als erste große private wissenschaftsfördernde Einzelstiftung in Deutschland nach dem Zweiten Weltkrieg gegründet worden war, erkannte Ernst Coenen das Forschungspotenzial der Serengeti. Thyssen plante nun, zusammen mit der Ford Foundation das „Serengeti Research Institute" (SRI) aufzubauen, in dessen *Scientific Council* ich 1965 als Vertreter der deutschen Max-Planck-Gesellschaft Mitglied wurde, zusammen mit Niko Tinbergen von der Oxford University und Gerard Baerends von der Rijksuniversiteit Groningen. Wir tagten jährlich zwischen Dezember und Ende Januar. So kam ich bis 1979 jedes Jahr in die Serengeti und konnte (u. a.) weitere Einzelheiten über das Leben der Schieferwürger sammeln.

Gestern, am 6. Dezember 1994, habe ich ein letztes Mal an einer Planungssitzung des derzeitigen „Tanzania Wildlife Research Institute" (TAWIRI) teilgenommen. Es war mir ein Vergnügen, einigen Kollegen anschließend die Schieferwürger *(Laniarius funebris)* im benachbarten Kopje vorzuführen. Wir hatten die Vögel jahrelang zum detaillierten Vergleich in verschiedenen Gebieten im Freiland beobachtet, parallel dazu in Seewiesen auch die Entwicklung der Jungtiere, ihrer Lautäußerungen und die Bildung neuer Paare. In verschiedenen Gebieten Tansanias und Kenias haben diese Vögel zwar unterschiedliche Teildialekte, ihr Rufverhalten aber ist das gleiche: Männchen und Weibchen haben getrennte Rufrepertoires, in Seronera Männchen sieben, Weibchen sechs Rufe. Unter den flügge gewordenen Jungtieren lernen die Söhne die Rufe vom Vater, die Töchter die der Mutter, und zwar bis zum Alter von 8 Monaten. Danach bleibt das Repertoire jedes Individuums bis zum Tod stabil. Die Tiere können mehr als 10 Jahre alt werden.

Innerhalb eines Dialektbereichs äußern alle Männchen dieselben männlichen und alle Weibchen dieselben weiblichen Rufe. Verpaarte Individuen kombinieren diese Rufe zu Duetten von zwei bis sieben abwechselnd geäußerten Rufen. Aber nicht alle möglichen Rufkombinationen kommen als Duette vor. Duettrepertoires benachbarter Paare überlappen teilweise, aber jedes Paar kombiniert die Rufe in mindestens einem Duett in paarspezifischer Weise. Der Zuhörer kann ein Paar also nicht an Einzelrufen, sondern erst an den Antworten im paarspezifischen Duett erkennen. Die Individuen müssen außer ihrem geäußerten geschlechtsspezifisch eigenen Rufrepertoire auch das des Partners kennen und es innerlich („sympathetisch") mitsingen, um „richtig" zu antworten (und Fehlantworten auf paarfremde Individuen zu vermeiden).

Gerade darauf scheint es funktionell anzukommen. Duettieren ist wesentlicher Bestandteil der Paarbindung, die sicherstellt, dass sich beide Partner an der Brutpflege beteiligen, also auch das Männchen. Da ein Männchen viel mehr Keimzellen (Spermien) erzeugt als ein Weibchen (Eizellen), läge es für das Männchen nahe, nach der Paarung zu „desertieren", Weibchen und Eier im Stich zu lassen, um mit einem weiteren Weibchen zusätzliche

Nachkommen zu zeugen. Angenommen, das verlassene Weibchen könnte nur eine halbe Brut aufziehen, dann verlöre zwar auch das Männchen die andere halbe Brut, könnte den Verlust aber mit einem zweiten Weibchen ausgleichen, und die Taktik fortsetzend, mit einem dritten Weibchen sogar ohne Brutpflegeaufwand drei halbe Bruten als Erfolg verbuchen – während alle seine brutpflegenden Partnerinnen jeweils die Hälfte ihres Fortpflanzungserfolgs einbüßen.

Desertieren lohnt sich für Männchen jedoch nur, wenn sie eine neue Partnerin finden. In unseren Breiten beginnen alle Vögel einer Art möglichst früh, also synchron zu brüten, und Deserteure haben wenig neue Paarungschancen. Unter diesen Umständen sind die Männchen erfolgreicher, die der ersten Partnerin in bei der Brutpflege helfen – in „klimabedingter Monogamie". Tropische und subtropische Zonen ohne deutliche Jahreszeiten aber ermöglichen unsynchrones Brüten und Neuverpaarungen und begünstigen deshalb weibliche Taktiken, die das Männchen am Desertieren hindern. Die am weitesten verbreitete Methode ist weibliche „Sprödigkeit", die vom Männchen Vorleistungen vor der Paarung fordert – etwa ein großes Nest zu bauen oder Futter fürs Weibchen zu beschaffen und damit dessen Eiproduktion zu fördern. Zum Brüten vorbereitete Nester und zur Produktion zahlreicher Eier vorgefütterte Weibchen müssen dann allerdings gegen begehrliche Konkurrenten so verteidigt werden, dass Übernahmeversuche unrentabel werden.

Fremde Übernahmeversuche werden aussichtslos, wenn ein Paar nicht materiell, sondern durch Lernen im Kopf für die Zukunft investiert, indem zum Beispiel spröde Weibchen eine Paarung nicht zulassen, bis die Partner zu einer paarspezifischen Duettverständigung übereingekommen sind. Bis sie fehlerfrei abläuft, sammeln die Individuen Erfahrungen, mit welchem eigenen Ruf sie jeweils dem Partner antworten müssen, und Erwartungen, welcher Ruf des Partners auf einen eigenen zu folgen hat. Jedes Individuum muss dazu auch die Rufe des Partners kennen lernen; das Rufrepertoire des Paares ist dann aufgeteilt in einen geschlechtsspezifisch geäußerten „aktiven" und einen nur verstandenen „stillen" Teil. Der „aktive" Teil des einen ist jeweils der „stille" Teil des anderen Partners. Ist dieser Zustand erreicht, kann das betreffende Paar bei jeder günstigen Gelegenheit ohne Vorbereitung zu brüten beginnen.

Das Weibchen kann Vorleistungen verlangen, nicht weil ein desertierendes Männchen viel verlieren würde, sondern weil ihn ein anderes Weibchen viel kosten würde. Den Partner zu wechseln würde ja erfordern, eine neue Duettübereinkunft aufzubauen, was mindestens einige Wochen dauert, sofern Neulernen noch möglich, die Lernphase noch nicht abgeschlossen ist. Das wäre auch nötig, falls der Partner einem Fressfeind zum Opfer fällt. Dem vorbeugend, sieht man regelmäßig einen Partner oben auf einem Zweig ausschauend Wache halten, solange der andere sich in Bodennähe aufhält. Das wirkt sehr „fürsorglich", schützt aber die eigene Lerninvestition.

So funktioniert das Paarungssystem aber nur, wenn alle Individuen einer Population mitspielen. Modelltheoretiker haben errechnet, welche Bruterfolge sich einstellen, wenn einige „leichtfertige" Weibchen auf Vorleistungen verzichten und dementsprechend rascher zum Brüten kommen und einige „flatterhafte" Männchen zum Desertieren neigen statt Vorarbeit und Fütterdienst zu leisten. Abhängig von den ökologischen Bedingungen kann die Kombination „leichtfertig – flatterhaft" zunächst erfolgreicher sein als die Kombination „spröde – treu", allerdings nur bis zu einer gewissen Häufigkeit in der Population; dann kehrt sich das Erfolgsverhältnis um. Es entsteht kein stabiles Gleichgewicht zwischen den Taktiken; man kann also erwarten, in einer gegebenen Population Individuen mit unterschiedlichen Taktiken zu finden.

Die Vögel benutzen die verschiedenen Rufduette aus ihrem Repertoire nicht wahllos, sondern unter verschiedenen äußeren Bedingungen, zum Beispiel ob ein Raubfeind nahe kommt, oder gemäß innerer „Stimmungen", zum Beispiel ob sie nestbauen, brüten oder dem normalen Tageslauf nachgehen. Damit ist nicht gesagt, dass sie einander (im Sinne von Mitteilungen) auf bestimmte Geschehnisse aufmerksam machen, aber sie gleichen ihre Stimmungen (im Sinne von Handlungsbereitschaften) einander an und bestätigen somit ihre ständige Kooperationsfähigkeit.

Obwohl die Seronera-Schieferwürger in beiden Geschlechtern gleich häufig gleich viele Rufe äußern und beantworten, sind die dafür zuständigen Kontrollzentren im männlichen Gehirn fast doppelt so groß und enthalten doppelt so viele Neurone wie die weiblichen, die stattdessen eine höhere Anzahl synaptischer Nervenverbindungen aufweisen. Aus den dimorphen „Singhirnen" der Geschlechter kann man auf eine innerhalb derselben Art konvergent entstandene Verhaltensanpassung schließen (zusammengefasst bei Gahr et al. 1998, 2008).

38

Kulturethologie von Otto Koenig

Wilhelminenberg und Burgenland · Matreier
Kulturgespräche · Klaubauflaufen · Bettfreien
· Probeehen · Leviratsehe · Geistehe
zwischen Frauen · Das Volk der Nuer · Sex zur
Gastfreundschaft · Restriktive Sexualkultur ·
Beichtpraxis nach Alfons von Liguori · Erzbischof
McQuaid · Naturgemäße Aufklärung

25. August 1997, Wien

Wien kann man als Ursprungsort der Ethologie, der Wissenschaft vom
Verhalten der Tiere und des Menschen, bezeichnen. Hier, am Rande des
Wienerwaldes, in der von seinem Quasischüler Otto Koenig gegründeten
„Biologischen Station Wilhelminenberg", hatte Konrad Lorenz 1948
nach seiner Rückkehr aus der Kriegsgefangenschaft im Kreise der dort
arbeitenden Jungwissenschaftler mit systematischen Vorlesungen zur Ethologie begonnen. Vom Wilhelminenberg holte er 1951 die ersten Mitarbeiter in seine „Forschungsstelle für Vergleichende Verhaltensforschung",
die Baron Gisbert Friedrich Christian von Romberg in Buldern (nahe
Münster in Westfalen) im Wasserschloss für ihn eingerichtet hatte und
die dem Max-Planck-Institut für Meeresbiologie in Wilhelmshaven unter
Erich von Holst zugeordnet war. 1953 hatte ich als Doktorand bei Lorenz
zu forschen begonnen und war dann 1958 mit ihm von Buldern nach Seewiesen ins Max-Planck-Institut für Verhaltensphysiologie umgezogen. 1967
übernahm in Wien die Österreichische Akademie der Wissenschaft die Biologische Station als „Institut für Vergleichende Verhaltensforschung". Die
Schwesterninstitute Seewiesen und Wilhelminenberg bearbeiteten bis zur
Emeritierung von Konrad Lorenz (1973) und Otto Koenig (1984) weitgehend gleiche Themen. Nach dem Tod von Konrad Lorenz (1989) wurde

© Springer-Verlag GmbH Deutschland, ein Teil von Springer Nature 2020
W. Wickler, *Reisenotizen*, https://doi.org/10.1007/978-3-662-61996-4_38

Koenigs Institut in „Konrad-Lorenz-Institut für Vergleichende Verhaltensforschung" umbenannt. Die Leitung übernahm bis 1992 Wolfgang Schleidt,
der zu den ersten Mitarbeitern von Koenig und Lorenz gehört hatte. Unter
Hans Winkler wurden Gelände, Gebäude und Laboratorien bis 2002 vollständig modernisiert und kamen schließlich als „Forschungsinstitut für
Wildtierkunde und Ökologie" unter Leitung meines ehemaligen Mit-
arbeiters Walter Arnold an die Veterinärmedizinische Universität Wien.

Jetzt, im August 1997, tagt in der Wiener Universität *Mater Rudolphina,*
der ältesten bestehenden Universität im deutschen Sprachraum, eine Woche
lang die 25. Internationale Ethologen-Konferenz. Beim Empfang im Rathaus verleiht mir die Präsidentin des Landtages die Goldene Verdienst-
medaille der Stadt für meinen Einsatz bei der Etablierung der modernen
Verhaltensforschung in Wien. Das hatte sich im Laufe von 30 Jahren fast
beiläufig ergeben. Seit 1963 wohnte ich mit meiner Familie in den Sommer-
ferien oft in Donnerskirchen am Neusiedler See bei der Familie Gernot und
Barbara Graefe. Beide waren Mitarbeiter von Otto Koenig, und Koenig und
seine Frau Lilli schlossen rasch Freundschaft auch mit uns.

Otto, gelernter Tierfotograf und begeisterter Verhaltensforscher, war 1935
Flurhüter der Langen Lacke am Neusiedler See gewesen und kannte sich in
der Ökologie und Tierwelt des Neusiedler Sees aus wie kein zweiter. Und
es war ein Vergnügen, von und mit ihm neben der biologischen auch die
kulturelle Umgebung des Burgenlandes erklärt zu bekommen: die Freistadt
Rust, in der jedes Haus sein Storchennest hat; das repräsentative Schloss der
ungarischen Adelsfamilie Esterházy in Eisenstadt, wo in den 1760er-Jahren
Joseph Haydn als fürstlicher Hofkapellmeister wirkte; die Burgen Locken-
haus und Forchtenstein, seit 1600 bzw. 1622 Eigentum der Esterházys;
den als UNESCO-Weltkulturerbe gelisteten Römersteinbruch bei Sankt
Margarethen, aus dem der Kalksandstein für den Stephansdom stammt;
und schließlich den seit 1335 von Pilgern besuchten Wallfahrtsort Sankt
Marien auf der Puszta, heute „Frauenkirchen", die uralte Kultstätte einer
Muttergottheit der Liebe und Fruchtbarkeit, welche in volksreligiösen Vorstellungen wie selbstverständlich als christliche Maria lebendig bleibt.

Ich besuchte Otto regelmäßig auf dem Wilhelminenberg, gehörte von
1985 bis 2008 zum Kuratorium des Instituts, und wir befassten uns intensiv
mit Unterschieden zwischen angeborenem und erlerntem Verhalten und
mit Parallelen zwischen organisch-genetischer und kultureller Evolution
des Verhaltens. Das Studium der Gesetzmäßigkeiten, nach denen sich
kulturelle Gegenstände und Bräuche in Anpassung an die ökologische und
soziale Umwelt verändern, bezeichnete Otto 1970 als „Kulturethologie".
Als lohnendes Forschungsfeld hatte er 1964 das in Matrei in Osttirol um

den 6. Dezember stattfindende Klaubauflaufen entdeckt und war seither mit dessen Beschreibung, filmischer Dokumentation und kulturgeschichtlicher Deutung beschäftigt. Den historischen Hintergrund bildeten die bis 1900 in den Dörfern herrschenden ökologisch-ökonomischen Verhältnisse, die junge Männer zwangen, von Frühling bis Herbst außerhalb Arbeit zu suchen – als Sennen, Bergarbeiter, Holzfäller, Bauleute, Flößer, Wanderhändler oder beim Militär. Sie kehrten zum Winter zurück, wenn Dörfer und Städte eingeschneit waren und man weder Handel noch Krieg treiben konnte. Nun war es für sie Zeit, um Mädchen zu werben. Allerdings in warmen Stuben eingewintert, ist es peinlich, brautwerbend Dinge zu tun, die öffentlich als ungehörig gelten. Maskiert unter anderen Maskierten aufzutreten befreit den Träger jedoch von solcher Konvention; denn einen Maskierten zu identifizieren, ist gesellschaftlich verpönt. Anonymisiert kann er Standesgrenzen, Familienzwiste und Anstandsnormen überspringen und sich sogar erlauben, vor allen Zuschauern ein Mädchen in den Arm zu nehmen und entsprechend umarmt zu werden. Dann sind in der bäuerlichen Stube oft Mitglieder mehrerer Familien versammelt. Die erwachsenen Mädchen – Hauptziel der Klaubaufs – sitzen mitten auf der Bank hinter dem schweren Stubentisch, flankiert von männlichen, verteidigungsbereiten Familienangehörigen. Die wild maskierten und lärmenden Klaubaufs („Klaibeife") stürzen sich auf den Tisch und versuchen, ihn in wildem Gerangel aus der Ecke zu zerren, hinauszuschaffen („Tischheben") und den Weg zu den Mädchen frei zu machen. Die Verteidiger suchen das zu verhindern; die Mädchen widersetzen sich zuerst den Klaubaufs, lassen sich aber schließlich doch „erobern", werden ins Freie getragen, in den Schnee geworfen, mit Schnee eingerieben und gleich darauf wieder freigelassen. Manche eilen voraus zum nächsten Hof und lassen sich erneut hinter dem verteidigten Tisch hervorzerren. Unterwegs zum nächsten Gehöft spielen sich weitere Balgereien ab, wenn am Straßenrand neben unmaskierten Burschen weitere Mädchen darauf warten, weggerissen und niedergeworfen zu werden. Die Geistlichkeit hat das Klaubauftreiben selbstverständlich als heidnisches Brautwerben verpönt, aber schließlich diese Form der Liebes- und Eheanbahnung doch legalisiert, und zwar durch Einbeziehen des Hl. Nikolaus, der einer Legende zufolge um 350 als Bischof von Myra drei arme Mädchen vor dem Verkauf in ein Freudenhaus rettete, indem er ihnen je eine goldene Kugel aufs Bett warf. Jeder Gruppe (Passe) der Klaibeife wurde deshalb ein den Behörden gegenüber verantwortlicher Nikolaus und das Ganze dem Fest des Hl. Nikolaus am 6. Dezember zugeordnet.

Otto sammelte Analysen weiterer kultureller Bräuche ab 1976 für die jährlichen „Matreier Gespräche für interdisziplinäre Kulturforschung", bei denen Wissenschaftler verschiedenster Fachbereiche aus Österreich, Deutschland, Holland und der Schweiz kulturbezogene Themen unter Evolutionsgesichtspunkten behandelten: Erziehung, Kleidung, Wohnen, Jagen, Rituale und technische Anwendungen. Der letzte gedruckte Band erschien 1996 (im Carl Ueberreuter Verlag, Wien).

In den Domänen Ernährung und Sexualität ist menschliches Verhalten weltweit kulturell besonders divers überformt, an der Artgrenze aber eingeschränkt: Verzehr von Menschenfleisch und Geschlechtsverkehr mit Tieren sind weitestgehend tabu. Sexuelles Verhalten ist in allen menschlichen Gemeinschaften geregelt, doch örtlich sehr verschieden. Es kann notwendige, aber nicht hinreichende Bedingung für die Ehe sein und lässt sich in keiner Gesellschaft auf die – wie immer definierte – Ehe beschränken. Es ist notwendig zur Fortpflanzung und zum Wohlbefinden, hat zum Beispiel in Afrika überdies religiöse Bedeutung und erfüllt soziale Aufgaben, über die der kenianische Religionsphilosoph Samuel Mbiti (1974) berichtet. Manche afrikanischen Völker eröffnen oder beenden rituelle Zeremonien mit realem oder symbolischem Geschlechtsverkehr von Ehepaaren oder amtierenden Personen.

In einigen Gegenden der Welt dient Sex als Ausdruck der Gastfreundschaft. Besucht ein Mann einen anderen, stellt der Gastgeber ihm seine Frau (oder Tochter oder Schwester) für die Nacht zur Verfügung. Anderswo haben Brüder untereinander ein Anrecht auf Sex mit ihren Frauen (eine Person kann dort hunderte sozialer Brüder haben). Bei den Eskimos kommt es, wie Peter Freuchen (1961) und Rolf Kjellström (1973) berichten, allgemein vor, dass Ehemänner befreundeter Paare die eigene Frau verlassen und für eine Woche oder länger zur Frau des Freundes ziehen. Sie übernehmen dort alle Verantwortung, Rechte und Privilegien. Oft ist das ein religiös-ritueller, von einem Schamanen *(angekok)* veranlasster „Männertausch", begründet mit dem Wunsch nach besserem Wetter oder günstigen Jagdbedingungen. Ohne religiösen Hintergrund existiert ein Frauentausch in Form der „Co-Ehe". Dabei geht es nicht nur um Sex mit anderen Partnern, sondern um lebenslange freundschaftliche Beziehungen zwischen allen Mitgliedern der beteiligten Familien und, falls nötig, um gegenseitige ökonomische Hilfen. Seltener gestattet ein Mann einem Fremden, der allein unterwegs ist, mit der eigenen Frau zu schlafen. Zwar gebieten Höflichkeit und Gastfreundschaft, eine entsprechende Forderung nicht abzulehnen; aber schon eine solche Forderung selbst grenzt an Unhöflichkeit, es sei denn der Gastgeber verabredet im Falle eines Gegenbesuchs dasselbe Entgegenkommen.

Es existieren auch andere Eheformen mit gebilligten bis geforderten außerehelichen Sexualbeziehungen. So war im 14. Jahrhundert der arabische Weltreisende Ibn Battuta sehr verwundert über die Freiheit der körperlichen Beziehungen zwischen den Geschlechtern, die er in der Südsahara am Rande des Mali-Reiches vorfand: Die dortigen Frauen hatten Freunde und die Männer Gefährtinnen unter den Frauen anderer Familien. Von den Bororo in Mauretanien, einem Clan der viehzüchtenden Fulbe am Rande der Sahara, beschreibt Jean Gabus 1957, dass ein Schönheitskult und die hohe Bedeutung, die sie der Körpervollendung beimessen, es einer jungen Frau gestatten, ihren Bräutigam oder Mann für mehrere Monate bis zu 2 Jahre zu verlassen, um mit dem beim Tanz erkorenen Mann ihrer Wahl zu leben. Diese „teggal" genannte Sitte führt weiterhin dazu, dass bei Sippen- oder Stammestreffen schöne junge Menschen als Schönheitsträger („togo") zusammengegeben werden, ohne Schamgefühl und Eifersucht der Ehemänner zu erregen.

Aus biologischer Sicht sind die physiologische sexuelle Lust, die emotionale Liebe und die soziale Bindung der Ehepartner darauf ausgerichtet – Schopenhauer nannte es einen Trick der Natur –, Kinder zu erzeugen und die genetische Evolution fortzusetzen. Weltweit wichtig für jede Frau ist darum ihre Fähigkeit, Kinder zur Welt zu bringen; genauer gesagt: ihrem Ehemann Kinder zu gebären. Denn der erstgeborene männliche Nachkomme eines Ehepaares erhält den Familiennamen, vererbt ihn seinerseits weiter und führt so die Stammlinie fort – fundamental vor allem in europäischen Adelsfamilien, Herrscherdynastien und Königshäusern. Ebenso ist bei vielen Völkern die Ehe, und in ihr die Frau, vorrangig dazu da, Nachwuchs zu gebären und somit die Versorgung und den Stamm selbst auf Dauer zu erhalten.

In fast allen Ländern Afrikas zahlt der Mann einen Brautpreis („Lobolo") und erwirbt damit sexuelle Rechte an der Frau. Das Wort Lobolo entstammt der südafrikanischen Nguni-Sprache, der Begriff verbreitete sich jedoch über den ganzen zur Kolonialzeit britisch verwalteten schwarzafrikanischen Kontinent und wird meist mit „Brautpreis" übersetzt. Es handelt sich rechtlich gesehen aber nicht um den Kauf einer Frau, sondern um den Erwerb der Rechte über die Kinder einer Frau. In matrilinearen Gesellschaften in der Vergangenheit gehörte die Nachkommenschaft einer Frau zur Familie der Frau. Erst wenn von der Familie des Ehemannes das „Lobolo" bezahlt wurde, gingen Rechte und Pflichten bezüglich der Kinder auf den Ehemann über. Der Ehemann und seine Familie erwarten dann, dass die Frau fruchtbar ist. Bekommt eine Frau keine Kinder, kann der Mann die Rückgabe seines (meist mit Rindern gezahlten) Brautpreises verlangen und die Frau zu ihrer Familie zurückschicken. Beim Volk der Nuer gilt eine Heirat erst nach der Geburt des zweiten Kindes als endgültig geschlossen. In einigen Völkern war und ist Schwangerschaft sogar Voraussetzung zur Heirat, und es ist demgemäß üblich, den Nachweis der Fruchtbarkeit vor der Heirat zu erbringen. Auch in ländlichen Gegenden Süddeutschlands, Österreichs, der Schweiz und auf Nordseeinseln führten die biologische Notwendigkeit, dass Jungen und Mädchen Paare bilden, und die soziale Notwendigkeit, dass Kinder als Arbeitshilfen und Erben wichtig waren, bis in die Mitte des 19. Jahrhunderts zu der Praxis, im „Bettfreien" oder „Nachtfreien" sexuellen Probekontakt mit einem Mädchen vor einer möglichen Ehe aufzunehmen; erwies es sich als schwanger, wurde geheiratet.

Um Stammlinien auch bei vorzeitigem Tod (oder Unfruchtbarkeit) des Ehemannes weiterführen zu können, wurden schon früh in der Geschichte eigene Eheformen erfunden, die es erlaubten, eine Witwe offiziell mit einem Mann aus der Familie des Verstorbenen als seinem Stellvertreter zu verheiraten. Der stellvertretende Zeuger übernahm alle Rechte und Pflichten gegenüber „seiner" Frau und deren Kindern, während der Verstorbene als Ehemann und nachträglich als genealogischer Vater der Kinder des Paares galt, welche die Abstammungslinie des Verstorbenen fortsetzten. Wie ein in Keilschrifttexten auf Tontafeln aus Assur erhaltenes mittelassyrisches Gesetz aus dem 12. Jahrhundert vor Christus besagt, konnte eine Witwe ihrem Schwiegervater, einem Schwager und auch einem (mindestens 10-jährigen) Stiefsohn der Witwe zur Ehe gegeben werden. Nach hethitischem Gesetz konnte sie von einem Cousin ersten Grades, einem Neffen oder einem Onkel des Verstorbenen zur Frau genommen werden (Kaiser et al. 1982–2015).

Am längsten überliefert sind Beispiele aus dem Alten Testament im Buch Genesis und im Buch Ruth; sie sind Bestandteil der Genealogie Jesu. Am bekanntesten sind die Eheleute Er und Tamar vom Stamme Juda (Gen 38, 8–18). Sie waren noch kinderlos, als Er starb. Nun musste Ers jüngerer Bruder Onan einspringen, die Leviratspflicht (Schwagerehe) mit Tamar vollziehen und Nachkommen für den Verstorbenen zeugen. Aber Onan wusste, dass die Nachkommen nicht ihm gehören würden; „sooft er zur Frau seines Bruders einging, ließ er deshalb den Samen zur Erde fallen und verderben". Er verschmähte die Frau also nicht sexuell, weigerte sich aber, Ansehen, Ehre und Altersversorgung seiner Schwägerin zu sichern und seinem Bruder Nachkommen zu verschaffen. Das missfiel Gott, und er ließ auch ihn sterben. (Ein verbreitetes Missverständnis meint, Onan wäre wegen der Verhütung durch *Coitus interruptus* bestraft worden; daher rührt die Fehlbezeichnung „onanieren" für Selbstbefriedigung). Tamar verkleidete sich schließlich als im Dienste der Liebesgöttin Isis tätige Tempeldirne und ließ sich gezielt von ihrem Schwiegervater Juda schwängern. Sie gebar einen Sohn, Perez, und wurde eine von fünf überlieferten Ahnfrauen Jesu (neben Tamar, Rahab, Bathseba und seiner Mutter Maria).

Ein weiteres Beispiel der Leviratsehe, ebenfalls aus der Zeit um 1000 v. Chr., schildert ausführlich das Buch Ruth aus der 6. Generation nach Perez. Das Ehepaar Elimelech und Noomi wandert wegen einer Hungersnot mit seinen beiden Söhnen Machlon und Kiljon von der Heimatstadt Bethlehem weg in das Land Moab. Die Söhne heiraten dort die moabitischen Frauen Ruth und Orpa, sterben aber kinderlos. Auch ihr Vater Elimelech stirbt. Nur Noomi und ihre beiden Schwiegertöchter überleben. „Zu alt geworden, um noch einmal Söhne in meinem Schoße zu haben, die sie hätten heiraten können", geht Noomi zurück nach Bethlehem. Orpa bleibt in Moab, Ruth aber sagt: „Wohin du gehst, dahin gehe auch ich, und wo du bleibst, da bleibe auch ich. Dein Volk ist mein Volk, und dein Gott ist mein Gott. Wo du stirbst, da sterbe auch ich, da will ich begraben sein" (Rut 1,16–17) – neuerdings ein beliebter Trauspruch, allerdings kontextwidrig nicht auf die Schwiegermutter, sondern auf das Brautpaar bezogen.

Noomi wird in Bethlehem freundlich unterstützt vom wohlhabenden Grundbesitzer Boas, einem entfernten Verwandten ihres verstorbenen Mannes. Ruth hilft auf Boas Feldern von der Gerstenernte im April bis zur Weizenernte im Juni und hält Körnernachlese. Boas versucht, einen jüngeren Verwandten zur Leviratsehe mit Ruth zu überreden, aber der lehnt mit Rücksicht auf sein eigenes Erbe ab. Eines Tages sagte Noomi zu Ruth: „Meine Tochter, ich sollte dir ein Zuhause suchen, wo du es gut hast. Boas, mit dessen Mägden du auf dem Feld warst, ist mit uns verwandt. Heute Abend worfelt er die Gerste auf dem Dreschplatz. Warte, bis er mit Essen und Trinken fertig ist. Merk dir die Stelle, wo er sich hinlegt. Nimm ein Bad, salbe dich, zieh deine besten Kleider an. Dann gehst du dorthin, deckst seine Blöße auf und legst dich nieder." Obwohl der jungen Moabiterin das Gesetz der Israeliten neu und viele Bräuche ihr fremd waren, tat sie das alles. Um Mitternacht wird es Boas kalt, er beugt sich vor, sieht die Frau neben sich: „Wer bist du?" – „Ich bin Ruth, deine Sklavin; du sollst mich mit deinem Rocksaum zudecken." Boas gibt nach. Er schläft mit ihr, sie wird seine Frau, wird schwanger und gebiert einen Sohn. Noomi drückt das Kind an ihre Brust und wird dessen Betreuerin. Die Nachbarinnen kommen zur Namensgebung. „Noomi ist ein Sohn geboren worden!", sagen sie und nennen ihn Obed. Obed zeugte Isai, Isai zeugte David – also wurde Boas zum Urgroßvater von König David.

Während ein Mann ab der Pubertät sein ganzes Leben lang Spermien produziert, nimmt die Fruchtbarkeit der Frau mit dem Alter ab, vom Maximum mit etwa 23 Jahren bis zur Menopause im Alter von etwa 40 Jahren auf etwa 5 % pro Zyklus. Davon abgesehen kann Kinderlosigkeit einer Ehe nicht nur – wie bei vielen Völkern ungeprüft primär angenommen – an der Frau, sondern auch am Mann liegen. Auch dann kann eine Leviratsehe einspringen: Bei den Nkosi in Swasiland hat der Ehemann das Recht auf Geschlechtsverkehr auch mit den Schwestern und Halbschwestern seiner Ehefrau. Stellten die Frauen fest, dass er impotent war, zeugte ihm ohne sein Wissen einer seiner Brüder mit seiner Frau Nachkommen (Engelbrecht 1930).

Als Alternative dazu können in einer „Geistehe" Frauen Frauen heiraten. Diese „Gynägamie" kommt in über 40 Ethnien in Nordost-, Ost-, Südost-, Süd- und Westafrika vor (so in Benin, Nigeria, Kenia und Tansania). Ethnosoziologen unterscheiden „levirale" und „autonome" Gynägamie. In leviraler Gynägamie heiratet eine meist ältere kinderlose Witwe im Namen ihres verstorbenen Mannes eine jüngere Frau. Die während der gynägamen Ehe von der jüngeren Frau geborenen Kinder gelten als Nachkommen und Erben des verstorbenen Mannes der älteren Frau. Der von der älteren Frau für die jüngere gewählte Spermiengeber (Genitor) soll aus der Abstammungslinie des verstorbenen Mannes der älteren Frau oder aus der ihres Vaters stammen (Tietmeyer 1985). In autonomer Gynägamie heiratet eine wohlhabende, aber kinderlose Frau in ihrem eigenen Namen eine jüngere Partnerin; deren Kinder werden Erben der reichen Frau. Der gewählte biologische Vater (Genitor) muss dann bereits verheiratet sein, damit er die Existenz der gynägamen Ehe nicht gefährdet. In einer „Frauenehe" nimmt also eine kinderlose Frau die Rolle des Ehemanns ein (und zahlt auch den Brautpreis). Sie bestimmt einen Mann, der mit ihrer Partnerin die Kinder zeugt, die ihrer eigenen Abstammungslinie zugerechnet werden; und sie übernimmt als „weiblicher Vater" deren rechtliche und soziale Vaterschaft. Der Genitor geht mit der Zeugung der Kinder für eine gynägame Ehe keine weitere Verpflichtung ein.

Bestuntersuchtes Beispiel ist das von Aster Akalu (1985, 1989) untersuchte Volk der Nuer. Es bewohnt im Südsudan und in Äthiopien die Feuchtgebiete des Weißen Nils und zweier seiner wichtigsten Nebenflüsse. Verschiedene Familien wohnen zusammen in kleinen, verstreut liegenden Dörfern. Ein Mann kann mehrere Frauen heiraten, je nach Besitzstand und Ansehen, denn den Brautpreis muss er in Rindern zahlen. Zur Zeit der Überschwemmungen ziehen die Dorfbewohner in höher gelegene Gebiete, treffen da auf Dorfbewohner anderer Stämme, und die Jugendlichen sollen unter diesen einen Ehepartner wählen. Beste Gelegenheiten dazu bieten zahlreiche auf öffentlichen sexuellen Körperkontakt zielende Tanzabende. Auch Verheiratete nehmen sexuelle Kontakte mit Auswärtigen auf. Die angebahnten Beziehungen können jederzeit von einem der Partner beendet werden oder auch länger andauern und zu Heirat oder Schwangerschaft führen. Schwangere Mädchen müssen nicht heiraten, sondern können auch weiterhin bei den Eltern leben und sexuelle Partnerschaften eingehen, denn Liebesbegegnungen finden vielfach außerhalb der Ehe statt. Auch die Ehe ist sehr offen und bietet viele Freiräume. Ehemänner wissen meist kaum über die tagtäglichen Aktivitäten ihrer Ehefrauen und deren sexuellen Beziehungen zu anderen Männern Bescheid. Die Ehe dient in erster Linie der Versorgung der Frauen und der Fortsetzung der Abstammungslinie des Stammes. Ehen werden fast ausschließlich wegen Unfruchtbarkeit der Frau geschieden. Eine unfruchtbare Frau wird als Mann angesehen. Sie kann Kühe besitzen, kann diese auch vererben oder als Brautpreis bezahlen, wenn sie eine oder mehrere Frauen heiratet. Als weiblicher Ehemann wählt sie einen Genitor für die Ehefrau und gilt selbst als sozialer Vater der erzeugten Kinder.

Einige katholisch-amtskirchliche Stimmen haben die Bedeutung von Kindern für jenseitige und diesseitige Gemeinschaften noch speziell begründet: Papst Pius XI. wünschte 1930 in der Enzyklika *Casti connubii* allen Ehen viele Kinder, um „der Kirche Christi Nachkommenschaft zuzuführen, die Mitbürger der Heiligen und die Hausgenossen Gottes zu mehren". Und jüngst predigte Renatus Leonard Nkwande, der Erzbischof von Mwanza (laut Tanzania Information 1/2020) in einem Firmgottesdienst gegen den Egoismus der Jugend und den Geburtenrückgang wegen hoher Lebenshaltungskosten. Verhütung mit Medikamenten nannte er verwerflich und gesellschaftlich schädlich, denn „westliche Touristen kämen nicht der Tiere wegen, sondern um sich an den vielen Kindern zu erfreuen, da es bei ihnen kaum noch welche gibt".

Auch die Forschung am Konrad-Lorenz-Institut für Vergleichende Kultur-Verhaltensforschung konzentrierte sich zunächst auf sexuelle Konflikte und sexuelle Selektion. Ich hatte für die Matreier Gespräche einen Beitrag über die bekannt strenge Sexualmoral der katholischen Kirche vorbereitet, der zwar nicht mehr zum Druck kam, aber an den Stephansdom als ein Wahrzeichen Wiens anknüpfte. An diesem wichtigen gotischen Bauwerk in Österreich ist vom spätromanischen Vorgängerbau 1230/1240 die Westfassade erhalten mit den beiden „Heidentürmen" und dem Haupteingang, dem in Trichterform innen tief und schräg abfallenden „Riesentor" (mittelhochdeutsch *risen* = sinken, fallen). Unterhalb der Türme ist die Portalanlage von je einer Doppelsäule flankiert, die bis auf halbe Höhe unter die Rundfenster reichen und für eine katholische Kirche höchst ungewöhnlich verziert sind: Sie finden dort oben ihren Abschluss in links einem männlichen (Abb. 38.1) und rechts einem weiblichen voll ausgebildeten Geschlechtsteil (am besten zu sehen aus einem Fenster im Haus gegenüber). Aus allen Kulturen ist bezeugt, dass der Phallus Macht und Herrschaft symbolisierte, das weibliche Genitale einst als heilig verehrt und einer schamlos-fröhlichen Zurschaustellung der Vulva magische Kraft zugeschrieben wurde. Dieser unbefangene Umgang mit Nacktheit hat sich verändert. Die Verehrung der Fruchtbarkeitssymbole Phallus und Vulva ist einem abendländischen Verhüllungsprozess zum Opfer gefallen. Heute ist im Fernsehen ein erigierter Penis das größere Tabu als der Anblick einer Vulva. Und laut Strafgesetzbuch § 183 werden exhibitionistische Handlungen heute nur bestraft, wenn der Täter ein Mann ist.

Die speziell katholische Sicht auf die Sexualität war geprägt durch Thomas von Aquin. Der übernahm von Augustinus die Theorie vom Teufelspakt, abgeschlossen durch Geschlechtsverkehr zwischen Mensch und Dämon. Er glaubte an einen organisierten „Dämonenstaat" mit vielen durch Sex aus Lust verführten menschlichen Anhängern. Diese Sicht verknüpfte die Sexualität der Gläubigen mit dem Bewusstsein von Schuld (Erbsünde) und Angst (Hölle). Das wurde vom neapolitanischen Staranwalt, dem späteren Moraltheologen und Bischof Alfons Maria von Liguori (1696–1787), unterstützt. Dessen zentrale Themen waren die Beichtpraxis und eine unverhältnismäßige Konzentration auf die menschliche Sexualität, und zwar speziell die männliche. Denn dass Lüsternheit eine männliche Eigenschaft ist, verrieten schon die einseitigen Formulierungen in den Zehn Geboten („nicht begehren des Nächsten Weib"), und in der Bergpredigt („wer eine Frau nur lüstern ansieht, hat in seinem Herzen schon Ehebruch mit ihr begangen"; Mt 5,28). Was die Bergpredigt somit voraussetzt, dass mindestens einer der beiden verehelicht ist, blendete die katholische Beichtpraxis aus und erweiterte eine Pflicht zur Ohrenbeichte auf alle Gläubigen. Die konnten nun schon sündigen durch unreine Gedanken und Worte oder unnötige Blicke auf die „wenig ehrbaren oder unehrbaren", weil erotisierenden Teile des Körpers sündigen. Liguoris Einfluss auf die katholische Moraltheologie dauert an: 1839 wurde er heiliggesprochen, 1871 zum Kirchenlehrer erklärt und 1950 zum Patron der Beichtväter und Moraltheologen erhoben.

Liguori hatte 1732 den Orden der Redemptoristen gegründet, der sich in Europa ausbreitete, zuerst in Polen, ab 1870 auch in Irland, mit den Schwerpunkten Pfarrseelsorge, Katechesen und Schuldienst. Den Einfluss der katholischen Kirche verkörperte zu Beginn der irischen Unabhängigkeit

Abb. 38.1 Phallus-Säule am Hauptportal des Stephansdoms. Wien, August 1997

von Großbritannien (1916) der führende Ideologe Erzbischof John Charles McQuaid. Er galt als negativ sexbesessen und fand jede öffentliche Erwähnung des weiblichen Körpers und der Fortpflanzung widerlich. Nachdem bei den Olympischen Spielen 1928 bis 1934 Sportwettkämpfe auch für Frauen eingeführt worden waren, erklärte McQuaid noch 1960: „Gott und sein Gesetz sind nicht modern"; es sei unirisch und unkatholisch, sozialer und moralischer Missbrauch und bereite „naturwidriges Vergnügen", wenn Frauen und Männer in derselben Sportarena Sport trieben. Man müsse jedes Geschlecht gegen die Blicke des anderen absichern. McQuaid bedauerte, dass Kinder nicht zur Welt kommen können ohne sündhafte Sexualität, die deshalb auch in der Ehe streng kontrolliert werden musste. Er ermunterte zwar verheiratete Paare, möglichst viele Kinder zu zeugen, aber wenn das aus Gesundheitsgründen nicht möglich war, mussten sie alle Willenskraft aufbieten und wie Bruder und

Schwester leben. Diese strenge katholische Sexualmoral von 1800 änderte sich bis 1960 nur zögerlich. Zwar bezeichnete das irische Gesundheitsministerium 1963 die Einstellung der katholischen Iren zur Sexualität als „in dramatischem Wandel begriffen", aber davon unbeeinflusst hielten noch 1970 die sehr traditionsbewussten katholischen Bewohner der Gaeltacht-Gegenden im Westen Irlands, wo noch altes Irisch („Gaeilge") gesprochen wird, ihre Jungen und Mädchen bis ins Erwachsenenalter getrennt, ob in Schule, Kirche, beim Spielen oder am Strand. Kinder werden nicht aufgeklärt, sollten sexuell naiv bleiben („Nach der Hochzeit geht alles seinen natürlichen Gang"). Das durchschnittliche Heiratsalter betrug bei Männern 35, bei Frauen 29 Jahre. Von den Flitterwochen waren viele Frauen schockiert; eine „gute Frau" will keinen Sex. Der eheliche Verkehr ist kurz, die Partner entkleiden sich dazu nicht vollständig. Nacktheit ist unanständig, ebenso das Befingern der Genitalien; weiblicher Orgasmus ist fast unbekannt. Vorehelicher und außerehelicher Verkehr sind ebenso verboten wie anzügliche Reden. (Spitzel, Gerüchte und andere Kontrollmechanismen überwachen das Einhalten der Vorschriften). In einem katholischen Aufklärungsfilm für Mädchen heißt es 1980, Gott habe die Sexualität erfunden; er wisse, was gut ist und wolle keine sexuelle Betätigung vor der Ehe. Das lehrt auch die 1995 eingeführte, religiös getönte Sexualkunde in der Schule: Sie betont nicht gegenseitiges Vertrauen, Einverständnis und Liebe, sondern dass Verhütung sündhaft sei. Manche Lehrer erklären noch 2018, nähere Fragen zum Thema dürften sie nicht beantworten.

Unter dem Druck einer Liguori-redemptoristisch gefärbten katholischen Kirche musste 1987 in Polen ein neues Schulbuch zur sexuellen Aufklärung 15- bis 19-jähriger Gymnasiasten zurückgezogen werden; als „unerhört" befunden wurde folgender Text: „Gelungene Sexualkontakte können zu einem Quell der Freude und der Kraft werden und die außersexuelle Aktivität des Menschen steigern."

Eben diese Erfahrung machten seit jeher Völker mit wenig restriktiver Sexualkultur, und zwar von Kindesbeinen an. Kinder jener Völker, die mindestens gelegentlich unbekleidet gehen, sind selbstverständlich gewohnt, Mann und Frau nackt zu sehen. Eskimos gehen oft in ihrem Iglu nackt (Freuchen 1961), und auch die Yámana auf Feuerland waren bis Anfang des 20. Jahrhunderts an das raue Klima angepasste Nacktgeher; bei zu großer Kälte schmierten sie sich mit Fett oder Tran ein, trugen aber höchstens ein paar Fellstücke, was schon Charles Darwin 1832/1833 beschrieb. Wo zudem Familienmitglieder gemeinsam in einem Raum schlafen, kennen Kinder die Intimitäten ihrer Eltern und Erwachsenen aus eigenem Erleben.

Auf einigen Salomonen-Inseln und auf Neuguinea beispielsweise üben 7- bis 8-Jährige erotische Spielereien miteinander und imitieren das Sexualverhalten der Erwachsenen samt Vorspiel. Beobachten und Nachahmen ist die ursprüngliche und einfachste (heute weitgehend kulturell unterdrückte) Art, mit den Praktiken des Geschlechtslebens vertraut zu werden. Das erspart weitgehend die mit wachsender Zivilisiertheit oft mühsam zu bewerkstelligende sexuelle Aufklärung.

39

Damaskus: Große Geschichte, großartige Bauwerke, großes Unheil von großem Heiligen

Saladin, Kreuzfahrer und Ayyubiden · Umayyaden-Moschee · Azim-Palast · Nationalmuseum · Wandfresken von Dura Europos · Die Geschichte des Mose · Marienleben · Brunnen der Verheißung · Antonius und Kleopatra · Saulus wird Paulus und erfindet die Erbsünde

11. September 1997, Damaskus

Damaskus ist eine der ältesten Städte der Welt, seit 9500 v. Chr. kontinuierlich bewohnt und mit entsprechend reicher, wechselvoller Geschichte. Seit Pharao Thutmosis III. (1450 v. Chr.) blieb Damaskus bis zum Ende des 2. Jahrtausend v. Chr. in ägyptischer Hand. Die Stadt wurde um 1000 v. Chr. unter König David seinem Großreich angegliedert, gehörte unter Nebukadnezar II. (604 bis 562 v. Chr.) zum Neubabylonischen Reich, 332 v. Chr. zum Reich Alexanders des Großen, wurde nach Alexanders Tod 323 v. Chr. von den Seleukiden bis 281 ausgebaut und unter Pompeius 66 v. Chr. dem Römischen Reich eingegliedert. Von 37 bis 54 n. Chr. herrschten die Nabatäer, anschließend wieder die Römer, die eine Straße von Damaskus über Bosra bis zum Roten Meer bauten, was die Bedeutung der Stadt hob. Das gesamte Mittelalter hindurch war Damaskus eng mit Ägypten verbunden. Als Sultan von Ägypten herrschte seit 1171 Saladin; ihn bat Damaskus im Kampf gegen die Kreuzfahrer 1148 um Hilfe. Daraufhin brachen die Kreuzfahrer die Belagerung von Damaskus ab. Saladins Nachfahren, die Ayyubiden, bauten die Stadt weiter aus, wie noch heute im Stadtbild zu erkennen ist.

© Springer-Verlag GmbH Deutschland, ein Teil von Springer Nature 2020
W. Wickler, *Reisenotizen*, https://doi.org/10.1007/978-3-662-61996-4_39

Überall in der Stadt trifft man auf Moscheen, kleine und große, mit kleinen dicken oder großen schlanken Minaretten. Die größte Sehenswürdigkeit ist die 77 m hohe, 157 × 97 m umfassende Umayyaden-Moschee in der Altstadt. An ihrer Stelle stand mehrere Jahrhunderte zuvor ein Tempel des Wettergottes Tarhunz. Der Tempel wurde im späten 4. Jahrhundert n. Chr. durch einen römischen Jupiter-Tempel ersetzt. Theodosius I., von 379 bis 394 Kaiser im Osten des Römischen Reiches, errichtete an der Stelle eine christliche Basilika. In der Basilika wurde der Überlieferung nach der Kopf Johannes des Täufers aufbewahrt. Kalif Muʿāwiya I. machte Damaskus 661 zur Hauptstadt des umayyadischen Reiches. Kalif al-Walid I. ließ zwischen den Jahren 708 und 715 an der Stelle der Johannes-Basilika die heutige Umayyaden-Moschee als erste monumentale Moschee des Islam errichten. Die gesamten Außenmauern stammen noch von der Basilika. In der 140 m langen, mit 3000 Teppichen ausgelegten Gebetshalle unter der über 45 m hohen Al-Nissr-Kuppel und zwischen den weißen Marmorsäulen, die die Dachkonstruktion stützen, laufen ständig Leute herum. Manche hocken lesend neben den Stufen zur Kanzel (Minbar), beten in einer Gebetsnische (Mihrāb) oder liegen einfach am Boden. Gruppen drängen sich um den Schrein mit eigener Kuppel und grünen Fenstern, in dem das Haupt Johannes des Täufers ruht. Drei kleine Nebengebäude – Schatzhaus, Uhrenhaus und Brunnenhaus – im großen Innenhof vor der Moschee sind ebenso wie die Arkadengänge mit farbigen Mosaiken verziert, die den Vorhof zum Paradies darstellen sollen, mit goldenem Himmel und vielen verschieden grünbelaubten Bäumen und Palmen.

An der Nordwestecke der Moschee werfen wir einen kurzen Blick in das Mausoleum mit dem Grabmal des 1193 gestorbenen Saladin. Im Basar an einer zwei Autos breiten, gewölbt überdachten Hauptstraße und an engen, verwinkelten Gassen, erfreut oder verwirrt, was große und kleine alte Läden feilbieten: Kleider, Stoffe, Teppiche, Lebensmittel, duftende Gewürze, Spiel- und Haushaltswaren, Schmuck und Antiquitäten. Unweit der Umayyaden-Moschee errichtete 1750 der osmanische Gouverneur Asʾad Pascha al-Azm einen Palast mit zwei Bereichen: dem Harem für die Familie des Gouverneurs und dem Selamlik für die offiziellen Geschäfte. Die Gebäude mit horizontal schwarz-weiß gestreiften Mauern haben zwei Stockwerke und stehen um große bepflanzte Innenhöfe. Der Azim-Palast beherbergt heute ein ethnographisches Museum.

Das bedeutendste Museum Syriens ist das Nationalmuseum Damaskus. Sein Eingang ist das monumentale Originaltor des Jagdschlosses Qasr al-Heir al-Gharbi, das die Umayyaden-Kalifen im 8. Jahrhundert in der syrischen Wüste errichteten. Im Museum sehen wir Keilschrifttontafeln aus

Ugarit aus dem 14. Jahrhundert v. Chr., mehr als 4000 Jahre alte Gipsstein-skulpturen aus Mari, deren Augen aus weißen Muschelschalen und blauem Lapislazuli bestehen, sowie Marmor- und Terrakottastatuen aus Palmyra. Ein eigener Raum enthält die Malereien, mit denen im 2. Jahrhundert n. Chr. die Wände der Synagoge von Dura Europos dekoriert waren: Szenen aus dem Alten Testament, Propheten, Könige, David, Salomo und die Königin von Saba sowie der Priester Mattatias, der 150 v. Chr. den Tod von tausend Makkabäern verschuldete, weil er, statt die Syrer abzuwehren, die Sabbatruhe einhalten ließ. Mich beeindruckt am meisten eine lange Szenenfolge aus der Mose-Geschichte. Sie zeigt (von rechts nach links wie die linksläufige Schrift) den ägyptischen Pharao, der den hebräischen Hebammen Shiphrah und Puah befiehlt, alle jüdischen männlichen Nachkommen zu töten; daneben am Ufer des Nil zwei Dienstmädchen mit seiner Tochter, die das Kind Mose aus dem Wasser rettet und es zur Pflege seiner Mutter Jochebed übergibt.

Weitere Malereien aus Dura Europos wurden kurz nach der Auffindung von der Wand der ältesten archäologisch nachgewiesenen christlichen Haus-kirche (1 km südlich der Synagoge an der Stadtmauer) genommen und befinden sich heute in der *Yale University Art Gallery*. Auf den Resten eines verlassenen Hauses, das etwa seit Christi Geburt dort stand, war 232/233 n. Chr. ein 17 m langes und 19 m breites Gebäude aus Lehmziegeln errichtet worden. Es enthielt einen rechteckigen Innenhof mit zwei Säulen und 4 bis 5 m hohen Wohnräumen an allen vier Seiten. Im Jahr 241 wurde das Wohn-gebäude in eine Kirche umgewandelt, zwei Wohnräume wurden zu einem 13 × 5 m großen Saal zusammengefasst und ein weiterer Raum zu einem Taufraum umfunktioniert. Er enthielt ein steinernes Bassin mit einem steinernen Baldachin und als einziger Raum Wandgemälde. Das wichtigste davon zeigt die Figur einer schwarzhaarigen Frau mit knöchellangem Gewand, die zwei Stricke in einen Brunnen hinablässt. Es ist wahrscheinlich die älteste bisher bekannte Abbildung der Jungfrau Maria. Sie beruht auf dem besonders bei Christen im Orient beliebten, um die Mitte des 2. Jahr-hunderts entstandenen „Protoevangelium" des Jakobus, das jedoch kein Evangelium ist, sondern ein „Marienleben", eine Sammlung von Legenden über das Leben Marias. Nach ihrer wunderbaren Geburt als Tochter von Anna und Joachim, kommt sie im Alter von 3 Jahren als Tempeljung-frau unter die Obhut der Priester in den Jerusalemer Tempel, den sie mit Erreichen der Pubertät verlassen muss. Die Priester suchen für sie einen Witwer als Ehemann, der sie jungfräulich behüten soll. Sie finden mithilfe eines wunderbar ergrünenden trockenen Holzes den bärtigen Josef für eine „Josefsehe" mit ihr. In der „Genesis Marias" (Apokalupsis Iakob 11,1–2) heißt es dann:

Eines Tages nahm sie den Krug und ging hinaus, um Wasser zu schöpfen. Und siehe, eine Stimme sprach zu ihr: Sei gegrüßt, du Begnadete! Der Herr ist mit dir! Gesegnet bist du unter den Frauen! Sie erbebte, ging in ihr Haus hinein, und stellte den Krug ab. Und siehe, ein Engel stand vor ihr und sagte: Fürchte dich nicht, Maria. Denn du hast Gnade gefunden vor dem Herrscher aller. Du wirst empfangen durch sein Wort.

Die Erstverkündigung des Herrn an einem Brunnen geht konform mit der biblischen Bedeutung von Brunnen als Orten der Verheißung und der Erfüllung. Schon im Alten Testament traf Hagar, die ägyptische Magd Abrahams, an einem Brunnen südwestlich der (seit 1100 v. Chr. stark befestigten) israelischen Stadt Be'er Scheva in der Negev-Wüste einen Engel des Herrn. Der verkündet ihr (Gen 16, 10–11), sie werde Abrahams ersten Sohn Ismael (Isaak) gebären. Hagar nannte den Brunnen Beer-Lahai-Roï („Gott sieht mich"). Am selben Brunnen begegnet dann Isaak seiner späteren Frau Rebecca (Gen 24, 13–19). Im ganzen Alten Testament ist der Brunnen Symbol der Weiblichkeit und ein Ort der hingebenden Liebe. Das Hohe Lied sagt: „Berauscht euch in Liebeslust! Mein Gartenquell ist ein Brunnen lebendigen Wassers. Trinke frischen Trunk aus dem eigenen Brunnen; denn eine tiefe Grube ist die Buhlerin und ein enger Brunnen die Fremde" (Spr 5, 15, 23, 27). Und das Neue Testament erzählt (Joh 4, 5–26) von einem Brunnen bei Sichem, den angeblich Stammvater Jakob gegraben hat. Jesus, auf dem Weg von Jerusalem nach Galiläa, führt am Jakobsbrunnen ein Gespräch mit der samaritanischen Frau Photina über ihr heidnisch-ausschweifendes Liebesleben: „Fünf Männer hast du gehabt, und der, den du jetzt hast, ist nicht dein Mann." Jesus verurteilt sie nicht, sondern erklärt ihr, dass Gott Vergebung der Sünden und ewiges Leben geben kann. Heute steht an der Stelle eine griechisch-orthodoxe Kirche mit dem abgesunkenen Brunnen in der Krypta. Die Heilslehre Jesu verkündete schließlich der Völkerapostel Paulus. Etwa 55 n. Chr. schrieb er im ersten Brief an die Korinther, es sei besser, ehelos zu leben, weil die Ehe ein Zugeständnis an die triebhafte Schwäche der Menschen sei.

Nach den Eindrücken, die wir in Damaskus gesammelt haben, steige ich mit meiner Frau in einem antiken Haus am äußersten Ende der Via Recta im alten Viertel Bab Sharqi etliche Stufen in einen Keller hinab, in dem, 5 m unter Straßenniveau, zwei kleine, von groben Steinwänden umgebene Räume zum Beten eingerichtet sind. Hier wohnte ein früher Christ, Hananias von Damaskus. Zu ihm brachte im Jahr 36 eine Gruppe junger Männer ihren Gefährten Saulus, der unterwegs auf rätselhafte Weise zusammengebrochen war und nicht mehr sehen konnte.

Saulus war etwa im Jahre 5 geboren, von Beruf Zeltteppichweber und entstammte einer wohlsituierten Gelehrtenfamilie in Tarsus. Tarsus war damals Hafenstadt am Golf von İskenderun an der Südküste der heutigen Türkei und berühmt durch das erste Treffen des unternehmungslustigen römischen Feldherrn Marcus Antonius mit der schönen ägyptischen Königin Kleopatra im Jahr 41 v. Chr. Beide verliebten sich, trafen sich immer wieder, hatten drei Kinder miteinander, und obwohl Antonius verheiratet war, lebte er ab Ende 37 v. Chr. – außer bei Kriegszügen – ständig mit Kleopatra zusammen. Nach der Schlacht bei Actium 31 v. Chr. erhielt er die falsche Nachricht von Kleopatras Selbstmord, stürzte sich in sein Schwert, erfuhr tödlich verletzt, dass Kleopatra noch lebe, und verschied in den Armen seiner Geliebten. Kleopatra folgte ihm wenige Tage später in den Tod.

Saulus musste diese Geschichte gekannt haben, war zwar ebenso unternehmungslustig, körperlich aber nicht so ansehnlich wie Antonius, heiratete nie und lobte die Abstinenz von der Ehe. Als Pharisäer und Schriftkundiger bekämpfte er eifrig die neue Sekte des wahrscheinlich im Jahr 31 verstorbenen Jesus von Nazareth, vor allem deren Urgemeinde in Jerusalem. Die hatte zur Betreuung der zahlreichen Armen, Witwen und Waisen Männer von gutem Ruf und voller Geist und Weisheit als Diakone gewählt. Einer von ihnen, Stephanus, hatte gesagt, Jesus von Nazareth würde den Tempel zerstören und die jüdischen Gebräuche verändern. Er wurde daraufhin von der jüdischen Ratsversammlung zum Tode verurteilt und irgendwann zwischen 36 und 40 n. Chr. gesteinigt. Saulus sah mit Wohlgefallen zu und verwüstete anschließend die Gemeinde, drang in die Häuser ein, verschleppte Männer und Frauen und sorgte für ihre Verhaftung.

Er wollte auch vom Hohepriester in Damaskus Briefe an die Synagogen in Damaskus erbitten, um die Jesus-Anhänger, die er dort fände, zu fesseln und nach Jerusalem zu bringen. Unterwegs aber erlebt er, wie nur der Verfasser der Apostelgeschichte um 62 (oder 90) schildert, einen totalen Zusammenbruch, der als Folge einer persönlichen visionären Begegnung mit Jesus gedeutet wird. Unter Hananias' Pflege verarbeitet er das Erlebte, erholt sich, kann wieder sehen und fühlt sich nun zum Apostel und Missionar Christi berufen (Apg 9, 3–29). Merkwürdigerweise berichtet er selbst im Brief über seine Reisen von und nach Damaskus im Jahr 55 nicht von einem solchen Erlebnis. Wohl aber vermelden seine Briefe mehrmals Erscheinungen Jesu (Gal 1,15–19; 1 Kor 15,8–9), auch dass schon vor seiner Geburt Gott entschieden habe, ihm seinen Sohn zu offenbaren und ihn zum Völkerapostel zu berufen (Gal 1,15).

Nach der Bekehrung – er besitzt die römischen Bürgerrechte – ändert er seinen hebräischen Namen in die griechische Form Paulus, beginnt aus eigenem Entschluss mit dem Predigen, geht aber von Anfang an einen eigenen Weg. „Ich ging auch nicht hinauf nach Jerusalem zu denen, die vor mir Apostel waren, sondern zog nach Arabien und kehrte wieder zurück nach Damaskus. Danach, drei Jahre später, kam ich hinauf nach Jerusalem, um Kephas (Petrus) kennen zu lernen, und blieb fünfzehn Tage bei ihm. Von den anderen Aposteln aber sah ich keinen außer Jakobus, des Herrn Bruder" (Gal 1, 16–19). „Danach, 14 Jahre später, zog ich abermals hinauf nach Jerusalem" (Gal 2, 1). In Gesprächen mit den Vertretern der Urgemeinde in Jerusalem weist Paulus den Petrus heftig zurecht. Im Matthäus-Evangelium (Mt 16,18) steht, Jesus wolle seine Gemeinde auf Petrus bauen; aber Paulus baut sie. Als strenger Denker und geübt im Disputieren nimmt er die Ausbreitung des Christentums in die eigene Hand und sorgt dafür, dass sich (etwa 60 n. Chr.) Paulusgemeinden im römischen Weltreich durchsetzen und ein Christentum sich nach seinen Vorstellungen entwickelt.

Paulus wurde der erste christliche Theologe. Vorrangig sucht er nach einem Grund für den Kreuzestod Christi. Er interpretiert ihn mit der alttestamentlichen Idee des Sühnetods und konstruiert dazu eine generelle Erlösungsbedürftigkeit, die das erste Menschenpaar durch Ungehorsam gegen Gott verursacht habe und als Zustand der sogenannten „Erbsünde" bis heute an die ganze Menschheit weitergibt. Als Verantwortlichen für die Erbsünde benannte Paulus den Mann Adam: „In Adam haben alle gesündigt" (Röm 5,12), als wären alle in Adam enthalten gewesen. Um 1180 lehrte dann der jüdische Arzt, Rechtsgelehrte und Philosoph Moses Maimonides, der auch europäische Denker wie Albertus Magnus und Thomas von Aquin beeinflusste, alle Seelen seien miteinander verbunden, und so habe Adam alle zukünftigen Seelen in sich getragen. Hinzu kam, dass wegen einer Fehlbezeichnung, die auf den griechischen Philosophen Anaxagoras (400 v. Chr.) zurückgeht, die Erbsünde bis ins 18. Jahrhundert unserer Zeit auch anatomisch plausibel erschien. Anaxagoras hatte nämlich angenommen, wie im Pflanzensamen ein Pflanzenembryo, so sei auch in der tierischen Keimzelle der gesamte Organismus vorgebildet („präformiert"). Sogenannte „Präformisten" übernahmen das im 17. Jahrhundert. Und als der Mikroskopbauer Antoni van Leeuwenhoek 1677 die menschlichen Spermienzellen entdeckte, vermuteten die Anatomen Marcello Malpighi in Bologna und Jan Swammerdam in Amsterdam, auch im männlichen „Samen" sei bereits ein Menschlein als Homunculus angelegt und würde in der Gebärmutter der Frau „ausgebrütet" wie der Pflanzensamen in der

Erde. Der niederländische Biologe Nicolas Hartsoeker zeichnete 1694 sogar einen Homunculus im Spermium. In Genf lehrte Charles Bonnet um 1750, das erste geschaffene Individuum jeder Art müsse bereits die Keime für alle nachfolgenden Generationen enthalten haben, und entsprechend seien auch in Adams Samen – ineinander geschachtelt nach dem Prinzip der russischen Matrjoschka-Puppen – die zukünftigen Generationen präformiert enthalten gewesen. Es schien deshalb durchaus möglich, dass in Adam alle Menschen gesündigt haben und dass die Erbsünde physisch im männlichen „Samen" weitergegeben wird. In der Alltagssprache ist „Samen des Mannes" bis heute nicht korrigiert; tatsächlich ist es ein flüssiges Ejakulat, und die Spermien darin entsprechen den Pollen im pflanzlichen Blütenstaub.

Für Paulus muss – letztlich der Erbsünde wegen – die Menschheit einen gemeinsamen Ursprung haben und eine Einheit bilden. Aus seiner Rede auf dem Areopag in Athen zitiert Lukas zwischen 80 und 90 n. Chr. in der Apostelgeschichte (Apg 17,26): „Gott hat aus einem einzigen Menschen die ganze Menschheit erschaffen." Paulus spezifiziert (1 Kor 11,7): „Der Mann ist Abbild *(imago)* und Abglanz *(gloria)* Gottes; die Frau aber ist Abglanz *(gloria)* des Mannes."

Paulus gilt vielen Philosophen und Theologen als einer der wirkmächtigsten Denker der Weltgeschichte – nur leider mit einem Denkfehler, der sich, klein am Anfang, schließlich mit Unterstützung durch Augustinus zu einem unlösbaren moralisch-religiösen Problem des Christentums entfaltet und die Kirche bis heute in Erklärungsnot bringt. Denn nachweislich lassen sich biologisch-genetisch nicht alle Menschen, gleich in welchem Zeithorizont lebend, auf ein gemeinsames Stammelternpaar zurückführen. Vielmehr ging es angesichts der modernen Evolutionstheorie bei der „Abstammung des menschlichen Leibes aus vormenschlichen Lebewesen ebenso zu wie bei der Evolution der anderen Lebewesen" (Katholischer Erwachsenen-Katechismus der deutschen Bischöfe 1985, S. 115). Wie alle übrigen Lebewesen, gingen Menschen jeder Art – *Homo erectus, heidelbergensis, neanderthalensis, sapiens* – graduell als Populationen aus Vorgängerpopulationen hervor. Hingegen wird im Katholischen Jugendkatechismus (Yucat 2015, Nr. 56) „die Erschaffung des Menschen deutlich von der Erschaffung anderer Lebewesen unterschieden". Kardinal Ludwig Müller (in seiner Katholischen Dogmatik 2016, S. 141) versucht, dem Dilemma mit einem denkerischen Typologie-Klimmzug zu entkommen und behauptet: „Mit den Menschen im Paradies sind sowohl individuell handelnde Subjekte wie auch Kollektivpersonen gemeint." Deshalb sei die Abstammung aller Menschen von einem Elternpaar (Monogenismus) kein konstitutiver Bestandteil des Erbsündedogmas (S. 150):

Die Menschen bilden eine Einheit als biologische Spezies. Der für das Erbsündedogma notwendige Zusammenhang der Menschheitsgeschichte und der Verwiesenheit auf den Ursprung ist damit genügend aufgezeigt. Er basiert nicht auf einer biologischen Theorie von einem einzigen Elternpaar am Anfang oder der Abkunft der Menschheit von einer oder mehreren Populationen von Primaten.

Dennoch bleibt: Auch wenn dieser Zusammenhang nicht auf biologischen Fakten basiert, er widerspricht ihnen. Die „Verwiesenheit auf den Ursprung" erweckt den Eindruck, es handele sich um Informationen über eine vergangene Zeit. Auch Kardinal Müller beruft sich auf offizielle Lehrstücke und kann sich nicht von deren Denkvorgaben befreien. Es soll weiter gelten, was in kanonischen Texten formuliert und verbürgt ist. Die Behauptung (Katechismus Nr. 388), man müsse „Christus als den Quell der Gnade erkennen, um Adam als den Quell der Sünde zu erkennen", stellt schließlich – wie Hermann Häring 2004 kritisiert – die biblischen Zusammenhänge auf den Kopf.

40

Alexanders Reich zwischen Euphrat und Tigris

Die Babylonische Bibel Enûma elîsch ▪ Enkidu und Schamchat ▪ Ein Garten in Eden ▪ Codex Hammurabi ▪ Israeliten in Babylon ▪ Tora und Genesis ▪ Adam, Lilith, Eva ▪ „Erkennen", Nacktheit und Sexualität ▪ Norbert Elas und Peter Duerr ▪ Rollen der Frau

12. September 1997, Dura Europos

Mit der tüchtigen und erfahrenen Reiseleiterin Ilse Jaegle vom Bayerischen Pilgerbüro sind wir in Syrien von Damaskus über Palmyra nach Dura Europos gereist, per Bus durch Landschaften, die der makedonische König Alexander der Große 331 v. Chr. zu Beginn eines 10-jährigen Feldzuges eroberte, als ersten Teil eines Weltreiches, das sich schließlich von Makedonien bis zu westlichen Teilen von Indien erstreckte. Dem Land zwischen den Flüssen Euphrat und Tigris gab er den Namen Mesopotamien. Hier entwickelte sich im 18. Jahrhundert v. Chr. ein assyrisches Reich. Es begann mit Nomadenkönigen, „die in Zelten wohnten". Durch politische Zusammenschlüsse und kriegerische Expansionen entstand von 1380 bis 912 v. Chr. ein Mittelassyrisches und von 911 bis 605 v. Chr. ein Neuassyrisches Großreich. Alexander starb, erst 32 Jahre alt, 323 v. Chr. in Babylon, 90 km südlich von Bagdad, im heutigen Irak gelegen. Seine Erfolge verdankte er auch seinen exzellenten Unterfeldherrn. Einer von ihnen, Seleukos I. Nikator, ließ um 300 v. Chr. im Land Sumer, im südlichen Mesopotamien zwischen Bagdad und dem Persischen Golf, am Euphrat die Stadt Dura Europos gründen, deren 1921 wiederentdeckte Baureste wir heute eingehend besichtigt haben. Die zumeist aus Stampflehm erbauten Gebäude gaben den Ausgräbern Einblicke in das damalige Alltagsleben der Bevölkerung. Sogar Wandmalereien, Stoffe und Schriften waren unter dicker Sandschicht erhalten, am besten in den mit Ziegel gefüllten Häusern, mit

© Springer-Verlag GmbH Deutschland, ein Teil von Springer Nature 2020
W. Wickler, *Reisenotizen*, https://doi.org/10.1007/978-3-662-61996-4_40

denen man zur Kriegszeit die Stadtmauer zusätzlich befestigt hatte. (2015 wurden über 70 % von Dura Europos im Syrischen Bürgerkrieg zerstört). Unbehelligt blieben die Wandmalereien aus der antiken Synagoge, die seit Langem im Nationalmuseum in Damaskus, und weitere Malereien aus einem zur Hauskirche erweiterten Wohnhaus, die in der Yale University in Sicherheit sind.

Jetzt habe ich die alte Stadt im Rücken und sitze mit meiner Frau am Ufer des Euphrat, der unsere bloßen Füße kühlt. Neben uns wächst Schilf. Im Wasser sind kleine karpfenartige Fische zu erkennen. Wir hören Vögel zwitschern. Ein Rüsselkäferpaar kopuliert auf einem Schilfblatt. Eine rote Libelle kommt von rechts, landet kurz auf einem Stein und fliegt dann gleich weiter nach links in die Richtung, aus der der Fluss kommt. Dort im Oberlauf bewässerte er einstmals unter dem Namen Perat im Land Eden einen paradiesischen Garten, den Gott Jahwe angelegt, bepflanzt und dann den ersten Menschen anvertraut hatte. So schildert es das Buch Genesis (Gen 2,9) der Bibel. Sie gilt als eine „Heilige Schrift". Damals gab es aber noch keine Schrift. Was „am Anfang der Welt" geschehen ist, ließ sich erst später aus Erinnerungsspuren rekonstruieren; die wurden dann viele Generationen lang als mündliche Überlieferungen weitergegeben und auf Tontafeln festgeschrieben, als die sumerische Keilschrift entwickelt wurde, und zwar um 4000 v. Chr. im Umkreis der Städte Ur und Uruk, die etwa 50 km voneinander entfernt weiter unten am Euphrat nahe der Grenze zum heutigen Irak zu dieser Zeit gegründet worden waren. Aus ihrer Richtung kam die rote Libelle, die dann in Richtung auf Eden weiterflog – wie um anzuzeigen, dass der Euphrat die drei Orte Eden, Ur und Uruk sinnvoll miteinander verbindet.

Uruk liegt etwa 20 km östlich vom Euphrat, Ur – die Heimat von Abraham – ebenso weit westlich vom Euphrat und etwa 120 km vor seinem Zusammenfluss mit dem Tigris zum Schatt al-Arab, der bei Basra in den Persischen Golf mündet. Als die Amoriter 1894 v. Chr. das erste babylonische Reich gründeten, das die Stadt Babylon und das Land Sumer umschloss, kamen Ur und Uruk in dieses Reich. Die ältesten in Uruk gefundenen Keilschrifttexte sind zwischen 3200 und 3000 v. Chr. verfasst worden. Sie enthalten auf elf Tafeln den babylonischen Weltschöpfungsmythos Enûma elîsch, der unter Nebukadnezar I. (babylonischer König 1125–1104 v. Chr.) entstand und einer Bibel der babylonischen Religion entsprach. Diese Religion entwickelte sich aus der sumerischen und übernahm dabei Innana, die Göttin alles Weiblichen; ihre heilige Stadt war Uruk. Aus der sumerischen Inanna wird in der babylonischen Religion Ištar. Der Ištar-Hymnus aus Uruk nennt sie die Göttin aller Göttinnen.

Dem Enûma elîsch angehängt ist das altbabylonische Gilgamesch-Epos aus der Zeit zwischen 2100 und 2000 v. Chr., das die Erschaffung des Menschen beschreibt. Am besten erhalten ist das Epos auf Keilschrifttontafeln aus der Bibliothek des Königs Assurbanipal (669–630 v. Chr.). Auf der ersten Tafel sind die Bewohner Uruks unzufrieden mit ihrem König Gilgamesch (2750–2600 v. Chr.), einem despotischen Herrscher, der sich das Recht auf die erste Nacht mit jeder Frischvermählten nahm *(jus primae noctis)*. Die Menschen baten Anu, den Stadtgott von Uruk, etwas dagegen zu unternehmen, woraufhin er der Muttergöttin Aruru befahl, einen starken Helden zu erschaffen. Aruru „wusch sich die Hände, kniff sich Lehm ab, warf ihn draußen hin und schuf daraus den Helden, den gewaltigen Enkidu". Dieser war zunächst nackt, behaart und lebte wild mit den Gazellen in der Steppe, aß mit ihnen Gras und trank Wasser und hielt sie von den Jägern fern. Darüber beschwerten die Jäger sich bei König Gilgamesch, der dafür sorgte, dass – wie das Epos auf Tafel 1, Verse 140–168 berichtet – Enkidu der Tempeldienerin Schamchat begegnete, einer Frau, die zum Zeichen der Selbsthingabe an die mesopotamische Planetengöttin Ištar und zur Darstellung der Fruchtbarkeit der Erde bei der Ištar-Priesterschaft als Kultprostituierte angestellt war.

Auf Tafel 1, Verse 208–244, berichtet das Epos: „Schamchat entbreitete ihr Gewand, dass auf ihr er sich bettete, sie machte ihren Busen frei, tat ihren Schoß auf, und Enkidu nahm ihre Fülle. Es waren sieben Tage und Nächte, dass er die Schamchat beschlief." Zwar genoss er die Sinnlichkeit, verlor aber im Beischlaf mit Schamchat seine Tierhaftigkeit, sodass danach die Gazellen vor ihm flohen. Tafel 2, Verse 40–51 erzählen, Enkidu „ward weiten Sinnes, setzte sich zu Füßen der Schamchat, mit seinen Ohren zu hören, was die Priesterin redete". Sie lädt ihn ein, mit ihr nach Uruk zu gehen. Auf dem Weg lernt er in einem Hirtenlager Brot zu essen und Bier zu trinken (Bier war das Kultgetränk der Göttin Inanna), und ein Barbier befreit ihn von seinem Fell. Schamchat lehrt Enkidu das notwendige Wissen, das ihn nun von den Tieren der Steppe unterscheidet. Sie macht ihn zu einem bekleideten Kulturmenschen, vermittelt ihm das Unterscheiden von Gut und Böse, dessen Tiere nicht fähig sind, und auch die Erkenntnis der Endlichkeit des Lebens, die er später dem zum Freund gewordenen Gilgamesch weitergibt.

Von 1728 bis 1686 v. Chr. war Hammurabi babylonischer König. Er befestigte die Stadt Babylon, versah das nördliche der fünf Stadttore mit einer Prozessionsstraße und erweiterte es zum Ištar-Tor, das in seiner wiederhergestellten Form jetzt im Berliner Pergamonmuseum steht. Hammurabi erhob den Stadtgott von Babylon, Marduk, zum Hauptgott des Landes. Im

Schöpfungsmythos Enûma elîsch wird Marduk von mehreren Göttern zu ihrem Oberhaupt gewählt und zur Herrschaft über die Menschheit berufen. Hammurabi hinterließ die älteste vollständig erhaltene Gesetzessammlung, den „Codex Hammurabi", mit dem strengen „Auge um Auge, Zahn um Zahn". Im Prolog heißt es: „Als Marduk mich beauftragte, die Menschen zu lenken und dem Lande Sitte angedeihen zu lassen, legte ich Recht und Gerechtigkeit in den Mund des Landes und trug Sorge für das Wohlergehen der Menschen." Der Gesetzestext wurde, in Keilschrift auf Steinstelen eingeritzt, in verschiedenen Städten aufgestellt. Eine solche 2,25 m hohe, schwarze Dioritsäule steht heute in Paris im Louvre.

(Drei Keilschrifttafeln von 1730 v. Chr., die heute in der amerikanischen Yale University liegen, enthalten keine Gesetzestexte, sondern Küchenrezepte für Eintöpfe, Braten, Suppen, Pasteten und Süßspeisen. Eine Gruppe von Wissenschaftlern unter Leitung des Assyriologen Gojko Barjamovic, unterstützt von Nawal Nasrallah, einer Expertin für orientalische Kochtraditionen, experimentiert jetzt damit, diese ältesten bekannten Rezepte nachzukochen – mühsam, denn es sind zwar alle Zutaten und Gewürze genannt, aber keine Mengenangaben.)

Von 605 bis 562 v. Chr. war Nebukadnezar II. König in Babylon. Er eroberte 597 v. Chr. Jerusalem und holte bis 582 v. Chr. etwa 4600 Israeliten – wie nach Eroberungen üblich vor allem Angehörige der Oberschicht – nach Babylon und siedelte sie dort unter komfortablen Lebensumständen an. Sie konnten ohne Zwang Handel, Landwirtschaft und Häuserbau betreiben und selbst Sklaven halten. Im Gegensatz zur Klage in Psalm 137: „Wir saßen an den Flüssen Babylons und weinten, wenn wir Zions gedachten", ging es ihnen hervorragend. Viele fragten sich, ob der Gott der Babylonier stärker sei als ihr Jahwe, der ihnen keinen Schutz geboten hatte. Statt sich noch länger auf ihn zu verlassen, waren sie versucht, dem Schöpfungsmythos beizupflichten, den die babylonische Priesterklasse im Gilgamesch-Epos dem Volk als Glaubensinhalt anbot. Einige israelitische Priester aber hüteten die Erfahrungen mit Gott Jahwe und den Glauben an ihn, den die einzelnen halbnomadischen Stämme bei ihrer Einwanderung in das Kulturland Kanaan und ihrem Zusammenschluss zum Volk Israel mitgebracht hatten. Diese israelitischen Priester verfassten deshalb eine eigene Schöpfungserzählung, in der sie das Gilgamesch-Epos um altisraelitische Glaubensinhalte erweiterten. Als Babylon dann 539 v. Chr. vom Perserkönig Kyros II. erobert wurde und ein großer Teil der Israeliten nach Israel zurückkehrte, kam auch diese im „babylonischen Exil" entstandene „Priesterschrift" nach Jerusalem. Dort stellten weitere Redakteure um 700 v. Chr. den Tanach zusammen, der die Erschaffung der Welt und die Geschichte des

Volkes Israel unter Jahwes Führung erzählt. Den Hauptteil des Tanach bildet die Tora, die Reihe der fünf Bücher Mose, die gleichlautend am Anfang der christlichen Bibel stehen. Der älteste erhaltene zusammenhängende Text steht auf den Schriftrollen vom Toten Meer, die zwischen 250 vor bis 100 n. Chr. entstanden.

Den Christen gilt die Bibel als göttliche Offenbarung – offensichtlich eine indirekte Offenbarung. Denn für die Paradieserzählung in der jüdischen Tora und im christlichen Buch Genesis adaptierten die Schreiber Grundzüge des altbabylonischen Gilgamesch-Epos und verbanden mit ihm verschiedene, aus einem gemeinsamen Erinnerungsschatz mündlich überlieferte frühisraelitische Erzählstränge von der Erschaffung der Welt und der Urgeschichte der Menschheit. Im Anklang an die sumerische Göttin Inanna, die einen Hulupu-Baum vom Euphrat in ihren Garten pflanzt, pflanzt in Tora und Bibel Gott Jahwe (im Tanach immer „Adonai" statt JHWH, den man nicht aussprechen darf) den Baum der Erkenntnis des Guten und Bösen in seinen Paradiesgarten am Euphrat (Gen 2,9). Wie Enkidu, der von Aruru aus Lehm erschaffen wird und nackt mit wilden Tieren befreundet lebt, wird Adam von Jahwe erschaffen und lebt nackt mit den Tieren im Paradies so vertraut, dass er ihnen Namen gibt. Beide gelangen durch die Verführung einer Frau zur Erkenntnis von Gut und Böse und werden zu Kulturmenschen. Der rote Faden der Erzählung nimmt in der Bibel jedoch Umwege, die weitere kulturhistorische und entwicklungspsychologische Gegebenheiten einbeziehen. Das beginnt mit der Methode, wie die Frauen Schamchat und Eva die Männer Enkidu und Adam verführen. Schamchat, im Dienst an der Gottheit Ištar, verführt Enkidu mit ihrem Körper offen zu sexuellem Genießen und gibt ihm dann Kulturunterricht. Eva verführt Adam zunächst dazu, eine Anweisung des Gottes Jahwe zu missachten und die verbotene Frucht vom Baum der Erkenntnis zu genießen, und beim Essen erkennt Adam den Unterschied von Gut und Böse und die Endlichkeit des Lebens.

Weil den Verfassern der jüdisch-christlichen Schöpfungsgeschichte die Verbindung mit der babylonischen Schöpfungsgeschichte nicht nahtlos gelang, beginnen sowohl die Tora in der hebräischen Tanach-Bibel als auch das entsprechende Alte Testament der christlichen Bibel mit zwei Versionen der Erzählung, wie die Schöpfung vor sich ging. In der an erster Stelle stehenden Version (Gen 1–31; Gen 2, 1–3) erschuf Gott Himmel und Erde, dann die Pflanzen, danach Sonne und Mond als Lichter am Himmel (ohne die Pflanzen aber nicht gedeihen), dann die Tiere, und dann die Menschen, denen er Tiere und Pflanzen zum Gebrauch übergibt (Gen 1,28–31); und dann ruhte Gott am siebten Tag. Sofort anschließend (Gen 2,4–25) folgt die zweite Version der Erzählung: Gott erschafft den Menschen Adam, dann einen Garten in Eden, dann die Bäume in diesem Garten, dann die Landtiere und schließlich die Eva. Es folgt (ab Gen 3) die Paradies- und die Verführungsgeschichte. Dieser älteren detailreichen Version in der Priesterschrift wurde später die erste Version wie eine Zusammenfassung der wichtigsten Fakten vorangestellt (so wie es heutzutage in naturwissenschaftlichen Publikationen üblich ist).

In zwei etwas verschiedenen Versionen ist in der Tora wie im Buch Genesis auch die Erschaffung eines ersten Menschenpaares geschildert. Der Mann „Adam" wird beide Male aus Erde vom Ackerboden geformt, sowohl im ersten (Gen 1,23) als auch im zweiten Kapitel (Gen 2,7). Die Frau wird einmal – wie der Mann – aus Erde geformt (Gen 1,27), das andere Mal aber aus einer Rippe des Mannes (Gen 2,21–23). Um den vermeintlichen Widerspruch im von Gott übermittelten Tora-Text aufzulösen, erklärten Kommentare aus dem rabbinischen Judentum (gesammelt im 1. Jahrhundert im Midrasch), es handele sich dabei um zwei verschiedene Frauen, Lilith und Eva (Abb. 40.1). Lilith war demnach Adams erste Frau, war ihm gleichgestellt und ließ sich von

Abb. 40.1 Laut rabbinischem Midrasch besprach sich Eva von einem Baum aus mit Lilith jenseits der Paradiesgrenze. (Bild aus „In praise of biblical heroines", Dina Cormick, Zambia 1986)

ihm nicht unterordnen. „Weshalb sollte ich unten liegen? Wir sind beide aus der gleichen Erde", argumentierte sie und verließ das Paradies unter Protest freiwillig (mithin ohne vom Baum der Erkenntnis gekostet zu haben und ohne vertrieben zu werden wie später Adam). Auf einem in Ur gefundenen Stein ist Lilith um 2000 v. Chr. namentlich erwähnt. Und Jesaja, der erste große Schriftprophet, der zwischen 740 und 686 v. Chr. im damaligen Südreich Juda wirkte, verkündete (Jes 34,14–17), im ehemaligen Land Edom habe „Lilith für sich einen Ruheplatz" gefunden, den ihr „Gott mit eigener Hand mit der Messschnur zugeteilt hat, um für immer dort zu wohnen". Sie gibt dort aber keine Ruhe, sondern wurde im jüdischen Volksglauben des Mittelalters (z. B. im Alphabet des Ben Sira aus dem 10. Jahrhundert) zu einer dämonischen „Beischläferin", die allein reisende Männer nachts, wenn sie im heißen Wüstenwind nicht einschlafen können, besucht und in Ejakulationsträumen verführt. In der Walpurgisnacht erklärt Mephisto dem Dr. Faust (Goethe, Faust II): „Lilith war Adams erste Frau. Nimm dich in Acht vor ihren schönen Haaren; vor diesem Schmuck, mit dem sie einzig prangt: Wenn sie damit den jungen Mann erlangt, so lässt sie ihn so bald nicht wieder fahren." Lilith symbolisiert Sinnlichkeit, Leidenschaft, Sexualität und die starke Frau. Eva hingegen symbolisiert Bescheidenheit und Folgsamkeit.

Drastisch ausgedrückt ist das im Oratorium „Die Schöpfung" von Joseph Haydn (1798), wo Eva den Adam besingt:

> O du, für den ich ward!
> Mein Schirm, mein Schild, mein All!
> Dein Will' ist mir Gesetz.
> So hats der Herr bestimmt,
> und dir gehorchen, bringt
> mir Freude, Glück und Ruhm.
> Teurer Gatte! Dir zur Seite
> schwimmt in Freuden mir das Herz.
> Dir gewidmet ist mein Leben.
> Deine Liebe sei mein Lohn.

(Der heute fast peinlich exaltiert wirkende Text stammt aus dem ursprünglich englischen Libretto, das Georg Friedrich Händel 1740 von einem gewissen Lidley angeboten bekam. Er ließ es aber in einer Schublade liegen. 1794 kramte ein Freund von Joseph Haydn in London den Text wieder hervor, und Baron Gottfried van Swieten übersetzte ihn für Haydn ins Deutsche).

Lilith ist im Gilgamesch-Epos das dunkelhäutige Geistermädchen, das aus dem Hulupu-Baum ins Ödland floh. Nach den Midrasch-Kommentaren zur Bibel war sie Adams erste Frau, die aus dem Paradies floh. Und in der Folklore kehrte sie als Schlange in den Baum im Paradies zurück und überredete Eva, die verbotene Frucht zu pflücken. Dargestellt ist das häufig in der bildenden Kunst, beispielsweise in der Skulpturenszene an der Westfassade von Notre-Dame in Paris und in der Freskoszene von Michelangelo an der Gewölbefläche der Sixtinischen Kapelle.

„Da nun das Weib sah, dass von dem Baume gut zu essen sei und dass er eine Lust für die Augen und ein begehrenswerter Baum sei, weil man durch ihn klug werden könne, so nahm sie eine von seinen Früchten und aß und gab auch ihrem Manne, der bei ihr war, und der aß auch" (Gen 3,6) – trotz Jahwes Drohung: „Vom Baum der Erkenntnis des Guten und Bösen sollst du nicht essen; denn an dem Tage, da du von ihm isst, musst du des Todes sterben" (Gen 2,17). Dieser Hinweis Jahwes ist aber merkwürdig, wenn man den folgenden Bibeltext beachtet. Denn da heißt es, nachdem Adam und Eva die Frucht vom Baum der Erkenntnis genossen haben (Gen 3,22–24):

> Gott sprach: Der Mensch erkennt Gut und Böse. Dass er jetzt nicht die Hand ausstreckt, auch vom Baum des Lebens nimmt, davon isst und ewig lebt! Er vertrieb den Menschen und stellte östlich des Gartens von Eden die Kerubim auf und das lodernde Flammenschwert, damit sie den Weg zum Baum des Lebens bewachten.

Demnach vertreibt Gott sie aus dem Paradies, um zu verhindern, dass sie sich auch noch von dem zweiten Baum im Zentrum des Paradieses bedienen, dem Baum, dessen Frucht ewiges Leben schenkt. Würden sie unsterblich, widerspräche das der Ankündigung Gottes, dass sie sterben müssen. Zwar lehrt 1997 der Katholische Katechismus in Nr. 376: „Vor dem Sündenfall im Paradies musste der Mensch weder sterben noch leiden." Aber wenn Gott mit Feuer und Schwert nach dem Sündenfall verhindern muss, dass Adam und Eva unsterblich werden, dann waren sie es im Paradies noch nicht.

Die Lilith-Schlange redete der Eva ein (Gen 3, 5–6): „Sobald ihr davon esst, werden euch die Augen aufgehen und ihr erkennt, was gut und was böse ist." Ursprünglich waren beide, der Mensch und seine Frau, so nackt wie Gott sie geschaffen hatte, und sie schämten sich nicht voreinander (Gen 2,25). Nachdem sie die Frucht gegessen hatten, gingen ihnen, wie die Schlange versprochen hatte, die Augen auf, und sie erkannten – aber nicht nur, was gut und was böse ist, sondern auch, dass sie nackt waren. Sie entdeckten ihre geschlechtliche Leiblichkeit, bedeckten ihre Genitalien mit Blättern, erlebten vielleicht auch sexuelles Verlangen, wussten aber nicht damit umzugehen und versteckten sich vor Gott unter den Bäumen des Gartens (Gen 3,7–8). Gott beendet daraufhin den Paradiesaufenthalt und klärt die beiden auf. Er sagt zur Frau: „Viel Mühsal erfährst du, sooft du schwanger wirst, und unter Schmerzen gebierst du Kinder. Du hast Verlangen nach dem Mann; der aber wird über dich herrschen" (Gen 3,16). So geschah es: „Adam erkannte Eva, seine Frau; sie wurde schwanger und gebar" (Gen 4,1).

Biblisch bezeichnet das hebräische Verb *jāda'* für „Erkennen" nicht nur das intellektuelle Erkennen von Gut und Böse, sondern einen übergeordneten Erkenntnisvorgang, der mit einer sinnlichen Wahrnehmung oder einer Mitteilung anderer beginnt und Verstand, Gemütsregung und Willen einschließt, wie etwa im persönlichen, emotionalen und vertraulichen Kennenlernen von Menschen, gipfelnd in der intimen geschlechtlichen Vereinigung von Mann und Frau. Dieses Erkennen unterscheidet Erwachsene von Kindern. Der Mensch erwirbt es in der Adoleszenz, im Zeitraum von später Kindheit über die Pubertät bis hin zum vollen Erwachsensein, wobei er sich zum kulturellen Wesen entwickelt. So sieht es auch die Bibel. Mose erwähnte vor den Israeliten „eure Kleinen, die noch nichts von Gut und Böse wissen" (Dtn 1,39), und der junge Salomo musste Gott um „ein verständiges Herz" bitten, das Erkenntnisorgan, das zum Verstehen bestimmt ist und hilft, Gut und Böse zu unterscheiden (1 Kön 3,9). Da Adam diese Fähigkeit erst mit dem Essen der Frucht vom Baum der Erkenntnis gewann, befand er sich im Paradies zunächst geistig im Zustand der Kindheit.

So verstanden, schildert die Paradieserzählung die geistige Entwicklung des Menschen zu einem zu eigenem Urteil fähigen Erwachsenen. Weil sich die Unterscheidungsfähigkeit zwischen Gut und Böse gleichzeitig mit der Zeugungs- und Empfängnis-, also der Fortpflanzungsfähigkeit entwickelt, hätten – nach den Auslegungen der griechischen Theologen Clemens von Alexandria (150–215) und Origines (184–253) – im Paradies keine sexuellen Kontakte stattgefunden; vielmehr hätte Adam im Zustand geistiger Kindheit auf eine Erlaubnis Gottes zur Zeugung warten sollen. Dem aber kam er mit dem Essen der Frucht zuvor, und das war nicht nur ungehorsam gegen ein Verbot, sondern zugleich ein sexuelles Vergehen. „Wenn sie, durch Trug dazu verführt, schneller als sich ziemte, da sie noch jung waren, sich dazu verleiten ließen, war es eine Sünde", schreibt Clemens in den Stromata:

Adam war als Geschöpf vollkommen, es fehlte ihm nichts von dem, was für die Erscheinung und die Gestalt eines Menschen kennzeichnend ist; aber erst durch Gehorsam sollte er in seiner Entwicklung die Vollendung des freien männlichen Willens zur Verbindung des Mannes mit dem Weibe erfahren. Er war fähig, sich diese Tugend anzueignen, aber es ist doch wohl ein Unterschied, ob man fähig für die Tugend geschaffen ist oder ob man sie bereits besitzt.

In der Interpretation von Christof Breitsameter (2019, S. 68) verweist die Paradieserzählung darauf, dass Fortpflanzung die Alternative zur Unsterblichkeit ist und dass Nahrungsaufnahme und Geschlechtlichkeit die beiden der Endlichkeit entgegenwirkenden Grundtriebe des Menschen sind. Indessen wird im Kulturenvergleich deutlich: Je zivilisierter Menschen sich vorkommen, desto mehr Schwierigkeiten verschaffen sie sich in ihrer Einstellung zu diesen biologischen Funktionen des eigenen Körpers und desto umständlicher und aufwendiger gestalten sie Mahlzeiten und den Sex.

In der jüdisch-christlichen Schöpfungsgeschichte bedecken schon die ersten Menschen zu Beginn ihres kulturellen Lebens ihre „Blöße", die Genitalien, mit Blättern, weil sie sich vor Gott schämten. Ob sich auch zwischenmenschlich Schamhaftigkeit, Schamgefühl und Bloßstellung ursprünglich auf die Sexualität bezogen, ob sie angeboren oder anerzogen sind, wird immer wieder diskutiert. Beispielhaft dafür ist die jüngste Kritik von Hans Peter Duerr an der Zivilisationstheorie von Norbert Elias. Elias hatte 1939 in seinen soziogenetischen und psychogenetischen Untersuchungen in den weltlichen Oberschichten des Abendlandes Wandlungen des Verhaltens gefunden und meinte, eine animalische Natur der Europäer sei im Verlauf des letzten halben Jahrtausends in zunehmendem Maße durch immer stärkere Triebkontrollen domestiziert worden, weil die wachsende Abhängigkeit der Menschen voneinander eine immer größere Zurückhaltung erforderte. Die zivilisierten Europäer hätten alsdann begonnen, „die orientalischen oder afrikanischen Menschen in der Richtung des abendländischen Verhaltensstandards umzuformen" und so unzivilisierte Menschen, die sich kaum von Kindern unterschieden, zu zivilisierten Erwachsenen zu machen (Elias 1939, 2 Bde.). Duerr (1988–2002) kritisiert diese Theorie der Zivilisierung als einen Mythos und entwickelt stattdessen eine Kulturgeschichte und Ethnologie der sexuellen Scham und Schicklichkeit, die nicht nur die abendländische Geschichte, sondern auch jene Völker mit einbezieht, die neben den sogenannten Hochkulturen gelebt haben und zum Teil noch leben. Er vermutet, dass es im Hinblick auf Nacktheit und Scham zumindest innerhalb der letzten 40.000 Jahre keine „wilden" oder

„primitiven" Naturvölker gegeben hat. Auch diese Völker haben das Bedürfnis nach Intimität, nach einer Privatsphäre, schützen aber den nackten
Leib, der allemal sexuell wirkt, gegen fremden Blick nicht durch physische
äußerliche Hüllen, sondern durch internalisierte, „für das Auge unsicht-
bare Wände", indem sie dazu erziehen, entweder den Blick vom nackten
Gegenüber abzuwenden oder durch ihn „hindurchzusehen". Denn in Kleingruppen, in denen man einander ja nicht fremd ist, können indiskrete
Blicke auf die Genitalien oder die weiblichen Brüste sanktioniert, die „Hin-
gucker" sozial geächtet werden. Dementsprechend konstatiert Duerr in der
westlichen Gesellschaft keine zunehmende (wie Elias glaubte), sondern mit
zunehmender Anonymität und abnehmender gegenseitiger Überwachung
auch eine abnehmende Triebkontrolle. Neugierige Touristen aus dieser
Gesellschaft werden den zumindest zeitweise nacktgehenden Einheimischen
deshalb lästig, sodass diese sich dann auch zu Bekleidung genötigt fühlen.
Als Beispiele aus eigener Erfahrung nenne ich die Medlpa auf Neuguinea,
die Aborigines in Australien, die Turkana und Zulu in Südafrika, die
Tupinamba und Yanomami in Südamerika, die Chamorro auf Guam und
andere Inselvölker Ozeaniens. Bei vielen von ihnen schlafen Kinder und
Erwachsene im gleichen Raum. Kinder können das Sexualverhalten der
Älteren beobachten, ahmen es (zunächst spielerisch) nach und werden
schließlich vollends darüber aufgeklärt, wie man im öffentlichen Alltag mit
eigener und fremder Nacktheit umgeht. So wird im Laufe der persönlichen
Entwicklung die Regel etabliert, dass es unter Erwachsenen als unziemlich
gilt, einander direkt auf Brüste oder Genitalien zu blicken, es sei denn, sie
werden in besonderer Situation eigens als Blickfang hervorgehoben.

Das Enûma elîsch zeichnet den Sieg der babylonischen Kultur über
eine alte sumerische Weltordnung. Alte statische Götter werden durch
jüngere, dynamische Götter ersetzt, die Wandel und Veränderung
ins Universum einführen, nämlich sterbliche Menschen. Deren Aufgabe ist es, den Göttern beim Erhalt der Schöpfung zu helfen. Auch die
jüdisch-christlichen Schöpfungsberichte wollen die existenziellen Fragen
der Menschen beantworten, woher sie kommen, wozu sie da sind und
– in pädagogischer Absicht – wie sie dementsprechend leben sollen. Die
Tora der jüdischen Religion gibt mit den 10 Geboten, 613 Lebensregeln
und Reinheitsvorschriften Wegweisungen zu einer dem Wort Gottes entsprechenden Gestaltung einzelner Lebenssituationen und damit zu einem
erfüllten Leben. In der christlichen Bibel wird die Frage „Was muss ich tun,
um das ewige Leben zu erlangen?" (Mt 19,16–19) von Jesus beantwortet:
„Du kannst ewiges Leben bekommen, wenn du Gottes Gebote hältst";

und er zitiert die fünf Gebote, die das gute Verhalten zu den Mitmenschen beschreiben.

Obwohl die Erzählungen in Tora und Bibel inhaltlich weitgehend übereinstimmen, werden Gottes Worte an die Menschen doch unterschiedlich wiedergegeben. In Gen 1,28 heißt es: „herrscht über alle Tiere", in Tora 1,28 aber: „zwingt nieder alle Tiere". Auch die Verheißung Gottes an Eva: „Du hast Verlangen nach dem Mann; der aber wird über dich herrschen" (Gen 3,16), übersetzt Tor 3,16: „Dein Verlangen wird sein, deinen Mann zu besitzen, doch er wird herrschen über dich." Im Rahmen der von den letzten Päpsten geforderten und in der evangelischen Kirche betriebenen neuen Evangelisierung, einschließlich einer am Grundtext orientierten sinngenauen Bibelübersetzung in zeitgemäßer Sprache, meint das hebräische Wort „teschukah" (verlangen) ein Verlangen nach der Herrschaft. Das „Verlangen nach dem Mann" meint demnach kein sexuelles Verlangen der Frau nach geschlechtlicher Vereinigung mit dem Mann, sondern das Verlangen, ihn zu beherrschen, zu kontrollieren, zu besitzen. Die Frau wird danach verlangen, die Herrschaft des Mannes zu hinterfragen – ganz im Sinne Liliths, die „unten liegen" in körperlicher Position der Frau beim Sexualakt, als „Succuba" in der Missionarsstellung, als Symbol dafür verstand, dass sie dem Mann generell unterlegen sein sollte. Und dennoch bleibt es dabei: „Er wird über dich herrschen."

Denn nachdem Gott dem Mann Adam alle Tiere übergab und sie ihm vorführte, dass er ihnen Namen gäbe und sie so in Besitz nähme (Gen 2, 19–20), gab Adam auch Eva ihren Namen (Gen 2, 23) und nahm sie so in Besitz. Diese Eva widersetzte sich zwar nicht dem Adam, aber aus Neugier dem göttlichen Verbot, vom Baum der Erkenntnis zu essen, und verführte Adam zur Sünde des Ungehorsams. Dennoch schieben spitzfindige Interpretatoren die Hauptschuld dem Adam zu, denn Eva war ja ein Teil von ihm, also verführte ihn seine eigene ehemalige Rippe. Und mit Ludwig Ott (1981) kann man dann sogar zwischen Ursünde und Erbsünde unterscheiden: Die Ursünde des Ungehorsams kommt von beiden Stammeltern, Adam und Eva; die Erbsünde aber kommt von Adam allein, unabhängig von Eva: Hätte nur Adam gesündigt, Eva aber nicht, wäre die Erbsünde ebenso gekommen; hätte aber nur Eva gesündigt, Adam aber nicht, wäre die Erbsünde nicht gekommen.

In vorchristlichen Kulturen mit starken weiblichen Göttinnen waren Frauen den Männern gesellschaftlich gleichgestellt (wie Lilith) und an der Leitung des Gottesdienstes beteiligt. Im antiken Rom waren seit 750 v. Chr. Vestalinnen im Vesta-Kult tätig und standen in hohen Ehren. Eine Vestalin *(sacerdos Vestalis)* wurde schon als Kind vom Pontifex Maximus ausgewählt und musste patrizischer Herkunft sein. (Nach der üblichen Rede *„pater semper incertus"* war der Vater eines Patriziers *certus,* bekannt.) Eine Vestalin war 10 Jahre Novizin, tat 10 Jahre Dienst am Vesta-Tempel, war weitere 10 Jahre Lehrerin neuer Novizinnen und musste ihr Leben lang Jungfrau bleiben. Demosthenes, bedeutender Staatsmann in Athen, unterschied im Jahr 340 v. Chr. „Maitressen, die uns Vergnügen bereiten, Konkubinen, die uns täglich pflegen und umsorgen, sowie Ehefrauen, die uns legitime Kinder gebären und unseren Haushalt treu verwalten". Zur gleichen Zeit bekamen in Makedonien Frauen vererbbare Bürgerrechte zugesprochen, wurden von Männern verehrt und teilten die Herrschaft mit ihnen; Städte wurden nach Frauen benannt, Thessaloniki in Zentralmakedonien 315 v. Chr. nach Thessalonike, einer Halbschwester Alexanders des Großen.

Bevor Paulus um 50 n. Chr. nach Thessaloniki kam, war er im benachbarten Philippi einer selbstständigen Geschäftsfrau begegnet, der Purpurhändlerin Lydia, die von ihm getauft wurde und die erste christliche Gemeinde Europas gründete (Apg 16,14 und 40). Doch in seinem ersten Brief an Timotheus (1 Tim 2, 11–12) legte er 10 Jahre später fest: „Dass eine Frau lehrt, erlaube ich nicht, auch nicht, dass sie über ihren Mann herrscht." Und kurz danach schrieb er den Ephesern: „Frauen seid untertan euren Männern wie dem Herrn" (Eph 5,22). Jesus jedoch hatte Jüngerinnen in seinem Gefolge (Lk 8, 1.3), ging mit ihnen partnerschaftlich um (Joh 4, 7–26) und ließ seine Auferstehung von Frauen verkünden (Joh 20, 12–19). Da er aber den Evangelisten zufolge nur Männer zu Aposteln berief, nimmt die katholische Kirche das bis heute zum bindenden Vorbild und als Vorwand, Frauen fürs Priesteramt unwürdig zu erklären und ihnen das Weihesakrament, eins der sieben Sakramente, zu verweigern.

Benachteiligt sind Frauen bis heute europaweit auch in Politik und Wirtschaft. Die Gleichstellung der Geschlechter ist zwar seit Langem mit vielerlei Argumenten umkämpft, aber eine Frau bekommt bei gleicher Arbeit noch immer weniger Lohn als ein Mann. (Der Unterschied wäre im Prinzip leicht zu beseitigen, indem man Männern das gleiche Gehalt wie den Frauen gäbe). Dem Mangel an Frauen in höheren Positionen in Wirtschaft und Wissenschaft durch eine gesetzliche Frauenquote entgegenzuwirken, trägt den betreffenden Frauen dann die pejorative Bezeichnung „Quothilde" ein. Besonders bedenkenswert, ja fast tragisch, ist es, wenn Frauen als maßgebende Erzieherinnen selbst für den Fortbestand ihres traditionellen Bildes in der Gesellschaft sorgen. Nur ein kleiner Fortschritt führt bislang von Lilith zur Quothilde.

41

Von der Zitadelle des Symeon zum Krak des Chevaliers

Simeon der Stylit ▪ „Norias"-Räder ▪ Sargon II.
in Hama ▪ Nekropole von Amrit ▪ „Teyyara"-Häuser
▪ Burg der Johanniter

16. September 1997, Krak des Chevaliers

Etwa 35 km nordwestlich von Aleppo liegen die Ruinen von Qal'at Sim'an („Zitadelle des Symeon"), bis zur Errichtung der Hagia Sophia im Jahre 537 der größte Sakralbau der christlichen Welt. Das frühbyzantinische Kloster mit großer Pilgerkirche wurde von 476 bis 490 erbaut als Zentrum der Wallfahrten zum ersten christlichen Säulenheiligen, der hier 459 auf seiner Säule starb. „Simeon der Stylit", 389 geboren, war ein Schafhirte. Nach einem Bekehrungserlebnis beschloss er, durch strenge Askese zu ständiger Gemeinschaft mit Gott zu finden. Er lebte 2 Jahre bei Asketen, 10 Jahre in einem Kloster und 3 Jahre auf dem Gipfel eines nahegelegenen Berges in einer Hütte, bis ihm eine etwa 18 m hohe Säule mit einer Plattform an der Spitze errichtet wurde, die er bis zu seinem Tode 459 nie wieder verließ. Diese Plattform war 2 m² groß, sodass er sich zur Ruhe ausstrecken konnte, obwohl er die meiste Zeit stehend verbrachte. Vor dem Absturz schützte ein Geländer. Nahrung erhielt er über Leitern. Viele Besucher – unter ihnen Kaiser Theodosius II. – suchten von ihm Rat, Hilfe und seelsorglichen Beistand. (Säulensteher gab es schon im 3. Jahrhundert im antiken Hierapolis Bambyke, beim heutigen Manbidsch, 88 km nordöstlich von Aleppo. Dort standen Verehrer von Dionysos zweimal jährlich für jeweils 7 Tage auf einer Säule, die dem Gott Bacchus zu Ehren errichtet worden war).

Wahrzeichen der Stadt Aleppo und bekannteste Touristenattraktion sind ihre riesigen „Norias"-Wasserschöpfräder. Angetrieben von der Fließkraft des Orontes, heben sie dessen Wasser bis zu 30 m hoch in kleine, offene Kanäle

© Springer-Verlag GmbH Deutschland, ein Teil von Springer Nature 2020
W. Wickler, *Reisenotizen,* https://doi.org/10.1007/978-3-662-61996-4_41

(Aquädukte), ehemals zur Versorgung von Feldern und Häusern. Wie ein Mosaikbild von 469 zeigt, gab es Norias schon viel früher. Im gesamten Verlauf des Orontes waren einmal 80 Norias in Betrieb. Die 17 heute noch existierenden, zum Teil drei- oder vierstöckigen Norias stammen aus dem 12. Jahrhundert, aus der Zeit des Sultans Saladin (der die Dynastie der Ayyubiden gründete, 1175 die Städte Hama und Homs eroberte und 1187 die Kreuzfahrer aus Jerusalem und Palästina vertrieb). Riesige Norias, malerisch vor ständig feuchtem, veralgtem Mauerwerk, sind über 20 m groß, haben 120 Kellen und schöpfen 95 L Wasser pro Minute. Wesentliches Element – und ein besonderes Erlebnis für die Ohren – sind die knarrend-quietschenden Geräusche, wenn die Räder sich langsam bewegen.

Syrien ist stolz auf seine guten Teerstraßen. Auf ihnen rollt der Verkehr schneller als auf den Schienen. Es gibt aber auch überall viel mehr Schafe an den Straßen als an den Schienen. Wir sehen auf den Fahrten nur Herden weiblicher Schafe. Die überflüssigen Böcke wurden sinnvoll für Fleisch verkauft (und nicht geschreddert wie bei uns die überflüssigen männlichen Hühnerküken). Attraktiv für die Schafe ist das Gras an den Rändern von Teerstraßen; es wächst hier kräftiger, weil Regenwasser, das sonst auf dem Erdboden verstreut versickert, von der Straße gesammelt zu den Rändern fließt.

An der Fernstraße von Aleppo nach Damaskus liegt 200 km vor Damaskus in einem seit dem 11. Jahrhundert v. Chr. besiedelten Gebiet die Stadt Hama. Sie war von 721 bis 705 v. Chr. Herrschersitz des assyrischen Königs Sargon II., der besonders viele und brutale Kriege führte und seinem Gegner Jahu-Bi'di bei lebendigem Leibe mit einem Messer die Haut abziehen ließ. In einer kleinen Schrift *De mortibus persecutorum* („Von den Todesarten der Verfolger") beschreibt der zu den Kirchenvätern gezählte Laktanz um 300 n. Chr. diese Hinrichtungsmethode. (Im Mittelalter oblag sie dem berufsmäßigen Scharfrichter (lat. *carnifex*). Da Scharfrichter von den seltenen Hinrichtungen nicht leben konnten, waren sie als Abdecker auch für die Beseitigung von Tierkadavern und die Tierkörperverwertung zuständig. Die Knochen aus ihrer Abdeckerei wurden den Seifensiedereien, die Fleischmasse den Salpetersiedern und die Häute den Gerbereien zugeführt).

Ein 80 km weiter Abstecher zur Küste führt uns zu den Ruinen der antiken Stadt Amrit (um 1600 v. Chr.). Von ihrem Hauptheiligtum erhalten ist in einer mit Steinpfeilern umgebenen Grasfläche (ehemals Wasserbecken) ein kleiner, 12 m hoher leerer Tempel *(Naiskos)* aus Felsquadern mit monolithischem Zinnenfriesdach. Zur Nekropole von Amrit gehören zwei

7 m hohe Grabtürme aus aufeinandergesetzten bearbeiteten Felsblöcken über unterirdisch angelegten Grabkammern aus dem 5. Jahrhundert v. Chr. Wir fahren weiter in Richtung Süden. Mit jedem Kilometer wird die Vegetation kärger und wüstenähnlicher. Kurz vor Homs stehen am Straßenrand letzte Überbleibsel eines „Teyyara"-Dorfes: einige Bienenkorbhäuser (formähnlich den Trulli in Apulien), unten quadratisch, sich nach oben rund verjüngend, umgeben von ein paar trockenen Nadelbäumen, die windschief und unsymmetrisch der Sommerhitze trotzen.

Homs wurde um 30 v. Chr. unter dem Namen Emesa gegründet. Die Kreuzfahrer nannten die Stadt *La Chamelle*. Es gelang ihnen nie, sie einzunehmen, vielmehr wurde die Stadt ein wichtiger Stützpunkt ihrer Gegner. Sie war vorzüglich befestigt und verfügte über ausgezeichnete Bewässerungsanlagen, wurde aber 1157 und 1170 durch Erdbeben verwüstet. Saladin eroberte die Stadt 1175. Etwa 30 km westlich von Homs auf dem 750 m hohen Hügel Dschebel Khalil liegt die Burg „Krak des Chevaliers". Errichtet wurde sie als Befestigung „Hisn al-Akrād" (Burg der Kurden) 1031 durch den Emir von Homs, wurde 1110 vom normannischen Heerführer Tankred von Tiberias erobert, 1142 an den Johanniterorden abgetreten und 1202 umfassend ausgebaut, nachdem Erdbeben schwere Zerstörungen angerichtet hatten. Sultan Baibars griff die Burg 1267 an, und 1271 ergaben sich die Johanniter. Krak des Chevaliers ist die besterhaltene Kreuzritterburg. Sie wurde von 1934 bis 1936 gründlich restauriert und ist Weltkulturerbe der UNESCO.

Uns beschert der Himmel (16.9.) von 21:30 bis 0:30 eine spektakuläre totale Mondfinsternis.

42

Leben und Auftrag des Mose

Israeliten in Ägypten ▪ Verkleinertes Gehirn der Hausschafe ▪ Der Gute Hirte ▪ Das hundertste Schaf

20. September 1997, Nebo

Am Ende einer „biblischen Reise", die sich meine Frau gewünscht hat, stehen wir in Jordanien auf dem Berg Nebo mit klarem Blick 800 m hinunter nach links auf das Tote Meer und das 15 km entfernte Jordantal und in die Ferne auf das 40 km entfernte Land jenseits des Jordan: Israel. Hier soll vor 3300 Jahren am Ende seines Lebens ein angeblich 120 Jahre alter Mann gestanden haben, der Ägypter Mose. Auch er konnte fern das „gelobte Land" liegen sehen. Es war seinem Volk verheißen, aber ihm zu betreten verwehrt. Hat er damals zurückgeblickt auf ein an Abenteuern reiches Leben? Was die Bibel davon erzählt, entspricht nicht den historischen Gegebenheiten, wurde wohl konstruiert, um mündlich überlieferte Einzelereignisse plausibel zu verbinden, bietet aber doch Stoff, über Deutung und Bedeutung von Erinnerungen nachzudenken.

Moses Vorfahren waren Nomaden, die mit ihren Kleinviehherden von Wasserstelle zu Wasserstelle und von Weideplatz zu Weideplatz zogen. In Dürrezeiten kamen sie manchmal bis nach Ägypten ins fruchtbare östliche Nildelta. Vierhundert Jahre lang, von der 15. Dynastie 1645 v. Chr. bis zur 19. Dynastie 1213 v. Chr., wurden sie dort sogar geduldet und wuchsen nach den Erzählungen der Bibel im Land Goschen zu einem Volk heran. Weil sie aber immer zahlreicher wurden, sah Pharao Ramses II. in ihnen eine Gefahr und ergriff immer härtere Maßnahmen der Unterdrückung. In Exodus 1 kann man lesen: Sie wurden gefangen genommen, mussten Zwangsarbeit bei der Lehmziegelherstellung für den Bau der Vorratsstädte

© Springer-Verlag GmbH Deutschland, ein Teil von Springer Nature 2020
W. Wickler, *Reisenotizen*, https://doi.org/10.1007/978-3-662-61996-4_42

Pitom und Ramses leisten und wurden zu Sklavenarbeit auf den Feldern gezwungen. Um ihr Bevölkerungswachstum zu stoppen, befahl der Pharao den hebräischen Hebammen Shiphrah und Puah, alle jüdischen männlichen Nachkommen zu töten.

In dieser Zeit zeugte der Ägypter Amram illegal mehrere Kinder mit der Israelitin Jochebed: eine Tochter Mirjam, einen Sohn Aaron und 3 Jahre später einen weiteren Sohn. Um diesen vor der Verfolgung männlicher Nachkommen zu schützen, versteckte seine Mutter ihn schon nach wenigen Monaten in einem Schilfkörbchen am Nilufer. Seine Schwester Mirjam beobachtete, wie die Tochter des Pharaos ihn dort fand und an den ägyptischen Königshof mitnahm; die Pharaotochter nannte ihn Mose („Kind"). Als sie für das Kind eine israelitische Amme suchte, empfahl ihr Mirjam die Jochebed. So wuchs Mose am Hof des Pharaos auf, anfangs unter der Pflege seiner Mutter. Dieser ist es wohl zu verdanken, dass er sich in besonderer Weise mit Gott verbunden und von ihm berufen fühlte. Durch seinen Status als Adoptivsohn des Königshauses war er von der Zwangsarbeit seiner Landsleute befreit, setzte sich aber gegen Gewalt und Unterdrückung ein. Als er beobachtete, wie ein Ägypter einen hebräischen Sklaven quälte, erschlug er den Peiniger und musste daraufhin aus Ägypten fliehen.

Er floh ins Gebiet östlich des Golfs von Akaba zu den Midianitern, kriegerischen Wüstennomaden, und fand Aufnahme in der Sippe des Priesters Jitro. Nach einiger Zeit heiratete er dessen Tochter Zippora und hatte mit ihr zwei Söhne. Nach 40 Jahren begegnete er beim Schafehüten in einem brennenden Dornbusch dem Gott seiner Vorväter, der ihm den Auftrag gab, nach Ägypten zurückzukehren und sein Volk aus der Sklaverei zu befreien.

Also geht Mose zurück nach Ägypten, hat aber Sorge, das Volk würde ihn nicht als Führer anerkennen. Um ihn zu autorisieren, setzt Gott vor den Augen des Volkes ein Zeichen: Mose soll den Holzstab, den er in der Hand trägt, auf den Boden werfen. Da wird der Stab zur Schlange. Mose erschrickt. Jetzt soll er die Schlange am Schwanz greifen, und da wird sie wieder zum Stab. Nun geht er mit seinem Bruder Aaron zum Pharao und bittet, die Israeliten ziehen zu lassen. Der Pharao lehnt ab. Dann kommen die bekannten Naturplagen: blutrotes Nilwasser, Frösche, Mücken, Stechfliegen, Viehpest, Blattern, Hagel, Heuschrecken, Finsternis, Sterben ägyptischer Erstgeborener; sie treffen nur Ägypter, weil nur die etwas besitzen und zu verlieren haben. Die Israeliten aber nutzen die Situation und geben alles als Strafe ihres Gottes aus. Der Pharao gibt nach, die Israeliten ziehen weg und beginnen eine lange Wanderung durch die Wüste.

Unterwegs zürnen sein Bruder Aaron und seine Schwester Mirjam dem Mose, weil er sich die kuschitische Frau Zippora genommen hat. Und sie fragen, wieso Gott trotzdem immer nur durch Mose mit ihnen in Verbindung tritt. Daraufhin versammelt Gott die drei Geschwister in einem Zelt der Zusammenkunft und macht Mirjam zur Strafe aussätzig „weiß wie Schnee". Trotz der Fürbitte ihrer Brüder kann sie erst nach 7 Tagen Quarantäne zum Volk zurückkehren. Sie stirbt einige Monate später in Kadesch. Dann hat das Volk in der Wüste kein Wasser und macht Mose und Aaron dafür verantwortlich. Gott kommt ihnen zu Hilfe: Mose soll mit seinem Stab in der Hand zum Felsen reden, damit er Wasser gibt. Stattdessen schlägt Mose den Felsen unbeherrscht zweimal mit dem Stab. Als Strafe für diesen Ungehorsam beschließt Gott, weder Mose noch Aaron werden das Volk ins verheißene Land bringen. An der Grenze zum Land der Edomiter soll Mose den Aaron und dessen Sohn Eleasar auf einen Berg führen, Aaron die Kleider aus- und sie zum Zeichen der Nachfolge seinem Sohn anziehen. Aaron stirbt dort. Mose kommt bis zum Berg Nebo, darf von dort aus das verheißene Land sehen und stirbt.

Wir besuchen auf dem Gipfel des Nebo-Berges die 393 erbaute, mehrfach restaurierte und veränderte, heute von Franziskanern betreute Mose-Memorialkirche. Sie war ein byzantinisches Pilgerzentrum und bekam 531 ein über 25 m² großes Becken für Taufen durch Untertauchen. Den Boden verziert ein Mosaik. Es illustriert in vier Bildstreifen verschiedene Steppentiere, Kämpfe gegen Raubtiere, Jagdszenen und im dritten Streifen eine Hirtenszene mit Schafen, wie sie Moses Vorväter ins Land Goschen getrieben hatten und Mose selbst sie in Midian hütete, als ihm Gott begegnete.

Hausschafe sind Abkömmlinge des wild lebenden Mufflons *(Ovis gmelini),* das Menschen sich vor 10.000 Jahren gefügig gemacht und zum Hausschaf herangezüchtet haben. Dabei ging ihm ein Drittel der Hirnkapazität verloren, die für Aufmerksamkeit, Wachsamkeit und Eigeninitiative zuständig war. Seitdem ist das Hausschaf von Hirten abhängig und auf sie angewiesen, sodass sich die Bedeutung der Rolle des sprichwörtlich Guten Hirten, der sich für die Schafe aufopfert, etwas relativiert. Wesensgemäß hält das Mufflon die Ohren steif, Hausschafe können sich leisten, sie hängen zu lassen. Gelegentlich treten allerdings Rückschläge in Richtung auf die Wildform (Domestikationsatavismus) an einzelnen Individuen auf, die sich dann von der Herde entfernen. Die Evangelisten Lukas und Matthäus erwähnen aus den Erzählungen Jesu als Beispiel (Lk 15,4–7; Mt 18, 12–13), dass jeder Besitzer von 100 Schafen, der eines vermisst, die „braven" 99 in der Wüste lässt und das eine „verirrte" suchen geht.

Im heterodoxen Evangelium, das nach Thomas benannt, im Kanon des Neuen Testaments aber nicht enthalten ist, lautet die ursprüngliche Passage (Nr. 107): „Der Hirt verließ die neunundneunzig und suchte nach dem einen, bis er es fand. Nachdem er sich so abgemüht hatte, sprach er zu dem Schaf: Ich liebe dich mehr als die neunundneunzig."

Auf diese vertrauenerweckende Zusage hin habe ich das hundertste Schaf zu meiner Leitfigur erkoren.

43

Das bunte Leben und die unheilvolle Lehre des Hl. Augustinus

15 Jahre Liebe zu und Kind mit „Floria" ▪ Manichäer ▪ Rhetoriklehrer ▪ Quälende sündige Begierden ▪ Prädestination ▪ Gottesstaat ▪ Erbsünde ▪ Paulus, Augustinus, Rabindranath Tagore

13. Oktober 1997, Mailand

Mit einer privaten Führung durch das historische Mailand besuchen wir die zwischen Nationalmuseum und Katholischer Universität gelegene Basilika St. Ambroglio. Geweiht ist sie dem Bischof und Kirchenlehrer Ambrosius, Schutzpatron der Stadt und aller Imker. Vier glatte, rote Porphyrsäulen, die den steinernen Baldachin über dem Altar tragen, stammen aus der früheren Basilika, die Ambrosius zwischen 379 und 386 hier errichteten ließ. In der Osternacht 386 hat Ambrosius am Taufbrunnen in der Sakristei einer Kapelle neben der Kirche den späteren Kirchenlehrer Augustinus getauft.

Von diesem Kirchenlehrer erbt die Kirche ein zwiespältiges Lehrgebäude. Auf der einen Seite gehört dazu sein um 415 verfasster großer Kommentar *Über den Wortlaut der Genesis.* Darin (Buch I, 19,39) schreibt er:

Die Heilige Schrift liefert keine Erklärung von Naturphänomenen, sondern will einen Heilsweg aufzeigen. Oft genug kommt es vor, dass auch ein Nichtchrist ein ganz sicheres Wissen durch Vernunft und Erfahrung erworben hat, mit dem er etwas über die Erde und den Himmel, über Lauf und Umlauf, Größe und Abstand der Gestirne, über bestimmte Sonnen- und Mondfinsternisse, über die Umläufe der Jahre und Zeiten, über die Naturen der Lebewesen, Sträucher, Steine und dergleichen zu sagen hat. Nichts ist nun peinlicher, gefährlicher und am schärfsten zu verwerfen, als wenn ein Christ mit Berufung auf die christlichen Schriften zu einem Ungläubigen über diese Dinge Behauptungen aufstellt, die falsch sind und, wie man sagt, den

© Springer-Verlag GmbH Deutschland, ein Teil von Springer Nature 2020
W. Wickler, *Reisenotizen,* https://doi.org/10.1007/978-3-662-61996-4_43

Himmel auf den Kopf stellen, so dass der andre kaum sein Lachen zurückhalten kann. Dass ein solcher Ignorant Spott erntet, ist nicht das Schlimmste, sondern dass von Draußenstehenden geglaubt wird, unsere Autoren hätten so etwas gedacht. Gerade sie, um deren Heil wir uns mühen, tragen den größten Schaden, wenn sie unsere Gottesmänner daraufhin als Ungelehrte verachten und zurückweisen. Denn wenn sie einen von uns Christen auf einem Gebiet, das sie genau kennen, bei einem Irrtum ertappen und merken, wie er seinen Unsinn mit unseren Büchern belegen will, wie sollen sie dann jemals diesen Büchern die Auferstehung der Toten, die Hoffnung auf das ewige Leben und das Himmelreich glauben, da sie das für falsch halten müssen, was diese Bücher geschrieben haben über Dinge, die sie selbst erfahren haben und als unzweifelhaft erkennen konnten.

Dieser Text wird kaum je zitiert, obwohl er pädagogisch wichtig ist für den ständigen Streit um Glaubensinhalte, die mit naturwissenschaftlichen Erkenntnissen unvereinbar sind. Umso häufiger zitiert die katholische Kirche Aussagen des Augustinus aus seiner philosophischen Theologie. Diese bildet die andere Seite seines Lehrgebäudes und ist so widersprüchlich, dass sie erst recht Misstrauen erzeugt gegen ihn und die Kirche. Man findet das Original in den *Confessiones* („Bekenntnisse"), einer an Gott gerichteten schriftlichen Beichte über 43 Jahre seines Lebens, die Augustinus um 400 n. Chr. niederschrieb und die zu den einflussreichsten autobiographischen Texten der Weltliteratur gehört. Er schildert darin seine Probleme mit Gewissen, Seele, freiem Willen und seinen Perspektivenwechsel in Bezug auf die Lebensfreude, die er zwar „selbst erfahren hatte und als unzweifelhaft existierend erkennen konnte", dann aber als unvereinbar mit gläubiger Religiosität bezeichnete. (Ich zitiere im Folgenden aus: Aurelius Augustinus (2013), Bekenntnisse. Marixverlag, Wiesbaden).

Als römischer Nordafrikaner wurde Aurelius Augustinus 354 in der Stadt Tagaste (heute Souk Ahras in Algerien) geboren; gestorben ist er 430 in Hippo Regius (heute Annaba in Algerien), wo er seit 395 Bischof war. Als er zur Welt kam, war seine Mutter Monika 22 Jahre alt. Sie stammte aus einer christlichen Berberfamilie in Tagaste, wurde selbst von einer Haussklavin streng zu Mäßigkeit, Bescheidenheit und zum Verzichtüben erzogen, und erzog nun ihren Sohn christlich, ließ ihn aber nicht taufen. (Kindertaufe war nicht üblich, denn die Vorstellung einer Erbsünde, von der die Taufe befreit, hat ja erst Augustinus – unter Berufung auf Paulus – entwickelt). Augustinus besuchte die Schule in Tagaste, studierte ab 366 Grammatik an der Universität der Nachbarstadt Madaurus (heute M'Daourouch), nahm Teil am ausschweifenden Leben einer Jugendbande, studierte ab 371 Jura in

Karthago (heutiges Tunis), wurde dort Rhetoriklehrer, erlag aber auch den Versuchungen der Großstadt. Mit 18 Jahren fand er in Karthago seine große Liebe, ein Mädchen, das Historiker später Floria Aemilia nannten. Mit ihr lebte er leidenschaftlich 15 Jahre lang zusammen. Ein gemeinsamer Sohn, Adeodatus, kam 372 zur Welt. Weitere Kinder hatten sie nicht, obwohl sie nicht „keusch" blieben; Augustinus kannte sich gut mit Verhütung und *Coitus interruptus* aus. In den Bekenntnissen erklärt er (S. 202), er habe zu Beginn seiner Jünglingsjahre Gott gebeten und gesagt: „Gib mit Keuschheit und Enthaltsamkeit, aber jetzt noch nicht! Denn ich fürchtete, du möchtest mich allzu schnell erhören, mich allzu schnell erlösen von der Krankheit meiner Lüste, die ich lieber bis zur Hefe genieße als erlöschen wollte." – „Vom neunzehnten Jahre meines Lebens bis zum achtundzwanzigsten war es mir am köstlichsten, wenn ich auch den Körper der Geliebten genießen konnte" (S. 59).

Auf der Suche nach dem Sinn seines Lebens ist ihm die Bibel zu simpel; zudem vermengt die christliche Religion in ihrer Interpretation der Welt Sinn und Ursache. Er begnügt sich nicht mit bestimmten Inhalten, die für wahr gehalten werden, sondern verlangt nach Einsicht. Er sympathisiert mit der Lehre des persischen Religionsstifters Mani, die sich bis Ende des 4. Jahrhunderts auch im Römischen Reich, vor allem in Nordafrika verbreitete. Mani wurde 216 in Ktesiphon am Tigris geboren, wuchs in einer judenchristlichen Täufersekte auf, trennte sich aber infolge einer Jugendvision mit 24 Jahren von dieser Sekte, bezeichnete sich als Manichäus, „Apostel Jesu Christi" und Nachfolger der großen Religionsstifter Jesus, Zarathustra und Siddhartha Gautama (Buddha) und begann „einen Ruf in die Welt zu rufen". Er predigte, die Erde sei zwar von einem allmächtigen Gott geschaffen, der sich anschließend aber von ihr abwandte. Stattdessen ringen nun zwei personifizierte Prinzipien, der gute Ahura Mazda (Licht) und der böse Ahriman (Finsternis) miteinander um die Seelen der Menschen. Aufgabe des Gläubigen ist es, das Böse in der Welt zu erkennen, im Kampf zu überwinden und – als Ziel der Geschichte – den Urzustand wiederherzustellen, in dem Licht und Finsternis endgültig getrennt sind. Die Manichäer bildeten zwei Gruppen, die von Gott „Auserwählten" (Electi), die sich von Heirat, Sex, Fleisch- und Weingenuss enthielten, und die von Gott vorbestimmten „Hörer" (Auditores), welche die Auserwählten mit Almosen versorgten. Augustinus blieb 10 Jahre lang (ab 373) Hörer bei den Manichäern. Sie sahen in jeder Geburt die „Anbindung einer unglücklichen Seele an das Fleisch", verurteilten aber nicht den Geschlechtsverkehr, sondern nur den mit Zeugungsabsicht.

Augustinus will Glaubensinhalte mit der Vernunft begreifen. Obwohl Gott in historischer Zeit Mensch geworden ist und in der Himmelfahrt seine menschliche Natur mit der göttlichen vereinigt hat (Eph 2,6), glaubt Augustinus dem Propheten Malachias: „Ich, der Herr, verändere mich nicht" (Mal. 3, 6) und dem Apostel Jakobus (Jak 1, 17): „Bei Gott ist keine Veränderung, nicht einmal ein Schatten des Wechsels." Also philosophiert er (S. 171): „Nur das ist wirklich, was ohne Veränderung bleibt" und „das Unveränderbare ist dem Veränderlichen vorzuziehen" (S. 162). Er stellt Gott über alles und hält die Freuden des Lebens für Gottesersatz.

In den Freuden des Lebens (S. 207) wird „die Seele von verschiedenen Willensmeinungen angeregt", und darüber entwickelt er nun ein ängstlich-skrupulöses Gewissen (S. 279): „Dem Verfall des Leibes müssen wir täglich durch Essen und Trinken begegnen", kämpfen aber auch „täglich gegen die Begier zu essen und zu trinken", denn „was für die Gesundheit hinreichend ist, das ist für das Vergnügen zu wenig". Welcher Wille also ist im Einzelfall aktiv: Sorge für den Leib, täuschende Esslust? Oder vielleicht „vorschützende Entschuldigung"? Er liebt den Gesang, meint aber zu sündigen, wenn ihn mehr die Melodie bewegt als der Text. Ferner genießt er „die fleischlichen Augenergötzungen" schöner Formen und lieblicher Farben. Aber (S. 289) „dem Sehvermögen, bei welchem die Augen die erste Rolle spielen, eignen sich auch die übrigen Sinne nach der Analogie an, wenn sie einen wissenschaftlichen Gegenstand erforschen". Da lauert als gefährliche Versuchung die Neugier, „leerer Fürwitz, der sich mit dem Namen Erkenntnis und Wissenschaft beschönigt". „In wie viel höchst geringfügigen und verächtlichen Dingen wird unsere Neugier täglich auf die Probe gestellt. … Wie, wenn meine Aufmerksamkeit eine Eidechse in Anspruch nimmt, welche Fliegen fängt, oder eine Spinne, die sie umwickelt? Gehe ich dann dazu über, dich, den wunderbaren Schöpfer und Ordner aller Dinge, zu loben?" (S. 291). Welche Kriterien helfen, Prioritäten zu setzen, wenn zum Beispiel einer sich fragt, „ob er zum Zirkus oder zum Theater gehen soll, wenn beide an einem Tage geöffnet sind; ich setze noch ein Drittes hinzu oder zu einem Diebstahl in einem fremden Hause, und nun endlich Viertens noch, um einen Ehebruch zu begehen, wenn die Gelegenheit günstig ist, wenn alles auf einen Zeitpunkt zusammenträfe und alles wünschenswert erschiene, aber doch nicht zugleich ausgeführt werden kann"? (S. 208).

Und nun verphilosophiert er sich. Er ist überzeugt von der Willensfreiheit des Menschen, aber auch davon, dass Gott alles weiß, was kommen wird, und voraussieht, wie der Mensch die Willensfreiheit im Einzelfall anwenden wird. Vom (unwissenden) Menschen aus wirkt jede Entscheidung frei; vom (allwissenden) Schöpfergott aber ist sie bereits vorher gewusst. Also weiß Gott auch, wer zur ewigen Seligkeit auserwählt ist und wer zur Hölle verdammt endlose Qualen leiden muss: „Ist beides ewig, so ist unweigerlich auch beides entweder langwährend, aber endlich, oder beides ist immerwährend und endlos" (Gottesstaat 21,17). Belegstellen dafür enthalten die Evangelien. Nach Matthäus (25, 34 und 41) sagt der Richter am Ende der Tage zu den Gerechten: „Kommt her, die ihr von meinem Vater gesegnet seid, empfangt das Reich als Erbe, das seit der Erschaffung der Welt für euch bestimmt ist!', und zu den Ungerechten: „Geht weg von mir, ihr Verfluchten, in das ewige Feuer, das für den Teufel und seine Engel bestimmt ist!" (Ähnlich Mt 25, 1–13 bei den klugen und den törichten Jungfrauen). Augustinus ist überzeugt von der Vorherbestimmtheit seines eigenen Lebens und beruft sich auf Paulus (Eph 1,11): „Wir sind als Erben vorherbestimmt nach dem Plan dessen, der alles so bewirkt, wie er es in seinem Willen beschließt." Insgesamt gibt es mehr Verdammte als Selige; denn „viele sind berufen, wenige aber sind auserwählt" (Mt 22,14). Daran erinnert der Lehrsatz 621 im Handbuch kirchlicher Lehrentscheidungen (Denzinger und Hünermann 2009):

> Der gute und gerechte Gott … erwählte aus ebendieser Masse des Verderbens gemäß seinem Vorherwissen die, welche er aus Gnade zum Leben vorherbestimmte [Röm 8, 29f; Eph. 1, 11], und bestimmte sie für das ewige Leben vorher; von den übrigen aber, die er nach dem Ratschluss seiner Gerechtigkeit in der Masse des Verderbens zurückließ, wusste er im Voraus, dass sie zugrunde gehen würden, aber er bestimmte nicht vorher, dass sie zugrunde gehen sollten; er bestimmte diesen aber, weil er gerecht ist, die ewige Strafe vorher.

Der Text stammt aus einer Synode im Jahr 853. Weder dessen Autoren noch Augustinus erwähnen, dass Gott auch das Fehlverhalten der biblischen Stammeltern Adam und Eva vorherwusste und demnach die Erbsünde und die ihr folgenden Übel in der Schöpfung immer schon einkalkuliert hat. Den damit offenen Denkspielraum hat um 300 v. Chr. Epikur umrissen: Entweder will Gott die Übel beseitigen und kann es nicht – dann ist er schwach, was auf ihn nicht zutrifft. Oder er kann und will es nicht – dann ist er missgünstig, was ihm fremd ist. Oder er will es nicht und kann es nicht – dann ist er missgünstig und schwach, also auch kein Gott. Oder er will es und kann es, was allein für Gott gilt – aber woher stammen dann die Übel, und warum schafft er sie nicht ab?

Im Jahr 383 geht Augustinus gemeinsam mit Floria als Rhetoriklehrer nach Rom und 384 auf Empfehlung der Manichäer als Rhetorikprofessor an die kaiserliche Hochschule in Mailand. Hier in der Kulturhauptstadt des Römischen Reiches lernt er Bischof Ambrosius kennen, dessen Schriften und Predigten auf ihn großen Eindruck machen. Ambrosius hält sich an die dreifache Bedeutung der Bibeltexte: ihren wörtlichen Sinn, den moralischen Sinn und den mystischen Sinn. Er vermittelt Augustinus eine neue Sicht der Bibel und der katholischen Glaubenswahrheit. Mutter Monika, die der Sohn als „willensstark bis zur Starrsinnigkeit und vom rechten Gottesglauben mehr als überzeugt" beschreibt, war ihm nach Rom und Mailand gefolgt und führt ihm jetzt den Haushalt. Bischof Ambrosius ist ihr ein wohlwollender Freund. Jetzt will sie endlich für Augustinus eine standesgemäße Verlobung mit einem jungen christlichen Mädchen aus wohlhabender Familie arrangieren. Sie bedrängt ihn, sich nach 15-jähriger Beziehung von Floria zu trennen, die tatsächlich alleine nach Afrika zurückgeschickt wird; der gemeinsame Sohn bleibt bei Augustinus. Aber die ihm jetzt Anverlobte hat noch nicht das heiratsfähige Alter erreicht. So lebt Augustinus 2 Jahre lang mit einer anderen Frau zusammen (S. 154):

> Da die von meiner Seite gerissen ward, mit welcher ich mein Bett zu teilen gewohnt war, ward mein Herz, das an ihr hing, durchbohrt, verwundet und blutete. ... Des Aufschubs ungeduldig, da ich erst in zwei Jahren die erhalten würde, um die ich geworben, verband ich mich, weil ich nicht Freund der Ehe, sondern Sklave der Lust war, mit einer anderen, freilich nicht als Gattin, um so die Krankheit meiner Seele zu nähren, jene Wunde, die mir durch die Trennung von jener ersten geschlagen wurde.

In diesem Zustand der Unruhe vernimmt er am 15. August 386 eine Kinderstimme: „Nimm, lies!" Er hält es für einen Anruf Gottes, ein Buch aufzuschlagen und die Stelle zu lesen, auf die sein erster Blick fallen würde. Er liest in Paulusbriefen: „Nicht in Fressen und Saufen, nicht in Wollust und Unzucht, nicht in Hader und Neid, sondern ziehet den Herrn Jesus Christus an und pflegt das Fleisch nicht zur Erregung eurer Lüste" (Röm 13, 13–14). Obwohl er bisher überzeugt war, „kein eheloses Leben führen zu können", ist er nun – so plötzlich wie Paulus nach dem Damaskus-Erlebnis – vom Gegenteil überzeugt (S. 150), „dass ein Leben in ungestörter, der Liebe zur Weisheit gewidmeter Muße... mit der Ehe unvereinbar sei". Er beschließt, auf Ehe, Geschlechtsverkehr und Beruf ganz zu verzichten und ein kontemplatives Leben zu führen, ringt aber weiter mit seinem Gewissen (S. 279): „Noch leben in meiner Erinnerung ... die Bilder der Dinge, die dort die Gewohnheit festgeheftet hat. ... Im Schlafe steigern sie sich nicht nur bis zum Ergötzen, sondern bis zur höchsten Beistimmung"; er betet, dass seine „Seele ... nie auch nur im Schlafe jene geilen Schändlichkeiten ausübe bis zur Erschlaffung des Fleisches". Er will der Lust entsagen, „war aber noch an ein Weib gebunden, auch verbot mir ja der Apostel nicht zu heiraten, obgleich er zum Besseren riet... Aber zu schwach, zog ich es vor, mich weicher zu betten, entkräftet durch Verbuhltheit, wie ich mich auch in andere Dinge, die ich nicht dulden wollte, um des ehelichen Lebens willen zu schicken genötigt war" (S. 188).

Seinen Sohn Adeodatus („der von Gott Gegebene") nennt er jetzt „Sohn der Sünde". Mit ihm lässt er sich 387 in der Osternacht von Bischof Ambrosius taufen. Er wendet sich vom Manichäismus ab, verurteilt ihn als Ketzerei und entwirft 20 Jahre nach den Bekenntnissen im „Gottesstaat" eine eigene umfassende Welt- und Heilsgeschichte, in die er jedoch manichäische Elemente einfügt. Sein Ziel ist es, das Naturrecht christlich zu begründen. Von einer Naturordnung ausgehend, soll die Vernunftordnung dem Menschen Richtlinien für das rechte Tun bieten. Wenn Theologie im Abendland eine einzigartige Synthese des christlichen Glaubens mit der Vernunft sein will, dann muss sie beiden, Glaubens- und Vernunftargumenten, standhalten. Gerade das aber gelingt ihm nicht.

„Mit glühender Sehnsucht forschte ich nun, was der Ursprung des Bösen sei" (S. 169). Das auf dem Konzil von Nizäa 325 formulierte Glaubensbekenntnis bezeichnet Gott als Schöpfer „aller sichtbaren und unsichtbaren Dinge". – Ist er dann auch für alles Böse in der Welt verantwortlich? Als Ausweg aus dem Dualismus der Manichäer von den zwei Prinzipien des Lichts und der Finsternis (einst vollständig getrennt, derzeit vermischt, künftig endgültig getrennt) konstruiert Augustinus einen Staat der guten Engel (unter der Herrschaft Gottes; *civitas caelestis*) und einen Staat der bösen Engel (Reich des Bösen; *civitas diaboli*), die miteinander im Kampf liegen. Zwar kommen Engel im biblischen Schöpfungsbericht nicht vor, werden aber zum Beispiel in Psalm 148 genannt und sind demnach Geschöpfe Gottes (Gottesstaat, 11. Buch, Kap. 9). Und das Böse war dann nicht schon vor der Zeit da, sondern nahm seinen Anfang im Abfall eines hochrangigen Engels von Gott; der Engel Luzifer wurde zum Satan (Lk 10,18: „Ich sah Satan vom Himmel fallen wie einen Blitz"). Und das geschah vor der Erschaffung des Menschen, denn durch den Satan (in Gestalt einer Schlange) ist das Böse auf die ersten Menschen übertragen worden (Gen 2–5). Auf Luzifer wurde das Böse nicht von irgendwoher übertragen; seine Empörung gegen Gott kam aus seinem eigenen Willen (S. 161). Warum das nicht auch für die eben erschaffenen Menschen gilt, bleibt unklar.

Dem Willen ordnet Augustinus auch die Triebe und Affekte zu. Der Mensch soll sie dem göttlichen Gesetz angleichen. Doch das Böse hat die körperliche und seelische Beschaffenheit der Menschen mitsamt ihrem Willen so verändert, dass sie – unfähig, das Gute zu wollen – auf Gottes Gnade angewiesen sind. Und zwar nicht nur die ersten, sondern alle Menschen. Augustinus meint, das am eigenen Leibe zu erfahren, bis in den Schlaf hinein. Zu seiner eigenen Entlastung konstruiert er im Gottesstaat (*De civitate Dei,* Kap. 14, 18) ein naturwidriges Bild der Schöpfung: Die ersten Menschen erfahren nach ihrer Sünde die Begrenztheit des freien Willens dadurch, dass zwar alle Glieder des Leibes vom Willen in Bewegung gesetzt werden, nicht aber die Geschlechtsteile, „die sozusagen nach eigenem Gesetz und durchaus nicht nur nach unserer Willkür erregt oder nicht erregt werden"; sie unterstehen nun der Wollust und können nicht bewegt werden, wenn diese fehlt. Adam und Eva hätten vor dem Sündenfall ohne Lustempfinden miteinander verkehren können, meint Augustin, taten es aber nicht. Schuf der Satan im Sündenfall die sexuelle Begierde als eine autonome Kraft im Menschen, der er nicht Herr wird?

Augustinus entwickelt um 418 eine spezielle Theologie der Ursünde, welche die gesamte Schöpfung beschädigt. Und er verknüpft die Ursünde mit der Sexualität, die ja schließlich das Vehikel war, mit dem sich Adams Sünde als Erbschuld auf alle seine Nachkommen ausgebreitet haben soll. Die Geschlechtslust, die Augustinus an sich selbst erlebt, sei nicht vom Schöpfer in die menschliche Natur hineingelegt, sondern eine verderbliche Krankheit, durch die auch der Wille, sich für das Gute zu entscheiden, bei Wollust ausgeschaltet ist. Papst Benedikt XVI. erweitert 2005 das Krankheitsbild in seinem Kompendium zum Katechismus (Nr. 339): „Die erste Sünde hat auch den Bruch der vom Schöpfer geschenkten Gemeinschaft zwischen Mann und Frau verursacht."

Seither sollen sich die Gläubigen bemühen, die sexuelle Erregung dennoch dem Willen unterzuordnen. Zwar galt derjenige Ehepartner sündenmäßig entschuldigt, der den Verkehr nur auf Verlangen des anderen leistet, aber auch nur dann, wenn er es „lustlos" tut. Selbst bei einer Vergewaltigung muss der Wille der Frau ohne Zustimmung bleiben; verspürt sie Lust, wird sie schuldig. Den Mann Augustinus hätte es allerdings wohl überfordert, seiner Frau zu Willen zu sein, ohne dabei selbst Lust zu empfinden. Doch dieses ganze Denkgebäude ist ja wie selbstverständlich einseitig auf die Frau konzentriert. Schon in den Zehn Geboten heißt es: „Du sollst nicht begehren deines Nächsten Weib" – trotz der in der Bibel geschilderten Versuchung Josefs durch die Frau des Potifar (Gen 39,7–9).

Mit welch ungeklärten Fragen es der Wille in der Praxis zu tun bekam, findet man bei Ranke-Heinemann (2012) aufgelistet: Ist der Geschlechtsverkehr mit einer schönen oder mit einer hässlichen Frau eine größere Sünde? Petrus Cantor († 1197) behauptete, „der Verkehr mit einer schönen Frau sei größere Sünde als der mit einer hässlichen Frau, weil er mehr ergötze". Alanus von Lille († 1202) dagegen meinte: „… wer mit einem schönen Weib verkehre, sündige weniger, weil er durch den Anblick ihrer Schönheit mehr gezwungen wird, und wo größerer Zwang, da ist geringere Sünde".

Was also ist die Bestimmung der Frau? Paulus, der einen Verantwortlichen für die Erbsünde brauchte, konzentriert sich bei der Erzeugung der ganzen Menschheit auf den Mann. Und Augustinus, einer Eingebung Gottes folgend, vertraut Paulus. Beide gehen theologisch-theoretisch zu Werke und zitieren aus der Bibel und aus anderen Schriften. Achtzig Jahre vor Augustinus jedoch beruft sich ein aus der römischen Provinz Afrika stammender Rhetoriklehrer, Lucius Caecilius Firmianus (250–320 n. Chr.), genannt Laktanz, auf die Beobachtung der Natur und beschreibt ohne ein einziges Bibelzitat in seinem Werk *De opificio Dei* (Über das Schöpfungswerk Gottes, XII. Hauptstück § 6–11) nahezu korrekt die biogenetische Beteiligung von Frau und Mann bei der Fortpflanzung:

> Nicht nur die Männer haben Samen, sondern auch die Frauen, und deshalb kommen sehr häufig Kinder auf die Welt, die den Müttern ähnlich sind. – Wenn bei der Mischung und Vereinigung des beiderseitigen Samens der männliche überwiegt, so ergibt sich ein dem Vater ähnliches männliches oder weibliches Wesen. Überwiegt der weibliche, so entspricht der männliche oder weibliche Sprössling dem Bilde der Mutter. Bei gleichmäßiger Samenmischung aber wird auch die Körperbildung eine gemischte, so dass der gemeinsame Sprössling entweder keinem von beiden ähnlich erscheint, weil er nicht von einem alles hat, oder beiden, weil er sich von jedem etwas angeeignet hat. – Auch bei den Tierkörpern sehen wir, wie sich entweder die Farben der Eltern vermischen und etwas Drittes entsteht, das keinem der beiden Lebensspender ähnlich ist, oder wie beider Farben in der Weise wiedergegeben werden, dass die Glieder des jungen Tieres verschiedene Farben zeigen und der ganze Körper in harmonischem Farbenspiel gesprenkelt ist.

Augustinus lässt den – immerhin zu den Kirchenvätern gezählten – Laktanz beiseite, bezieht sich auf Gott, der die Frau als Gehilfin des Mannes schuf (Gen 2,18), um Kinder hervorzubringen, warnt aber, dass der Umgang mit Frauen stets die Gefahr der Erotisierung birgt, und betont in den Bekenntnissen (S. 412):

> Wir sehen … wie der Mensch, nach deinem Bilde und Gleichnisse geschaffen, allen vernunftlosen Tieren durch dein Ebenbild und Gleichnis, d. h. kraft der Vernunft und des Verstandes, vorgesetzt ist. Und wie in seiner Seele eines ist, das durch Urteil und Überlegung herrscht, ein anderes, das sich unterwirft um zu gehorchen, so sehen wir auch in der sinnlichen Welt das Weib dem Manne unterworfen, das zwar geistlich dieselbe Beschaffenheit der vernünftigen Erkenntnis besäße, aber durch das leibliche Geschlecht dem männlichen Geschlechte in derselben Weise unterworfen sein sollte, wie der Trieb zum Handeln sich unterwirft, um von der Vernunft des Geistes die Erkenntnis des rechten Handels zu empfangen.

Dass die Erkenntnis des rechten Handelns auch im Mann durch Erbsünde getrübt ist, erwähnt er hier nicht.

Was hat Augustinus uns hinterlassen? Einerseits ein großartiges theologisches Theoriegebäude, auf das sich die Kirche bis heute beruft, andererseits eine tiefgreifende seelische Angst vieler gläubiger Christen, unter der sie ständig leiden (wie ich aus bitterer Erfahrung in meiner Familie weiß). Schon im Evangelium (übersetzt „Frohbotschaft") heißt es: „Fürchtet euch nicht vor denen, die den Leib töten, die Seele aber nicht töten können, sondern fürchtet euch eher vor dem, der Seele und Leib in der Hölle verderben kann!" (Mt 10,28; Lk 12,5; Jak 4,12); und Paulus bestätigt (Hebr 10,31): „Schrecklich ist's, in die Hände des lebendigen Gottes zu fallen." Doch da geht es um persönlich vor dem ewigen Richter zu verantwortende Schuld. Nach Augustinus aber sind alle Menschen nicht nur ohne eigenes Verschulden mit Erbsünde belastet, sondern unterliegen auch einer Vorbestimmung Gottes, wer zur ewigen Seligkeit auserwählt und wer zur Hölle verdammt ist.

Hinzu kommt das bei Augustinus besonders krasse naturwidrige Missverstehen der Rolle der Frau in der Schöpfung. Paulus hatte es vorbereitet (1 Kor 7,1–9):

> Es ist gut für einen Mann, keine Frau zu berühren. Aber wegen der Unzüchtigkeiten soll jeder seine Frau haben und jede Frau ihren eigenen Mann, damit euch nicht der Satan, wegen eures Unvermögens, enthaltsam zu leben, versucht. Den Unverheirateten und den Verwitweten sage ich: Es ist am besten, wenn sie meinem Vorbild folgen und allein bleiben. Aber wenn ihnen das zu schwerfällt, sollen sie heiraten. Das ist besser, als wenn sie von unbefriedigtem Verlangen verzehrt werden. Das sage ich aber als Zugeständnis.

Und im Widerspruch zu Gottes Auftrag, die Menschheit solle wachsen und sich mehren, schreibt er sogar: „Ich wünschte, alle Menschen wären unverheiratet wie ich." Das Missverstehen bezieht sich nicht auf den vielfältig betonten freiwilligen Verzicht auf Ehe und Partnerschaft um des Himmelreichs willen, sondern auf die Ansicht des Augustinus (Bekenntnisse, S. 150), „dass ein Leben in ungestörter, der Liebe zur Weisheit gewidmeter Muße mit der Ehe unvereinbar sei".

Wie ein Gegenentwurf dazu wurde im Mai 1861 in Kalkutta der bengalische Philosoph und Dichter Rabindranath Tagore geboren. Mit 22 Jahren wurde er mit einem 10-jährigen Mädchen, Mrinalini, verheiratet, die nach 19-jähriger Ehe starb. Mit ihr hatte er fünf Kinder. Tagore lebte eine Symbiose von Gottes- und Weltliebe. Sein Leben lang versuchte er, auf unterschiedliche Weise das Paradox zu beschreiben, zu deuten und zu feiern, wie man Gott und die Freude an den Eindrücken der Sinne gleichzeitig genießen kann.

> Befreiung liegt für mich nicht im Verzicht. Ich fühl die Umarmung der Freiheit in tausend Banden der Lust. – Ein Asket, das mag ich nie und nimmer sein, es sei, ich fände ein Asketenfräulein.

Tagore gilt als bedeutendster indischer Dichter der Moderne und erhielt 1913 den Nobelpreis für Literatur. Zwei seiner Lieder sind heute die Nationalhymnen von Bangladesch und Indien. Er starb 1941.

44

Im Schnalstal ein Sprung über 36 km und 4800 Jahre
„Ötzi", der Mann aus dem Eis ▪ Leben und Liebesleben der „Maultasch"

14. August 1998, Bozen

Mehrmals bin ich mit meiner Frau in der um 1180 gegründeten Landeshauptstadt Bozen gewesen. Wiederholt besucht haben wir dort die Kirche und das Kloster der Franziskaner aus der ersten Hälfte des 13. Jahrhunderts, vor allem den Kreuzgang mit Fresken aus der Giotto-Schule und verschiedenen anderen Epochen, und selbstverständlich jedes Mal den der Himmelfahrt Marias gewidmeten Dom aus dem Jahr 1519 und daneben den Walther-Platz, auf dem das Marmordenkmal des größten deutschen Minnesängers Walther von der Vogelweide steht. Am wohlsten fühlten wir uns im Herzstück der Altstadt in Bozens Prachtstraße, der Laubengasse. Dicht an dicht stehen hier knapp 4 m breite und 50 m tiefe Häuser aus dem 12. Jahrhundert mit wunderbaren Fassaden und mehreren Kellerstockwerken unter der Erde. Die Erdgeschosse bilden die Laubengänge, überdacht von den Stockwerken darüber für Wohnungen und Lagerräume. In den „Lauben" haben Bozener Kaufleute eine große Auswahl eleganter Geschäfte, Boutiquen und Cafés eingerichtet, luftiger und besser als jedes Kaufhaus.

Mit großem Interesse besichtigt haben wir das ganz neue und modern eingerichtete Archäologie Museum Südtirol. Es bietet einen eindrucksvollen Gang durch 15.000 Jahre hiesiger Geschichte (Stein-, Kupfer-, Bronze-, Eisen-, Römerzeit, Mittelalter). Vorrangig eindrucksvoll und bedeutsam als Endpunkt dieser Geschichte ist die 1991 am abtauenden Similaun-Gletscher der Ötztaler Alpen gefundene und deshalb „Ötzi" getaufte Mumie eines

© Springer-Verlag GmbH Deutschland, ein Teil von Springer Nature 2020
W. Wickler, *Reisenotizen,* https://doi.org/10.1007/978-3-662-61996-4_44

Mannes. Mich lockt ein weiterer Besuch dort, Agnes aber sucht lieber nach Literatur über die mittelalterliche Herzogin von Tirol, im Volksmund Margarethe Maultasch genannt. Deshalb haben wir uns heute getrennt und werden uns am Walther-Denkmal wiedertreffen.

Ich stehe also wieder vor dem „Mann aus dem Eis". Er verlockt zu tieferem Nachdenken. Seine nackte Leiche liegt, nur wenig eingedrückt, in einer speziellen Kühlkammer. Im Nebenraum liegen seine Werkzeuge und andere Habseligkeiten, aus denen sich seine Heimat und seine Lebensweise erschließen lassen. Er war 1,60 m groß, wog rund 50 kg und wurde im Alter von 46 Jahren ermordet. Man kennt etliche seiner Krankheiten, seine letzte Mahlzeit, hat sein Erbgut entschlüsselt und herausgefunden, dass er braune Haare und braune Augen hatte, seine Volksgruppe aber nicht mehr existiert. Gelebt hat er vor rund 5300 Jahren, etwa 3500 v. Chr. Er hätte also, wie einige tausend Jahre später Jesus, von sich sagen können, „ehe Abraham war bin ich" (Joh 8,58). Denn die Abraham-Erzählungen des Tanach berichten erst aus der Zeit um 2000 v. Chr. Der englische Mönch und Kirchenlehrer Beda Venerabilis (um 700 n. Chr.) errechnete als Erschaffungsdatum der Welt den 18. März 3952 v. Chr. und las im Buch Genesis (5,4): Adam wurde 930 Jahre alt „und zeugte Söhne und Töchter". Für Beda hätte Ötzi also zeitgleich mit Adam leben können. Hätte andererseits Ötzis Mutter ihm zu einem Geburtstag gewünscht, 969 Jahre alt zu werden (wie später Methusalem, der älteste Mensch der Bibel und Großvater Noahs), und wäre der Wunsch in Erfüllung gegangen, so wäre Ötzi immer noch 300 bis 800 Jahre vor der Sintflut gestorben.

Für Historiker ist es schwierig, Daten der biblischen und der weltlichen Geschichte untereinander abzugleichen. Das Alte Testament entstand im Laufe von etwa 1000 Jahren aus zuerst jahrhundertelang mündlich überlieferten Berichten, von denen die ersten im 9. Jahrhundert v. Chr. niedergeschrieben, ab dem 5. Jahrhundert v. Chr. von jüdischen Gelehrten als Bücher zu größeren Einheiten zusammengefügt und mit jüngeren Büchern bis zum 2. Jahrhundert v. Chr. ergänzt wurden. Bekannte astronomische Ereignisse zum Fixieren der Daten zu benutzen, ist problematisch, denn viele Berichte unterscheiden nicht zwischen totaler und partieller Verfinsterung. Einigermaßen gesichert ist das Jahr 29 n. Chr., in dem Tiberius Cäsar vom römischen Senat zum Kaiser ausgerufen wurde und Johannes der Täufer zu predigen und taufen begann und Jesus taufte.

Anlässlich der Einführung unserer modernen Jahreszählung wurde die Geburt Christi auf das „Jahr 1" angesetzt, fand aber tatsächlich etwa 4 Jahre früher statt. Anstelle von „v. Chr." schreiben religionsneutrale Datierungen deshalb „v. u. Z." (vor unserer Zeitrechnung). Um sich in die geschichtlichen

Abläufe zwischen Ötzi und heute einzufühlen, erscheint es mir wirksamer, einmal Ötzi als Referenzpunkt zu wählen und Zeitspannen „nach Ötzi" zu zählen.

Zu Ötzis Zeit verlief die „Desertifikation" der Sahara und wandelte sie endgültig von der Savanne zur Wüste. Auf den Mittelmeerinseln Malta und Gozo baute ein unbekanntes Volk große megalithische Tempelkomplexe (Ḥaġar Qim, Mnajdra). Sie gehörten wohl zum Kult einer Erdmutter oder Mutter der Fruchtbarkeit, was nahegelegt wird durch riesige Torsi aus Kalkstein von einst 2 m hohen Frauenfiguren sowie durch kleine fettleibige Frauenplastiken, etwa die 13 cm kleine „Venus von Malta" aus Terrakotta und die 12,2 cm lange „Sleeping Lady" aus Alabaster.

In Ägypten begann 200 Jahre „nach Ötzi" eine Zivilisation mit Palästen aus Stein, Kolossalstatuen und Obelisken. Um 500 n. Ötzi begann der Pharao Hor-Aha mit dem Bau der Stadt Memphis. Zur gleichen Zeit entstand die Megalithstruktur in Stonehenge und erdachten die Sumerer für die notwendige Anlage von Kanalsystemen die Unterteilung des Kreises in 360°. Um 700 n. Ötzi erfand Ktesibios in Alexandria eine komplizierte Wasseruhr mit Zahnradgetriebe, die mit stetem Tropfen Tageszeit und Dunkelheit in je 12 h unterteilte. (Einen Nachbau zeigt das Deutsche Museum in München). Ebenfalls um diese Zeit erfand in Ägypten ein Konstrukteur eine automatische Tempeltür: Durch Entfachen des Feuers auf dem Opferaltar wurde Wasser in geschlossenen Gefäßen erhitzt, der Druck wurde in eine Gestängebewegung übersetzt; beim Erkalten des Altars schloss sich die Tempeltür wieder. Etwa 800 n. Ötzi leitete in Ägypten der Pharao Djoser die Epoche der Pyramiden ein. Die Cheops-Pyramide entstand um 980 n. Ötzi. Bis 1320 n. Ötzi wurden im Tal der Könige die prachtvollen Felsengräber vieler ägyptischer Regenten des Alten Reiches eingerichtet. Etwa 1700 n. Ötzi lebte Abraham. Um 2000 n. Ötzi wurde Troja zum ersten Mal zerstört. 2100 n. Ötzi regierte Echnaton. Etwa 2200 n. Ötzi kam Mose in Ägypten zur Welt und wuchs am Hof des Pharaos auf. König David verführte 2500 n. Ötzi Bathseba, knapp 100 Jahre später sein Sohn Salomo die Königin von Saba. Die Akropolis in Athen wird 2900 n. Ötzi erbaut. Erst 3000 n. Ötzi wird der Buddha Siddhartha Gautama geboren. Um 3200 n. Ötzi begründet der konfuzianische Philosoph Mengzi die unverlierbare Würde jedes einzelnen Menschen mit der ihm vom Himmel verliehenen moralischen Natur, die ihn aus sich selbst heraus zum Guten befähigt. 3280 n. Ötzi wird in China die Große Mauer gebaut, 3500 n. Ötzi kommt Jesus zur Welt und ca. 4070 n. Ötzi Mohammed.

Seit 2003 sind an einem uralten Verkehrsweg auf dem 2756 m über dem Meer gelegenen Schnidejoch im Berner Oberland im Gletschereis

Kleidungsstücke aus Leder und Bast sowie Köcher und Pfeile aufgetaucht, wie sie auch Ötzi besaß, die aber aus der Zeit um 4500 v. Chr. stammen, also 1000 Jahre älter sind als der Mann aus dem Eis von Similaun. An den Gliedmaßen hat er einfache Strichtätowierungen bislang unbekannter Bedeutung. Archäologen erwägen, ob am Beginn der Schrift vielleicht bedeutungsträchtige Tätowierungen auf der Haut standen, wie zum Beispiel das Kainszeichen: „Und der Herr machte ein Zeichen an Kain, dass ihn niemand erschlüge" (Gen 4,15). Einer alten Überlieferung nach war Kain das Zeichen auf den Arm geschrieben, gerade so wie einer mesopotamischen Statue aus dem 2. Jahrtausend v. Chr., die im archäologischen Museum von Aleppo steht. Der Bezug auf die Kainsgeschichte ist jedoch ebenfalls anachronistisch, denn aufgeschrieben wurde sie erst zwischen 2600 und 3000 n. Ötzi, fast 4000 km von ihm entfernt.

Am Ort „Unser Frau in Schnals" im Schnalstal haben wir 2001 im soeben eröffneten „archeoParc", 1700 m unterhalb der Ötzi-Fundstelle, seine nachgebauten Innereien inspiziert, haben in seinem Magen gestanden, neben Schulkindern, die in den Falten der Magenwand steckende Nahrungsreste zu seiner Speisekarte zusammenstellen sollten; die Bohnen, Linsen, Mohn und die Urgetreide Emmer und Einkorn sind im Freilichtbereich des Museums angepflanzt. Ebenso wie im Museum in Bozen wird mit viel Aufwand ein Bild der hiesigen Lebensumstände von vor 5000 Jahren vermittelt. Der Aufwand ist verständlich, denn Ötzis greifbarer Körper mit Kopf, Armen, Beinen, Haaren, Ohren, Darm und Genitalien lebte ja vor unserer ganzen nur indirekt erfahrbaren Geschichte. Ötzi bringt uns – wie ein Lichtpunkt in dunkler Vergangenheit – einen realen Menschen direkt vor die Augen, der vor allen uns lediglich aus Überlieferungen bekannten historischen Ereignissen der Menschheit gelebt hat, lange vor dem Beginn der großen Weltreligionen und deren Anspruch auf Welterklärung.

Am Abend unseres „Bozen-Tages" notieren wir dann, was Agnes Spannendes aus der Geschichte der Landesfürstin Margarethe Maultasch erstöbert hat. Margarethe war eine Frau aus Ötzis Heimat und wohnte auf Schloss Tirol bei Meran. Ötzi lebte, wie man aus der Analyse von Skelettknochen und Zahnschmelz weiß, 4800 Jahre vor Margarethe im 48 km entfernten unteren Schnalstal. Während unserer Südtirol-Urlaube haben wir beide Orte immer wieder aufgesucht.

Margarethe wurde 1318 geboren. Ihre Eltern waren Graf Heinrich und Gräfin Adelheid von Tirol. Sie hatten keine männlichen Nachkommen, weshalb Heinrich 1330 mit Kaiser Ludwig dem Bayern einen Vertrag abschloss, der für seine Tochter die weibliche Erbfolge garantierte, sofern sie mit Genehmigung des Kaisers verheiratet würde. Deshalb wurde

Margarethe schon 1330 im Alter von 12 Jahren mit dem noch 3 Jahre jüngeren böhmischen Königssohn Johann Heinrich verheiratet. Die Kinder bewohnten das Schloss Tirol, waren sich jedoch von Anfang an unsympathisch. Der heranwachsende Heinrich wird bald als Frauenheld bekannt, gebärdet sich zu Hause wild, kratzt, beißt und schikaniert seine Ehefrau. Nach dem Tod ihres Vaters 1335 übernimmt die 17 Jahre junge Margarete erfolgreich die Führung der politischen Geschäfte im ganzen Land. Doch aus der gegenseitigen Antipathie der Jungvermählten war Hass geworden. Zu Allerheiligen 1341 verwehrt die 23-jährige Margarethe ihrem Gemahl den Zugang zum Schloss, klagt ihn an, gewalttätig zu sein, und verkündet, es sei nie zum Vollzug der Ehe gekommen, weil er impotent sei. Auf Drängen des Kaisers und in seiner Anwesenheit heiratet sie 4 Monate später, im Februar 1342, in Meran seinen Sohn Markgraf Ludwig von Bayern-Brandenburg, mit dem sie im dritten Grad verwandt ist und die Ehe körperlich vollzieht. Der Kaiser erklärt Margarethes erste Ehe als nichtig und arrangiert die neue Heirat. Aber Papst Clemens VI. – selbst politisch im Streit mit dem Kaiser – erkennt kirchenrechtlich die Ungültigkeit der ersten Ehe nicht an und belegt unter Zustimmung der Kurie die Eheleute und das Land Tirol mit einem Bann.

Der Papst wird dann auch vom verstoßenen Johann Heinrich um eine Annullierung seiner Ehe mit Margarethe gebeten. Als Gründe nennt er erstens das Ehehindernis der Blutsverwandtschaft und der Schwägerschaft im vierten Grad, von dem sie aber nichts gewusst hätten, sowie zweitens die Tatsache, dass er mit Margarete nie die Ehe vollzogen habe. Angesichts seiner bekannten Frauengeschichten ist Impotenz zwar wenig glaubhaft, und den Ehebruch gibt er auch zu. Da er aber mit Margarethe zusammen aufgewachsen und eine Geschwisterliebe zu ihr aufgebaut habe, erklärte er, seine Impotenz bezöge sich nur auf Margarethe. Seine erste Ehe wurde 1349 nach weltlichem Recht geschieden, und 1359 löste die Kurie auch den Bann.

Adelige Korrespondenz aus ihrer Zeit schildert Margarethe als überaus schöne, großzügige Frau und tüchtige Regentin. In der Volksmeinung bedeutet jedoch der Name „Maultasch" ein „liederliches Weib", hässlich und unförmig. Das wird mit ihrer in der Jugend frustrierten Sexualität, ihrer raschen zweiten Heirat, ihrem Eheleben unter päpstlichem Bann und ihrer Macht als Regentin zusammengewebt zu einem Nachbild der Nymphomanin Messalina, der Gattin des römischen Kaisers Tiberius Claudius – nicht zu verwechseln mit Statilia Messalina, der dritten Frau von Nero. Tiberius Claudius Nero Germanicus, so sein voller Name, wurde 41 n. Chr. Kaiser des Römischen Reiches. Drei Jahre zuvor hatte er, 46-jährig, in dritter Ehe die 14 Jahre junge Valeria Messalina, seine Nichte, geheiratet, Sie wird als sexuell begehrende und ihre Bedürfnisse in zahlreichen außerehelichen Affären durchsetzende Frau geschildert, deren Vergnügungen auf Festen und Banketten zu opulenten und zügellosen Orgien wurden. Ihrem Gemahl habe sie Sklavinnen als Geliebte zugeführt, andere adlige Damen gezwungen, im Kaiserpalast vor den Augen von deren Gatten Ehebruch zu begehen und habe, zum zweiten Mal Witwe, ihr Land dem sexuell stärksten Mann versprochen; viele seien zur Potenzprobe angetreten, keinem aber sei es gelungen, sie zufriedenzustellen. Caius Plinius Secundus schreibt 77 n. Chr. in seiner *Naturalis historia,* Messalina habe einmal eine bekannte römische Dirne zu einem Wettstreit herausgefordert, die aber nach 25 Liebhabern aufgeben musste.

Das besondere Augenmerk von Sittenwächtern richtete sich seit jeher und schon zur Zeit Moses auf Unzucht mit Tieren (Zoophilie): „Keinem Vieh darfst du beiwohnen; du würdest dadurch unrein. Keine Frau darf vor ein Vieh hintreten, um sich mit ihm zu begatten; das wäre eine schandbare Tat." – „Alle nämlich, die irgendeine dieser Gräueltaten begehen, werden aus der Mitte ihres Volkes ausgemerzt" (Lev 18, 23; 29). Prompt sagt man auch der Margarethe Maultasch nach, sie habe sich zuletzt einem Maulesel hingegeben, für den sie ein großes Bett erbauen ließ, sei dort aber elendig von ihm erdrückt worden. Tatsächlich stirbt sie im Oktober 1369 friedlich in Wien.

Durch die Geschichtsschreibung zieht sich seit der Antike eine Verkopplung von Frauenmacht und zügellosem Sexualleben. „Die Maultasch" ist zu einem weiteren Beispiel dafür geworden.

45

Drei legendäre Volksheilige

Kümmernis am Kreuz ▪ Georg von Kappadozien ▪ Bischof Nikolaus von Myra

16. August 1998, Schenna

Wenn man zu Fuß den steilen Aufstieg von den Apfelgärten in der Umgebung von Schenna zum Weiler Sankt Georgen auf sich nimmt, kommt man oberhalb des Dorfes bei der kleinen romanischen St. Georgskirche aus dem 12./13. Jahrhundert an, dem Prunkstück des Dorfes. Fast den ganzen Tag sitzt eine alte Frau aus dem Haus nebenan in einer Bank und behütet den Bilderschmuck im Kircheninnern. Der führt drei legendäre Volksheilige vor Augen. Vorn rechts hängt ein Kruzifix aus dem 17. Jahrhundert; ans Kreuz genagelt ist aber nicht Christus, sondern die bärtige, in ein langes Gewand gehüllte Wilgefortis. Sie verkörpert seit dem 14. Jahrhundert die Legende der zum Christentum bekehrten Tochter eines heidnischen Königs in Portugal. Sie sollte einen heidnischen Prinzen heiraten, wehrte sich aber dagegen und bat Gott, sie zu verunstalten. Daraufhin wuchs ihr ein Bart, und der erzürnte Vater ließ die Widerspenstige mit Lumpen bekleidet ans Kreuz schlagen, damit sie ihrem himmlischen Bräutigam gleiche. Die Sterbende predigte 3 Tage lang vom Kreuz herab und bekehrte viele Menschen, darunter auch ihren Vater. Er ließ sie nun in kostbare Stoffe hüllen und tat Buße. Wilgefortis wurde nicht heiliggesprochen, ist von der Kirche nicht offiziell als Heilige anerkannt, wird aber unter dem Namen „Kümmernis" in den Niederlanden und im deutschsprachigen Raum besonders in Bayern und Tirol verehrt. Die Holzskulptur der Kümmernis in der St. Georgskirche wurde im September

© Springer-Verlag GmbH Deutschland, ein Teil von Springer Nature 2020
W. Wickler, *Reisenotizen,* https://doi.org/10.1007/978-3-662-61996-4_45

1969 (mit mehreren Statuen vom Hochaltar) gestohlen, aber 1974 wieder-
gefunden.

Im letzten Jahrzehnt des 14. Jahrhunderts entstand die Freskenmalerei
an den Wänden der Kirche. Sie zeigt an der rechten Wand das Martyrium
des Hl. Georg. Der wurde um 280 in Kappadokien in der heutigen Türkei
geboren, lernte in jungen Jahren das Waffenhandwerk, war Offizier im
Dienst des römischen Kaisers Diokletian und wegen seiner Tapferkeit und
Klugheit geschätzt. Er bekannte sich zum christlichen Glauben und wurde,
als Anfang des 3. Jahrhunderts Christenverfolgungen einsetzten, im Jahr
305 festgenommen, heftig gefoltert und schließlich enthauptet. Zur Zeit
der Kreuzzüge im 13. bis 15. Jahrhundert wählten Kreuzfahrer Georg zum
Schutzpatron, und Ritter brachten seinen Namen aus dem Orient nach
Europa, zusammen mit einer Legende, die den Heiligen als Bezwinger des
Bösen zeigen sollte.

Dieser Legende nach war Kappadokien zur Zeit Georgs von einem feuer-
speienden Drachen tyrannisiert. Man opferte ihm täglich zwei Schafe, und
als alle Schafe getötet waren, wollte man Menschenopfer darbringen. Das
Los fiel auf die Tochter des Königs, die festlich geschmückt und unter dem
Wehklagen ihrer Eltern ihren Opfergang antrat. Da kam ihr Georg zu Hilfe:
Er versprach, Kappadokien von dem Ungeheuer zu befreien, betete zu Gott,
schleuderte seine Lanze in den Drachen und führte das Tier gemeinsam
mit der Königstochter im Triumphzug durch die Stadt. Dort wurde es
schließlich getötet. Im Heiligenverzeichnis der römisch-katholischen Kirche
wurde Georg 1969 gestrichen, jedoch 1975 wieder eingefügt.

Hinten in der St. Georgskirche, rechts neben dem Ausgang, illustriert
ein Fresko (Abb. 45.1) die bekannteste Legende um den wundertätigen
Hl. Nikolaus, der von 286 bis 351 in Lykien (im Südwesten der heutigen
Türkei) lebte. Geboren wurde Nikolaus zwischen 270 und 286 nach
Christus in Patara, etwa 100 km südwestlich von Antalya. Er verfügte
schon in jungen Jahren über ein beachtliches Vermögen aus seiner elterlichen Erbschaft. Mit 19 Jahren wurde er von seinem gleichnamigen Onkel,
ebenfalls Bischof von Myra, zum Priester geweiht. In den Legenden ist er
verschmolzen mit einem 200 Jahre späteren Nikolaus, der Abt des Klosters
Sion (bei Myra) und Bischof von Pinara (ebenfalls im Südwesten der Türkei)
war und 564 in Lykien starb. Das Fresko in St. Georgen bezieht sich auf
Nikolaus von Myra. Der erfuhr, ehe er Bischof wurde, von einem verarmten
Mann, der beabsichtigte, seine drei Töchter zu Prostituierten zu machen,
weil er sie mangels Mitgift nicht standesgemäß verheiraten konnte. Um
zu helfen, besuchte Nikolaus die Mädchen in drei Nächten und hinterließ

Abb. 45.1 Nikolaus von Myra bringt Gold zu drei armen Mädchen. St.Georgen, August 1997

jeder einen Goldklumpen auf dem Bett. Nikolaus ist einer der ersten Nicht-märtyrer, die als heilig gelten.

Unklar ist, welcher Nikolaus eigenhändig das Kultzentrum der Göttin Artemis (Kybele) in Myra niedergerissen haben soll, das tatsächlich 141 n. Chr. bei einem Erdbeben zerstört wurde.

46

Die Heiligen Cyprian und Justina
Ein bekehrter Magier wird Bischof ▪ Er verliebt sich in Justina ▪ Erleidet mit ihr den Martertod

18.08.1998, Sarnthein

Etwa 15 km nördlich von Bozen und ziemlich genau in der Mitte zwischen Eisack und Etsch im engen Sarntal liegt das Dorf Sarnthein. Mit meiner Frau besuche ich die kleine, 1328 erstmals erwähnte Kirche St. Cyprian. Ihr gut erhaltener Freskenschmuck vom Ende des 15. Jahrhunderts illustriert eine Wunderszene aus dem Leben des Hl. Cyprian, der um das Jahr 300 unter dem römischen Kaiser Diokletian in Nikomedia (heute Izmir in der Türkei) lebte. Das Wunder erzählte schon Gregor von Nazianz, der zur selben Zeit Bischof von Sasima im alten Kappadokien war.

Cyprian wurde angeblich von seinen heidnischen Eltern in die Geheimnisse der Zauberkunst eingeweiht. „Cyprian der Magier" benutzte sein Wissen vor allem dazu, schöne Mädchen zu verführen. Ein junger Mann, Aglaides, hatte sich in die schöne Justina verliebt, die aber wünschte sich die Taufe und lehnte alle Anträge ab. Also bat Aglaides Cyprian um einen Liebeszauber. Als der versagte, versuchte Cyprian, Justina nun für sich selber zu gewinnen und näherte sich ihr in Gestalt einer schönen Frau. Aber Justina sah auf seinem Kopf Teufelshörnchen und wies ihn ab. Cyprian verwandelte sich in einen geflügelten Engel, aber da verrieten ihn seine Flügel; denn ursprünglich hatten zwar auch die gefallenen Engel Federflügel, wurden aber – wie man weiß – nach dem Sturz auf Fledermausflügel umgerüstet; und solche wies der Engel Cyprian auf. Justina ließ sich also mit einigen Gefährtinnen taufen. Und Cyprian, enttäuscht von seiner Zauberkunst, empfing ebenfalls die Taufe. Justina ging in ein Kloster, Cyprian

© Springer-Verlag GmbH Deutschland, ein Teil von Springer Nature 2020
W. Wickler, *Reisenotizen*, https://doi.org/10.1007/978-3-662-61996-4_46

Abb. 46.1 Cyprian und Julia im Ölkessel. Sarnthein, August 1998

wurde Priester und schließlich Bischof. Doch das Schicksal der Christenverfolgung ereilt beide. Sie kommen nackt in einen Kessel mit siedendem
Öl. Das Fresko in St. Cyprian (Abb. 46.1) zeigt einen Knecht, der das
Feuer unterm Kessel kräftig anheizt und den beiden Nackten im Topf eine
anzüglich-obszöne Geste macht. Ein echter Engel vom Himmel verhindert
jedoch, dass die beiden Schaden nehmen. „Jaja, so ist das Leben", meint der
Kirchenpfleger, der uns das Kirchlein mit schwerem Schlüssel aufgeschlossen
hat.

Tatsächlich wurden Cyprian und Justina gemeinsam um 304 in
Nikomedia enthauptet und so zu Märtyrern.

47

Hohe Minne und Niedere Minne

Artus' Tafelrunde ▪ Lancelot und Guinevere ▪ Eleonore von Aquitanien ▪ Minnesang und Minnesänger ▪ Walther von der Vogelweide ▪ Oswald von Wolkenstein ▪ Goethe ▪ Marienminne

19. August 1998, Burg Hauenstein

Meine Frau und ich waren in unseren Südtirol-Urlauben an verschiedenen Orten auf Vertreter des mittelalterlichen Minnesangs gestoßen. Einen Besuch der größten Hochalm Europas, der Seiser Alm nordöstlich von Bozen, nutzen wir jetzt dazu, die in der Nähe (oberhalb von Dorf Seis am Schlern) liegende Burgruine Hauenstein in Augenschein zu nehmen. Ihre in dichtem Wald versteckten Reste sind zwar nicht besonders eindrucksvoll, hatten aber eine eindrucksvolle Vergangenheit mit dem letzten Minnesänger Oswald von Wolkenstein, der noch im 15. Jahrhundert Minnelieder geschrieben hat. Der Politiker, Dichter und Komponist wohnte hier ab 1407, zunächst zusammen mit seiner Mätresse Anna Hausmann, ab 1420 dann mit seiner Ehefrau Margareta von Schwangau, die er 3 Jahre zuvor geheiratet hatte. Er besang sie in vielen Liedern und hatte mit ihr sieben Kinder. Verraten von seiner „Hausmannin" starb er 1445 in Meran. Sein Leben und Wirken als Minnesänger sind Musterbeispiele für einen Ritter des ausgehenden Spätmittelalters. Dieter Kühn hat ihm 2011 ein exzellentes literarisches Denkmal gesetzt.

Das Umfeld des Minnesangs beschreibt um 1200 Ulrich von Zatzikhoven im „Lanzelet", der ersten deutschen Fassung des Lancelot-Themas. Es spielt am Hof des großen Heerführers König Arthur. Soweit historisch bekannt, wurde er im 5. Jahrhundert in England auf der Halbinsel Tintagel in Cornwall als uneheliches Kind von Uther Pendragon und seiner heimlichen Geliebten Igerne, der Gemahlin des Herzogs Gorlois von Cornwall, geboren.

© Springer-Verlag GmbH Deutschland, ein Teil von Springer Nature 2020
W. Wickler, *Reisenotizen*, https://doi.org/10.1007/978-3-662-61996-4_47

Mit 15 Jahren wurde er König. Wir kennen ihn als Artus. Er heiratete die schöne Guinevere, eine Tochter aus edler römischer Familie. Um 1135 schrieb ihm der Mönch Geoffrey von Monmouth in der *Historia Regum Britanniae* magische Kräfte zu. Knapp 4 Jahrzehnte später stilisierte ihn der französische Dichter Chrétien de Troyes zur tragischen Figur als idealer König in einer idealen höfischen Welt mit der berühmten Tafelrunde und brachte ihn mit dem Heiligen Gral und den christlichen Tempelrittern in Verbindung.

Einer der Vertrauten von König Artus, und sein Lieblingsritter in der Tafelrunde, hieß Lanzelot. Im Lanzelet-Roman verliebt sich Lancelot in Guinevere, die Frau von König Artus, sagt ihr aber nichts, sondern gesteht es Pelleas, einem anderen Ritter aus der Tafelrunde. Der wiederum wirbt um die Liebe der hochwohlgeborenen Arcade, die ihn aber verschmäht. Um Pelleas zu helfen, will Artus' Neffe Gawain in Pelleas' Rüstung zu Arcade gehen, ihr Vertrauen gewinnen und in Pelleas' Namen um sie werben. Aber er verliebt sich selbst in Arcade und vergisst sein Vorhaben. Als Pelleas nach ihm sucht, findet er Gawain mit dem Mädchen zusammen im Bett. Er lässt sein blankes Schwert zwischen ihnen und kehrt nach Hause zurück. Am nächsten Morgen erkennt Arcade das Schwert, und Gawain erinnert sich an sein Versprechen. Er überzeugt Arcade, Pelleas zu lieben, und führt sie zueinander. Das Paar heiratet. Dann aber führt Pelleas seine Tochter Elaine zu Lancelot und macht ihn mit einem Zaubertrank glauben, sie sei Guinevere. Elaine verliebt sich in Lancelot und schläft mit ihm. Am nächsten Morgen entdeckt Lancelot den Betrug und will Elaine umbringen, aber sie sagt, sie sei schwanger mit seinem Sohn Galahad; er verschont und verlässt sie. Galahad ist dazu auserwählt, die Suche nach dem Heiligen Gral zum Abschluss zu bringen. Seinem Vater Lancelot ist das verwehrt; denn obwohl Guinevere Lancelot wegen seiner Affäre mit Elaine nicht mehr sehen wollte, hat er doch weiter um sie geworben, bis sie ihn schließlich erhört. Er steigt zu ihr ins Bett und sie verbringen in ehebrecherischer Liebe die Nacht miteinander. Wegen der Romanze zwischen Lancelot und der Königin Guinevere zerfällt die Artus-Welt.

Das weitere Schicksal der Beteiligten schildern mehrere Fassungen der Artus-Legende unterschiedlich. Angeblich geht Guinevere als Nonne in ein Kloster in Amesbury, und Lancelot wird Einsiedler. Andere Versionen sagen, Guinevere sollte wegen des Ehebruchs mit Lancelot auf dem Scheiterhaufen hingerichtet werden. Lancelot, obwohl aus der Tafelrunde ausgestoßen, befreit sie, und Artus versöhnt sich wieder mit ihr. In wieder einer anderen Version entdeckt Guinevere den Lancelot mit Elaine im Bett, beschimpft ihn, und er flieht nackt durchs Fenster; Elaine sorgt sich um Lancelot, und beide leben mehrere Jahre als Mann und Frau.

Der Hof des Königs Artus war Vorbild für die Artus-Epen des Chretien de Troyes, die in Poitiers am Hof der Eleonore (Alienor) von Aquitanien entstanden. Alienor wurde um 1122 als Tochter von Herzog Wilhelm X. von Aquitanien (1099–1137) und Eleonore von Chatellerault (1105–1130), Tochter des Aimery I., Vicomte d'Chatellerault, in Poitiers im Westen Frankreichs geboren. Ihr 7 Jahre älterer Onkel Raimund lehrte sie das Reiten und nahm sie mit auf die Jagd und zu den Troubaduren. Als reiche Erbin und Herzogin von Aquitanien wurde sie 1137 im Alter von 15 Jahren durch arrangierte Heirat mit dem 2 Jahre älteren Ludwig VII. Königin von Frankreich. In den Jahren 1147 bis 1149 nahm sie am zweiten Kreuzzug teil. Auf dem Weg durch Byzanz und Antalya traf sie ihren Onkel Raimund, jetzt Fürst von Antiochia. Der Legende nach warf sie sich in seine Arme, und beide wurden ein Liebespaar. Der Kreuzzug endete mit großen Verlusten auf allen Seiten. Eleonore geriet mehrfach in Lebensgefahr und kam nur mit viel Glück heil davon. Diese erstaunliche mittelalterliche Dame begriff, dass für den Krieg Religion nur ein Vorwand war, hinter dem sich Machtfragen und Feilschen um Handelswege und Einflussgebiete verbargen. Von Ludwig wurde sie (päpstlich abgesegnet) 1152 geschieden. Sie heiratete daraufhin den 19-jährigen Heinrich, Herzog der Normandie. Durch dessen spätere Besteigung des englischen Throns wurde sie Königin von England und eine der einflussreichsten Frauen des Mittelalters. Die „Königin der Troubadure" zog sich schließlich in das Kloster Fontevrault in Frankreich zurück, wo sie am 1. April 1204 starb.

Ebenso erstaunlich wie diese intelligente und gebildete Frau selbst war die Entwicklung der französischen Troubadurlyrik zur Minnesang-Kultur, die sich von ihrem Hof im 12. Jahrhundert über ganz Europa ausbreitete.

Wichtigste Gattungen des Minnesangs waren die „Hohe Minne" im „Frauenlob" und „Kreuzlied" und die „Niedere Minne" in „Mädchenlied", „Tagelied" und „Pastourelle". Programmatischer Gegenstand im „Frauenlob" ist die zumeist unerfüllte Liebe zu einer höfischen Dame höheren Standes, unter Kontrolle der Affekte und Sublimierung der Erotik. In der Minnecanzone preist der Sänger die Schönheit einer edlen, schönen und tugendhaften Dame, die unter den Anwesenden am Tisch neben dem Herzog sitzt. Der Sänger nennt sie seine *frouwe,* seine Herrin. Sein Wunsch, für diese Preisungen ein sexuelles Entgegenkommen von ihr zu erhalten, ist unerfüllbar, denn das gebührt nur ihrem Ehemann, dem Herzog. Somit ist dieses Minnelied formal an die Dame gerichtet, und der Herzog kann sich geschmeichelt fühlen. Allerdings hat schon Walther von der Vogelweide (1170–1230), der große Erneuerer des deutschsprachigen Minnesangs, nicht nur die idealisierte, hochstehende Dame, sondern auch die Schönheit einer Angebeteten gepriesen, die er heimlich beim Bade beobachtet hat, „von Kopf bis Fuß und was ich mehr dazwischen erblicket habe". Im „Kreuzlied" lag der Minnesänger mit sich selbst im Kampf, ob er die Liebe zu seiner *frouwe* an erste Stelle rücken und ihr nahe bleiben oder aus Liebe zu Gott zu einem Kreuzzug aufbrechen sollte.

Die „Niedere Minne" handelt von Beziehungen zu Frauen niederen Standes; die Liebe zu ihnen konnte erfüllt werden. Ideal im „Mädchenlied" ist wechselseitige („ebene Minne") und erfüllte Liebe mit einem unverheirateten, freien und ungebundenen Mädchen. Die meisten Minnelieder dieser Art stammen von Walther von der Vogelweide. Geboren um 1170, wurde er ein fahrender Sänger, der sich mit seiner Kunst an verschiedenen Adelshöfen sein Brot verdiente. Bis 1198 hielt er sich am Hof des Babenberger Herzogs Friedrich I. in Wien auf, bis 1201 am Hof des Stauferkönigs Philipp, von 1212 bis 1213 am Hof des Welfen Ottos IV., ab 1213 im Umkreis Kaiser Friedrichs II. Er starb um 1230. Sein bekanntestes Mädchenlied, „Under der linden" schildert die „ebene Minne" aus der Sicht des Mädchens:

Under der Linden
an der Heide,
da unser zweier Bette was,
da möget ihr finden
hold sie beide
gebrochen Blumen so wie Gras.
Vor dem Walde in einem Tal
tandaradei!
lieblich sang die Nachtigall.

Ich kam gegangen
zu der Aue,
da schon mein Trauter kommen hin.
Da ward ich empfangen,
hehre Fraue,
daß ich noch immer selig bin.
Küßt er mich? Wohl tausend Stund.
Tandaradei!
Seht, wie rot mir ist der Mund!

Da hat er gemachet
mir und sich
von Blumen eine Bettestatt.
Des wird noch gelachet
inniglich,
kommt jemand an den selben Pfad.

Bei den Rosen er wohl mag
tandaradei!
merken, wo das Haupt mir lag.

Dass er bei mir lag,
wüsst es einer,
behüte Gott, so schäm ich mich.
Was er mit mir pflag –
keiner, keiner
befinde das, als er und ich,
und ein kleines Vogelein:
tandaradei!
Das mag wohl verschwiegen sein.

Die „Tagelieder" handeln vom Schmerz bei Anbruch des Tages nach einer Liebesnacht, zum Beispiel bei Oswald von Wolkenstein:

Er küsste ihr den roten Mund:
Ach Schatz, noch keine halbe Stunde ist es her,
seit wir uns in Liebe fanden.
Mit Liebeskummer muss ich von dir scheiden.
Du machst mir Freude, Lust, versüßt mein Herz mit Glück,
hast mir den Kopf verdreht, mir ganz den Sinn verwirrt!
Nun haben diese beiden sich noch einmal nackt umarmt.
Mein Liebes, ich muss gehen.

In der „Pastourelle" geht es um den Verführungsversuch eines Ritters, dem das Mädchen (meist vergeblich) zu entgehen sucht. Ein spätes Beispiel dafür schildert Goethe 1770 im „Heidenröslein":

Sah ein Knab' ein Röslein steh'n,
Röslein auf der Heiden,
War so jung und morgenschön,
Lief er schnell, es nah zu seh'n,
Sah's mit vielen Freuden.
Röslein, Röslein, Röslein rot,
Röslein auf der Heiden.

Knabe sprach: „Ich breche dich,
Röslein auf der Heiden."
Röslein sprach: „Ich steche dich,
Daß du ewig denkst an mich,

Und ich will's nicht leiden.
Röslein, Röslein, Röslein rot,
Röslein auf der Heiden.

Und der wilde Knabe brach
's Röslein auf der Heiden.
Röslein wehrte sich und stach,
Half ihm doch kein Weh und Ach,
musst' es eben leiden.
Röslein, Röslein, Röslein rot,
Röslein auf der Heiden.

Der Text erzählt, wie ein Knabe auf der Heide ein Mädchen vergewaltigt (von Franz Schubert zum beliebten Volkslied vertont und besonders hübsch und gedankenlos gesungen vom Tölzer Knabenchor). Der 21-jährige Goethe verfasste den Text um 1770 während seines Studienaufenthalts in Straßburg und richtete ihn – wie seine ab 1811 verfasste Lebensdarstellung *Dichtung und Wahrheit* enthüllt – an die elsässische Pfarrerstochter Friederike Brion, mit der er eine kurze, heftige Liebschaft hatte. Er beendete diese 1771 per Brief, erfuhr aus ihrer Reaktion, wie sehr sie daran litt, bereute daraufhin ihrer beider Zusammenkommen und änderte die letzte Strophe des Heideröslein.[1] In der Urfassung von 1770 lauteten die letzten Zeilen nämlich„

Röslein wehrte sich und stach.
Aber er vergaß darnach
beim Genuss das Leiden.

Diesen aus seiner Sicht autobiographischen Hinweis neutralisierte er in der Endfassung 1827 zu: „Half ihm doch kein Weh und Ach, musst' es eben leiden."

Wie das Heidenröslein gemeint war, klärt aber Goethe indirekt selbst mit dem Gedicht „Gefunden", das er 1810 Christiane Vulpius widmet, mit der er seit 1788 ein leidenschaftliches Liebesverhältnis hatte und die er endlich 1806 heiratete:

Gefunden
Ich ging im Walde so vor mich hin
und nichts zu suchen, das war mein Sinn.
Im Schatten sah ich ein Blümlein stehn,
wie Sterne blinkend, wie Äuglein schön.

---

[1]Aus den Studien zur Volksliedforschung von Otto Holzapfel.

Ich wollt es brechen, da sagt es fein:
Soll ich zum Welken gebrochen sein?
Mit allen Wurzeln hob ich es aus,
und trugs zum Garten am hübschen Haus.
Ich pflanzt es wieder am kühlen Ort;
Nun zweigt und blüht es mir immer fort.

Hier und jetzt an der Burgruine Hauenstein gehen wir in Gedanken zurück zu ihrem Besitzer Oswald von Wolkenstein und den vielen Reise-, Trink-, Tanz-, Liebes- und politischen Erzählliedern, die er dichtete und komponierte. Sie enthalten Situationsschilderungen aus Abenteuerreisen durch Europa, Afrika und Asien, Episoden seiner Liebeserfahrungen (mitunter erotisch sehr eindeutig), aber auch geistliche Dichtung über Tod, Jüngstes Gericht, Himmel und Hölle. Seinen Gesang ergänzte er musikalisch auf einer Einhandflöte mit drei Löchern, die er mit der linken Hand hielt und spielte, während die rechte Hand mit dem Schlägel eine kleine Trommel am Gürtel bediente.

Zu seinem Repertoire gehören überdies sinnlich getönte Marienlieder. Seit dem 10. Jahrhundert wurde aus der fernstehenden Himmelskönigin Maria eine Fürsprecherin der Sünder und gütige Mutter mit sehr menschlichen Zügen. Und so wie Nonnen als Bräute Christi galten – wobei in den Visionen immer wieder die Vereinigungen mit dem Gottessohn beschrieben werden – nahmen Mönche die Madonna zu ihrer geistigen Braut. Im 13. Jahrhundert entstand dabei eine Mischung aus Minneliebe und Marienkult. Weil Vertretern der Kirche viele im Umkreis des Minnesangs entstandene Volkslieder von verderblichem Einfluss auf Moral und Frömmigkeit erschienen, vor allem viele der „Tagelieder", wurden sie ins Geistliche umgedichtet. In Liedern verbreitet ist das Motiv: „Jungfrau verliert im Wald ihre Ehre an einen Jäger." In *Des Knaben Wunderhorn* (um 1800) heißt es: „Sie setzten sich beide zusammen und hielten sich zärtlich umfangen, bis dass der Tag anbrach." In anderen Fassungen fängt ein Jäger für seinen Schlossherrn ein Mädchen und führt es ihm gewaltsam zu. Folquet von Marseille, um 1200 Bischof von Toulouse, der zuvor selbst Troubadur gewesen war, machte daraus:

Es wollt ein Jäger jagen wohl in des Himmels Thron,
was begegnet ihm auf der Heiden? Maria, die Jungfrau schon.
Der Jäger, den ich meine, der ist uns wohl bekannt,
er jaget mit einem Engel, Gabriel ist er genannt.
Der Engel blies ein Hörnlein, es laut sich also wohl:
Gegrüsset seistu, Maria, du bist aller Gnaden voll.

So entstanden geistliche Tagelieder, Jägerlieder, Badlieder und Weinlieder. Dafür liefert Oswald von Wolkenstein mit der Umdichtung eines deftigen Tageliedes ein treffliches Beispiel. Aus einem Lied des einsamen Begehrens wurde ein Marienlob auf die gleiche Melodie:

Ich wende, wälze mich im Bett,
find in den Nächten keinen Schlaf,
ich habe starke Lustgesichte,
und nichts was mir da hilft!
Wenn ich hier meinen Schatz an seinem
    Platz nicht finde, sobald ich nach ihm
    greife,
so ist da, ach, bei mir gleich Feuer
    unterm Dach:
als würd mich Frost verbrennen!
Sie braucht kein Seil, um mich zu fesseln,
zu quälen bis zum Morgen.
Ihr Mund weckt dauernd Lust in mir
und sehnsuchtsvolle Klage.

Und Blumenblüte, Maienkranz und
    Sonnenglanz,
des Firmamentes hohe Kuppel,
die ganze Schönheit preist die Frau,
die keusch den Sohn gebar, zu unserm
    Heil.
Wo hätte eine Jungfrau je
mit Recht so hohes Lob verdient?

Auf diese Weise, liebe Grete,
vertreibe ich hier meine Nächte!
Dein schöner Leib hält mich gebannt,
das sing ich unverblümt.
Komm bester Schatz, mir schnellt der
    Rammler hoch,
voll Kraft, das macht mich oftmals wach.
Du lässt mir keine Ruhe, Liebes – tu jetzt
    was,
damit das Bettlein kracht!
Die Lust erreicht den höchsten Punkt,
wenn ich vor Augen hab,
wie liebevoll die schöne Frau
zur Morgenstunde mich umarmt.

Und Wasser, Feuer, Erde, Wind,
und Glanz und Wirkungskraft der Edel-
    steine,
und alle Wunder die man sieht –
es reicht doch nichts an sie heran,
die mich erlöst, mich täglich tröstet: ja,
    sie ist
die Höchste hier im Herzenskloster.
Ganz unversehrt ihr zarter Körper. Reine
    Frau,
lass wirken alle Ostermacht,
bewahre uns vor schlimmer Not!
Wenn sich mein Kopf einst senken wird
zu deinem schönen, roten Mund –
gedenke meiner, Liebes!

Solche Umdichtungen, sogenannte „Kontrafakturen", gibt es seit der Antike, von Minnesängern, in den Gesangbüchern der Reformationszeit und auch bei Johann Sebastian Bach. Aus einer Arie des Hercules in der Kantate „Herkules am Scheidewege" (BWV 213): „Ich will dich nicht hören, ich will dich nicht wissen, verworfene Wollust, ich kenne dich nicht"..., macht er im Weihnachtsoratorium zur gleichen Melodie: „Bereite dich Zion mit zärtlichen Trieben, den Schönsten, den Liebsten bald bei dir zu sehn."

48

Die Idee von der Conceptio per aurem

Maria als neue Eva ▪ Mutter und Jungfrau ▪ Das Wort Gottes geht ein ins Ohr ▪ Jüdischer Protest

20. August 1998, Terlan

Vorstellungsschwierigkeiten verursachte immer die kirchliche Lehre von der unversehrten Jungfrauschaft Mariens, die Jesus „bei geschlossenem Leib" empfangen haben soll. Um 1190 kam man, ausgehend von der Bezeichnung „Gott ist der logos", auf die rettende Idee von der Conceptio per aurem: Wenn „das Wort" zu Maria einging, musste die Jungfrau Jesus durch das Ohr empfangen haben. Das lieferte auch einen Ausgleich für die Einflüsterung des Teufels ins Ohr der Eva, heilsgeschichtlich bedeutsam für die Polarisierung von Maria und Eva. Man behauptete sogar, der Verkündigungsengel habe Maria in lateinischer Sprache mit der Umkehrung von Eva, nämlich „Ave" gegrüßt.

Von der Empfängnis durch das Ohr gibt es im Mittelalter bildliche Darstellungen. Hier kurz hinter Bozen an der Straße nach Meran liegt Terlan. Seine gotische Pfarrkirche von etwa 1385 birgt innen die größten Freskenmalereien aller Tiroler Landkirchen. Die Verkündigungsszene, die Hans Stocinger 1407 malte, zeigt Gottvater als Halbfigur, der den kleinen Christusknaben auf einem Strahl zu Maria schickt, an deren Ohr der Heilige Geist (als Taube) Vorarbeit für die Empfängnis durchs Ohr leistet.

Als Skulptur sieht man das am Nordportal der gotischen Marienkapelle aus dem 14. Jahrhundert am Unteren Markt in Würzburg: Während der Verkündigungsengel vor Maria kniet, lässt Gott Vater das Jesuskind auf einem Schlauch von seinem Kinnbart zum Ohr Mariens hinabrutschen. Die Marienkapelle wurde an der Stelle erbaut, an der im Pestjahr 1349 eine

© Springer-Verlag GmbH Deutschland, ein Teil von Springer Nature 2020
W. Wickler, *Reisenotizen*, https://doi.org/10.1007/978-3-662-61996-4_48

jüdische Synagoge niedergebrannt wurde. Ein Gerücht, die Juden seien durch Brunnenvergiftungen schuld am Ausbruch der Pest, hatte ein Pogrom zur Folge, bei dem die blühende jüdische Gemeinde vernichtet, das Judenviertel geschleift und viele Juden ermordet wurden.

Das Portal der Marienkapelle an der Stelle einer Synagoge erinnert nun ungewollt daran, dass es Juden waren, die gegen die Vorstellung der Empfängnis durch das Ohr mit dem Argument protestierten, die Geburt geschähe immer auf dem Wege, auf dem die Empfängnis stattfand; also hätte Maria auch durchs Ohr gebären müssen.

49

Evolution und Ausbreitung von neuen Ideen

Verschlüsselte Information evoluiert ▪ *Societal evolution* ▪ Gen-Kultur-Coevolution ▪ Epigenetik ▪ Nachahmen und Belehren bei Tieren ▪ Insulin gegen Zuckerkrankheit ▪ Fremddienliche Zweckmäßigkeit ▪ Hirnwurm ▪ Körpergeruch als Immunanzeiger

15. September 2000, Genf

Das internationale Beratungsinstitut für strategische und operative Markenführung in Genf, das seine Klienten bei der Stärkung und Durchsetzung ihrer Marken unterstützt, veranstaltet jährlich ein Markentechnikum für Vorstände, Unternehmer, Geschäftsführer und Manager. In diesem Jahr thematisiert die 4. Internationale Genfer Konferenz für Markenführung die „Evolution und Ausbreitung von Ideen", in der Wirtschaftswissenschaft bekannt als „Diffusion von Neuerungen". Das Stichwort „Evolution" in diesem Zusammenhang besagt eine Parallele zur Evolution in der Natur. Die Parallele muss erklärt und ein Zusammenspiel beider Evolutionen angezeigt werden.

Evolution spielt sich grundsätzlich an replizierter Information ab. Die kommt in der Biologie in zwei Formen vor: Verschlüsselt 1) als spiralförmige Desoxyribonukleinsäure (DNA) in Genen bilden sie die Vererbungssubstanz, und 2) als neuronale Verschaltung im Gehirn bildet sie die Ideen. Gene programmieren die Ausprägung von Merkmalen des Körperbaus, der Physiologie und des Verhaltens individueller Organismen, Ideen programmieren Aktionen und Entscheidungen des Individuums und werden ebenfalls als Verhalten realisiert. Die genetischen Nukleinsäure-Biomoleküle sind in einem autokatalytischen Prozess zur Selbstreplikation fähig, Ideen werden durch Kommunikation (in Form von Sprache, Mode, Technik, geistigen Konzepten, Glaubensinhalten,

© Springer-Verlag GmbH Deutschland, ein Teil von Springer Nature 2020
W. Wickler, *Reisenotizen*, https://doi.org/10.1007/978-3-662-61996-4_49

Riten) vervielfältigt und als Tradition verbreitet. Gene sind die Einheiten organischer Evolution, Ideen die Einheiten kultureller Evolution; Kultur entsteht aus der Kumulation von Ideen. In der Generationenfolge der Evolution überleben nicht Individuen, sondern Kopien von Genen und Ideen.

Beim Kopieren entstehen unvermeidlich „Fehler", biologisch „Mutationen", Informationsvarianten mit veränderten Auswirkungen. Diese unterliegen einer funktionellen Bewährung und werden entsprechend unterschiedlich häufig weiterkopiert. Zwangsläufig überleben diejenigen, die das Verhalten des Individuums optimal zugunsten ihrer je eigenen Vervielfältigung steuern. Die in aufeinanderfolgenden Generationen auftretende differenzielle Veränderung der Anzahlen bestimmter Gen- und Ideenkopien (und ihrer Ausprägungen an Individuen) bezeichnet man als „Selektion".

Der britische Verhaltensforscher Conwy Lloyd Morgan *(Habit and Instinct)* und der US-amerikanische Philosoph und Psychologe James Mark Baldwin *(Social Heredity)* unterschieden deshalb 1896 zwei Erbprozesse: Der genetische Erbgang läuft über die physische Kontinuität der Keimzellen, der traditive Erbgang über das Vermitteln von Ideen, wobei in der Gesellschaft „Schüler"-Individuen durch Nachahmen und Belehrung von den Erfahrungen der „Tutor"-Individuen profitieren. Der Soziologe Albert Keller betonte dann 1915, dass die wesentlichen Konzepte in Darwins Theorie – Variation, Selektion, Erblichkeit – genaue Entsprechungen im Reich der Ideen haben. Neben der genetischen Evolution entsteht eine kulturelle oder soziale Evolution. (Keller nennt sie *„societal evolution"*). Ideen unterliegen der sozialen Selektion. Diese führt auf zwei Wegen zur Vorherrschaft angepasster, adaptiver Ideen:

- Ein Weg, die *„automatic selection"*, ist eine genaue Analogie zu Darwins Überleben der Tüchtigsten, indem weniger taugliche Ideen mitsamt ihren Anhängern und Exponenten zugrunde gehen. Beispiele dafür liefern Gruppen, die aus religiös untermauerter Überzeugung lieber sterben, statt einer Organtransplantation zuzustimmen oder bei einer Hungersnot ein Nahrungstabu zu brechen.
- Den zweiten Weg sozialer Selektion nennt Keller *„rational selection"*, indem Ideen, Gewohnheiten oder Vorschriften im Licht des vorhandenen Wissens beurteilt und bewertet und dementsprechend unterschiedlich stark verbreitet werden.

Ohne Albert Keller zu erwähnen, wiederholte Jaques Monod (1971, S. 160):

Für einen Biologen ist es verlockend, die Evolution der Ideen mit der Evolution der belebten Natur zu vergleichen. Wie diese haben sie schließlich eine Evolution, und in dieser Evolution spielt die Selektion ohne jeden Zweifel eine große Rolle. Diese Selektion muss notwendig auf zwei Ebenen vor sich gehen: auf der Ebene des Geistes und auf der Ebene der Wirkung. Der Wirkungsgrad einer Idee hängt von der Verhaltensänderung ab, die sie beim Einzelnen oder bei der Gruppe erzeugt, wenn diese die Idee annehmen. Der Verbreitungsgrad der Idee steht in keiner notwendigen Beziehung zu dem Anteil objektiver Wahrheit, den sie enthalten mag.

Das Durchsetzungsvermögen einer Idee hängt von den geistigen Strukturen ab, auf die sie trifft, und damit auch von den Ideen, die diese Kultur zuvor schon gefördert hat.

Baldwin hielt Nachahmung und Belehrung für gleichwertig beim Tradieren von Erfahrungen. Aber Belehren kommt bei Tieren kaum vor. Denn dazu müsste das belehrende Individuum, statt einfach einer gewohnten Tätigkeit nachzugehen, etwas auf den Schüler bezogen tun, das es in Abwesenheit eines Schülers nicht täte, ohne davon einen unmittelbaren Nutzen zu haben. Eine Mutter, die duldet, dass ein Kind dicht neben ihr mitfrisst oder sogar Häppchen von ihren Lippen nimmt, belehrt nicht. Raubtier-, Faultier- und Affenkinder übernehmen so als „Mitesser" die Vorzugsnahrung ihrer Mütter, Wanderratten bilden auf diese Weise Generationen überdauernde lokale Futtertraditionen. Als Grenzfall des Belehrens kann gelten, dass Mütter bei Raubtieren (Hauskatzen, Geparden, Mangusten, Otter) oder beide Eltern bei Raubvögeln (Fischadler, Sperber) ein Beutetier greifen, es noch lebendig zu den Jungen bringen und dort wieder loslassen, sodass die Jungen Gelegenheit haben, das Töten und gegebenenfalls das Fangen zu üben. Hier tun die Alten etwas, das sie ohne die noch ungeschickten Jungen nicht täten. Aber auch sie lehren nicht, sondern schaffen für die Jungen eine Gelegenheit zum Praktizieren. Klares Belehren gibt es bei Schimpansen. Mütter, die zusehen, wie ihr Kind noch ungeschickt Nüsse auf eine Baumwurzel legt und mit einem Steinhammer zu knacken versucht, zeigen ihnen zuweilen, wie man dabei vorgehen muss. In einem Fall drehte die Mutter eine Nuss in die richtige Position, sodass das Kind erfolgreich hämmern konnte. In einem anderen Fall mühte sich das Kind lange erfolglos, gab dann den Hammer der Mutter, die ihn betont langsam richtig herumdrehte und mehrere Nüsse damit aufschlug. Das Kind nahm dann den Hammer wieder, hielt ihn nun genau so wie die Mutter und öffnete mehrere Nüsse damit. In diesen Fällen sahen und korrigierten die Mütter, was das Kind falsch machte (Boesch 1991).

Das Nachahmen oder Imitieren einer gesehenen Handlung ist für den Menschen von Kindesbeinen an selbstverständlich. Ebenso selbstverständlich unterstellen wir das „Nachäffen" auch den uns nächst verwandten Primaten. Aber Affen äffen nicht nach. Das haben Züricher Forscher an Makaken getestet. Ein 1000 m² großes Gehege war nach außen durch ein Gitter abgesperrt, das über dem Boden einen 5 cm breiten horizontalen Spalt frei ließ. Einem von 36 Tieren wurde, getrennt von den anderen, beigebracht, wie man einen draußen 30 cm vom Gitter entfernt liegenden Apfel mit einem Stock von mindestens 20 cm Länge unter dem Gitter hindurch mit einer seitlich wischenden Bewegung heranholen kann. Dann kam der „Könner" in die Gruppe zurück. Es lagen Stöcke und andere Materialien herum, und ein Apfel wurde draußen deponiert. Der Könner holte ihn sich. Hatte er den Apfel verzehrt, wurde ein weiterer hingelegt. Die anderen schauten zu. Das wurde einmal wöchentlich wiederholt. Elf der Makaken schien zu dämmern, der Stock habe irgendetwas mit dem Apfelholen zu tun. Denn solange der Könner arbeitete, hantierten sie immer häufiger mit dünnen, länglichen Objekten, setzten sich damit aber irgendwo hin, drehten sie in der Hand oder rochen und knabberten daran. Fünf von den elf schienen bald eine Idee davon zu haben, dass man den Stock in Richtung auf den Apfel bewegen müsste. Aber sie versuchten auch, auf den Apfel zu schlagen oder stießen ihn wie beim Billardspielen weiter weg. Erst nach einem Jahr gelang es einem der Tiere, einen Apfel heranzuholen, 9 Monate später einem zweiten und nach weiteren 10 Monaten einem dritten. Kein weiteres Tier lernte es. Und keines von den drei Erfolgreichen ahmte genau das Vorbild nach (Zuberbühler et al. 1996).

Dennoch gibt es von Generation zu Generation tradierte Verhaltensanteile bei Tieren zuhauf; sie erzeugen „kulturelles" (oder „protokulturelles") Verhalten. Es entsteht über sehr verschiedene Lernvorgänge, passive, denen das Individuum unterliegt, die es aber nicht beeinflussen kann, und interaktive, an denen das Individuum aktiv beteiligt ist. Alle diese Entwicklungsvorgänge implizieren Umwelteinflüsse, die man – in Ergänzung der Genetik – zur Epigenetik rechnet. Dazu gehören Wechselbeziehungen a) zwischen den Genen, b) zwischen den verschiedenen Teilen des sich entwickelnden Organismus, c) zwischen Organismus und Umwelt und schließlich d) zwischen den Organismen. Diese Prozesse, aufsteigend von den Genen bis zur Interaktion von Individuen, haben Auswirkungen auf das Verhalten, sind aber nicht im Individuum genetisch programmiert.

Epigenetische Phänomene beginnen im Genom des Individuums zwischen den ursprünglich gleichwertigen väterlichen und mütterlichen Allelen desselben Gens. Das vom Vater stammende Allel kann im

Laufe der frühen Entwicklung eines Embryos die Funktion des von der Mutter stammenden Pendants sogar völlig unterdrücken. Man nennt das „genetische Prägung". Bei Mäusen prägen sich zum Beispiel in Bau und Funktionsweise bestimmter Zonen des Gehirns nur die väterlichen Allele der Gene *Mest* und *Peg3* aus. Das hat zur Folge, dass eine Mäusemutter, je nach der Allelform des von ihrem Vater stammenden *Peg3*, gut oder schlecht für ihre Jungen sorgt (Li et al. 1999).

Passive epigenetische Effekte zwischen Geschwistern während der Embryonalentwicklung betreffen bei Nagetieren – der Hausmaus *(Mus)*, der Rennmaus *(Meriones)* und der Rötelmaus *(Clethrionomys)* – Körpermerkmale und andere Eigenschaften des Individuums. Ein Mäuseembryo kann im mütterlichen Uterus zwischen gleich- oder verschiedengeschlechtlichen Geschwistern heranwachsen und wird währenddessen von ihnen humoral beeinflusst. Ob eine weibliche Maus im Uterus der Mutter zwischen zwei Schwestern oder zwei Brüdern gelegen hat, kann man an ihrem Körper ablesen, und zwar am Abstand der Genitalöffnung vom After. Weiterhin kann man es an ihrem Verhalten erkennen. Ein Weibchen, das flankiert von zwei Brüdern heranwuchs, wird besonders aggressiv und kann sich im Freien normalerweise ein besonders großes Revier erkämpfen. Ein solches Weibchen pubertiert später, hat eine kürzere fortpflanzungsaktive Phase, längere Östruszyklen, ist für Männchen sexuell attraktiver, weniger anfällig gegen Dichtestress und deshalb bei höherer Bevölkerungsdichte im Vorteil gegenüber Weibchen, die zwischen zwei Schwestern heranwuchsen. Der Uterus-Lage-Effekt kann sich sogar in die nächste Generation fortsetzen. Denn Weibchen, die im mütterlichen Uterus zwischen zwei Brüdern lagen, haben später besonders viele Söhne. Das erhöht die Wahrscheinlichkeit, dass in ihren Würfen Schwestern wieder zwischen zwei Brüdern zu liegen kommen. Eine männliche Wüstenrennmaus, die im Uterus der Mutter zwischen zwei Brüdern heranwuchs, wird später von Weibchen als Paarungspartner bevorzugt und kann 28 % mehr Nachkommen erwarten als ein Männchen, das zwischen zwei Schwestern heranwuchs (Zielinski und Vandenbergh 1991).

Ein solcher epigenetischer Effekt auf der Zellebene spielt eine wichtige Rolle auch während der Entstehung eines Menschen, denn der Keimling kann sich im Vielzellenstadium noch bis zu 16 Tage nach dem Beginn seiner Entwicklung teilen. Dann entstehen in einer ungeschlechtlichen Vermehrung oder „Sprossung" eineiige (monozygotische) Zwillinge. Sie treten bei allen Menschen-„Rassen" mit der gleichen Häufigkeit auf, nämlich 3,5 pro 1000 Geburten. Von 6 Mrd. Menschen betrifft das also 20 Mio. Das tangiert – oder gar untergräbt – den anerkannten Beginn des personalen menschlichen Lebens, der heute mit der Verschmelzung einer Ei- mit einer Samenzelle definiert ist, was aber nicht für einen Menschen gilt, der ungeschlechtlich durch Sprossung entstand. Außerdem sind monozygotische Zwillinge genetisch identisch – ein weiterer heikler Punkt; denn die Einzigartigkeit eines menschlichen Individuums (lat. *individuum* = unteilbar) gründet sich angeblich auf seine einmalige Genkombination. „Wer künstlich bewirkt, dass ein menschlicher Embryo mit der gleichen Erbinformation wie ein anderer Embryo entsteht, dem drohen Freiheitsstrafen bis zu fünf Jahren oder Geldstrafen" (Embryonenschutz-Gesetz vom 13.12.1990; §6 Abs. 1); auch „der Versuch ist strafbar" (Abs. 3). Einerseits gelten die Lebensrechte des Menschen zwar ab dem ersten Moment seines Daseins, andererseits ist der Beginn des Individuums durch die Verschmelzung einer Ei- mit einer Samenzelle definiert: Sind dann die durch ungeschlechtliche Sprossung entstandenen Wesen ohne Verletzung der Lebensrechte schon im Embryonalstadium für Experimente verfügbar?

Während Prägung und passives Lernen zu den passiven epigenetischen Widerfahrnissen gehören, ist das Individuum beim Neugierlernen und sozialen Lernen aktiv beteiligt. Beim Lernen am Erfolg durch Versuch und Irrtum wirkt das Resultat, die Konsequenz eines Verhaltens, auf dieses Verhalten zurück. Um herauszufinden, was dabei geschieht, setzte 1898 der US-amerikanische Psychologe Edward Lee Thorndike Katzen in einen „Problemkäfig". In ihren Anstrengungen, sich aus dem Käfig zu befreien, krallt die Katze zunächst alles an, was sich im Käfig befindet, und irgendwann auch den Draht oder den Knopf, der die Tür öffnet. Im Fall „einsichtigen Verhaltens" wie bei einem Aha-Erlebnis müsste die Katze, zum zweiten Mal in den Käfig gesperrt, sich sofort befreien. Denn einsichtiges Lernen gilt als eine Intelligenzleistung, ein schlussfolgerndes Umgehen mit bereits vorhandener Erfahrung.

Tatsächlich aber nehmen die vergeblichen Befreiungsversuche der Katze von Mal zu Mal weniger Zeit in Anspruch, bis sie nach vielen Durchgängen, wenn sie erneut in den Käfig gesteckt wird, sofort den Knopf oder Draht auf unzweideutige Weise betätigt. Versuche mit Hunden und Hühnern verliefen ähnlich: Sie lernen allmählich. Zur „Idee" der Lösung des Problems und zum Entdecken neuer Zusammenhänge sammeln sich Erfahrungs- und Wissensinhalte schrittweise. Thorndike schloss daraus, dass zum Lernen eine Bereitschaft vorhanden sein muss, ein Bedürfnis, das befriedigt werden soll, wenn ein Individuum einen angenehmen Zustand herstellen oder einen unangenehmen Zustand vermeiden will oder ein „Ziel vor Augen" hat. Das Ausprobieren (= Lernen am Erfolg) liefert dann automatisch eine an die Situation angepasste Verhaltenskompetenz. Die zugehörige Information oder Kenntnis speichert das Individuum als „Idee" in seinem Gehirn. Dieses „Wissen" erlischt mit dem Tod des Individuums.

Anstatt dass jedes Individuum für sich allein lernt, befähigt „soziales Lernen" Individuen mancher Arten, Informationen oder Kenntnisse von anderen Individuen zu übernehmen. Das geschieht bei den bislang untersuchten Arten indirekt durch Emulationslernen durch „Nacheifern": Sie beobachten das Ergebnis eines bestimmten Verhaltens von Artgenossen und versuchen, das Ergebnis – nicht das Verhalten – zu kopieren. Das berühmteste Beispiel lieferten englische Blaumeisen. Einige Individuen pickten ein Loch in den Metallfolienverschluss der Milchflaschen, die frühmorgens an die Haustür geliefert wurden, und fraßen von der Sahne. Zwischen 1935 und 1947 breitete sich diese Sitte von wenigen Zentren wie eine Epidemie in ganz Großbritannien aus, und zwar durch einen Katalysatoreffekt der „Erfinder": Sie werden von unerfahrenen Meisen beobachtet, die sich daraufhin in eigener Weise an den Flaschendeckeln zu schaffen machen, in der Mitte oder am Rand ein Loch picken oder die Kappe aufreißen oder seitlich aufklappen. Einige Individuen schoben sogar Steinchen zur Seite, die man auf die Kappe legte (Fisher und Hinde 1949). Der soziale Hinweis auf diese Futterquelle war entscheidend für die ganze Tradition, Milchflaschen zu plündern; denn jedes Individuum erfand seine eigene Methode und hätte auch von allein darauf kommen können. Wahrscheinlich, so meint der Psychologe und Primatenforscher Michael Tomasello nach seinen Beobachtungen, spielt Emulation auch die Hauptrolle in den Verhaltenstraditionen von Schimpansen und anderen Affen wie den Züricher Makaken.

Bislang ist der Mensch das einzige Lebewesen, das körperliche Aktionen anderer direkt kopieren kann. Andererseits ist seine Ideenwelt als Kultur hoch entwickelt. In Ergänzung seines eigenen Gedächtnisses legt er gemeinschaftlich schriftliche und elektronische extrazerebrale Informationsspeicher an, in denen er seit Generationen gesammeltes Wissen weitergibt und kennen lernt; er muss dann allerdings auch prüfen, ob diese kulturelle Tradition abwegige, veraltete, zur vorliegenden Situation nicht mehr passende Ideen perpetuiert (wie häufig in Ahnenkulten und Religionen).

Ebenso muss er prüfen, welche alten oder neuen Ideen sich für ihn nachteilig auswirken, falls sie zu Normen und Weisungen aufgewertet werden. Viele werden ja mit dem Hinweis verteidigt, sie hätten sich bewährt. Aber wie wird diese Bewährung gemessen oder abgeschätzt: Am Wohl für den Einzelnen? Am Allgemeinwohl? An der Länge der Zeitspanne, in der sie unangefochten blieben? Entscheidend wäre ihr Einfluss auf den Fortbestand der Menschheit, auf eine Balance zwischen genetischer und kultureller

Evolution. Zurzeit scheinen uns die genetischen Programme zur Über-völkerung der Erde und die kulturellen zur Flucht in den Weltraum zu ver-anlassen.

In der realen Evolution kulturträchtiger Lebewesen wie der Menschen sind genetische und kulturelle Evolution in einer Gen-Kultur-Coevolution miteinander verzahnt. Weder kann kulturell tradierte Information ins genetische Erbgut gelangen, noch ist kulturelle Evolution einfach Fort-setzung der genetischen Evolution. Genetische und kulturelle Evolution verlaufen auf verschiedenen Wegen, und deshalb sind die Ausbreitungs-erfolge genetischer und kultureller Programme nicht aneinander gekoppelt und müssen getrennt bewertet werden. (Die Ausbreitung einer neuen Idee ist unabhängig von der Anzahl der leiblichen Nachkommen des Erfinders). Elterliche Genkopien werden mithilfe der Keimzellen (Gameten) bei der Zeugung an die biologischen Nachkommen weitergegeben. Ideen haben ihren Sitz im Gehirn und können auf dem Wege der Tradition durch Über-zeugung und „soziales Lernen" von (im Prinzip unbegrenzt vielen) weiteren Gehirnen kopiert werden.

Genetische Programme können das individuelle Lernen unterstützen oder hemmen, und umgekehrt können im Individuum wirksame Traditions-inhalte der genetischen Evolution nützen oder ihr sogar entgegenwirken, wie etwa die poetisch eingekleidete tödliche Parole aus den Oden des Horaz 23 v. Chr.: „*Dulc' et decorum 'st pro patria mori*"; in der Ode „Das neue Jahr-hundert" wiederholte Friedrich Gottlieb Klopstock 1760: „Süß und ehren-voll ist es, fürs Vaterland zu sterben!" Ein solches Programm tradiert sich erfolgreich – wird von Hirn zu Hirn übernommen („wirkt ansteckend") – wenn es sich im christlichen Märtyrer oder im modernen Selbstmord-attentäter an ein Programm koppelt, das erst im Nachleben des Individuums eine Belohnung erwarten lässt (was Gegenselektion durch enttäuschte Erwartung ausschließt), die hinreichend viel größer ist als die zu erwartende Belohnung im weiteren biologischen Leben. Das glauben auch heute nicht nur die iranischen Kindersoldaten.

So kann die kulturelle Evolution die organisch-biologische Evolution dominieren, in diesem Fall zum Nachteil der betroffenen Individuen. In einem anderen Fall profitiert das Individuum, nicht aber die Population: Die genetisch bedingte Insulinmangel-Krankheit *Diabetes mellitus* (Zucker-krankheit) führte einst in kurzer Zeit zum Tod. Seit Insulin kulturell bio-technologisch hergestellt wird, lässt sich die Krankheit heilen, und die weiterlebenden Patienten können die Diabetesanlage weitervererben. Künstliches Insulin heilt die Krankheit und begünstigt zugleich ihre immer weitere Ausbreitung. Das verändert so langfristig die genetische Struktur der Bevölkerung – ein Beispiel für bereits praktizierte nachhaltige Genmanipulation am Menschen.

Ähnliches geschieht in Volksgruppen, deren Partnerwahl konsistent viele Generationen hindurch von den gleichen Traditionsinhalten geleitet wird, etwa bei den Amischen, einer christlichen Gemeinschaft, ebenso bei den jüdischen Aschkenasim. Bei beiden haben generationenlang streng tradierte Glaubensüberzeugungen über die Wahl des Fortpflanzungspartners entschieden. Diese streng tradierte religiös-kulturelle Endogamie hat zu einer besorgniserregenden Ausbreitung von genetischen Krankheiten (Skelettverformungen, Herzschäden) geführt, zu Erbeigenschaften, die unter natürlicher Selektion verschwinden müssten. Wenn letztlich kulturelle Maßstäbe über die Vervielfältigung bestimmter Gene entscheiden, wird diese von kulturellen Eigenheiten abhängig.

Da das Verhalten menschlicher Individuen nicht nur von den „Elterngenen" gesteuert wird, die aus den elterlichen Gameten stammen, sondern zusätzlich von tradierten Ideen, die ebenso wie die Gene durch natürliche Selektion darauf angelegt sind, sich vom gemeinsamen Trägerindividuum möglichst effektiv verbreiten zu lassen, dann muss das Individuum abwägen, welche Ideen es mit Rücksicht auf die genetische Evolution favorisiert. Ideen erwirbt das Individuum durch Lernen und Erfahrungen. Unerlässlich ist es dann zu wissen, wie Lerninhalte und Erfahrungen in das Individuum gelangen.

Als passives, nicht vom Individuum selbst betriebenes Lernen kann man die „Prägung" verstehen. Prägungsvorgänge ereignen sich zumeist in früher Jugend. Füttert man eine Kaninchenmutter während der Schwangerschaft mit stark duftenden Kräutern, dann entwickeln ihre Jungen eine Nahrungsvorliebe für eben diese Kräuter und geben sie als Mütter an ihre Nachkommen weiter. Mütter verschiedener Groß- und Kleinraubtiere, die eine spezielle Tötungstaktik für eine bestimmte Beuteart kennen, bringen ihren Jungen solche Beute noch lebend als „Übungsobjekte", an denen die Jungen die Vorliebe und Tötungstaktik für diese Beuteart weiterentwickeln. Schmetterlingsmütter, die als Raupe auf einer markanten Pflanze heranwuchsen, wählen diese Pflanze zur Ablage ihrer Eier und damit wieder als Futter für ihren Nachwuchs.

Auch alle menschlichen Kulturen treffen eine Nahrungsauswahl und unterscheiden bevorzugte, weniger bevorzugte, zu meidende und verbotene Nahrungsmittel, obwohl Klcinkinder bis zum Alter von etwa 2 Jahren noch grundsätzlich bereit sind, alles in den Mund zu stecken und zu essen, selbst Steine, Käfer oder Kot. In der Jugendzeit werden ihnen dann durch Belehrung oder Gewöhnung die ortsüblichen traditionellen Tabus vermittelt.

Was in einem Kulturraum als nicht essbar gilt (etwa Fleisch von Pferden, Hunden oder Schoßtieren), kann in einem anderen Hauptnahrungsmittel oder Delikatesse sein. Die Massai trinken regelmäßig frisches Rinderblut. In Kambodscha sind geröstete Vogelspinnen ein beliebter Partysnack.

Tatsächlich können ungewohnte Nahrungsmittel die Gesundheit schädigen, weil sie die Darmflora stören. Sie ist aus mindestens 150 verschiedenen Bakterienarten zusammengesetzt, aber bei starken Fleischessern anders als bei Vegetariern oder Veganern. Die Zusammensetzung ist für jeden Menschen so einzigartig wie sein Fingerabdruck. Diese Mikroorganismen sind eigenständige Lebewesen und unsere wichtigsten Symbionten; sie betreiben die Verdauung, wirken sich aber auch auf Immunsystem, Stoffwechsel, Körpergewicht und Emotionen (Stress) aus. Ungewohnte Nahrung kann schlechte körperliche Erfahrungen zeitigen; Vorbehalte und Abneigungen gegen diese Nahrungskultur können sich zu Ablehnung und Feindseligkeit gegenüber den Trägern dieser Kultur auswachsen.

In einem der Prägung ähnlichen Prozess vermittelt die Muttersprache dem Kleinkind außer Vokabeln und Grammatik auch die Wortbedeutungen und mit diesen das ganze Begriffssystem, mit dem wir die Welt zu begreifen versuchen, also das basale Konzept für ein bestimmtes Weltbild.

Zu diesen innerartlichen kulturellen Ergänzungen der genetischen elterlichen Programme kommen weitere zwischenartliche genetische Gastprogramme. An vielen Pflanzen sieht man sogenannte Pflanzengallen, oft auffällige Strukturen mit besonderem Nährgewebe; es entstehen sogar eigene Leitungsbahnen, die Nährstoffe dorthin transportieren. Nur dienen diese Nährstoffe nicht der Pflanze, sondern einem fremden Lebewesen, dem Gallengast, der die Gallenbildung anregt. Das ist meist ein Insekt, das die Pflanze ansticht, ein Ei in die Stichstelle legt und ein genetisches Gastprogramm hinterlässt. Die Pflanze bildet daraufhin Geschwülste, oft abenteuerlich gestaltet, in deren Innenraum die Insektenlarve Nahrung und Obdach findet. Der Philosoph Erich Becher nannte 1917 diese parasitäre Auswirkung eines fremden Genoms im Pflanzenindividuum „fremddienliche Zweckmäßigkeit". Er machte die Fürsorge der Wirtspflanzen für ihre Gäste zur Grundlage der Hypothese eines überindividuellen Seelischen, nach der „ein höher befähigtes Seelenwesen" in den Wirtspflanzen zweckmäßig wirkt und zugleich in die Parasiten hineingreift.

Tatsächlich beherbergt jedes Individuum, welcher Art auch immer, neben den elterlichen Genen, die aus seinen Keimzellen stammen, auch diverse fremde Gene, die sich ebenfalls auf sein Leben und speziell auf sein Verhalten auswirken. Sind diese Auswirkungen für das Individuum schädlich (pathogen), spricht man von Parasitismus, sind sie nützlich (salogen), spricht man von Symbiose. Dazu gehört auch das lose Genmaterial von Viren, das sich erst in den Zellen eines lebenden Organismus mithilfe von dessen Genen vermehrt, dabei aber auf deren normale Funktionen einwirkt, mit für diesen Organismus zumeist schädlichen, selten nützlichen Folgen. Ein vom Tollwutvirus befallener Fuchs zum Beispiel verlässt Heim und Familie, streunt umher und beißt jeden, den er erreichen kann. Im Speichel transportiert er dabei das Virus zu neuen Opfern. Wir niesen bei Schnupfen und sagen „Zum Wohl!" – tatsächlich zum Wohl des Schnupfenvirus, das im Spray zu anderen Menschen reitet. Das Astern-Gelb-Virus andererseits verhilft einer Kleinzikade *(Dalbulus maidis)*, die normalerweise von Maissaft lebt, zu besonderen Verdauungsleistungen und zu einer beachtlichen Erweiterung ihres normalen Speisezettels auf Astern, Roggen und Karotten.

Viren sind keine Lebewesen. Echte Parasiten und Symbionten sind eigenständige Lebewesen mit eigener Fortpflanzung. Es gibt wahrscheinlich keine Art von Lebewesen, die keine Parasiten oder Symbionten hat. Deren Gene haben Auswirkungen auf den Wirtsorganismus. Parasiten schaden dem Wirtsorganismus, machen ihn krank. Auf einen Befall mit Krankheitserregern reagieren Menschen und viele Wirbeltiere mit Erhöhung ihrer Körpertemperatur, genannt „Fieber". Das kann eine Abwehrreaktion sein und dem Parasiten schaden. Es kann aber auch der Parasit sein, der die Wirtsphysiologie manipuliert und eine Temperatur einstellt, die ihm (dem Parasiten) nützt. Ein Arzt sollte das Fieber im ersten Fall unterstützen, im zweiten Fall bekämpfen. Es ist deshalb zu überprüfen, ob physiologische Vorgänge und Verhaltensabläufe eines Organismus von seinem Eigenprogramm oder vom Fremdprogramm eines anderen Organismus verursacht sind.

Viele Parasiten manipulieren langfristig das Verhalten ihrer Wirtsorganismen. Viele Endoparasiten, die ihren Lebenszyklus im Inneren eines anderen Organismus vollenden, kommen erst über verschiedene Zwischenwirte aus einem in einen neuen Endwirt. Ein berühmtes zoologisches Beispiel dafür ist der Kleine Leberegel *(Dicrocoelium dendriticum)*, der parasitisch in Weidevieh lebt. Seine Eier gelangen mit dem Kot des Viehs nach außen, werden von daran fressenden Heideschnecken *(Zebrina, Helicella, Cochlicops)* aufgenommen und entwickeln sich in ihnen zu Zerkarienlarven. Diese werden als Pakete von der Schnecke in Schleim gehüllt ausgestoßen und mit dem Schleim von Ameisen *(Formica fusca, F. rufibarbis, F. gagates)* verzehrt. In der Ameise kapseln sich die Zerkarien ein und warten. Eine von ihnen allerdings verhält sich anders: Sie wandert im Unterschlundganglion der Ameise an die Stelle, wo ein archaisches Schlaf-Nervenzentrum liegt. Aktiv wird dieses Zentrum bei manchen sozialen Insekten in den Männchen, die einzelgängerisch an Pflanzenstengeln festgebissen nächtigen, während die Weibchen geschützt in Staaten übernachten. Die als „Hirnwurm" tätige Leberegel-Zerkarie aktiviert dieses Schlafzentrum in weiblichen Ameisen, die nun abends nicht in den Ameisenbau gehen, sondern Grashalme und Pflanzenstängel erklettern, sich an der Spitze festbeißen und dort im Freien übernachten. Am nächsten Morgen, wenn die Sonne sie erwärmt, nehmen sie ihre normale Tätigkeit wieder auf. Die Nacht draußen zu verbringen, ist allerdings für die Tiere gefährlich. In der abendlichen oder morgendlichen Kühle, wenn sie klamm und unbeweglich sind, werden sie nämlich leicht mitsamt dem Halm, an dem sie hängen, von weidendem Vieh gefressen. Dann ist der Parasit wieder in seinem Endwirt, die Ameise ist tot (Hohorst und Graefe 1961).

Der afrikanische Leberegel *Dendrocoelium hospes* lebt als Parasit in Ziegen und Büffeln. In deren Kot gelangen auch seine Eier ins Freie, werden von *Limicolaria*-Schnecken am Kot aufgenommen und entwickeln sich in ihnen zu Zerkarienlarven. In Schleimballen gehüllt werden sie von der Schnecke ausgestoßen und mit dem Schleim von *Camponotus*-Rossameisen aufgenommen. Die so mit Leberegellarven infizierten Ameisen erklettern Pflanzen und versammeln sich an ihnen, beißen sich aber nicht mit den Mandibeln fest, sondern warten dort wie Mitglieder der Soldatenkaste Tag und Nacht mit weit geöffneten Mandibelzangen auf Feinde und werden in dieser Zeit von den normalen Koloniemitgliedern so lange gefüttert, bis eine Ziege oder ein Büffel sie verschluckt. Ins Soldatenverhalten verfallen die Ameisen durch zwei Zerkarien, von denen sich je eine in den Antennenlappen des Oberschlundganglions (dem zentralen Nervensystem der Gliederfüßer) einnistet.

Das Verhalten der vom Hirnwurm getriebenen Ameisen entstammt zwar ihrer eigenen biologischen Natur, aber das genetische Gastprogramm, das sich in ihnen eingenistet hat, aktiviert dieses Verhalten gemäß der biologischen Natur des Parasiten unter für die Ameisen falschen Umständen (Salwiczek und Wickler 2009). Ebenso wie das parasitär-genetische Gastprogramm in Ameisen wirkt die kulturelle *dulce et decorum*-Idee in Menschen. Ideen können sich wie körperfremde Gene auf unser Verhalten auswirken.

Deswegen passt auf die vom Hirnwurm befallenen Ameisen, was der Apostel Paulus im Jahr 55 an die Römer schrieb (Röm 7): „Ich tue nicht das, was ich will, sondern das, was ich hasse. Wenn ich aber das tue, was ich nicht will, dann bin nicht mehr ich es, der so handelt." Auch Plato, Xenophon, die Manichäer, Wieland und Goethe beklagten, dass der Mensch zwei einander widerstreitende Programme in der Brust habe. Bei vielen

Organismen sind dies zwei genetische Programme: ein körpereigenes aus den elterlichen Keimzellen und ein körperfremdes aus einem Parasiten. In Menschen und anderen zu sozialem Lernen, Tradition und Kultur fähigen Organismen kommen auch noch die Ideen als kulturelle Programme hinzu. Wenn sich im Verhalten des Individuums dreierlei Programme auswirken, und zwar jedes auf seine eigenen Ausbreitungsvorteile ausgerichtet („auf eigene Rechnung"), dann ist es nicht verwunderlich, dass – zum Kummer ökonomischer Entscheidungstheoretiker – auch unser Verhalten weder rein genetischen Regeln noch streng rationalen Entscheidungen folgt. Vielmehr ist die Frage wichtig, ob und wann ein „Ich" entscheidet. Ist das, was wir als Spiel der Motive, Güterabwägung oder Prioritätensetzung beschreiben, die Auswirkung gegensinnig aktiver Programme in uns?

Die biologische Betrachtung der „Evolution und Ausbreitung von Ideen" ergibt folgende Fazits:

- Gene und Ideen breiten sich in vervielfältigten Kopien aus. In der organischen Evolution dominieren die jeweils häufiger vervielfältigten Kopien, die das Verhalten ihrer Trägerindividuen entsprechend programmieren.
- Zu sozialem Lernen fähige Individuen kopieren und vervielfältigen Ideen als Programme für kulturelles Verhalten. In kultureller Evolution dominieren ebenfalls die jeweils häufiger vervielfältigten Kopien, die das Verhalten ihrer Trägerindividuen entsprechend programmieren.
- Die handelnden Individuen sind, bewusst oder unbewusst, im Dienst der Ausbreitung von Verhaltensprogrammen tätig. Individuen, die das arteigene Genom nicht verbreiten, wie sterile Ameisenarbeiterinnen und zölibatäre Missionare, helfen Parasiten-Genprogramme und kulturelle Programme als Ideen zu verbreiten.

Wie gesetzmäßig Gene sich mithilfe von elterlichen Gameten ausbreiten, beschreibt die Populationsgenetik. Viren und parasitäre Gene aber verbreiten sich in nicht vorhersagbarer Weise durch Aktionen ihrer Wirtsorganismen; darüber gibt es nur nachträglich Erfahrungswerte. Eigentlich sollten sich Virologen und Kulturforscher, Linguisten, Epidemiologen und Werbefachleute gemeinsam bemühen, Gesetzmäßigkeiten der von Individuum zu Individuum wandernden Fremdprogramme im Sinne einer „Diffusion von Neuerungen" zu finden.

Die Gene bekommt man nur von zwei anderen Individuen, nämlich von seinen Eltern. Dagegen kann man sich nicht wehren. Sozial lernen kann man von mehr als zwei Individuen, man bekommt von diesen nicht nur jeweils die Hälfte ihres Wissens, und man kann sich durchaus gegen manche Lehrvorbilder wehren. Deshalb lässt sich die Ausbreitung bestimmter Traditionsinhalte nicht vorausberechnen. Klar ist aber, dass diese Ausbreitung sehr viel rascher und umfassender vonstattengeht als die Ausbreitung neuer Genmutanten. Zudem steuern tradierte Programme vor allem beim Menschen gerade das soziale Verhalten sehr viel direkter, als es die Gene können. Deshalb ist es eigentlich unverständlich, dass sich heute viel mehr Grundsatzgremien die Köpfe heiß debattieren, wenn es um Veränderungen an den Genen geht, als wenn es um Schulen und die Auswahl von tradierenden Vorbildern geht.

Auf meinen Vortrag mit Diskussion folgt eine romantische Bootsfahrt über den Südzipfel des Genfer Sees und ein wohlarrangiertes Abendessen im Hotel am anderen Ufer. Und dann ist noch die Frage eines Vorstandsmitglieds zu beantworten, wie unser Körper sich gegen Parasiten wehrt. Eine interessante Frage, denn sie führt weiter zur Paarbildung beim Menschen.

Die Parasitenabwehr betreibt bei Wirbeltieren, von den Knorpelfischen an, der Haupthistokompatibilitätskomplex (*Major Histocompatibility Complex,* MHC). Er ist wichtigster Bestandteil der Immunabwehr und umfasst eine Gruppe von Genen, beim Menschen auf dem Chromosom 6, die verantwortlich sind für das Erkennen und Eliminieren von fremden Geweben, vor allem von eindringenden Parasiten. Er bewirkt aber auch bei Organtransplantationen die Abstoßung des fremden Körpergewebes. Zur erfolgreichen Transplantation muss man den MHC lahmlegen, mit dem Risiko, dass dann auch parasitäres Fremdgewebe unerkannt bleibt.

Die MHC-Gene haben die höchste bekannte Zahl von Allelen. Vereinfacht gesagt gibt es in diesem Werkzeugarsenal der Parasitenabwehr ungemein viele Einzelwerkzeuge, mehr als im Werkzeugkasten eines Individuums Platz haben. Jedes Individuum besitzt deshalb nur eine Auswahl davon. Die wird zum Beginn eines neuen Lebewesens nach zweimaliger Überprüfung aus dem väterlichen und dem mütterlichen Erbe zusammengesetzt. Abweichend davon, wie es der Einfachheit halber regelmäßig falsch in den Schulbüchern steht, kommen bei der Befruchtung nicht einfach eine haploide Eizelle und eine haploide Spermienzelle zusammen und bilden eine diploide Zygote. Vielmehr ist die Eizelle selbst, wenn das haploide Sperma seinen einfachen Chromosomensatz in sie einbringt, nicht haploid, sondern enthält noch zwei Chromosomensätze. Welcher davon dann (im sogenannten zweiten Polkörper) ausgestoßen wird, hängt von dem MHC-Komplex ab, den das Spermium mitbringt; ausgestoßen wird der Satz, dessen MHC-Gene denen des Spermiums am wenigsten gleichen. Zweimal dasselbe Werkzeug wäre unnütz.

Außerdem prägen sich die MHC-Gene im Körpergeruch aus, und der spielt eine Rolle in der ersten, dem ganzen Geschehen vorausgehenden Unähnlichkeitsüberprüfung, nämlich bei der Partnerwahl. Da wird der Körpergeruch eines Partners (unbewusst) mit dem bekannten Eigengeruch verglichen und sollte davon abweichen; denn dann tut es auch die von ihm gelieferte Auswahl von MHC-Genen. Der unbewusst ablaufende Mechanismus, mit dem ein Partner akzeptiert oder ein anderer („weil man ihn nicht riechen kann") abgelehnt wird, testet die genetische Immunqualität des Partners im Hinblick auf die eigene. Zusammen mit der Polkörperauswahl der Eizelle wird so die Immunqualität der Nachkommen optimiert. (Neuerdings wurde bekannt, dass der Körpergeruchsvergleich bei Frauen nicht funktioniert, wenn sie die Antibabypille nehmen. Das auf der Packungsbeilage in die Liste der Nebenwirkungen aufzunehmen und verständlich zu erklären, könnte schwierig werden).

50

Bei den Guanchen

Vogelgesang ▪ Pfeifsprache ▪ *Ius primae noctis* ▪
Gastprostitution

27. Februar 2002, La Gomera

Während unseres Urlaubs auf Teneriffa machen meine Frau und ich einen
Abstecher nach La Gomera, der 38 km entfernten, zweitkleinsten Insel der
Kanaren. Uns locken zwei Verhaltenseigentümlichkeiten der Guanchen, der
einstigen Urbevölkerung: zum einen die heute noch gern vorgeführte Pfeifsprache der Gomeros, zum anderen mehrere historisch gut belegte, heute
fast vergessene Details aus ihrem Geschlechtsleben. Beides hat Bezug zu
meiner eigenen Forschung: Ersteres zur akustischen Kommunikation der
Vögel, Letzteres zur Soziosexualität.

Engste Tierparallele zur menschlichen Sprache sind die Gesänge der Singvögel, und zwar hinsichtlich des Stimmapparats, der akustischen Eigenschaften, der ontogenetischen Entwicklung, der Funktion als soziales
Verständigungsmittel und der Evolution zur kulturellen Tradition (Salwiczek
und Wickler 2004). Die meisten Singvögel lernen ihren Gesang von den
Eltern und anderen Artgenossen, also durch Tradition. Immanuel Kant
nannte 1803 in seiner Schrift *Über Pädagogik* diese sozial tradierten Gesänge
„die treuesten Traditionen der Welt". Es war zu seiner Zeit aber auch
bekannt, dass nestjunge Hausspatzen *(Passer domesticus)* und Kreuzschnäbel
(Loxia curvirostra), wenn man sie bei Bluthänfling *(Carduelis cannabina),*
Erlenzeisig *(Spinus spinus),* Stieglitz *(Carduelis carduelis)* oder Tannenmeise
(Parus ater) aufwachsen lässt, deren Gesänge erlernen. Plinius Secundus
d. Ä. erwähnt in seiner *Naturalis Historia* (um 60 n. Chr.), dass Elstern
und Raben die menschliche Stimme nachahmen. Agrippina, die Frau des

© Springer-Verlag GmbH Deutschland, ein Teil von Springer Nature 2020
W. Wickler, *Reisenotizen,* https://doi.org/10.1007/978-3-662-61996-4_50

Kaisers Claudius, hatte 50 n. Chr. eine Drossel, die menschliches Reden nachahmte, und die Claudius-Söhne Drusus und Britannicus hatten einen Star sowie Nachtigallen, die griechische und lateinische Worte erlernten. Belehrt werden sie an einem abgesonderten Ort, damit keine andere Stimme dazwischenredet; dabei setzte sich jemand zu ihnen und sprach ihnen das, was er eingeprägt haben wollte, häufig vor; zur Belohnung gab es Leckerbissen. Das entspricht der natürlichen Situation am Nest, wo der Nestling regelmäßig seine eigenen Eltern hört und gefüttert wird.

Kant beschrieb, dass Haussperzen, die von Kanarieneltern aufgezogen werden, lernen, wie Kanarienvögel zu singen, und zwar nicht nur so schlicht, wie man auch hier auf La Gomera den Kanarengirlitz *(Serinus canaria)*, die Stammform der Kanarienvögel, singen hört, sondern den hochgezüchteten Gesang mit langen Trillern und Überschlägen der domestizierten Formen „Harzer Roller" oder „Wasserschläger" *(Serinus canaria* forma *domestica)*. Meine Doktorandin Lucie Salwiczek hat gezeigt, dass Männchen, die solchen Gesang meistern, ein größeres Singzentrum im sprichwörtlichen „Spatzengehirn" entwickeln; das Gehirn kann mit seinen Aufgaben wachsen.

Vögel singen, aber sie pfeifen nicht. Zum Pfeifen dienen Lippen und Zunge, zum Singen werden die Töne in der Kehle erzeugt: bei Vögeln mit Paukenbändern im Stimmkopf (Syrinx), beim Menschen mit Stimmbändern im Kehlkopf (Larynx), wie beim Sprechen. Die Ureinwohner der Kanarischen Inseln, die Guanchen, hatten zur Verständigung über Schluchten und große Entfernung die Pfeifsprache „El Silbo" entwickelt, die akustische Merkmale einer gesprochenen Sprache in Pfiffen wiedergibt. Die Pfiffe werden mit den Lippen, dem Mundraum und den Fingern erzeugt und sind, je nach Windrichtung, 5 bis 10 km weit zu hören. La Gomera ist die einzige Insel der Kanaren, auf der Silbo noch gebräuchlich ist. Seit 1982 gehört Silbo Gomero als gepfiffenes Sprechen zum immateriellen Kulturerbe der Menschheit. Um es zu bewahren, ist es neuerdings sogar Pflichtfach an den Schulen geworden.

Untersucht wird die Pfeifsprache in neuester Zeit mit denselben Methoden wie der Vogelgesang. Silbo Gomero umfasst vier Vokale i, e, a, o(u), unterschieden durch Tonhöhe der Pfiffe, und zehn Konsonanten (l, n, d, j, t, s, g, b, m, p), sehr kompliziert unterschieden durch Tonhöhenverlauf, als kontinuierliche, unterbrochene oder plötzlich stoppende Pfiffe, mit oder ohne unterlegte Stimme. Mehrdeutige Worte versteht der Hörer aus dem Zusammenhang, und die Grammatik ist selbstverständlich vereinfacht wie in Telegrammen. Nach der Eroberung der Kanarischen Inseln im 15. Jahrhundert wurden die Laute der spanischen Sprache der Silbo-Pfeifsprechtechnik angepasst.

Die genaue Herkunft der Guanchen ist unbekannt. Erste Einwanderer auf die Kanaren kamen wahrscheinlich etwa 3000 v. Chr. in Binsenbooten aus Nordafrika. Weitere Menschen von dort kamen zwischen 500 und 200 v. Chr. Der mauretanische Königs Juba II. unternahm 40 v. Chr. eine Expedition zu den Kanarischen Inseln. Plinius der Ältere erwähnte die Inseln 77 n. Chr. in seiner *Naturalis Historia.* Um 100 n. Chr. waren sie das westliche Ende der damals in Europa bekannten Welt und verschwanden dann aus dem mittelalterlichen Gedächtnis. Erst im 14. Jahrhundert berichten Seefahrer wieder von ihnen. Der Genuese Niccoloso da Recco schrieb 1341 einen ausführlichen Bericht über sie mit Angaben über die Bevölkerung. 1351 versuchten Missionare, das Christentum gewaltfrei auf den Inseln zu etablieren. Sie scheiterten, als 1393 eine spanische Flotte die Insel überfiel und Einheimische als Beute mitnahm. Als Reaktion darauf wurden die Missionare umgebracht. 1402 begannen Spanier mit der Okkupation der Inseln, so gewaltsam, wie ihre Konquista hundert Jahre später in Süd- und Mittelamerika vorging: Die einheimische Bevölkerung wurde ausgebeutet, versklavt, verschleppt oder umgebracht, ihre Kultur fast vollständig ausgerottet. Seitdem gehören die Kanarischen Inseln politisch zu Spanien. Einen ausführlichen Bericht über die gewaltsame Eroberung der ersten Inseln enthält die Chronik *Le Canarien,* verfasst von zwei Geistlichen, Pedro Bontier und Juan Le Verrier, die den Eroberer Jean de Béthencourt und seinen Gefährten Alonso Fernandez de Logo auf den Eroberungszügen ab 1402 begleiteten. Die etwa 1405 entstandene Chronik erwähnt auch die Lebensart der Guanchen. Sie hatten La Gomera in vier Stammesgebiete, „Königreiche", aufgeteilt, die jeweils von einem gewählten König und seinem Ratgeberstab aus Häuptlingen, Richtern, Priestern und verdienstvollen Personen einer Adelskaste regiert wurden. Die Guanchen betrieben Viehzucht und Ackerbau auf riesigen Terrassentreppen mit Bewässerungsgräben. Um die Terrassen schnell und sicher bergab zu überspringen, benutzten die Viehhirten einen mehrere Meter langen Holzstab mit Metallspitze. Daraus ist der „Hirtensprung" als Volkssport entstanden.

Einzelheiten aus der Lebensweise der Guanchen vor 1400 notierten Händler, Piraten, Missionare und Kolonisten (zusammengetragen von Hans-Joachim Ulbrich 1997).

Die hochrangigen Leute auf Gran Canaria hielten ihre jungen Mädchen, sobald sie heiraten wollten, 30 Tage lang abgesondert und fütterten sie mit Milchgetränken, Gofio (Mehlpaste) und anderen Speisen. Magere Mädchen wurden nicht geheiratet, weil man sagte, sie hätten einen zu kleinen und engen Bauch, um schwanger zu werden.

Die Frauen der Ureinwohner wurden einhellig als schön bezeichnet. Sie waren bei europäischen Eroberern und Kolonisten als Ehefrauen beliebt, was zu einer schnellen ethnischen Verschmelzung führte. Beide Geschlechter gingen auf allen Inseln gewöhnlich völlig nackt, manche bedeckten die Scham mit einem Binsengewebe oder trugen Lederumhänge um den darunter nackten Körper. Die weibliche Brust galt nicht als Schamzone, sondern nur die Vulva der verheirateten Frau; „Jungfrauen liefen komplett nackt umher, ohne deshalb irgendeine Scham zu zeigen", schreibt Niccoloso da Recco 1341. Vornehme Männer trugen als Zierde hinten einen Umhang bis zu den Kniekehlen oder Pluderhosen aus zerfransten Palmblättern, die unten nicht geschlossen waren und die Genitalien sehen ließen. Vorehelicher Verkehr war erlaubt bis üblich. Die Chronik *Le Canarien* vermerkt von den Frauen auf Lanzarote:

> Der größte Teil von ihnen hat drei Ehemänner, die monatsweise Dienst haben; und der die Ehefrau danach haben wird, dient beiden den ganzen Monat … sie machen es immer so, jeder wenn er an der Reihe ist.

Frühen Chronisten (Gomes Eanes de Zurara 1448, Alviseda Ca da Mosto1455, Diogo Gomes de Sintra 1463, Antonio Sedeño 1495, Andrés Bernáldez 1500, Alonso Jaimes de Sotomayor 1500) sind auf mehreren Inseln – zum Beispiel Gran Canaria, Teneriffa, La Gomera – zwei Besonderheiten der sozialen Struktur und ethischen Ordnung aufgefallen: das Privileg der ersten Nacht *(ius primae noctis)* und die Gastprostitution.

> Keiner daselbst nimmt ein Weib, die Jungfrau ist, so sie nicht zuvor eine Nacht bei dem Fürsten geschlafen; und das halten sie für große Ehre. – In der Nacht bevor die Braut ihrem Bräutigam zugeführt wurde, gab man sie, ob sie nun Jungfrau war oder nicht, zuerst dem Stammeshäuptling. Dieser konnte sie auch an einen Priester oder anderen Adligen weitergeben. – Wenn sich eine verheiraten wollte, durfte der Häuptling sie zuerst genießen, oder auf seine Anordnung hin einer der Adligen; und nachdem er mit ihr geschlafen hatte, wurde sie dem Bräutigam zugeführt. Von da ab betrachtete man diesen Adligen als ihren Paten. – Vorzugsweise pflegte man die Braut für die erste Nacht dem König anzubieten, so dass der Sohn, den man ihm zuschrieb, adlig war. Und um zu sehen, ob sie [nach der Nacht mit dem Häuptling] schwanger geworden war, durfte sich der Ehemann ihr nicht nähern bis nach der nächsten Menstruation. War die Braut nämlich von einem Adligen besessen worden, musste abgewartet werden, ob sie schwanger wurde, denn im Gegensatz zu den gewöhnlichen Kindern, die sie im Anschluss von ihrem Ehemann bekommen würde, war ein Kind aufgrund einer Entjungferung durch den Häuptling oder ein anderes Mitglied der Adelskaste ebenfalls adlig.

Von diesem Brauch zu unterscheiden ist die Sitte der Gastprostitution, bezeugt auf Gran Canaria, Lanzarote und La Gomera. Gomes Eanes de Zurara schreibt 1448: „Eine der ersten Pflichten der Gastfreundschaft dieses Volkes ist es, ihre Frau dem Gast anzubieten; ihre Zurückweisung wurde als schwere Beleidigung angesehen". Der Portugiese Diogo Gomes de Sintra, der Gran Canaria 1450 persönlich besucht hatte, also lange vor der Eroberung durch die Spanier, bestätigt 1463:

> Wenn auf La Gomera ein beliebiger Fremder kommt, um bei irgendwem Gast zu sein, gibt der Hausherr seine Frau dem Gast, damit er mit ihr schlafe. Und wenn der Gast nicht mit ihr schlafen wollte, wurde er als Feind angesehen.

Selbstverständlich, so schreibt Antonio Sedeño 1495, genoss der König dieses Gastrecht:

> Wenn der König sein Haus verließ, war die Ehre, ihn beherbergen zu dürfen, so groß, dass der Hausherr dies damit vergolt, dass er seine Frau oder eine seiner jungfräulichen Töchter anbot. Und wurde sie schwanger und gebar Kinder, welche auch immer, wurden sie als adlige Bastarde des Königs angesehen, und die Mutter blieb ehrenhaft.

Das Privileg eines Grundherrn oder Clanchefs, bei der Heirat von Personen, die seiner Herrschaft unterstehen, die erste Nacht mit der Braut zu verbringen und den ehrenvollen ersten Beischlaf zu vollziehen, wurde von „aufgeklärten" europäischen Autoren gern als Erzeugnis erotischer Männerfantasie angesehen, so von Karl Schmidt in seinem Standardwerk *Ius Primae Noctis. Eine Geschichtliche Untersuchung* (erschienen 1881 bei Herder, Freiburg; 2017 als Classic Reprint in Taschenbuchformat). Sein Enkel, der Bonner Historiker Wilhelm Schmidt-Bleibtreu, fasste 1988 (Ludwig Röhrscheid Verlag, Bonn) alles zusammen, was er zum „Herrenrecht der ersten Nacht" bei Hunderten von Autoren gefunden hat und kommt zum gleichen Ergebnis wie der Brite David Howarth: „Wir können ziemlich sicher sein, dass ein solches Recht nie existiert hat." Dokumentierte ferneuropäische Gepflogenheiten, etwa der Guanchen auf den Kanaren, blieben unberücksichtigt, ebenso wie Mozarts revolutionäre Oper „Figaros Hochzeit", in der 1786 ein Frisör dagegen protestiert, dass seine geliebte Braut Susanna mit dem Grafen Almaviva schlafen soll. Übersehen haben beide Autoren sogar zwei schriftliche Belege von 1543 aus dem deutschsprachigen Raum Zürich; sie verbürgten dem Verwalter eines Guts-hofes, der auch niedere Gerichtsbarkeit ausübte, schriftlich das Recht, mit jeder Braut der Gemeinde die Hochzeitsnacht zu verbringen. Im 8. Jahrhundert beanspruchten die Wikingerfürsten in Irland das Recht auf die erste Nacht mit jeder frisch verheirateten Frau. Bereits im babylonischen Gilgamesch-Epos um 1900 v. Chr. schlief der Held und Regent von Uruk als Erster und vor dem Bräutigam mit jeder Braut. Dasselbe Vorrecht schildern Herodot (450 v. Chr.) von den Adyrmachiden in Lybien und Lactantius vom oströmischen Herrscher Maximinus II. (311 v. Chr.).

Evolutionsbiologisch gehören sowohl das Vorrecht der Brautnacht wie die sogenannte Gastprostitution zum soziosexuellen Dominanzverhalten derjenigen männlichen Primaten, die in Gruppen mit polygamer Konkurrenz leben. Aus der Zeit um 942 v. Chr. berichtet das die Bibel (2 Sam 16, 22) von Absalom, der öffentlich mit den zehn Nebenfrauen seines Vaters David schlief, um zu demonstrieren, dass er ihn vertrieben und die Macht übernommen hatte. Die jüdischen Schriften Talmud und Midrasch berichten das gleiche Verhalten von römischen und griechischen Eroberern als Bestätigung ihres Siegerstatus. Weitere Beispiele aufgelistet und den biokulturellen Zusammenhang erklärt hat 1999 Jörg Wettlaufer. Auch heutzutage werden vielerorts bei kriegerischen Auseinandersetzungen die Frauen der unterlegenen Partei von den Siegern als Zeichen der Machtübernahme vergewaltigt – ein beschämender Ausdruck von „Naturverbundenheit" moderner und angeblich zivilisierter Menschenmänner.

51

Rollenbilder der Frau

Monogamie und Polygamie ▪ Evolution der
Sexualität ▪ Päpstliche Sicht der Sexualität ▪
Soziosexualität ▪ *Humanae vitae* ▪
Biologie von „MeToo"

7. Dezember 2006, Augsburg

Nach 30 Jahren intensiver Tätigkeit im Katholischen Deutschen Frauen-
bund (KDFB) wird Agnes heute aus dem Vorstand verabschiedet. Ihr großes
Thema war das wechselnde Rollenbild der Frau in Ehe, Kirche und Gesellschaft. Goethe meinte 1832 in Faust II: „Das Ewig-Weibliche zieht uns
hinan." Der Hl. Augustinus hingegen schrieb 404 n. Chr.: „Nichts zieht den
Geist eines Mannes so machtvoll herunter als das Streicheln einer Frau."

Wir hatten uns 1949 verliebt, 1956 geheiratet und dann 1966 – nach
10 Jahren Ehe und vier Kindern – zu unserem ungläubigen Erstaunen
erfahren, was der IV. Zivilsenat des deutschen Bundesgerichtshofes einer
Ehefrau soeben vorschrieb: „Die Frau genügt ihren ehelichen Pflichten nicht
schon damit, dass sie die Beiwohnung teilnahmslos geschehen lässt." Vielmehr verbietet ihr die Ehe, „Gleichgültigkeit oder Widerwillen zur Schau
zu tragen" und fordert von ihr „eine Gewährung in ehelicher Zuneigung
und Opferbereitschaft". Mit welcher Autorität wurde das verkündet und für
welchen Geltungsbereich?

Schon 1954 hatte der Große Strafsenat des Bundesgerichtshofes
behauptet, es gäbe ein für den Menschen erkennbares objektives Sittengesetz, dessen Verbindlichkeit auf der vorgegebenen Ordnung der Werte
beruht, die von allen Menschen hinzunehmen sei. Dieses Sittengesetz
schreibe dem Menschen die Einehe und die Familie als verbindliche Lebensform vor und habe diese Ordnung zur Grundlage des Lebens der Völker
gemacht. Die christlichen Kirchen begründen das mit der Autorität Gottes,

© Springer-Verlag GmbH Deutschland, ein Teil von Springer Nature 2020
W. Wickler, *Reisenotizen*, https://doi.org/10.1007/978-3-662-61996-4_51

der Islam hingegen erlaubt Polygynie. Auch ist dieses angeblich objektive Sittengesetz in der Mehrzahl aller Kulturen unbekannt oder nicht anerkannt. In allen Gesellschaften ist für die Frau individuelle monogame Partnertreue vorgeschrieben; in 65 % aller Kulturen wird weibliche Untreue bestraft, männliche aber ist erlaubt.

Dabei muss man beachten, dass Monogamie und Polygamie mehrdeutige Konzepte sind. „Soziographisch" beschreibt Monogamie das dauerhafte Zusammenleben je eines männlichen mit je einem weiblichen Partner; Polygamie beschreibt das dauerhafte Zusammenleben mehrerer männlicher mit einem weiblichen Partner (Polyandrie) oder eines männlichen mit mehreren weiblichen Partnern (Polygynie). Evolutionsbiologisch wirksam jedoch sind „individuelle" Monogamie und Polygamie, denn sie beschreiben, mit wie vielen gegengeschlechtlichen Partnern ein Individuum seine Gene mischt. So verstanden lebt im Haremssystem jedes weibliche Individuum monogam, das männliche polygam-polygyn. Wie die verschiedenen Ehe- und Familienformen auf der Welt verteilt sind, verzeichnet die Datenbank *Human Relations Area Files* (HRAF) in New Haven, Connecticut. Sie verzeichnet auch, an welche bioökologischen Umweltfaktoren diese Familienformen angepasst sind. Deshalb wechseln manche Tierarten je nach Umweltökologie ihre Familienform und ändern ihr Sexualverhalten. Das ist ein wichtiger Bereich der Evolutionsbiologie.

Dem steht die von Papst Benedikt XVI. verkündete theologisch-evolutionäre Sicht der Sexualität gegenüber (Ratzinger 2010):

> Die Evolution hat die Geschlechtlichkeit zum Zwecke der Reproduktion der Art hervorgebracht. Das gilt auch theologisch gesehen. Der Sinn der Sexualität ist, Mann und Frau zueinander zu führen und damit der Menschheit Nachkommenschaft, Kinder, Zukunft zu geben. Das ist die innere Determination, die in ihrem Wesen liegt. Alles andere ist gegen den inneren Sinn von Sexualität.

Die Evolution verlief jedoch ganz anders. Der päpstliche Unsinn erschließt sich, sobald man die drei stammesgeschichtlichen – für Theologen schöpfungsgeschichtlichen – Evolutionsschritte der Sexualität beachtet. Agnes hat mehr als ich darunter gelitten, und ich habe mehr als sie öffentlich angeprangert, dass Päpste, aber auch Juristen und Moralphilosophen immer noch zu wenig von Biologie wissen und nicht verstehen, wie Evolution in Biologie (und Kultur) vor sich geht, nämlich indem Neues aus bereits Vorhandenem, jede höhere Seinsstufe aus einer niederen entsteht, sei es gleitend oder sprunghaft.

Sexualität beginnt als „Ergänzungssexualität" bei den einfachsten einzelligen Lebewesen, die durch eine Plasmabrücke Genmaterial zwischen Individuen austauschen, die sich dann wieder trennen. Das ist nicht mit Vermehrung, der Weitergabe des Lebens verbunden, sondern dient der Ergänzung des eigenen Erbmaterials und der Reparatur von genetischen Ausfällen. Den Vorteil davon haben nur die beteiligten Partner.

Höher entwickelte Lebewesen kombinieren in der „Reproduktionssexualität" Gensätze von verschiedenen Elternindividuen mithilfe von Keimzellen (Gameten), die zu einer Zygote verschmelzen. Mit der Zygote beginnt ein neuer Organismus und verknüpft diese Form der Sexualität mit Fortpflanzung. Vorteile von der Neukombination des Erbmaterials haben die entstehenden Nachkommen, nicht die Eltern.

Die Vereinigung der Keimzellen erfolgt zunächst außerhalb der Eltern im freien Wasser oder auf einer Unterlage, auf die Eier und Spermien nacheinander abgesetzt werden oder indem das Männchen ein Spermienpaket absetzt, welches das Weibchen dann aufnimmt – alles ohne körperliche Berührung der Partner. Ökonomischer und gezielter zusammengeführt werden die Keimzellen schließlich mit spezialisierten Genitalien durch direkte Übertragung von einem in das andere Individuum unter körperlichem Kontakt der Partner.

Zuvor muss in einem „Paarungsvorspiel" die Scheu vor fremder Nähe und Berührung abgebaut und Vertrauen aufgebaut werden. Hier liegt bei hochentwickelten Lebewesen der Ursprung der „Soziosexualität". In der Regel werden vertraute Elemente aus dem Bereich des Mutter-Kind-Verhaltens zur Paarungseinleitung „zweckentfremdet", in neuer Funktion „ritualisiert". Aus der elterlichen Körperpflege wird zwischen Erwachsenen Umarmen und Streicheln, aus Mund-zu-Mund-Kinderfüttern werden Mundkontakte mit oder ohne echte Nahrung, Schnäbeln und Küssen als Grußgesten, und kindliches stimmliches Futterbetteln wird zu zärtlichen Locklauten. Anonymisiert können diese Beschwichtigungssignale allerdings auch aggressiv missbraucht werden („Judaskuss").

Verlässlicher sind direkt auf den Partner bezogene, der Paarung wie „fragend" vorausgehende Grußgesten und Körperberührungen bis hin zur Stimulierung der Genitalien. Diese Verhaltenselemente sind in der Evolution aus ihrem ursprünglichen Kontext emanzipiert und nun neu motiviert ständig verfügbar, um in sozialen Beziehungen Vertrauen aufzubauen und zu stärken, zuweilen auch zur Beschwichtigung in Spannungssituationen. Auf hoher sozialer Evolutionsstufe treten diese Verhaltensweisen dann in zwei Varianten in Erscheinung, weitgehend formgleich, aber unterschiedlich „gemeint": entweder im ursprünglichen Zusammenhang oder – und dann meist häufiger – ritualisiert als „soziosexuelles" Verhalten. Vom soziosexuellen Verhalten profitieren die beteiligten Individuen, im Falle von Brutpflege auch die Nachkommen.

Arten mit komplexem Sozialleben entwickeln daraus aufwendige Rituale (z. B. Duettsingen und *Pas-de-deux*-Tänze). Werden diese Rituale paarspezifisch erlernt, hat die beiderseitige Lerninvestition in vielen Fällen eine dauerhaft stabile monogame Paarbeziehung – auch während fortpflanzungsfreier Zeiten – zur Folge, weil es vorteilhafter ist, in einer eingespielten Partnerschaft zu bleiben, als nach einem Partnerwechsel erneut ein Ritual aufzubauen. Hinzu kommt dann ein Sorgen für den Partner, um zu verhindern, dass ein Fressfeind mit dem Partner die eigene Investition in die spezialisierte Paarkommunikation zunichtemacht.

Haut- und Körperkontakte sind ein natürliches Bedürfnis auch des Menschen; dafür gibt es bekannte Hinweise: Chronischer Berührungsmangel zeigt negative Auswirkungen; am menschlichen Säugling kann er zum Frühen Kindstod, an Erwachsenen zu psychophysischen traumatischen Störungen führen. Bekannt als „Handschmeichler" sind Gegenstände, die das haptische Bedürfnis durch einsames Streicheln befriedigen, als Ersatz für zweisames Streicheln. Pädophile benutzen „Pflegehandlungen", um in ihren jugendlichen Opfern Vertrauen und Einverständnis aufzubauen.

Agnes interessierte sich ganz besonders dafür, wie Menschen in Gruppen, Familien und Ehe mit Worten, Gesten und Körperkontakten kommunizieren. Hier überschnitten sich ihr und mein Interesse, denn seit 400 Mio. Jahren, von einzelligen Organismen bis zum Menschen, gehören Körperberührungen zu jenem Verhalten, das ein funktionsgerechtes Zusammenpassen zweier Individuen testet. 2006 startete dann unter dem Titel „MeToo" eine weltweite Debatte um sexuell übergriffige Handlungen. Unsere diesbezüglichen Gespräche reizten den Biologen in mir, das übliche moralische und juristische Argumentieren mit einer „Biologie von *MeToo*" zu ergänzen.

Tastende und testende gegenseitige Berührungen kann man an den verschiedensten Organismen tagtäglich beobachten, mithilfe eines Mikroskops zum Beispiel am 0,25 mm großen einzelligen Muscheltierchen *Stylonychia mytilus*. Der ovale Ziliat kommt in allen Gewässertypen vor, kann mithilfe seiner Zilien frei im Wasser schwimmen, läuft mit ihnen aber häufiger auf einer Unterlage. Dieses „Wimpertierchen" hat, unabhängig von seiner Vermehrung durch Zweiteilung, ein Paarungsverhalten mit komplexem Vorspiel. Das beginnt damit, dass sich eine Anzahl paarungsbereiter Individuen wie in einer Arena versammeln und jedes auf der Unterlage um das eigene, als Angelpunkt dienende Hinterende kreist, jeweils ruckartig um 45–60°, mit dem Vorderende nach außen und wegen des linksseitigen Mundfeldes stets im Uhrzeigersinn. Nach einer Weile bilden sich Paare, die schneller kreisen, ihre Kreisflächen überschneiden und einander berühren, prüfend, mit wem sie Kontakt haben, ob mit einem gefährlichen Feind oder mit einem Artgenossen. Dann stellen sich die Partner auf die Körperenden und legen die Mundfelder kurz „küssend" aneinander, prüfend, ob der individuelle Zustand der Zelloberflächen und wörtlich „die Chemie stimmt". Kreisen, Sich-aneinander-Aufrichten und „Küssen" können mehrmals wiederholt werden. Ein drittes oder viertes Individuum kann hinzukommen (vermutlich angelockt von einem stofflichen Signal). Oft gehen die Paarlinge wieder auseinander und suchen neue Partner. Als nächstes Stadium bleiben die Mundfelder des aufgerichteten Paares länger in einer Pseudokonjugation verbunden. Selbst jetzt noch kann ein Paar sich wieder trennen. Bleibt es zusammen, dreht sich ein Individuum so, dass beide sich Seite-an-Seite liegend endgültig vereinigen können, ihre Mundfelder zur Konjugation verkleben und durch eine Plasmabrücke Genmaterial austauschen. Von den in der Arena solokreisenden Individuen konjugieren meist nur wenige.

Höher entwickelte mehrzellige Tiere prüfen immer genauer die individuelle Passung, ob sie mit diesem Artgenossen in aktueller Hinsicht „handelseinig" werden können. Paviane zum Beispiel prüfen mit intensiver gegenseitiger Fell- und Hautpflege die soziale Koalitionsbereitschaft, die Männchen speziell, ob sie ein Kampfbündnis eingehen können. Schimpansen machen es ebenso. Alle Wirbeltiere prüfen mit Körperberührungen die Paarungsbereitschaft, können einander gegebenenfalls mit Berührungen an verschiedenen Körperstellen stimulieren, sofern nicht einer den anderen abweist und beide sich trennen.

Wie dramatisch es werden kann, wenn „die Chemie nicht stimmt" und Nähe zur Bedrohung wird, hat Dietrich von Holst an thailändischen Spitzhörnchen *(Tupaia glis)* demonstriert. Diese Waldbewohner mit langem, buschigem Schwanz sind so groß wie Eichhörnchen und leben in Paaren in verteidigten Revieren. Auch in Gefangenschaft kann man sie nur paarweise halten, kann sie aber nicht willkürlich verpaaren; die meisten Männchen werden vom Weibchen aggressiv abgelehnt. Harmonische Paare, die lebenslang zusammenhalten, formen die Tiere nach intensivem Beschnüffeln, Lippenlecken und anderen freundlichen Kontakten, lockenden und ängstlichen Lauten. Eine dauerhafte Paarbeziehung beruht auf individuellen Präferenzen beider Partner und hat massive Auswirkungen auf deren Verhalten, Fruchtbarkeit und Gesundheit. Miteinander unverträgliche Individuen meiden jeden weiteren Kontakt, der ihnen hormonellen

Stress bereiten würde. Ein unterlegenes Individuum, das in der Nähe des Dominanten bleiben muss, verkriecht sich in eine Ecke; es wird zwar vom Dominanten nicht weiter behelligt, aber dessen bloße Anwesenheit ändert den Hormonzustand im Unterlegenen; er schläft und frisst wenig, verliert Körpergewicht, Bewegungslust und Fortpflanzungsbereitschaft. Diesen Stresszustand des Individuums erkennt man an seinen Schwanzhaaren, die in stressfreien Phasen glatt angelegt, bei Stress gesträubt sind. Das Individuum stirbt, wenn seine Schwanzhaare 10 Tage lang jeweils 19 h gesträubt sind.

Dass die Nähe des Paarpartners stressreduzierend wirkt, fanden wir sogar bei der marinen Harlekingarnele *Hymenocera picta*. Ihren Erregungszustand kann man daran erkennen, wie schnell die Gliedmaßenpaare unten am Hinterleib, die Pleopoden, Atemwasser herbeifächeln. Die am isolierten Tier hohe Frequenz des Pleopodenschlages nimmt deutlich ab (das Tier wird ruhiger), sobald die individuell bekannten Paarpartner wie üblich dicht nebeneinandersitzen (Seibt und Wickler 1979).

Unter Wirbeltieren ist die soziale Bedeutung von Körperberührungen schon an Fischen erkennbar. Flossen- und Hautkontakte spielen in vielen Fischarten eine große Rolle während der Paarungseinleitung und der Synchronisation der Partner; Bachneunagen und Bachforellen kommen damit zum Ablaichorgasmus. Der den Meeresbiologen wohlbekannte, an Korallenriffen heimische Putzerlippfisch *Labroides dimidiatus* entfernt Ektoparasiten von der Haut anderer Fische. Misstrauische „Kunden" beschwichtigt er durch schnelles Streicheln mit seinen Bauchflossen. Das Streben nach Hautkontakt zeigte mir 2004 besonders eindrucksvoll „Humphrey", ein 2 m großer Napoleon-Lippfisch *(Cheilinus undulatus)* im australischen Great Barrier Reef. An der äußeren Riffkante vor Lizard Island besuchte er freiwillig Taucher, nur um sich von ihnen streicheln zu lassen.

In Wirbeltiergruppen kann man die emotionale Bindung *(attachment)* zwischen Individuen daran erkennen, dass sie bestimmte soziale Verhaltensweisen (Füttern, Hautpflege, Beisammensein) ausschließlich an einen bestimmten Partner richten (Wickler 1976). Das gilt aber nicht nur für sexuelle Paare, sondern auch für Freundschaften. Zum Beispiel beobachtete Krista Marie McLennan von der University of Northampton, dass mehr als die Hälfte der Tiere einer Milchviehherde an der Seite eines bestimmten anderen Tieres grasen und ruhen. Trennte man Tiere eine halbe Stunde lang von der Herde, waren diejenigen weniger aufgeregt, die mit ihrer Freundin zusammenbleiben durften: Sie stampften nicht mit den Hufen, schaukelten nicht die Köpfe und behielten einen niedrigen Puls, alles das im Gegensatz zu Tieren, die mit einem beliebigen anderen Tier zusammen waren. Trennt man Freundinnen 2 Wochen lang, geben sie weniger Milch und wirken weniger gesund. Das betrifft vor allem Jungkühe – ein Zeichen dafür, dass das Verhalten zwischen Freundinnen aus dem Mutter-Kalb-Verhalten abgeleitet ist. Ähnliches fand das Ehepaar Reinhardt an Zeburindern *(Bos indicus)* in Kenia. Die Sozialstruktur der natürlichen Herden gründet auf Mutterfamilien, die miteinander durch Freundschaften zwischen nichtverwandten Individuen verbunden sind.

Wie bei *Stylonychia* und *Tupaia,* so ist auch bei *Homo sapiens* zwischen potenziellen Paarungspartnern eine zwiespältige Situation von Fühlungnahme und erfragtem Einverständnis charakteristisch. Annäherung ist erforderlich, aber möglicherweise auch bedrohlich; jeder strebt nach Körperkontakt und scheut zugleich Berührungen. Jedwedes fremdes Betasten des eigenen Körpers, jede Haut-zu-Haut-Berührung – zumal im Intimbereich – kann subjektiv erwünscht oder unerwünscht sein und kann, abhängig von der eigenen Befindlichkeit und der des anderen, Zustimmung oder Ablehnung erzeugen. Die Paarbindung des Menschen beginnt mit einem Balancieren zwischen Sehnsucht und Abwehr, mit Konflikten zwischen angenehmen und unangenehmen Kontakten, zwischen dem „Kuschelhormon" Oxytocin und dem Stresshormon Cortisol. Wohin dieser Prozess die Individuen führt, ob zu weitergehender Zärtlichkeit und Bindung oder zu körperlichen und psychischen Verletzungen, zum Zusammenbleiben oder zur Trennung, lässt sich weder durch vorgegebene Regeln eines Gerichtshofes festlegen, noch kann ein Richter im Nachhinein eine Situation objektiv beurteilen, in der eine Partei als übergriffigen Machtmissbrauch empfunden, was die andere als Flirt gemeint hat. Grunddilemma im „MeToo"-Disput, der weit in psychologische und juristische Bereiche ausufert, ist die biologisch vorgegebene, unumgänglich fließende Grenze zwischen Ablehnung und Einverständnis.

In jüngster Zeit haben päpstliche Verordnungen, die diese soziosexuellen Zusammenhänge ignorieren, erhebliche öffentliche Irritationen ausgelöst. So hatte 1968 Papst Paul VI. in der Enzyklika *Humanae vitae* nicht nur mit skandalös falscher, kritiklos aus dem Vormittelalter übernommener Begründung jede künstliche Empfängnisverhütung verboten und als Missbrauch der Sexualität bezeichnet, weil „jeder eheliche Akt offen bleiben muss für die Weitergabe des Lebens". Darüber hinaus verbot er – unter Missachtung ihrer versöhnenden und in der Ehe partnerbindenden Funktion – auch die aus der Brutpflege abgeleiteten und soziosexuell ritualisierten Handlungen, wenn sie nicht zur vollen ehelichen Vereinigung führen. Als zuverlässige „Lehre, die sich auf das Naturgesetz gründet", auf „Gesetze, welche in die Natur des Mannes und der Frau eingeschrieben sind", nannte er „jede Handlung verwerflich, die entweder in Voraussicht oder während des Vollzugs des ehelichen Aktes oder im Anschluss an ihn beim Ablauf seiner natürlichen Auswirkungen darauf abstellt, die Fortpflanzung zu verhindern, sei es als Ziel, sei es als Mittel zum Ziel". Dafür Gehorsam zu erwarten, ist absurd. Denn soziosexuelles Verhalten zielt nicht auf Fortpflanzung, sondern auf Partnerbindung. Schließlich sind Umarmen und Küssen auch in der Liturgie üblich.

52

Missgunst – moralisches Laster oder psychologisches Konstrukt?

Lug und Trug in der Natur ▪ Konkurrenz ohne Neid ▪ Frequenzabhängige Selektion ▪ Anthropomorphe Begriffe ▪ Ökologisch bedingte Verhaltensweisen ▪ Neiden und Gönnen bei Pavianen

22. März 2007, Lindau

„Gibt es das bei Tieren auch?" ist eine übliche Frage an den Ethologen. Auf der diesjährigen 57. Lindauer Psychotherapiewoche mit dem Diskussionsthema „Neid" wird gefragt, ob Neid auch von Tieren bekannt ist. Neid ist verpönt. In der christlichen Morallehre steht er an dritter Stelle in der Liste der sieben Hauptlaster:

1. Superbia: Hochmut (Übermut, Hoffart, Eitelkeit, Stolz)
2. Avaritia: Geiz (Habgier, Habsucht)
3. Invidia: Neid (Missgunst, Eifersucht)
4. Ira: Zorn (Wut, Vergeltung, Rachsucht),
5. Luxuria: Wollust (Unkeuschheit)
6. Gula: Völlerei (Gefräßigkeit, Unmäßigkeit, Maßlosigkeit, Selbstsucht)
7. Acedia: Trägheit des Herzens/des Geistes (Überdruss).

Wir schätzen diese Laster nicht, suchen uns gegebenenfalls dafür zu entschuldigen – wenn nicht vor anderen, so doch vor uns selbst – und nutzen gern als Ausrede, es handle sich bei Neid und Missgunst eigentlich um etwas ganz Natürliches. Das allerdings würde auch für manch hochgeschätzte Eigenschaft gelten. Wenn wir dazu neigen, unsere Zuständigkeit für etwas abzuschwächen, wofür wir uns entschuldigen wollen, dann sollten wir auch unsere Verantwortlichkeit für eine verdienstvolle Tat herunterspielen und versuchen, uns zu „ent-verdiensten".

© Springer-Verlag GmbH Deutschland, ein Teil von Springer Nature 2020
W. Wickler, *Reisenotizen,* https://doi.org/10.1007/978-3-662-61996-4_52

Laut Lexikon versteht man unter Neid „das emotionale Verübeln der Besserstellung konkreter anderer". Und die Ausdrucksmuster von Emotionen sind, wie Professor Georg Bruns in seinem Plenarvortrag erläutert hat, zum großen Teil angeboren, Teil eines phylogenetischen Erbes. Demnach wäre neidisches Verhalten unter Tieren durchaus zu vermuten. Auch Darwin schrieb den Tieren Affekte wie Eifersucht, Ehrgeiz, Großherzigkeit, Mut, Rachsucht und Neid zu. Und da der Mensch eben nicht fertig vom Himmel gefallen ist, sondern – *nolens volens* – auf eine lange Reihe nichtmenschlicher Vorfahren zurückblicken muss, ließen sich in dieser Urahnenreihe vielleicht der Ursprung und die instinktartigen Vorläufer vieler seiner Eigenschaften, der angenehmen wie der unliebsamen, finden. Kant, der zwar bereit war, evolutionäre Ideen zu diskutieren, nicht aber, sie anzuerkennen, meinte immerhin: „Der Instinkt, diese Stimme Gottes, musste den Menschen, noch ehe er sprach, allein leiten."

Der Hamburger Pfarrherr Hermann Samuel Reimarus, Verfasser der ersten kritischen und zusammenfassenden Studie über tierisches Verhalten, bestätigte in seinen *Allgemeinen Betrachtungen über die Triebe der Tiere, zur Erkenntnis des Zusammenhanges der Welt, des Schöpfers und unserer selbst* aus dem Jahre 1762: „Auch die Tiere haben Begierde und Abscheu, Furcht und Hoffnung, Freude und Angst, Liebe und Hass, Neid und Eifersucht, Zorn und Rache." Und er war davon überzeugt, dass die Affekttriebe der Tiere eine völlige Ähnlichkeit mit den unsrigen aufweisen und auch wir Menschen in bloßen Affekten tierisch handeln. Als Physikotheologe deutete Reimarus „die besonderen Absichten Gottes im Tierreiche" als Anzeichen dafür, nach welchen Regeln der Schöpfer die Welt zweckmäßig eingerichtet hat. Dennoch war er vorsichtig bezüglich der Aussagekraft dieser Ähnlichkeit in Neigungen und Verhalten zwischen Tier und Mensch. Er sah in den Naturgesetzen Beschreibungen von Regelmäßigkeiten in der Natur, vermied aber den mittelalterlich-scholastischen Trugschluss, dass es von Gott erlassene Gesetze seien, also Vorschriften, von denen sich auch menschliches Verhalten leiten lassen sollte. Sein Zeitgenosse Immanuel Kant (1724–1804) betonte ausdrücklich, natürliche Neigungen dürften nicht zur Begründung moralischer Handlungen herangezogen werden. Also keine normative Kraft des Faktischen im Verhalten.

Die umgekehrte Überlegung, ob sich natürliche Neigungen nicht vielleicht in den Dienst moralischer Handlungsweisen stellen lassen, findet sich zur selben Zeit in einer 1780 vom jungen Friedrich Schiller der medizinischen Fakultät in Jena vorgelegten Promotionsdisputation mit dem Titel *Über den Zusammenhang der thierischen Natur des Menschen mit seiner geistigen*. Er argumentiert, der Mensch „erhält sein tierisches Leben, um sein geistiges länger leben zu können", und daher sei es angemessen zu erforschen, welche höheren moralischen Zwecke „mit Beihilfe der tierischen Natur" erreicht werden können.

Vor der Erforschung der tierischen Natur und speziell tierischen Verhaltens lag aber noch der weite Weg vom anekdotischen zum systematischen Beobachten. Schiller und Kant waren schließlich keine ausgewiesenen Naturbeobachter. Stattdessen herrschte allgemein Einverständnis darüber, dass es in der Natur eine Stufenleiter der Höherentwicklung gibt, die *Scala Naturae,* sodass es – um es etwas hemdsärmelig auszudrücken – in der Natur von der Amöbe bis zu Beethoven immer bergauf geht, und zwar zielgerichtet und fraglos mit dem Menschen an oberster Stelle. Kant meinte 1792 in seiner Kritik der Urteilskraft sogar, dass „ohne den Menschen die ganze Schöpfung umsonst und ohne Endzweck seyn würde". Einhundert Jahre nach Reimarus zeigte Darwin 1859 zwar, dass in dieser Schöpfung alle Lebewesen einschließlich des Menschen zu einem gemeinsamen Evolutionsstammbaum gehören und dass es im Laufe der Evolution durch natürliche Selektion individueller Variationen zu der bekannten Vielfalt angepasster Verschiedenheiten (oder verschiedenartigster Anpassungen) gekommen ist. Aber weder Richtung noch Ziel werden durch Evolution vorgegeben. Nur mithilfe jeweils willkürlich gewählter Kriterien kann man „höher" oder „fortschrittlicher" definieren. Fortschritt kann ebenso gut zu höherer Komplexität wie zu größerer Einfachheit führen. Schon gar, und entgegen der populären Auffassung, ist Evolution kein Vorgang, der auf die Entstehung der menschlichen Art ausgerichtet wäre. Die fiktive *Scala Naturae* verführte dazu, auch die sogenannten niederen und höheren Beweggründe zum Handeln entsprechend verteilt zu denken, und zwar derart, dass sich niedere Motive, zu denen auch der Neid zählt, überall im Tierreich finden, die edlen Antriebe wie Selbstaufopferung und Altruismus aber erst beim Menschen.

Moralphilosophen und Theologen, die bis in unsere Zeit das in der außermenschlichen Natur Übliche als Richtschnur für das dem Menschen Erlaubte angewendet haben und ausgewählte Naturphänomene in Gleichnissen und Fabeln als vom Schöpfer gestiftete erzieherische Vorbilder verarbeiteten, lasen aus den Naturphänomenen heraus, was man zuvor als menschliche Deutung hineingesteckt hatte.

Eine möglichst vorurteilsfrei betriebene Vergleichende Verhaltensforschung begründeten etwa ab 1930 vor allem Konrad Lorenz und Niko Tinbergen. Beide einander freundschaftlich verbundene Forscher zählen zu meinen ganz besonders verehrten Lehrern. Zwischen den beiden Nobelpreisträgern gab es einen interessanten Zwiespalt im Denken. Immer häufiger nämlich beobachteten Tinbergen und nachfolgende Verhaltensökologen an Tieren unter normalen Freilandbedingungen Verhaltenseigentümlichkeiten, die nach menschlichen Maßstäben als Mord, Betrug oder Diebstahl gegenüber Artgenossen gelten würden. Offenbar kommt es regelmäßig vor, dass Tiere sich einen individuellen Vorteil auf Kosten anderer, selbst ihrer nächsten Verwandten, verschaffen und dass sie sehr oft auf den Mühen anderer parasitieren. Dem Lorenzschen Weltbild lief das jedoch zuwider. Er bezeichnete Lug und Betrug unter Artgenossen als „Sozialparasitismus" und erkannte als Mediziner darin etwas Krankhaftes. Völlig fehlendes altruistisches Verhalten bezeichnete er als „das Böse schlechthin", ja sogar als „die Negation und Rückgängig-Machung des Schöpfungsvorganges". Da taucht also (z. B. 1973 in seiner Schrift *Die Acht Todsünden der zivilisierten Menschheit*) noch einmal eine Schöpfungsordnung auf, die für Mensch und Tier verbindlich sein sollte. Diese Denkweise führte Lorenz dazu, die neu aufkommende streng evolutionsorientierte Verhaltensforschung abzulehnen, weil sie immer neue Fälle von Lug und Trug und anderem Sozialparasitismus im Tierreich aufdeckte. Aufschlussreich ist der Unterschied in den Sichtweisen: Lorenz begegnete solchen Verhaltensweisen, die nicht dem Wohle der Art und der Artgenossen dienten, die man aber auch nicht einfach übersehen konnte, mit der Floskel *„Nobody is perfect"*; er hat sie zu entschuldigen versucht. Tinbergen, überzeugt von der Idee der Angepasstheit, hat dieselben Verhaltensweisen zu erforschen gesucht: Warum ist *nobody perfect*? Und was überhaupt wäre denn *perfect*?

Der Selektion unterliegt nicht die Art, sondern das Individuum. Nicht auf das Arttypische kommt es an, das dem Systematiker wichtig ist, sondern auf die individuellen Unterschiede, auf die Darwin sein Augenmerk richtete. Entscheidend sind die Eignungsunterschiede, die sich unter den obwaltenden ökologischen Bedingungen zwischen artgleichen Individuen ergeben. Der unbelebten Umwelt gegenüber bietet ein Merkmal jedem Träger den gleichen Eignungs- oder Selektionsvorteil; windschnittige Form oder wasserabweisende Oberfläche sind jedem Besitzer gleichermaßen nützlich. In der sozialen Umwelt jedoch hängt der Vorteil, den ein bestimmtes Verhalten bringt, regelmäßig davon ab, wie viele andere dasselbe tun. Hier gelten die Gesetze der frequenzabhängigen Selektion. Lügen und Betrügen lohnt sich tatsächlich für den ersten, der es betreibt. Aber je mehr die Taktik sich ausbreitet – sei es genetisch oder durch soziales Lernen –, desto weniger nützt sie, weil bald jeder selbst auch darunter leidet. Die Ausbreitungserfolge von gegenseitigem Helfen und Ausbeuten werden in der Natur oft zu einer stabilen Mischungshäufigkeit ausbalanciert; ein nach unseren Begriffen unfaires Verhalten breitet sich so weit aus, bis es erfolgsgleich ist mit der entsprechenden fairen Verhaltensalternative.

Wenn man eine Gruppe junger Drosseln in geschlossenem Raum von Hand aufzieht, ohne Gefahren durch Katzen oder Raubvögel, und ihnen ab und zu einige der beliebten Mehlwürmer bietet, dann wird alsbald einer, der sie sieht, einen Alarmruf äußern, woraufhin die Geschwister in Deckung flüchten und er sich, ohne irgendein Anzeichen von Angst, den Leckerbissen holt. Das ist gezieltes Einsetzen einer Falschmeldung, um den Wettbewerb zu umgehen. Wenn allerdings die Flüchtenden ihrerseits den Warnruf weitergeben, dann wird auch der Urheber mitgerissen und flüchtet, nun ebenfalls ohne Wurm. Wenn viele den falschen Alarm gäben, flüchtete schließlich keiner mehr. Der Trick hätte sich überlebt – allerdings auf die Gefahr hin, dass der nun abgewertete Warnruf auch im Ernstfall wirkungslos bleibt. Hat das etwas mit Neid zu tun? Gönnt der Rufer den Leckerbissen keinem anderen? Steckt hinter der Falschmeldung Futterneid? Oder handelt es sich um Selbstversorgung mit allen verfügbaren Mitteln?

Ein weiteres Beispiel: Ein Löwe liegt satt neben dem Rest eines Zebras. Nun sieht er einen anderen Löwen kommen. Der Löwe neben dem Zebra hat zwar im Moment keinen Hunger mehr, und er besitzt noch einen Futtervorrat. Den kann er demnächst verzehren – wenn er ihn dann noch hat. Andernfalls muss er sich erneut auf die Jagd begeben. Jagen kostet einige Anstrengung, und vielleicht bleibt er dabei erfolglos. Wie groß Aufwand und Risiko werden, hängt von den Umständen ab. Es wird also von den Alternativen abhängen, die er hat, ob es sich lohnt, den Zebrarest zu verteidigen. Der ist umso wertvoller, je schwieriger Ersatz zu beschaffen ist. Und je näher sein Rivale kommt, desto mehr schwindet die Wahrscheinlichkeit, dass ihm der Vorrat erhalten bleibt. Er kann versuchen, die Bedrohung abzuwehren, und den Rivalen angreifen, um ihn zu vertreiben. Das kostet ebenfalls Kraft und birgt Risiken, und vielleicht verliert er seinen Vorrat dennoch. Sicherer ist es daher, ihn sich selbst einzuverleiben. Dann verschwindet das Streitobjekt, und Kampf und Kraftvergeudung werden vermieden. Der satte Löwe beginnt deshalb weiter zu fressen, und zwar als Alternative zum Rivalenkampf. Auch viele Hunde fressen brav ihr Schüsselchen leer, wenn Herrchen androht, den Bello von nebenan herbeizuholen.

Was hier als typischer Futterneid gilt, ist schlicht am Individuum selbst orientierte Nutzen-Kosten-Abwägung. Es geht ja nicht um den Nährwert des verbliebenen Restes selbst, sondern um die Kosten der Wiederbeschaffung einer gleichwertigen Menge. Wer im Stop-and-Go auf der Autobahn mit bereits warnblinkender Tankanzeige dahinschleicht, wird einem Kollegen, der um zwei Liter Benzin bittet, keines geben – nicht, weil er ihm diese Menge missgönnt (bei vollem Tank gäbe er gern auch das Doppelte her). Aber der letzte Liter Benzin wird kostbar angesichts des Risikos der Ersatzbeschaffung.

Viele Schmetterlingsweibchen legen ihre Eier als dicht gepacktes Gelege auf ein Blatt der Pflanze, von der sich die schlüpfenden Larven ernähren; bei uns legt der Kleine Fuchs *(Aglais urticae)* Eier auf Brennnesselblätter. Die Räupchen fressen dann konkurrierend zu vielen nebeneinander. Der Konkurrenzeffekt zeigt sich, wenn man einige Räupchen je einzeln auf einer eigenen Pflanze fressen lässt, und ihre Wachstumskurve mit der von Gruppenräupchen vergleicht. Die einzeln gehaltenen Raupen fressen weniger, wachsen nicht so rasch, nehmen langsamer an Gewicht zu und kommen später zur Verpuppung als ihre Geschwister in einer Gruppe. Eine Raupe, die gesättigt aufgehört hat zu fressen, frisst weiter, wenn sie eine fressende Nachbarin bekommt. Wissenschaftlich heißt dieser Effekt *social facilitation*. Das Fressen wirkt ansteckend wie bei uns das Gähnen oder Lachen. Auch in der Raupengruppe ist genug Futter für alle da, also kein Grund, nicht auch dem Nachbarn einen Bissen zu gönnen. Aber der von der Mutter gestiftete Zwang, in der Gruppe fressen zu müssen, ist für alle vorteilhaft, denn er beschleunigt die körperliche Entwicklung: *Time is money* in der Währung der Evolution. Und Eigennutz fördert das Konkurrieren und betreibt letztlich die Evolution („Das Prinzip Eigennutz"; Wickler und Seibt 1977).

Der *Social-facilitation*-Effekt bei der Nahrungsaufnahme ist im Tierreich weit verbreitet, bei Heuschrecken und Fischen wie bei Ratten und Schweinen. Erlaubt man einem einzeln gehaltenen Huhn, so viele Körner zu fressen, bis es von selbst aufhört, und setzt dann ein hungriges Huhn dazu, dann frisst auch das satte weiter. In Gruppen gehaltene Küken fressen mehr und wachsen besser als Einzelküken und noch einmal besser, wenn man sie auf Blech fressen lässt, weil dann das kommunikative Pickgeräusch verstärkt wird. Der erwachsene Hahn schließlich imitiert das mechanische Pickgeräusch auch vor leerem Boden mit einem stimmlichen „tuck-tuck" und lockt so Hennen zu sich.

Viele sozial lebende Tiere beginnen von etwas bislang Unbekanntem zu fressen, wenn Gruppengenossen es vormachen. Und schließlich lernen viele Jungtiere, ob Fische, Vögel oder Säugetiere, auf diese Weise von ihren Eltern, was als Nahrung tauglich ist. Im Effekt ist das ein wichtiges soziales Lernen. Es führt bei manchen Tieren zu familientypischen Nahrungstraditionen, weil verschiedene Mütter sich auf unterschiedliche Beute spezialisiert haben. Aber welche Motivation steckt hinter diesem sozialen Lernen? Würde man Futterneid dafür in Betracht ziehen? Oder ist der Begriff „Neid" hier eher fehl am Platz?

Den *Social-facilitation*-Versuch hat man auch an Menschen gemacht. Dabei zeigt sich, dass ebenso wie bei Schmetterlingsraupen, Heuschrecken oder Hühnern der Einzelne in einer Gruppe, auch wenn der Vorrat nicht begrenzt ist, mehr Chips oder Cracker verzehrt, als wenn er allein äße. Wieder ist der Effekt klar, eine Neidmotivation aber recht zweifelhaft. Der berühmte und geradezu sprichwörtliche Futterneid scheint so betrachtet gar kein Neid zu sein. Allerdings kann er wohl doch von Emotion begleitet sein. Amerikanische Forscher haben versucht, zwei Kapuzineraffen dazu zu bewegen, einen Spielgegenstand herauszugeben, indem sie ihnen dafür etwas Essbares anboten: dem einen nur ein Stück Gurke, dem anderen aber eine süße Weintraube. Auf dieses ungleiche Angebot hin weigerte sich der erste, seinen Spielgegenstand herauszugeben. Als dann der andere sogar eine Weintraube bekam, ohne dass er etwas dafür tun musste, warf der Benachteiligte sein Spielzeug freiwillig weg. Aus Trotz, Wut, Neid? Jedenfalls war er emotional beteiligt. Aber warum? Wurde die Weintraube als Zeichen höheren Ranges gedeutet? Höhere Ränge sind immer begehrt und umstritten. Erregte die Weintraubengabe Neid auf die Rangstellung? Oder war es Neid auf eine begrenzte wertgeschätzte Ressource?

Um begrenzte Ressourcen wird stets konkurriert. Dass Bäume in die Höhe wachsen und Wälder erzeugen, liegt daran, dass es vorteilhaft ist, mit den Blättern möglichst viel von oben kommendes Licht einzufangen und deshalb die eigenen Blätter über die des Nachbarn zu schieben. Bäume werden durch Lichtkonkurrenz untereinander immer höher und notgedrungen dann auch immer dicker. Dass sie nicht in den Himmel wachsen, liegt an der begrenzten Hubhöhe für den Wassernachschub. Hier von Lichtneid zu sprechen, ist jedoch nicht üblich, wahrscheinlich weil man Pflanzen keine Emotionen zuspricht.

Unter nicht ortsfesten Tieren geht die Konkurrenz meist um Besitz. Bei koloniebrütenden afrikanischen Webervögeln knipsen Männchen oft ihren Rivalen die halb oder ganz fertigen Nester ab, die dann unter dem Brutbaum am Boden liegen, mitunter mit frischgeschlüpften Jungen darin. Zeigt sich darin nachbarlicher Neid auf den Nestbesitz oder männliches Rivalisieren bei der Fortpflanzung? Neben eifrig rufenden Frosch- oder Grillenmännchen halten sich regelmäßig stumm bleibende Nebenbuhler auf und fangen angelockte Weibchen ab. Das ist kein neidisches Verhalten, sondern ein Trick, der Balzkosten spart.

Bei Säugetieren wie etwa Löwen oder Languren, die Harems mit einem Männchen und mehreren Weibchen bilden, töten neuinstallierte Haremsbesitzer oft gegen den Widerstand der betroffenen Mütter die vorhandenen Säuglinge, die noch von ihren Vorgängern gezeugt wurden. Auch das ist kein Neid auf den Fortpflanzungserfolg des Vorgängers, sondern hilft dem neuen Haremsbesitzer, die Mütter rasch wieder empfängnisbereit und so seinem eigenen Fortpflanzungserfolg dienstbar zu machen. (Das ist, nebenbei gesagt, ein klares Argument gegen die Meinung, Tieren ginge es um das Wohl der Art). Das trifft auch für den Menschen zu. Aus 39 von 60 genauer untersuchten menschlichen Kulturen ist Infantizid bekannt; noch häufiger tritt Vernachlässigung von bestimmten Kindern auf. Ein wichtiger Grund dafür ist, dass diese Kinder mit hoher Wahrscheinlichkeit nicht vom derzeitigen Gatten der Frau, sondern von einem anderen Mann gezeugt sind. Zwar kann Neid den Menschen zur Zerstörung des umneideten Objekts veranlassen, nach dem Motto: „Wenn ich es nicht haben kann, soll es keiner haben." Doch Infantizid in der Familie lässt sich einfacher mit den unter Organismen weit verbreiteten soziobiologischen Nutzen-Kosten-Abwägungen erklären, vor allem deshalb, weil sogar die Mutter Täterin sein kann, falls das Kind, obzwar ihr eigenes, einer Heirat mit einem anderen Mann und damit ihrem weiteren Fortpflanzungserfolg im Wege steht. Mütterlicher Infantizid ist im Tierreich weit verbreitet, wenn die Anzahl der Jungen in einem Wurf gelegentlich abnorm klein ist. Da zu wenige Junge nicht schneller heranwachsen als normal viele, haben diejenigen Mütter eine höhere Nachkommenzahl pro Lebenszeit, die zu wenige Junge im Stich lassen (oder schon vor der Geburt abortieren) und stattdessen rascher einen größeren Wurf aufziehen („Optimal maternal care"; Wickler 1986).

Ähnlich ohne Neid lässt sich auch der folgende Fall erklären. Rabenvögel verstecken im Boden an vielen Stellen Futtervorräte für karge Zeiten. Manche Häher achten genau darauf, ob andere ihnen dabei zuschauen und das Versteck später selbst ausräumen könnten. Hat der Versteckende einen Zuschauer, dann sucht er sich entweder einen Platz, an dem er unbeobachtet ist, oder er kehrt bald zurück und verlegt das Versteck an einen anderen Ort (Clayton und Dickinson 1999). Es scheint überflüssig, dabei Neid ins Kalkül zu ziehen. Wenn einer das Futter ohnehin für den Eigenbedarf nötig hat, muss er es nicht noch zusätzlich anderen missgönnen.

Demgegenüber vielleicht unerwartet gibt es bei Primaten Situationen, in denen Neid zwar erregt, aber unterdrückt wird, ähnlich wie beim Menschen. Da entzündet Besitz oder Eigentum Neid, doch kann ein Stärkerer dem Besitzer Eigentum zugestehen, obwohl er es gern selbst besäße. Bei Mantelpavianen *(Papio hamadyas)* beansprucht in einer Haremsgruppe das stärkste Männchen alle Weibchen für sich und wird auch von den brünstigen Weibchen aktiv zur Paarung aufgesucht. Professor Hans Kummer hat nun eine spezielle Situation geschaffen mit einem Männchen und einem Weibchen aus einer Gruppe in geräumigem Gehege. Als die beiden sich mit gegenseitiger Fellpflege zusammentaten, brachte Kummer aus derselben Gruppe ein stärkeres Männchen ins Gehege. Statt zu rivalisieren, wendete der Starke sich von den beiden ihm bekannten ab und setzte sich in eine entfernte Ecke. Es gab weder ein Anzeichen für Neid noch für respektierten Besitz (Kummer et al. 1974).

In einem weiteren Versuch bekam das Männchen im Gehege statt des Weibchens einen attraktiven Sachwert, nämlich eine Dose mit Körnern, die durch eine kleine Öffnung herausgefingert werden mussten; somit blieb die Dose für längere Zeit wertvoll. Gab man die Dose einem rangtiefen Männchen, so blieb sie unangefochten in seinem Besitz, selbst wenn ein ranghoher Rivale dazukam. Es scheint also unter Pavianen eine Regelung für Besitz und Eigentum zu geben, die Ausbrüche von Neid verhindert. Das wäre funktionell verständlich, denn Paviane sind nur in Gruppen sicher vor Raubfeinden und sollten daher den Gruppenzusammenhalt nicht durch individuelle Streitigkeiten gefährden. Der Dosenversuch verläuft aber unter Weibchen nur in der Hälfte der Fälle so, wie für Männchen geschildert. Und Männchen entwenden einem Weibchen die Dose in 30 % der Fälle. Gliedert man die Tests noch feiner auf, so wird erkennbar, dass die Individuen ein komplexes Risiko kalkulieren, das mit einem Streit einherginge. Wer erfolglos bleibt, vergeudet Energie. Männchen haben zum Kämpfen und Drohen gewaltige Eckzähne, die tiefe Wunden verursachen können. Zudem kennen die Tiere einander individuell, wissen, wer wie kampflustig ist, und kennen ihre Rangunterschiede. Anstatt nach Neid zu suchen, genügt es, diese Details zu berücksichtigen; dann lässt sich der Ausgang eines Besitzwettstreits vorhersagen.

Keines der angeführten Beispiele erwies sich als geeignet, Neid oder neidisches Verhalten an Tieren einigermaßen glaubhaft nachzuweisen oder auch nur wahrscheinlich zu machen. Es kommt nun darauf an zu zeigen, warum das so ist. Es liegt nicht am Verhalten der Tiere. Es liegt vielmehr an einem grundsätzlichen, aber dennoch meist vernachlässigten methodischen Problem: Philosophen, Theologen, Juristen und Psychologen sind als Humanwissenschaftler am menschlichen Verhalten interessiert. Das von ihnen benutzte Repertoire an Begriffen und Definitionen unterscheidet unglücklicherweise nicht zwischen zwei zu trennenden Aspekten des Verhaltens, nämlich dem Phänomen selbst und dem zugrunde liegenden, das Verhalten antreibenden Mechanismus. Dieses Manko macht sich derzeit in mehreren Bereichen sehr störend bemerkbar, u. a. in vergleichenden Untersuchungen zu tierischer und menschlicher Intelligenz und Kognition.

Wenn, wie allgemein zugestanden, der Mensch mit vielen seiner Eigenschaften und Fähigkeiten von nichtmenschlichen Ahnen abstammt, dann wird man zwar diese seine Eigenschaften und Fähigkeiten nicht ohne Vergleiche mit entsprechenden Parallelen bei heute lebenden nichtmenschlichen Lebewesen verstehen können. Aber Begriffe wie Bestrafung, Erziehung, Betrug, soziale Hilfeleistung oder Neid implizieren, jedenfalls in der herkömmlichen Terminologie, mentale Prozesse wie Absicht oder Empathie; und dadurch werden Vergleiche zwischen Arten unmöglich. Dass sich ein Tier von anderen zur Nahrungsaufnahme verleiten lässt, kann als Anzeichen von Futterneid, aber ebenso auch als Anzeichen von notwendigem sozialem Lernen gelten, solange der zugrunde liegende Antriebsmechanismus unbekannt ist.

Jeder Fortschritt in unserem Verständnis derartiger, begrifflich aus der menschlichen Sicht formulierter Phänomene im Tierreich wird entscheidend davon abhängen, ob es gelingt, zwei methodische Forderungen zu erfüllen:

- Erstens muss das auftretende Verhalten getrennt von dem ihm zugrunde liegenden motivierenden Antrieb betrachtet werden. Die Definition eines Verhaltens muss rein beschreibend gestaltet sein; der Antriebsmechanismus – sofern für den gegebenen Fall bekannt – kann dann zusätzlich benannt werden.
- Zweitens muss man der Versuchung widerstehen, anscheinend gleichartig motivierte Verhaltensweisen von verschiedenen Lebewesen durch einen hypothetischen Evolutionsgang untereinander zu verbinden, als sei eine aus der anderen stammesgeschichtlich hervorgegangen.

Evolutionsgeschichten zu erfinden ist eine verführerisch einfache, aber unwissenschaftliche Übung. Es genügt nicht einmal, dass eine naturwissenschaftliche Geschichte potenziell nachprüfbar ist; sie muss wirklich nachgeprüft werden und so lange als zweifelhaft oder falsch gelten, bis Überprüfungen keinen Zweifel mehr übrig lassen.

Erst wenn es gelingt, diese beiden methodischen Arbeitsregeln durchzusetzen, wird es möglich sein, den vorhandenen Reichtum an tierischen Verhaltensbeispielen nicht nur zu unterhaltsamem Zeitvertreib, sondern zu tieferem Verständnis zu nutzen. Und das ist sehr wohl möglich. Wenn nämlich mit den unsrigen vergleichbare Phänomene an verschiedenen Arten von Lebewesen identifiziert sind, dann kann und sollte man weiter fragen, wie und unter welchen (ökologischen oder sozialen) Bedingungskonstellationen diese Phänomene dort jeweils zustande kommen. Das gilt, wie gesagt, nicht nur für sogenanntes neidisches, sondern für alles anthropomorph benannte

Verhalten. Im Vergleichen sind voreilige hypothetische Evolutionslinien erkenntnishemmend, weil sie Entschuldigungen statt Erklärungen nahelegen. Gerade wenn irgendein Verhalten des Menschen kein mitgeschleppter historischer Rest aus grauer Vorzeit, sondern beim Menschen neu aufgetreten ist und wenn vergleichbares Verhalten auch bei anderen Lebewesen mehrfach unabhängig entstanden ist, dann können wir im Vergleich mit diesen anderen Lebewesen nach den gleichermaßen dafür verantwortlichen Bedingungen suchen. Diese Bedingungen zu kennen ist Voraussetzung dafür, dass es gelingen könnte, irgendein erwünschtes Verhalten zu unterstützen oder ein unerwünschtes zu erschweren.

Um Gründe für unser menschliches Verhalten aufzudecken, kann eine korrekte Analyse tierischen Verhaltens durchaus hilfreich sein. Im gedruckten Vorspann zu dieser Tagung in Lindau ist Melanie Klein zitiert, die vor ziemlich genau 50 Jahren schrieb, Neid sei dem Menschen angeboren. Bei „angeboren" denken wir heute meist zuerst an die Gene. Doch vom Gen zum Phän, zum ausgeprägten Merkmal, kann ein direkter oder sehr indirekter Weg führen. Sehr direkt genetisch festgelegt sind Blutgruppe oder Augenfarbe. Gar nicht genetisch festgelegt sind die Papillarlinienmuster, die im Fingerabdruck erfasst werden. Zu anderen Phänomenen führt der Weg vom Gen zum Phän über diverse physiologische Vorgänge, zum Fressverhalten etwa über den Hunger. Bei wieder anderen Phänomenen am Individuum spielen Umweltfaktoren als interferierende Variable eine wesentliche Rolle. So entscheiden ökologische Faktoren, ob ein Individuum zum Beispiel Winterschlaf, saisonalen Fellwechsel oder Fieber zeigt oder nicht zeigt. Soziale Faktoren entscheiden darüber, ob ein männliches Individuum Kindstötungsverhalten statt Brutpflege zeigt. Es handelt sich hierbei um emergente Phänomene, die nicht als Anpassungen evoluiert sind und die, wenn an verschiedenartigen Organismen auftretend, doch keine einheitliche historische Wurzel haben. Wir bilden für emergente Phänomene zwar sinnvolle begriffliche Kategorien, die jedoch erst im Betrachter entstehen. Diese Begriffe selbst haben eine historische Entwicklung, aber das, was sie bezeichnen, kam nicht durch Evolution und Selektion zustande, sondern ist streng genommen ein Epiphänomen. Ebenso wie Sozialstruktur oder Tourismus existieren auch Hilfeleistung oder Neid nur in unserer Gedankenwelt und haben nicht sonst irgendwo einen Sitz in der Welt. So stammt auch der „Neid unter Tieren" aus der menschlichen Begriffswelt und entsteht erst in den Köpfen der Menschen.

53

Wie die Zeit mit uns umgeht

Ein 750 Jahre altes Kirchenportal ▪ Adam und Eva mit bedeckten, Engel mit offenen Genitalien ▪ Kairos, Chronos, Kohelet ▪ Episodisches Gedächtnis ▪ Zeitpfeil im Daumenkino ▪ Subjektiver Augenblick ▪ *Carpe diem*

24. Mai 2007, Trogir

Mein Bruder Konrad („Konni") und seine Frau Katja Raganelli haben mich und Agnes für eine Woche in ihr direkt am Meer gelegenes Ferienhaus in Kroatien eingeladen. Das innen stilvoll eingerichtete Haus und der prächtige Garten mit Treppchen ins Salzwasser und die weitere Umgebung sind hervorragend zum Entspannen geeignet. In einem ausgezeichneten Fischrestaurant genießen wir fangfrische Fischspezialitäten. Und einen seltenen Kunstgenuss beschert uns ein Ausflug in das antike Zentrum der Hafenstadt. Es liegt auf einer teils künstlichen Insel, zu der eine Steinbrücke führt. Um 380 v. Chr. hatten hier die Griechen eine Siedlung, Tragourion (*tragos* = Steinbock), gegründet; die Römer nannten den Ort dann Tragurium, woraus zu guter Letzt Trogir wurde. 1123 haben die Osmanen die Stadt zerstört, sie wurde aber wiederaufgebaut; seit 1997 zählt die gesamte Altstadt zum Welterbe der UNESCO.

Nach einem heißen Spazierbummel auf der breiten, mit Palmen geschmückten Wasserfrontpromenade mit einem Blick auf das Kastell Kamerlengo aus dem 14. Jahrhundert, führen Konni und Katja uns durch das Seetor ins Stadtzentrum. Rechts in einem Winkel zwischen der antiken Stadtmauer und einem Mauerteil aus der venezianischen Periode (1420–1797) liegt das Kloster St. Nikolaus („da gehen wir später hin"). Ein paar Schritte weiter, vorbei an der Johanneskirche, haben wir den zentralen Platz mit der Kathedrale des Hl. Laurentius (kroat. Sveti Lovro) vor uns, belebt und beliebt wie in der Antike, als sich an dieser Stelle ein Tempel der Göttin

© Springer-Verlag GmbH Deutschland, ein Teil von Springer Nature 2020
W. Wickler, *Reisenotizen*, https://doi.org/10.1007/978-3-662-61996-4_53

Hera mit dem Agora-Festplatz befand. Heute stehen Tische und Stühle unter Sonnenschirmen bis direkt vor den Eingang der Kathedrale. Ein Eiskaffee muss sein. Dann nimmt die Kathedrale unsere Aufmerksamkeit für lange Zeit gefangen. Der Bau der dreischiffigen Basilika wurde im 13. Jahrhundert in romanischem Stil begonnen. Das Mittelschiff bekam später ein gotisches Gewölbe, und in der Renaissance wurde 1589 der 50 m hohe Glockenturm fertig. Die Elemente des riesigen Gotteshauses demonstrieren zusammen an einem Stück die verschiedenen Baustile der aufeinanderfolgenden Epochen.

Nicht nur mich fasziniert vor allem das Hauptportal der Kathedrale. Geschaffen hat es der kroatische Steinmetz Radovan 1240 in romanischem Stil, aber mit für seine Zeit einmaligen Szenerien aus Reliefs und Skulpturen. Es ist sehr vorteilhaft, dass ich mein gutes Fernglas dabeihabe. Angeblich hat Radovan als Vorlage eine byzantinische Schnitzerei aus Elfenbein benutzt. In die Mitte des Portals über der Tür setzt er die Geburt Christi, aber nicht nach byzantinischer Ikonografie in einer Höhle in Bethlehem, sondern in einem Stall. Maria liegt auf einem Holzbett, ihr Kopf auf einem Kissen, neben ihr das gewickelte Kind mit zu ihr gewandtem Gesicht. Alle darunter angeordneten Figuren sind in Bewegung. Eine Magd gießt aus einem Krug Wasser in ein Fass, Maria hält das (schon größere) Kind zum Waschen bereit, Josef, der mit seinem Stab daneben sitzt, dreht seinen Kopf dorthin, und ein Hirte neben ihm greift nach oben an seinen Hut.

Das Portal wurde in der zweiten Hälfte des 13. Jahrhunderts von Schülern Radovans erweitert. Aus dieser Zeit stehen am Portal auf steinernen Konsolen zwei mächtige Skulpturen, rechts Adam mit Löwe, links Eva mit Löwin. Adam und Eva sind nackt und verdecken mit einer Hand ihre Genitalien. Geflügelte Engelchen mit Armen und Beinen oben darüber zeigen jedoch deutlich männliche Genitalien. An kleinen Engelkindern stört das wohl niemanden. Aber sind Engel nicht angeblich geschlechtslos? Pflanzen sie sich doch fort? Seitlich hinter Adams Rücken sind übereinander in fein ausgearbeitetem Rankenwerk die im Mittelalter üblichen mythologischen Landtiere dargestellt. Hinter Evas Rücken sind es, noch feiner gearbeitet, Fabelwesen aus dem Meer. Der bis unter den sichtbaren Nabel menschliche Oberkörper einer Meerjungfrau (Sirene) mit Armen und weiblichen Brüsten endet als Fisch mit Schuppen und Flossen. Darüber ein Hippokamp: vorn Pferd mit Kopf und Vorderbeinen, hinten ein gerollter Schlangenkörper. Sirenen lockten Männer ins Unheil, der Hippokamp diente Meerjungfrauen und Meeresgöttern als Transportmittel. Ungewöhnlich ist ein Attribut an der Hand der Meerjungfrau, eine Traube aus rundlichen Gebilden, die in Ephesus den Oberkörper der „vielbrüstigen" Diana-Artemis bedecken. Die Traube hängt an einem Blatt mit einfachen Vulvasymbolen. Sind das alles Symbole für weibliche Fruchtbarkeit? Oder für die zu Sinneslust verführenden weiblichen Reize?

Wir besichtigen kurz an der Nordwand der Kathedrale die Renaissance-kunst der Grabkapelle des Schutzheiligen der Stadt, Johannes von Trogir. Er war ein Kamaldulensermönch und wurde 1064 von Papst Alexander II. zum Bischof von Trogir bestimmt. Die gewölbte Kassettendecke über seinem Grabmal ist in quadratische Felder mit je einem Puttenkopf aufgeteilt. In der Mitte guckt Gott mit Weltkugel in der rechten Hand aus einer runden, vier Felder großen Öffnung. Die Engelchen blicken nach unten; er blickt geradeaus, also thront er über ihnen.

Dann bringt Konni uns zurück an die Stadtmauer zum Benediktinerinnenkloster des Hl. Nikolaus (Sveti Nicola). Die Benediktiner waren der erste größere Orden in Trogir, und Benediktinerinnen wohnen hier seit 1064. Durch den malerischen Klosterhof kommt man zu einem kleinen Museum, für das eine der Schwestern zuständig ist, die uns schon erwartet. Konni bringt ihr einen Kassettenfilm von der Papstwahl im April 2005, und sie führt uns zum berühmtesten Objekt des Museums, dem „Kairos", einem als Torso erhaltenen Flachrelief aus dem 3. Jahrhundert v. Chr. Es ist die Marmorkopie einer verschollenen Bronzefigur, die im Vor-hof eines Tempels in Sikyon am Golf von Korinth stand. Geschaffen hatte sie im 4. vorchristlichen Jahrhundert Lysippus von Sykion, der Erzgießer und Hofbildhauer Alexanders des Großen. Ein Zeitgenosse der beiden, der griechische Epigrammdichter Poseidipp aus Pella, ließ den nackt dahin-eilenden Jüngling sprechen:

> Ich, der Kairos, laufe unablässig, fliege wie der Wind. An der Stirnlocke kann mich ergreifen, wer mir begegnet; bin ich aber mit fliegendem Fuß erst ein-mal vorbeigeglitten, wird mich am kahlen Hinterkopf von hinten keiner mehr halten, so sehr er sich auch mühte.

Daher kommt die Redensart „eine Gelegenheit beim Schopf packen", sowie in Shakespeares „Ende gut, alles gut" die Aufforderung „beim Stirnhaar lass den Augenblick uns fassen".

Zurück im Ferienhaus haben wir im Garten unter der Palme mit dem Schild „Café Palme", angestoßen vom Kairos, reichlich Kairos-Gesprächsstoff zu praktischen und theoretischen Aspekten der Zeit. Mein Bruder Konrad war Kameramann, als der Bayerische Rundfunk und die BBC 1969 in der Serengeti den Film „Science on Safari" erstellten, für den ich gemeinsam mit Tony Isaac Drehbuch-Coautor war. Konni hat später in seiner eigenen Diorama-Filmproduktion zusammen mit Katja Raganelli internationale Künstlerporträts geschaffen. So hat er es beruflich mit beiden griechischen Göttern der Zeit zu tun, mit Kairos, dem Gott der günstigen Augenblicke, und mit „Chronos", dem Gott der langen Zeitabschnitte. Die ältesten Griechen verstanden unter Zeit eine ununterbrochene Reihe günstiger Augenblicke, und diesen Eindruck soll jeder gute Porträtfilm vermitteln.

Zeit empfinden wir als Aufeinanderfolge von Ereignissen. Verschiedene bekannte Prozesse haben sich als irreversibel erwiesen, ihre Teilereignisse kommen nie in umgekehrter Reihenfolge vor. Ein Ball kullert die Treppe hinunter, aber nicht hinauf; ein warmer Körper wird von allein kälter, aber nicht heiß; ein Foto vergilbt mit der Zeit, wird aber nicht bunter; wir können uns an die Vergangenheit erinnern, aber nicht an die Zukunft, planen aber für die Zukunft, nicht für die Vergangenheit. Solche „Zeitpfeile" geben der Zeit eine Richtung, und zwar immer dieselbe. Wunschträume wie die Altweibermühle als Verjüngungskur zielen nicht auf eine generelle Zeitumkehr, sondern möchten nur einige Prozesse umkehren. Wohl aber kann man Ereignisfolgen, die auf Datenträgern gespeichert sind, in umgekehrter Reihenfolge lesen, Filme oder Musikstücke rückwärts abspielen oder ein Daumenkino (Abblätterbuch) oder eine bebilderte Drehtrommel „falsch herum" betätigen.

Als Kinder haben wir damit – egal in welcher Richtung – ausprobiert, wie ein Film entsteht. Wenn Einzelbilder mit einer Frequenz von mehr als 24 Hz (also in Abständen von unter 0,03 s) aufeinander folgen, verschmilzt unsere Wahrnehmung sie zu einer Bewegung. Deswegen muss ein Film mit mindestens 25 Bildern pro Sekunde aufgenommen und wiedergegeben werden, um die Illusion von Bewegung zu erzeugen. Ebenso verschmelzen kurze Einzeltöne zu einem Dauerton, wenn sie weniger als 0,03 s voneinander getrennt sind. Andererseits können wir, wie der Psychologe Ernst Pöppel festgestellt hat, einen bestimmten Bewusstseinsinhalt nur einen Augenblick lang festhalten, und der dauert 3 s. Dieser bewusst wahrgenommene Augenblick ist das „Jetzt", die Zeitspanne, in der Zukunft zur Vergangenheit wird und in der sich unser aktives Leben abspielt. In diesen 3 s erleben wir die Gegenwart und treffen Entscheidungen, mit denen wir Erfahrungen aus der Vergangenheit in Planungen für die Zukunft umsetzen. Wir zerlegen also, ohne es zu bemerken, den kontinuierlichen Zeitverlauf in eine Folge von Drei-Sekunden-Fenstern; subjektiv eine gleichmäßig verlaufende Zeit zu erleben ist eine Illusion. Die Honigbiene kann noch 300 Lichtblitze in der Sekunde getrennt wahrnehmen; ein Film mit 24 Bildern pro Sekunde vorgeführt bestünde für sie aus Standbildern wie bei einem Diavortrag.

Im 3. Jahrhundert v. Chr. meinte der gelehrte alttestamentliche Verfasser des Buches Kohelet: „Für jedes Geschehen unter dem Himmel gibt es eine besondere Zeit." Würde ein Lebewesen in der Natur seine Tätigkeiten in normaler Häufigkeit und mit normalem Zeitaufwand, aber in zufälliger Reihenfolge ausführen, täte es die meisten Dinge zur falschen Zeit, statt sie jeweils bestimmten äußeren Bedingungen zuzuordnen. Rhythmisch wiederkehrenden Bedingungen haben sich die Lebewesen durch „innere Uhren" genetisch angepasst; dem 24-h-Tagesrhythmus folgen Schlafen und Wachen, dem 12-Monats-Jahresrhythmus folgen Vogelzug und Fortpflanzung. Für nicht rhythmisch auftretende Situationen haben alle Lebewesen die Fähigkeit, aus Erfahrungen Zukunftserwartungen abzuleiten. Protozoen nutzen dazu ihre Zellphysiologie, komplexe Vielzeller einen Lernapparat, der Erfahrungen sammelt und sie in Vorhersagen und Erwartungen umsetzt, was schließlich Stoffwechselbelastungen im Leben verringert. Gibt man zum Beispiel einer Ratte in bunter Folge Lichtreize und Elektroschocks, so erzeugt das in ihr hohen, die Gesundheit schädigenden physiologischen Stress. Bietet man jedoch dieselbe Menge beider Reize, aber so, dass immer ein Lichtreiz einem Elektroschock vorausgeht, so erzeugt das deutlich geringeren und weniger schädlichen Stress. Der Lichtreiz wirkt wie ein Warnruf, der das Tier veranlasst, innerlich in Deckung zu gehen. Solche Erwartungen, die Vor-Anzeichen verwerten, können dem Organismus das Leben leichter machen.

Weit draußen vor Konrads Garten lebt an der Küste die 20 cm große Spinnenkrabbe *(Inachus phalangium),* deren Sozialstruktur meine Mitarbeiter Peter Wirtz und Rudolf Diesel 1983 untersucht haben. Diese Tiere leben einzeln, jedes im Schutz einer Seeanemone, deren Schutz zu verlassen gefährlich ist, weil es zahlreiche Fressfeinde gibt. Im Umkreis von einem Männchen wohnen bis zu acht Weibchen, die im Sommer alle 20 Tage ein Gelege produzieren und dann vom Männchen besucht werden. Die Weibchen sind nicht synchronisiert, ihre Zyklen verlaufen unabhängig voneinander. Dennoch besucht das Männchen jedes Weibchen genau zur Zeit der Eiablage und kehrt anschließend zu seiner eigenen Anemone zurück. Es wurde aber nicht – wie bei vielen Krebsen – durch ein Duftsignal angelockt. Wenn nämlich an einer Anemone das Weibchen verschwunden, wahrscheinlich einem Fressfeind zum Opfer gefallen ist, taucht das Männchen dennoch pünktlich zur Zeit der erwarteten Eiablage dort auf. Es hat demnach nicht nur den Wohnort jedes Weibchens „im Kopf", sondern auch dessen individuellen Eierlegetermin, besucht also „seine" Weibchen nicht nach vorankündigenden Signalen, sondern nach einem festen „Fahrplan". Im Männchen läuft für jedes seiner Weibchen das Äquivalent einer eigenen „Eieruhr", die nach jedem Paarungsbesuch wieder neu gestartet wird.

Man nennt das „episodisches Gedächtnis", Erinnerung an Geschehnisse oder Handlungen – was wo wann geschah – wobei das Wann nicht an äußere Kalenderdaten, sondern an Episoden im Verlauf des eigenen Lebens geknüpft wird. Am besten untersucht ist das an Rabenvögeln, am genauesten von der britischen Kognitionsforscherin Nicola Clayton am Florida-Buschhäher *(Aphelocoma californica)*. Ich habe sie in Cambridge mehrmals besucht. Ihre Vögel verstecken Nahrungsbröckchen an Dutzenden Stellen im Boden, und zwar sowohl dauernd haltbare Nüsse als auch nur begrenzt haltbare Maden, die sie am liebsten fressen. Wenn man ihnen den Zugang zu ihren Verstecken eine Zeit lang blockiert und danach wieder gewährt, zeigt sich, dass sie von jedem Versteck nicht nur wissen, wo es sich befindet und was es enthält, sondern auch, ob das dort Versteckte noch genießbar oder bereits ungenießbar ist. In letzterem Fall besuchen sie dieses Versteck nicht wieder. Der Vogel muss also in seinem Innern, wie die Krabbe, bei jedem Verstecken ein Äquivalent einer „Brauchbarkeitsuhr" starten, diese beim Wiederbesuch stoppen und im Falle verderblicher Ware mit einer selbsttätigen Abschaltung am Ende der Verwertbarkeitsdauer versehen (Clayton und Dickinson 1999). Wie diese inneren Uhrwerke physiologisch und neuronal beschaffen sind, ist bislang unbekannt. (Wären sie an Herzschlag-, Atmungs- oder Tagesrhythmen gebunden, wären dafür je gesonderte, ebenso unbekannte episodische Start-Stop-Zählwerke erforderlich).

In der Organischen Evolution sind Lebensziele – als Sinn des organischen Lebens – vorgegeben, nämlich maximale Vervielfältigung des Genomprogramms unter maximaler Ökonomie, also mit möglichst geringem Aufwand an Zeit, Energie und Risiko. Genetische Varianten, die sich in kürzerer Zeit oder mit weniger Aufwand (oder beidem) vervielfältigen, setzen sich gegen weniger effektive Varianten durch. Das ist natürliche Selektion; sie arbeitet automatisch gegen Varianten, die den Sinn des Lebens verfehlen. Natürliche Selektion kann Populationen, die unter dem Vermehrungszwang ihre ökologischen Ressourcen übernutzen, zum Aussterben bringen. Wer andererseits von diesem Zwang zurücktritt, um Ressourcen zu schonen, wird von Konkurrenten verdrängt, die das nicht tun. *„Carpe diem"*, nutze den Tag, empfahl um 23 v. Chr. der römische Dichter Horaz jedem Menschen.

Die Fähigkeit, sich neben dem allgemein biologischen Überlebensziel weitere Ziele zu setzen und als Sinn seines Lebens anzustreben, verpflichtet nun jeden Menschen dazu, seine Zukunft so zu strukturieren, dass der gewählte Sinn seines individuellen Leben in aufeinanderfolgenden richtigen, eventuell durch Erfahrungen korrigierten Entscheidungen erkennbar wird. Um sinnvolle von sinnlosen Lebensentwürfen zu unterscheiden, müssen wir die nur im Menschen angelegte Begabung pflegen, zukünftige Folgen unserer Entscheidungen vorhersehen zu können, also – wie eine Eva es vorgemacht hat – den Paradiesapfel vom Baum der Erkenntnis pflücken und genießen. Eine Kopie des Trogir-Reliefs, die bei mir zu Hause hängt, erinnert mich daran.

Sie erinnert zugleich daran, dass im entscheidenden Augenblick der Kairos selbst oft noch im Nebel steckt. Anders als die jungen Frauen mit ihren Lampen in Jesu Gleichnis (Mt 25,1–13), die vorbereitet schon wissen, auf welche Gelegenheit sie warten, weiß ich aus eigener Erfahrung und aus meinen Notizen, dass man etwas aufgreift und erst im Nachhinein merkt, dass es mal wieder eine Stirnlocke vom Kairos gewesen ist, eine unerwartete gute Gelegenheit, durch weiteres Forschen zu neuen Erkenntnissen zu gelangen.

Oder, anders gesagt: Alles was einem interessant erscheint, ist wichtig; man muss nur herausfinden, in welchem Zusammenhang es wichtig ist.

54

Leben und Liebe von Giovanni Bernardone und Chiara Scifi

Franz und Klara von Assisi ▪ Gottesliebe hindert Menschenliebe ▪ Minne als vergeistigte Erotik ▪ Minnesang ▪ „Sonnengesang" des Hl. Franziskus und „Laudato si" von Papst Franziskus

14. Juni 2011, Assisi

Meine Frau und ich machen diesmal Urlaub in Umbrien, um dem nachzuspüren, was nach dem Tod des Giovanni Bernardone über seine abenteuerliche Lebens- und Liebesgeschichte zusammengetragen wurde.

Seine Mutter Pica brachte ihn 1182 in Assisi zur Welt und nannte ihn Giovanni. Sein Vater Pietro, ein reicher Tuchhändler, war in Frankreich unterwegs und nannte ihn später „Francesco" (Französlein). Er schickte ihn in die Schule der Pfarrei San Giorgio, die zu San Rufino, der Kathedrale der Stadt Assisi gehört, ließ ihn Lesen, Schreiben, Rechnen und Latein lernen und 1190 zum Modefachmann ausbilden. Francesco trat 1196 in die Zunft seines Vaters ein.

Zwei Jahre zuvor (1194) wurde in Assisi dem adeligen Ritter Favarone di Offreduccio di Bernadino und seiner ebenfalls adligen Frau Ortolana eine Tochter geboren, Chiara Scifi. Getauft wurde sie, wie Francesco, in San Rufino. Die Familie wohnte, wie alle Adelssippen, in Wohntürmen der Oberstadt. Das bildhübsche Mädchen erfuhr „in häuslicher Klausur" eine ausgezeichnete Ausbildung in Latein, Lesen und Schreiben. Weil 1198 die Bürgerschaft revoltierte und die Wohntürme brannten, ging die Familie ins Exil.

Francesco träumte vom Rittertum, kämpfte im Städtekonflikt 1202 für Assisi gegen Ponte San Giovanni, geriet in Kriegsgefangenschaft, wurde schließlich vom Vater freigekauft und kam 1204 krank und seelisch erschüttert aus dem Kerker. Als der Adel 1203 einen Zwangsfrieden mit der Bürgerschaft schloss, kehrte auch Klaras Familie zurück. Der bürgerliche Francesco verliebte sich in das 12 Jahre jüngere adelige Mädchen und sie sich in ihn, doch wegen des Standes- und Altersunterschieds durften sie nicht zusammenkommen.

Es ist die Zeit (1150–1250) der Minne und des Minnesangs mit dem Ideal der unerreichbaren Frau. Programmatisch für die stilisierte „Hohe Minne" sind unerfüllte Liebe, Kontrolle der Affekte und Sublimierung der Erotik. In der sogenannten „Niederen Minne" besingt das „Mädchenlied" wechselseitige und erfüllte Liebe als Ideal – so Walther von der Vogelweide 1170–1230 in *Under der linden;* hingegen besingt die „Pastourelle" den Verführungsversuch eines Ritters, dem das Mädchen zu entgehen versucht – so Goethe 1770 im „Heidenröslein" (Gerlach 2005).

Francesco beschließt, mit Klara wie Bruder und Schwester zu leben und als Ritter Gottes ein Gefolgsmann der „Frau Armut" zu werden. Er verschenkt Familiengeld, wird deswegen 1206 von seinem Vater verklagt und reißt sich 1207 in der öffentlichen Gerichtsverhandlung die Kleider vom Leib, vor den Augen des erschrockenen Bischofs von Assisi, der herbeieilt, um die Blöße des Revoluzzers zu verdecken. Der aber flieht demonstrativ nackt in den Wald und holt sich bei Klara Rat, ob er ohne Besitz und Geld eine Einsiedelei gründen soll. Er hat dann aber die Eingebung, dem Vorbild der ausgesandten Jünger Jesu (Mt 10,5) zu folgen, und wird Wanderprediger in Kutte und Kapuze. Nachdem sich ihm Gefährten angeschlossen haben, bekommen sie 1208 vom Abt von Monte Subasio die Marienkapelle Portiuncula unterhalb von Assisi als Zentrum ihrer Bruderschaft. Sie erhalten 1209 vom Papst die Erlaubnis zur Laienpredigt und die Anerkennung ihrer ersten Regel als mönchische Gemeinschaft.

Zur gleichen Zeit liefert die Minnedichtung in den „Kreuzliedern" Beispiele für den Konflikt zwischen der weltlichen Minne im Dienst einer Frau und der vorrangigen Gottesminne in Form der Kreuzzüge. Auch Franz will sich 1212 einem Kreuzzug anschließen, kehrt aber nach Assisi zurück, nachdem sein Schiff bei einem Seesturm in Dalmatien gestrandet ist.

Inzwischen hat die knapp 18-jährige Klara ihre Mitgift verkauft und den Erlös den Armen geschenkt. Heimlich trifft sie sich mit Franz, entschlossen, dem Vorbild ihres Freundes zu folgen. Da ihre Familie dem nie zugestimmt hätte – Klara sollte mit 15 Jahren standesgemäß verheiratet werden – flieht sie in der Nacht nach dem Palmsonntag 1212 zusammen mit ihrer Freundin und Verwandten Pacifica di Guelfuccio heimlich aus dem Haus nach Portiuncula, um als Nonne zu leben. Franz hat alles vorbereitet, bekleidet sie mit einem Ordensgewand und bringt sie zu den Benediktinerinnen nach San Paolo delle Abbadesse, etwa eine Wegstunde von Assisi entfernt. Ihr

Vater versucht vergebens, sie von dort nach Hause zurückzuholen. Weil sie keine Benediktinerin werden will, gründet sie 1212 für sich, ihre jüngere Schwester Agnese, ihre Freundin Pacifica, ihre verwitwete Mutter Ortolana und weitere Frauen aus dem Hause di Scifi in San Damiano vor den Toren von Assisi eine von ihr geleitete Schwesterngemeinschaft. Franz hilft ihr dabei und gibt ihnen 1216 eine kurze schriftliche Regel, die „Lebensform von San Damiano", angeglichen an seine eigene von 1209.

In Franz bleiben ständig beide, Gottes- und Frauenminne, lebendig. Zu seiner Frauenminne gehört die Pflege der Frau Armut und die Verbundenheit mit Klara. Die Gottesminne treibt ihn während des fünften Kreuzzugs 1219 per Schiff zum Kreuzfahrerheer, das 200 km nördlich von Kairo die ägyptische Hafenstadt Damiette an der Nilmündung belagert. Er ist bereit, als Märtyrer zu sterben, predigt im Lager des muslimischen Heeres vor dem Sultan Melek-al-Kamil, kann ihn aber nicht bekehren. Dann kommt heimlich ein Laienbruder (Stephan) angereist und berichtet von Streitereien in Assisi. Die von Franz für die Zeit seiner Abwesenheit als Vikare eingesetzten Kleriker Matthäus von Narni und Gregor von Neapel haben eigenmächtig neue Regeln aufgestellt und Verwirrung gestiftet. Eine Wahrsagerin rät ihm zur Rückkehr. Offensichtlich ist seine strukturlose Anhängerschaft zu groß geworden. Im Traum sieht er als Bild seiner eigenen Situation eine Henne, deren Beine völlig mit Federn bewachsen sind, mit mehr Küken, als sie unter ihren Flügeln halten kann. Unmittelbar nach seiner Rückkehr 1220 besucht er Papst Honorius III., stimmt der Umwandlung der Bruderschaft in einen Orden zu, gibt die Leitung an Petrus Catani ab und erbittet als Schutzherrn für seinen Franziskanerorden den Kardinal von Ostia, Ugolino di Signi. „Franziskus hing an dem Kardinal … wie das einzige Kind an seiner Mutter. Sorglos schlief und ruhte er an seinem liebenden Busen", schreibt 1228 Thomas von Celano, der erste Franziskus-Biograph. Ugolino wird 1227 zum Papst gewählt und nennt sich Gregor IX.

Im Ringen um Nähe und Distanz und gemäß der Devise, dass die Seele umso freier werde, je härter man ihr Gefängnis, den Körper, züchtige, leben Franz und Klara in strenger Askese. Franz rührt kaltes Wasser und Asche in seine Speise, um den Geschmack zu verderben; an Fastentagen leidet er bis zur Krankheit. Um sexuelle Erregung beim Gedanken an Klara zu bekämpfen, traktiert er sich im Sommer mit Dornengestrüpp und wälzt sich im Winter nackt im Schnee. Gegenüber Klara ist er manchmal so reserviert und schroff, dass seine Mitbrüder ihn tadeln. Als Klara ebenfalls mehrmals durch strenge Askese in Lebensgefahr kommt, ist es er, der sie wieder zur Besinnung bringt. Auch bespricht er mit ihr regelmäßig seine Sorgen, Ideen und Lebensprobleme und steht mit ihr in vertrautem Briefwechsel.

Im September 1224 erscheinen an seinem magenkranken und stark geschwächten Körper Wunden, die er verheimlicht; sie wurden erst bei seinem Tod bekannt und als Wundmale Christi gedeutet. Zum Ende seines Lebens weicht seine Schroffheit gegen Klara. Er besucht sie immer häufiger in San Damiano, nennt sie seine „kleine Pflanze" und sucht bei ihr Stille und Trost. 1225 besucht er sie auf ihre dringende Bitte hin; als er einen Anfall von Blindheit erlebt, stärkt und pflegt Klara ihn. Schwer krank dichtet er bei ihr den berühmten „Sonnengesang", seinen Minnegesang an Frau Natur, der das Brüderliche und Schwesterliche in „Bruder Sonne" und „Schwester Mond" vereint. Franz stirbt im Oktober 1226 und wird in der kleinen Kirche San Giorgio bestattet.

Sein Schirmherr Papst Gregor IX. spricht ihn 1228 heilig und legt am Tag darauf den Grundstein für eine Grabeskirche, die heutige Basilica San Francesco. 1230 werden seine Gebeine in die Unterkirche übertragen, zuletzt in eine 1824 eingerichtete Krypta. Klara stirbt nach jahrelanger Krankheit im August 1253, zwei Tage nachdem Papst Innozenz IV. ihre Ordensregel der „armen Schwestern" anerkannte. Auch Klara wird in San Giorgio beigesetzt und 1255 von Papst Alexander IV. heiliggesprochen; die kleine Kirche wird 1260 zur Basilica Santa Chiara erweitert. In deren 1935 neu gestalteter Krypta ist in einem gläsernen Sarkophag eine Nachbildung ihres mumifizierten Leichnams ausgestellt, daneben Tunika, Kordel und Brevier von Franziskus.

Wir betrachten im Juni 2011 in den Wandfresken der Ober- und Unterkirche der Basilica San Francesco Szenen und Legenden aus dem Leben des Franziskus – nachempfunden 1320 von Giotto di Bondone und seiner Werkstatt. Eine Szene an der Ostwand der Oberkirche sowie an der Südwand der Unterkirche illustriert die legendäre Predigt, die Franz im Spoleto-Tal einer großen Schar aufmerksam lauschender Vögel gehalten haben soll. (Philatelisten kennen die Szene von einer Briefmarke der Deutschen Bundespost zum Katholikentag 1982 in Düsseldorf). Eine ganz ähnliche Legende um den Hl. Antonius von Padua besagt, er habe, weil er keine Zuhörer fand, einst vor vielen Fischen gepredigt, die an die Küste bei Rimini kamen, die Köpfe aus dem Wasser streckten und ihm andächtig zuhörten (zu sehen in Padua auf einem Wandbild in der 1724 erbauten Danis-Tavanasa-Kapelle).

Antonius stammte aus einer portugiesischen Adelsfamilie, war Missionar in Marokko, kam krank zurück, traf 1221 Franz von Assisi, trat den Franziskanern bei und wurde 1224 von Franz zum theologischen Leiter des Ordens ernannt. An der Universität von Bologna führte er die Theologie des Augustinus in den Franziskanerorden ein. Seine Predigten *(Sermones)* wurden berühmt. Im Vorwort zu seiner Predigtsammlung schreibt er, dass ihm auf das sittliche Leben bezogene anschauliche Bilder aus der Natur als „Aufhänger" dienten, um Glaubensinhalte sinngemäß zu erklären. In den „Predigtmärlein" der Dominikaner mahnt 1260 ihr Ordensmeister Humbert von Romans, die Prediger müssten Wissen haben von der Heiligen Schrift und der Schöpfung, „weshalb der selige Antonius gesagt hat, die Schöpfung sei ein Buch. Das Buch der Natur enthält überraschende und erbauliche Weisheit in Fülle für den kundigen Leser." Leider sind diese „kundigen Leser" unter den Theologen und Predigern bis heute rar.

Das Anliegen des Hl. Franziskus, ein bewusstes Leben mit der Schöpfung zu führen, hat der Jesuit Jorge Mario Bergoglio, seit 2013 Papst Franziskus, mit seiner Ökologie-Enzyklika „Laudato si" (1215) vehement unterstrichen und damit 800 Jahre nach der öffentlichen Verkündung des Franziskanerordens das zunehmende Ausbeuten statt Bewahren der Natur angeprangert. Jorge Bergoglio hat einen Berufsabschluss als Chemietechniker und kennt sich aus in Umwelt- und Energietechnik. In der Enzyklika geht es ihm aber vorrangig um die belebte Schöpfung, um die Tiere und den Menschen. Er verweist auf den Hl. Franziskus, für den die Umwelt eine „Mitwelt", jedes Geschöpf eine Schwester oder ein Bruder war und die Geschöpfe um ihrer selbst willen da sind. Die Enzyklika predigt eine Hoffnung der Auferstehung für alle Geschöpfe: „Das ewige Leben wird ein miteinander erlebtes Staunen sein, wo jedes Geschöpf in leuchtender Verklärung seinen Platz einnehmen wird" (Nr. 243). (Franziskus von Assisi mahnte sogar: „Wehe dem Menschen, wenn auch nur ein einziges Tier im Strafgericht Gottes sitzen wird.").

Der Hl. Franziskus war ein Naturschwärmer, der Hl. Antonius ein Naturdeuter, jeder in seinem zeitgemäßen Wissenshorizont. Papst Franziskus in der Rolle des Naturbewahrers schwelgt wieder in franziskanischer Wertschätzung alles Geschaffenen und aller Geschöpfe, aber – für „kundige Leser aus dem Buch der Natur" – nicht ganz im Einklang mit heutigem biologischem Wissen. Bereits der Hl. Bonaventura, der 1243 dem Orden der Franziskaner beitrat, 1257 ihr Ordensgeneral und 1588 zum Kirchenlehrer ernannt wurde, war der Ansicht, die Menschen hätten zwar ursprünglich die Schöpfung wie ein Buch lesen und in den geschaffenen Dingen den Schöpfer wahrnehmen, nach dem Sündenfall aber die Sprache dieses Buches nicht mehr verstehen können.

Schwer zu verstehen ist auch die Sprache der Enzyklika *Laudato si* von Papst Franziskus aus dem Jahr 2015. Sie behandelt unter den moralischen Bedingungen einer glaubwürdigen Humanökologie eine „ganzheitliche Ökologie des Menschen" und dessen „Beziehungen zu den anderen Lebewesen" (Nr. 155; Abschnittsnummern der Enzyklika), aber in einer Weise, die nicht nur dem Biologen, sondern auch den Theologen und Moral-philosophen zu denken gibt. Der Papst schwelgt in franziskanischer Wert-schätzung alles Geschaffenen und aller Geschöpfe. „Da alle Geschöpfe miteinander verbunden sind, muss jedes mit Liebe und Bewunderung gewürdigt werden" (Nr. 42). Er behauptet, „dass jedes Geschöpf eine Funktion besitzt und keines überflüssig ist" (Nr. 84), und „dass kein Geschöpf vom Sich-Kundtun Gottes ausgeschlossen ist" (Nr. 85). „Die unterschiedlichen Geschöpfe spiegeln in ihrem gottgewollten Eigen-sein, jedes auf seine Art, einen Strahl der unendlichen Weisheit und Güte Gottes wider" (Nr. 69). „Sogar das vergängliche Leben des unbedeutendsten Wesens ist Objekt seiner Liebe, und in den wenigen Sekunden seiner Existenz umgibt er es mit seinem Wohlwollen" (Nr. 77).

Unbedeutende Wesen von extrem kurzer Lebenszeit sind Bakterien und Einzeller. Also gelten auch ihnen die theologischen Zuschreibungen, die der Papst vom Hl. Franziskus zitiert, „dass jedes Geschöpf eine typisch trinitarische Struktur in sich trägt", sowie die seines Schülers, des Hl. Bonaventura: „Jedes Geschöpf bezeugt, dass Gott dreifaltig ist" (Nr. 239). Es gehört für den Papst zu den „Überzeugungen unseres Glaubens, … dass jedes Geschöpf etwas von Gott widerspiegelt" und „Christus als Aufer-standener im Innersten eines jeden Wesens wohnt" (Nr. 221). Das gilt also für alle Organismen, auch für Bakterien und Einzeller mit extrem kurzer Lebenszeit.

Unbedacht, aber nicht unbedenklich erscheinen die Folgerungen und Forderungen, die sich aus diesen Überzeugungen ergeben, wo die Ent-faltung des Menschen und die Entfaltung einer anderen Art von Lebe-wesen einander entgegenstehen. Definitionsgemäß ist das der Fall bei menschenspezifischen Parasiten, die schöpfungstheologisch von Gott dem Menschen zugewiesen sind, sich seit Jahrmillionen am Menschen und mit ihm zusammen weiterentwickelt haben und jetzt auf ihn angewiesen sind, weil der menschliche Körper ihnen die einzige und überlebensnotwendige Umwelt bietet. Dazu gehören einfache Bakterien wie *Yersinia pestis,* Erreger der Pest, die Salmonellen *Salmonella typhimurium* und *S. enteritidis,* Ver-ursacher von Magen-Darm-Infektionen, das Tuberkulosebakterium *Mycobacterium tuberculosis* und das ihm nahe verwandte *Mycobacterium leprae,* Erreger von Lepra (Aussatz in der Bibel), ferner die Einzeller *Trypano-soma brucei,* Erreger der Schlafkrankheit, und *Plasmodium malariae, P. falciparum* und *P. vivax,* Erreger der Malaria. Auch hochentwickelte Lebe-wesen sind auf den Menschen als Lebensraum angewiesen. Die Bandwürmer *Taenia saginata, T. solium* und *T. asiatica* haben sich seit einer Million Jahren auf den Menschen spezialisiert, und zwar schon unter *Homo erectus* und

Homo habilis, den Vorfahren des *Homo sapiens.* Unter den Spinnentieren sind die Krätzemilbe *Sarcoptes scabiei* sowie Körperlaus *Pediculus humanus* und Filzlaus *Pthirus pubis auf den Menschen angewiesen.* Vorfahren der Körperlaus lebten schon vor etwa 5,6 Mio. Jahren von Vorfahren des *Homo sapiens.* Als dieser seit 3,3 Mio. Jahren das dichte Haarkleid durch Fellkleidung ersetzte, spezialisierte sich die Filzlaus auf seine Schamregion, die Körperlaus wurde zu Kleiderlaus und Kopflaus.

Der Weltkatechismus der Katholischen Kirche von 1993 erklärt in Artikel 358:

> Es ist der Mensch, die große, bewundernswerte lebendige Gestalt, die in den Augen Gottes wertvoller ist als alle Geschöpfe. Gott hat alles für den Menschen erschaffen, für ihn sind der Himmel und die Erde und das Meer und die gesamte Schöpfung da.

Dem hält Papst Franziskus entgegen, es sei ein „fehlgeleiteter Anthropozentrismus, wenn der Mensch sich selbst ins Zentrum stellt; er gibt am Ende seinen durch die Umstände bedingten Vorteilen absoluten Vorrang und alles Übrige wird relativ" (Nr. 122). „Der letzte Zweck der anderen Geschöpfe sind nicht wir" (Nr. 83). „Bei den anderen Geschöpfen könnte man von einem Vorrang des Seins vor dem Nützlichsein sprechen" (Nr. 69); aber schöpfungsgemäß sind wir die Existenzgrundlage der genannten parasitären Organismen. Hat demnach deren Existenz Vorrang vor dem Schaden, den Menschen durch sie erleiden?

Zuspitzen lässt sich das in zwei Fragen:

- Wäre es gemäß den „moralischen Bedingungen einer glaubwürdigen Humanökologie" erlaubt, Menschen zu opfern, um den Fortbestand einer auf den Menschen angewiesenen parasitischen Art zu sichern? Und umgekehrt:
- Ist es erlaubt, das letzte Exemplar eines solchen Lebewesens aus der Schöpfung zu entfernen, um den Fortbestand des Menschen zu sichern?

Die Absicht, alle Geschöpfe in eine theologische Gesamtlobpreisung einzubeziehen, macht es notwendig, die lobgepriesenen Arten zu kennen und zu verstehen und auch Schädlinge und Parasiten zu berücksichtigen.

55

Ein Hirngespinst: der Siebenfuß

Aberglaube am Mendelpass ▪ Kupferschmiede testen Touristen ▪ Eine beschädigte Spinne als Glücksbringer

26. Mai 2014, Mendola

Südwestlich von Bozen zwischen Südtirol und dem Trentino bildet der Mendelpass seit alters her die Grenze zwischen dem deutschsprachigen und dem italienischsprachigen Tirol. Von der gewundenen Passstraße aus hat man an Aussichtspunkten immer wieder einen guten Blick bis in den Boden des Etschtales. An der oberen Einfahrt in den Mendelpass liegt der kleine, ganz auf Touristen zugeschnittene italienische Ort Mendola.

An seinem zentralen Parkplatz bietet eine alte Villa einen permanenten Flohmarkt voller Kunst und Krempel. Auf der anderen Seite des Parkplatzes offeriert ein Kupferschmiedladen im Schaufenster und offen auf der Straße neue Gegenstände aus Kupfer und anderem Metall, hier wie da vorwiegend „Stehrümchen", Mitbringsel, die schließlich zu Hause irgendwo schmückend „rumstehen". Mir fallen an der Mauer der Hochtreppe der Villa und in den Kupferschmiedregalen viele kleine bis über handtellergroße, hübsch in Metall gearbeitete Spinnen auf (Abb. 55.1a). Das wäre für das Ehepaar Margarete und Otto Kraus, mit denen ich jahrelang über soziale Spinnen gearbeitet habe, und die nach uns in unser Stammhotel in Schenna kommen werden, ein idealer Gruß – oder doch nicht? Bei genauem Hinsehen merke ich, dass alle diese Spinnen nicht acht, sondern nur sieben Beine haben. Die wenig Deutsch sprechenden Verkäuferinnen wissen nur: „Bringt Glück!"

Zurück im Hotel erfahre ich von unserer Wirtin Maria Pföstl und ihrer alten Pflegemutter mehr über diese merkwürdige Glücksspinne: Sie heißt

© Springer-Verlag GmbH Deutschland, ein Teil von Springer Nature 2020
W. Wickler, *Reisenotizen*, https://doi.org/10.1007/978-3-662-61996-4_55

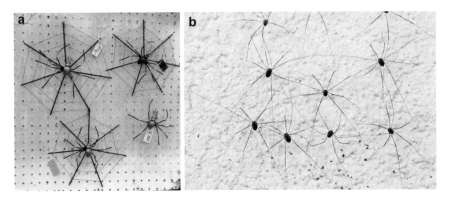

Abb. 55.1 **a** Siebenfuß-Glücksbringer, Mendola, Mai 2014. **b** Weberknechte an einer Hauswand

„Siebenfuß", womit die spinnenbeinigste aller Spinnen, der gewöhnliche Weberknecht oder Kanker *(Phalangium opilio)* gemeint ist. Sein Körper ist nur 7 mm lang, aber die Beine sind 20-mal so lang und extrem beweglich. (Der letzte Abschnitt des zweiten Beinpaares ist in 50 Glieder unterteilt). Anders als bei echten Spinnen sind den Weberknechten Vorder- und Hinterkörper zusammengewachsen. Auch haben sie keine Spinndrüsen, können also keine Netze bauen. Weberknechte findet man nicht im Wald, sonst aber von der Küste bis ins hohe Bergland in Gärten, Feldern, Wiesen und Grünanlagen, an Felswänden, Häusern und in Wohnungen. Sie sind als Einzelgänger tags und nachts aktiv, bilden aber an Fels- und Hauswänden oft flächendeckende Ruhegemeinschaften (Abb. 55.1b).

An den Beinen hat der Weberknecht eine Sollbruchstelle und kann deshalb bei Gefahr schnell eins seiner Beine abwerfen. Daher heißt er in Tirol „Siebenfuß". Während er flüchtet, zuckt das Bein noch eine halbe Stunde weiter und kann einen Angreifer ablenken. Ein absichtlich ausgerissenes, zuckendes Bein diente vielerorts als Orakel. Zum Beispiel las man aus der Anzahl der Zuckungen ab, wie viele Jahre man noch leben wird. Hirten in den Vogesen zeigte das Bein, wo ein Wolf ist, und Kindern in Flandern den Heimweg. Bauern beobachteten das flach am Boden liegende Bein: „Wenn du sehen willst, was für Witterung kommen werde, so darfst du nur dem *Weberknechte* ein Bein ausreißen; mäht dasselbe, so wird gutes Wetter." Im Haus gilt der Weberknecht generell als „Glücksspinne" und in Westfalen als wohltätig, weil er angeblich von Giften lebt, die er aus der Luft herauszieht.

Ein siebenbeiniger Weberknecht läuft fast normal weiter, ebenso einer, dem mehrere Beine fehlen. Das ist bei allen Gliederfüßern so. Gleichgültig mit wie vielen „Rest"-Beinen – sie machen immer zweckmäßige Schrittfolgen. Das scheint zunächst unverständlich. Man kann ja nicht annehmen, in der Evolution habe für jede mögliche Anzahl übrig gebliebener Beine ein eigener Anpassungsvorgang zur Fortbewegung stattgefunden. Das war auch nicht nötig. Denn der Köper dieser Tiere ist aus vielen gleichartigen Segmenten zusammengesetzt und hat in jedem Segment einen die Beine bewegenden nervösen Schaltkreis, der mit denen der benachbarten Segmente verknüpft ist. Rechtes und linkes Bein am selben Segment bewegen sich gegensinnig, benachbarte Beine derselben Körperseite aber mit geringer Verzögerung gleichsinnig. Fehlt ein Bein, so wird es im Gesamtablauf einfach übergangen (Bethe 1933; Wendler 1968). Bei Hundert- und Tausendfüßern sieht man die wellenförmig verlaufenden Schrittfolgen sehr gut. Der zugrunde liegende, die fehlenden Beine automatisch ausgleichende nervöse Mechanismus ist ein Beispiel dafür, dass in der Evolution eine elegante Lösung für ein im Leben häufig auftretendes Problem bereits im Bauplan enthalten sein und als Epiphänomen ohne anpassende Selektion zustande kommen kann. Das macht es für die Forscher nötig, stets zu prüfen, ob vermutete „Anpassungen" eventuell präformierte „Passungen" sind.

Die mögliche Frage nach der Passung des Weberknechts als Glücksbringer stellt – bewusst oder unbewusst – ein Kunstschmied in Schenna. Denn der präsentiert in seinem Schaufenster die zoologisch falsche Glücksspinne auf dem Radnetz, aber biologisch korrekt mit acht Beinen. Ob nun der achtbeinige Siebenfuß mehr oder weniger tauglich als Glücksbringer ist, wird sich kaum ermitteln lassen.

56

Ausflüge in den Vinschgau

Die erste Schreibmaschine ▪ Der heilige Joseph als Vater ▪ K. u. K. Museum Bad Egart ▪ Weihnachtskrippen ▪ St. Prokulus in Naturns: Wer ist der Schaukler? ▪ Kriegspestfriedhof

29. Mai 2014, Partschins

Hier, 8 km westlich und 6 km oberhalb von Meran, beginnt der Südtiroler Vinschgau. Seine Bewohner verehren von den Mitgliedern der heiligen Familie vor allem den heiligen Josef. Damit hängt das erste von fünf sehr verschiedenen, für mich und meine Frau erinnernswerten und gern wiederholten Urlaubserlebnissen zusammen.

Urige Bauernhöfe und enge Gassen prägen Partschins Dorfcharakter. Am Ende der ab 500 m teilweise steil ansteigenden Dorfstraßen liegt die Pfarrkirche. Eine frühere kleine, dem Hl. Nikolaus geweihte Kirche in romanischem Stil aus dem 10. Jahrhundert ist erstmals 1264 urkundlich erwähnt. Sie wurde 1502 im spätgotischen Stil umgebaut und erweitert und zusätzlich den Heiligen Petrus und Paulus geweiht. Die ursprüngliche Kirche dient heute als Krypta und Aufbahrungsraum, die heutige Sakristei ist noch Bestandteil der alten aus dem 12. Jahrhundert. Die seitliche Kapelle „Unsere Liebe Frau" aus dem Jahr 1350 enthält einen schönen Marienaltar. Mir gefällt aber besonders ein Bild in der Pfarrkirche. Das hinter Glas gerahmte kunstvolle Wachsbild ist mein liebstes „Schmunzelbild". Es zeigt Josef mit dem Jesuskind auf dem Arm und darunter einen Schriftzug: „Mostra te esse patrem" (Abb. 56.1). Es ist die Textparallele zum „Mostra te esse matrem" in vielen Marienwallfahrtsorten, die den ACI aus dem Lateinunterricht ins Gedächtnis ruft: „Erweise dich (auch an uns) als Mutter." An Josef gewendet übersetze ich stattdessen: „Gib zu, dass du der Vater bist."

© Springer-Verlag GmbH Deutschland, ein Teil von Springer Nature 2020
W. Wickler, *Reisenotizen*, https://doi.org/10.1007/978-3-662-61996-4_56

Abb. 56.1 Hl. Joseph mit Kind. Wachsbild in der Pfarrkirche Partschins, Mai 2014

Außen an der Ostwand der Kirche ist ein Grabstein für Peter Mitterhofer (I1822–1893) angebracht, den „ersten Erfinder der Schreibmaschine". Er war ein österreichischer Zimmermann, bereiste auf seiner Handwerker-Gesellenwalz Graz, Wien, Deutschland, Holland, Belgien, Frankreich und die Schweiz, kehrte nach 3 Jahren zurück, heiratete 1862 die verwitwete 46-jährige Zimmermannstochter Marie Steidl und übernahm die in die Ehe eingebrachte Zimmerei in Partschins. Das „Zimmerhaus im Obergarten" steht unter Denkmalschutz.

Peter Mitterhofer war vielseitig begabt; er trat als Bauchredner, Tierstimmenimitator und Sänger auf, fertigte sich eine dreisaitige Gitarre und eine Kniegeige an, erfand eine mit Handkurbel angetriebene hölzerne Waschmaschine und begann 1864, eine erste Schreibmaschine zu entwickeln. Sie hatte 30 Tasten und schrieb nur Großbuchstaben aus Nadelspitzen, die gegen das Papier gestoßen wurden. Mit einem dritten Modell machte sich Mitterhofer Ende 1866 zu Fuß auf den Weg nach Wien zu

Kaiser Franz Joseph I., der ihm im Februar 1867 eine Subvention von 200 Gulden für weitere Basteleien bewilligte. Die fünfte Version brachte Mitterhofer 1869 erneut nach Wien. Sie hatte 82 Tasten für Ziffern, Groß- und Kleinbuchstaben, Sonderzeichen und eine Walze. Die kaiserlichen Experten urteilten:

> Das in allen seinen Details musterhaft ausgeführte Modell würde für die Sammlung einer technischen Lehranstalt eine willkommene Bereicherung sein, und strebsamen Schülern zum anregenden Beispiele dienen können, wie weit es der denkende und fleißige Mensch bringen kann.

Dass ein solches Gerät mehr als ein Kuriosum und durchaus nützlich sein konnte, erkannte der Buchdrucker und Erfinder Christopher Latham Sholes in den USA. Er konstruierte eine brauchbare Schreibmaschine, die 1868 patentiert und ab 1876 von der US-amerikanischen Gewehrfabrik Remington & Sons industriell in Serie hergestellt und erfolgreich vermarktet wurde.

Im 1997 eröffneten „Schreibmaschinenmuseum Peter Mitterhofer" in Partschins (am Kirchplatz 10) haben wir an manchen Regentagen die über 2000 Exponate zur Entwicklung der Schreibmaschinen betrachtet, vom Replikat des hölzernen Mitterhofer-Modells über „Schreibclaviere", Typenhebel-, Kugelkopf- und verschiedenste und außergewöhnlichste weitere Schreibmaschinentypen aus aller Welt bis hin zum modernen Personal Computer (PC). Weil sich an den ersten Modellen bei flinkem Schreiben zugleich angeschlagene Typenhebel verklemmten, hat man die am häufigsten aufeinander folgenden Buchstaben im Tastenfeld weit voneinander entfernt angeordnet. Den darauf trainierten Stenotypisten zuliebe ist diese Anordnung heute auch bei den fast beliebig schnell bedienbaren elektrischen Geräten üblich.

Die Gemeinde Partschins beginnt talwärts beim Dorf Töll, einer alten Zollstätte (lat. *telonium*) an der Via Claudia Augusta, die 46 n. Chr. durch den ganzen Vinschgau verlief, etwa so wie die heutige Staatsstraße. Jenseits dieser Römerstraße, der Etsch und der Gleise der Vinschgaubahn, die von Meran nach Mals führt, liegt hinter dem Bahnhof Töll/Partschins das älteste Heilbad Tirols, „Bad Egart". Die Quelle wurde nachweislich seit 1430, vermutlich aber schon in der Römerzeit für Trink- und Badekuren benutzt. Das Badehaus wurde 1730 und 1824 erneuert, erhielt vier Badekabinen mit jeweils zwei Badewannen im Erdgeschoss und elf Doppelzimmer im Obergeschoss. Peter Mitterhofer trat hier als Musikant und Tonkünstler auf. Der Badbetrieb wurde 1956 eingestellt; übrig geblieben ist die Quelle in der

Quellgrotte, einem düsteren Kellergewölbe im heutigen „K. u. K. Museum Bad Egart", einem Feinschmeckerrestaurant mit musealen Sammlungen in den Nebenräumen.

Eröffnet wurden Restaurant und Museum 1980 durch den Weinberg-schneckenzüchter („Schneckenkönig") und enthusiastischen Sammler und Sisi-Fan Karl Platino, genannt „Onkel Taa". Das Restaurant bewirtschaftet seine Tochter Janett. Am Eingang warnt Kreideschrift auf einer Schiefer-tafel: „Zutritt für Diebe verboten!" Von Kennern gepriesen werden die haus-eigenen Schneckengerichte mit den zugehörigen edlen Weinen. Wir haben dort die besten Kürbissuppen genossen – sofern Janett genau die passende Speisekürbissorte auftreiben konnte.

Das „K. u. K." erinnert an Kaiserin Elisabeth (Sisi), die anlässlich eines Kuraufenthalts in Meran nach Bad Egart zur Badekur gekommen sein soll; auch Erzherzog Ferdinand, der spätere Kronprinz, soll das Bad besucht haben. Das Museum zeigt in über 60 Vitrinen Dokumente, Original-gemälde und -fotos, Lithographien, Stiche, Büsten und Motivteller aus der Zeit der K. u. k. Monarchie zwischen 1867 und 1918, Gebrauchs-gegenstände, Spielsachen, Puppen, Münzen, Knöpfe und Kleidungs-stücke aus dieser Zeit sowie persönliche Gegenstände von Franz Joseph I., Kaiserin Elisabeth und deren Angehörigen. Aber das Museum zeigt darüber hinaus, was Onkel Taa an Antiquitäten und zum Teil kuriosen Gebrauchs-gegenständen aus den Dachböden der Umgebung mit einer wohl beispiel-losen Sammelleidenschaft der Vergessenheit entrissen hat. Die Zimmer stehen voller Vitrinen, die nicht ganz jugendfrei verzierten Wände sind vollgehängt mit religiösen und bäuerlichen Exponaten. In einer Vitrine liegt ein „Pelikan", ein Gerät, mit dem Zähne aus dem Kiefer gerissen wurden. Auf einem Wandbrett liegen gusseiserne Babyköpfe als Formen für Zelluloidpuppenköpfe. Ein Durchgangszimmer ist in buntem Durch-einander angefüllt mit Küchengeräten, einem Dutzend Kaffee-, Salz- und Pfeffermühlen, Küchenwaagen, Schuhen, Spazierstöcken und Vorratsgläsern. Unter Reh- und Gamsgehörnen liegen „Pfannenknechte", eine verstellbare Auflage für den Pfannenstiel. Man aß in bäuerlichen Haushalten direkt aus der Pfanne, die damit schräg gestellt werden konnte, damit man gegen Ende der Mahlzeit die Reste leichter herauslöffeln konnte.

Vollständig aufgebaut ist ein Bauernladen aus dem Schnalstal. Und das geht draußen hinter dem Haus weiter mit speziellen Messern und Spritz-geräten für den Weinbau und kompletten Zunftwerkstätten von Schreinern, Schuhmachern, Schneidern, Schmieden und Metzgern. Auch die Haus-wand ist bis ans Dach mit Handwerksgeräten aller Art bestückt. Daneben ein öffentlicher Aushang: „Der Herr Bürgermeister gibt bekannt daß am

Mittwoch Bier gebraut wird und deshalb ab Dienstag nicht in den Bach geschissen werden darf!" Das unglaubliche Museum ist ein Musterbeispiel von „Kunst und Krempel".

Das Freigelände gegenüber enthält außer der Schneckenzucht etliche skurrile Eigenbau-„Kunstwerke", alte Landmaschinen und einen originalen „Wasserkran und Wasserturm für Dampflok erbaut von der Monarchie Österreich 1906". Der Weg von da zum Bahnhof führt vorbei an einer kleinen, engen, der Hl. Maria geweihten, mit Devotionalien vollgestopften Pilgerkapelle aus der Zeit um 1730. „Heilige Maria, bitte hilf uns, hier in dieser schönen Kapelle getrennte Paare wieder zu versöhnen!" In einer Ecke steht das Uhrwerk aus dem Kirchturm der St.-Katharina Kirche im 250 km entfernten, 1949 künstlich aufgestauten, 6 km langen und 1 km breiten Reschensee. Sein Wasserspiegel wurde um 22 m angehoben und verschluckte das Dorf (Alt-)Graun. Als Denkmal dafür, dass 163 Wohnhäuser gesprengt wurden und 70 % der Bevölkerung abwandern mussten, blieb der 1357 erbaute Turm der damaligen Pfarrkirche von Graun im Wasser stehen.

Einen markanten Kontrast zu Onkel Taa bildet unser nächstes Besuchsziel, die „Südtiroler Kunstkeramik & Art Selektion" von Gunther Erhart, in Töll rechts an der Vinschgauer Staatsstraße gelegen. In großen Ausstellungsräumen werden handbemalte Keramiken – Vasen, Teller, Schüsseln, Skulpturen – aus eigener Produktion angeboten, dazu im oberen Stockwerk Hochzeitstruhen, Bauernschränke und zahlreiche Gegenstände des bäuerlichen Alltags, Weinkrüge, Krapfenschüsseln, antike Schlösser und Schlüssel, Hinterglasbilder, fromme Votivbilder und andere Volkskunst. Gunther Erhart, einst Praktikant bei Pablo Picasso und jahrelang Leiter des Meraner Museums, präsentiert von namhaften Südtiroler Künstlern eine große Auswahl an Bildern und Skulpturen sowie authentische afrikanische, asiatische und südamerikanische Volkskunst, vor allem Retablos („Hausaltäre") aus Peru im spanischen Kolonialstil. Seine private Sammlung von über 200 Krippen aus allen missionierten Weltgegenden enthält Krippen von international bekannten Künstlern, aber auch viele Volkskunstkrippen aus Holz, Ton, Terrakotta und Glas. Hervorstechend sind die fast lebensgroßen, mit Plakafarben bunt bemalten Pappmascheefiguren von Hilario und Georgina Mendívil aus Cuzco, ausgezeichnet durch ihren Anklang an den Körperbau der Lamas mit besonders feinen, überlangen Hälsen im Lamahals-, „Llamakunka"-Stil.

Jedes Mal fallen mir neue Details auf. In gebranntem Ton fein gearbeitet sitzen an Bord eines Binsenbootes auf dem Titicacasee Josef, Maria und das Kind zusammen mit einem Widder, dem Mutterschaf und einem Lämmchen. Da einige afrikanische Volksstämme den Weltherrscher nicht als Baby darstellen, liegt er in Zentralafrika als Gesicht eines Erwachsenen auf Stroh vor kantigen Tonfiguren mit Maskengesichtern. Ein ebensolches Gesicht umstehen in Tansania grob in Ton gearbeitete Figuren, Maria mit betont bloßen Brüsten. Im Evangelium des Lukas lobt eine Frau aus der Volksmenge im Blick auf Jesus „die Brust, die dich genährt und den Schoß, der dich geboren hat" (Lk 11,27). In einer mit viel Volk und Landschaft ausgestatteten marokkanischen „Krippe" hält Maria das Kind im Arm, die Knie offen, und zeigt unter dem kurzen Rock ihre von Schamhaar umstrichelte Vulva.

Zum christlichen Standardformat einer Krippe gehören Ochs und Esel, Hirten und Schafe. Hinzu kommen drei Könige mit Pferd und Kamel. In mexikanischen und südamerikanischen Krippen sind es Lamas, zuweilen auch Schildkröte, Gürteltier und Puma als Vertreter der dortigen Fauna. Derartige exotische Zutaten sind aber auch an Südtiroler Krippen zu sehen.

Das Schnitzen von Holzfiguren ist in Südtirol seit Anfang des 17. Jahrhundert beschrieben. Ab etwa 1800 begann unter künstlerisch begabten Bewohnern der Höfe in den unwegsamen Hochtälern ein Wetteifern um die Ausgestaltung eigener geschnitzter Hauskrippen. Sie wurden von Jahr zu Jahr erweitert, bei gegenseitigen Besuchen begutachtet und von jeder Generation weiter ausgeschmückt. Einige erhielten mithilfe eines Uhrwerks bewegliche Figuren, in puncto Erfindungsgabe vergleichbar der Schreibmaschine von Peter Mitterhofer. Das eigentliche Weihnachtsgeschehen in einer Höhle oder einem Stall lag schließlich fast versteckt in viele Meter großen Hauskrippen-Dioramen, in denen mehrere Hundert selbstgeschnitzte und bemalte, 5 bis 7 cm große Figuren in ländlicher Kleidung das damalige Leben auf der Alm und im Tal wiedergaben. In der gewaltigen Bergkulisse waren Hirten mit Schafen, Kühen und Eseln und Jäger mit Gams, Hirsch, Bär und Murmeltier unterwegs. Zwischen den Häusern im Tal waren Schmiede, Tischler, Fassbinder, Schuster, Kaminkehrer, Musikanten und Kavalleriesoldaten zu sehen, bei den Kirchen Priester und Mönche, Männer, Frauen und Kinder in Festtagstracht. Der Fantasie waren kaum Grenzen gesetzt, und so kletterten in den Bergen bald auch Kamele und Elefanten, Zebra, Krokodil, Strauß, Stachelschwein und Leopard umher. Aus dem Krippenzusammenhang gelöst, werden diese und viele andere Holzfiguren vom Kunsthandwerk noch heute hergestellt. Wir besuchten gerne die Schnitzerwerkstätten im Grödnertal.

Unseren fünften nachhaltigen Urlaubseindruck im Vinschgau verdanken wir – 12 km Fahrstrecke hinter Töll – dem kleinen Städtchen Naturns, genauer gesagt dem am östlichen Ortsrand (und an der ehemaligen Via Claudia Augusta) gelegenen Kirchlein St. Prokulus mit dem zugehörigen

2006 eröffneten, unterirdisch angelegten Museum. Das Kirchlein wurde in den Jahren 630 bis 650 n. Chr. an der Stelle eines antiken Hauses erbaut. Der Turm entstand um 1150 in romanischem Stil. 1365 erwarb die Familie der Freiherren von Annenberg das Kirchlein, ließ das Kirchenschiff erhöhen und innen und außen mit gotischen Fresken schmücken. Davon sind noch an der südlichen Außenwand Motive der Erschaffung der Welt und des Menschen erhalten, allerdings nicht gut. Die Kirche war lange Zeit von Weizenfeldern umgeben. Mit dem 1880 bis 1890 aufkommenden Apfelanbau rückten Apfelgärten immer näher an die Kirche heran. Man erkannte 1908, dass die außen liegenden Südwandbilder geschützt werden mussten. Sie liegen seit 1912 unter einem vorspringenden Dach wettergeschützt. Durch die im Südtiroler Obstanbau üblichen Beregnungsanlagen, die während der Blütezeit auch zur Frostschutzberegnung eingesetzt werden, sind die Fresken aber bei Seitenwind weiterhin gefährdet. Große Teile, die auf Fotos von 1930 noch gut zu erkennen waren, sind verschwunden. Sprühwasserschäden zeigen sich schon auf Fotos, die ich im Abstand von 10 Jahren aufgenommen habe.

Die gotischen Fresken an den Wänden im Innenraum sind in der oberen Region weitgehend erhalten geblieben, wurden unten aber 1924 abgenommen; dabei wurden viele zerstört (erhaltene sind im Museum zu besichtigen). Bei Probestichen waren darunter 1912 nämlich Gemälde aus drei verschiedenen Perioden zwischen dem 12. und 15. Jahrhundert entdeckt worden, und darunter frühmittelalterliche Fresken aus der Zeit zwischen 720 und 770. Nicht sehr sachkundig wurden 1914 kleine Partien freigekratzt, dann stoppte der Erste Weltkrieg weitere Erkundungen, und danach wurde 1924 die obere Schicht mit den gotischen Fresken abgenommen und legte die ältesten Fresken im deutschsprachigen Kulturraum frei. Viele waren für die gotische Übermalung zerpickelt worden. Was erhalten blieb, macht den eigentlichen Schatz der Kirche aus, demonstriert aber auch, wie willkürlich unter wechselnden Wertschätzungen mit den alten Bildern umgegangen wurde.

Der ursprüngliche Eingang zur Kirche lag seitlich hinten, am Westende der Südwand. Er wurde von den Annenbergern zugemauert und ein neuer Eingang durch die Westwand gebrochen, mitten hinein in das große Innenfresko einer bunten Rinderherde. Zu sehen sind davon noch eine Gruppe gehörnter Köpfe links von der Tür, eine Reihe Hörner über der Tür und rechts Reste weiterer Rinder, der Kopf eines hechelnden Hundes und Teile von zwei Hirten.

Am interessantesten sind drei relativ gut erhaltene Teile der alten Freskenbemalung auf der Südwand. Links, dem Altar zugewandt, sind (stark zerpickelt) fünf eng aneinandergedrängte Gestalten in langärmeligen und knöchellangen Gewändern zu erkennen. Die erste, dritte und fünfte haben einen Schleier um den Kopf, die beiden anderen eine Kappe auf dem Kopf. Die erste hält einen Gewandzipfel in der rechten Faust, die anderen tragen (kaum mehr zu erkennen) ein Buch und Geräte in der linken (aber seitenverkehrt gezeichneten) Hand. Diese Figuren sind ebenso wie die in Resten erhaltenen auf der gegenüberliegenden Nordwand und im Triumphbogen und auf der Stirnwand des Chores auf den Altar ausgerichtet.

Die Restbilder der beiden anderen Gruppen der Südwand scheinen in einer Szene aufeinander bezogen. In der Mitte der Südwand sitzt ein Mann – mit Heiligenschein, hoher Stirn, Kinnbart und wehendem Hinterkopfhaar – in der Schlinge eines Seils, das beidseits von ihm zu einer Mauer hinaufreicht und an dem er sich offenbar festhält, obwohl es hinter seinen zur Faust geschlossenen Fingern verläuft (Abb. 56.2). Von oben schauen zwei Gesichter auf ihn (das

Abb. 56.2 Der „Schaukler". St. Prokulus in Naturns, Juli 1972

dritte in der Mitte, wahrscheinlich das zur Deutung wichtigste, ist zerstört). Dem Heiligen schauen rechts aus einiger Entfernung die Gesichter dreier Paare nach, die Köpfe abwechselnd mit hellem (männlichem) oder dunklem (weiblichem) Stirnband. Die erste Figur hält einen langen Stab mit Knauf in der linken Hand und weist mit der großen, offenen rechten auf den „schaukelnden Heiligen". Wer ist dieser Mann?

Für mich ist diese Frage ein Musterbeispiel zum Thema Meinungsfreiheit und Freiheit von Meinung geworden. In meiner Gymnasialzeit galt es im Kunstunterricht die Aufgabe, unter dem Thema „Was will dieses Bild uns sagen?" ein Bild zu analysieren, ihm aus der Sicht des Betrachters eine Bedeutung zuzuordnen. Im Fall von gegenstandslosen Bildern, die keinen erkennbaren Realitätsbezug haben, soll „das Bild für sich selbst sprechen". Das trifft zu beim Deuten von Zufallsformen in psychodiagnostischen Experimenten. Aber wenn ein Künstler ein Bild mit Kommunikationsabsicht her- und ausstellt, dann lautet die eigentliche Frage: „Was will der Künstler mit diesem Bild aussagen?" Die Bedeutungslehre („Semantik"; altgriech. „sēmaínein", dt. „bezeichnen") muss dann die Bedeutungszuordnung („Semantisierung") vom Künstler und die vom Betrachter unterscheiden. Eben das wird thematisiert mit dem Schaukler und den Zuschauern rechts.

Ich habe bei meinen Besuchen Fotos gemacht (solange das erlaubt war) und kunsthistorische Erläuterungen der Fresken von 1958 bis 2012 (stets vom Verlag Tappeiner) verglichen. In den – inzwischen fast unkenntlichen – gotischen Außenfresken der Südwand von 1420 war ein thronender Bischof zu sehen mit einem Spruchband „sanctus Proculus episcopus". In einem (verloren gegangenen) Kalendarium im Pfarrarchiv von 1732 war als Kirchweihfest der 9. Dezember vermerkt, im Martyrologium der römisch-katholischen Kirche Gedenktag des Bischofs Prokulus von Verona. Das löst alle Zweifel, ob die kleine Kirche in Naturns, wie schon ihr Name sagt, wirklich dem Hl. Prokulus geweiht ist.

Eine Vita des Bischofs Prokulus aus dem Jahre 1767 (M. S. Maffei: Istoria diplomatica, Atti die Santi Martiri Fermo e Rustico, Mantova, S. 303–314) schildert, dass er während der Diokletianischen Christenverfolgung (303–311) zusammen mit den Männern Firmus und Rusticus in Verona von Prokonsul Anolinus gefangen genommen wurde. Anolinus ordnete an, Soldaten und Volk sollten anwesend sein, wenn er das Urteil sprach. Er verurteilte Firmus und Rusticus zum Tod. Aber weil Prokulus sich wünschte, ebenfalls den Märtyrertod zu sterben, glaubte der Prokonsul, es bei ihm mit einem Verrückten zu tun zu haben und ließ ihn mit Fausthieben und Knüttelschlägen unter öffentlichem Spott aus der Stadt vertreiben. Im Innenfresko der Südwand der Kirche in Naturns erkennt Gertrud Dangl (2012) diese Szene: den im Seil hängenden Bischof und rechts die ihn verspottenden Zuschauer.

Andere Betrachter haben andere Ansichten. Professor Georg Christoph von Unruh aus Kiel erinnerte sich an verschiedene Volksbräuche und meinte 1967, der „Schaukler" im Bild würde nicht herabgelassen, sondern heraufgezogen, und zwar als Sinnbild der Auferstehung. Einige Kunsthistoriker sahen 1925 Ähnlichkeiten der Naturns-Fresken mit keltisch-irischen Buch- und Wandmalereien und konstruierten eine Beziehung über irische Mönche zu einem Proklos, der 434–446 Erzbischof von Konstantinopel war (obwohl diese Wandermönche ins 8. Jahrhundert gehören). Es scheint, dass einige Autoren abseitige Betrachtungen einbrachten, damit auch ihre Namen hier ins Spiel kämen, wenn einmal gewissenhafte Buchführung ein Gesamtverzeichnis der Deutungen erstellte. Sie scheuten sich auch nicht, die vorhandene Vita des Bischofs Prokulus als „trügerische Arbeitshypothese" ins Reich der Legenden zu verweisen. Falls allerdings andererseits eine Meinung genügend Anhänger findet, wird sie allgemein gültig – so wie Helmut Schmidt es bedauerte, dass in der Demokratie die Mehrheit Recht bekommt, auch wenn sie nicht Recht hat. Bis in die neuesten Publikationen wird deshalb als Alternative zu Prokulus die „weit verbreitete Ansicht" zitiert, der Schaukelnde sei der Hl. Paulus.

Kirchenbesucher kennen die Erzählung in seinem zweiten Brief an die Korinther (2 Kor 11, 32–33): „In Damaskus bewachte der Ethnarch des Königs Aretas die Stadt, um mich gefangen zu nehmen; aber durch ein Fenster wurde ich in einem Korb die Stadtmauer hinuntergelassen und entkam seinen Händen". Der Ethnarch („Volksherrscher") unterstand dem König Aretas IV. Philodemos, der von 9 v. Chr. bis um 40 n. Chr. König des Nabatäerreiches war. Die Apostelgeschichte bestätigt (Apg 23–25): Beim ersten Missionsversuch des Paulus in Damaskus „ratschlagten die Juden miteinander, ihn umzubringen und sie bewachten auch die Tore sowohl bei Tag als auch bei Nacht. Die Jünger aber nahmen ihn bei Nacht und ließen ihn durch die Mauer hinab, indem sie ihn in einem Korb hinunterließen."

Mit der Bekehrung zum Christentum war aus dem Verfolger Saulus ein Verfolgter Paulus geworden, und der entkam der Gefangenschaft nicht durch eigene Heldentat, sondern mithilfe anderer unter fast lächerlichen Umständen in einem Korb (Abb. 56.3). Der in allen einschlägigen Bildszenen deutliche Korb fehlt aber in Naturns. Unter Hinweis auf die Parallele zu Paulus wurde die Szene in Naturns dann als Bischof Prokulus von Verona auf der Flucht über die Stadtmauer gedeutet. Er floh aber nicht, sondern wurde vertrieben. Dazu passend erklärt man die Gruppe

Abb. 56.3 Flucht des hl. Paulus. Skulptur an der Paulus-Kirche in Damaskus, September 1997

rechts zu spottenden Zuschauern aus der Bevölkerung Veronas. Tatsächlich kehrte Bischof Prokulus nach Gefangennahme und Vertreibung im hohen Alter nach Verona zurück und starb dort 320 eines natürlichen Todes. Hans Nothdurfter, der die Baugeschichte von St. Prokulus chronologisch detailliert aufgeschlüsselt hat (Nothdurfter 2012), nimmt in Gedanken die Rückkehr des Bischofs anachronistisch vorweg und schreibt (S. 49) zum Bild der Verona-Zuschauer: „Die Wartenden sind zur Begrüßung des greisen Bischofs gekommen". Siegfried Müller konstatiert dazu: „Die mehrfache

Deutungsart ist wichtiger Bestandteil der theologischen und philosophischen Texte der Zeit."

Das zur St.-Prokulus-Kirche gehörende Museum widmet sich den abgenommenen Gemälden und ausführlich den Skeletten und Grabbeigaben aus Gräbern westlich, südlich und östlich der Kirche, die bei Ausgrabungen in den Jahren 1985 und 1986 entdeckt wurden. In 60 frühmittelalterlichen Gräbern waren von etwa 600 bis 720 drei Generationen lang 17 Männer, 25 Frauen und 18 Kinder bestattet worden, die Männer meist 25, die Frauen 20 Jahre alt. Ab 1365 diente der Friedhof bis ins 16. Jahrhundert als Grablege der Annenberger. Er wurde 1636 zum „Pestfriedhof".

Im Jahr 1636 wütete in Naturns das wahrscheinlich von Söldnern eingeschleppte Fleckfieber („Kriegspest"). Es wird verursacht von Rickettsien *(Rickettsia prowazekii)* und durch Kleiderläuse, Milben oder Flöhe übertragen. (Die echte Beulen- und Lungenpest wird durch das Bakterium *Yersinia pestis* ausgelöst). Aus Listen von seuchenfreien und befallenen Orten in den „Regiments- und Kammersachen" in Innsbruck ist ersichtlich, dass Naturns am 7. Juli 1636 noch seuchenfrei, am 28. August aber verseucht war. Allein an einem Tag starben drei Erwachsene und acht Kinder; sie wurden noch pietätvoll mit frommen Grabbeigaben (Rosenkränzen, Halsketten) bestattet, die Kleinkinder legte man auf die Leiber der Mütter. Direkt an die Außenwand der Kirchen grenzten immer die „besten" Gräber, auf die bei Regen vom Kirchendach her geweihtes Wasser tropfte. In vier kleinen und nur flach ausgehobenen Sammelgräbern kamen ungeordnete Knochenhaufen von 23 Seuchenopfern ans Licht. Insgesamt wurden auf dem Seuchenfriedhof an 59 Bestattungstagen 136 Tote, ein Viertel der Bevölkerung, zur Hälfte Kinder und Jugendliche, begraben.

Bald nach der Seuche hat der Messner neben den Toten Weinreben gepflanzt. Das war ungehörig, wie im Protokoll einer bischöflichen Visitation von 1638 vermerkt ist, denn der Kirchhof war auch Bestattungsplatz für ungetauft verstorbene Kinder – allerdings auch für unbekannte Landfremde.

57

Glaubensunwahrheiten

2000 Jahre alte Vorstellungen der Bibel ▪ Fabeln, Physiologus, Gleichnisse Jesu ▪ Archäogenetik und Paläogenetik ▪ *Homo sapiens* statt Adam und Eva ▪ Erbsünde – ein tragischer Irrtum ▪ Natürliche und übernatürliche Offenbarung ▪ Das Y-Chromosom Jesu ▪ Korrektur von Glaubenssätzen

13. November 2014, Benediktbeuern

Der Verband der katholischen Religionslehrer und Religionslehrerinnen an den Gymnasien in Bayern (KRGB) hat mich zu einer Fortbildungstagung in die ehemalige Benediktinerabtei Benediktbeuern eingeladen. Grund dafür ist mein eben im Springer-Verlag erschienenes Buch *Die Biologie der Zehn Gebote und die Natur des Menschen*. Darin vergleiche ich unser heutiges Wissen über die Welt mit dem, was wir über sie, theologisch als Schöpfung gesehen, glauben sollen. Zum Tagungsthema „Der Mensch und seine Moral – alles Bio?" wünscht sich der Tagungsleiter Franz Hauber deshalb Kommentare aus Sicht der Biologie zum Wort Gottes in der Bibel, das die Grundlage bietet für die in der christlichen Weltanschauung verankerten Überzeugungen und Werte, die wir für wahr und richtig halten sollen und mit denen wir versuchen sollen, das Leben zu erklären und die Wirklichkeit zu beurteilen.

Vor 65 Jahren hatte der Kölner Kardinal Joseph Frings uns Wissenschaftler der Görres-Gesellschaft aufgefordert, die Vernunft dem Glauben anzupassen (Jahresbericht 1949, S. 37):

> Für den katholischen Gelehrten ist Gottes Offenbarung, wie sie durch das unfehlbare Lehramt der Kirche vorgelegt wird, negatives Regulativ für seine Forschung. Was mit absoluter Sicherheit als in Gottes Offenbarung enthalten von der Kirche gelehrt wird, kann nicht in der Wissenschaft falsch sein; er wird sich daher hüten, das kontradiktorische Gegenteil als wissenschaftlich wahr erweisen zu wollen.

© Springer-Verlag GmbH Deutschland, ein Teil von Springer Nature 2020
W. Wickler, *Reisenotizen*, https://doi.org/10.1007/978-3-662-61996-4_57

Meine Kommentare zielen umgekehrt darauf, den Bibelglauben der Vernunft anzupassen *(fides quaerens intellectum!).*

Die Bibel schildert – nominell als Gottes Offenbarung – Vorstellungen der Menschen über Entstehung und Ordnung der Welt sowie mündlich überlieferte legendäre und reale Lebensbilder, aus der Zeit von 500 vor bis etwa 100 n. Chr. Sie benutzt dazu eine Bildsprache aus der jeweils zeitgemäßen Begriffswelt. Sie schildert die Schöpfungsgeschichte sinnbildlich als ein Sechs-Tage-Werk, darin eingebettet die Erschaffung des Menschen. Neben der Bibel gab es zahlreiche Ansätze, religiöse Aussagen durch Naturparallelen zu erhärten. Die bekanntesten Beispiele hat der griechische Dichter Äsop um 600 v. Chr. in seiner Fabelsammlung aufgeschrieben. Eine Fabel entsteht, so erklärt es 1819 Ephraim Lessing, „wenn wir einen allgemeinen moralischen Satz auf einen besonderen Fall zurückführen, diesem besonderen Fall die Wirklichkeit erteilen und eine Geschichte daraus dichten". Mit einem Beispiel erläuterte das Jean de la Fontaine 1668 im Vorwort zu seiner Fabelsammlung:

> Sagt einem Kinde, dass Crassus zugrunde ging, weil er ins Land der Parther zog, ohne zu bedenken, wie er wieder herauskomme. – Oder sagt dem gleichen Kinde, dass der Fuchs und der Ziegenbock in einen Brunnenschacht stiegen, um ihren Durst zu stillen; dass der Fuchs wieder herauskam, indem er sich der Schultern und Hörner seines Gefährten als Leiter bediente, während der Bock drunten blieb. Welches von beiden Beispielen schildert einprägsamer, dass man vor einer Unternehmung den möglichen Ausgang bedenken muss?

Fontaine bezeichnet Fabeln als didaktische Hybriden, erzieherisch gemeinte Naturerzählungen darüber, was es schon in den vernunftlosen Geschöpfen an Gutem und Bösem zu geben scheint. Zu derartig belehrender Literatur gehören auch einige Gleichnisse Jesu, die der Evangelist Matthäus überliefert (Mt 6,26): „Seht euch die Vögel des Himmels an: Sie säen nicht, sie ernten nicht und sammeln keine Vorräte in Scheunen; euer himmlischer Vater ernährt sie." Tatsächlich verbreiten („säen") Vögel aber sehr effektiv die Samen der Früchte, die sie als Nahrung ernten.

In Alexandria wurde um das Jahr 200 der „Physiologus" zusammengestellt, in dessen Kapiteln sich griechische Erzählungen über teils paradoxe tierische Eigenarten mit spätjüdisch-christlicher Auslegung mischen:

> Der Physiologus sagt vom Salamander, wenn er in den Feuerofen kommt, verlöscht der ganze Ofen. Wenn nun der Feuersalamander das Feuer durch seine

natürliche Anlage löscht, wie können jetzt noch Leute bezweifeln, dass die biblischen drei Jünglinge im Feuerofen (Daniel 3) keinen Schaden erlitten?

Eine ähnliche allegorische Erzählung steht am Anfang der Bibel: Im Garten von Eden verführt Gottes lügnerischer Widersacher Satan in Gestalt einer Schlange die ersten Menschen dazu, eine Frucht vom Baum der Erkenntnis zu genießen, die ihnen die Fähigkeit verleiht, Gut und Böse zu unterscheiden. Der höchst merkwürdige – aber entscheidende – Punkt dieser Erzählung ist, dass Gott zuvor den Menschen verboten hat, von dieser Frucht zu essen. Als er sieht, dass die Menschen doch davon gegessen haben, schickt er sie weg aus dem Garten (Gen 3,22) und ist beleidigt, weil sie sein Verbot missachtet und sich ihm gegenüber schuldig gemacht haben. Demnach kamen die ersten Menschen mithilfe des Satans dazu, Gut und Böse zu unterscheiden.

Das erste Menschenpaar, das am Anfang der allegorischen Erzählung unmittelbar von Gott aus dem Ackerboden geformt wird, verkörpert in der Bibel den Beginn der Spezies *Homo sapiens.* Tatsächlich entstand diese Spezies in der biologischen Evolution vor 5 bis 7 Mio. Jahren aus nichtmenschlichen Primaten. Den Prozess aufgeschlüsselt haben die Vergleichende Genetik heutiger Menschen und die Paläogenetik in den Vormenschenlinien: Vor 500.000 Jahren entwickelten sich in einem Mosaik von mehreren ökologisch gleichen, aber geographisch voneinander getrennten Gegenden Afrikas aus den dortigen Vormenschenpopulationen zahlreiche, durch Fossilien nachgewiesene, morphologisch unterscheidbare Menschenpopulationen. Diese wuchsen unabhängig voneinander weiter zu verschiedenen Formen der Menschengattung *Homo,* die gleichzeitig lebten und sich ausbreiteten. Drei von ihnen – Denisova-Mensch, Neandertaler und *H. sapiens* – waren einander genetisch ähnlich (so wie es etwa Zebra, Pferd und Esel sind), entwickelten sich aber über 400.000 Jahre getrennt. Im Zuge von Ausbreitung und Wanderungen begegneten sich Angehörige dieser Menschenformen vor etwa 100.000 Jahren im Altai-Gebirge, vor 50.000 Jahren an der Ostküste des Mittelmeeres und vor etwa 40.000 Jahren im Südwesten Rumäniens. Und, wie aus paläogenetischen Analysen von Knochenfunden ersichtlich, zeugten sie (nicht regelmäßig, aber gelegentlich) miteinander fruchtbare Nachkommen. Die Folgen sind bis heute nachweisbar. Das genetische Erbgut der heutigen Bewohner Ozeaniens enthält bis zu 5 % Gene vom Denisova-Menschen; also müssen sich *sapiens*-Menschen in der pazifischen Region während rund hundert Generationen mit Denisova-Menschen gepaart haben. Ein vor mehr als 50.000 Jahren im Altai-Gebirge in Sibirien gestorbenes Kind war die Tochter eines Denisova-Mannes und einer Neandertalerin. Vor etwa 100.000 Jahren müssen im Altai auch *sapiens*-Menschen und Neandertaler gemeinsame Kinder gehabt haben, denn der Neandertaler dort trug *sapiens*-Gene in sich. Ein Genfluss in umgekehrter Richtung, vom Neandertaler zum *Homo sapiens,* fand vor 50.000 Jahren im östlichen Mittelmeerraum und vor etwa 42.000 Jahren im Südwesten Rumäniens statt. Fruchtbar waren vorwiegend Paarungen zwischen *sapiens*-Männern mit Neandertalerfrauen. Neandertalermänner mit *sapiens*-Frauen konnten offenbar zwar Töchter, aber keine überlebensfähigen Söhne zeugen. In einer Höhle der Schwäbischen Alb ist aus dieser Zeit vor rund 40.000 Jahren eine in Mammutelfenbein geschnitzte 6 cm große Figur einer üppigen Frau – die „Venus vom Hohlefels" – erhalten geblieben.

Seit den Verpaarungen mit Neandertalern haben nachfolgende Generationen der europäischen modernen Menschen im Kern jeder Körperzelle 4–6 % aktive Neandertaler-Gene. Das betrifft auch 53 Personen des Alten Testaments, deren tatsächliche Existenz sich hat nachweisen lassen, also auch Jesus und seine Vorfahren, sowie alle Bibelschreiber, Apostel, Evangelisten und Päpste. Südlich der Sahara gab es keine Neandertaler; dortige heutige Menschen erbten vor mehr als 40.000 Jahren etwa 2 % ihres genetischen Materials aus Vermischungen mit anderen Menschenpopulationen. Diese genetischen Befunde widerlegen die biblische Erzählung: Der moderne Mensch stammt nicht ab von einem einzigen Ur-Menschenpaar ab, auch nicht aus einer einheitlichen Gründerpopulation in einer paradiesischen Region. Vielmehr haben isolierte vor- und urmenschliche Bevölkerungen in verschiedenen bewohnbaren Zonen Afrikas eigene genetische Anpassungen und eigene Entwicklungen zu verschiedenen materiellen Kulturen durchlaufen und haben sich schließlich genetisch und kulturell zum *Homo sapiens* vermischt.

Der Katholische Katechismus macht biblische Allegorie zum Leitfaden gelebter Realität. Er übernimmt die biblische Erzählung der Geschichte des *Homo sapiens* aus dem Alten Testament, die im Neuen Testament von Jesus zitiert wird (Mt 19,4):

> Habt ihr denn nicht gelesen, was in der Heiligen Schrift steht? Da heißt es doch, dass Gott am Anfang die Menschen als Mann und Frau schuf.

In den Jahren 54 bis 57 lässt der Pharisäer Paulus von Tarsus (in seinen Briefen an die Römer und Korinther) alle realen Menschen vom allegorischen ersten Menschenpaar aus Eden abstammen und alle das Schuldigsein vor Gott – die sogenannte „Erbsünde" – von diesen Eltern erben. Er versteht den Tod Jesu als Opfer zur Tilgung dieser Sündenschuld und macht den Opfertod Jesu zum Kernthema des Christentums. Diese Grundideen prägen weithin das christliche Weltbild. Sie sind dogmatisch untermauert, 1997 von Papst und allen katholischen Bischöfen der Welt im „Weltkatechismus" festgeschrieben, 2005 im „Kompendium des Katechismus" (Volkskatechismus) bestätigt sowie 2015 von der Glaubenskongregation in Rom *geprüft und* für Jugendliche und junge Erwachsene im Jugendkatechismus (Youcat) erneut zusammengefasst, um – wie es im Vorwort zum Youcat heißt – „aufgrund katechetischer Erfahrungen aus 2000 Jahren zu zeigen, was die Katholische Kirche heute glaubt und wie man vernünftigerweise glauben kann".

Was man aus dem Katechismus vernünftigerweise über den Menschen glauben kann und was nicht, wird jedoch von neuen Forschungsbeiträgen aus Biologie, Archäogenetik und Paläogenetik entschieden, die auch jene Personen betreffen, welche die biblische Geschichte und mit ihr die Geistesgeschichte unseres religiös geprägten Weltbildes tragen. Was da heute jedem an nachprüfbarem Wissen zur Verfügung steht, ist unvereinbar mit einem angeblichen Stammelternpaar, das allen Menschen eine Sündenschuld vererbt hat. Weil tatsächlich nie alle Menschen, egal wann sie lebten, genetische Nachkommen von einem einzigen Elternpaar waren, kann es ebenso wenig wie dieses erste Menschenpaar ein von ihm „durch Fortpflanzung, nicht durch Nachahmung" auf alle Menschen vererbtes Sündenmerkmal geben. Mit dieser irrigen Idee sind der Hl. Paulus und der Hl. Augustinus bis heute unheilvoll wirkmächtig geblieben.

Nun muss auch der gläubige Christ folgerichtig weiterdenken. Wenn es die Erbsünde nicht gibt, entfällt die Notwendigkeit, sie mit der Taufe zu tilgen (Katechismus Nr. 405: „Indem sie das Gnadenleben Christi spendet, tilgt sie die Erbsünde"); eine Gnadenvermittlung der Taufe kann davon unberührt bleiben. Weiterhin ergibt sich eine Kaskade von religiös schwerwiegenden Folgerungen zur Korrektur von Glaubenssätzen, die im Katechismus zu unwiderruflicher Glaubenszustimmung verpflichten, aber sachlich fragwürdig oder gar falsch sind und Köpfe und Gewissen der Gläubigen unnötig belasten. Wird genetisch keine Erbsünde vererbt, erübrigt sich für die Mutter Jesu eine „unbefleckte Empfängnis". Sie wurde 1854 zum katholischen Dogma erklärt, um in Maria eine Ausnahme von der allen Menschen zugewiesenen Erbsünde festzulegen. Wenn es stimmte, was 1997 der Katholische Katechismus in Nr. 376 lehrt, dass „vor dem Sündenfall im Paradies der Mensch weder sterben noch leiden musste", verursachte die Erbsünde auch die Verwesung des Körpers nach dem Tod, traf aber Maria nicht (ihr Leib „sollte keine Speise der Würmer sein"), sodass sie, wie Papst Pius XII. 1950 als Dogma (in der apostolischen Konstitution *Munificentissimus Deus*) verkündete, „mit Leib und Seele in die himmlische Herrlichkeit aufgenommen" werden musste. Grund für all das ist die These, Jesus hätte selbst frei sein müssen von der Erbsünde, um alle Menschen von ihr erlösen zu können. Um in diesem Denkgebäude auch eine väterliche Erbsündelinie auszuschließen, durfte Josef nicht leiblicher, sondern musste Pflegevater Jesu sein, und dazu musste Maria zur jungfräulichen Mutter erklärt werden. Wenn jedoch die Erbsünde entfällt, kann die „Heilige Familie" eine normale Familie gewesen sein. „Die Gottessohnschaft, von der der Glaube spricht, ist kein biologisches, sondern ein ontologisches Faktum. Die Gottessohnschaft Jesu beruht nach dem kirchlichen Glauben nicht darauf, dass Jesus keinen menschlichen Vater hatte; die Lehre vom Gottsein Jesu würde nicht angetastet, wenn Jesus aus einer normalen menschlichen Ehe hervorgegangen wäre" (Ratzinger 1971, S. 199). Das ist auch biologisch korrekt. Denn zweifelsfrei war Jesus ein Mann. Und dann besaß er das Y-Chromosom, das die männliche embryonale Entwicklung genetisch steuert. Dieses Chromosom wird stets vom Vater zum Sohn vererbt. Entsprechend beschreiben die Evangelisten Lukas (3,23–38) und Matthäus (1,1–17) den biblischen Stammbaum Jesu in Form seiner väterlichen Stammlinie, die jeweils Väter und ihre männlichen Nachkommen aufzählt. Sie endet mit Josef, „dem Mann Marias; von ihr wurde Jesus geboren. Er galt als Sohn Josefs".[1] „Sohn Gottes" wird Jesus durch den Heiligen Geist (Lk 1,35), ebenso wie viele andere durch hervorragende Leistungen berühmt gewordene Männer, deren leibliche Eltern bekannt waren, die aber ihre besonderen Qualitäten vom Himmel in einer zusätzlichen „geistigen Zeugung" erhielten.

In Benediktbeuern erläutert der Professor für Moraltheologie Rupert Scheule (Berater der Deutschen Bischofskonferenz in Fragen zu Ehe und Familie) als Antwort auf meinen Vortrag: Was ich kritisierte, sei dem Lehramt der Amtskirche durchaus bekannt, falle aber unter „Caritativen Umgang mit altem Glaubensgut". Aus karitativer Sorge um die altgewohnt Glaubenden müsse die Tradition möglichst wortgetreu gewahrt bleiben. Vielen Gläubigen und Vertretern der Kurie sei schon verdächtig erschienen, dass Papst Johannes XXIII. zu Beginn des Konzils 1959 mahnte, „das ewige Dogma, die bleibende Wahrheit, erfordert eine der jeweiligen Zeit angemessene Ausdrucksweise". Kardinal Giovanni Battista Montini

---

[1]Ganz im Sinn meiner Deutung des Josef-Bildes in Partschins (s. Abb. 56.1).

(später selbst Papst) meinte dazu, der Papst wisse offenbar nicht, in welches Wespennest er da steche.

Kuriale „Wespen" waren schon lange beunruhigt, argwöhnten im weiterführenden Denken Joseph Ratzingers eine „Verweltlichung" des Glaubens und drängten zurück zum Kirchenvater Tertullian, der um 200 warnte: „Es ist nach Jesus Christus nicht unsere Aufgabe, neugierig zu sein noch zu forschen, nachdem das Evangelium verkündet ward". 1870 konstatierte die Katholische Amtskirche in der Dogmatischen Konstitution *Dei Filius*: „Jede Behauptung, die der Wahrheit des erleuchteten Glaubens widerspricht, erklären wir für falsch." Denn, so Thomas von Aquin in seiner *Summa Theologica* 1273, „weil es wegen der Unsicherheit im menschlichen Urteil…zu verschiedener Beurteilung menschlicher Handlungen kommen kann, muss der Mensch, damit er zweifelsfrei wissen kann, was er zu tun und was er zu lassen hat, durch ein gottgegebenes Gesetz geleitet werden, von dem feststeht, dass es nicht irren kann". Sein Lehrer, der Dominikaner und Universalgelehrte Albertus Magnus (1931 heiliggesprochen und zum Kirchenlehrer ernannt), hatte jedoch 1275 in der *Summa theologiae sive de mirabili scientia dei* den ganzen Offenbarungsinhalt aufgeteilt in 1) die übernatürliche Offenbarung, die uns im Alten und Neuen Testament der Bibel vom heiligen Geist vermittelt wird, und 2) die natürliche Offenbarung in den äußeren Dingen, die vom menschlichen Geist erkannt wird. Die Offenbarung in der äußeren Natur wird den forschenden Naturwissenschaftlern, die übernatürliche Offenbarung den Theologen zugewiesen. Das ewige Heil der Menschen bedenkend, müsste sich also die Katholische Amtskirche auf das geoffenbarte Wort Gottes und die Aussage beschränken, *dass* Gott Schöpfer der Welt ist, und sollte Antworten auf irdische Lebensprobleme und die weltliche Frage, *wie* die Schöpfung verlief und beschaffen ist, der natürlichen Intelligenz des Menschen überlassen. Falls dann eine Divergenz zwischen theologischen und naturwissenschaftlichen Aussagen aufträte, so entschied Papst Leo XIII. 1893 (in *Proventissimus Deus*), „dürfen wir gewiss sein, dass ein Irrtum vorliegt entweder in der Deutung der heiligen Worte oder in der weltlichen Diskussion; wenn kein Fehler dieser Art zu entdecken ist, müssen wir das endgültig abschließende Urteil für eine Zeit aufschieben".

So zu zögern, ist heute aber nicht mehr nötig. Die üblichen theologischen Wahrheitsargumente übersehen geflissentlich, dass innerhalb der Naturwissenschaften das menschliche Urteil (im Verfolg der „natürlichen Offenbarung") prinzipiell überprüfbar ist und ständig überprüft wird. Falsche Schlussfolgerungen werden unweigerlich offenbar. Nicht so innerhalb der

Theologie, wie Johannes Calvin, Philipp Melanchton und Martin Luther mit ihrer Ablehnung des Kopernikanischen Weltbildes und mehrere Päpste 1633 im „Fall Galileo Galilei" bewiesen. Noch 1950 berief sich Papst Pius XII. in *Humani Generis* auf „die Quellen der Offenbarung und die Akten des kirchlichen Lehramtes" und verkündete apodiktisch, es könne nicht sein, dass es „auf Erden wirkliche Menschen gegeben habe, die nicht auf natürliche Weise von Adam als Stammvater abstammen". Schon 50 Jahre später war naturwissenschaftlich unwiderlegbar klar, dass kein Mensch auf Erden von einem Urvater Adam abstammt.

Um vernünftig glauben zu können, ist es deshalb dringend nötig, die Akten des kirchlichen Lehramts zu ergänzen, die Quellen der Offenbarung kritisch zu prüfen und Glaubensinhalte, soweit sie die Natur betreffen, den naturwissenschaftlichen Erkenntnissen anzupassen. Papst Franziskus forderte in einer Ansprache vor Kurienvertretern im Oktober 2017 eine „harmonische Entwicklung der Lehre"; sie erfordere es, „sich von Positionen zu verabschieden, die heutzutage dem neuen Verständnis der christlichen Wahrheit entschieden zuwiderlaufen". Zu diesem neuen Verständnis gehören naturwissenschaftliche Erkenntnisse der weltlichen Wirklichkeit. Der Jesuit Karl Rahner postulierte 1961 (in *Die Hominisation als theologische Frage*):

> Das Katholische Lehramt nimmt für sich selbst die Entscheidung letzter Instanz in Anspruch, auch in Fragen, welche die weltliche Wirklichkeit betreffen, denn die Offenbarung bezieht grundsätzlich die ganze Wirklichkeit als möglichen Gegenstand in ihre Aussagen ein.

Wenn „weltliche Wirklichkeit" ein tragendes Element der (natürlichen) Offenbarung ist, dann können zunehmende Kenntnisse der Wirklichkeit sehr wohl Änderungen in Lehramtsaussagen und im Katechismustext erforderlich machen – auch gegen allen Denkmalschutz der Tradition und gegen die Mahnung traditionstreuer Katholiken in den USA 2017, jede von der Vernunft diktierte Änderung in Lehramtsaussagen oder Katechismus erzeuge eine „schwerwiegend skandalöse Situation, welche die Glaubwürdigkeit des Lehramts im Allgemeinen in Zweifel zieht". Im Gegenteil: Genau das bewirken heute die Diskrepanzen zwischen theologischer und biologischer Interpretation der Natur des Menschen. Das „Licht der Vernunft" verweist viele auf das Menschenleben bezogene Katechismus-Glaubensartikel in den Bereich von Legenden. Sie den Gläubigen unkommentiert aufzudrängen – ob mit Tradition oder Caritas begründet – ist Missbrauch der Glaubensbereitschaft, ermutigt Gläubige zum Verlassen der Kirche und macht auf diese Weise aus den obersten Vertretern der Amtskirche „Kirchenleerer".

Im katholischen Weltkatechismus könnten und sollten alle Abschnitte und Querverweise wegfallen, die von einem ersten Menschenpaar, seiner Sünde, deren Vererbung an alle Menschen und der notwendigen Tilgung dieser Sünde durch die Taufe handeln, sowie ferner solche, die im Zusammenhang damit von der unbefleckten Empfängnis und der Jungfrauschaft der Mutter Jesu handeln. Das alles können keine heilsnotwendigen Glaubensinhalte sein, denn ihre Sachinhalte existieren nicht. Alle mehr oder minder krampfhaften Versuche, diesbezügliche Dogmen neu zu interpretieren, sind müßig und können unserer Erkenntnis nicht weiterhelfen. Für die Religiosität des Menschen, für seine Beziehung zu Gott und speziell das Christsein ist ein Für-wahr-Halten der Inhalte dieser Katechismusabschnitte entbehrlich. Als Glaubensgut sind sie überflüssig wie *Fake News* oder „alternative Wahrheiten". Als Kulturgut, fest verankert in Sprache, Schrift, Bild, Musik und Brauchtum, werden sie zwar parallel zur biologischen Historie erhalten bleiben. Aber in dogmatisierter Form als verpflichtende Glaubenswahrheiten dürfen sie nicht eingestuft bleiben.

In einer Diskussion mit mir unterschied der Fundamentaltheologe Gregor Hoff (2013, S. 423) zwischen Kirche, Theologie und Lehramt. Man kann das so deuten, als meinte das *Lehramt* verhindern zu müssen, dass neue Erkenntnisse der *Theologie* in der *Kirche* allgemein publik werden. In der tragischen Person Joseph Ratzingers kommt das tatsächlich alles zusammen: Als Papst Benedikt XVI. trägt und übernimmt er ab 2005 im Lehramt die Verantwortung dafür, dass er als Glaubenshüter ab 1981 dem Kirchenvolk vorenthalten hat, was er als Theologe seit 1958 an Erkenntnissen gewonnen hatte.

58

Epilog

„Reisen bildet." Es hilft, die Diversität des Lebens kennen zu lernen und zu erfahren, dass naturnahe Lebensweisen nicht beliebig oder willkürlich variieren, sondern gut auf die ökologischen Umweltgegebenheiten abgestimmt sind. Der Anthropologe Adolphus Elkin von der Universität in Sydney verglich 1938 die als Sammler und Jäger lebenden australischen Aborigines der Küste, der Flusszonen und der Trockensteppe. Jede Stammesgruppe hatte einen eigenen Sprachdialekt und eigene Bräuche. Je nach Stamm lernten die Kinder von klein auf die ortsüblichen Namen von fünf bis sieben verschieden langen Jahreszeiten und die Regeln, nach denen mit bestimmtem Wetter ein bestimmtes Nahrungsangebot verbunden ist. Wenn es für die Bard an der Nordküste Honig, Früchte, Yamswurzeln und Schildkröten gab, gab es am Swan River im Westen für die Karadjeri Schilfwurzeln, Frösche, Eidechsen und Kängurus. Es wäre nutzlos bis lebensgefährlich gewesen, sich in einem Gebiet auf die Regeln des anderen zu verlassen. Obwohl die Stämme die Sprache ihrer Nachbarn verstanden, mieden sie näheren Kontakt mit ihnen; denn schon in alltäglichen Fragen redeten sie offenkundigen Unsinn. Funktionell entspricht dem in der Biologie das Phänomen der „Kontrastbetonung" (Brown und Wilson 1956), nämlich dass im Grenzgebiet zweier Arten ihre Kommunikationssignale sich deutlicher unterscheiden als dort, wo nur eine der Arten vorkommt. Dadurch wird genetisch unverträgliche Hybridisierung vermieden. Die Spezialisierung auf eine biologisch-ökologische, klimatisch-landschaftliche Nische fördert die Abschottung gegen gruppenfremde Einflüsse: genetische im Tierreich, kulturelle beim Menschen.

© Springer-Verlag GmbH Deutschland, ein Teil von Springer Nature 2020
W. Wickler, *Reisenotizen,* https://doi.org/10.1007/978-3-662-61996-4_58

In den schroff voneinander abgegrenzten Tälern Papua-Neuguineas existieren 847 Sprachen. Der holländische Ethnologe Oosterwal besuchte 1963 im dortigen Bergland mehrere entfernt voneinander ansässige Eingeborenenstämme. Als er von den Bora-Bora weiterziehen und andere Stämme besuchen wollte, warnten ihn die Bora-Bora: Geh nicht zu den Waf, Daranto oder Mander; die sind alle schmutzig und dumm, grausam und bösartig. Er fand dann die Waf freundlich, gastlich und hilfsbereit; doch waren sie erstaunt, dass er den Bora-Bora heil entkommen war, denn die seien dumm und grausam. Bei den Mander erfuhr er, die Waf und Daranto seien minderwertig, was ebenfalls nicht stimmte.

> Je geringer die Verbindung ist, die diese Leute mit anderen haben, umso vortrefflicher finden sie sich selbst; je größer ihre Isolierung, umso negativer ist ihr Urteil über andere Stämme. Es ist überall auf der Welt dasselbe.

In den Stammesgruppen entwickeln sich darüber hinaus mit eigenen Sprachen und eigenem Denken eigenständige, volksphilosophisch und religiös unterfütterte Heilsversprechen und Jenseitserwartungen, deren Nützlichkeit sich zwar nicht überprüfen lässt, die aber in Parallele zu den bewährten eigenen Lebensregeln vorausgesetzt wird. Somit fördern Traditionsinhalte die Integration einer Gruppe, Stolz auf die eigenen Errungenschaften, aber Misstrauen, Vorurteile und Abwehr gegen gruppenfremdes Gedankengut. Nur Unterweisungen innerhalb der eigenen Kulturgruppe sind vertrauenswürdig.

Und nicht nur Eingeborenenstämme wittern in gruppenfremdem Gedankengut Gefahren für das eigene Leben und unterstellen den Nachbarn Hinterlist und böse Absichten, wenn sie aus ihren Lebensregeln angeblich gute Ratschläge anbieten. Christen hielten von Anfang an alle heidnischen Weisheiten für unheilvoll, hielten die eigene Lehre für die einzig heilbringende Wahrheit und fühlten sich von Jesus beauftragt (Mt 28,19): „Gehet hin und lehret alle Völker alles zu halten, was ich euch befohlen habe." Sie glaubten sich ermächtigt, alles Anderslautende aus dem Weg zu räumen. Das entschied zum Beispiel über die präkolumbischen Dokumente mittelamerikanischer Zivilisationen: Bischof Diego de Landa ließ 1562 in einer groß angelegten Aktion Altäre, Bilder und Schriftrollen der Maya vernichten. Ebenso verfuhr 1866 der Missionar Joseph-Eugène Eyraud mit den Rongorongo-Schriften der Rapanui auf der Osterinsel. Missionarischer Eifer verdrängte die Neugier, welche Informationen die Dokumente eigentlich enthielten – sie wurden als Teufelswerk verbrannt, ohne das fremde kulturelle Gedankengut zu überprüfen.

Aus politischem Kalkül hatte schon 213 v. Chr. Chinas erster Kaiser Qin Shihuangdi alle historischen Aufzeichnungen aus der Zeit vor der Qin-Dynastie (außer denen über sein Heimatreich Qin) zerstören und die konfuzianischen Gelehrten, die sich dagegen auflehnten, lebendig begraben lassen. Kaiser Diokletian empfand dann das Christentum („Christus ist der Herr") als fremdländisch und mit dem Kaiserkult unvereinbar und erließ im Februar 303 n. Chr. ein Edikt, die Religionsgemeinschaft der Christen zu zerschlagen, ihre Kirchen zu zerstören und ihre heiligen Schriften zu verbrennen. Kaiser Konstantin der Große verordnete seinem Reich das Christentum als einheitlichen Glauben, nicht aus innerer Überzeugung (taufen ließ er sich erst 337 auf dem Sterbebett), sondern zur religiösen Festigung seiner Herrschaft. Er startete und leitete 325 das Erste Konzil von Nicäa, schrieb das trinitarische Gottesbild fest und ließ die häretisch davon abweichenden Bücher von Arius und dessen Schülern verbrennen. In der klassischen Epoche der Antike zwischen dem späten 3. und dem späten 6. Jahrhundert sammelte sich viel naturwissenschaftlich-technisches Wissen an, war aber mit nichtchristlichen Namen und Anschauungen verbunden, stand in Konkurrenz zu christlichen Überzeugungen und wurde demgemäß verbannt oder verbrannt.

„Prüft aber alles, und das Gute behaltet", hatte zwar der Völkerapostel Paulus um 50 n. Chr. den Thessalonichern (1 Thess 5, 21) empfohlen. Aber ihm ging es um die Rettung der Seele im Jenseits. Alles andere im Leben erachtete er im Brief an die Philipper (Phil 3,8) – wörtlich sehr drastisch – „als Scheiße" *(arbitror ut stercora!).* Deshalb steht das Wort Gottes in der Bibel über allem, was man sonst noch Nützliches wissen kann: „Es ist nach Jesus Christus nicht unsere Aufgabe, neugierig zu sein noch zu forschen, nachdem das Evangelium verkündet ward", betonte Kirchenvater Tertullian um 200. Und die Dogmatische Konstitution *Dei Filius* der katholischen Amtskirche legte 1870 fest: „Jede Behauptung, die der Wahrheit des erleuchteten Glaubens widerspricht, erklären wir für falsch."

Die verhängnisvollen Folgen sind bekannt. Christliche Exegeten lasen in der Bibel (Jos 10, 12–13), Gott habe auf Bitte des Josua im Kampf der Israeliten gegen die Amoriter einen Tag lang die Sonne am Himmel stillstehen lassen. Fälschlich knüpften sie daran ein für die Kirche gültiges geozentrisches Weltbild. (Was Gott tatsächlich hätte einen Tag lang stoppen müssen, war die Drehbewegung der Erde um ihre eigene Achse, die Erdrotation, die bereits Hiketas von Syrakus im 4. Jahrhundert v. Chr. vermutete, die aber erst im 18. Jahrhundert bewiesen wurde). Aber schon Aristarchos von Samos hatte im 3. Jahrhundert v. Chr. gewusst, dass die Erde um die Sonne kreist; exakt bewiesen wurde das heliozentrische Weltbild im 16. Jahrhundert von Nikolaus Kopernikus, im 17. Jahrhundert von Johannes Kepler, Isaac Newton und Galileo Galilei. Doch sie alle wurden von der Kirche als Ketzer verurteilt. Der katholische Mönchsorden der Dominikaner forderte ein Lehrverbot für das heliozentrische Weltbild; auch Martin Luther lehnte es 1539 ab. Heute ist es weltweit anerkannt. Galilei wurde 1992 von der Kirche rehabilitiert.

Nicht korrigiert jedoch ist ein anderer theologisch-philosophischer Trugschluss, der sich auf den italienischen Dominikaner Thomas von Aquin um 1250 zurückführen lässt. Er wollte der Theologie den Charakter einer Wissenschaft nach Art des Aristoteles geben. In der Natur erkannte er zwei Neigungen: die zur Selbsterhaltung (allen Substanzen eigen) und die zur Arterhaltung (allen Sinnenwesen eigen). Er verstand sie als Naturgesetze, die dem Willen Gottes entspringen und die der Mensch erkennen kann. Noch viele Philosophen und Biologen nach ihm glaubten, in der Natur der Lebewesen und in ihrem Verhalten sei das Prinzip der Arterhaltung vorgegeben und wirksam. Konrad Lorenz (1973) postulierte ein arterhaltendes Prinzip als angeborenes oberstes Gebot der sozial lebenden Organismen. Der Moraltheologe Franz Böckle (1977) hielt diejenigen genetisch programmierten Verhaltensmuster für „richtig", die dem gesetzten Ziel der Arterhaltung am besten dienen. Tatsächlich ist aber bei keiner Art von Lebewesen ein über den Fortpflanzungsdrang der Individuen hinausgehendes Bemühen um die Erhaltung der eigenen Art zu finden. Kein Individuum opfert den eigenen Fortpflanzungsvorteil der Arterhaltung. Wie die Selbstaufopferung in der auf eigene Nachkommen beschränkten Brutpflege zeigt, hat stets die Erhaltung und möglichst effektive Verbreitung des eigenen Erbgutes Priorität. Das gilt auch beim Menschen, wie das Avunkulat (Kap. 21) beweist. Die vorrangige Genausbreitung kann der Erhaltung der Art sogar zuwiderlaufen (Dawkins 1976; Wickler und Seibt 1991).

Zusätzlich zum angeblichen Naturgesetz leiteten Philosophen eine Pflicht zur Erhaltung der Menschheit aus der Sonderstellung des Menschen unter allen Lebewesen ab, die um 320 v. Chr. der Konfuzianer Mengzi im Konzept der Menschenwürde mit den „jedem Menschen vom Himmel verliehenen" angeborenen Fähigkeiten zu Vernunft, Kultur, Moralität und Mitleid begründete. Diese Fähigkeiten kennzeichnen 1948 – unter Berufung auf Mengzi (Meckel 1990) – in Artikel 1 der Allgemeinen Erklärung der Menschenrechte den unverlierbaren, unantastbaren geistig-sittlichen Wert eines jeden Menschen um seiner selbst willen. Für Immanuel Kant war 1790 diese Fähigkeit, als einziges Naturwesen in freiem Willen nach vernünftigen Prinzipien moralisch handeln zu können, „der Zweck der Existenz eines solchen Naturwesens" und zugleich „Endzweck der Schöpfung", sodass

„ohne den Menschen die ganze Schöpfung umsonst und ohne Endzweck seyn würde". Und daraus haben Philosophen und Naturwissenschaftler vom 13. bis ins 20. Jahrhundert ein Gebot für die Erhaltung der Menschheit als selbstverständliche Notwendigkeit abgeleitet. Für den Imperativ, „dass eine Menschheit sei", beanspruchte Hans Jonas im *Prinzip Verantwortung* (1979) höchste Verbindlichkeit. Ebenso war für Hubert Markl (1989) die Zukunftsfähigkeit der menschlichen Spezies unabdingbar; „es lässt sich keine Freiheit rechtfertigen, die den Verzicht auf dieses Ziel einschließt".

Dieses Ziel ist aber nicht vereinbar mit der Autonomie des Willens als oberstem Prinzip der Sittlichkeit, es ist unvereinbar mit der die Menschenwürde begründenden Maxime der Unverfügbarkeit der Person (Kant 1785). Das hat Philip Kitcher (1985) mit einem simplen Grenzfall eindrücklich illustriert: Wenn in einem gedachten Fall das Überleben der Menschheit von der Paarung zweier Personen abhinge, eine von ihnen aber nicht einwilligt – darf sie gegen ihren Willen gezwungen werden? Oder, auf die Gegenwart bezogen, kann es angesichts der Übervölkerung der Erde ein verbrieftes Menschenrecht auf Fortpflanzung geben?

Thomas von Aquin übernahm vom griechischen Philosophen Heraklit von Ephesos (um 500 v. Chr.) die Perspektive einer Weltordnung, in der Natur (Physis) und menschengemachte Gesetze (Nomos) im Logos, dem göttlichen Weltgesetz, eine Einheit bilden. Daraus wollten naturalistische oder metaphysische Ethiken schließen, „natürlich" sei zugleich „gut". Das ergäbe jedoch, wie George Edward Moore 1903 in seiner *Principia ethica* anführt, weil in der Natur regelmäßig der Stärkere überlebt, ein allgemeines „Recht des Stärkeren". Aber schon David Hume hatte 1740 betont, dass man von einer Beschreibung des Zustands der Welt nicht auf ein ethisches Gebot schließen kann: „Aus dem Sein lässt sich kein Sollen ableiten." Aus dem Faktum, dass alle Lebewesen auf Fortpflanzung angelegt sind, darf man kein Fortpflanzungs-Soll beim Menschen ableiten.

Wenn katholische Theologie die Naturgesetze dahingehend interpretieren, dass sie nicht nur Beschreibungen sind, sondern für den Menschen verpflichtende göttliche Handlungsanweisungen enthalten, müsste sie ihre Kenntnisse dieser Naturgesetze auf den jeweils modernsten Stand der Naturforschung bringen. Das geschieht nachweislich nicht. Sonst wüsste sie, dass Thomas irrte und die Natur kein Vorbild für menschliches ethisches Verhalten liefert (Kap. 38), dürfte nicht eine völlig falsche Evolution des Sexualverhaltens verkünden (Ratzinger 2010) und auf keinen Fall im Weltkatechismus behaupten: „Wegen des Menschen ist die ganze Schöpfung der Vergänglichkeit unterworfen" und somit alles Leid in der realen Welt auf „die Erbsünde und ihre Auswirkungen" zurückführen (Twomey 2008).

Die Frage, woher es dann kommt, dass Lebewesen nachweislich seit Anfang der Schöpfung 3 Mrd. Jahre lang vor der menschlichen Ursünde leiden, beantwortete Ratzinger (2000, S. 99): „Zunächst sind dies alles natürlich nur Schätzzahlen; sie haben ihre guten Gründe, aber man darf sie nicht verabsolutieren" – wohl gemäß einer theologischen Denkmöglichkeit, die Wirkung könne lange Zeit vor ihrer Ursache auftreten? Auf solchen der Natur widersprechenden Aussagen beharrt die katholische Kirche, heute sogar wider besseres Wissen, angeblich – wie Papst Franziskus es ausdrückt – um die „christliche Identität" zu bewahren und in ihr das Wort Gottes vor der „weltlichen Logik" zu schützen, obwohl der ganze Glaube darauf beruht, dass das Wort Gottes mit Jesus in die Welt gekommen ist. Solange eine Harmonisierung von Wissens- und Glaubensinhalten nicht gelingt, wird die für die Kirche selbst fatale Spaltung zwischen Profanwissenschaft und Offenbarungslehre Bestand haben.

Derartiges Abschotten eigener Meinung gegen anderslautendes Gedankengut kann unter Naturvölkern nützlich sein. Es entsteht in unserer Hochkultur neu durch Konkurrenzdenken.

In der Wirtschaft ist es üblich, eigenes technisches Wissen durch Geheimhaltung vor fremder Neugier („Werkspionage") abzuschirmen. Zunehmende Spezialisierungen in der Wissenschaft erzeugen Verständigungsgrenzen und Wissenstrennung zwischen Natur- und Geisteswissenschaften und innerhalb beider zwischen spezialisierten Teildisziplinen, und sie fördern bereichstypisches Selbstbewusstsein und Selbstbehauptung. Ich erinnere mich an die Klage von Hanna Arendt im Jahr 1970, dass „Zoologen, Biologen und Physiologen nahezu beherrschend auf einem Gebiet auftreten, das noch vor wenigen Jahrzehnten von Psychologen, Soziologen und Politikwissenschaftlern besetzt war". Solche Exklusivzuständigkeiten und Abschottungen zwischen den Wissenschaftszweigen kann sich die schreib- und lesekundige Menschheit heute nicht mehr leisten. (Wie viel arabisches Erbe tatsächlich unerkannt in unserer abendländischen Kultur steckt, hat Sigrid Hunke 1965 zusammengestellt).

Es ist unumgänglich, fremdes Gedankengut kennen zu lernen und neugierig zu erkunden statt es von sich fernzuhalten, Verständnis für das Fremde zu entwickeln, zu prüfen, was es Nützliches enthält, und sich dieses gegebenenfalls anzueignen. Vielleicht hat Jeschua Ben Sirach um 180 v. Chr. das im Sinn gehabt mit seinem „Reisen bildet"-Symposium.

Literatur

Ahedo Felipe González de (1908) The Voyage of Captain Don Felipe Gonzalez to Easter Island 1770. Hakluyt Society, Cambridge

Akalu A (1985) Beyond morals? Experiences of living the life of the Ethiopian Nuer. LiberFörlag, Malmö

Akalu A (1989) The Nuer view of biological life. Nature and sexuality in the experience of the Ethiopian Nuer. Almqvist & Wiksell, Stockholm

Alighieri D (1576) La Vita nuova (dt. 2016: Das neue Leben. Reclam, Stuttgart)

Arendt H (1970) Macht und Gewalt. Piper, München

Augustinus A (2013) Bekenntnisse. Marix, Wiesbaden

Baldwin JM (1899) Social heredity and organic evolution. Appendix A in social and ethical interpretations in mental development: a study in social psychology. Macmillan, New York, S 545–547

Baptista LE, Petrinovich L (1984) Song interaction, sensitive phases and the song template hypothesis in the white-crowned sparrow. Anim Behav 32:172–181

Barthel T (1958) Grundlagen zur Entzifferung der Osterinselschrift. Abh Auslandskd, Bd 64. Universität Hamburg

Bartolomé de Las Casas (1542) Of the Island of Hispaniola. Deutsch 1966: Bericht von der Verwüstung der westindischen Länder. Insel, Frankfurt a. M.

Battuta I (1985) Reisen ans Ende der Welt 1325–1353. Erdmann, Stuttgart

Becher E (1917) Die fremddienliche Zweckmässigkeit der Pflanzengallen und die Hypothese eines überindividuellen Seelischen. Veit, Leipzig

Bethe A (1933) Die Plastizität (Anpassungsfähigkeit) des Nervensystems. Naturwiss 21:214–221

Böckle F (1977) Fundamentalmoral. Kösel, München

Boesch C, Boesch-Achermann H (2000) The Chimpanzees of the Taï forest: behavioural ecology and evolution. Oxford University Press, Oxford

© Springer-Verlag GmbH Deutschland, ein Teil von Springer Nature 2020
W. Wickler, *Reisenotizen*, https://doi.org/10.1007/978-3-662-61996-4

Boppré M, Seibt U, Wickler W (1984) Pharmacophagy in grasshoppers? Zonocerus attracted to and ingesting pure pyrrolizidine alkaloids. Entomol Exper Appl 35:115–118

Boyd R, Richerson P (1985) Culture and the evolutionary process. Chicago University Press, Chicago

Boysen ST, Berntson GG (1989) Numerical competence in a Chimpanzee (Pan troglodytes). J Comp Psychol 103:23–31

Braemer W, Schwassmann HO (1963) Vom Rhythmus der Sonnenorientierung am Äquator (bei Fischen). In: Autrum H et al (Hrsg) Orientierung der Tiere/Animal Orientation. Ergebnisse der Biologie/Advances in Biology, Bd 26. Springer, Berlin

Breitsameter C (2019) Das Gebot der Liebe – Kontur und Provokation. Schwabe, Basel

Brown WL, Wilson EO (1956) Character displacement. Syst Biol 5:49–64

Bruton M (2017) The annotated old fourlegs. The updated story of the Coelacanth. Struik nature. Penguin, Cape Town

Bshary R, Salwiczek LH, Wickler W (2007) Social cognition in non-primates. In: Dunbar RIM, Barrett L (Hrsg) Oxford handbook of evolutionary psychology. Oxford University Press, Oxford, S 83–101

Chagnon N (1968) Yanomamö: the fierce people. Holt, Rinehart, and Winston, New York

Clayton NS, Dickinson A (1999) Memory for the contents of caches by scrub-jays (Aphelocoma coerulescens). An Behav Process 25:82–91

D'Aubrey J (1963) Elasmobranch reproduction. South Afr Assoc Mar Biol Res Bull 4:25–30

Dangl G (2012) Farbe unter Farbe. Der Schlern 86:104–127

Dawkins R (1976) The selfish gene. Oxford University Press (dt. 2006: Das egoistische Gen. Jubiläumsausgabe. Spektrum, Heidelberg)

Desutter-Grandcolas L (2003) Phylogeny and the evolution of acoustic communication in extant Ensifera (Insecta, Orthoptera). Zoolog Scr (Norweg Acad Sci Lett) 32:525–561

Diamond M, Sigmundson HK (1997) Sex reassignment at birth: long term review and clinical implications. Arch Pediatr Adolesc Med 151:298–304

Döhl J (1969) Wahlen zwischen zwei überschaubaren Labyrinthwegen durch einen Schimpansen. Z Tierpsychol 26:200–207

Domalain J-Y (1972) Panjamon. Paul Zsolnay, Wien

Doms H (1935) Vom Sinn und Zweck der Ehe. Ostdeutsche Verlagsanstalt, Breslau

Doms H (1965) Gatteneinheit und Nachkommenschaft. Matthias-Grünewald, Mainz

Duerr HP (1988) Nacktheit und Scham. Suhrkamp, Frankfurt a. M.

East ML, Hofer H, Wickler W (1993) The erect 'penis' is a flag of submission in a female dominated society: greetings in Serengeti spotted hyenas. Behav Ecol Sociobiol 33:355–370

Elias N (1939) Über den Prozeß der Zivilisation. Haus, Basel

Elkin AP (1938) The Australian aborigines. Angus and Robertson, Sydney

Emery NJ, Clayton NS (2001) Effects of experience and social context on prospective caching strategies by scrub jays. Nature 414:443–446

Engelbrecht JA (1930) Swazi customs relating to marriage. Ann University Stellenbosch 8B(3):1–27

Fisher J, Hinde RA (1949) The opening of milk bottles by birds. Br Birds 42:347–357

Forster G (1778, 1780) Johann Reinhold Forster's Reise um die Welt während den Jahren 1772 bis 1775. Haude und Spener, Berlin

Fothergill WE (1899) The function of the decidual cell. Edinb Med J 5:265–273

Freuchen P (1961) Book of the Eskimos. World Publishing Company, Cleveland

Gabus J (1957) Völker der Wüste. Walter, Olten

Gahr M, Sonnenschein E, Wickler W (1998) Sex difference in the size of the neural song control regions in a dueting songbird with similar song repertoire size of males and females. J Neurosci 18:1124–1131

Gahr M, Metzdorf R, Schmidl D, Wickler W (2008) Bi-directional sexual dimorphisms of the song control nucleus HVC in a songbird with unison song. PLoS ONE 3(8):e3073

Gardner RA, Gardner BT (1969) Teaching sign language to a chimpanzee. Science 165:664–672

Gerlach N (2005) Sah ein Knab ein Röslein stehn. Studienarbeit im Fachbereich Germanistik, Gottfried Wilhelm Leibniz Universität Hannover, Kindle-Edition

Gruber SH, Myrberg AA (1977) Approaches to the study of the behavior of sharks. Am Zool 17:471–486

Gründel J (2001) Theologisch-ethische Implikationen einer Güterabwägung. Z Debatte 31:28–30

Guerin H (1993) Social facilitation. Cambridge University Press, Cambridge

Haig D (1993) Genetic conflicts in human pregnancy. Quart Rev Biol 68:495–532

Hamilton WD (1964) The genetical evolution of social behaviour I and II. J Theoret Biol 7:1–52

Hammerstein P (1991) Die Ökonomie des Verhaltens von Tieren und Menschen. In: Biervert B, Held M (Hrsg) Das Menschenbild in der ökonomischen Theorie. Campus, Frankfurt, S 192–204

Häring H (2004) Vom Sündenfall zur Erbsünde – Bemerkungen zum Katechismus der Katholischen Kirche. Concilium 40:19–27

Hediger H (1963) Tierpsychologie und Ethologie. Schweiz Arch Neurol Neurochir Psychiatr 91:281–290

Hemelrijk CK (Hrsg) (2005) Self-organisation and evolution of social systems. Cambridge University Press, Cambridge

Hilpert K (2015) Ehe, Partnerschaft, Sexualität: Von der Sexualmoral zur Beziehungsethik. Wissenschaftliche Buchgesellschaft, Darmstadt

Hoff GM (2013) Schöpfungstheologie im Konflikt? In: Hoff GM (Hrsg) Konflikte um Ressourcen – Kriege um Wahrheit. Alber, Freiburg, S 415–217

Hohorst W, Graefe G (1961) Ameisen – obligatorische Zwischenwirte des Lanzettegels (Dicrocoelium dendriticum). Naturwiss 48:229–230

Holderegger A (Hrsg) (2002) Ethische Probleme in der Stammzellenforschung. In: Theologie und biomedizinische Ethik. Grundlagen und Konkretionen. Herder, Freiburg, S 250–267

Hunke S (1965) Allahs Sonne über dem Abendland – unser arabisches Erbe. Fischer, Frankfurt a. M.

Huntington SP (1996) The clash of civilizations and the remaking of world order. Simon & Schuster, New York

Johannesen J, Wickler W, Seibt U, Moritz RFA (2009) Population history in social spiders repeated: colony structure and lineage evolution in Stegodyphus mimosarum (Eresidae). Mol Ecol 18:2812–2818

Jonas H (1979) Das Prinzip Verantwortung: Versuch einer Ethik für die technologische Zivilisation. Insel, Frankfurt a. M.

Kaiser O, Janowski B, Wilhelm G, Schwemmer D (1982–2015) Texte aus der Umwelt des Alten Testaments (TUAT). Gütersloher Verlagshaus, Gütersloh

Kant I (1785) Grundlegung zur Metaphysik der Sitten. Harknoch, Riga

Kant I (1790) Kritik der Urteilskraft. Lagarde, Berlin

Kant I (1794) Die Religion innerhalb der Grenzen der bloßen Vernunft. Friedrich Nocolovius, Königsberg

Kant I (1803) Über Pädagogik. Friedrich Nicolovius, Königsberg

Keller A (1915) Societal evolution: a study of the evolutionary basis of the science of society. Macmillan, New York

Kiefer K (1967) Diffusion von Neuerungen. Mohr, Tübingen

Kjellström R (1973) Eskimo marriage: an account of traditional Eskimo courtship and marriage. Nordiska museets Handlingar (Nordisches Museum), Stockholm

Knight FM, Lombardi J, Wourms JP, Burns JR (1985) Follicular placenta and embryonic growth of the viviparous four-eyed fish (Anableps). J Morphol 185:131–142

Koenig O (1970) Kultur und Verhaltensforschung. Einführung in die Kulturethologie. dtv, München

Kohler M, Wehner R (2005) Idiosyncratic route-based memories in desert ants, Melophorus bagoti: how do they interact with path-integration vectors? Neurobiol Learn Mem 83:1–12

Konishi M (1965) The role of auditory feedback in the control of vocalization in the white-crowned sparrow. Z Tierpsychol 22:584–599

Kropotkin P (1904) Gegenseitige Hilfe in der Entwickelung. Verlag Theodor Thomas, Leipzig

Kühn D (2011) Ich Wolkenstein. Fischer, Frankfurt a. M.

Kummer H, Cords M (1991) Cues of ownership in long-tailed macaques, Macaca fascicularis. Anim Behav 42:529–549

Kummer H et al (1974) Triadic differentiation: an inhibitory process protecting pair bonds in baboons. Behaviour 49:62–87

Leroi-Gourhan AA (1938) Eine Reise zu den Ainu. Hokkaido (neu: Ammann, ©1995, Zürich)

Levinson SC (1997) The cognitive consequences of spatial description in Guugu Yimithirr. J Ling Anthropol 7:98–131

Li L-L, Keverne EB, Aparicio SA, Ishino F, Barton SC, Surani MA (1999) Regulation of maternal behavior and offspring growth by paternally expressed Peg3. Science 284:330–334

Lohmann T (1960) Petrus und der Wettergott. Z Religions Zeitgesch 12:112–136

Lorenz K (1943) Die angeborenen Formen möglicher Erfahrung. Z Tierpsychol 5:235–409

Lorenz K (1973) Die acht Todsünden der zivilisierten Menschheit. Piper, München

Lorenz K (1978) Vergleichende Verhaltensforschung. Springer, Wien

Lorenz K (1981) The foundations of ethology. Springer, New York

Markl H (1989) Wissenschaft: Zur Rede gestellt. Piper, München

Martin W, Hoffmeister M, Rotte C, Henze K (2001) An overview of endosymbiotic models for the origins of eukaryotes, their ATP-producing organelles (mitochondria and hydrogenosomes), and their heterotrophic lifestyle. Biol Chem 382:1521–1539

Mayr E (1998) Das ist Biologie. Springer, Heidelberg

Mbiti S (1974) Afrikanische Religion und Weltanschauung. de Gruyter, Berlin

Meckel C (1990) Allgemeine Erklärung der Menschenrechte. Insel, Frankfurt a. M.

Medawar PB, Medawar JS (1984) Aristotle to zoos. A philosophical dictionary of biology. Weidenfeld & Nicolson, London

Monod J (1971) Zufall und Notwendigkeit. Piper, München

Morgan CL (1896) Habit and instinct. Arnold, London

Morgan TH (1932) The scientific basis of evolution. Norton & Co., New York

Müller G (2016) Katholische Dogmatik. Herder, Freiburg

Müller S (2012) Die Einheit des Beid-Einen. Der Schlern 86:18–25

Muser B, Sommer S, Wolf H, Wehner R (2005) Foraging ecology of the thermophilic Australian desert ant, Melophorus bagoti. Austr J Zool 53:301–311

Noë R, van Hooff JA, Hammerstein P (2001) Economics in nature: social dilemmas, mate choice and biological markets. Cambridge University Press, Cambridge

Nothdurfter H (2012) Die Prokuluskirche – Gedanken eines Ausgräbers. Der Schlern 86:26–53

Oduncu FS, Schroth U, Vossenkuhl W (Hrsg) (2002) Stammzellenforschung und therapeutisches Klonen. Vandenhoeck & Ruprecht, Göttingen

Oosterwal G (1963) Die Papua. Kohlhammer, Stuttgart

Ott G (1864) Legenden von den lieben Heiligen Gottes, nach den besten Quellen neu bearbeitet. Friedrich Pustet, Regensburg

Ott L (1981) Grundriss der Dogmatik, 10. Aufl. Herder, Freiburg

Parker GA, Hammerstein P (1985) Game theory and animal behaviour. In: Greenwood PJ, Harvey PH, Slatkin M (Hrsg) Evolution: essays in honour of John Maynard Smith, Bd 1985. University Press, Cambridge

Pepperberg IM (2017) Symbolic communication in nonhumans. In: Call J, Pepperberg IM, Snowdon CT, Zentall TR (Hrsg) APA handbook of comparative psychology. Amer Psychol Assoc Press, Washington

Rager G (Hrsg) (1997) Beginn, Personalität und Würde des Menschen. Alber, Freiburg

Rahner K (1970) Dogmatische Bemerkungen zur Jungfrauengeburt. In: Frank S (Hrsg) Zum Thema Jungfrauengeburt. Verlag Katholisches Bibelwerk, Stuttgart, S 121–158

Ranke-Heinemann UJI (2012) Eunuchen für das Himmelreich – Katholische Kirche und Sexualität. Heyne, München

Rao PS, Inbaraj SG (1977) Inbreeding effects on human reproduction in Tamil Nadu of South India. Ann Hum Genet London 4:87–98

Ratzinger J (1971) Einführung in das Christentum. Kösel, München

Ratzinger J (1985) Zur Lage des Glaubens. Neue Stadt, München

Ratzinger J (2000) Gott und die Welt. DVA, Stuttgart

Ratzinger J (2010) Licht der Welt. Herder, Freiburg

Reimarus HS (1760) Allgemeine Betrachtungen über die Triebe der Thiere, hauptsächlich über ihre Kunsttriebe: Zum Erkenntniß des Zusammenhanges der Welt, des Schöpfers und unserer selbst. Johann Carl Bohn, Hamburg

Roberts DF, Bonne B (1973) Reproduction and inbreeding among the Samaritans. Soc Biol 20:64–70

Roth LM, Hartman HB (1967) Sound production and its evolutionary significance in the Blattaria. Ann Entomol Soc Am 60:740–752

Salwiczek LH, Wickler W (2004) Birdsong: an evolutionary parallel to human language. Semiotica 151:163–182

Salwiczek LH, Wickler W (2005) The shaping of animals' minds. Interact Stud 6:393–411

Salwiczek LH, Wickler W (2007) The shaping of animals minds. In: Hauf P, Försterling F (Hrsg) Making Minds. The shaping of human minds through social context. John Benjamins, Amsterdam, S 179–195

Salwiczek LH, Wickler W (2009) Parasites as scouts in behaviour research. Ideas Ecol Evol 2:1–6

Schapera I (1941) Married life in an African tribe. Sheridan House, New York

Schmidt K (1881) Ius Primae Noctis. Eine Geschichtliche Untersuchung. Herder, Freiburg

Schmidt-Bleibtreu W (1988) Herrenrecht der ersten Nacht. Ludwig Röhrscheid, Bonn

Schockenhoff E (2019) Traditionsbruch oder notwendige Weiterbildung? Zwei Lesarten des nachsynodalen Schreibens Amoris laetitia. Alber, Freiburg, S 188–205

Schockenhoff E (Hrsg) (2019) Liebe, Sexualität und Partnerschaft. Die Lebensformen der Intimität im Wandel. Alber, Freiburg

Sciamanna I, Serafino A, Shapiro JA, Spadafora C (2019) The active role of spermatozoa in transgenerational inheritance. Proc Roy Soc B 286(1909)

Scrobogna B (1980) Die Pintubi. Ullstein, Berlin

Segy L (1963) The Ashanti Akua'ba Statues as archetype, and the Egyptian Ankh. Anthropos 58:839–867

Seibt U, Wickler W (1979) The biological significance of the pair-bond in the shrimp Hymenocera picta. Z Tierpsychol 50:166–179

Seibt U, Wickler W (1985) Elytron length and sexual dimorphism in Zonocerus elegans (Thunb.), (Orthoptera: Pyrgomorphidae). South Afr J Zool 20:147–149

Seibt U, Wickler W (1988) Bionomics and social structure of 'Family spiders' of the genus Stegodyphus, with special reference to the African species S. dumicola and S. mimosarum (Araneida, Eresidae). Verh Naturwiss Ver Hamburg NF 30:255–303

Seibt U, Wickler W (2000) Geschichte der Ethologie. In: Lexikon der Biologie, Bd 5. Spektrum, Heidelberg, S 212–217

Seidel J (2009) Embryonale Entwicklung und anthropologische Deutung: Neun Katechismusfragen zum Status des Vorgeburtlichen. In: Hilpert K (Hrsg) Forschung contra Lebensschutz? Der Streit um die Stammzellforschung (Quaestiones disputatae 233). Herder, Freiburg, S 76–98

Sigg H, Falett J (1985) Experiments on respect of possession and property in hamadryas baboons (Papio hamadryas). Anim Behav 33:978–984

Sommer V (1992) Lob der Lüge. Beck, München

Staden H (1557) Warhaftige Historia und beschreibung eyner Landtschaft der Wilden Nacketen, Grimmigen Menschfresser-Leuthen in der Neuenwelt America gelegen. Kolbe, Marburg

Starkweather KE, Hames R (2012) A Survey of non-classical polyandry. Hum Nat 23:149–172

Stratz CH (1904) Die Rassenschönheit des Weibes. Enke, Stuttgart

Stumpner A, von Helversen D (2001) Evolution and function of auditory systems in insects. Naturwiss 88:159–170

Tietmeyer E (1985) Frauen heiraten Frauen; eine vergleichende Studie zur Gynaegamie in Afrika. Renner, Hohenschäftlarn bei München

Tinbergen N (1965) Behavior and natural selection. In: Moore JA (Hrsg) Ideas in modern biology 6. Proceedings of the 16th International Congress of Zoolology, Washington, S 521–542

Trillmich F (1976) Paarzusammenhalt und individuelles Erkennen beim Wellensittich Melopsittacus undulatus (Aves, Psittacidae). Z Tierpsyhol 41:372–395

Twomey V (2008) Der Papst, die Pille und die Krise der Moral. St. Ulrich, Augsburg

Ulbrich H-J (1997) Sexualität und Scham bei den Altkanariern. Almogaren (Vöcklabruck) 28:7–88 van den Berghe PL (1979) Human family systems – an evolutionary view. Elsevier, New York

Veenhoven R (2010) Life is getting better: societal evolution and fit with human nature. Soc Indic Res 97:105–122

Völger G (Hrsg) (1997) Sie und Er, Frauenmacht und Männerherrschaft im Kulturvergleich. Rautenstrauch-Joest-Museum, Köln

von Frisch K (1965) Tanzsprache und Orientierung der Bienen. Springer, Berlin

von Helversen D (1978) Structure and function of antiphonal duets. Symposium on structure and function of bird song. Deutsche Ornithologen-Gesellschaft Berlin 1980:682–688

von Helversen D, Wickler W (1971) Über den Duettgesang des afrikanischen Drongo, Dicrurus adsimilis Bechstein. Z Tierpsychol 29:301–321

von Schiller F (1780) Über den Zusammenhang der tierischen Natur des Menschen mit seiner geistigen. Reclam, Leipzig

von Stosch K (2009) Menschenwürde von Beginn an? Philosophische und theologische Erkundungen. In: von Stosch K, Hartmann BJ et al (Hrsg) Designer-Baby. Diagnostik und Forschung am ungeborenen Leben. Schöningh, Paderborn, S 49–68

Watson JB (1924) Behaviorism. The People's Institute , New York

Wendler G (1968) Ein Analogmodell der Beinbewegungen eines laufenden Insekts. Beihefte zu „Elektronische Rechenanlagen" 18:68–74

Wettlaufer J (1999) Das Herrenrecht der ersten Nacht. Hochzeit, Herrschaft und Heiratszins im Mittelalter und in der frühen Neuzeit. Campus, Frankfurt

Wickler W (1957) Das Verhalten von Xiphophorus maculatus var. wagtail und verwandten Arten. Z Tierpsychol 14:324–346

Wickler W (1959) Die ökologische Anpassung als ethologisches Problem. Naturwiss 46:505–509

Wickler W (1961) Über die Paarbildung der Tiefsee-Angler. Natur und Volk 91:381–390

Wickler W (1966) Freilandbeobachtungen an der Uferschrecke Tridactylus madecassus in Ostafrika. Z Tierpsychol 23:845–852

Wickler W (1969) Sind wir Sünder? Naturgesetze der Ehe. Droemer & Knaur, München

Wickler W (1970) Soziales Verhalten als ökologische Anpassung. Verh Dtsch Zool Ges 64:291–304

Wickler W (1972) Verhalten und Umwelt. Hoffmann & Campe, Hamburg

Wickler W (1973a) Papio hamadryas (Cercopithecidae) – Sozialverhalten in der Gruppe. Film in Encyclopaedia Cinematographica, Göttingen

Wickler W (1973b) Biology of Hymenocera picta Dana. Micronesica 9:225–230

Wickler W (1976) The ethological analysis of attachment. Sociometric, motivational and sociophysiological aspects. Z Tierpsychol 42:12–28

Wickler W (1978) A special constraint on the evolution of composite signals. Z Tierpsychol 48:345–348

Wickler W (1980) Sieben Thesen zum Tierschutz. Der Tierzüchter 32:248

Wickler W (1986) On intra-uterine mother-offspring conflict and a possible case in the pig. Ethology 72:250–253

Wickler W (2014) Die Biologie der Zehn Gebote und die Natur des Menschen. Springer, Heidelberg

Wickler W, Seibt U (1976) Field studies on the African fruit bat Epomophorus wahlbergi (Sundevall), with special reference to male calling. Z Tierpsychol 40:345–376

Wickler W, Seibt U (1977) Das Prinzip Eigennutz. Hoffmann & Campe, Hamburg

Wickler W, Seibt U (1985) Reproductive behaviour in Zonocerus elegans (Orthoptera: Pyrgomorphidae) with special reference to nuptial gift guarding. Z Tierpsychol 69:203–223

Wickler W, Seibt U (1991) Das Prinzip Eigennutz. Piper, München

Wickler W, Seibt U (1998) Männlich Weiblich. Ein Naturgesetz und seine Folgen. Spektrum, Heidelberg

Wickler W, Uhrig D (1969a) Verhalten und ökologische Nische der Gelb-flügelfledermaus, Lavia frons (Geoffroy), (Chiroptera, Megadermatidae). Z Tierpsychol 26:726–736

Wickler W, Uhrig D (1969b) Bettelrufe, Antwortszeit und Rassenunterschiede im Begrüßungsduett des Schmuckbartvogels Trachyphonus d'arnaudii. Z Tierpsychol 26:651–661

Wirtz P, Diesel R (1986) The social structure of Inachus phalangium, a spider crab associated with the sea anemone Anemonia sulcata. Z Tierpsychol 62:209–234

Zielinski WJ, Vandenbergh JG (1991) The effect of intrauterine position on the survival, reproduction and home range size of female house mice (Mus musculus). Behav Ecol Sociobiol 30:185–191

Zuberbühler K, Gygax L, Harley N, Kummer H (1996) Stimulus enhancement and spread of a spontaneous tool use in a colony of longtailed lacaques. Primates 37:1–12

Printed in the United States
By Bookmasters